陳久金　編著

二十四史天文志校注

（中）

齊魯書社

《魏書》卷一百五之二

天象志一之二第二

太祖皇始二年六月庚戌，月掩太白，在端門外。^①占曰"國受兵"。九月，慕容賀驎率三萬餘人出寇新市。十月，太祖破之於義臺塢，斬首九千餘級。

天興元年十一月丁丑，月犯東上相。^②

二年五月辛酉，月掩東上相。

八月壬辰，月犯牽牛。占曰："國有憂。"三年二月丁亥，皇子聰薨。

三年三月乙丑，月犯鎮星，在牽牛。^③

七月己未，月犯鎮星，在牽牛。辛酉，月犯哭星。

四年三月甲子，月生齒。占曰："有賊臣。"五年十一月，秀容胡帥、前平原太守劉曜聚眾爲盜，遣騎誅之。

七月丁卯，月犯天關。^④

十月甲子，月犯東次相。^⑤

五年四月辛丑，月掩辰星，在東井。

五月丙申，月犯太微。

七月己亥，月犯歲星，在左角。

十月戊申，月暈左角。時帝討姚興弟平於乾壁，克之。太史令晁崇奏角蟲將死，⑥上慮牛疫，乃命諸軍併重焚車。丙戌，車駕北引。牛大疫，死者十八九，官車所駁巨犗數百，同日斃於路側，首尾相屬。麋鹿亦多死。

乙卯，月犯太微。占曰："貴人憂。"六年七月，鎮西大將軍、司隸校尉、毗陵王順有罪，以王還第。

十二月庚申，月與太白同入羽林。

六年正月，月掩氐西南星。

六月甲辰，月掩北斗魁第四星。

十月乙巳，月犯軒轅第四星。

十一月辛巳，月犯熒惑。

【注】

①在端門外：在太微垣端門外側，此處不宜省略"太微垣"三字。左右執法間爲端門，見《南齊書・天文志》注并附星圖。

②月犯東上相：爲左執法東一星。在太微東垣，故稱東上相。

③在牽牛：指牛宿。

④月犯天關：石氏曰："天關星在五車南，參西北。"郗萌曰："天關，天門也。在黃道中，日月不出其中行，必有一國之主不朝者。"

⑤月犯東次相：東次相在太微東垣上相星北。

⑥角蟲將死：這是太史令晁崇據觀測到的月暈左角做出的占語。角蟲將死，即有角的動物將死，指下文發生的牛疫和麋鹿多死。

天賜元年二月甲辰，月掩歲星，在角。占曰："天下兵起。"三年四月，蠕蠕寇邊，夜召兵將，旦，賊走乃罷。

四月甲午，月掩軒轅第四星。^①占曰：“女主惡之。”六年七月，夫人劉氏薨，後謚宣穆皇后。

五月壬申，月掩斗魁第二星。^②

二年三月壬辰，月掩左執法。丁酉，月掩心前星。^③

四月己卯，月犯鎮星，在東壁。占曰：“貴人死。”四年五月，常山王遵有罪，賜死。

七月己未，月掩鎮星。

八月丁巳，月犯斗第一星。占曰：“大臣憂。”三年七月，太尉穆崇薨。

十月丁巳，月掩鎮星，在營室。

三年二月己丑，月犯心後星。

四月癸丑，月犯太微西上將。^④己未，月犯房南第二星。^⑤占曰：“將相有憂。”四年五月，誅定陵公跋。

五月癸未，月犯左角。占曰：“左將軍死。^⑥”六年三月，左將軍、曲陽侯元素延死。

十二月丙午，月掩太白，在危。

四年二月庚申，月掩心後星。

五年五月丁未，月掩斗第二星。占曰：“大人憂。”六年十月戊辰，太祖崩。

太宗永興元年二月甲子，月犯昴。占曰：“胡不安，天子破匈奴。^⑦”二年五月，太宗討蠕蠕社崙，社崙遁走。

九月壬寅，月犯昴。

閏月丁酉，月犯昴。

二年三月丁卯，月掩房南第二星，又掩斗第五星。⑧

五月甲子，月掩斗第五星。己亥，月掩昴。

六月己丑，月犯房南第二星。

七月乙亥，月犯輿鬼。

八月甲申，月犯心前星。

三年六月庚子，月犯歲星，在畢。占曰："有邊兵。⑨"五年四月，上黨民勞聰、士臻群聚爲盜，殺太守令長，相率外奔。

八月乙未，月犯歲星，在參。

四年春正月壬戌，月行畢，蝕歲星。癸亥，月掩房北第二星。

閏月庚申，月行昴，犯熒惑。

【注】

①月掩軒轅第四星：此句話中間缺少"從南頭起"第四星數字。從南頭起，右角爲第一星，左角爲第二星，對稱於黃龍的左右角。中間女主爲第三星，女主上面一星爲第四星即軒轅十三。女主南面一星爲附座御女星。軒轅十三又稱夫人星。

②斗魁第二星：南斗即斗宿，斗宿六星的排列序號爲自斗魁與斗把相接處向把柄爲一、二、三星，自斗魁第一星向魁底到魁口爲四、五、六星。此處斗魁第二星當爲斗宿四。以下記錄斗第二星、斗第五星等，均爲統一編號。

③月掩心前星：心星即心宿，計三顆，中間大星曰心大星，又名大火星，其西北爲心前心，東南爲心後心。星占家將大星比爲天王，前星爲太子，後星爲庶子，均爲重要星占對象。

④月犯太微西上將：月犯太微西垣上將星。上將星緊臨右執法星。

⑤月犯房南第二星：房南第一第二星爲左驂、左服星。

⑥月犯左角占曰左將軍死；《春秋緯》曰："角主兵。""左角爲天田，爲獄，爲理，主刑"。"右角爲尉，爲將，主兵"。

⑦月犯昴……天子破匈奴：昴爲"胡星"，今月犯之，不利"胡"，故曰"胡"不安、破匈奴。

⑧房南第二星、斗第五星均參前注。

⑨在畢……有邊兵：昴爲"胡"、畢爲中國。月犯畢爲"胡"犯中國，故曰"有邊兵"。

七月，月蝕熒惑。

八月戊申，月犯泣星。

十月辛亥，月掩天關。占曰："有兵。"五年六月，濩澤民劉逸，自號征東將軍、三巴王，署置官屬，攻逼建興郡，元城侯元屈等討平之。

五年三月戊辰，月行參，犯太白。

四月癸卯，月暈翼、軫、角。

七月庚午，月掩鈎鈐。占曰："喉舌臣憂。"五年三月，散騎常侍王洛兒卒。

八月庚申，月犯太白。占曰："憂兵。"神瑞元年二月，赫連屈丐入寇河東，殺掠吏民，三城護軍張昌等要擊走之。

九月己丑，月犯左角。占曰："天下有兵。"神瑞元年十二月，蠕蠕犯塞。

十月乙巳，月犯畢。占曰："貴人有死者。"泰常元年三月，長樂王處文薨。

十一月丙戌，月蝕房第一星。①

十二月甲辰，月三暈東井。

神瑞元年正月丁卯，月犯畢。占曰："貴人有死者。"泰常元年四月庚申，河間王脩薨。

二月戊申，月蝕房第一星。

三月壬申，月蝕左角。②

五月壬寅，月犯牽牛南星。

六月丙申，月掩氐。

七月庚辰，月犯天關。

八月丁酉，月蝕牽牛中大星。③己酉，月犯西咸。④占曰："有陰謀。"神瑞二年三月，河西飢胡屯聚上黨，推白亞栗斯爲盟主，號大單于，稱建平元年。四月，詔將軍公孫表等五將討之。

二年三月丁巳，月入畢。占曰："天下兵起。"泰常元年三月，常山民霍季自言名載圖讖，持一黑石，以爲天賜玉印，誑惑聚黨，入山爲盜，州郡捕斬之。

四月己卯，月犯畢陽星。⑤

七月辛丑，月犯畢。占曰："貴人有死者。"泰常元年十二月，南陽王良薨。

八月壬子，月犯氐。

十月甲子，月暈畢。

十一月，月暈軒轅。戊午，月犯畢陽星。

泰常元年五月甲申，月犯歲星，在角。

【注】

①房第一星：此處和下文同載房第一星，即房宿一。

②月食左角：角宿兩星，似蒼龍的兩角，左上爲角宿二，右下爲角宿

一。角宿二即左角星。

　　③牽牛中大星：牽牛星之名，有兩種説法，一是指河鼓星，牛郎織女故事即源於此。二是指牛宿。此處所述之牽牛即牛宿。牽牛中大星即牛宿一，僅爲三等星。前文之牽牛南星指牛宿五，正位於黃道上。

　　④月犯西咸：東咸、西咸緊臨房宿之北，東北爲東咸，西北爲西咸。

　　⑤月犯畢陽星：陽爲南，即月犯畢宿南星，此指畢宿八。

　　六月己巳，月犯畢。占曰：“貴人死。”二年十月，豫章王爕薨。

　　七月，月犯牛。

　　十月丙戌，月入畢。占曰：“有邊兵。”二年二月，司馬德宗譙王司馬文思自江東遣使詣闕上書，①請軍討劉裕，太宗詔司徒長孫嵩率諸將邀擊之。

　　二年五月丙子，月犯軒轅。

　　八月己酉，月犯牽牛。占曰：“其地有憂。②”三年，司馬德宗死。丁卯，月犯太微。

　　十一月癸未，月犯東井南轅西頭第一星。占曰：“諸侯貴人死。”一曰：“有水。③”三年八月，雁門、河内大雨水，復其租税。五年三月，南陽王意文薨。

　　三年正月戊申，月犯輿鬼、積尸。己酉，月犯軒轅、燿星。④占曰：“女主有憂。”五年六月丁卯，貴嬪杜氏薨，後諡密皇后。

　　四月壬申，月犯鎮星，在張。

　　五月癸亥，月犯太白於東井。

　　七月丁巳，月犯東井。

　　九月丙寅，月犯熒惑，在張、翼。

十一月庚申，月犯太白，在斗。

十二月庚辰，月犯熒惑於太微。

四年正月丙午，月犯太微。

三月壬寅，月犯太微。

五月丙申，月犯太微。占曰："人君憂。"八年十一月，太宗崩。

十二月丁巳，月犯太白，入羽林。

五年十一月辛亥，月蝕熒惑，在亢。占曰："韓鄭地大敗。⑤"八年九月，劉義符潁川太守李元德竊入許昌，太宗詔交趾侯周幾擊之，元德遁走。

六年二月己亥，月蝕南斗杓星。⑥

五月丙辰，月暈，在角亢。

七年正月丁卯，月犯南斗。占曰："大臣憂。"三月，河南王曜薨。

三月壬戌，月犯南斗。

五月丙午，月犯軒轅。

六月辛巳，月犯房。占曰："將相有憂。"八年六月己亥，太尉、宜都公穆觀薨。

世祖始光元年正月壬午，月犯心中央大星。

二年三月丙子，月犯熒惑，在虛。

【注】

①承上文，此"二年"當是泰常二年。但據有關司馬文思史料考證，此"二年"當爲神瑞二年。

②月犯牽牛占曰其地有憂：按分野，斗、牛爲吳、越，故有江東之司馬德宗死。

③月犯東井……一曰有水：其中對應於軒轅爲臣妾憂，對應於井宿爲水，故有二解。

④月犯軒轅爟星：爟星位於軒轅南柳宿北，故月當先犯軒轅後犯爟星。

⑤據分野，角亢應於韓鄭，故曰韓鄭地大敗。

⑥月蝕南斗杓星：杓爲斗柄，故此指月食斗宿三。

十二月丁酉，月犯軒轅。

神麚三年夏四月壬戌，月犯軒轅。

六月，月犯歲星。

四年十月丙辰，月掩天關。占曰“有兵。”延和元年七月，世祖討馮文通於和龍。

十二月，月犯房、鈎鈐。

延和元年三月，月犯軒轅。

四月，月犯左角。占曰：“天下有兵。”二年二月，征西將軍金崖與安定鎮將延普及涇州刺史狄子玉爭權，①舉兵攻普，不克，退保胡空谷，驅掠平民，據險自固。世祖詔平西將軍、安定鎮將陸俟討獲之。

五月，月犯軒轅，掩南斗第六星。

七月丙午，月蝕左角。

三年二月庚午，月犯畢口而出，②月暈昂、五車及參。占曰：“貴人死。”五月甲子，陰平王求薨。

閏月己丑，月入東井，犯太白。占曰：“憂兵。③”七月辛巳，世祖行幸隰城，命諸軍討山胡白龍于西河，克之。

太延元年五月壬子，月犯右執法。占曰：“執法有憂。"十月，尚書左僕射安原謀反，伏誅。

十月丙午，月犯右執法。

二年正月庚午，月犯熒惑。④占曰："貴人死。"三年正月癸未，征東大將軍、中山王纂薨。

二月，月犯太微東蕃第一星。

三月癸亥，月犯太微右執法，又犯上相。占曰："將相有免者。⑤"真君二年三月庚戌，新興王俊、略陽王羯兒有罪，并黜爲公。

三年正月，月犯東井。⑥占曰："將相死。"戊子，太尉、北平王長孫嵩薨；乙巳，鎮南大將軍、丹陽王叔孫建薨。

九月丙申，月暈太微。

十一月戊戌，月掩太白。

四年四月己卯，月犯氐。

十一月丁未，月犯東井。占曰："將軍死。"真君二年九月戊戌，撫軍大將軍、永昌王健薨。

五年六月甲午朔，月見西方。

七月，月掩鎮星。

【注】

①金崖……狄子玉爭權："爭權"，諸本均作"爲權"。"爲權"無解。根據中華書局校點本，據殿本考證《世祖紀》乃爲"爭權"。今改。由於左右角皆意爲將象，月犯之，當將軍有憂，故有下文諸將爭權。

②月犯畢口而出：此月象當從畢宿兩叉頭前通過，犯畢口，主要犯畢宿一。月自西向東運行，當先經過昴宿，繼經過畢宿、五車。

③月入東井犯太白：太白爲兵，今月犯之，故曰"憂兵"。

④月犯熒惑：《海中占》曰："熒惑觸月，上角爲相，下角爲將，中央爲主。""月蝕熒惑，有白衣之事"。《荆州占》曰："月食熒惑，有死相。"故有以下占辭和驗辭。

⑤月犯太微右執法將相有免者：有被免職的將相，這是月犯執法、相星的占辭。

⑥月犯東井：郗萌占曰："月犯東井，軍將死。"下面的占辭直接源自郗萌占。

真君元年十二月，月犯太微。

二年六月壬子朔，月見西方。

三年三月癸未，月犯太白。占曰："憂兵。"四年正月，征西將軍皮豹子等大破劉義隆將於樂鄉，擒其將王奐之、王長卿等。

五年五月甲辰，月犯心後星。

六年四月，月犯心。占曰："有亡國。①"是月，征西大將軍、高凉王那討吐谷渾慕利延於陰平。軍到曼頭城，慕利延驅其部落西渡流沙，那急追之，故西秦王慕璝世子被囊逆軍距戰，那擊破之。慕利延遂西入于闐。

七年八月癸卯，月犯熒惑，又犯軒轅。

十一月，月犯軒轅。

八年正月庚午，月犯心大星。

九年正月，月犯歲星。

十一年正月甲子，月入羽林。

正平元年正月，月入羽林。

高宗太安四年正月己未，月入太微，犯西蕃。

三月，月犯五諸侯。

六月癸酉朔，月生西方。

八月，月入南斗。

九月，月犯軒轅。

十二月，月犯氐。

五年正月，月掩軒轅，又掩氐東南星。②

六月，月犯心前星。

十二月，月犯左執法。占曰："大臣有憂。"和平二年四月，侍中、征東大將軍、河東王閭毗薨。

和平元年正月丁未，月入南斗。

三月，月掩軒轅。占曰："女主惡之。③"四月，保皇太后常氏崩。

六月戊子，月犯心前星。

十一月壬辰，月犯右執法。

二年正月，月犯心後星。

九月，月犯心大星。

【注】

①心宿爲君象，月犯之，故有亡國之憂。

②氐東南星：指氐宿二。

③月掩軒轅……女主惡之：惡之，有惡運。軒轅爲女主之象，故有此占。

三年三月壬寅，月犯心後星。

八月，月犯哭星。

四年四月，月掩軒轅、女御星。

五年二月甲申，月入南斗魁中，犯第三星。

三月庚子，月入輿鬼、積尸。

六年七月，月犯心前星。

九月，月犯軒轅右角。

顯祖天安元年六月甲辰，月犯東井。

十月癸巳，月掩東井。

皇興元年正月丙辰，月犯東井北轅東頭第三星。

八月辛酉，月蝕東井南轅第二星。占曰："有將死。"三年正月，司空、平昌公和其奴薨。

十月癸巳，月在參蝕。

二年四月丙辰，月犯牽牛中星。

三年十二月乙酉，月犯氐。

五年七月辛巳，月犯東井。

高祖延興元年十月庚子，月入畢口。占曰："有赦。"二年正月乙卯，曲赦①京師及河西，南至秦涇，西至枹罕，北至涼州及諸鎮。

二年正月壬戌，月犯畢。占曰："天子用法。"九月辛巳，統萬鎮將、河間王閭虎皮坐貪殘賜死。②

閏月丙子，月犯東井。占曰："有水。"是年，以州鎮十一水旱，免民田租，開倉賑恤。庚子，③月犯東井北轅。

三年八月己未，月犯太微。占曰："將相有免者，期不出三年。"承明元年二月，司空、東郡王陸定國坐事免官爵。

十二月戊午，月蝕在七星，京師不見，統萬鎮以聞。

四年正月己卯，月犯畢。占曰：“貴人死。”五年十二月，城陽王長壽薨。

二月癸丑，月犯軒轅。甲寅，月犯歲星。占曰：“饑。”太和元年正月，雲中饑，詔開倉賑恤。

九月乙卯，月犯右執法。占曰：“大臣有憂。”承明元年六月，大司馬、大將軍、安成王萬安國坐矯詔殺神部長奚買奴於苑中，④賜死。

五年三月甲戌，月掩鎮星。

【注】

①曲赦：因特殊的理由而頒布的赦令或指局部的赦免。

②九月辛巳……閭虎皮坐貪殘賜死：據中華書局校點本考證，《高祖紀》載辛巳車駕還宮，閭虎皮死於九月戊申，這裏的“辛巳”當是“戊申”之誤。

③庚子：據中華書局校點本考證，該月無“庚子”。當有誤。

④殺神部長：諸本均缺“神”字。據中華書局校點本考證，“部長”前當缺“神”字，今補。

八月乙亥，月掩畢。占曰：“有邊兵。”太和元年正月，秦州略陽民王元壽聚衆五千餘家，自號爲衝天王。二月，詔秦益二州刺史武都公尉洛侯討破元壽，獲其妻子送京師。

十一月癸卯，月入軒轅中，蝕第三星。①

承明元年四月甲戌，月蝕尾。

太和元年二月壬戌，月在井，暈參、南北河、五車二星、三柱、熒惑。

三月甲午，月犯太微。

戊辰，月蝕尾，下入濁氣不見。

五月丁亥，月犯軒轅大星。丙午，月入太微。

八月庚申，月入南斗，犯第三星。②戊寅，月入太微，犯屏南星。③

十月乙丑，月蝕昴，京師不見，雍州以聞。占曰：“貴臣誅。”是月，誅徐州刺史李訢。

十二月癸卯，月犯南斗。

二年六月庚辰，月犯太微東蕃南頭第一星，京師不見，定州以聞。甲申，月犯房，又犯太微。

八月壬午，月入南斗。占曰：“大臣誅。”十二月，誅南郡王李惠。

九月庚申，陰雲開合，月在昴蝕。

十月戊戌，月入南斗口中。④占曰：“大臣誅。”三年四月，雍州刺史、宜都王目辰有罪賜死。

十一月甲子，月犯鎮星。

十二月戊戌，月入南斗口中。

三年正月壬子，月暈觜、參兩肩、五車五星、⑤畢、東井。占曰：“有赦。”十月，大赦天下。

二月庚寅，月犯心。

三月庚戌，月入南斗口中。占曰：“大臣誅。”九月，定州刺史、安樂王長樂有罪，征詣京師，賜死。乙卯，月入南斗口中。

七月癸未，月犯心。

十月，月犯心。

十二月丙戌，月犯太微左執法。占曰：“大臣有憂。”四年正月，襄城王韓頹有罪，削爵徙邊。

四年正月丁未，月在畢，暈參兩肩、五車、東井。丁巳，月犯心。占曰：“人伐其主。”五年二月，沙門法秀謀反，伏誅。戊午，月又犯心。

二月己卯，月犯軒轅頭第二星。⑥辛巳，月犯太微左執法。占曰：“大臣有憂。”閏月，頓丘王李鍾葵有罪賜死。壬午，月蝕。乙酉，月掩熒惑。

【注】

①月入軒轅中蝕第三星：此“第三星”指軒轅大星——軒轅十四。

②月入南斗犯第三星：指犯斗宿三。

③屏南星：實爲屏西南星。

④南斗口中：指南斗魁中。

⑤參兩肩五車五星：指參宿四、五和五車第五星。

⑥軒轅頭第二星：原文爲“軒轅北第二星”。軒轅北已距黃道很遠，月不可能相犯。“軒轅北”必爲“軒轅頭”之誤。今改。

五年二月癸卯，月犯太微西蕃南頭第一星。①

二月甲辰，月在翼，暈東南，不帀；須臾西北有偏白暈，侵五車二星、東井、軒轅、北河、②輿鬼、柳、北斗、紫微宮、攝提、翼星。戊戌，月犯心，京師不見，濟州以聞。

七月戊寅，月犯昴。占曰：“有白衣之會。”六年正月，任城王雲薨。③

六年正月癸亥，月在畢，暈參兩肩、五車三星、胃、昴、畢，京師不見，營州以聞。己巳，月在張，犯軒轅大星。辛未，月蝕。

五月戊申，月入南斗口中。戊寅，月犯昴。

七月丁卯，月蝕。

十一月辛亥朔，月寅見東方，④京師不見，平州以聞。

七年五月辛卯，月犯南斗。

八年正月辛巳，月在畢，暈東井、歲星、觜、參兩肩、五車。

三月己丑，月犯心。

四月丁亥，月蝕斗。癸亥，月犯昴，相州以聞。占曰：“有白衣之會。”十一年五月，南平王渾薨。

五月丁亥，月在斗，蝕盡。占曰：“饑。”十二月，詔以州鎮十五水旱民饑，遣使者循行，問所疾苦，開倉賑恤。

九年正月丁丑，月在參，暈觜、參兩肩、東井、北河、五車三星。占曰：“水。”是年，冀定數州水，民有賣男女者。戊申，月犯東井。占曰：“貴人死。”一曰：“有水。”十月，侍中、司徒、魏郡王陳建薨。是年，京師及州鎮十二水旱傷稼。

四月丁未，月犯心。

十一月戊寅，月蝕。

十年十一月辛亥，月犯房。

十一年正月丙午，月犯房鉤鈐。

二月癸亥，月犯東井。

三月丙申，月三暈太微。庚子，月蝕氐。占曰："糴貴。"是年，年穀不登，聽民出關就食，開倉賑恤。

六月乙丑，月犯斗。丙寅，月犯建星。

七月丁未，月入東井。

八月己巳，月蝕胃。占曰："有兵。"是月，蠕蠕犯塞，遣平原王陸叡討之。

九月戊戌，陰雲離合，月在胃蝕。

【注】

①月犯太微西蕃南頭第一星：月犯右執法星。

②東井、軒轅、北河：諸本均作"東井、北河、北河"，中華書局校點本《校勘記》曰《志》三太和五年條下注作"東井、軒轅、北河"，且認爲兩"北河"當有一爲重出，或上"北河"當爲"軒轅"之誤。今改。

③六年正月任城王雲薨：據中華書局校點本考證，《高祖紀》和雲之本傳均載雲死於太和五年，這裏記年月皆誤。

④辛亥朔月寅見東方：説明曆法所推朔日不准，因爲晦朔日不該見到月亮。

十一月乙巳，月入氐。

十二月戊午，月及熒惑合於東壁。①甲子，月入東井，犯天關。

十二年正月戊戌，月犯左角。

二月壬戌，月暈太微。丁卯，月犯氐。

四月癸丑，月犯東井。占曰："將死。"九月，司徒、淮南王他薨。壬戌，月犯氐，與歲星同在氐。癸亥，月犯房。

六月丁巳，月入氐，犯歲星。

七月乙酉，月犯房。庚寅，月犯牽牛。庚子，月犯畢。

九月，月蝕盡。②

十一月己未，月犯東井。丙寅，月犯左角。占曰："天下有兵。"十三年正月，蕭賾遣衆寇邊，淮陽太守王僧儁擊走之。

十二月甲申，月犯畢。乙未，月犯氐。丙申，月犯房。

十三年正月甲寅，月入東井。壬戌，月掩牽牛。

二月己丑，月在角，十五分蝕七。

三月庚申，月犯歲星。

四月丙戌，月犯房。

六月乙酉，月掩牽牛。乙未，月犯畢。占曰："貴人死。"十二月，司空、河東王苟頹薨。

七月丁未，月入氐。戊申，月犯楗閉。③

八月丙戌，天有微雲，月在未蝕。占曰："有兵。"十四年四月，地豆于頻犯塞，詔征西大將軍、陽平王頤擊走之。

九月丁巳，月掩畢。庚申，月入東井。

十月己卯，月掩熒惑，又掩畢。丁酉，月犯楗閉。

十二月壬午，月入東井。

十四年二月甲戌，月犯畢。

六月甲戌，月犯亢。

八月乙亥，月犯牽牛。辛卯，月犯軒轅。占曰：

“女主當之。”九月，文明皇太后馮氏崩。

十月壬午，月入東井。戊子，月犯太微。

十一月戊戌，月犯鎮星。乙卯，月犯太微右執法。

十二月庚辰，月犯軒轅。癸未，月掩太微左執法。

十五年正月己酉，月在張蝕。

【注】

①月及熒惑合於東壁：月與熒惑同經是爲合。

②月蝕盡：月食既，月全食。

③月犯楗閉：楗閉星，又作鍵閉星，在房宿東北，近鉤鈐。

三月丙申，月掩畢。占曰：“有邊兵。”十六年八月，詔陽平王頤、右僕射陸叡督十二將、七萬騎，北討蠕蠕。

四月庚午，月犯軒轅。癸酉，月犯太微東蕃上將。占曰：“貴人憂。”六月，濟陰王鬱以貪殘賜死。癸未，月犯歲星。

五月庚子，月掩太微左執法。占曰：“大臣憂。”十七年二月，南平王霄薨。丁未，月掩建星。

七月乙未，月犯太微東蕃。辛丑，月掩建星。癸卯，月犯牽牛。

九月乙丑，月犯牽牛。占曰：“大臣有憂。”十七年，蕭賾死。大臣疑當作吳越①癸未，月入太微，犯右執法。占曰：“大臣憂。”十七年八月，三老、山陽郡開國公尉元薨。

十月甲午，月犯鎮星。戊申，月犯軒轅。

十一月乙巳，月犯畢。辛未，月入東井。

十二月辛卯，月蝕，盡。

十六年二月甲辰，月入氐。

三月己卯，月入羽林。

四月壬辰，月入太微。丙午，月入羽林。

五月壬子，月掩南斗第六星。②甲戌，月入羽林。③

六月戊子，月犯熒惑。占曰："貴人死。"十九年五月，廣川王諧薨。己丑，月入太微。丁酉，月掩建星。④丁未，月入畢。占曰："有邊兵。"十九年正月，平南將軍王肅頻破蕭鸞軍於義陽，降者萬餘。

七月甲戌，月入畢。丁丑，月犯軒轅。

八月壬辰，月犯建星。壬寅，月犯畢。甲辰，月入東井。戊申，月犯軒轅。占曰："女主當之。"二十年七月，廢皇后馮氏。⑤辛亥，月入太微，犯右執法。

九月癸亥，月掩鎮星。

十月辛卯，月入羽林。癸亥，月入東井。

十一月甲子，月犯畢。壬申，月入太微。丁丑，月入氐。

十二月丁酉，月在柳蝕。占曰："國有大事，兵起。"十七年八月己丑，車駕發京師南伐，步騎三十餘萬。

十七年正月己丑，月犯軒轅。壬申，月犯氐。

三月甲午，月入太微。壬寅，月掩南斗第六星。

四月癸丑，月入太微。占曰："大臣死。"十九年二月辛酉，司徒馮誕薨。壬寅，月入羽林。

【注】

①大臣疑當作吳越：此是作者原注。《魏書·天象志》一、二不設作者注解，僅此一注，在體例上有點不倫不類。根據恒星分野或星占理論，月犯牽牛，用占於"大臣憂"或"吳越憂"都是成立的。

②南斗第六星：當在斗魁最後一星。下文亦有月犯南斗第六星，惟此星距黃道南已達七度，犯的機會已經不大。

③月入羽林：下文亦有月入羽林。這是南北朝以前星占家觀凌犯的傳統，在《晉書·天文志》中，已有黃道附近的壘壁陣、天壘城星，但幾乎不用這兩個星座入占。由於羽林距黃道較遠，用羽林爲占時，就衹能是"入羽林"而不爲犯。這是真實的記録。

④月掩建星：此記録不够具體，建星六顆，不可能都掩。

⑤二十年七月廢皇后馮氏："七月"，諸本皆作"十月"，中華書局校點本據《高祖紀》和《天象四》認爲均在七月。今改。

五月甲子，月犯南斗第六星。乙丑，月掩建星。

六月甲午，月在女蝕。占曰："旱。"二十年，以南北州郡旱，遣侍臣循察，開倉賑恤。

七月壬子，月入太微。占曰："有反臣。"二十年二月，恒州刺史穆泰謀反，伏誅，多所連及。①丙辰，月入氐。癸未，月犯南斗第六星。庚申，月犯建星。

八月庚寅，月犯哭星。辛卯，月入羽林。丁酉，月入畢。占曰："兵起。"十九年二月，車駕南伐鍾離。辛丑，月犯輿鬼。乙巳，月入太微，犯屏星。

十月壬午，月犯建星。甲午，月入東井。

十一月壬子，月犯哭星。辛酉，月犯東井前星。②丁卯，月入太微。占曰："大臣死，有反臣。"二十一年四月，大將軍、宋王劉昶薨，廣州刺史薛法護南叛。壬申，月入氐。

十二月辛巳，月入羽林。乙未，月入太微。己亥，月入氐。

十八年二月甲午，月入氐。

四月庚申，月在斗蝕。

六月丁卯，月入東井。

十九年三月己卯，月犯軒轅。占曰：“女主當之。”二十一年十月，追廢貞皇后林氏爲庶人。

二十年七月辛巳，月掩鎮星。

十月丙午，月在畢蝕。

二十一年三月丁酉，月犯屏星。

四月庚午，月掩房星。

六月丁卯，月掩斗魁。

十二月乙亥，月掩心。

二十二年正月丙申，月掩軒轅。占曰：“女主當之。”二十三年，詔賜皇后馮氏死。

二月乙丑，月與歲星、熒惑合於右掖門內。丁卯，月在角蝕。占曰：“天子憂。”二十三年四月，高祖崩。

七月乙酉，月掩心。

九月庚申，月蝕昴。

二十三年二月壬戌，月在軫蝕。

六月癸未，月掩房南頭第二星。[3]甲申，月掩箕北頭第一星。[4]

八月，月在壁，蝕子已上。

【注】

①二十年二月……多所連及：中華書局校點本考證，據《高祖紀》，載太和二十年十二月謀反，二十一年二月元宏至平城，定其罪正當此時，故此"二十年"當爲"二十一年"之誤。

②東井前星：東井北部的星，近黃道。

③房南頭第二星：指房宿一。

④箕北頭第一星：指箕宿一。

十一月癸丑，月在畢，暈昴、觜、參、五車。

十二月己卯，月掩昴。辛巳，月掩五車。

世宗景明元年正月丙辰，月在翼蝕，十五分蝕三。

十二月癸未，月暈太微，既而有白氣長一匹，①廣二尺許，南至七星。俄而月復暈北斗大角。②丁亥，月暈角、亢、房。

二年正月甲辰，月暈井、觜、參兩肩、昴、五車。占曰："貴人死，大赦。"二月甲戌，大赦天下。五月壬子，廣陵王羽薨。

二月丙子，月掩軒轅大星。占曰："女主憂。"正始四年十月，皇后于氏崩。癸未，月掩房南頭第二星。丙戌，月入南斗距星南三尺。③占曰："吳越有憂。"十二月，蕭寶卷直後張齊殺寶卷。④

五月丙午，月掩心第三星。戊申，月掩斗魁第三星。

七月辛亥，月暈婁，內青外黃，轢昴、畢、天船、大陵、卷舌、奎、婁。

　　三年正月甲寅，月入斗，去魁第二星四寸許。占曰：“吳越有憂。”四月，蕭衍又廢其主寶融。

　　四月癸酉，月乘房南頭第二星。己亥，月暈，在角、亢、氐、房、心。

　　六月戊戌，月掩南斗第二星。

　　八月壬寅，月暈，外青內黃，轢昴、畢、婁、胃、五車。占曰：“貴人死。”乙卯，三老元丕薨。⑤己酉，月犯軒轅。

　　十一月己巳，月蝕井，盡。

　　十二月壬辰，月掩昴。占曰：“有白衣之會。”正始二年四月，城陽王鸞薨。乙未，月暈參、井、鎮星。占曰：“兵起。”四年，氐反，行梁州事楊椿、左將軍羊祉大破之。⑥丙申，月掩鎮星，又暈。

　　四年正月庚申，月暈胃、昴、參、五車。

　　二月辛亥，月掩太白。

　　三月辛酉，月暈軒轅、太微西垣帝坐。

　　四月丙申，月掩心大星。

　　五月丁卯，月在斗，從地下蝕出，十五分蝕十二。占曰：“饑。”正始四年八月，敦煌民饑，開倉賑恤。

　　六月癸卯，月犯昴。占曰：“有白衣之會。”永平元年三月，皇子昌薨。丁未，月掩太白。

　　七月戊午，月犯房大星。壬申，月犯昴、畢、觜、參、東井、五車五星。占曰：“旱，有大赦。”

【注】

①白氣長一匹：長如一匹布，長四丈爲匹。

②暈北斗大角：月在北斗、大角星附近暈。暈的範圍是模糊的。

③南斗距星：斗宿一爲距星。

④張齊：諸本在"齊"後有"玉"字，中華書局校點本考證引《世宗紀》等爲張齊，"玉"字當衍入。今删。

⑤乙卯三老元丕薨：中華書局校點本引《世宗紀》認爲元丕死在七月乙卯，故此處在"乙卯"前當脱"四年七月"四字。

⑥羊祉大破之："羊祉"，諸本皆作"羊社"，據中華書局校點本考證，殿本據《世宗紀》《羊祉傳》考證，當爲"祉"字之誤。今改。

正始元年正月丙寅，大赦，改年。①六月，詔以旱，徹樂減膳。

十二月丁亥，月暈昴、畢、婁、胃。己未，月暈太微帝坐、軒轅。庚子，月暈房、心、亢、氐。占曰："有軍，大戰。"正始元年，荆州刺史楊大眼大破群蠻樊秀安等。

正始元年正月乙卯，月暈胃、昴、畢、五車二星。丁巳，月暈婁、胃、昴、畢。戊午，②月暈五車三星、東井、南河、北河、輿鬼、鎮星。

二月甲申，月暈昴、畢、參左肩、五車。

二年九月癸未，月在昴，十五分蝕十。占曰："饑。"四年九月，司州民饑，開倉賑恤。

十一月丙子，月暈；東西兩珥，内赤外青；東有白虹，長二丈許；西有白虹，長一匹；北有虹，長一丈餘，外赤内青黄，虹北有背，外赤内青黄。

三年正月辛巳，月暈太微帝坐、軒轅左角、賁疑星。③

三月庚辰，月在氐，蝕盡。

十月甲寅，月犯太白。

永平元年五月丁未，月犯畢。占曰：“貴人有死者。”九月，殺太師、彭城王勰。

六月己巳，月掩畢。

十一月癸酉，月犯左執法。占曰：“大臣有憂。”四年三月壬戌，廣陽王嘉薨。

二年正月甲午，月在翼，十五分蝕十二。

十一月丙戌，月掩畢大星。

三年正月戊子，月在張蝕。

閏月乙酉，月在危蝕。

十一月壬寅，月犯太白。

十二月壬午，月在張蝕。

四年四月癸酉，月暈太微、軒轅。占曰：“小赦。”④延昌二年八月，諸犯罪者恕死，從流已下減降。⑤辛卯，月犯太白於胃。

八月癸丑，月掩輿鬼。丁巳，月入太微。占曰：“大臣死。”延昌元年三月己未，尚書左僕射，安樂王詮薨。辛酉，月犯太白。

十月壬午，月失行黃道北，⑥犯軒轅大星。甲申，月入太微。

十一月乙巳，月犯畢。占曰：“爲邊兵。”十一月戊申，詔李崇、奚康生治兵壽春，以討朐山之寇。

延昌元年二月庚午，月暈東井、輿鬼、軒轅大星。

三月辛丑，月在翼暈，須臾之間，再成再散。壬寅，月犯太微。乙巳，月暈角、亢、房、心、鎮、歲。九月丁卯，月及熒惑俱在七星。

【注】

①改年：改年號。

②戊午：諸本作“戊戌”，據中華書局校點本考證，該月戊申朔，無“戊戌”，據《志》四改正。

③賁：虎賁星，在太微右垣上方。“疑”字爲作者原注文。

④小赦：作小幅度的赦罪，以下恕死、減降即爲小赦的範圍。

⑤據《世宗紀》詔稱“其殺人，掠買人……依法行決，自餘恕死，徒流已下各準減降”，用詞有异。

⑥月失行黄道北：月亮不按正常軌道運行，出現在黄道北。

　　十月癸酉，月暈東井、五車、畢、參。占曰：“大旱。”一曰：“爲水。①”二年四月庚子，出絹十五萬匹，賑恤河南饑民。五月，壽春水。

　　十二月甲戌，②月犯熒惑於太微。占曰：“君死，不出三年。”四年正月，世宗崩。

　　二年正月庚子，月暈，暈東有連環，轢亢、③房、鎮、織女、天棓、紫宮、北斗。

　　二月己巳，月暈熒惑、軒轅、太微帝座。占曰：“旱。”六月乙酉，青州民饑，詔開倉賑恤。

　　四月丙申，月掩鎮星。己亥，月在箕，從地下蝕出，還生三分，漸漸而滿。占曰：“饑。”三年四月，青州民饑，開倉賑恤。

　　六月乙巳，月犯畢左股。占曰：“爲邊兵。”三年六月，南荆州刺史桓叔興破蕭衍軍於九江。④

七月戊午，月掩鎮星。

十月丙申，月在參，蝕盡。占曰：“軍起。”三年十一月，詔司徒高肇爲大將軍，率步騎十五萬伐蜀。

三年二月乙酉，月暈畢、昴、太白、東井、五車。

四月癸巳，月在尾，從地下蝕出，十五分蝕十四。占曰：“旱，饑。”熙平元年四月，瀛州民饑，開倉賑恤。

九月丁卯，月犯太微屏星。

十月壬寅，月犯房第二星。

十二月丙午，月掩熒惑。

四年五月庚戌，月犯太微。占曰：“貴人憂。”九月，安定王爕薨。

九月乙丑，月犯太微。

十月癸巳，月入太微。占曰：“大臣死。”熙平二年二月，太保、領司徒、廣平王懷薨。

閏月戊午，月犯軒轅。占曰：“女主憂之。”神龜元年九月，皇太后高尼崩于瑤光寺。

肅宗熙平元年八月己酉，月在奎，十五分蝕八。占曰：“有兵。”神龜元年三月，南秦州氐反，遣龍驤將軍崔襲持節喻之。

十二月戊戌，月犯歲星。甲辰，月暈東井、觜、參、五車。占曰：“大旱。”一曰：“水。”二年十月庚寅，幽、冀、滄、瀛四州大饑，開倉賑恤。

二年二月丁未，月在軫蝕。

四月癸卯，月犯房。

八月癸卯，月在婁，蝕盡。

【注】

①占曰大旱一曰爲水：星占家據月暈東井判斷與水旱災有關，因爲東井星爲井象，故有是占，但星占家不能判斷出是水災還是旱災，也屬失誤。

②十二月甲戌："甲戌"，原爲"戊戌"，據中華書局校點本考證，《志》四作"甲戌"，且十二月丁巳朔，無"戊戌"，知"戊戌"爲"甲戌"之誤。今改。

③轢：轢爲欺凌，當與凌犯同義。

④三年六月：據中華書局校點本考證，"三"諸本作"二"，"桓叔興"作"栢叔興"。按《世宗紀》載於延昌三年六月，并作"桓叔興"，知"二"字、"栢"字、"興"字皆誤。今改。

九月癸酉，月犯畢。占曰："貴人有死者。"神龜元年四月丁酉，司徒胡國珍薨。

十月癸卯，月暈昂、畢、觜、參、五車四星。甲辰，月暈畢右股、觜、參、五車三星、東井。占曰："天下饑，大赦。"神龜元年正月，幽州大饑，死者甚衆，開倉賑恤；又大赦天下。

十一月戊戌，月暈觜、參、東井。壬子，月犯心小星。

神龜二年二月丙辰，月在參，暈井、觜、參右肩、歲星、五車四星。占曰："有相死。"十二月，司徒、尚書令任城王澄薨。

八月辛未，月犯軒轅。

十二月庚申，月在柳，十五分蝕十。

正光元年正月戊子，月犯軒轅大星。占曰：“女主有憂。”七月丙子，元叉幽靈太后於北宮。①

十二月甲寅，月蝕。占曰：“兵外起。”二年正月，南秦州氐反。二月，詔光禄大夫邴虬討之。

二年五月丁未，月蝕。占曰：“旱，饑。”三年六月，帝以炎旱，減膳撤懸。②

七月乙卯，月在昴北三寸。

九月庚戌，月暈胃、昴、畢、五車二星。辛亥，月暈昴、畢、觜、參兩肩、五車五星。占曰：“有赦。”三年十一月丙午，大赦天下。

十月辛卯，月掩心大星。

十一月己酉，月在井蝕。乙卯，月犯昴。

三年正月甲寅，月掩心距星。③

二月丁卯，月掩太白，京師不見，涼州以聞。甲戌，月在張，暈軒轅、太微右執法、歲星。

四月丁丑，月掩心距星。

九月丙午，月在畢，暈昴、畢、觜、參兩肩、五車四星。④

四年正月戊戌，月在井，暈東井、南河，攓觜、參右肩一星、五車一星。

七月乙巳，月在胃，暈婁、胃、昴、畢、觜。占曰：“貴人死。”四年十一月丁酉，太保崔光薨。

八月乙亥，月在畢，掩熒惑。

五年二月庚寅，月在參，暈畢、觜、參兩肩、東井、熒惑、五車一星。占曰："兵起。"六月，秦州城人莫折大提據城反，自稱秦王，詔雍州刺史元志討之。

閏月壬辰，月在張，暈軒轅、太微西蕃。占曰："天子發軍自衛。"孝昌三年正月己丑，詔內外戒嚴，將親出討。癸巳，月在翼，暈太微、張、翼。占曰："士卒多逃走。"一曰："士卒大聚。"十月，營州城人劉安定、就德興反，執刺史李仲遵。其部下王惡兒斬安定以降，德興東走，自号燕王。

【注】

①元叉幽靈太后：元叉囚靈太后。
②減膳撤懸：帝減少膳食，撤去懸樂，以示與民同苦。
③心距星：指心宿一。

八月丙申，月在昴，暈胃、昴、五車二星、畢、觜、參一肩。

十二月癸未，月在婁，暈奎、婁、胃、昴。

孝昌元年九月丁巳，月蝕。

十月丙戌，月在畢，暈昴、畢、觜兩肩、五車二星。

二年八月甲申，月在胃，掩鎮星。

閏月癸酉，月掩鎮星。

三年正月戊辰，月犯鎮星於婁，相去七寸許，光芒相及。占曰："國破，期不出三年。"一曰："天下有大喪。"武泰元年二月癸丑，蕭宗崩；四月庚子，尒朱榮害靈太后及幼主，又害王公已下。癸酉，月在井，暈觜、參兩肩、南北河、五車兩星。占曰：“有赦。”七月己丑，大赦天下。

武泰元年三月庚申，月掩畢大星。庚午，月在軫，暈太微、角。

莊帝建義元年七月丙子，月在畢，掩大星。

永安元年十一月丙寅，月在畢大星東北五寸許，光芒相掩。

十二月辛卯，月在婁，暈奎、歲星、胃、昂。癸巳，月掩畢大星。

二年三月乙卯，月入畢口。占曰：“大兵起。”壬戌，詔大將軍、上黨王天穆與齊獻武王討邢杲。

四月己丑，月在翼，入太微，在屏星西南，相去一尺五寸，須臾下没。辛卯，月在軫，暈太微、軫、角。乙丑，月在危。

八月乙丑，月在畢左股第二星北，相去二寸許，光芒相掩，須臾入畢。①占曰：“兵起。”三年正月辛丑，東徐州城民吕文欣等反，殺刺史，行臺樊子鵠討之。

十月辛亥，月在畢，暈畢、昂、鎮星、觜、參、井、五車四星。占曰：“兵起，大赦。”三年三月，万俟醜奴遣其大行臺尉遲菩薩寇岐州，大都督賀拔岳、可朱渾道元大破之。四月，大赦天下。甲子，月在參蝕。

十二月丙辰，月掩畢右股大星。②乙丑，月、熒惑同在軫。丁巳，月在畢，暈昂、畢及鎮星、觜、參、伐、五車四星。占曰：“大赦。”三年九月，大赦天下。癸亥，月在翼，暈軒轅、翼、太微。占曰：“有赦。”三年十月戊申，皇子生，大赦天下。乙丑，月在軫，掩熒惑。

三年正月己丑，月入太微，襲熒惑。③辛卯，月行太微中，暈太微、熒惑。壬辰，月在軫，掩熒惑。

【注】

①薄樹人在《論參宿四兩千年來的顏色變化》（載《薄樹人文集》）曰："《史記·正義》曰：'參……東北曰左肩，主左將；西北曰右肩，主右將；東南曰左足，主後將；西南曰右足，主偏將。故軒轅氏占參應七將也。' 這裏説得很明白，參左肩即指參宿七顆亮星中東北角的那一顆，即是參宿四。但後世一些書如《漢書·天文志》《晋書·天文志》，却把左肩和右肩顛倒過來，寫成'黄比參右肩'，'青比參左肩'。我們認爲這種情况或許由於各人的左右觀不一樣，或許由於傳抄時的錯誤所引起。"左東右西"，是歷代流傳的習慣，張衡所著《靈憲》一書中寫到：'蒼龍連蜷於左，白虎猛居於右……' 這説明東官（蒼龍）屬於左，西官（白虎）屬於右；再看歷代星圖，凡是左右同名的星或星組，都是左東右西，如婁宿的左更、右更，太微垣的左執法、右執法，大角星兩傍的左攝提、右攝提，軫宿的左轄、右轄等等，無一例外。從科學上來考慮，左右的顛倒也是不合理的。"從這條記録載月先入畢左股後入畢，及下文月掩畢右股大星來看，其左右方向均與傳統的方向不一致。

②月掩畢右股大星：月掩畢宿五。

③襲熒惑：襲也是侵犯之義。

四月戊午，月暈太微。

五月甲申望前，月蝕於午。①《洪範傳》曰："天子微弱，大法失中，不能立功成事，則月蝕望前。"時尒朱榮等擅朝也。

六月乙巳，月在畢大星北三寸許，光芒相掩。

八月庚申，月入畢口，犯左股大星。②辛丑，月入軒轅后星北，夫人南，直東過太白，犯次妃。占曰：“人君死。”又爲“兵起”。十二月，尒朱兆入洛，執帝，殺皇子，亂兵汙辱後宮，殺司徒公、臨淮王彧。

九月庚寅，月在參，暈昴、觜、參、井、歲鎮二星、五車三星。

十月辛亥，月暈東壁。

十一月辛丑，月在太白北，中不容指。

前廢帝普泰元年正月己丑，月在角，暈軫、角、亢，亦連環暈接北斗柄三星、大角、織女。③

五月甲申，月蝕盡。己未，月犯畢右股第一星，相去三寸許，光芒相及，又入畢口。④

十月癸丑，月暈昴、觜、參、東井、五車三星。占曰：“有赦。”是月，齊獻武王推立後廢帝，大赦天下。

後廢帝中興元年十一月甲申，月暈。

二年四月戊寅，月在箕蝕。

出帝太昌元年六月癸未，月戴珥。

九月甲寅，月入太微，犯屏星。

十月丙子，月在參蝕。

永熙二年十一月乙丑，月在畢，暈昴、觜、參兩肩、五車五星。

三年三月戊戌，月在亢蝕。

八月庚午，月在畢，暈昴、畢、觜、參、五車四星。占曰：“大赦。”是月戊辰，大赦天下。

孝靜天平元年十二月庚申，月在畢，暈昴、畢、觜、參兩肩、五車五星。

閏月庚子,月掩心中央星。

二年三月,月暈北斗第二星。⑤占曰:"糴貴兵聚。"是月,齊獻武王討山胡劉蠡升,斬之。三年,并、肆、汾、建諸州霜儉。壬申,月在婁,太白在月南一寸許,至明漸漸相離。

八月己卯,月在心,去心中央大星西廂七寸許。

十一月戊辰,月在心,掩前小星。

三年春正月丁卯,月掩軒轅大星。

二月丁亥,月蝕。

【注】

①月食發生於望時刻之前,以往很少見到這種天象爲占。

②月入畢口犯左股大星:月自西向東行,先入畢口,再犯其東的左股畢大星。這個記錄的左右股又與歷代的左右習慣一致,由此可見,觀測者自身所記的左右也常有混亂。

③暈接北斗柄三星大角織女:這三個星座距黃道均較遠,但月暈能够涉及。

④月犯畢右股第一星……又入畢口:先犯畢右股,後入畢口,合於歷代左右的習慣,由此再次證明觀測者自身記錄有方向方面的混亂。

⑤月暈北斗第二星:北斗第二星爲天璇。

八月癸未,月蝕。

十月丁丑,月在熒惑北,相去五寸許。

四年二月壬申,月掩五車東南星。①庚辰,月連環暈北斗。

八月癸未，月掩五車東南星。

元象元年三月丁卯，月掩軒轅大星。

六月癸卯，月蝕。

十月己亥，陰雲班駁，月在昴，暈胃、昴、畢。占曰：“大赦。”興和元年五月，大赦天下。丁未，月在翼，暈太微、軒轅、左角、軫二星。

十一月庚午，月在井，暈五車一星及東井、南北河。②占曰：“有赦。”興和元年十一月，大赦，改年。

興和元年八月辛丑，月在畢，暈畢、觜、參兩肩、五車。

九月丁巳，月在斗，犯魁第三星，相去三寸許，光芒相及。丁卯，月掩昴。

十二月甲午，月蝕。

二年八月己酉，月犯心中央大星。

三年春正月辛巳，月在畢，暈東井、參兩肩、畢，西轥昴、五車五星。占曰：“大赦。”武定元年正月，大赦，改元。

四月壬辰，月蝕。

八月丁巳，月在胃，暈畢、歲星、昴、婁、胃、五車一星，須臾暈缺復成。

四年十一月壬午，月在七星，暈熒惑、軒轅、太微帝坐。

十二月壬寅，月在昴，暈昴、畢、五車兩星。占曰：“有赦。”武定二年三月，齊獻武王歷冀定二州，因入朝，以今春亢旱，請蠲懸租，賑窮乏，死罪已下一皆原宥。

武定元年三月丙午，月蝕。

四年正月己未，月蝕軫。

六月癸巳，月入畢中。

九月癸亥，月在翼，暈軒轅、太微帝坐、熒惑。占曰："兵起。"是月，北徐州山賊鄭土定自號郎中，偷陷州城，儀同斛律平討平之。

五年正月乙巳，月犯畢大星、昴、東井、觜、參、五車三星。占曰："大赦。"五月丁酉朔，大赦天下。庚辰，月在張，暈軒轅大星、太微天庭。

七年九月戊午，月在斗，掩歲星。占曰："吳越有憂。[3]"是歲，侯景破建業，吳人餓死及流亡者不可勝數。

十一月丁卯，月蝕。

【注】

①五車東南星：指五車五星。

②南北河：南河與北河爲兩個星座，因南河戍星距黃道較遠，故很少涉及。

③月在斗……吳越有憂：斗的分野爲吳越一帶，故曰："吳越有憂。"

《魏書》卷一百五之三

天象志一之三第三

太祖皇始元年夏六月，有星彗于髦頭。①彗所以去穢布新也，皇天以黜無道，建有德，故或憑之以昌，或由之以亡。②自五胡蹂轢生人，力正諸夏，百有餘年，莫能建經始之謀而底定其命。是秋，太祖啓冀方之地，實始芟夷滌除之，有德教之音，人倫之象焉。終以錫類長代，修復中朝之舊物，故將建元立號，而天街彗之，蓋其祥也。③先是，有大黃星出于昴、畢之分，五十餘日。慕容氏太史丞王先曰：“當有真人起於燕代之間，大兵鏘鏘，其鋒不可當。”冬十一月，黃星又見，天下莫敵。④是歲六月，木犯哭星。木，人君也，君有哭泣之事。是月，太后賀氏崩。至秋，晉帝殂。

【注】

①有星彗于髦頭：有彗星出現於昴宿。《春秋緯》曰：“昴爲旄頭。”“主胡星，陰之象。”旄即髦，傳寫不同，其義一也。

②彗所以去穢布新也：除舊布新，即改朝換代，除去腐朽的舊皇朝，代之以新皇朝。《荆州占》曰：“彗星者，君臣失政。”京房曰：“君爲禍，

則彗星出。”鄭玄曰：“彗星主掃除。”文穎《注漢書》曰：“大法彗孛星，多爲除舊布新，改易君上，亦爲火災，長星多爲兵革。”石氏也曰：“掃星者……掃除凶穢，除舊布新，故言掃星。”所以作者在這裏説：“或憑之以昌，或由之以亡。”

③太祖啓冀方之地……蓋其祥也：太祖起事於河北之地，彗星出現於天街星的方位，正是有德之君興起的祥瑞。胃昴的分野爲趙，正與河北相對應。天街星介於昴畢之間，象徵介於“中國”與“胡人”相交之地。

④有大黃星出于昴畢之分：大黃星爲德星，出現於昴、畢之分即冀趙之地，象徵着趙地將出賢君。

　　二年六月庚戌，月奄金于端門之外。①戰祥也，變及南宮，是謂朝庭有兵。②時燕王慕容寶已走和龍，秋九月，其弟賀麟復糾合三萬衆，寇新市，上自擊之，大敗燕師于義臺，悉定河北。而晋桓玄等連衡内侮，其朝庭日夕戒嚴。是歲正月，火犯哭星。占有死喪哭泣事。秋八月，又守井鉞。占曰：“大臣誅。”十月，襄城王題薨。明年正月，右軍將軍尹國於冀州謀反，被誅。③

　　天興元年八月戊辰，木晝見胃。胃，趙代墟也。④□天之事。⑤歲爲有國之君，晝見者并明而干陽也。天象若曰：且有負海君，實能自濟其德而行帝王事。是月，始正封畿，定權量，肆禮樂，頒官秩。十二月，群臣上尊號，正元日，遂祼上帝于南郊。由是魏爲北帝，而晋氏爲南帝。⑥

【注】

　　①月掩金于端門之外：月掩太白，在端門外，此記録與志二完全一致，實爲重複。此處祇以金代替太白，以下月犯星記録大多與志二重複。
　　②戰祥也……是謂朝庭有兵：月犯太白爲戰争的徵兆。這種异常天象

出現在南宮，是朝庭有戰事的象徵。南宮，指太微垣。中國古代的天文學家以紫微垣爲中宮，以太微垣爲南宮。

③在《志》三和《志》四中夾有作者自注的注文。但觀其注文内容，均爲補入的天象記録和占辭等。由此看來，這些以小字出現的文字，均當屬正文的内容，而不必安排爲注文。

④胃趙代墟也：胃宿的地理分野，爲趙國和代國故地。

⑤□天之事：佚一關鍵之字，該句内容不詳，但據前後文義，當屬占辭。《開元占經》引郗萌曰：“將有倉困之事，占於胃。”可見或爲“倉天之事”。

⑥魏爲北帝而晋氏爲南帝：北魏興起，晋退居南方，南北長期對峙，故作者稱魏爲北帝，晋氏爲南帝。在占辭中二帝長期并列。晋亡後，又與宋、齊、梁并列。

元年十月至二年五月，月再掩東蕃上相。①相所以蕃輔王室而定君臣位。天象若曰：今下凌上替而莫之或振，將焉用之哉？且曰：中坐成刑，貴人奪勢。是歲，桓玄專殺殷仲堪等，制上流之衆，晋室由是遂卑。是歲五月，辰星犯軒轅大星。占曰：“女主當之。”三年三月至七月，月再犯鎮星于牽牛，又犯哭星。爲兵喪、女憂。或曰月爲强大之臣，鎮，所以正綱紀也。是爲强臣有干犯者，在吳越。②既而晋太后李氏殂，桓玄擅命江南，仍有艱故云。

三年三月，有星孛于奎，歷閣道，至紫微西蕃，入北斗魁，犯太陽守，循下台，轢南宮，履帝坐，遂由端門以出。③奎是封豨，剝氣所由生也。又殷徐州之次，桓玄國焉，劉裕興焉。④天象若曰：君德之不建，人之無援，且有權其列蕃，盜其名器之守而荐食之者矣；又將由其天步，席其帝庭，⑤而出號施令焉。至四年二月甲寅，有大流星衆多西行，歷牛、虚、危，絶漢津，貫太微、紫微。虛、危主靜人，牽牛主農政，皆負海之陽國也。⑥天象若曰：黎元⑦喪其所食，失其所係命，卒至流亡矣；上不能恤，又將播遷以從之。其後晉人有孫恩之難，而桓玄踵之，三吳連兵荐饑，西奔死亡者萬計，竟篡晉主而流之尋陽，既又劫之以奔江陵。是歲三月甲子，月生齒。占曰：「有賊臣。」七月丁卯，月犯天關。關，所以制畿封國也，月犯之，是爲兵起于郊甸。十月甲子，月又犯東蕃上相。占同二年。既而桓玄戮金陵，殺司馬元顯、太傅道子。是歲秀容胡帥亦聚衆反，⑧伏誅。

五年四月辛丑，月掩辰星，在東井。月爲陰國之兵，辰象戰鬥。⑨占曰：「所直野軍大起，戰不勝，亡地，家臣死。」冬十月，帝伐秦師于蒙坑，大敗之，遂舉乾壁，關中大震。其上將姚平赴水死。是月戊申，月暈左角。太史令晁崇奏：「角蟲將死。」上慮牛疫，乃命諸將併重焚車。丙戌，車駕北引。牛大疫，死者十有八九，官車所御巨犗數百，同日斃於路側，首尾相屬，麋鹿亦多死者。

五年三月戊子，太白犯五諸侯，晝見經天；九月己未，又犯進賢。⑩太白爲强侯之誡，犯五諸侯，所以興霸形也。是時桓玄擅征伐之柄，專殺諸侯，以弱其本朝，卒以干君之明而代奪之。故皇天著誡焉，若曰：夫進賢興功，大司馬之官守也，而今自殘之，君於何有焉。是冬十月，客星白若粉絮，出自南宮之西，十二月入太微，亂氣所由也。以距乏之氣而乘粹陽之天庭，適足以驅除焉爾。明年，竟篡晉室，得諸侯而不終。是歲五月丙申，月犯太微；十月乙卯，又如之。月者太陰，臣象，太微正陽之庭，不當橫行其中，是謂朝庭間隙，强臣不制，亦桓玄之誡也。又占曰：「貴人有坐之者。」明年七月，鎮西大將軍、毗陵王順以罪還第，亦是也。

【注】

①此兩條記録與志二重複，故中華書局校點本考證認爲此元年十月的"十"之後當脱"一"字。

②由於月犯上相，故曰"貴人奪勢"；辰星犯軒轅，故曰"女主當之"；月再犯鎮星於牽牛，故曰應在吳越。上相爲貴人，軒轅爲女主，牽牛分野爲吳越，故有是占。

③天興三年三月的彗星，天象記録非常具體，首見出於奎宿，經過閣道星，到紫微垣的西蕃，又進入北斗斗魁之中，再犯太陽守星，循着下台星轉入太微垣，又入帝座，最後由左右執法的端門出而消失。

④奎是封豨……劉裕興焉：奎是封豨即大豬，在分野上對應於徐州。桓玄於東晋末年興兵於南兖州，故曰桓玄國焉，曾一度控制東晋朝政，後被劉裕討滅。劉裕也爲徐州人，是劉宋的開國皇帝，故曰劉裕興焉。彗星出奎，占語謂與徐州的人事變化有關。

⑤由其天步席其帝庭：指彗星行經的綫路，而達到太微垣即帝庭的位置。

⑥皆負海之陽國：指虛危對應的青州和牽牛對應的吳越均爲近海之國，位於南方，故又稱陽國。

⑦黎元：百姓人民。

⑧是歲秀容胡帥亦聚衆反：中華書局校點本考證，據文義是歲當爲天興四年，據《志》二則事在五年十一月，又諸本"胡帥"皆爲"胡師"。今據《志》二改。

⑨辰象戰鬥：《荆州占》曰："辰星主刑獄。"《洪範五行傳》曰："辰星……爲水災，爲四時不和。"

⑩九月己未（太白）又犯進賢：九月無"己未"。中華書局校點本據《宋書·天文志》考爲元興元年（魏天興五年）九月癸未。

五年七月己亥，月犯歲星，在鶉火鳥帑，南國之墟也。①至天賜元年二月甲辰又掩之，在角。角爲外朝，而歲星君也。天象若曰：有強大之臣干君之庭，以挾其主而播遷于外。是歲桓玄之師敗績于劉裕，玄劫晉帝以奔江陵。至五月，玄死，桓氏之黨復攻江陵，陷之，凡再劫天子云。先是，六年六月甲辰，月掩斗魁第四星；至天賜元年五月壬申，又掩斗魁第三星；二年八月丁巳，又犯斗第一星。斗為吳分。大人憂，將相戮，宮中有自賊者。及桓玄伏誅，貴臣多戮死者。江南兵革十餘歲乃定，故謫見于斗。

　　天賜二年四月己卯，月犯鎮星，在東壁；七月己未又如之；十月丁巳又掩之，在室。夫室星，所以造宮廟而鎮司空也。②占曰：“土功之事興。”明年六月，發八部人，自五百里內繕修都城，魏於是始有邑居之制度。或曰，北宮後庭，人主所以庇衛其身也，鎮主后妃之位，存亡之基。而是時堅冰之漸著矣，故犯又掩再三焉。占曰：“臣賊君邦，大喪。”是歲三月丁酉，月犯心前星；三年二月，月犯心後星；四年二月，又如之。心主嫡庶之禮。占曰：“亂臣犯主，儲君失位，庶子惡之。③”先是，天興六年冬十月至元年四月，月再掩軒轅。占曰：“有亂易政，后妃執其咎。”三年五月壬寅，熒惑犯氐。氐，宿宮也。天戒若曰：是時蠱惑人主而興內亂之萌矣，亦自我天視而修省焉。及六年七月，宣穆后以強死，太子微行人間，既而有清河、萬人之難。二年八月，火犯斗；丁亥，又犯建。④斗為大人之事，建為經綸之始，此天所以建創業君。時劉裕且傾晉祚，而清河之釁方作矣，帝猶不悟。至是歲九月，火犯哭星。其象若曰：將以內亂，至于哭泣之事焉。由是言之，皇天所以訓劫殺之主熟矣，而罕能敦復以自悟，悲夫！

　　二年八月甲子，熒惑犯少微；⑤庚寅，犯右執法；癸卯，犯左執法；⑥十一月丙戌，太白掩鉤鈐。⑦皆南邦之讁也。⑧火象方伯，金爲强侯，少微以官賢材而輔南宮之化，執法者威令所由行也。天象若曰：夫禄去公室，所由來漸矣，始則奮其賢材以爲其本朝，終以干其鈐鍵而席其威令焉。至三年十二月丙午，月掩太白于危。危，齊分也。⑨占曰：“其國以戰亡。”丁未，金、火皆入羽林。四年正月，太白晝見奎。是謂或稱王師而干君明者。占曰：“天下兵起，魯邦受之。⑩”二月癸亥，金、火、土、水聚于奎、婁。徐魯之分也。四神聚謀，所以革衰替之政，定霸王之命。⑪五月己丑，金晝見于參。天意若曰：是將自植攻伐，以震其主，而代奪之云爾。八月辛丑，熒惑犯執法；⑫九月，遂犯進賢。與桓氏同占。是時，南燕慕容氏兼有齊魯之墟，不務修德，而驟侵晉淮、泗。六年四月，劉裕以晉師伐之，大敗燕師于臨朐，進克廣固，執慕容超以歸，戕諸建康。於是專其兵威，荐食藩輔，篡奪之形由此而著云。二年三月，月掩左執法；三年四月，又犯西蕃上將；己未，犯房次相；六月，火犯房次將。⑬三年七月，太尉穆崇薨。四年，誅定陵公和跋，殺司空庾岳。又四年六月，火犯水左翼。八月，金掩火，犯左執法。占曰：“大兵在楚，執法當之。”至五年，火犯天江。占曰：“水賊作亂。”六月，金犯上將，又犯左執法。其後盧循作亂於上流，晉將何無忌戰死，左僕射孟昶仰藥卒，劉裕自伐齊奔命，僅乃克之。

【注】

①在鶉火鳥帑南國之墟也：在鶉火的鳥星尾宿之處，是南方之國的地界。南方之國，指荆楚之地。

②又掩之在室……所以造宮廟而鎮司空也：月犯鎮星，且在室宿，室宿爲宮廟的象徵，由司空主管，故曰“鎮司空也”。

③月犯心後星：月亮凌犯心宿三。據星占說，心大星爲君主，前星爲

太子，後星爲庶子，今犯之，故占曰臣犯主，儲君失位，庶子惡之。

④二年八月……丁亥（火）又犯建：據中華書局校點本考證，八月無"丁亥"，中華書局校點本考證疑誤以義熙二年爲天賜二年，又訛"丁巳"爲"丁亥"。

⑤熒惑犯少微：郗萌曰："熒惑犯少微，賢士有讓善者。"石氏曰："熒惑犯守少微，名士有憂。王者任用小人，忠臣被害，有死者。"

⑥癸卯：據中華書局校點本考證，本月無"癸卯"。疑當爲"癸未"。

⑦太白掩鈎鈐：《海中占》曰："太白入鈎鈐，王室大亂。"《文曜鈎》曰："太白入鈎鈐，主德移。"石氏曰："太白犯房鈎鈐，王者憂。"

⑧皆南邦之謫也：都爲南邦之災咎。

⑨危齊分地：《晋書·天文志》曰："虛、危、齊，青州。"

⑩太白晝見奎……魯邦受之：奎的分野爲魯，故曰魯邦受之。

⑪四神聚謀……定霸王之命：四星相聚，王者興。

⑫八月辛丑熒惑犯執法：八月無"辛丑"，中華書局校點本據《宋志》考爲義熙三年（魏天賜四年）八月辛卯。

⑬犯房次相次將：《海中占》曰："房上第一星上相，次星次相；下第一星上將，次星次將。"

六年六月，金、火再入太微，犯帝座，蓬、孛、客星及他不可勝紀。①太史上言，且有骨肉之禍，更政立君，語在帝紀。冬十月，太祖崩。夫前事之感大，即後事之災深，故帝之季年妖怪特甚。是歲二月至九月，月三犯昴。昴爲白衣會，宮車晏駕之徵也。十二月辛丑，金犯木於奎。占曰："其君有兵死者。"既而慕容超戮于晋。是歲四月，火犯水于東井。②其冬，赫連氏攻安定，秦主興自將救之，自是侵伐不息。或曰："水火之合，内亂之形也。"時朱提王悦謀反，賜死。

太宗永興二年五月己亥，月掩昴。昴爲髦頭之兵，虜君憂之。是月，蠕蠕社崙圍長孫嵩于牛川，上自將擊之，社崙遁走，道死。六月甲午，太白晝見。占曰："爲不臣。"七月，月犯鬼。占曰："亂臣在內。"明年五月，昌黎王慕容伯兒謀反，誅之。是歲三月至秋八月，月三掩南斗第五星。斗，吳分也。且曰："强大之臣有干天祿者，大人憂之。"是月乙未，太白犯少微，晝見；九月甲寅，進犯左執法。占曰："且有杖其霸刑，以戮社稷之衛而專威令者，徵在南朔。③"先是，三月丁卯，月掩房次將；六月己丑，又如之；八月甲申，犯心前星。占曰："服輗者當之，君失馭，徵在豫州。"時劉裕謀弱晉室，四年九月，專殺僕射謝混，因襲荆州刺史劉毅于江陵，夷之。明年三月，又誅晉豫州刺史諸葛長人，其君托食而已。是歲八月壬子，太白犯軒轅大星。④占曰："有亂易政，女君憂。"三年十一月丙午，金犯哭星。午，秦地。四年八月戊申，月犯哭星。申，晉地。是月，晉后王氏死；其後姚主薨。

【注】

①金火再入太微……客星及他不可勝紀：天賜六年六月這次金星、火星入太微犯帝座，還伴隨着蓬星、孛星和客星等出現，故太史上言説將有骨肉之禍，更政立君。語言非常直接。當年十月，太祖就死了。

②火犯水于東井：東井爲秦之分野，故有秦主救安定之戰。

③月三掩南斗第五星……徵在南朔：月掩南斗，南斗分野在吳越，故曰應徵在南方。

④是歲八月壬子太白犯軒轅大星：據中華書局校點本考證，八月無"壬子"，《宋志》在義熙六年（魏永興二年）八月壬午，疑"壬子"爲"壬午"之訛。

三年六月庚子，月犯歲星，在畢；八月乙未，又犯之，在參；四年正月又蝕，在畢。直徵垣之陽，參在山河之右。①歲星所以阜農事安萬人也。占曰："月仍犯之，邊萌阻兵而荐饑。”是歲六月癸巳，金、木合于東井；七月甲申，金犯土于井。占曰：“其國內兵，有白衣之會。”十一月，土犯井；十二月癸卯，土犯鉞。土主疆理之政，存亡之機也，是爲土地分裂，有戮死之君，徵在秦邦。至五年二月丙午，火、土皆犯井。占曰：“國有兵喪之禍，主出走。”是月壬辰，歲、鎮、熒惑、太白聚于井。將以建霸國之命也，其地君子憂，小人流。又自三年四月至五年三月，熒惑三干鬼。主命者將夭而國徙焉。是時雍州假王霸之號者六國，而赫連氏據朔方之地，尤爲强暴，荐食關中，秦人奔命者殆路。[②]間歲，姚興薨而難作于內。明年，劉裕以晋師伐之，秦師連戰敗績，執姚泓以歸，戕諸建康。既而遺守內攜，長安淪覆焉。或曰：自上黨并河、山之北，皆鬼星、參、畢之郊也。五年四月，上黨群盜外叛。六月，濩澤人劉逸自稱三巴王。七月，河西胡曹龍入蒲子，號大單于。十月，將軍劉潔、魏勤擊吐京叛胡失利，勤力戰死，潔爲所虜。明年，赫連屈孑寇蒲子、三城，諸將擊走之。其餘災波及晋、魏，仍其兵革之禍。二年九月，土犯畢，爲疆場之兵。三年七月，木犯土于參。占曰：“戰敗，亡地，國君死。”四年十月，月掩天關。其災同上。參，外主巴蜀。[③]其後晋師伐蜀，戕其主譙縱。先是，四年閏月，月犯熒惑，在昴；七月，又蝕之。五年，將軍奚斤討越勤，大破之。明年，禿髮氏降于西秦，其君傉檀戮死。

【注】

①直徼垣之陽參在山河之右：直襲垣曲的南面，參的分野，對應於山河的右面。參宿的分野是魏，對應於山西南部，垣爲垣曲、垣縣的省稱，

爲魏晉的發祥地。

②金、火、土均犯東井，又金、木、土、火四星聚於東井，均爲秦雍之地災變之應。

③參外主巴蜀：《開元占經·分野略例》說："畢、觜、參，魏之分野……屬益州。"益州主要對應於巴蜀，故有此説。

神瑞元年二月，填入東井，犯天尊，旱祥也。①天象若曰：土失其性，水源將壅焉；施于天尊，所以福祚寡之萌也。先是，去年九月至于五月，歲再犯軒轅大星；八月庚寅至二年三月，填再犯鬼積尸。歲星主農事，軒轅主雪霜風雨之神，返覆由之，所以告黃祇也。②土爰稼穡，鬼爲物之精氣，是謂稼穡潛耗，人將以饉而死焉。一曰大旱。是後，京師比歲霜旱，五穀不登，詔人就食山東，以粟帛賑乏，語在《崔浩傳》。③先是，月犯歲于畢。占曰："饑在晋代，亦其徵。"又鬼主秦，旱在秦邦④至二年，太史奏，熒惑在輿鬼中，一夜忽亡失之，後出東井，語在《崔浩傳》。既而關中大旱，昆明枯涸。是歲四月癸丑，流星晝見中天，西行。占曰："營頭所首，野有覆軍，流血西行，謫在秦邦。⑤"而魏人觀之，亦王師之戒也。天若戒魏師曰：是擁衆而西，固欲干君之明而代奪之爾，姑息人以觀變，無庸禦焉。先是，五年三月，月犯太白于參；八月庚申，又犯之。參，魏分野。占曰："强侯作難，國戰不勝。"九月己丑，月犯左角；是歲三月壬申，又蝕之。是謂以剛晋之兵合戰而偏將戮，徵在兗州。二年四月，太白入畢，月犯畢而再入之。占曰："大戰不勝，邊將憂，魏邦受之。"六月己巳，有星孛于昴南。天象若曰：且有驅除之雄，勿用距之于朔方矣。⑥明年七月，劉裕以舟師泝河。九月，裕陷我滑臺，兗州刺史尉建以畏懦斬。時崔浩欲勿戰，上難違衆議，詔司徒嵩率師迓之，及晉人戰于畔城，魏師敗績，語在《崔浩傳》。裕既定關中，遽歸受禪，既而赫連氏并之，遂竊尊號云。自元年正月至泰常元年十月，月三犯畢，再入之，再犯畢陽星。⑦占曰：“邊兵起，貴人有死者。”元年十二月，蠕蠕犯塞，上自將，大破之。二年，上黨胡反，詔五將討平之。泰常元年，長樂、河間、南陽王皆薨。二年，豫章王又薨，常山霍季聚衆反，伏誅。

【注】

①填入東井……旱祥也：甘氏曰：“填星守東井，其歲五穀不登。”石氏曰：“填星守東井，爲旱，赤地千里。”故曰旱祥。

②軒轅主……所以告黃祇也：軒轅爲黃帝的號，所以告黃帝之神位。

③一曰大旱……語在崔浩傳：見《魏書·崔浩傳》，崔浩反對遷都之議，建議分民就食山東。

④鬼主秦旱在秦邦：按分野理論，井鬼爲秦，應在前，填再犯鬼積尸，故有下文關中大旱之説。

⑤流血西行……謫在秦邦：流星見於中天且西行，西方爲秦，故曰謫在秦邦。謫：天譴。

⑥有星孛于昴南……勿用距之于朔方矣：昴爲“胡星”，彗星犯昴，“胡人”有咎，故曰勿用距之朔方矣。朔方，北方，古代認爲“胡人”之地。

⑦再犯畢陽：再犯畢宿南部。

二年四月辛巳，有星孛于天市。五月甲申，彗星出天市，掃帝座，在房心北。市所以建國均人心，宋分也。①國且殊號，人將更主，其革而爲宋乎？先是，往歲七月，月犯鈎鈐；十一月，月食房上相；至元年二月，又如之。天象若曰：尚尸鈐鍵之位，君憑而尊之者，又將及矣。是歲八月，金、木合于翼。占曰："且有内兵，楚邦受之。②"至泰常二年正月，晋荆州刺史司馬休之、雍州刺史魯宗之爲劉裕所襲，皆出奔走。③是歲十月，鎮星守太微，七十餘日。占曰："易代立王。"其三年三月癸丑，太白犯五諸侯，如桓氏之占。七月，有流星孛于少微，以入太微。自劉氏之霸，三變少微以加南宫矣。④始以方伯專之，中則霸形干之，又今孛政除之。馴而三積，堅冰至焉。是月，辰星見東方，在翼，甚明大。翼，楚邦也，是爲冢臣干明，賊人其昌。先是，五年十一月壬子，辰星出而明盛非常。至泰常二年十二月庚戌，辰星過時而見，光色明盛。是爲强臣有不還令者。至是又如之，亦三至焉。或曰辰星以負北海，亦魏將大興之兆。

九月，長彗星孛于北斗，軼紫微，辛酉，入南宫，凡八十餘日。十二月，彗星出自天津，入太微，逕北斗，干紫宫，犯天棓，⑤八十餘日，及天漢乃滅，語在《崔浩傳》。是歲，晋安帝殂，後年而宋篡之。夫晋室雖微，泰始之遺俗也，蓋皇天有以原始篤終，以哀王道之淪喪，故猶著二微之戒焉。神瑞二年四月，木入南宫，加右執法；五月，火又如之。八月，金入自掖門，掩左執法；泰常元年六月，又由掖門入太微。五月，火犯執法。是冬，土守天尊而月掩之。三年八月，土又入太微，犯執法，因留二百餘日。九月，金又犯右執法。十月，火犯上將，因留左掖門内二十日，乃逆行；四年三月，出西蕃，又還入之，繞填星成句巳；四月丙午，行端門出。⑥皆晋氏之謫也。自晋滅之後，太微有變多應魏國也。

泰常三年十月辛巳，有大流星出昴，歷天津，乃分爲三，須臾有聲。占曰："車騎滿野，非喪即會。⑦"明年四月，帝有事于東廟，蕃服之君以其職來祭者，蓋數百國也。是歲正月己酉，月犯軒轅；四月壬申，又犯填星，在張；四年五月，辰星又犯軒轅。占曰：“國有喪，女君受之。”明年五月，貴人姚氏薨，是爲昭哀皇后。六月，貴嬪杜氏薨，是爲密后。先是，二年九月，火犯軒轅；三年八月，金又犯之。占同也。

四年，自正月至秋七月，月行四犯太微。天象若曰：太微粹陽之天庭，月者臣也，今横行轢之，不已甚乎。先是，元年五月，月犯歲星，在角。是歲七月，月又犯歲星。明年，宋始建國。後年而晉主殂，裕鴆之也。昔桓氏之難，月再干歲星，再劫其主。至是，亦再犯之而再勒其君，極其幽逼之患，而濟以篡殺之禍，斯謂之甚矣。先是，三年九月，月犯火于鶉尾；十二月，又犯火于太微。是歲五月，月犯太白，在井；十月，又犯之，在斗，⑧且再犯井星。皆有兵水大喪，諸侯有死者。七月，雁門、河内大水。⑨五年三月，南陽王意文死。十一月，西涼李歆爲沮渠所滅，晉君亦殂，秦、吳亡之應。

【注】

①彗星出天市……宋分也：天市垣中有帝座星，在房宿、心宿的北部。心宿、房宿的分野爲宋，故曰“宋分也”。

②金木合于翼……楚邦受之：翼軫的分野爲楚，故曰“楚邦受之”。

③至泰常二年正月……爲劉裕所襲皆出奔走：中華書局校點本考證，劉裕攻司馬休之，據《宋書·武帝紀》在義熙十一年（魏神瑞二年），次年魏改年泰常。《志》二誤“神瑞”爲“泰常”，此又承其誤。

④三變少微以加南宮矣：三次凌犯少微星，這種天象，對應於南方政權。

⑤彗星出自天津……及天漢乃滅：關於這次彗星的運行，其時間和路徑記載都十分詳細。其路綫爲首見於天津星，入太微，北上經過北斗，又犯紫微，次犯天棓星，最後消失在銀河之中。

⑥四月丙午行端門：泰常四年四月無“丙午”，中華書局校點本考證

據《宋書·天文志》爲元熙元年（魏泰常四年）四月丙戌。這裏記載了太微垣中的幾座門。據《黄帝占》曰："太微，天子之宫。西蕃四星，南北列。南端第一星爲上將，北間爲太陽西門，門北一星爲次將；北間爲中華西門，門北一星爲次相；北間爲太陰西門，北端一星爲上相。東蕃四星，南北列。南端第一星爲上相；北間爲太陽東門，門北一星爲次相；北間爲中華東門，門北一星爲次將；北間爲太陰東門，北端一星爲上將。南蕃兩星，東西列，其西星爲右執法，其東星爲左執法，廷尉尚書之象。兩執法之間，太微天廷端門也。右執法西間爲右掖門，左執法之東爲左掖門。"

⑦大流星出昴……非喪即會：大流星從昴星出現，不是死喪，就是白衣會。即都是要死人的。上古文獻有《文曜鉤》曰："流星入昴，四夷交兵，白衣之會。"《甄曜度》曰："流星出昴，胡兵起，士衆滿野。"這些説法所主張的核心都是一致的。

⑧十月又犯之在斗：據中華書局校點本考證，按《志》二，時在泰常二年十一月。

⑨七月雁門河内大水：據中華書局校點本考證，卷三《太宗紀》在八月。

五年十一月乙卯，熒惑犯填星，在角。角，外朝也，土爲紀綱，火主内亂，會于天門，王綱將紊焉。占曰："有死君逐主，后妃憂之。"十二月，月蝕熒惑，在亢。亢，内庭也。①占曰："君薨而亂作于内，貴臣以兵死。"是月，客星見于翼。翼，楚邦也。占曰："國更服，邊有急，將軍或謀反者。"六年二月，月食南斗杓星。十月乙酉，金、土鬭于亢。占曰："内兵且喪，更立王公。②"又兗州，陳、鄭之墟也，③有攻城野戰之象焉。至七年正月，犯南斗；三月壬戌，又犯之。斗爲人君受命，又吳分。是歲五月，宋武殂。秋九月，魏師侵

宋北鄙。十一月，攻滑臺，克之。明年，拔虎牢，陷金
墉，屠許昌，遂啓河南之地。八年，宋太后蕭氏死，既
大臣專權，遷殺其主，卒皆伏誅。自五年八月至七年十二月，熒惑
一守軒轅，再犯進賢，再犯房星，月一犯軒轅及房。皆女君大臣之戒。是時陽平、
河南王、太尉穆觀相次薨，而宋氏廷臣乘釁以侮其主，竟以誅死云。或曰火犯土、
尢爲饑疾。時官軍陷武牢，會軍大疫，死者十二三。是冬，詔稟饑人。

六年六月壬午，有大流星出紫宮。占曰：“上且行
幸，若有大君之使。”明年，駕幸橋山，祠黃帝，東過
幽州，命使者觀省風俗。十月，上南征。八年春，步自
鄴宮，遂絕靈昌，至東郡，觀兵成皋，反自河內，登太
行山，幸高都，飲至晉陽焉。

七年二月辛巳，有星孛于虛、危，向河津。占曰：
“玄枵所以飾喪紀也，宗廟并起，司人疑更謀，有易政之
象。”十一月甲寅，彗星出室，掃北斗，及于□門。占
曰：“内宮幾室，主命將，易塞垣，有土功之事，其地
又齊、衛也。④”八年正月，彗星出奎南長三丈，東南
掃河。奎爲荐食之兵，徐方之地。占曰：“西北之兵伐
之，君絕嗣，天下饑。”七年十二月，帝命壽光侯叔孫
建徇定齊地。八年春，築長城，距五原二千餘里，置守
卒，以備蠕蠕。冬十月，大饑。十一月己巳，上崩于西
宮。明年，宋廢其主。由是南邦日蹙，齊衛之地盡爲兵
衝。及世祖即政，遂荒淮沂以負東海云。八年二月丙寅，火守
斗，亦南邦之讁也。十一月，彗星孛于土司空。⑤司空主疆理邦域，且曰有土功哭泣
事。後年，赫連屈子薨，太武征之，取新秦之地，由是征伐四克，提封萬里云。

世祖始光元年正月壬午，月犯心大星。心爲宋分，
中星者君也，月爲大臣，主刑事。是歲五月，宋權臣徐

羨之、謝晦、傅亮放殺其主，而立其弟宜都王，是爲宋文帝。至十月，火犯心。天戒若曰：是復作亂以干其君矣。十月壬寅，大流星出天將軍，西南行，殷殷有聲。占曰："有禁暴之兵，上將督戰，以所首名之。"三年正月，歲星食月在張。張，南國之分。⑥歲之於月，少君之象，今反食之，且誅强大之臣。是月，羨之等戮死，謝晦興江陵之甲以伐其君，宋將檀道濟帥師禦之，晦又奔潰伏誅。或曰：是歲上伐赫連氏，入其郛。夏都直代西南，亦奔星應也。

二年五月，太白晝見經天。占曰："時謂亂紀，革人更王。"六月己丑，火入羽林，守六十餘日。占曰："禁兵大起，且有反臣之戒。"⑦

【注】

①角外朝也……亢內庭也：角宿爲天子外庭，亢宿爲天子內庭。如石氏認爲角爲天門，三光之道；亢爲朝廷。

②由於亢爲內庭，故占曰："內兵且喪，更立王公。"

③兗州陳鄭之墟：《開元占經·分野略例》曰："角、亢，鄭之分野。……《詩·風》陳、鄭之國與韓同星分焉。"

④有土功之事其地又齊衛也：以上載有星孛於虛危，彗星出室，據《開元占經·分野略例》："須女、虛，齊之分野……危、室、壁，衛之分野。"故占曰有"土功之事"，其地齊、衛。

⑤彗星孛于土司空：石氏曰："司空，水土司察者。"《巫咸贊》曰："土司空，主界域，族神，土粪。"故曰有土功。

⑥歲星食月在張……南國之分：按分野，張爲周分，三河之地。月食歲星，按星占當爲君有咎，今反過來説，歲星食月（實際是不可能的），便發生少君誅强臣之事。

⑦火入羽林：有兵事。羽林軍爲禁兵，故占曰："禁兵大起。"

三年十月，有流星出西南而東北行，光明燭地，有聲如雷，鳥獸盡駭。占曰："所發之野有破國遷君，西南直夏而首于代都焉。著而有聲，盛怒也。"

四年五月辛酉，金、水合于西方。占曰："兵起，大戰。"先是，三年正月，宋人有謝氏之難，王卒盡出。冬十一月，上伐赫連昌，入其郛，徙萬餘家以歸。是歲復攻之，六月，大敗昌于城下，昌奔上邽，遂拔統萬，盡收夏器用，虜其母弟妻子，由是威加四鄰，北夷讋焉。

神䴥元年五月癸未，太白犯天街。占曰："六夷髦頭滅。"二年五月，太白晝見。占曰："大兵且興，強國有弱者。"是月，上北征蠕蠕，大破之，虜獲以鉅萬計，遂降高車，以實漠南，闢地數千里云。

三年六月，火犯井、鬼，入軒轅。占曰："秦憂兵亂，有死君。又旱饑之應。①"丙子，有大流星出危南，入羽林。占曰："兵起，負海國與王師合戰。②"是歲，自三月至十月，太白再犯歲星，月又犯之。占曰："有國之君或罹兵刑之難者，且歲饉。"十二月丙戌，流星首如甕，長二十餘丈，大如數十斛船，色正赤，光燭人面，自天船及河，抵奎大星，及于壁。③占曰："天船以濟兵車，奎為徐方，東壁，衛也，是為宋師之祥。昭盛者，事大也。"是歲六月，宋將到彥之等侵魏，自南鄙清水入河，泝流而西，④列屯二千餘里。九月，帝用崔浩策，行幸統萬，遂擊赫連定於平涼。十二月，克之，悉定三秦地。明年，大師涉河，攻滑臺，屠之，宋人宵遁。是時，赫連定轉攻西秦，戮其君乞伏慕末。吐谷渾慕容瑨又襲擊定，虜之，以強死者，再君焉。是歲二月，定州大饉，詔開倉賑乏。或曰：奎星羽獵，理兵象也；⑤流星抵之而著大，是為大人之事。冬十月，上大閱于漠南，甲騎五十萬，旌旗二千餘里，又明盛之徵。四年，金、火入東井，火又犯天户；⑥明年正月，又犯鬼。⑦占曰："秦有兵喪。"而至秦夏出夷威，沮渠蒙遜又死，氐主楊難當陷宋之漢中地云。

四年三月，有大流星東南行，光燭地，長六七丈，食頃乃滅，後有聲。占曰："大兵從之。"是時諸將方逐宋師，至歷城不及。有聲，駿奔之象也。四月辛未，太白晝見于胃。胃為趙分。⑧五月，太白犯天關；十月丙辰，月又掩之。⑨天關外主勃、碣，山河之險窮焉。占曰："兵革起。"九月丙寅，有流星大如斗，赤色，發太微，至北斗而滅。太微，禮樂之庭，且有昭德之舉，而述宣王命，是以帝車受之。是月壬申，有詔徵范陽盧玄等三十六人，郡國察秀、孝數百人，且命以禮宣喻，申其出處之節。明年六月，上伐北燕，舉燕十餘郡，進圍和龍，徙豪傑三萬餘家以歸。四年八月，金入太微，亦君自將兵象。明年正月庚午，火入鬼。占曰："秦有死君。"四月己丑，太白晝見，為不臣。其後秦王赫連昌叛走伏誅之應也。

【注】

①火犯井鬼：火與井犯，為水火，故有旱饑之應。又井鬼二宿分野為秦，故占曰"秦憂兵亂"。

②負海國：靠近海的國家，指齊國和吳越國等。

③流星……及于壁：這條記錄詳盡地記錄了所見神麚三年十二月丙戌大流星出現的狀態，流星的頭部象甕般大小，尾長二十餘丈（二十餘度），

大到如可裝載數十斛糧食的船，赤色，其光亮可照見人的臉面，從天船星處出現，流入銀河，到達奎大星，最後隱没於壁宿。

④泝流而西：溯流西上。"泝"同"溯"。

⑤奎星羽獵理兵象也：《石氏贊》曰："奎主軍，兵禁不時，故置將軍以領之。"又曰："奎主庫兵，秉統制政功以成。"故此處占曰"兵象也"。

⑥天户：天關星。郗萌曰："天關，天門也。"故曰天户。

⑦明年正月又犯鬼：中華書局校點本考證，諸本"正月"作"五月"，百衲本作"正月"，而《宋書·天文志》有元嘉九年正月庚午熒惑入輿鬼，與百衲本合。今從之。

⑧胃爲趙分：《開元占經·分野略例》曰："胃、昴，趙之分野。"故有此説。

⑨十月丙辰月又掩之：中華書局校點本考證，諸本無"月"字。據考當補"月"字。

延和元年七月，有大流星出參左肩，東北入河乃滅。參主兵政，晋、魏墟也，①山河所首，推之大兵將發于魏以加燕國。八月癸未，太白犯心前星；乙酉，又犯心明堂。占曰："有亡國，近期二年。"十二月，有流星大如甕，尾長二十餘丈，奔君之象。比歲連兵東討，至太延二年三月，燕後主馮文通去國奔高麗。元年四月，月犯左角；五月，月掩斗；七月，月食左角。皆占曰："兵大起。"其後征西將軍金崖、安定鎮將延普、涇州刺史狄子玉争權，崖及子玉舉兵攻普不克，據胡空谷反，平西將軍陸俟討獲之。

三年三月丙辰，金晝見，在參。魏邦戒也。閏月戊寅，金犯五諸侯。占曰："四滑起，官兵起亂。"疑己丑，月入井，犯太白。占曰："兵起合戰，秦邦受之。"七月，上幸隰城，詔諸軍討山胡白龍，入西河。九月，克之，伏誅者數千人。而宋大將軍、彭城王義康方擅威福，後竟幽廢。是歲二月庚午，月犯畢口而出，因暈昂及五車。占曰："貴人死。"五月甲子，陰平王求薨。

太延元年五月，月犯右執法；九月，火犯太微上將，又犯左執法；十月丙午，月犯右執法；二年二月，月犯東蕃上相；三月，月及太白俱犯右執法及上相；三年八月，火犯左執法及上將；五年二月，木逆行犯執法。皆大臣謫也。元年十月，左僕射安原謀反，誅。三年正月，征東大將軍、中山王纂，太尉、北平王長孫嵩，鎮南大將軍、丹陽王叔孫建皆薨。其後，宋大將軍義康坐徙豫章，誅其黨與，僕射殷景仁亦尋卒焉。元年五月，彗出軒轅；二年正月，月犯火，月，后妃也；三年七月，木犯軒轅；至五年七月，月掩填星。并女主謫也。②真君元年，太后竇氏殂，宋氏皇后亦終。或曰彗出軒轅，女主有爲寇者。其後沮渠氏失國，實公主潛啓魏師。

二年五月壬申，有星孛于房。占曰："名山崩，有亡國。③"八月丁亥，木入鬼，守積尸；十一月辛亥，又犯鬼。鬼秦分，天戒若曰：涼君淫奢無度，財力窮矣，將喪國，身爲戮焉。二年正月、四年十一月，月皆犯井，亦爲秦有兵刑。

【注】

①參主兵政晉魏墟也：《開元占經》引《西官候》曰："參左大星，左將軍也；右大星，右將軍也；中央三星，三將軍；又三小星，小將軍也。"故本志曰"參主兵政"。又參之分野爲晉、魏，故説參爲晉、魏之墟。

②并女主謫：軒轅爲女主之象，月爲后妃之象，均與月和軒轅有關，故曰"并女主謫"。謫，罪咎。

③有星孛于房……有亡國：《荆州占》曰："彗孛星於房，赤帝之後受

命，人主凶，有亡國。"故本志有此占語。

三年正月壬午，有星晡前晝見東北，①在井左右，色黃，大如橘。魏師之應也。黃星出于燕墟而慕容氏滅，今復見東井，凉室亡乎?②四年四月己酉，華山崩。華山，西鎮也。天又若曰：星孛于房，既有徵矣，鎮傾而國從之。先是，元年十二月，金犯羽林；二年十二月至四年十一月，火再入之。五年五月，太白晝見胃、昴，入羽林，遂犯畢。畢又邊兵也。六月，上自將西征。秋八月，進圍姑臧。九月丙戌，沮渠牧犍帥文武將吏五千餘人面縛來降。明年，悉定凉地。或曰星孛于房，爲大臣之事，又饉祥也。火入鬼，犯軒轅，又稼穡不成。自元年已來，將相薨尤衆。至真君元年，州鎮十五盡饉。

四年十月壬戌，大流星出文昌，入紫宮，聲如雷。天象若曰：將相或以全師禦衛帝宮者，其事密近，有震驚之象焉。明年六月，帝西征，詔大將軍嵇敬等帥衆二萬屯漠南，③以備暴寇。九月，蠕蠕乘虛犯塞，遂至七介山，京師大駭，司空長孫道生等并力拒之，虜乃退走。是月壬午，有大流星出紫微，入貫索，長六丈餘。占曰："有大君之命。"貫索，賤人牢也。明年，帝命侍臣行郡國，觀風俗，問其所疾苦云。

真君二年七月壬寅，填星犯鉞。鎮者，國家所安危，而爲之綱紀者也，其嬰鈇鉞之戮而君及焉。自元年十一月至此月，歲星三犯房上相。歲星爲人君，今反覆由之，循省鈎鈐之備也。天若戒輔臣曰：凉邦卒滅，敵國殫矣，而猶挾震主之威，負百勝之計，盍思盈亢之戒乎？是時，司徒崔浩方持國鈞，且有寵於上。明年，安西李順備五刑之誅，而由浩鍛成之。後八年，竟族滅無後。④夫天哀賢良而示以明訓夙矣，罕能省躬以先覺，豈不悲哉！浩誅之明年，卒有景穆之禍，後年而亂作。

三年三月癸未，月犯太白。占曰："大兵起，合戰。"九月乙丑，有星孛于天牢，入文昌、五車，經昴、畢之間，至天苑，百餘日與宿俱入西方。天象若曰：且有王者之兵，彗除髦頭之域矣，貴臣預有戮焉。明年正月，征西將軍皮豹子大敗宋師于樂鄉。九月，上北伐，樂平王丕統十五將爲左軍，中山王辰統十五將爲右軍，上自將中軍。蠕蠕可汗不敢戰，亡，追至頓根河，⑤虜二萬餘騎而還。中山王辰等八將軍坐後期，皆斬。或曰：彗由昴、畢，貴人多死。十一月，太保盧魯元薨。⑥五年二月，樂平王丕薨。

六年二月，太白、熒惑、歲星聚于東井。占曰："三星合，是爲驚立絕行，其國內外有兵與喪，改立王公。"九月，盧水胡蓋吳據杏城反，僭署百官，雜虜皆響從，關內大震。十一月，將軍叔孫拔敗吳師于渭北。至七年正月，太白犯熒惑。占曰："兵起，有大戰。"時上討吳黨於河東，屠之，遂幸長安。二月，吳軍敗績于杏城，棄馬遁去，復收合餘燼。八月乃夷之。五年五月，月犯心；六年四月，又如之。占曰："兵犯宋邦。"是月，太白入軒轅。占曰："有反臣。"是冬，宋太子詹事范曄謀反，誅。詔高涼王那徇淮泗，徙其人河北焉。⑦

【注】

①晡前：晡時，約今下午三時至五時。晡前，晡時之前。

②黃星……涼室亡乎：黃星的預兆，也是失德者亡，有德者昌。今黃

星見東井，對應於北凉。北凉政權無德，故爲北凉將亡、魏師振興的象徵。

③詔大將軍嵇敬：中華書局校點本考證，諸本"嵇敬"均作"黎敬"。今據《世祖紀》等改。

④真君二年……竟族滅無後：崔浩（？—450），北魏清河東武城（今山東武城西）人，字伯淵，官至司徒。明元帝時（409—423）參預軍國重事，太武帝滅赫連昌、擊敗柔然、取北凉，都由崔浩參與策劃。他又是北魏重要的天文學家、曆法家。他曾制訂五寅元曆。崔氏爲北方士族之首，在主張發展士族大地主勢力時，與北魏統治者發生矛盾。太平真君十一年（450），以修史暴露國惡的罪名被滅族。故下文曰"豈不悲哉"。

⑤追至頓根河：中華書局校點本考證，殿本考證《蠕蠕傳》作"頞根河"。"頓"字疑誤。

⑥十一月太保盧魯元薨：中華書局校點本考證，《世祖紀》載魯元死於十二月辛丑。此"十一月"疑爲"十二月"之誤。

⑦此段載真君六年至七年，蓋吳反叛據關中、魏帝平叛的過程，并附載太白、熒惑、歲星聚於東井的天象。三星合爲絶行，爲有兵，改立王公之占，應在蓋吳反叛之事上。

九年正月，火、水皆入羽林。占曰："禁兵大起。"四月，太白晝見經天。十年五月，彗星出于昴北。此天所以滌除天街而禍髦頭之國也。①時間歲討蠕蠕。是秋九月，上復自將征之，所捕虜凡百餘萬矣。是歲七月，太白犯哭星。占曰："天子有哭泣事。"明年春，皇子真薨。

十年十月辛巳，彗星見于太微。占曰："兵喪并興，國亂易政，臣賊主。"至十一年正月甲子，太白晝見，經天；四月，又如之。占曰："中歲而再干明，兵事尤大，且革人更王之應也。"是歲十月甲辰，熒惑入太微；十二月辛未，又犯之；癸卯，又如之。占曰："臣將戮主，君將惡之，仍犯事荐也。”先是，八年正月庚午，月犯心大星；九年正月，犯歲星；是歲九月，太白又犯歲星。至正平元年五月，彗星見卷舌，入太微。卷舌，讒言之戒。六月辛酉，彗星進逼帝坐；七月乙酉，犯上相，拂屏，出端門，滅于翼軫；辛酉，直陰國。[②]翼軫爲楚邦，于屏者，蕭牆之亂也。天象若曰：夫膚受之譖實爲亂階，卒至芟夷主相，而專其大號，雖南國之君由遷及焉。先是，去年十月，上南征絶河。十二月，六師涉淮，登瓜步山觀兵，騎士六十萬，列屯三千餘里，宋人凶懼，餽百牢焉。是年正月，盡舉淮南地，俘之以歸，所夷滅甚衆。六月，帝納宗愛之言，皇太子以強死。明年二月，愛殺帝于永安宮，左僕射蘭延等以建議不同見殺。愛立吳王余爲主，尋又賊之。荐災之驗也。間歲，宋太子劭坐蠱事泄，亦殺其君而僭立，劭弟武陵王駿以上流之師討平之。滅於翼軫之徵也。先是，七年八月，月犯熒惑；八月至十一月，又犯軒轅。是歲正月，太白經天。九月火犯太微。十月，宗愛等伏誅，高宗踐阼。至十一月，録尚書元壽、尚書令長孫渴侯以爭權賜死，太尉黎、司徒弼又忤旨左遷。孛于屏相之應。出明年五月，太后崩。

高宗興安二年二月，有星孛于西方。占曰：“凡孛者，非常惡氣所生也，内不有大亂，外且有大兵。”至興光元年二月，有流星大如月，西行。占曰：“奔星所墜，其野有兵，光盛者事大。”先是，京兆王杜元寶、建康王崇、濟南王麗、濮陽王間文若、永昌王仁，相次謀反伏誅。是歲，宋南郡王義宣及魯爽、臧質以荆豫之師構逆，大將王玄謨等西討，盡夷之。或曰：彗加太微、翼、軫之餘禍也。春秋，星之大變，或災連三國之

君，其流炎之所及，二十餘年而後弭。至是彗干天庭，
二太子首亂，三君爲戮，侯王辜死者幾數十人。由此言
之，皇天疾威之誠，不可不惕也。

太安元年六月辛酉，有星起河鼓，東流，有尾迹，
光明燭地。河鼓爲履險之兵，負海之象也。昭盛爲人君
之事，星之所往，君且從之。間二歲，帝幸遼西，登碣
石以臨滄海，復所過郡國一年，又尾迹之徵。是歲五月，火
入斗。斗主形命之養。其後三吳荐饑，仍歲疾疫。③

三年夏四月，熒惑犯太白。占曰："是謂相鑠，不
可舉事用兵，成師以出而禍其雄之象也。"明年，宋將
殷孝祖侵魏南鄙，詔征南將軍皮豹子擊之，宋軍大敗。
或曰：金火合，主喪事。明年十月，金又犯哭星。十二月，征東將軍、中山王托
真薨。

【注】

①天所以滌除天街而禍髦頭之國也：以上天象，尤其是彗星出昴北，
是上天顯示要掃除天街的污濁罪孽，而施加於髦頭之國。髦頭之國指
蠕蠕。

②正平元年五月……直陰國：對於正平元年五月至七月這顆彗星，星
占家觀察得很仔細，此正是魏宋兩政權均出現政治大動亂的時期，故星占
家將這次彗星的出現，與兩國的政治動亂聯繫在一起。彗星於五月首見於
卷舌，然後入太微，六月辛酉逼帝坐，七月乙酉犯上相，拂屏星，又出端
門，滅於翼軫。按星占的觀念，這次彗星侵犯到帝坐、上相、屏衛，故對
皇帝、相和大臣均有危害，滅於翼軫表明連及南國即宋廷。這就導致權臣
宗愛弄權殺帝、主吳王余爲主又賊之。宗愛最終也伏誅，由高宗繼位，魏
國纔得以安定。宋國也發生太子劭殺君僭立之事，劭終被弟劉駿討滅而駿
自立。惟彗星記錄中最後"辛酉直陰國"，與上句"七月乙酉"不能容於
同一個月，故可知"辛酉直陰國"不能排在"滅于翼軫"之後。再說

"直陰國"之國是哪裏呢？《史記·天官書》有"陰，陰國，陽，陽國"的記載，可知昴爲陰國，故"辛酉直陰國"五字，當插入"見卷舌""入太微"之間。"彗星見卷舌，直陰國"，是説彗星初見於卷舌星，彗尾正對着昴宿。

③火入斗……仍歲疾疫：火星爲災疫之星，入斗，斗應於吴地，故災及吴。"仍歲"當爲"乃歲"之誤。

三年十一月，熒惑犯房鈎鈐星。是謂强臣不御，王者憂之。[1]至四年正月，月入太微，犯西蕃；三月，又犯五諸侯。占曰："諸侯大臣有謀反伏誅者。[2]"是月，太白犯房，月入南斗。皆宋分。[3]占曰："國有變，臣爲亂。"十一月，長星出於奎，色白，蛇行，有尾迹，既滅，變爲白雲。奎爲徐方，又魯分也。占曰："下有流血積骨。"明年，宋兖州刺史竟陵王誕據廣陵作亂，宋主親戎，自夏涉秋，無日不戰，及城陷，悉屠之。

四年八月，熒惑守畢，直徽垣之南。占曰："歲饉。"至五年二月，又入東井。占曰："旱兵飢疫，大臣當之。"六月，太白犯鉞。占曰："兵起，更正朔。"是歲二月，司空伊馛薨。十二月，六鎮、雲中、高平、雍、秦饑旱。明年，改年爲和平。至六月，諸將討吐谷渾什寅，遂絶河窮躡之，會軍大疫乃還。是歲三月，流星數萬西行。占曰："小流星百數四面行者，庶人遷之象。[4]"既而吐谷渾舉國西遁，大軍又隨躡之。

四年九月，月犯軒轅；十二月，犯氐；至五年正月，月掩軒轅，又掩氐東南星。皆后妃之府也。和平元年正月丁未，歲犯鬼。鬼爲死喪，歲星，人君也，是爲君有喪事。三月，月掩軒轅。四月戊戌，皇太后崩於壽安宮。《宋志》云：人間宣言，人主帷箔不修，故謫見軒轅。又五年十一月，月犯左執法；明年十一月，又犯之。占曰"大臣有憂。"和平二年，征東將軍、河東王閭毗薨。十月，廣平王洛侯薨。

和平元年十月，有長星出於天倉，長丈餘。饉祥也。二年三月，熒惑入鬼⑤是謂稼穡不成，且曰萬人相食。其後定相阻飢，宥其田租。時三吳亦仍歲凶旱，死者十二三。⑥先是，元年四月，太白犯東井。井、鬼皆秦分，雍州有兵亂。自元年六月，月犯心大星，三犯前後於房，心，宋分。⑦時宋君虐其諸弟，後宮多喪，子女繼夭，哭泣之聲相再。⑧是歲，詔諸將討雍州叛氐，大破之。宋雍州刺史、海陵王休茂亦稱兵作亂。間歲而宋主殂，嗣子淫昏，政刑紊焉。先是，元年十月，太白入氐。占曰："兵起後宮，有白衣會。"三年五月，歲星犯上將。占曰："上將憂之。"三年八月，月犯哭星。皆宋祥也。是歲，樂良王萬壽及征東大將軍、常山王素并薨。

二年三月辛巳，有長星出天津，色赤，長匹餘，⑨滅而復出，大小百數。⑩天津，帝之都，船所以渡，神通四方，光大且衆，爲人君之事。天象若曰：是將有千乘萬騎之舉，而絕逾大川矣。是月，發卒五千餘，通河西獵道。後年八月，帝校獵于河西，宋主亦大閱舟師，巡狩江右云。

【注】

①《荆州占》曰："月行房北，帝有亂臣。"與本志占辭類似。

②月入太微……大臣有謀反伏誅：月犯太微爲帝有憂，月犯五諸侯爲大臣有咎，故占爲大臣反而伏誅。

③太白犯房……皆宋分：太白犯房爲宋有兵事，故曰宋分。據中華書局校點本考證，月入南斗前脫“八月”二字。

④流星數萬西行……庶人遷之象：中華書局校點本認爲“四面行”爲“西面行”之訛。此分析判斷不正確。沒有數萬流星同時向一個方向運動的實際天象。以上天象爲流星雨記錄，而流星雨總是流向四方的，不可能總朝一個方向流，故“四”字不誤。相反，前者“流星數萬西行”之“西”字，倒有可能是“四”字之誤。

⑤二年三月熒惑入鬼：中華書局校點本考證，《宋志》在大明六年（魏和平三年）三月。

⑥時三吳亦仍歲凶旱死者十二三：三吳，説法不一，《水經注》以吳郡、吳興、會稽爲三吳；死者十二三，十分之二三的人都死亡了。

⑦自元年六月……心宋分：諸本均作“前後於房，心，宋分”。中華書局校點本以“房”字後爲句號，將房與心斷開，實爲不妥。按《開元占經》曰：“氐、房、心，宋之分野。”可見此處房與心不能用句號分開，且三犯前後房無解。此處“於”字當爲“星”字之誤。三犯前後星，正合心宿實況。

⑧時宋君虐其諸弟……哭泣之聲相再：此正與下文原注中“太白入氐”“月犯哭星”相對應。

⑨長匹餘：據前注，一匹爲四丈，相當於四十度。

⑩……滅而復出大小百數：這是一種難解的奇异天象，若觀察無誤，當爲彗星出現時瓦解的狀態。

二年九月，太白犯南斗。斗，吳分。占曰：“君死更政，大臣有誅者。”十一月，太白犯填。填，女君也，且曰有内兵、白衣會。①至三年九月，火犯積尸。占曰：“貴人憂之，斧鉞用。”十月，太白犯歲星。歲爲人君，而以兵喪干之，且有死君篡殺之禍。是月，熒惑守軒轅。②占曰：“女主憂之，宮中兵亂。”十一月，歲入氐。

氐爲正寢，歲爲有國之君。占曰："諸侯王有來入宮者。"五年二月，月入南斗魁中，犯第四星。占曰："大人憂，太子傷，宮中有自賊者；又大赦。"既而宋孝武及宋后相繼崩殂，少主荐誅輔臣，釁連戚屬，群下相與殺之，而立宋明帝。江南大饑，且仍有肆眚之令焉。[③]先是，三年六月，太白犯東井；七月，火入井；四年五月，金、火皆犯上相；五年六月，火又入井。占曰："大臣憂，斧鉞用。"六年七月，月犯心前星。是月，宋殺少主，其後有乙渾之難。

　　五年七月丁未，歲星守心。心爲明堂，歲爲諸侯，爲長子入而守之，立君之象。占曰："凡五星守心，皆爲宮中亂賊，群下有謀立天子者。"七月己酉，有流星長丈餘，入紫微，經北辰第三星而滅。占曰："有大喪。"九月丁酉，火入軒轅。十一月，長星出織女，色正白，彗之象也。女主專制，將由此始，是以天視由之。長星，彗之著，易政之漸焉。冬，熒惑入太微，犯上將；十二月，遂守之。占曰："公侯謀上，且有斬臣。"六年正月乙未，有流星長丈餘，自五車抵紫宮西蕃乃滅。天象若曰：群臣或修霸刑，而干蕃輔之任矣。且占曰："政亂有奇令。"四月，太白犯五諸侯。占曰："有專殺諸侯者。"五月癸卯，上崩于太華殿，車騎大將軍乙渾矯詔殺尚書楊寶年等于禁中。戊申，又害司徒、平原王陸麗。明年，皇太后定策誅之。太后臨朝，自馮氏始也。或曰：心爲宋分。是歲六月，歲星晝見于南斗。斗爲天禄，吳分也。天象若曰：或以諸侯干君而代奪之。是冬，宋明帝以皇弟踐阼，孝武諸子舉兵攻之，四方響應，尋皆伏誅。有太白之刑與歲星之祐焉。是歲三月，有流星西行，不可勝數，至明乃止。至六月己卯，又有流星，多西南行。星衆而小，庶人象也，星之所首，人將從之。及宋討孝武諸子，大兵首自尋陽，進平荆雍。其後張永之師敗績于吕梁，魏師盡舉淮右，俘其人，又西流之效也。

【注】

①太白犯填……白衣會：太白爲兵。填爲土功，爲女主。女主内，故曰有内兵、白衣會。

②是月熒惑守軒轅：按中華書局校點本考證，與《宋志》比較有一年之差。

③且仍有肆眚之令焉：而且仍然有赦免過失之人的命令。中華書局校點本將“且仍”與“有肆眚之令”分開讀，無解。

　　顯祖天安元年正月戊子，①太白犯歲星。歲，農事也，蕭殺干之，是爲稼穡不登。②六月，熒惑犯鬼。占曰：“旱饑疾疫，金革用。”八月丁亥，太白犯房。占曰：“霜雨失節，馬牛多死。”九月甲寅，熒惑犯上將，太白犯南斗第三星。占曰：“貴人將相有誅者。”十一月己酉，太白又犯歲星。或曰歲爲諸侯，太白主兵刑之政，再干之，事洊也。③是歲九月，州鎮十一旱饑。十月，宋氏六王皆戮死。明年，宋師敗于吕梁，江南阻饑，牛且大疫。其後，東平王道符擅殺副將及雍州刺史，據長安反，詔司空和其奴討滅之。九月，詔賜六鎮孤貧布帛，宋主以後宫服御賜征北將士。後歲夏，旱，河決，州鎮二十七皆饑，尋又天下大疫。元年六月，太白犯左執法；十月，火又犯之。占曰：“大臣有憂，霸者之刑用。”是歲六月，月犯井；十月，又掩之。皇興元年正月，月犯井北轅第二星；八月，又蝕之。占曰：“貴人當之，有將死，水旱祥也。”道符作亂之明年，司空和其奴、太宰李峻皆薨。④

　　皇興元年四月，太白犯鎮星。占曰："有攻城略地之事。"六月壬寅，太白犯鬼，秦分也。二年正月，太白犯熒惑。占曰："大兵起。"是時，鎮南大將軍尉元、征南大將軍慕容白曜略定淮泗。明年，徐州群盜作亂，元又討平之。後歲正月，上黨王觀西征吐谷渾，又大破之。

　　二年九月癸卯，火犯太微上將。占曰："上將誅。"先是，元年六月，熒惑犯氐；是歲十一月，太白又犯之，是爲内宮有憂逼之象。占曰："天子失其宫。"四年十月，誅濟南王慕容白曜。明年，上迫於太后，傳位太子，⑤是爲孝文帝。《宋志》以爲先是比年月頻犯左角，占曰："天子惡之。"及上遜位，而宋明帝亦殂。

　　高祖延興元年十月庚子，月入畢口。畢，魏分。占曰："小人罔上，大人易位，國有拘主反臣。"十二月辛卯，火犯鈎鈐。鈎鈐以統天駟，火爲内亂。天象若曰：人君失馭，或以亂政乘之矣。乙巳，鎮星犯井。夫井者，天下之平也，而女君以干之，是爲后竊刑柄。占曰："天下無主，大人憂之，有過賞之事焉。"二年正月，月犯畢；丙子，月犯東井；庚子，又如之。⑥占曰："天下有變，令貴人多死者。"

　　三年八月，月犯太微。又群陰不制之象也。⑦是時馮太后宣淫于朝，昵近小人而附益之，所費以鉅萬億計，天子徒尸位而已。二年九月，河間王閭虎皮以貪殘賜死。其後，司空、東平郡王陸麗坐事廢爲兵，既而宫車晏駕。或曰月入畢口爲赦令。二年正月，曲赦京師及秦凉諸鎮。⑧星及月犯井，皆爲水災，且旱祥也。是歲九月，州鎭十一水旱，詔免其田租，開倉賑乏。

四年九月己卯，月犯畢。⑨七月丙申，太白犯歲星，在角。⑩丁卯，太白又入氐。⑪太白有母后之幾，主兵喪之政，以干君於外朝而及其宿宮，是將有劫殺之虞矣。二月癸丑，月犯軒轅；甲寅，又犯歲星。月爲强大之臣，爲女主之象，⑫始由后妃之府而干少陽之君，示人主以戒敬之備也。五年三月甲戌，月掩塡星。天象若曰：是又僻行不制而棄其紀綱矣。且占曰："貴人强死，天下亂。"三月癸未，金、火皆入羽林。占曰："臣欲賊主，諸侯之兵盡發。"八月乙亥，月掩畢。十一月，月入軒轅，食第二星。⑬至承明元年四月，月食尾。五月己亥，金、火皆入軒轅；庚子，相逼同光。皆后妃之謫也。⑭天若言曰：母后之釁幾貫盈矣，人君忘祖考之業，慕匹夫之孝，其如宗祀何？是時，獻文不悟，至六月暴崩，⑮實有酖毒之禍焉。由是言之，皇天有以睹履霜之萌，而爲之成象久矣。其後，文明皇太后崩，孝文皇帝方修諒陰之儀，篤孺子之慕，竟未能述宣《春秋》之義，而懲供人之黨，是以胡氏循之，卒傾魏室，豈不哀哉！或曰：太白犯歲於天門，以臣伐君之象；金、火同光，又兵亂之徵。時宋主昏狂，公侯近戚冤死相繼。既而桂陽、建平王并稱兵內侮，矢及宮闕，僅乃戡之。尋爲左右楊玉夫等所殺。或曰：月犯歲、鎭，金、火入軒轅，皆饉祥也。月掩畢，主邊兵。四年，州鎭十三饉；又比歲蝗旱。太和元年，雲中又饉，開倉賑之。先是，四年四月丙午，有大星西流，殷殷有聲；十一月辛未，又如之。是歲五月，宋桂陽王反于江州，間歲，沈攸之反于江陵，皆爲大兵西伐。時以江南內攜，又詔五將伐蜀。

【注】

①顯祖天安元年正月戊子：中華書局校點本考證，本年正月己丑朔，無"戊子"。

②太白犯歲星……稼穡不登：由於歲星爲主農事之星，太白爲殺星，農事犯肅殺，故曰稼穡不登。

③再干之事洊也：太白再犯歲星，以兵干之事再次發生。

④道符作亂之明年……皆薨：中華書局校點本考證，按《顯祖紀》，和其奴、李峻死於皇興三年正月和十月，這裏作"明年"誤。

⑤上迫於太后傳位太子：顯祖獻文帝是一個無作爲的皇帝，受制於太后，做了六年傀儡皇帝。太白、熒惑均犯氏宿，占爲内宮有憂逼之象。《黃帝占》曰："太白守氏，國君有憂變。"石氏曰："熒惑守氏，大人憂。"可見語出黃帝、石氏占。

⑥丙子月犯東井庚子又如之：承上下文，當爲延興二年正月。正月甲寅朔，無"庚子"，疑月份有誤。

⑦群陰不制之象：以後宮婦女爲群陰，不制，控制不住。

⑧秦涼諸鎮：中華書局校點本考證，諸本作"秦梁"。今據《高祖紀》改。

⑨九月己卯月犯畢：中華書局校點本考證，下接七月丙申，月序顛倒，又《志》二載爲正月，知此"九月"當"正月"之誤。

⑩七月丙申太白犯歲星在角：中華書局校點本考證，《宋志》在元徽三年（魏延興五年）。

⑪丁卯太白又入氏：中華書局校點本考證，承上文爲延興四年七月，七月無"丁卯"。據《宋志》在元徽三年（魏延興五年）七月丁巳，這裏誤前一年，又"丁卯"乃"丁巳"之誤。

⑫爲女主之象：中華書局校點本考證，"女主"，諸本作"主女"，"主女"無解，當爲"女主"之誤。今改。

⑬月入軒轅食第二星：即月食轅頭東第二星，軒轅十六。

⑭金火皆入軒轅……皆后妃之謫也：金星、火星均犯軒轅，爲相逼帝

坐，都是后妃之咎。

⑮獻文不悟至六月暴崩：這是作者批判獻文帝在位時忘祖考之帝業，祇慕匹夫的孝道，因小失大，至死不悟自己的失誤，以至於最後招致酖毒之禍。

太和元年五月庚子，太白犯熒惑，在張，南國之次也。占曰："其國兵喪并興，有軍大戰，人主死。"壬申，水、土合于翼，皆入太微，主令不行之象也。占曰："女主持政，大夫執綱，國且内亂，群臣相殺。"九月丁亥，太白晝見，經天，光色尤盛，更姓之祥也。二年九月，火犯鬼。占曰："主以淫洸失政，相死之。"三年三月，月犯心。心爲天王，又宋分。三月，填星逆行入太微，留左掖門内。占曰："土守南宮，必有破國易代。逆行者，事逆也。"自元年三月至二年六月，月行五犯太微，與劉氏篡晋同占。又自元年八月至三年五月，月行六犯南斗，入魁中。斗爲大人壽命，且吳分。是時馮太后專政，而宋將蕭道成亦擅威福之權，方圖劉氏。宋司徒袁粲起兵石頭，沈攸之起兵江陵，將誅之，不克，皆爲所殺。三年四月，竟篡其君而自立，是爲齊帝。是年五月，又害宋君于丹陽宮。又元年十月，月犯昴，爲刑獄事。二年六月，月犯房。占曰："貴人有誅者。"或曰："月犯斗，亦大臣之謫也。"其後李惠伏誅，宜都、長樂王并賜死。又元年二月壬戌，月在井，暈參、畢、兩河、五車。占曰："大赦。"至八月，大赦天下。三年正月壬子，又暈觜、參、昴、畢、五車、東井。至十月，大赦天下。

三年，自五月至十二月，月三入斗魁中；四年五月庚戌、七月己巳，又如之；六年二月，又犯斗魁第二星。占曰："其國大人憂，不出三年。"七月丁未，十月丙申，月再犯心大星；自四年正月至六年二月，又五干之。斗爲爵禄之柄，心爲布政之宮，月行干而轞之，亦以荐矣。其占曰：“月犯心，亂臣在側，有亡君之戒，人主以善事除殃。”是時，馮太后將危少主者數矣，帝春秋方富，而承事孝敬，動無違禮，故竟得無咎。至六年三月，而齊主殂焉。或曰：“月犯斗，其國兵憂。”心又豫州也。時比歲連兵南討，五年二月大破齊師于淮陽，又擊齊下蔡軍，大敗之。①先是，三年八月，金犯軒轅；四年二月，又犯軒轅第二星；六年正月，又犯軒轅大星；八月，又犯軒轅左角。左角，后宗也。②是時太后淫亂，而幽后之姪娣，又將薄德。天若言曰：是無《周南》之風，不足訓也，故月、太白驟干之。③

　　三年九月庚子，太白犯左執法；十二月丙戌，月犯之；④四年二月辛巳，⑤月又犯之；九月壬戌，太白又犯之；五年二月癸卯，月犯太微西蕃上將；至六年十月乙酉，熒惑又犯之。夫南宮執法，所以糾淫忒，成肅雍；而上將朝庭之輔也。天象若曰：王化將弛，淫風幾興，固不足以令天下矣，而廷臣莫之糾弼，安用之！文明太后雖獨厚幸臣，而公卿坐受榮賜者費亦巨億，蓋近乎素餐焉。其三年九月，安樂王長樂下獄死，隴西王源賀薨；四年正月，廣川王略薨，襄城王韓頹徙邊；七月，頓丘王李鍾葵賜死；其後任城王雲、中山王叡又薨。比年死黜相繼，蓋天讁存焉。四年春月，又掩火，亦大臣死黜之祥也。又比月，月再犯昴，亦爲獄事與白衣之會也。

　　五年九月辛巳，填犯辰星于軫。占曰：“爲饑，爲內亂，且有甕川溢水之變。⑥”是歲，京師大霖雨，州鎮十二饑。至六年七月丙申，又大流星起東壁，光明燭地，尾長二丈餘。東壁，土功之政也。是月發卒五萬，通靈丘道。十月己酉，有流星入翼，尾長五丈餘。七星，中州之羽儀；翼，南國也。天象若曰：將擇文明之士，使于楚邦焉。明年，員外散騎常侍李彪使齊，始通二國之好焉。四年正月丁未，月在畢，暈參、井、五車，赦祥也。四月，幸廷尉獄，錄囚徒。明年二月，大赦。是月，月在翼，有偏白暈，⑦侵五車、東井、軒轅、北河、鬼，至北斗、紫垣、攝提。六年正月癸亥，月在畢，暈參兩肩、五車、胃、昴、畢。至甲戌，天下大赦。江南嗣君即位，亦大赦改元。

【注】

①月犯斗魁、月犯心，星占家先預言有亡君之戒，後又說應在齊魏交兵。因爲心宿既可釋爲君，也可釋爲豫州分野，由此也可看出星占家之用心良苦。

②軒轅左角：即轅頭東第二星，軒轅十六。

③月太白驟于之：月與太白迅速運行到這裏。見下文之月與太白的凌犯。

④十二月丙戌月犯之：中華書局校點本考證，"十二月"，諸本皆作"十一月"。今據《志》二改。

⑤四年二月辛巳：中華書局校點本考證，諸本"月"訛爲"年"。今據《志》二改。

⑥填犯辰星于軫：填星爲土，且爲女主之象；辰星爲水。二星相犯，故有爲饑、爲內亂，且有壅川溢水之變。

⑦有偏白暈：中華書局校點本考證，"白暈"，原作"日暈"，《志》二爲"白暈"。今據《志》二改。

七年六月庚午辰時，東北有流星一，大如太白，北流破爲三段。十月己亥，星隕如虹。是時，太后專朝，且多外嬖，雖天子由倚附之，故有干明之謫焉。破而爲三，席勢者衆也。昔春秋星隕如雨，而群陰起霸。其後

漢成帝時，旰日晦冥，衆星行隕，燿燿如雨，而王氏之禍萌。至是天妖復見，又與元后同符矣。^①

十年八月辰時，有星落如流火三道；戊寅，又有流星出日西南一丈所，西北流，大如太白，至午西破爲二段，尾長五尺，復分爲二，入雲間。仍見者，事荐也，後代其踵而行之，以至於分崩離析乎？先是，七年十月，有客星大如斗，在參東，似孛。占曰：“大臣有執主之命者，且歲旱糴貴。”十年九月，熒惑犯歲星。歲主農事，火星以亂氣干之，五稼旱傷之象也。^②占曰：“元陽以釐，^③人不安。”自八年至十一年，黎人阻饑，且仍歲災旱。八年正月辛巳，月在畢，暈井、歲星、觜、參、五車。占曰：“有赦，糴貴。”其年六月，大赦。冬，州鎮十五水旱，人饑。九年正月，月在參，暈觜、參兩肩、五車，爲大赦，爲水。戊申，月犯井，爲水祥也。是歲，冀定數州大水，人有鬻男女者，京師及州鎮十三水旱傷稼。明年，大赦。

十一年三月丁亥，火、土合于南斗。填爲履霜之漸，斗爲經始之謀，而天視由之，所以爲大人之戒也。占曰：“其國内亂，不可舉事用兵。”是時齊主持諸侯王酷甚，雖酒食之饋，猶裁之有司。故天若言曰：非所以保根固本，以貽長代之謀也，内亂由是興焉。五月丁酉，太白經天，晝見，庚子遂犯畢。畢又邊兵也。是歲，蠕蠕寇邊。明年，齊將陳達伐我南鄙，陷澧陽。間歲而齊君子子響爲有司所御，遂憤怒而反，伏誅。及齊主殂而西昌侯篡之，高、武子孫所在棋布，皆拱手就戮，亦齊君自爲之焉。^④十一年六月乙丑，月犯斗；丙寅，遂犯建星。亦圖始之謀也。十二年七月，月犯牛；十三年六月，又掩之；明年八月，又犯之。牛主吳分。占曰：“國有憂，大將戮。”亦江南兵饉之徵也。

七月癸丑，太白犯軒轅大星；八月甲寅，又犯之。皆女君之謫也，⑤天象若曰：軒轅以母萬物，由后妃之母兆人也，是固多穢，復將安用之？⑥其物類之感，又稼穡之不滋候也。是歲年穀不登，聽人出關就食。明年，州鎮十五皆大饑，詔開倉賑乏。間歲，太后崩。是歲月三入井，金又犯之。占曰："陰陽不和，不爲水患且大旱。"其後連年亢陽，而吳中比歲霖雨傷稼也。

【注】

①北魏多后妃專權，先有馮太后，今有元后，故流星示警。

②熒惑犯歲星：火星，熱旱之象，歲星，主農事，以火犯之，故曰五稼旱傷之象。

③元陽以饉：中華書局校點本考證，殿本考證云"元"應作"亢"。

④十一年三月火土合南斗，占曰"不可舉事用兵"。齊伐魏南鄙，故有子誅、主殂、國篡之敗。

⑤太白兩犯軒轅，軒轅應爲女主，故曰"皆女君之謫也"。

⑥軒轅爲女主，母儀天下，而后妃多穢事，何能安天下？

十二年三月甲申，歲星逆行入氐。甲、申，皆齊分也。①占曰："諸侯王而升爲天子者。"逆行者，其事逆也。先是，去年十月，歲、辰、太白合于氐。是謂驚立絕行，②改立王公。是歲四月，月犯氐，與歲同舍；六月丁巳，月又入氐，犯歲星。月爲強大之臣，歲爲少君也，與歲同心内宮而干犯之，強宗擅命，逼奪其君之象也。再干之，其事荐至。

十三年三月庚申，月犯歲；十五年六月，又犯之。歲星不在宿宮，是爲強侯之譴。江南太子、賢王相次薨歿，既而齊武帝殂，太孫幼冲，西昌輔政，竟殺二君而篡之。月再犯于氐及逆行之效也。或曰月犯木，饑祥也。時比歲稼穡不登。又十二年正月戊戌，月犯左角；十一月丙寅，又如之；七月，金又犯左角。角爲外朝，且兵政也。占曰：“不出三年，天下有兵，主子死，大君惡之。”至十四年，有子響誅，間歲而齊室亂。

十二年四月癸丑，月、火、金會于井；辛酉，金犯火；甲戌，火、水又俱入井。皆雨暘失節，[3]萬物不成候也。且曰王業將易，諸侯貴人多死。是歲，月行四入氐；十月，辰星入之；閏月丁丑，火犯氐；乙卯，又入之。占曰：“大旱歲荒，人且相食，國易政，君失宮，遠期五年。”氐，又女君之府也。是歲，兩雍及豫州旱饑。明年，州鎮十五大饉。至十四年，太后崩。時江南北連歲災雨，至十七年，有劫殺之禍，誅死相踵焉。是歲月三犯房；十三年四月，又犯之；七月至十月，再犯鍵閉。占曰：“有亂臣，不出三年伐其主。”自十二年七月至十四年八月，月再犯牛，又再掩之，凡六犯牛且掩之。牛爲吳越，饉祥也。[4]且曰貴人多死免者。十二年九月，司徒、淮南王他薨。十三年，光州人王泰反，章武、汝陰、南安三王皆坐贓廢，安豐王猛、司空荀頹并薨。十四年，地豆于及庫莫奚頻犯塞，京兆王廢爲庶人。

【注】

①這是以干支對應於地區和國名的特殊占法，具體情況不明。《史記·天官書》曰：“甲、乙，四海之外，日月不占。丙、丁，江、淮、海岱也。戊、己，中州、河、濟也。庚、辛，華山以西。壬、癸，恒山以北。”説法不盡相同。

②驚立絕行：中華書局校點本考證，諸本“立”作“亡”，《隋書·天文志》等作“驚立絕行”。今改。

③皆雨暘失節：雨爲陰而潤物，暘爲日照，意爲節氣失調。

④牛爲吳越饉祥也：此下原有“畢，魏分”字，前後無涉，茫有所指，疑爲衍文，删。

《魏書》卷一百五之四

天象志一之四第四^①

太和十二年十一月戊午，太白犯歲，又犯火，喪疾
之祥。^②占曰："國無兵憂，則君有白衣之會。"丙寅，
火又犯木。占曰："内無亂政，則主有喪戚之故。"十二
月壬寅，太白犯填。占曰："金爲喪祥，后妃受之。"十
三年二月，熒惑犯填。占曰："火主凶亂，女君應之。"
皆文明太后之謫也。先是，十一年六月甲子，歲星晝
見；十二月甲戌，又晝見；是歲六月，又如之。歲而麗
于大明，少君象也。^③是時孝文有仁聖之表，而太后分權
以干冒之，及帝春秋方壯，始將經緯禮俗，財成國風。
故比年女君之謫屢見，而歲星寖盛，至于不可掩奪矣。^④
且占曰："木晝見，主有白衣之會。"是歲九月丙午，有
大流星自五車北入紫宫，抵天極，有聲如雷。占曰：
"天下大凶，國有喪，宫且空。"夫五車，君之車府也，
天象若曰：是將以喪事有千乘萬騎而舉者。大有聲，其
事昭盛。至十四年三月，填星守哭泣。占曰："將以女
君有哭泣之事。"四月丙申，火犯鬼，喪祥也。六月，

有大流星從紫宮出，西行。天象又曰："人主將以喪事而出其宮。"八月，月、太白皆犯軒轅。九月癸丑而太皇太后崩，帝哭三日不絶聲，勺飲不入口者七日，納菅屨，徒行至陵，其反亦如之，哀毀骨立，杖而後起，雖殊俗之萌，矯然知感焉。自九月至于歲終，凡四謁陵。又荐出紫宮之驗也。十四年十一月，月犯填星；十二月月犯軒轅；十五年十月，月犯填，又犯軒轅；八月，又犯之；⑤九月，月掩填星；十七年正月，月又犯軒轅。皆女君之象也。是時林貴人以故事薨，及馮貴人爲后，而其姊譖之，至二十年竟坐廢黜，以憂死。幽后繼立，又以淫亂不終。

十三年十二月戊戌，填星、辰星合于須女。女，齊、吳分。⑥占曰："是爲雍沮，主令不行，且有陰親者。"至十四年三月庚申，歲星守牛。占曰："其君不愛親戚，貴人多喪；又饉祥也。"是歲太白三犯熒惑；十月，太白入氐；十一月，有大流星從南行入氐。甲申，齊邦之物也，金、火相鑠，爲兵喪，爲大人之謫。天象若曰：宿宮有兵喪之故，盛大者循而殘之，處其寢廟之中矣。至十五年三月壬子，歲犯填，在虛；三月癸巳，木、火、土三星合宿于虛；甲午，火、土相犯。虛，齊也。⑦占曰："其國亂專政，内外兵喪，故立侯王。"九月乙丑，太白犯斗第四星；⑧戊子，有大流星起少微，入南宮，至帝坐。主有盛大之臣，乘賢以侮其君者。且占曰："大人易政。"至十七年正月戊辰，金、木合于危。危，亦齊也，⑨是爲人君且罷兵喪之變。四月戊子，太白犯五諸侯。占曰："有擅刑以殘賊諸侯者。"至七月，齊武帝殂，西昌侯以從子干政，竟殺二君而自立，是爲齊明帝。於是高、武諸子王侯數十人相次誅夷，殆無遺育

矣。雖繼體相循，實有革命之禍，^⑩故天謫仍見云。自十五
年至十七年，月行七犯建星。建星爲忠臣之輔，經代之謀，又吳之分也。十五年，
再犯牽牛；十六年至十七年，又四犯南斗。是謂臣干天禄，且曰：“大人多死者。”
又十五年七月，金入太微；十七年，火入太微宫。反臣之戒。^⑪是歲，月行四入太
微，十七年六入太微，比歲凡十千之，而齊君夷其宗室，亦積忍酷甚也。

【注】

①《天象志》四的體例，與《天象志》三完全相同，可以説是上下
卷，《志》四從太和十二年開始，也没有什麽特別的地方，祇是按年代的
先後分篇而已，故其月犯星的記録，大多仍然與《志》二重複。

②太白犯火星和歲星應在兵災和死喪。

③歲而麗于大明少君象也：歲星麗附於太陽，是少君的象徵。歲星晝
見，距日近，故曰歲麗大明。太陽被古人稱爲大明。

④帝賢，文明太后干帝政，當受天譴。

⑤八月又犯之：《志》二載十六年八月戊申月犯軒轅，此之八月在十
五年十月後，據中華書局校點本考證，知“八月”前當脱“十六年”
三字。

⑥女齊吳分：《開元占經》曰：“須女、虛，齊之分野。”又《淮南
子·天文訓》曰：“須女，吳；虛危，齊。”可見對於女宿的分野有不同的
説法，故此處曰“齊、吳分”。

⑦虛齊也：《開元占經》分野曰：“須女、虛，齊之分野。”故此二宿
對應於齊地。

⑧太白犯斗第四星：斗第四星爲斗宿四，即斗魁斗底的大星。

⑨危亦齊也：《淮南子·天文訓》曰：“虛危，齊。”故虛危同爲齊分。

⑩實爲革命之禍：諸本均爲“實爲準命之禍”，不可解。今從中華書
局校點本改。

⑪反臣之戒：齊武帝去世，西昌侯以從子的身份干預政治，奪取帝
位，在此過程中王侯數十人被殺，故應以遭受天譴，曰“反臣之戒”。

十五年四月癸亥，熒惑入羽林；十六年二月壬子，太白入羽林。占曰：“天下兵起。[①]”三月己卯，四月丙午，五月甲戌，十月辛卯，月行皆入羽林；十七年四月壬寅，八月辛卯，十二月辛巳，又如之。[②]先是，陽平王頤統十二將軍騎士七萬，北討蠕蠕。是歲八月，上勒兵三十餘萬自將擊齊，由是比歲皆有事于南方。十五年三月，月掩畢；十一月，又犯之；十六年五月及七月，月再入畢；八月、十一月又再犯之；十七年八月又入畢。畢為邊兵。[③]占曰：“貴人多死。”十五年六月，濟陰王鬱賜死；十七年，南平王霄、三老尉元皆死；十八年，安定王休死；十九年，司徒馮誕、太師馮熙、廣川王諧皆死。

十七年二月庚戌，火、土合于室。室星，先王所以制宮廟也，熒惑天視，填為司空，聚而謀之，其相宅之兆也。且緯曰：“人君不失善政，則火土相扶，卜洛之業庶幾興矣。”是歲九月，上罷擊齊，始大議遷都。冬十月，詔司空穆亮、將作董邇繕洛陽宮室，明年而徙都之。於是更服色，殊徽號，文物大備，得南宮之應焉。凡五星分野，熒惑統朱鳥之宿，而填以軒鼓寓之，皆周鶉火之分。室，又并州之分。是為步自并州，而經始洛邑之祥也。[④]

十七年二月丁丑，太白犯井；辛丑，又犯鬼；五月戊午，晝見；九月，又如之。是謂兵祥，雍州也。是月，火、木合于婁。婁為徐州，占曰：“其地有亂，萬人不安。”八月辛巳，熒惑入井。占曰：“兵革起。”明年十二月，[⑤]詔征南將軍薛真度督四將出襄陽，大將軍劉昶出義陽，徐州刺史元衍出鍾離，平南將軍劉藻出南鄭，[⑥]皆兩雍、徐方之分。後年正月，平南王肅大敗齊師于義陽，降者萬餘。己亥，上絕淮，登八公山，并淮而東，及鍾離乃還。至十九年六月庚申，金、木合于井。七月，火犯井。二十一年十一月，⑦大敗齊師于沔北。明年春，復大破之，下二十餘城，於是悉定沔漢諸郡。時江南僞立雍州於襄陽，以總牧西土遺黎，故與東井同候。

　　十八年四月甲寅，熒惑入軒轅，后妃之戒也。是時，左昭儀得幸，方譖訴馮后，上蠱而惑之。故天若言曰：夫膚受之微不可不察，亦自我天視而降鑒焉。至十九年三月，月犯軒轅；二十年七月辛巳，又掩填星。是月，馮后竟廢，尋以憂死，而立左昭儀，是爲幽后。明年，追廢林貞后爲庶人。二十二年正月，月又掩軒轅。十一月，又彗星起軒轅，歷鬼南，及天漢。天又若曰：是固多穢德，宜其彗除矣。行歷鬼，又強死之徵。明年，幽后賜死也。⑧

　　十九年六月壬寅，熒惑出于端門。占曰：“邦有大獄，君子惡之，又更紀立王之戒也。”明年，皇太子恂坐不軌，黜爲庶人。至二十一年十月壬午，熒惑、歲星合於端門之内。歲爲人君，火主死喪之禮，而陳于門庭，大喪之象也。二十二年二月乙丑，木、火合于掖門内，是夕，月行逮之；三月丙午，木、火俱出掖門外，再合一相犯，月行逮之。后妃預有咎焉。明年四月，宮車晏駕。⑨夫太微，禮樂之庭也。時帝方修禮儀，正喪服，以經人倫之化，竟未就而崩。少君嗣立，其事復寢，縉紳先生咸哀慟焉。故天視奉而修之，是以徘徊南宮，蓋皇天有以著慎終歸厚之情。或曰：“合于天庭南方，有反臣之戒。”是時齊明帝殂，比及三年而亂兵四交宮掖，既而蕭衍戡之，竟覆齊室云。⑩二十一年十一月，有流星照地，至天津而滅。占曰：“將有樓船之攻，人君以大衆行。”二十二年而上南伐。是歲之正月，有流星大如三斗瓶，起貫索，東北流，光燭地，經天棓乃滅，有聲如雷。天棓，天子先驅也。占曰："國中貴人有死者，且大赦。"至三月，上南征不豫，詔武衛元嵩詣洛陽，賜皇后死。

【注】

①熒惑入羽林……天下兵起：《春秋合誠圖》曰："曰羽林，爲天軍。"《春秋元命苞》曰："羽林主軍騎。"故今火金犯之，天下兵起。

②月行皆入羽林：郗萌曰："月宿羽林中，兵大起。"石氏的説法也與此一致，數種天象，均與將發生戰爭有關，故有與蠕蠕和南朝齊的戰鬥。

③爲邊兵：郗萌曰："月犯畢，兵革起。"《海中占》曰："月犯畢，南陽國有憂，一曰賊臣誅，不然邊有兵。"故均説有邊兵。

④太和十七年二月火、土合於室，星占家把它看作從并州遷都洛邑的祥瑞。因爲營室就是天帝的離宮別院，有熒惑、填星相謀，終得遷都洛邑之祥。

⑤明年十二月：中華書局校點本考證，諸本無"十"字，據《高祖紀》事在太和十八年十二月。今補。

⑥平南將軍劉藻出南鄭：中華書局校點本考證，"劉藻"，諸本作"劉薛"。今據《高祖紀》改。

⑦二十一年十一月：中華書局校點本考證，諸本"二"字作"三"。太和無三十一年。今據《高祖紀》改。

⑧左昭儀得幸……幽后賜死：左昭儀費盡心機譖毀馮后至死，又廢林貞后，多有穢行，最終敗而被賜死。星占家以熒惑入軒轅、月犯軒轅、掩土星、彗星起軒轅來比附左昭儀穢行的示警。

⑨星占家以熒惑出端門、熒惑與歲星合於端門等，預示魏帝將死的天象。端門爲太微天庭左右執法之間的門，歲星爲人君，火星主死喪，有更紀立王之戒。

⑩蕭衍戡之竟覆齊室：南齊末年，蕭衍任雍州刺史，乘南齊朝廷內亂，奪取帝位建立梁朝。故此處曰："蕭衍戡之，竟覆齊室。"

世宗景明元年四月壬辰，有大流星起軒轅左角，東南流，色黃赤，破爲三段，狀如連珠，相隨至翼。左角，后宗也。^①占曰：“流星起軒轅，女主後宮多讒死者。”翼爲天庭之羽儀，王室之蕃衛，彭城國焉。又占曰：“流星于翼，貴人有憂繫。”是時，彭城王忠賢，且以懿親輔政，借使世宗諒陰，恭己而修成王之業，則高祖之道庶幾興焉。而阿倚母族，納高肇之譖，明年，彭城王竟廢。後數年，高氏又鴆于后，而以貴嬪代之。由是小人道長，讒亂之風作矣。夫天之風戒，肇于履端之始，而没身不悟，以傷魏道，豈不哀哉！或曰：“軒轅主后土之養氣，而庇祐下人也，故左角謂之少人焉。”^②天象若曰：人將喪其所以致養，幾至流亡離析矣。是歲，北鎮及十七州大饑，人多就食云。是歲十二月癸未，月暈太微，既而有白氣長一丈許，南抵七星，俄而月復暈北斗大角。爲君以兵自衛，又赦祥也，且爲立君之戒。時蕭衍立少主於江陵，改元大赦。尋伐金陵，以長圍逼之。又二年正月，月暈井、參、觜、昴、五車。占曰：“貴人死，大赦。”是歲，廣陵王羽薨。二月至秋，再大赦。

二年正月己未，金、火俱在奎，光芒相掩。爲兵喪，爲逆謀，大人憂之，野有破軍殺將。奎，徐方也。三月丁巳，有流星起五諸侯，入五車，至天潢散絕爲三，^③光明燭地。五車，所以輔衰替之君也，流星自五諸侯干之，諸侯且霸而修兵車之會；^④分而爲二，距乏_疑之君幾將并立焉。^⑤魏收以爲流星出五車，諸侯有反者。至五月，咸陽王禧謀反，賜死。戊午，填星在井，犯鉞，相去二寸。占曰：“人君有戮死者。”時蕭衍起兵襄陽，將討東昏之亂，是月，推南康王寶融爲帝，踐阼于江陵，於是齊有二君矣。至八月戊午，金、火又合于翼，楚分也。十一月甲寅，金、水俱出西方。占曰："東方國大敗。"時蕭衍已舉夏口，平尋陽，遂沿流而東，東主之師連戰敗績，於是長圍守之。十二月，齊將張稷斬東昏以降，又戮主之徵⑥至三年正月，火犯房北星，光芒相接；癸巳，填星逆行，守井北轅西星。皆大臣賊主，更政立君之戒也。三月，金、水合於須女。女，齊分；金、水合，爲兵誅。二月丁酉，有流星起東井，流入紫宮，至北極而滅。東井，雍州之分，衍憑之以興，且西君之分，使星由之以抵辰極，是爲禪受之命，且爲大喪。是月，齊諸侯相次伏誅，既而西君錫命，衍受禪于建康，是爲梁武帝。⑦戊辰而少主殂。自二年至三年，月六掩犯斗魁；七月，火犯斗，皆吳分也。時江南北歲大饉，又連兵北部，負敗相迹。又二年七月，月暈婁，內青外黃，轢昴、畢、天船、大陵、卷舌、奎。船爲徐魯，又赦祥也，且曰："多死喪。"三月，青、齊、徐、兗餓死萬餘人。七月，大赦。三年八月，月暈，外青內黃，轢昴、畢、婁、胃、五車。占曰："貴人多死。"十二月，月犯昴，環月。太傅、平陽王丕薨。⑧後年正月，大赦。

【注】

①大流星起軒轅左角：軒轅左角即軒轅十六星，釋爲后宗，流星起之，應在后妃有咎，故有後宮讒死者；高氏又"鳩于后"。

②軒轅主后土……謂之少人焉：后土，應在地方和人民；少人，即普通百姓。后土神庇祐下人，故有下人流亡就食。

③至天潢：天潢與咸池同在五車中。天潢五星，在咸池南，爲一個不大知名的小星座。

④諸侯且霸而修兵車之會：這是對這一流星的占辭。流星起五諸侯，顯示諸侯將要稱霸。五車星似兵車，諸侯修兵車以備戰爭。

⑤距乏疑之君幾將并立："乏"字不可解，故原注一個"疑"字，筆

者以爲“乏”字爲“之”字之誤。距之之君幾將并立，是説擁兵自大不聽調遣的諸侯差不多將要自立爲王，故稱其爲君。下文咸陽王謀反正與此呼應。

⑥填星在井……戮主之徵：世宗景明二年三月戊午填星在井，犯鈇，有斧鉞之事，占辭曰“人君有戮死者”，應在十二月齊將斬東昏上。

⑦流星入紫宮至北極而滅，使星由之以抵辰極，是爲禪受之命，且爲大喪。星占家將流星稱爲使星，即流星爲傳達信息的使者，入紫宮，達辰極，象徵帝皇將滅，故有齊諸侯伏誅，蕭衍受禪，建立梁朝的徵候。

⑧太傅平陽王丕薨：按上下文丕薨在三年十二月，但中華書局校點本據《世宗紀》考證丕薨於景明四年七月，故在“太傅”前當脱“明年七月”四字。

　　三年八月丙戌，有大流星起天中，北流，大如二斗器。占曰：“有天子之使出自中京，以臨北方。”至四年九月壬戌，有大流星起五車，東北流。占曰：“有兵將首于東北。”是歲二月辛亥，三月丁未，月再掩太白，①皆大戰之象也。庚辰，揚州諸將大破梁師于陰山。②十一月，左僕射源懷以便宜安撫北邊。明年二月，又大破梁師于邵陽。③九月，蠕蠕犯邊，復詔源懷擊之。是歲七月，月暈昴、畢、觜、參、井、五車。占曰：“旱，大赦。”又再暈軒轅、太微。明年正月，月暈五車、東井、兩河、鬼、填星。是月，大赦改元。六月，以亢陽，詔撤樂減膳。

　　正始元年正月戊辰，流星如斗，起相星，入紫宮，抵北極而滅。夫紫宮，后妃之内政，而由輔相干之，其道悖矣。④且占曰：“其象著大，有非常之變。”至二年六月癸丑，有流星如五斗器，起織女，抵室而滅。占曰：“王后憂之，有女子白衣之會。”往反營室，釁歸後庭焉。三年正月己亥，有大流星起天市垣，西貫紫蕃，入北極市垣之西。又公卿外朝之理也。占曰："以臣犯主，天下大凶。"明年，高肇欲其家擅寵，乃鴆殺于后及皇子昌，而立高嬪爲后。先是，景明四年七月，太白犯軒轅大星。至二年六月，木犯昴。占曰："人君有白衣之會。"同上。

三年六月丙辰，太白晝見。占曰："陰國之兵强。"八月，梁師寇邊，攻陷城邑。秋九月，安東將軍邢巒大破之宿豫，斬將三十餘人，捕虜數萬。十月甲寅，月犯太白，又大戰之象。明年，中山王英敗績于淮南，士卒死者十八九。又元年正月，月暈胃、昴、畢、五車；戊午，又暈五車、東井、兩河、鬼、填星；二月甲申，又暈昴、畢、觜、參；三年正月，月暈太微、軒轅。皆爲兵、赦。是月，皇子生，大赦天下。

四年七月己卯，有星孛于東北。占曰："是謂天讒，大臣貴人有戮死者。"凡孛出東方必以晨，乘日而見，亂氣蔽君明之象也。昔魯哀公十三年十一月，有星孛于東方，明年，春秋之事終，是謂諸夏微弱，蠻夷遞霸，田氏專齊，三族擅晋，卒以干其君明而代奪之，陵夷遂爲戰國，天下橫流矣。今孛星又見，與春秋之象同。天戒若曰：是居太陽之側而干其明者，固多穢德，可彗除矣，而君不悟，衰替之萌將緜此始乎？是歲，高肇鴆后及皇子，明年又譖殺諸王，天下冤之。肇故東夷之俘，而驟更先帝之法，累構不測之禍，干明孰甚焉，魏氏之悖亂自此始也。

【注】

①三月丁未月再掩太白：據中華書局校點本考證，承上文在景明四年

三月。《志》載在五月。但無論三月或五月，均無“丁未”。

　　②大破梁師于陰山：據中華書局校點本《世宗紀》考證，原文“陰陵”當作“陰山”。今改。

　　③大破梁師于邵陽：中華書局校點本考證，“邵陽”，諸本作“邵陵”，據《世宗紀》《蕭衍傳》，“邵陵”作“邵陽”。今改。

　　④流星起相星，后妃居紫宫，故曰輔相干之，相干後宫，故曰其道悖也。

　　永平元年三月戊申，熒惑在東壁，月行抵之，相距七寸，光芒相及。室壁四輔，君之内宫，人主所以庇衛其身也。天象若曰：且有重大之臣屏藩王室者，將以讒賊之亂，死於内宫。又曰：諸侯相謀。五月癸未，填星逆行，太微在左執法西。是爲后黨持政，大夫執綱而逆行侮法，以啓蕭牆之内。是月，月犯畢；六月，又掩之。占曰：“貴人有死者。”庚辰，太白、歲星合于柳。柳爲周分。①且占曰：“有内兵以賊諸侯。”八月，京兆王愉出爲冀州刺史，恐不見容，遂舉兵反，以誅尚書令高肇爲名，與安樂王詮相攻于定州。九月，太師、彭城王勰于禁中，愉亦死之。或曰：柳，豫州分，②所合之野，謀兵，有戰野拔邑事。至十一月丙子，流星起羽林南，大如碗，色赤；有黑雲東南引，如一匹布横北轢星。占曰：“禁兵起，所首召之。”是歲，豫州人白早生殺刺史司馬悦，以城降梁，遣尚書邢巒擊之。十二月，巒拔懸瓠，斬早生。

　　二年三月丁未，有流星徑數寸，起自天紀，孛于市垣，③光芒燭地，有尾迹，長丈餘，凝著天。天象若曰：政失其紀而亂加乎人，浸以萌矣，是將以地震爲徵。地震者，下土不安之應也。④是月，火入鬼，距積尸五寸。積尸，人之精爽，而炎氣加之，疫祥也。四月乙丑，金

入鬼，去積尸一寸。又以兵氣干之，强死之祥也。踰逼
者事甚。鬼主驕亢之戒，故金火荐災其人以警而懼之。⑤
五月，太白犯歲，光芒相觸。占曰：“兵大亂，歲饑，
不出三年。”七月庚辰，有流星起騰蛇，入紫宮，抵北
極而滅。天戒若曰：彼光後王道者。⑥以馭陰陽之變矣。
將有水旱之沴，地震之祥，而後災加皇極焉。明年夏四
月，平陽郡大疫，死者幾三千人。平陽，鬼星之分也。⑦
秋，州郡二十大水，冀定旱饑。四年，朐山之役，喪師
殆盡。其後繁畤、桑乾、靈丘、秀容、雁門地震陷裂，
山崩泉涌，殺八千餘人。延昌三年，詔曰：“比歲山鳴
地震，于今不已，朕甚懼焉。”至四年正月，宮車晏
駕。⑧二年十一月丙戌，月掩畢大星；⑨至三年八月，火犯積尸。占曰：“貴人死，
又饑疫祥也。”比年水旱災疫；是月，中山王略薨；⑩明年春，司徒廣陽王嘉薨。

　　二年九月甲申，歲星入太微，距右執法五寸，光明
相及；十二月乙酉，逆行入太微，奄左執法；三年閏月
壬申，又順行犯之，相去一寸。保乾圖曰：“臣擅命，
歲星犯執法。”是時，高肇方爲尚書令，故歲星反復由
之，所以示人主也。⑪天若言曰：政刑之命亂矣，彼居重
華之位者，盍將反復而觀省焉。今雖厚而席之，適所以
爲禍資耳。且占曰：“中坐成刑，遠期五年。”間五歲而
肇誅。⑫四年四月庚午，熒惑犯軒轅大星；至五月，入太微，距右執法三寸，光
芒相接。熒惑，天視也，始由軒轅而省執法之位，其象若曰：是居后黨而擅南宮之
命，君其降監焉。其應與歲星同也。

　　四年正月戊戌，有流星起張，西南行，殷殷有聲，
入參而滅。張，河南之分；參爲兵事。占曰：“流星自
東方來，至伐而止，有來兵大敗吾軍。有聲者怒也。”

先是，去年十一月，月犯太白；是歲，又犯之，[13]在胃；八月辛酉，又犯之。胃爲徐方，[14]大戰之象也。十月戊寅，有大流星孛于羽林，南流，色赤，珠落下入濁氣，孛然而流。王師潰亂之兆。先是，梁胸山鎮殺其將來降，詔徐州刺史盧昶援之。十二月，昶軍大敗於淮南，淪覆十有餘萬。是歲七月乙巳，有流星起北斗魁前，西北流入紫宮，至北極而滅。占曰："不出期年，兵起，且亡君戒。"是歲，有胸山之役，間歲而帝崩。

【注】

①柳爲周分：《淮南子·天文訓》星部地名曰："柳、七星、張，周。"可知柳宿爲周之分野。

②或曰柳豫州分：上古的豫州，在不斷變動，最早在淮河以北、伏牛山以東；東晋包括汝南界；隋代治所在洛。但分野上之豫州地界是大致固定的，包括淮陽、鄭州、汝南一帶。一行將柳的分野對應於豫州，不合傳統的分野理論。

③流星……孛于市垣：流星首先出現於天紀星，至天市垣時最爲明亮，光可照亮地面。天紀九星，在天市北，與南方天狗星附近的天記星有別。《黃帝占》曰："天紀，天緯也，主正理冤訟。星齊明，王法正直，無有偏黨，天下綱紀。"石氏曰："天紀絕，天下大亂，主凶。"

④此處的地震，星占家歸因於政失其紀而亂加乎人，就是指流星起天紀。

⑤火入鬼……以警而懼之：是說以火星、金星一再警示於鬼宿，用以警告將發生大戰和死喪。

⑥彼光後王道者：諸本在"後"加注一"疑"字，意爲語義不明。中華書局校點本疑有脫文，曰不相連續。筆者以爲"後"當爲"覆"字之誤。義爲這個示警天象爲覆滅王道之象。

⑦平陽鬼星之分：平陽，今山西臨汾，當爲魏之分野。

⑧正月宮車晏駕：原文無年，當脫"四年"二字，不然語不順。

⑨二年十一月丙戌月掩畢大星：中華書局校點本考證，“二年”，諸本皆作“七年”。永平無七年。今據《志》二改。

⑩是月中山王略薨：中華書局校點本據《世宗紀》和《南平王傳》考證，“是月”當“十月”之訛，“略”當爲“英”之訛。

⑪歲星反復由之所以示人主也：歲星反復犯左執法，是天意向人主警示“臣擅命”的情況。

⑫間五歲而肇誅：高肇操縱帝政，作惡多端，天象示警後五年被誅。

⑬是歲又犯之：中華書局校點本據《志》二說“歲”下當補“四月辛卯”四字。

⑭胃爲徐方：《淮南子·天文訓》星部地名曰：“奎、婁、魯。”“胃、昴、畢、魏。”《晉書·天文志》則說：“奎、婁、胃、魯，徐州。”與此說合。

四年十二月己巳，歲星犯房上相，相距一寸，光芒相及；至延昌元年三月丙申，歲星在鈎鈐東五寸，①距鍵閉三寸；丙午，又掩房上相。天象若曰：夫鈴鍵之彎，君上所宜獨操，非驂服所當共也。②先是，高肇爲尚書令，而歲星三省執法。是歲至升爲司徒，猶怏怏不悅，而歲星又再循之，所以示人主審矣。間二歲而上崩，肇亦誅滅。或曰木與房合，主喪、水。又元年二月，月暈井、鬼、軒轅；十月，又暈井、五車、參、畢。皆水旱饑赦之祥。自元年二月不雨至六月雨，大水。二年四月庚子，出絹十五萬匹賑河南饑人。是夏，州郡十二大水。八月，減天下殊死。

四年四月庚午，③熒惑犯軒轅大星；十月壬申，月失行，犯軒轅大星。至延昌元年三月，填星在氐，守之九十餘日。占曰：“有德令，拜太子，女主不居宮。”至十月，立皇太子，賜爲父後者爵，旌孝友之家。至二年三月乙丑，填星守房。占曰：“女主有黜者，以地震爲徵。”地震者，陰盈而失其性也。四月丙申，月掩填星；七月戊午，又如之。是爲后妃有相遷奪者，且曰：“女主死之。”時比歲地震。至三年八月，太白又犯軒轅。十二月，月掩熒惑。皆小君之譴也。④時高后席寵凶悍，雖人主猶畏之，莫敢動搖，故世宗胤嗣幾絶。明年上崩，后廢爲尼，降居瑤光寺，尋爲胡氏所害，以厭天變也。⑤

延昌元年八月己未，有流星起五車，西南流入畢。畢，邊兵也。占曰：“有兵車之事，⑥以所直名之。”至二年十一月戊午，又有流星起五車，西南流，殷殷有聲。憑怒者，事盛也。十二月己卯，有流星西南流，分而爲二。又偏師之象也。至三年六月辛巳，太白晝見。占曰：“西兵大起，有王者之喪。”十一月，大將軍高肇伐蜀，益州刺史傅豎眼出北巴，平南羊祉出涪，安西奚康生出綿竹，撫軍甄琛出劍閣，會帝崩旋師。先是，元年三月己酉，木、土相犯。占曰：“人君有失地者，將死之。”又曰：“先作事者敗，兵起必受其殃。”三年九月，太白掩右執法。是爲大將軍有罹刑辟者。先是，二年二月，梁郁洲人徐玄明斬大將張稷來降。及肇出征，還亦就戮。⑦

元年三月乙未，有流星起太陽守，歷北斗，入紫宫，抵北極，至華蓋而滅。太陽守所以弼承帝車，大臣之象。⑧今使星由之，以語天極之位，臣執國命，將由此始乎？且占曰：“天下大凶，主室其空。”⑨先是，去年八月至十月，月再入太微；是歲三月，又如之；十二月甲戌，月犯火于太微。占曰：“君死，不出三年，貴人奪權失勢。”二年三月辛酉，熒惑又犯太微。占曰：“天下不安，有立君之戒。”九月丁卯，入太微，犯屏星。

明年正月而世宗崩，於是王室遂卑，政在公輔。三年二月，月暈畢、昴、五車、太白、東井。占主赦。是月，太白失行，在天關北。占："有關梁之兵，道不通。⑩"明年正月，肅宗立，大赦天下。二月，梁將任太洪帥衆寇關城。

四年五月庚戌，九月乙丑，十月癸巳，月皆犯太微。中歲而驟干之，强臣不御，執法多門之象也。閏月戊午，月犯軒轅。又女主之謫。十一月庚寅，木、火會于室，相距一尺；至甲午，火徙居東北，亦相距一尺。室爲後宮，火與木合曰内亂，環而營之，或淫事干逼諸侯之象。占曰："姦臣謀，大將戮。若有夷族之害，以赦令除之。"先是，三年九月，太白犯執法。是歲八月，領軍于忠擅戮僕射郭祚。九月，太后臨朝，淫放日甚，至逼幸清河王懌。其後，羽林千餘人焚征西將軍張彝宅，辜死者百數，朝廷不能討，於是大赦。原羽林亦營室之故也。⑪魏收以爲月犯太微，大臣有死者。其後安定王薨。月犯軒轅，女主憂之。其後皇太后高尼崩於瑶光寺。營室又主土功也。胡太后害高氏以厭天變，乃以后禮葬之。

【注】

①歲星在鉤鈐："鉤鈐"，諸本皆作"鉤餘"。"鉤餘"無解，當爲"鉤鈐"之誤。鉤鈐星與下文之鍵閉很接近，故有歲星在鉤鈐東五寸、距鍵閉三寸的天象。今據星圖改。

②鈐鍵之讐……非驂服所當共也：巫咸曰："鍵閉一星，在房東北。鍵閉主鑰，關門之官。"《開元占經》卷六十房宿："鉤鈐，天子御也。""鉤鈐去房，欲其近也。近則天下同心，遠則天下不和。房主開閉，以其蓄藏之所由也。"在星占學的觀念上，鉤鈐和鍵閉兩個星座的性能是不同的，他們的行爲應當祇能聽命於君主，不宜受制於權臣，故曰"非驂服所

當共也"。故下文曰"而歲星又再循之,所以示人主審矣"。

　　③四年四月庚午:"四年",諸本作"二年",不合上下文。《志》二在永平四年十月壬午。

　　④皆小君之謫也:都是小君之咎。小君,當指高后。

　　⑤高后的凶悍所爲,皆君主所寵。高后爲胡氏所害,也爲應得的下場。

　　⑥流星起五車……占曰有兵車之事:五車爲兵車,故有此占。

　　⑦有流星起五車……還亦就戮:皆爲流星出、太白晝見、土和木相犯、太白掩右執法天象的應驗。

　　⑧太陽守所以弼承帝車大臣之象:石氏曰:"太陽守一星,在相西南。"《黃帝占》曰:"太陽守,輔臣象也,所以守衛天主之宮,備守諸門。其星明,則人主威服四方,天下安,王者致符瑞。"

　　⑨今使星由之……主室其空:今流星起太陽守,歷北斗,入紫宮,抵北極,應在天下大凶、皇室空虛上。魏室衰敗將至。

　　⑩三年二月……道不通:太白犯天關,主關梁不通,故有此占。

　　⑪原羽林亦營室之故也:指十一月木、火會於營室,應在魏室內亂,太后淫放日甚,羽林千餘人焚張彝宅,辜死者百數,朝廷不能討。

　　四年十月,太白犯南斗。斗爲吳分。占曰:"大兵起。"先是,三年四月,有流星起天津,東南流,轢虛、危。天津主水事,且曰有大眾之行。其後梁造浮山堰,以害淮泗,諸將攻之。是歲閏月,有大奔星起七星,南流,色正赤,光明燭地,尾長丈餘,歷南河,至東井。七星,河南之分也,流星出之,有兵起;施及東井,將以水禍終之。①又占曰:"所與城等。"疑是時,鎮南崔亮攻梁師于硤石。明年二月,鎮東蕭寶夤大破梁淮北軍。九月,淮堰決,梁人十餘萬口皆漂入海。

　　肅宗熙平元年三月丙子,太白犯歲星;十二月甲

辰，月犯歲星。②是謂强盛之陰而陵少陽之君。歲，又諸
侯也。天象若曰：始由内亂干之，終以威刑及之。是歲
正月，熒惑犯房；四月庚子，又逆行犯之；癸卯，月又
犯房。③占曰："天下有喪，諸侯起霸，將相戮。"十一
月，大流星起織女，東南流，長且三丈，光明照地。占
曰："王后憂之，有女子白衣之會。"間歲，高太后殂，
司徒國珍薨，中宫再有喪事。其後僕射于忠，司徒、任
城王澄薨。既而太后幽逼，清河、中山王戮死。或曰："月、
太白犯歲星，鍾祥也；火犯房，陳兵滿野，有饑國，且大赦。"又元年十二月，月暈
井、觜、參、五車。占曰："水旱，有赦。"至二年正月，大赦。十月，幽、冀、
滄、瀛大饑。是月，月再暈畢、參、五車。占曰："饑，赦。"明年，幽州大饑，死
者數千人，自正月不雨至六月。是歲，四夷反叛，兵大出，又赦改元。

二年六月癸丑，有大流星出河鼓，東南流，至牛；
十一月，流星起河鼓，色黄赤，西南流，長且三丈，有
光照地；至神龜元年四月壬子，有流星起河鼓，西北
流，至北斗散滅。河鼓，鼓旗之應也，故流星出之兵
出，入之兵入。昔宋泰始初，大流星出自河鼓，西南
行，竟夜，有小星百數從之。既而諸侯同時作亂。至是
三出河鼓，④秦州屬國羌及南秦、東益氐皆反。七月，河
州人卻鐵忽與群盜又起，自稱水池王，詔行臺源子恭及
諸將四出征之。朝廷多事，故天應屢見云。

神龜二年四月甲戌，大流星起天市垣西，東南流，
轢尾，光明燭地。天象若曰：將作大衆而從后妃之事
矣，以所首名之。是歲九月，太后幸嵩高。或曰市垣所
以均國風；尾，幽州也。明年，詔尚書長孫稚撫巡北
蕃，觀省風俗。二月丙辰，月在參，暈井、觜、參、歲星、五車。占曰：

“有死相，且赦。”明年，諸王多伏辜，又大赦。

二年八月己亥，太白犯軒轅；是月，月又犯之；至正光元年正月，月又犯軒轅大星。四月庚戌，金、火合于井，相去一尺。占曰：“王業易，君失政，大臣首亂，將相戮死，⑤以用師大敗。”五月丙午，太白犯月，相距三寸。占曰：“將相相攻，秦國有戰。”七月，太白犯角。角，天門也，是爲兵及朝庭。占曰：“有謀不成，破軍斬將。”是月，侍中元叉矯詔幽太后于北宮，殺太傅、清河王懌。八月，中山王熙起兵誅元叉，不克遇害。明春，衛將軍奚康生謀討叉于禁中，事泄又死。是冬，諸將伐氏，官軍敗績。

【注】

①有大奔星起七星……歷南河至東井：傳統的分野觀念，七星在周，即洛陽一帶。一行將其釋爲河南，事出於隋以後的州界調整。這些星占天象應在淮泗南北戰爭以梁師失敗且有十餘萬人漂入海而告終。

②十二月甲辰月犯歲星：日期記録與《志》二有异，中華書局校點本以爲此是抄録之誤。

③癸卯月又犯房：中華書局校點本考證，承上下文，乃爲熙平元年四月，《志》二在二年四月。疑此有誤。

④流星……三出河鼓：《海中占》曰：“流星入河鼓，有兵起，大將出。”石氏曰：“流星出河鼓，兵出。入河鼓，兵入。”又曰：“流星入河鼓，所入將驚死；出河鼓，所出將廢。”故兵災蜂起，朝廷多事，天應屢見。

⑤王業易……將相戮死：太白和月犯軒轅，金、火合於井，應在君失政，大臣首亂，故有下文的將相相攻等混亂之事。

正光元年九月辛巳，有彗星光焰如火，出于東方，陰動争明之异也。①《感精符》曰："天下以兵相威，以勢相乘，至威_疑亂，起布衣，從衡禍，未庸息，帝宫其空。"昔正始中，天讒②孛于東北，是歲而攝提復周。③故天象若曰：夫讒之亂萌有自來矣，彗除之象今則著矣，戰國之禍將由此作乎？間三年而北鎮肇亂，關中迹之。自是姦雄鼎沸，覆軍相踵，其災之所及且二十餘年而猶未弭焉。《梁志》曰：九月乙亥，有星晨見東方，光如火。占曰："國皇見，有内難急兵。"明年，義州反。④乙亥去辛巳凡六日，而北方觀之，其氣蓋同矣。始干其明，以妖南國，既又彗而布之，以除魏邦。

二年四月甲辰，火、土相犯於危；十一月辛亥，金、土又相犯于危。危，存亡之機，太白司兵，熒惑司亂，而玄枵司人，土下之所係命也。三精淊聚，群臣叶謀，以濟屯復之運焉。⑤占曰："天下方亂，甲兵大起，王后專制，有虚國徙王。"至四年四月己未，火、土又相犯于室。是謂後宫内亂。且占曰："欲殺主，天子不以壽終。"或曰：魏氏，軒轅之裔。⑥填星之物也，赤靈爲母，白靈爲子，經綸建國之命，所以傳撥亂之君也，其受之者將在并州與有齊之國乎？其後太后淫昏，天下大壞，上春秋方壯，誅諸佞臣。由是鄭儼等竦懼，遂説太后鴆帝。既而尒朱氏興于并州，終啓齊室之運，卜洛之業遂丘墟矣。⑦二年十月，月掩心大星；至三年正月，月掩心距星；⑧四月丁丑，又如之。占曰："亂臣在側。"□□□□五年。間三歲而肅宗崩。⑨

三年七月庚申，有大流星如五斗器，起王良，東北流，長一丈許。王良主車騎，⑩且曰：有軍涉河，昭盛者事大。是日，月在昴北三寸；十一月乙卯，又如之。是

謂兵加匈奴，且胡王之讁也。⑪先是，蠕蠕阿那瓌失國，
詔北鎮師納之。是歲八月，蠕蠕後主來奔懷朔鎮。⑫間
歲，阿那瓌背約犯塞，詔尚書令李崇率騎十萬討之，出
塞三千餘里，不及而還。二年九月庚戌，月暈胃、昴、畢、五車；辛
亥，又暈之。占曰："饑旱有赦。⑬"至三年九月，月在畢，暈昴、畢、觜、參、五
車。是歲夏大旱，十二月，大赦。

三年二月丁卯，月掩太白，京師不見，涼州以聞。
占曰："天下大兵起。涼州獨見，災在秦也。"三月癸
卯，有大流星起西北角，流入紫宮，破爲三段，光明照
地。角星，主外朝兵政，流星由之，將大出師之象。若
曰將以兵革之故，王室分崩。入抵紫宮，天下大凶，有
虛國之象。四月癸酉，有大奔星歷紫微，入北斗東北
首，光明燭地，殷然如雷。盛怒之象也，皆以所直名
之。至四年八月乙亥，月在畢，掩熒惑。又邊城兵亂之
戒也。十月乙卯，太白入斗口，距第四星三寸，⑭光芒相
掩。占曰："大兵起，將戮辱，又吳分也。"五年正月，
沃野鎮人破落汗拔陵反，⑮臨淮王彧征之，敗績于五原。
六月，莫折大提反於秦，雍州刺史元志討之，又大敗於
隴東。明年，南方諸將頻破梁師。至八月，杜洛周起上
谷，其後鮮于脩禮反定州。王師比歲北征，冀方大震。
既而葛榮承之，竟陷河北。五年二月，月在參，暈觜、參、五車、東
井、熒惑；八月，又暈之。閏月，月在張、翼，再暈軒轅、太微。占曰："兵起，士
卒多遁走，"一曰："士卒大聚。"又皆赦祥也。是時徵調驟起，兵相蹈藉。又有詔
內外戒嚴，將親征。⑯自二月至六月，再大赦天下。十月，月在畢，暈昴、畢、觜、
參。後年春，又大赦。先是，二年九月，歲星犯左執法；至三
年正月癸丑，又逆行犯之，相去四寸，光芒相及；五月

丙辰，歲星又掩左執法。是時宦者劉騰與元又叶謀，遂總百揆之任，故歲星反復由之，與高肇同占。至四年二月，騰死，又由是失援。其年十一月庚戌，歲星犯房上相，相距二寸，光芒相掩。五年四月己丑，歲星又逆行犯之。明年，皇太后反政，又遂廢黜。昔高肇爲尚書令，而歲星三省之，及升于上相，歲星亦再循之。至是三犯執法而騰死，再干上相而又敗，曠宮之譴，异代同符矣。

【注】

①陰動爭明之异也：有陰氣爭明的异常天象。陰象徵女主，爭明意即爭權。

②天讒孛于東北：天讒即天讒星，也寫作天攙。甘氏曰："天攙見，則女主有用事者。其本爲主人。"巫咸曰："天攙出，其國內亂。"

③攝提復周：歲星紀年以十二歲爲一周。太歲又稱攝提。

④明年義州反：《隋書·天文志》載在梁普通三年（魏正光三年）。與下文內容互證，或紀年有誤。

⑤三精洊聚……以濟屯復之運：三顆星相繼聚犯於危宿，顯示魏國的命運。三精，指以上金星、土星、火星。據傳統的星占思想，太白兵象，熒惑亂象，土星有關死喪，危宿則關係到大衆，此三星犯危，應在以下占語："王后專制，有虛國徙王。"

⑥魏氏軒轅之裔：魏宗室托名黃帝之後裔。

⑦卜洛之業遂丘墟矣：建都於洛的魏國基業，也就成爲廢墟了。

⑧心距星：指心宿一。

⑨間三歲而肅宗崩：中華書局校點本考證，諸本"三"字不明，汲本等作"五"，殿本考證爲"三"。今從殿本。

⑩大流星……王良主車騎：王良爲晋趙襄子馭手，以駕駟馬車救主而著稱。王良五星，以王良一爲王良，餘四星爲四匹馬。王良星分布於銀河

邊，故下文曰"有軍涉河"。

⑪月在昂北……是謂兵加匈奴且胡王之讁也：昂爲"胡星"，故應於兵加匈奴，又爲"胡王"之咎。

⑫是歲八月蠕蠕後主來奔懷朔鎮：中華书局校點本考證，此爲史臣竄改紀年附會徵應所致。

⑬占曰饑旱有赦：諸本"占曰"下注"闕二字"。今據中華書局校點本考證補"饑旱"二字。

⑭入斗口距第四星三寸：此爲太白入南斗斗魁之象，第四星爲斗宿四。以下占曰"吳分"，正合斗牛爲吳分的分野理論。

⑮五年正月……拔陵反：中華書局校點本據《肅宗紀》考證，"正月"當爲"三月"之誤。

⑯又有詔內外戒嚴將親征：中華書局校點本考證，此"又"字上疑脫"孝昌元年"四字。

孝昌元年五月，太白犯軒轅；八月，在張、角，盛大。占曰："有暴酷之兵。"張，河南也。十二月，火入鬼，又犯之。占曰："大賊在大人之側。"后以淫泆失政，又秦分也。①二年正月癸卯，金、木相犯於牛；十一月戊申，又相犯于女。歲所以建國均人，女爲蠶妾，牛爲農夫。②天象若曰：是將罷以寇戎，而喪其耕織之務矣。且曰有亂兵大戰而波及齊、吳。是歲八月甲申，月在胃，掩鎮星；閏月癸酉，又掩之；三年正月戊辰，又掩之。是爲女君有罷兵刑之禍者，洀干之，事甚而衆也。又占曰："天下大喪，無主，貴人兵死，國以滅亡。"又二年三月，奔星大如斗，出紫微，東北流，光照地。占曰："王師大出，邦去其君。"六月，有奔星如斗，起大角，入紫宮而滅。棟星③以肆覲群后，而敷威令于四方也。今大號由之，以詔天極，不以逆乎？且有空國徙王之戒焉。十月，有星入月中而滅。占曰：“入而無光，其國卒滅；星反出者，亡國復立。”是歲四月至三年九月，熒惑再犯軒轅大星；武泰元年正月，又逆行復犯之。占曰：“主命將失，女君之象，亂逆之災。”三月庚申，月掩畢大星。占曰：“邊兵起，貴人多死者。”是時淫風滋甚，王政盡弛，自大河而北，極關而西，覆軍屠邑，不可勝計。既而蕭寶夤叛于雍州，梁師驟伐淮泗，連兵青土，萬姓嗷嗷，喪其樂生之志矣。是歲二月，帝竟以暴崩。四月，尒朱榮以大兵濟河，執太后及幼主，沉諸中流，害王公以下二千，遂專權晋陽，以令天下焉。三年正月癸酉，月在井，暈觜、參、兩河、五車。七月，大赦。明年少主立，又大赦。

　　莊帝永安元年七月癸亥，太白犯左角，相距四寸，光芒相掩，兵及朝庭之象。占曰：“大戰不勝，貴人有來者，其謀不成。”至二年閏月，熒惑入鬼，犯積尸。占曰：“兵起西北，有鈇鉞之誅。”是歲，北海王顥以梁師陷考城，執濟陽王暉業，乘虛逐勝，遂入洛陽。至七月，王師大敗之，顥竟戮死，有謀不成之驗。明年，尒朱天光擊反虜万俟醜奴及蕭寶夤于安定，克之，咸伏誅。

【注】

①太白犯張，張宿的分野在河南洛陽，洛陽爲都城，故曰“在大人之側”。後火入鬼，鬼應在關中，故曰秦分。

②女爲釐妾牛爲農夫：此分野之説對女宿、牛宿又一解也。以下所述

齊吳爲女牛之分野。

③棟星：甘氏曰：“大角者，棟星也。其星光澤明大，揚芒奮角，强臣伏誅，天下安寧。芒之所指，兵所從往者吉。”

二年十一月，熒惑自鬼入太微西掖門，犯上將，出東掖門，犯上相，東行累日，句巳去來，①復逆行而西；十二月乙丑，月又掩之；至三年正月癸未，逆行入東掖門；己丑，月入太微，襲熒惑；辛卯，月行太微中，又暈之；三月己卯，在右執法北一尺五寸，留十四日；至壬辰，月又掩之，復順行而東；四月戊午，月又干太微而暈；己未，熒惑出端門，在左執法南尺餘而東。自魏興以來，未有循環反復若此之荐也。是時孝莊將誅權臣，有興復魏室之志，是以誠發於中而熒惑咨謀於上焉。其占曰：“有權臣之戮，有大兵之亂，貴人以强死而天下滅亡。”至五月己亥，太白在參晝見。參爲晉陽之墟。天意若曰：干明之釁於是乎在矣。七月甲午，有彗星晨見東北方，在中台東一丈，長六尺，色正白，東北行，西南指；丁酉，距下台上星西北一尺而晨伏；庚子，夕見西北方，長尺，東南指，漸移入氐；至八月己未，漸見；癸亥，滅。占曰：“彗出太階，有陰謀姦宄興。”凡天事爲之微形以戒告人主，始滌公輔之穢而彗除之，權臣將滅之象；再干太陽之明而後陵奪之，逆亂復興之象也。三月而見者，變近巫也。究于內宮者，反仇其上也，近期在衝，遠期一年。先是，二日壬申，有大流星相隨西北，尾迹不絕以千計。西北直晉陽之墟，而微星，庶人所以載皇極也，人徙而君從之。是月戊戌，有大奔星自極東貫紫宫而出，影迹隨之，遷君之應。至九月，上誅太原王榮、上黨王天穆于明光殿。是夕，尒朱氏黨攻西陽門不克，退屯河陰。十二月，洛陽失守，帝崩于晉陽。自是南宫版蕩，劫殺之禍相踵。先是，永安元年七月丙子，十一月丙寅，十二月癸巳，月皆掩畢大星；至二年三月乙卯，月入畢口；八月乙丑，又距畢左股二寸，光芒相掩，須臾入畢口；十二月丙辰，掩畢左股大星；②三年六月乙巳，又犯畢大星；八月庚申，入畢口，犯左股大星；是月辛丑，太白犯軒轅；明年五月，月又犯畢右股，遂入之。畢星，所以建魏國之命也。③占曰：“天下有變，其君大憂，邊兵起，上將戮，月涒干之，事甚而衆。”及尒朱兆作亂，奉長廣王爲主，號年建明。明年二月，又廢之而立節閔。六月，高歡又推安定王爲帝於信都，復黜之，後更立武帝。於是三少王相次崩殂，④又洛陽再陷，六宫汙辱，有兵及軒轅之效焉。永安二年十月辛亥，十二月丁巳，月皆在畢，暈昴、畢、填星、觜、參、五車；普泰元年正月己丑，月在角，暈軫、角、五車、亢、連環暈北斗、大角、織女；十月，又暈昴、畢、觜、參、井、五車。是時，肆赦之令，歲月相踵。

節閔普泰元年五月辛未，太白出西方，與月并，間容一指，⑤戰祥也。先是，去年十一月辛丑，月在太白北，不容一指。占曰：“有破軍殺將，主人不勝。”既而尒朱氏南侵，王師敗績。至是，又與月合，幾將復之乎？十月甲寅，金、火、歲、土聚于觜、參，甚明大。晉魏之墟也，且曰：兵喪并起，霸君興焉。是時，勃海王歡起兵信都，改元中興。至十一月己卯，奔星如斗，起太微，東北流，光明燭地，有聲如雷。占曰："大臣有外事，以所首事命之。"或曰："中國失君，有立王遷主。著而有聲者，盛怒也。"是時，尒朱氏成師北伐。明年三月癸巳，火逆行犯氐。占曰："天子失其宮。"閏月庚申，歲星入鬼，犯天尸。占曰："有戮死之君。"既而尒朱兆等大敗于韓陵，覆師十餘萬。四月，武帝即位，比及歲終，凡殺三廢帝。

　　孝武永熙元年九月，太白經天。十一月辛丑，有大流星出昴北，東南流，轢畢貫參，光明照地，有聲如雷。天象若曰：將有髦頭之兵，憑陵塞垣，與大司馬合戰。明年正月丁酉，勃海王歡追擊兆等于赤洪嶺，大破之，尒朱氏殲焉。

【注】

　　①句巳：諸本作"句己"，當爲"句巳"之誤。句巳者，似鉤蛇行。前文已有注釋。今改。

　　②掩畢左股大星："左股大星"，諸本均作"右股大星"。畢宿祇有一顆大星，在左股，即下文之"入畢口，犯左股大星"，故此處之"右"當爲"左"字之誤。今改。

　　③畢星所以建魏國之命也：《開元占經》引《魏世家》曰："畢公高之後也，與周同姓。高佐周武王，得封於畢，更爲畢氏。後封其苗裔曰畢萬，事晉獻公，從伐霍耿，魏滅之，獻公以魏封萬。魏，河東郡之永安縣是也。武子子悼子，徙治霍。霍，平陽郡之永安縣是也。悼子子昭子，徙安邑河東之安邑縣是也。昭子孫獻子與趙鞅共謀，祁羊舌氏，分其地。獻子曾孫桓子，與趙韓滅智伯桓子。孫文侯時，魏爲强大，周烈王賜命爲諸侯。文侯子武侯，與趙韓滅晋，分其地。故參爲魏之分野。"《史記·魏世家》引星占家卜偃説："畢萬之後必大。萬，盈數也；魏，大明也。以是

始賞，天開之矣。天子曰兆民，諸侯曰萬民。今命之大，以從盈數，其必有衆。”這就是説，從星占的含義來看，將這個地方封給萬，是天意，畢萬將來必定要發達，會得到萬民的擁戴，畢國也將興盛而成爲大國。正是這個天文學上的典故，天文學家纔將西方七宿之第五宿所對應的魏王室畢氏，作爲該星宿的名稱。北魏之魏，沿習了這一吉兆。

　　④三少王相次崩殂：中華書局校點本曰疑“王”當作“主”。

　　⑤間容一指：成年男子將手臂伸直，以食指所夾爲一指，大致爲兩度。

　　二年四月，太白晝見。九月丁酉，火、木合于翼，相去一寸，光芒相掩。占曰：“是謂内亂，姦臣謀，人主憂。①”甲寅，金、火合于軫，相去七寸，光芒相及。占曰：“是謂相鑠，不可舉事用兵。”翼、軫南宮之蕃，又荆州也。至三年三月癸巳，有奔星如三斛甕，起匏瓜，西流入市垣，有光燭地，迸流如珠，尾迹數丈，廣且三尺，凝著天，狀如蒼白雲，須臾屈曲蛇行。匏瓜爲陰謀；②星大如甕，爲發謀舉事；光盛且大，人貴而衆也；以所首名之，且爲天飾，王者更均封疆。是時，斛斯椿等方説上伐高歡，荆州刺史賀拔勝預謀焉；③高歡知之，亦以晉陽之甲來赴。七月，上自將十餘萬，次河橋，望歡軍，憚之不敢戰，遂西幸長安。至十月，勃海王更奉孝静爲主，改元天平，由是分爲二國，更均封疆之應也。④是月，歡命侯景攻荆州，拔之，勝南奔。是年三月庚子，木逆行，在左執法北一寸，光芒相掩；五月甲申，又在執法西半寸，乍見乍不見。占曰：“彊臣擅命，改政更元。”十二月，上崩，由是高歡、宇文泰擅權兩國。又二年十一月乙丑，三年八月庚午，十二月庚申，月皆在畢，暈畢、昂、參、五車。自三年二月至明年正月，東、西魏凡四大赦。

三年五月己亥，熒惑逆行，掩南斗魁第二星，遂入斗口。先是，元年十一月，熒惑入斗十餘日，出而逆行，復入之，六十日乃去。斗，大人之事也。占曰："中國大亂，道路不通，天下皆更元易政，吳越之君絶嗣。"是歲，東、西帝割據山河，遂爲戰國比。十月至正月，梁、魏三帝皆大赦改元。⑤或曰：斗爲壽命之養，而火以亂氣干之，耄荒之戒也。是時梁武帝年已七十矣，怠於聽政，專以講學爲業，故皇天殷勤著戒。又若言曰：經遠之謀替矣，將以逆亂終之，而勤其天禄焉。夫天懸而示之，且猶不悟，其後攝提復周，卒有侯景之亂云。三年十二月，梁人立元慶和爲魏王，屯平瀨。明年正月，東南行臺元晏大破之。六月，豫州刺史堯雄又大破梁師於南頓。十月，梁攻單父，徐州刺史任祥又大破之，斬虜萬餘級。十一月，柳仲禮寇荆州，⑥諸將又大敗之。時梁軍政益弛，故累有負敗之應。

東魏孝靜天平二年，有星孛于太微，歷下台，及室壁而滅。南宮，成周之墟，孝文之餘烈也，⑦孛星由之，易政徙王之戒。天象若曰：王城爲墟，夏聲幾變，而台階持政，⑧有代奪之漸乎？且抵于營室，更都之象也。⑨是後兩霸專權，皆以北俗從事，河南新邑遂爲戰爭之郊。間三歲，至興和元年九月，發司州卒十萬營鄴都，十月新宮成。天平元年閏月，月掩心大星；二年八月，又犯之，相去七寸；十一月，又掩心小星。相臣逼主之象，且占曰："人臣伐主，應以善事除殃。"時兩雄王業已定，特以人臣取容而已。至興和二年八月，月又犯心大星。後數年而禪代。

二年七月壬戌，⑩金、土合于七星；癸亥，遂犯七星。七星，河南之分，金而犯土，將有封畿之戰，且占曰："其分亡地。"先是，去年十二月癸丑，太白食月；

是歲三月壬申，太白又與月合，相距一寸，大戰之祥也。月象強大之國，而金合之，秦師將勝焉。十二月，有流星從天市垣西流，長且一丈，有尾迹。三年正月，勃海王歡攻夏州，克之。十月丁丑，月犯火。占曰："大將有鬥死者。"十二月，大都督竇泰入潼關；明年，宇文泰距擊斬之。十月，遂及勃海王歡戰于沙苑，歡軍敗績，捕虜萬餘。是月，獨孤信拔洛陽。

三年十一月，熒惑犯歲星。占曰："有內亂，臣謀主。"至四年正月，客星出于紫宮。占曰："國有大變。"二月壬申，八月癸未，月再掩五車東南星。卜曰："兵起，道不通。"十一月，太白晝見。占曰："軍興，爲不臣。"五年二月庚戌、三月甲子，填星逆順行，再犯上相。上相，司徒也。六月，太白入東井。占曰："秦有兵，大臣當之。"至元象元年七月，太白在柳，晝見。柳，河南也。八月辛卯，有大流星出房、心北，東南行，長且三尺，尾迹分爲三段，軍破爲三之象也。先是，行臺侯景、司徒高昂圍金墉，西帝及宇文泰自將救之。是月陳于河陰，泰以中軍合戰，大克，司徒高昂死之。既而左右軍不利，西師由是敗績，斬將二十餘人，降卒六萬。是月，西帝太傅梁景叡據長安反，關中大震，尋皆伏誅。天平三年正月，元象元年三月，月再掩軒轅大星。是年，西帝廢皇后乙氏，立蠕蠕女爲后。明年五月，火犯軒轅大星。既而乙氏遇害，其後蠕蠕后又死，而乙氏爲祟焉。元象元年十月，月犯昴，暈畢、胃；丁未，在翼，暈大星、軒轅左角；十一月，在井，暈五車、兩戍。[11]東西主凡三大赦。

【注】

①火木合于翼：石氏曰：“翼，天樂府也，主輔翼以衛太微宫，法九州之位。入爲將十相，繩直有例。内外小星四十六，官各隨其度，小臣之象也。”故火木合於翼主内亂。

②奔星……起匏瓜……匏瓜爲陰謀：《開元占經》引齊伯曰：“流星入匏瓜，天下有憂。”《甄曜度》曰：“流星出匏瓜，食官有憂，一曰魚鹽價千倍。”

③荆州刺史賀拔勝預謀焉：中華書局校點本考證，“勝”，諸本皆作“岳”，據《出帝紀》和《賀拔勝傳》皆作“勝”。今改。

④勃海王更奉孝静爲主……更均封疆之應也：自此之後，分爲東魏、西魏二國。

⑤十月至正月梁魏三帝皆大赦改元：梁和東魏、西魏三帝，分别改元，指梁於 535 年改元大同，東魏於 534 年改元天平，西魏於 535 年改元大統。

⑥十一月柳仲禮寇荆州：中華書局校點本考證，“十一月”，百衲本、汲本、局本作“十二月”，南、北、殿三本作“十一月”。今從南、北、殿本改。

⑦南宫……孝文之餘烈也：南面的星宫，象徵着成周的廢墟以及魏孝文帝在洛陽的壯烈事業。

⑧台階持政：台階星象徵着掌握政權。上文有星歷下台。下台，三台之一。

⑨抵于營室更都之象：營室象徵營造宫室，今彗星犯之，爲遷都之兆。

⑩二年七月壬戌：“二年”前原有“元象”二字，以下均爲天平年間事，知“元象”二字爲衍文。今據中華書局校點本考證改。

⑪十一月在井暈五車兩戌：“戌”，原作“咸”，南本、殿本、局本“咸”作“年”，百衲本、北本、汲本作“咸”。因東西咸在房宿北，與東井不相及，今據中華書局校點本考證，當爲“南戌”“北戌”之誤。故改。

興和元年二月壬子，火犯井。占曰："秦有兵亂，貴人當之。"四月，又入鬼。亦兵喪之祥也[①]又土地之分也。至二年十一月甲戌，太白在氐，與填星相犯。氐，鄭地也。至四年七月壬午，火、木合于井，相去一尺。占同天平。明年，北豫州刺史高仲密據武牢西叛，宇文泰帥衆援之。戊申，及勃海王戰于邙山，西軍大敗，虜王侯將校四百餘人，獲六萬餘級。元年八月，月在畢，暈昴、畢、觜、五車。二年正月大赦。三年正月至八月，又再暈之，歲星在焉。四年十一月，月暈軒轅、太微；壬申，又暈胃、昴、畢、五車。皆兵饑赦祥也。明年，東西主皆大赦。後年三月，高歡入朝，以春冬亢旱，請賑窮乏，死罪已下皆宥之。先是，元年十月辛丑，有彗星出于南斗，長丈餘；至十一月丙戌，距太白三尺，長丈餘，東南指；二月乙卯，至婁始滅。占曰："彗出南斗之土，皆誅其上。"疑又吳分。始自微末，終成著大，而與兵星合焉。天戒若曰：夫劫殺之萌，其事由來漸矣，而人君辨之不早，終以兵亂橫流，不可撲滅焉。婁又徐方之次，亂之所自招也。至二年四月己丑，金、木相犯于奎；丙午，火、木又相犯于奎。奎爲徐方，所以虞蹕防之寇也。歲主建國之命，而省人君之差敗，火主亂，金主兵；三精涿而聚謀，所以哀矜下土而示驅除之戒也。是時，梁主衰老，太子賢明而不能授之以政焉，由是領軍朱异等浸侵明福之權。至武定五年，侯景竊河南六州而叛，又與連衡而附益之。是歲十二月，梁師敗績于彭城，捕虜五萬餘級，江淮之間始蕭然愁歎矣。明年，師大敗，[②]陷溺以十萬數，景遂舉而濟江，三吳大荒，道殣流離者太半，淮表二十六州咸內屬焉。昔三精聚謀於危，九年而高氏霸，至是聚謀於奎而蕭氏亡，亦天之大數云爾。

　　武定二年四月丁巳，熒惑犯南宮上將；③戊寅，又犯右執法。④占曰：“中坐成刑，金火尤甚。”四年四月庚午，金晝見。六月癸巳，月入畢。九月壬寅，太白在左執法東南三寸許，是爲執法事。五年正月，月犯畢大星，貴人之謫也。先是，九月，大丞相歡圍玉壁不克，是月，歡薨于晋陽。辛亥，侯景反，僕射慕容紹宗擊之。八月，淮南三王謀反，誅。明年，紹宗攻王思政于潁川，竟溺。四年九月，月在翼，暈軒轅、太微帝坐。五年二月，⑤暈昴、畢、參、井、五車；五月，在張，又暈軒轅、太微。時兵革屢動，東、西帝皆比歲大赦。

　　七年九月戊午，月掩歲星，在斗。斗爲天廟，帝王壽命之期。月由之以干歲星，是爲大人有篡殺死亡之禍。是歲，梁武帝以憂逼殂，明年而齊帝，後年西主文帝及梁簡文又終，天下皆有大故，而江表尤甚。八年三月甲午，歲、鎮、太白在虛。虛，齊分，是爲驚立絕行，改立王公。熒惑又從而入之，四星聚焉。五月丙辰，帝禪位于齊。⑥是歲，西主大統十六年也。是時兩主立，而東帝得全魏之墟，於天官爲正。昔宋武北伐，四星聚奎；及西伐秦，四星聚井；四星聚參而勃海始霸；四星聚危而文宣受終。⑦由是言之，帝王之業其有徵矣。其後六年，西帝禪于周室，天文史失其傳也。

【注】

　　①秦有兵亂……亦兵喪之祥：火犯井，又入鬼宿，井鬼分野在秦，又火星爲死喪，鬼亦爲死喪，故有上占。

　　②明年師大敗：中華書局校點本考證，“師”上當脱“梁”字。

③熒惑犯南宫上將：熒惑凌犯太微垣上將星。此南宫爲太微垣，太微爲天子之廷。上將即西垣上將。

④又犯右執法：右執法在西上將東南。

⑤五年二月：中華書局校點本考證，《志》二載在正月乙巳。疑“二月”爲“正月”之誤。

⑥五月丙辰帝禪位于齊：中華書局校點本考證，“丙辰”，諸本作“丙寅”。《孝静紀》“丙寅”作“丙辰”。《北齊書·文宣紀》也作“丙辰”魏帝禪位，“戊午”高洋即帝位。“丙辰”與“戊午”相隔兩天意亦合，可見“丙寅”爲“丙辰”之誤。今改。

⑦昔宋武北伐……四星聚危而文宣受終：作者對魏時出現的四次四星聚作了小結，總的來説，四星相聚，爲驚立絶行，改立王公，在政治上的具體表現爲四星聚奎時，宋武帝北伐；四星聚井時，對應於向西伐秦；四星聚參時，勃海王開始稱霸；四星聚於危時，文宣帝接受東魏帝位的禪讓。六年之後，西魏也將帝位讓於周室，完成了徹底的更朝換代，魏朝也就壽終正寢了。

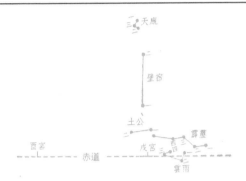

隋書・天文志

　　《隋書・天文志》，唐李淳風撰。李淳風（602—670），岐州雍（今陝西鳳翔）人，精天文曆法，善著述，主要著作有《乙巳占》《晋書・天文志》《隋書・天文志》等。《唐書》有傳。《晋書・天文志》注釋對其生平已有介紹，可以參閱。《明史・天文志》開卷説："論者謂《天文志》首推晋、隋。"可見《晋書・天文志》與《隋書・天文志》是歷代"天文志"中的範本。由於《隋書・天文志》原本是爲南北朝史寫的，它所涉及的範圍，不僅起自南朝梁和北魏，在很多地方還從魏晋説起，甚至與漢代連在一起介紹，故《隋書・天文志》與《晋書・天文志》有許多重複的文字，往往整段整段一字不差。可以説，《隋書・天文志》祇是在《晋書・天文志》的基礎上做出增損而已。當然它也補充了晋以後朝代的許多資料。

　　爲了顯示《隋書・天文志》的成就，我們用對比的形式予以介紹。二書《天文志》上卷，均介紹了"天體"，即所謂漢朝論天三家和六朝論天三家，内容基本一致，有大段文字重複，祇作了個別文字的增删。明顯的不同之處是在《隋書・天文志》中，補充了劉宋何承天論渾天象體和梁朝祖暅論渾天的内容。在儀象部分，由於魏晉僅王蕃陸績造有渾象，故除了追述歷史，可寫的内容不多。《隋書·天文志》則將渾天儀和渾天象分列介紹。由於南北朝時不僅有劉曜光初年間孔挺造的渾儀，和對後世很有影響的北魏鐵儀，劉宋錢樂之又造有渾象，故與《晋書·天文志》天體部分比，《隋書·天文志》内容就要豐富得多。在《隋書·天文志》上卷中，還加了論蓋圖、論地中、論晷影、論漏刻方面的内容，記載得較爲新鮮而且精彩。這是對撰寫正史《天文志》做出的創新，爲歷代修志者所遵循。

《隋書·天文志》所載蓋圖，實際是討論渾天和蓋天學説的延伸，具體涉及蓋天基礎上建立起來的日影千里差一寸觀念真僞問題的討論。《隋書·天文志》所載地中，介紹了古人關於地中的觀念，并且記載了祖暅推求地中的一種錯誤。晷影則記載了南北朝時天文學家關於圭表的制造和議論，并且摘録了一批上古以來測影方面有價值的資料。漏刻記載了自創漏刻記時以來歷史上記時制度的改革，并記載了劉宋何承天對漏刻的改革和梁祖暅撰寫的《漏刻經》，留下了一批不同節氣太陽出入時刻的資料。

《晋書·天文志》和《隋書·天文志》均載有經陳卓整理的星官和星數。此二志均將它們分爲中官、二十八舍、二十八宿外星官三部予以介紹。其内容和文字幾乎完全一致。不同之處在於，大約顧慮到《隋書·天文志》上卷篇幅太大，《隋志》將《晋志》分在上卷的二十八宿和宿外星官均移置於中卷，并且删去了《晋志》

中有關分野州郡躔次的内容。

記載了以上内容之後，晋隋二《天文志》還各記載了天文星占的占文和天變與人間災异的變化情况，二《天文志》所載星占占文的内容幾乎完全一致，祇是表述的文字略有差異。按照《晋書·天文志》的分類，中國星占的内容大致可分爲三類。其一是包括日月五星在内的七曜占，包括七曜的盈縮失行、月和五星犯列宿、月犯五星、五星聚合、日食、月度等。其二是雜星占，包括瑞星、客星、流星等。第三爲星氣占，包括雲氣、十輝、雜氣等。關於這些内容，《隋書·天文志》均有與之對應的標題和文字，祇是具體用辭和分卷略有差异。通過對比，可以看出《晋書·天文志》更嚴密，文字更簡煉。在晋隋二《天文志》記載星占占文以後，最後也都載有相應時期的星占占事，即記載了某年某月某日出現了某异常天象，社會上有了合於星占占文的應驗。《隋志》稱爲“五代災變應”，《晋志》稱爲“史傳事驗”。其含義相同，僅名稱不同而已。

《隋書·天文志》與《晋書·天文志》所載占事的内容確實是一致的，但所包含的歷史年代不同。《晋志》包括兩晋，而《隋志》則涵蓋南北朝。更重要的是，此二《天文志》從體例來說是不同的，《晋志》按天變、日食、月變、月掩、犯五緯、五星聚合、月五星犯列宿、妖星、流星、隕星、雲氣分類排列，《隋志》則按年代順序將各類天變混在一起排列。還有一個特點是，晋占事中，有中卷後半部和整個下卷，而《隋志》僅占下卷的後半部，顯然《晋志》占事的内容比《隋志》具體和豐富。

　　關於本志的勘誤，可參考劉黎明《〈隋書·天文志〉辨正》、唐燮軍《〈隋書·天文志·五代災變應〉勘誤》、衣撫生《〈晋書〉〈隋書〉〈宋史〉天文志勘誤一則》等。

《隋書》卷十九

志第十四

天文上

　　若夫法紫微以居中，擬明堂而布政，依分野而命國，體衆星而效官，動必順時，教不違物，故能成變化之道，合陰陽之妙。①爰在庖犧，仰觀俯察，謂以天之七曜、二十八星，周於穹圓之度，以麗十二位也。②在天成象，示見吉凶。五緯入房，啓姬王之肇迹，長星孛斗，鑒宋人之首亂，③天意人事，同乎影響。自夷王下堂而見諸侯，赧王登臺而避責，④《記》曰：“天子微，諸侯僭。”於是師兵吞滅，僵仆原野。秦氏以戰國之餘，怙兹凶暴，小星交鬬，長彗橫天。漢高祖驅駕英雄，墾除災害，五精從歲，⑤七重暈畢，⑥含樞曾緬，道不虛行。自西京創制，多歷年載。世祖中興，當涂馭物，金行水德，祇奉靈命，玄兆著明，天人不遠。昔者榮河獻箓，溫洛呈圖，⑦六爻摛範，三光宛備，則星官之書，⑧自黄帝始。高陽氏使南正重司天，北正黎司地，帝堯乃命羲、和，欽若昊天。夏有昆吾，殷有巫咸，周之史佚，宋之子韋，魯之梓慎，鄭之裨竈，魏有石氏，齊有甘公，皆能言天文、察微變者也。⑨漢之傳天數者，則有唐都、⑩李尋之倫。⑪光武時，則有蘇伯況、郎雅光，⑫并能參伍天文，發揚善道，補益當時，監垂來世。而河、洛圖緯，雖有星占星官之名，未能盡列。

①開頭這句話便點明重視天文的宗旨。其含義是：當效法紫微垣居於中心地帶，在明堂頒布政令，依據分野的對應關係而立國，體察衆多天體而效法官事，帝王的行動必須應循時節，教導百姓不違反事物的規律，由此能形成變化的道理，符合陰陽對應的關係。

②以天之七曜……以麗十二位也：庖犧氏以觀察七曜在十二星次中的運行來判斷吉凶。

明代人想象中的玉皇大帝像

③五緯入房……鑒宋人之首亂：五星聚於房的天象，開啓了姬氏稱王八百年的天下；彗星出現在北斗星空，顯示出宋君橫霸中原的首亂。

④夷王下堂而見諸侯赧王登臺而避責：夷王、赧王分別爲西周、東周的國君。下堂見諸侯、登臺避責，均爲天子失去威嚴、失德的現象。故下文曰"天子微，諸侯僭"。

⑤五精從歲：指漢高祖元年五星聚於東井的天象。五精從歲即五星從歲星聚於東井，故占文曰高祖以義致天下。

⑥七重暈畢：指《漢書·天文志》載漢高祖七年月暈圍參畢七重之事，應在高祖於七年擊匈奴，被圍平城七日之難。

⑦榮河獻篆溫洛呈圖：《易·繫辭上》說："河出圖，洛出書，聖人則之。"傳說伏羲時有龍馬從黃河出現，背負河圖；有神龜從洛水出現，背負洛書。聖人根據圖書畫成八卦。這便是《周易》的來源。篆指符篆，圖指河圖。此即爲河獻圖、洛出書的説法。

⑧六爻摛範三光宛備：爻是構成《易》卦的基本符號。"━"是陽爻，
"━━"是陰爻。每三爻合成一卦，可得八卦。兩卦（六爻）相重，可得六十四
卦。卦的變化，取決於爻的變化，故爻表示交錯和變動的意義。日、月、星稱
爲三光。六爻的循環變化和三光的運行顯映就構成了星官之書。

⑨以上南正重、北正黎、義和、巫咸、史佚、子韋、梓慎、神竈、石
申夫、甘德等的事迹，可參見《史記·天官書》。

⑩唐都：在西漢太初年間參加曆法改革者，他提出了分天部的標準，
參見《史記·曆書》和《漢書·律曆表》。

⑪李尋：西漢哀平時人，好《洪範》災异之術。《漢書》有傳。

⑫蘇伯況、郎雅光：即蘇竟（字伯況）和郎顗（字雅光），西漢末、
東漢光武帝時人，皆好天文星占圖緯之學。《後漢書》有傳。

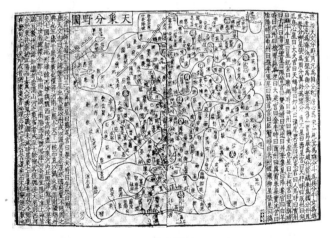

天象分野圖

（引自《三才圖會》。分野説是中國古代星占術的一種
觀念，它認爲地上有各州、郡，天上有其相對應的星座。
异常天象在天空出現，將在對應的州域顯現异象。）

後漢張衡爲太史令，①鑄渾天儀，總序經星，謂
之《靈憲》。其大略曰："星也者，體生於地，精發

於天。紫宮爲帝皇之居，太微爲五帝之坐，在野象物，在朝象官。居其中央，謂之北斗，動係於占，實司王命。四布於方，爲二十八星，日月運行，歷示休咎。五緯經次，用彰禍福，則上天之心，於是見矣。中外之官，常明者百有二十，可名者三百二十，爲星二千五百；微星之數萬一千五百二十，庶物蠢動，咸得繫命。"而衡所鑄之圖，遇亂堙滅，星官名數，今亦不存。三國時，吳太史令陳卓，始列甘氏、石氏、巫咸三家星官，著於圖録。并注占贊，總有二百五十四官，一千二百八十三星，并二十八宿及輔官附坐一百八十二星，總二百八十三官，一千五百六十五星。②宋元嘉中，太史令錢樂之所鑄渾天銅儀，③以朱、黑、白三色，用殊三家，而合陳卓之數。

【注】

①張衡（78—139）：中國古代著名的天文學家、科學家和文學家，曾兩度出任太史令，著《靈憲》、制渾象、創渾天説。明人輯有《張河間集》。《後漢書》有傳。

②總有二百五十四官……一千五百六十五星：《晋書·天文志》曰："太史令陳卓總甘、石、巫咸三家所著星圖，大凡二百八十三官，一千四百六十四星，以爲定紀。"二志所述星數不同。經考證，《隋志》一千五百六十五星當爲一千四百六十五星之誤。至於二志一星之差，潘鼐《中國恒星觀測史》説："《隋志》天將軍既作十二星，又在二十八宿尾宿内增添神宫一星，故較《寫本》多出一星，爲一千四百六十五星。"中國傳統星座的總星數，都按一千四百六十四星爲標準，《隋志》多出一星，即增加神宫一星。

③錢樂之：劉宋元嘉時太史令，曾造銅渾象，其所用星數，與《晉志》所引星數一致。見《宋書·天文志》。

　　高祖平陳，得善天官者周墳，[1]并得宋氏渾儀之器。乃命庾季才等，[2]參校周、齊、梁、陳及祖暅、孫僧化官私舊圖，[3]刊其大小，正彼疏密，依準三家星位，以爲蓋圖。[4]旁摘始分，甄表常度，并具赤黃二道，內外兩規。懸象著明，纏離攸次，星之隱顯，天漢昭回，宛若穹蒼，將爲正範。以墳爲太史令。墳博考經書，勤於教習，自此太史觀生，始能識天官。[5]煬帝又遣宮人四十人，就太史局，別詔袁充，教以星氣，業成者進內，以參占驗云。[6]

【注】

　　①周墳：南朝陳及隋朝太史令，精通星座知識。他考校經籍，努力造就天文人士，從此以後，太史觀的多數工作者纔開始認識天上的星座。

　　②庾季才（516—603）：北周和隋時曾掌太史局，曾依據南北朝各家舊星圖，整理作蓋圖，載三家星位，具內外規、黃赤道。

　　③祖暅：祖冲之之子，南朝梁天文學家。孫僧化：北魏歷史學家，《魏書》有傳。

　　④以爲蓋圖：以北極爲中心的蓋天星圖。

　　⑤自此太史觀生始能識天官：從此太史觀的天文學士，纔能認識天上的星座。

　　⑥煬帝又遣宮人四十人……以參占驗云：隋煬帝爲了嚴密監視天象，以占人事，於宮廷內外各設觀象機構，禁其互通信息，隨時向皇帝報告异常天象，以供占驗。袁充（543—617）：北朝及隋朝天文學家，《北史》《隋書》有傳。《隋書·天文志》亦載其事迹。

史臣於觀臺訪渾儀，見元魏太史令晁崇所造者，[①]以鐵爲之，其規有六。其外四規常定，一象地形，二象赤道，其餘象二極。其内二規，可以運轉，用合八尺之管，以窺星度。周武帝平齊所得。隋開皇三年，新都初成，以置諸觀臺之上。大唐因而用焉。[②]

馬遷《天官書》及班氏所載，[③]妖星暈珥，雲氣虹霓，存其大綱，未能備舉。[④]自後史官，更無紀録。《春秋傳》曰：“公既視朔，遂登觀臺，凡分至啓閉，必書雲物。”神道司存，安可誣也！今略舉其形名占驗，次之經星之末云。[⑤]

【注】

①元魏太史令晁崇所造鐵渾儀，即後世文獻所載都匠斛蘭所造鐵儀。請聯繫下文“渾天儀”有關注文解讀。

②大唐因而用焉：這架鐵儀在觀臺上一直使用到唐朝初年。其構造在下文注中一并陳述。

③馬遷天官書：司馬遷《史記·天官書》。班氏所載：指《漢書·天文志》。

④未能備舉：上書所述異常天象祇存大綱，不甚詳備。

⑤今略舉其形名占驗次之經星之末云：下文有總序經星一欄，言本文所述異星形名占驗，附於經星之後。

天體

古之言天者有三家，一曰蓋天，二曰宣夜，三曰渾天。[①]

蓋天之説，即《周髀》是也。[②]其本庖犧氏立周

天曆度，其所傳則周公受於殷商，周人志之，故曰
《周髀》。③髀，股也；股者，表也。其言天似蓋笠，
地法覆槃，天地各中高外下。北極之下，爲天地之
中，其地最高，而滂沲四隤，三光隱映，以爲晝夜。
天中高於外衡冬至日之所在六萬里，北極下地高於
外衡下地亦六萬里，外衡高於北極下地二萬里。天
地隆高相從，日去地恒八萬里。④日麗天而平轉，分
冬夏之間日所行道爲七衡六間。⑤每衡周徑里數，各
依算術，用句股重差，推晷影極游，以爲遠近之數，
皆得於表股也，⑥故曰《周髀》。

【注】

①天體這部分，是記述古人對天體結構運動狀態的認識，即大體可分
爲蓋天、宣夜、渾天三種。此下是對三種學說的分別討論。

②蓋天之說即周髀是也：言蓋天說有多種不同的觀念。據今人的分
析，至少有平天說、《周髀》說等，它還不包括先秦的天圓地方說和八柱
撐天說。《周髀》是《周髀算經》的簡稱，《周髀》是蓋天說的代表。

③周人志之故曰周髀：這是對《周髀算經》書名含義的一種解釋，認
爲周代人寫下了這本書，故名《周髀》。但實際上，它是漢代以後的著作。
"周人志之"，祇是托辭。

④《周髀算經》曰："極下者，其地高人所居六萬里，滂沲四隤而下。
天之中央，亦高四旁六萬里。""天象蓋笠，地法覆槃。天離地八萬里。冬
至之日，雖在外衡，常出極下地上二萬里。"依據這一說法，可畫出蓋天
圖。如下圖。

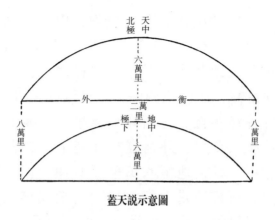

蓋天説示意圖

⑤《周髀算經》所載七衡六間與二十四節氣的對應關係如下表：

七　衡　六　間	二　十　四　節　氣
第　一　　　衡	┌夏　　　　至┐
第　一　　　間	芒　種　小　暑
第　二　　　衡	小　滿　大　暑
第　二　　　間	立　夏　立　秋
第　三　　　衡	穀　雨　處　暑
第　三　　　間	清　明　白　露
第　四　　　衡	春　分　秋　分
第　四　　　間	驚　蟄　寒　露
第　五　　　衡	雨　水　霜　降
第　五　　　間	立　春　立　冬
第　六　　　衡	大　寒　小　雪
第　六　　　衡	小　寒　大　雪
第　七　　　衡	└冬　　　　至┘

⑥《周髀算經》所推每衡周徑里數如下表：

七衡徑周及各衡周一度的里數

七　　衡	徑　一	周　三	
	里	步	里
第　一　衡	238000		714000
第　二　衡	277666	200	833000
第　三　衡	317333	100	952000
第　四　衡	357000		1071000
第　五　衡	396666	200	1190000
第　六　衡	436333	100	1309000
第　七　衡	476000		1428000
四　極	810000		2430000

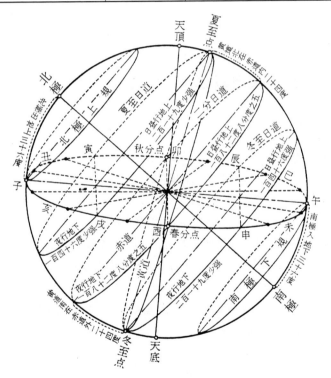

李約瑟《中國科學技術史》中的蓋天說世界圖式復原圖

(引自恰特萊的圖)

又《周髀》家云：[①] "天圓如張蓋，地方如棋局。天旁轉如推磨而左行，日月右行，天左轉，故日月實東行，而天牽之以西没。譬之於蟻行磨石之上，磨左旋而蟻右去，磨疾而蟻遲，故不得不隨磨以左回焉。[②]天形南高而北下，日出高故見，日入下故不見。天之居如倚蓋，故極在人北，是其證也。極在天之中，而今在人北，所以知天之形如倚蓋也。日朝出陰中，暮入陰中，陰氣暗冥，故從没不見也。夏時陽氣多，陰氣少，陽氣光明，與日同暉，故日出即見，無蔽之者，故夏日長也。冬時陰氣多，陽氣少，陰氣暗冥，掩日之光，雖出猶隱不見，故冬日短也。[③]"

【注】

①周髀家云：這是漢代另一種蓋天學説，它的觀點與《周髀算經》有很大的差異。不過，其流傳的記載僅見於此。《論衡·説日》記載了第三種蓋天學説，被人們稱爲平天説，此處并未介紹。關於平天説的評論，可參見薄樹人主編、台灣文津出版社出版的《中國天文學史》。

②爲了解釋日月的東升西落及在恒星間的位置移動，周髀家説採納了蟻行磨石之上的模型，認爲天如磨石，每天從東到西轉動，同時，日月就象螞蟻一樣，在磨石上自西向東緩慢地爬行。由於天蓋轉動速度比日月移動快，儘管日月本身是向東運動的，但還是被天蓋帶着自東向西做周日運動，就如螞蟻不得不隨磨石轉動那樣。

③薄樹人等《中國天文學史》指出："在三種蓋天説中，最缺乏説服力的可能要算周髀家説，因爲，第一，它所堅持的 '地方如棋局' 的觀念實際上是從 '天圓地方' 説中來的，這種觀念早已受到了曾參的批駁，從他開始，人們一般把 '地方' 理解成 '地道曰方'，即認爲方指的僅僅是静止的性質，而不是實際的形體；第二，它過份依重陰陽學説，難以令人

信服，王充對它的批判就説明了此點。相比之下，《周髀》説和平天説對個別天象的解釋却有一定的道理。"

漢末，揚子雲難蓋天八事，[①]以通渾天。其一云："日之東行，循黄道。晝夜中規，牽牛距北極南百一十度，東井距北極南七十度，并百八十度。周三徑一，二十八宿周天當五百四十度，今三百六十度，[②]何也？"其二曰："春秋分之日正出在卯，入在酉，而晝漏五十刻。即天蓋轉，夜當倍晝。[③]今夜亦五十刻，何也？"其三曰："日入而星見，日出而不見，即斗下見日六月，不見日六月。北斗亦當見六月，不見六月。今夜常見，何也？"其四曰："以蓋圖視天河，起斗而東入狼弧間，曲如輪。今視天河直如繩，[④]何也？"其五曰："周天二十八宿，以蓋圖視天，星見者當少，不見者當多。今見與不見等，何出入無冬夏，而兩宿十四星當見，[⑤]不以日長短故見有多少，何也？"其六曰："天至高也，地至卑也。日托天而旋，可謂至高矣。縱人目可奪，水與影不可奪也。今從高山上，以水望日，日出水下，影上行，何也？"其七曰："視物，近則大，遠則小。今日與北斗，近我而小，遠我而大，何也？"其八曰："視蓋橑與車輻間，近杠轂即密，益遠益疎。今北極爲天杠轂，二十八宿爲天橑輻。以星度度天，南方次地星間當數倍。今交密，[⑥]何也？"

其後桓譚、鄭玄、蔡邕、陸績，各陳《周髀》，考驗天狀，多有所違。[⑦]逮梁武帝於長春殿講義，[⑧]另擬天體，全同《周髀》之文，蓋立新意，以排渾天之論而已。

【注】

①揚子雲（前53—後18）：揚雄，字子雲，蜀郡成都人。西漢文學家、哲學家，以文章名世。初信蓋天，在與桓譚的爭論中轉變觀念，有了"難蓋天八事"。揚雄的"難蓋天八事"，就他個人而言，是由蓋天説徹底轉向渾天説的一個標志。對當時的渾蓋之爭而言，是對蓋天説的一次沉重打擊，并爲渾天説的發展作了一次强有力的推動。"難蓋天八事"雖不盡善，其功績與影響却著於春秋。

②牽牛與東井相對，將牽牛和東井的去極度相加，當小於周天半徑，今相加得一百八十度，據周三徑一，可求得二十八宿周天爲五百四十度。但這與二十八宿一周爲三百六十度不合。

③夜當倍晝：據《周髀》，人在極南，春秋分人見日出正東、日入正西，自然不及天蓋之半，故曰夜當倍晝。

④蓋圖視天河……今視天河直如繩：天河自斗宿至狼星、弧星之間，依蓋天圖，天河應當彎曲如車輪，但實際看到的都如一條拉直的繩。

⑤何出入無冬夏而兩宿十四星當見：爲什麼無論冬夏，晚上所見均爲十四宿呢？此處的兩宿實即兩夜，而十四星即爲二十八宿之半爲十四宿。

⑥其八曰……今交密：按蓋天説，天體如車輪，當近軸處星密，遠軸處疏，今南方處星反密，可見蓋天不合實情。

⑦桓譚、鄭玄、蔡邕、陸績等的論述，見《晉書·天文志》和本志。

⑧梁武帝於長春殿講義：記載見《開元占經》卷一和本志。

宣夜之書，絶無師法。唯漢秘書郎郗萌，記先師相傳云：①"天了無質，仰而瞻之，高遠無極，眼瞀精絶，故蒼蒼然也。譬之旁望遠道之黄山而皆青，俯察千仞之深谷而窈黑，夫青非真色，而黑非有體也。②日月衆星，自然浮生虛空之中，其行其止，皆須氣焉。③是以七曜或逝或住，或順或逆，伏見無常，進退不同，由乎無所根繫，故各异也。④故辰極常居其所，而北斗不與衆星西没也。⑤"

【注】

①自英國科學史家李約瑟《中國科學技術史·天文卷》以來，很多天文史家都特別推崇宣夜説。陳美東在其《中國科學技術史·天文學》中説："宣夜説的這些觀念，既打破了蓋天説形如車蓋或蓋笠的天殼，也打破了渾天説球形的天殼，描繪了一幅日月星辰在充滿氣的無限空間、按各自的規律運動的壯麗圖景，與蓋天説和渾天説相比，更接近我們今天對天的總體認識以及對日月星辰總體分布的認識，具有十分重大的理論意義。可是，郗萌所提及的宣夜説，對於地、對於地與天的關係却未置一詞，這不能不説是一個大疏漏。此外，宣夜説對於日月星辰運動具體狀況的描述，祇是泛泛而談，對其具體機制與規律的討論，也僅有‘皆須氣焉’和‘遲疾任情’這八個字，自然帶有極大的思辨色彩。在解釋有關天文現象方面，它也没有提供必要的説明。這些缺點大大局限了宣夜説的天文學意義和社會影響。"

②天了無質……而黑非有體也：説明天是無形、無體、無質的，其高遠無極。

③日月衆星……皆須氣焉：是説天上的日月星辰懸浮在無邊無際的虛空之中，這虛空中充滿了氣，日月星辰或者運動，或者停止，都是氣推動或者維持它們的行止。

④是以七曜……各异也：宣夜説認爲，不能用日月五星附着於同一個天球來解釋它們的各種運動，却是無所根繫、不綴附於天體的很好證明。

⑤與《晋書·天文志》相比，《隋書·天文志》删除了以下文字："攝提、填星皆東行，日行一度，月行十三度，遲疾任情，其無所繫著可知矣。若綴附天體，不得爾也。"與渾天説、蓋天説相比，宣夜説畢竟内

容太簡略，現引《列子·天瑞》中的宣夜説作爲補充：杞國有人，憂天地崩墜，身亡所寄，廢寢食者。又有憂彼之所憂者，因往曉之曰：天積氣耳，亡處亡氣，若屈伸呼吸，終日在天中行止，奈何憂崩墜乎？其人曰：天果積氣，日月星宿不當墜邪？曉之者曰：日月星宿，亦積氣中之有光耀者，祇使墜，亦不能有所中傷。其人曰：奈地壞何？曉之者曰：地積塊耳，充塞四虛，亡處亡塊，若蹢步跳蹈，終日在地上行止，奈何憂其壞。其人舍然大喜，曉之者亦舍然大喜。

晋成帝咸康中，會稽虞喜，因宣夜之説，作《安天論》，①以爲："天高窮於無窮，地深測於不測。天確乎在上，有常安之形，地魄焉在下，有居静之體，當相覆冒，方則俱方，圓則俱圓，無方圓不同之義也。其光曜布列，各自運行，猶江海之有潮汐，萬品之有行藏也。"②葛洪聞而譏之曰："苟辰宿不麗於天，天爲無用，便可言無。何必復云有之而不動乎？③"由此而談，葛洪可謂知言之選也。

【注】

①陳美東《中國科學技術史·天文卷》對"安天論"評價説："質言之，虞喜確實是看到了當時的渾天説和蓋天説存在的理論缺欠，而轉向宣夜説的，但他的安天説也没有提出什麼令人信服的論據，對諸多天文現象也未作任何具體的、必要的論述，對渾天説和蓋天説的批評又多軟弱無力，其安天説對於宣夜説僅有小補而已。"

②"安天論"的内容太簡略，《太平御覽》卷二還輯有虞喜對蓋天説和渾天説的責難，可以看作對"安天論"的補充：渾蓋之家，以《易》立説。云天運無窮，或謂渾然包地，或謂渾然而蓋。愚謂若必天裹地，似卵含黄，則地是天中一物，聖人何別名而配天乎？或難曰：《周禮》有方圓之丘祭天地，則知乾坤有方圓體也。答曰：郊祭大報天而主日配，日月形

圓，丘似之，非天體也。方者別之於天，尊卑异位，何足怪哉！古之遺語，日月行於飛谷，謂在地中也。不聞列星復流於地，又飛谷一道，何以容此。且谷有水體，日爲火精，冰炭不共器，得無傷日之明乎？

③葛洪對“安天論”持反對態度，批評説：如果星辰不附於天，天是無用之物，還説天不動，那麽，還要這個天做什麽呢？

　　喜族祖河間相聾，又立《穹天論》云：① “天形穹隆如鷄子，幕其際，周接四海之表，浮乎元氣之上。②譬如覆盆以抑水而不没者，氣充其中故也。日繞辰極，没西還東，而不出入地中。天之有極，猶蓋之有斗也。③天北下於地三十度，極之傾在地卯酉之北亦三十度。人在卯酉之南十餘萬里，故斗極之下，不爲地中，當對天地卯酉之位耳。日行黃道繞極。極北去黃道百一十五度，南去黃道六十七度，二至之所舍，以爲長短也。”④

【注】

①虞翻（164—233）在吴爲官，學問廣博，是著名經學家，有子八人，皆好鑽研學問。其第八子虞昺（一説第四子虞氾）作《穹天論》曰：“天形穹隆如笠，而冒地之表，浮元氣之上。譬覆盆以抑水而不没者，氣充其中也。日繞辰極，没西而還東，不入地中也。”由於其與第六子虞聳的穹天説有别，我們稱之爲第一穹天説。虞聳是修正第一穹天説的，故稱其説爲第二穹天説。

②天形穹隆如鷄子……浮乎元氣之上：此處借用渾天説的天形如鷄子和天地浮於水、氣之上，用於改正第一穹天説的天形如蓋笠和天蓋於地之上的觀念。

③譬如覆盆……猶蓋之有斗也：天如覆盆、日西没不入地中、蓋之有斗這些觀念，都是典型的蓋天説。

④這兩種穹天説的共同之處有：天在上，地在下，天并不繞到地下去，這是蓋天説的基本特征。兩者都試圖給蓋天説的天之所以不墜一個物理解釋，在天之内充滿了元氣，天又有水和地承托，所以是穩定的。

吳太常姚信，造《昕天論》云：① "人爲靈蟲，形最似天。今人頤前侈臨胸，而項不能覆背。②近取諸身，故知天之體，南低入地，北則偏高也。又冬至極低，而天運近南，故日去人遠，而斗去人近，北天氣至，故水寒也。夏至極起，而天運近北，而斗去人遠，日去人近，南天氣至，故蒸熱也。極之高時，③日行地中淺，故夜短；天去地高，故晝長也。極之低時，日行地中深，故夜長；天去地下，故晝短也。④"

自虞喜、虞聳、姚信，皆好奇徇异之説，非極數談天者也。⑤

【注】

①姚信：在吳任太常。他創立的昕天説，除了《隋志》這段記載，還有《宋書・天文志》："嘗覽《漢書》云：冬至日在牽牛，去極遠；夏至日在東井，去極近。欲以推日之長短，信以太極處二十八宿之中央，雖有遠近，不能相倍。"又《太平御覽》卷二説："若使天裹地如卵含鷄，地何所倚立而自安固？若有四維柱石，則天之運轉將以相害；使無四維，因水勢以浮，則非立性也。若天經地行於水中，則日月星辰之行將不得其性。是以兩地之説，下地則上地之根也，天行乎兩地之間矣。"

②陳美東《中國科學技術史・天文學卷》説："他認爲人乃是天之驕子，所以，人的形態應與天最爲相似。這一觀念自漢代以來相當流行，姚信正以此立説。由此出發，他以爲人的頭是圓的，天也是圓的；人頭與身子通過頸項相聯繫，可以作向前俯到胸、而不可以作向後仰到背的運動，於是，他認爲天亦在作類似的活動，可以 '南低入地，北則偏高'，即以爲天以一年爲周期，沿子午圈作有限度的仰俯運動。"

③極之高時：中華書局校點本考證，"高"，諸本作"立"，據《太平御覽》卷二引文改。

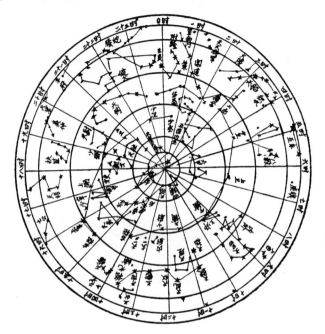

陳美東《中國科學技術史・天文學卷》中昕天説示意圖

④冬至極低……故晝短也：《疇人傳・姚信》評論曰："昕天之説，以北極去人有遠近，冬至時極去人較二分爲近，故冬至之日道在二分之日道南；夏至時極去人較二分爲遠，故夏至之日道在二分之日道北。在北則行地中淺，斗與日俱在人之北，有如蓋之覆於上，故曰夏依於蓋；在南則行地中深，斗在人之北，而日在人之南，有如渾之包乎外，故曰冬依於渾。日之南北，因乎極之遠近。然則昕天之説止有赤道，而無黃道矣。"

⑤非極數談天者也：這是李淳風對魏晉三家談天説的總評論，説虞喜、虞聳、姚信這些人祇是喜好奇異之説，并不是嚴格依據數學知識的推導來談天。

　　前儒舊説，天地之體，狀如鳥卵，天包地外，猶殼之裹黄，周旋無端，其形渾渾然，故曰渾天。[①] 又曰："天表裏有水，兩儀轉運，各乘氣而浮，載水而行。"[②] 漢王仲任，[③] 據蓋天之説以駁渾儀云："舊説，天轉從地下過。今掘地一丈輒有水，天何得從水中行乎？[④] 甚不然也。日隨天而轉，非入地。夫人目所望，不過十里，天地合矣。實非合也，遠使然耳。今視日入，非入也，亦遠耳。[⑤] 當日入西方之時，其下之人亦將謂之爲中也。四方之人，各以其近者爲出，遠者爲入矣。何以明之？今試使一人把大炬火，夜行於平地，去人十里，火光滅矣。非火滅也，遠使然耳。今日西轉不復見，是火滅之類也。日月不圓也，望視之所以圓者，去人遠也。夫日，火之精也；月，水之精也。水火在地不圓，在天何故圓？"

【注】

　　①前儒舊説……故曰渾天：見王蕃《渾天象説》。

　　②又曰……載水而行：見《渾天儀圖注》。

　　③王仲任：東漢王充（27—97）字仲任，唯物主義哲學家，浙江會稽上虞人，主蓋天説。

　　④天不能從水中通過，當然更不能從地中通過。

　　⑤今視日入非入也亦遠耳：太陽由於距人遠，視之似入，是由於遠的原因。這是典型的蓋天説。

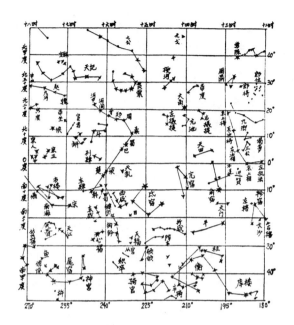

鄭文光、席澤宗《中國古代的宇宙理論》
中的渾天説示意圖

丹陽葛洪釋之曰：[①]

《渾天儀注》云：[②]“天如鷄子，地如中黄，孤居於天内，天大而地小。天表裏有水，天地各乘氣而立，載水而行。周天三百六十五度四分度之一，又中分之，則半覆地上，半繞地下，故二十八宿半見半隱。天轉如車轂之運也。”諸論天者雖多，然精於陰陽者少。張平子、陸公紀之徒，咸以爲推步七曜之道，以度曆象昏明之證候，校以四八之氣，[③]考以漏刻之分，占晷影之往來，求形驗於事情，莫密於渾象也。張平子既作銅渾天儀，於密室中，以

漏水轉之，與天皆合如符契也。崔子玉爲其碑銘
曰："數術窮天地，制作侔造化。高才偉藝，與神
合契。"蓋由於平子渾儀及地動儀之有驗故也。

　　若天果如渾者，則天之出入，行於水中，爲必
然矣。故《黃帝書》曰："天在地外，水在天外。
水浮天而載地者也。"又《易》曰："時乘六龍。"④
夫陽爻稱龍，龍者居水之物，以喻天。天陽物也，
又出入水中，與龍相似，故比以龍也。聖人仰觀俯
察，審其如此。故《晉》卦坤上離下，以證日出於
地也。又《明夷》之卦離下坤上，以證日入於地
也。又《需》卦乾下坎上，此亦天入水中之象也。
天爲金，金水相生之物也。天出入水中，當有何
損，而謂爲不可乎？然則天之出入水中，無復
疑矣。

　　又今視諸星出於東者，初但去地小許耳。漸而
西行，先經人上，後遂轉西而下焉，不旁旋也。其
先在西之星，亦稍下而没，無北轉者。日之出入亦
然。若謂天磨石轉者，衆星日月，宜隨天而回，初
在於東，次經於南，次到於西，次及於北，而復還
於東，不應橫過去也。今日出於東，冉冉轉上，及
其入西，亦復漸漸稍下，都不繞邊北去。了了如
此，王生必固謂爲不然者，疏矣。

　　今日徑千里，其中足以當小星之數十也。若日
以轉遠之故，但當光曜不能復來照及人耳，宜猶望
見其體，不應都失其所在也。日光既盛，其體又大

於星。今見極北之星，而不見日之在北者，明其不北行也。若日以轉遠之故，不復可見，其比入之間，應當稍小。而日方入之時，反乃更大，此非轉遠之徵也。王生以火炬喻日，吾亦將借子之矛，以刺子之盾焉。把火之人，去人轉遠，其光轉微，而日月自出至入，不漸小也。王生以火喻之，謬矣。

又日之入西方，視之稍稍去，初尚有半，如橫破鏡之狀，須臾淪没矣。若如王生之言，日轉北去者，其北都没之頃，宜先如豎破鏡之狀，不應如橫破鏡也。⑤如此言之，日入北方，不亦孤子乎？又月之光微，不及日遠矣。月盛之時，雖有重雲蔽之，不見月體，而夕猶朗然，是月光猶從雲中而照外也。日若繞西及北者，其光故應如月在雲中之狀，不得夜便大暗也。又日入則星月出焉。明知天以日月分主晝夜，相代而照也。若日常出者，不應日亦入而星月出也。

又案河、洛之文，皆云水火者，陰陽之餘氣也。夫言餘氣，則不能生日月可知也，顧當言日精生火者可耳。若水火是日月所生，則亦何得盡如日月之圓乎？今火出於陽燧，⑥陽燧圓而火不圓也。水出於方諸，⑦方諸方而水不方也。又陽燧可以取火於日，而無取日於火之理，此則日精之生火明矣。方諸可以取水於月，無取月於水之道，此則月精之生水了矣。王生又云：“遠故視之圓。”若審然者，月初生之時及既虧之後，何以視之不圓乎？而日食，或上或下，從側而起，或如鉤至盡。若遠視見圓，不宜見其殘缺左右所起也。此則渾天之體，信而有徵矣。

【注】

①葛洪（284—364）：東晉丹陽句容人，號抱朴子，在煉丹、道教理論、中醫藥等方面有重大貢獻。

②《渾天儀注》：請注意此處未説明作者是誰。筆者曾作文論述《渾天儀注》非張衡所作，主要觀點爲：《後漢書·張衡傳》説："作渾天儀，著《靈憲》《算罔論》……所著詩、賦、銘、七言、《靈憲》、《應閒》、《七辯》、《巡誥》、《懸圖》凡三十二篇。"祇説張衡著《靈憲》，作渾天儀，未説張衡著《渾天儀注》；《渾天儀注》首見於東晉葛洪的引文，未説作者；《隋書·經籍志》首載張衡《靈憲》，後載王蕃《渾天象志》，繼載《渾天儀》二卷，同樣不注作者姓名，這種排列方法説明，它絕對不是簡單失載作者姓名，而是認爲《渾天儀注》并非張衡所作；蔡邕欲尋求研究舊文而不得，著《月令章句》，也合於顔延之 "張衡創物，蔡邕造論的説法"；《渾天儀注》的天體模型與《靈憲》有很大出入，不是一個人的觀點，故《渾天儀注》實即有人研究張衡造的渾儀而作出的注文。陳美東先生堅決反對《渾天儀注》非張衡所作的意見。祇好留待後人評説。

③四八之氣：四時八節之氣。

④時乘六龍：六個爻位之龍象。

⑤豎破鏡、橫破鏡：太陽入山時圓面陽光被遮擋作比喻，下面被擋則如橫破鏡，北面被擋則如豎破鏡。

⑥陽燧：古人就日下取火的一種用具。金屬做成的尖底杯，放在日光下，使光綫聚在杯底尖處，杯底置艾絨之類，過光即能燃火。一説用銅造的凹鏡向日取火。

⑦方諸：古代月下承露取水的器具。《周禮·司烜氏》曰："以鑒取明水於月。"鄭玄注："鑒，鏡屬，取水者，世謂之方諸。"

宋何承天論渾天象體曰：① "詳尋前説，因觀渾儀，研求其意，有悟天形正圓，而水居其半，地中高外卑，水周其下。言四方者，東曰暘谷，日之所出，西曰蒙汜，日之所入。《莊子》又云：'北溟有魚，化而爲鳥，將徙於南溟。'斯亦古之遺記，四方皆水證也。四方皆水，謂之四海。凡五行相生，水生於金。是故百川發源，皆自山出，由高趣下，歸注於海。日爲陽精，光曜炎熾，一夜入水，所經焦竭。百川歸注，足以相補，故旱不爲減，浸不爲益。"②又云："周天三百六十五度、三百四分之七十五。天常西轉，一日一夜，過周一度。南北二極，相去一百一十六度、三百四分度之六十五強，即天經也。黃道衺帶赤道，③春分交於奎七度，秋分交於軫十五度，冬至斗十四度半強，夏至井十六度半。從北極扶天而南五十五度強，則居天四維之中，最高處也，即天頂也。其下則地中也。"自外與王蕃大同。王蕃《渾天說》，具於《晉史》。④

　　舊說渾天者，以日月星辰，不問春秋冬夏，晝夜晨昏，上下去地中皆同，無遠近。⑤

【注】

①何承天（370—447）：山東郯城人，南朝宋天文學家，造"元嘉曆"。

②詳尋前說……浸不爲益：又見《宋書・天文志》，但刪去"徑天之數，蕃說近之"八字。

③衺：通"斜"。

④《晉史》：指《晉書・天文志》。實際上，《晉志》未涉及王蕃《渾天說》具體內容，當見《宋書・天文志》。

　　⑤以下列子、桓譚、張衡、束皙、姜岌、祖暅之言，均爲議論"日月星辰，不問春秋冬夏，晝夜晨昏，上下去地中皆同，無遠近"的。

　　《列子》曰："孔子東游，見兩小兒鬪。①問其故，一小兒曰：'我以日始出去人近，而日中時遠也。'一小兒曰：'我以爲日初出遠，而日中時近也。'言初出近者曰：'日初出，大如車蓋，及其日中，裁如盤蓋。此不爲遠者小，近者大乎？'②言日初出遠者曰：'日初出時，滄滄涼涼，及其中時，熱如探湯。此不爲近者熱，遠者涼乎？'③"

【注】

　　①《列子》引小兒辯日遠近的故事，是一個非常有趣的話題。鬪：鬪嘴，爭論。

　　②一小兒以日出時大如車蓋、日中時小如盤盂爲理由，遠則視物小，近則視物大，故曰日出時距人近，日中時距人遠。

　　③另一小兒以日出時日光滄涼、日中時就如燒開的水那樣熱，近火者熱，遠火者涼，故曰日出時距入遠，日中時距入近。

　　桓譚《新論》云："漢長水校尉平陵關子陽，①以爲日之去人，上方遠而四傍近。②何以知之？星宿昏時出東方，其間甚疎，相離丈餘。及夜半在上方，視之甚數，相離一二尺。以準度望之，逾益明白，故知天上之遠於傍也。③日爲天陽，火爲地陽。地陽上升，天陽下降。今置火於地，從傍與上，診其熱，遠近殊不同焉。日中正在上，覆蓋人，人當天陽之衝，故熱於始出時。④又新從太陰中來，故復凉於其西在桑榆間也。⑤桓君山曰：子陽之言，豈其然乎?⑥"

【注】

①關子陽：西漢平陵（治所在陝西咸陽西北）人，曾在長水任校尉。桓譚在《新論》中記述了關子陽關於太陽距人遠近的觀點。

②上方遠而四傍近：關子陽以學者的觀點支持第一小兒的觀點。

③關子陽認爲，以星宿爲例，看上去近地平時星宿寬大，在天頂時相距較近。甚疏：較寬大。甚數：較稠密。準度望之逾益明白：如果加以度量，便更加明白。實際上，這是説者猜度之辭。

④日爲天陽……故熱於始出時：説者自設天陽與地陽兩種不同熱源的輻射方向不同，來解釋爲什麽日始出時凉、中天時熱，從而否定了日出時凉、距人遠的觀點。

⑤説者又進一步以晨出太陽從太陰中來故凉的觀點，來解釋日落前比日初出時更熱的道理。

⑥豈其然乎：桓譚祇記載了這種説法，最終以設問的方式問："這種説法對嗎?"

張衡《靈憲》曰：① "日之薄地，暗其明也。由暗視明，明無所屈，是以望之若大。方其中，天地同明，明還自奪，故望之若小。②火當夜而揚光，在晝則不明也。月之於夜，與日同而差微。"

【注】

①此處所引，顯然不是《靈憲》的全文，而祇是引述其與日遠近有關的論述。

②日之薄地……故望之若小：作者引用《靈憲》的這段文字，目的祇是在於説明張衡《靈憲》的觀點即早晨中午太陽距人并無遠近的變化。

晋著作郎陽平束皙，[①]字廣微，以爲傍方與上方等。傍視則天體存於側，故日出時視日大也。日無小大，而所存者有伸厭。厭而形小，伸而體大，蓋其理也。[②]又日始出時色白者，雖大不甚，始出時色赤者，其大則甚，此終以人目之惑，無遠近也。[③]且夫置器廣庭，則函牛之鼎如釜，堂崇十仞，則八尺之人猶短，物有陵之，非形异也。夫物有惑心，形有亂目，誠非斷疑定理之主。[④]故仰游雲以觀月，月常動而雲不移，乘船以涉水，水去而船不徙矣。[⑤]

【注】

①束皙（261—303）：字廣微，陽平元城（今山東莘縣）人，曾任著作郎等，撰史書，教授門徒，是當時有名的學者。《晉書》有傳。

②傍視則天體存於側……蓋其理也：日出入時，人目旁視太陽，日中時，人目仰視太陽，人目平視物體則大，仰視則小。這是人目的錯覺造成的。

③又日始出時色白者……無遠近也：日出時，有時太陽色白，有時色赤。色白時，人們看到的是不甚大的太陽圓面，而色赤時，人們看到的是比色白時更大的太陽圓面。同是日出之時，太陽的圓面就是一樣大的，亦無遠近的不同。在不同的氣象條件下，人們看到的却是太陽大小不同的圓面。這是人們無法排除氣象條件下的干擾而產生的錯覺。不能以錯覺作爲太陽有遠近的證據。

④且夫置器廣庭……誠非斷疑定理之主：在一個廣大的庭院中，一個可以裝得下牛的大鼎看上去祇是如釜那麼小；八尺高的男子，在十仞高的大堂中也顯得短小。周制，仞高八尺，十仞爲八十尺。物有陵之非形异也：感覺上物體大小的不同，并不是物體的形體有變化，而是感覺方面產生的差异。

⑤故仰游雲以觀月……船不徙矣：月在雲中游，水流船不動，這更是

人們能普遍認知的視覺上的錯誤事例。

姜岌云：[①] “余以爲子陽言天陽下降，日下熱，束皙言天體存於目，則日大，頗近之矣。渾天之體，圓周之徑，詳之於天度，驗之於晷影，而紛然之説，由人目也。參伐初出，在旁則其間疎，在上則其間數。以渾檢之，度則均也。[②]旁之與上，理無有殊也。夫日者純陽之精也，光明外曜，以眩人目，故人視日如小。及其初出，地有游氣，以厭日光，不眩人目，即日赤而大也。無游氣則色白，大不甚矣。地氣不及天，故一日之中，晨夕日色赤，而中時日色白。地氣上升，蒙蒙四合，與天連者，雖中時亦赤矣。日與火相類，火則體赤而炎黃，日赤宜矣。然日色赤者，猶火無炎也。光衰失常，則爲異矣。[③]”

【注】

①姜岌（384—417）：天水人，當時北方的天文曆法家，主要活動於後秦姚興時，相當於東晉後期。中華書局校點本考證，諸本作“安岌”，《疇人傳·六》引錢大昕曰：“安岌當爲姜岌，字脱其半耳。”今據改。

②余以爲子陽言天陽下降……度則均也：關子陽説星宿近地則疏、遠地則數，衹是視覺上的差誤，對參宿和伐星在日出和日中時有過實際觀測，并無度數上的差別。

③及其初出……則爲異矣：姜岌在這里提出了游氣對日面大小影響問題，這是束皙未曾論及的。姜岌指出，同是日初出時，有時日色赤，有時日色白，這與當時東方地平方向上地之游氣多少有關。游氣多，則日色赤，背景暗，視日面大；游氣亮，視日面不甚大。日中無游氣或游氣很少，故日色白。但若日中之時地氣上升蒙蔽天日，日色也將變赤，視面也將大些。姜岌

從正反兩面論證了游氣多寡與日色赤白、視日面大小之間的關係，較前人的相關論述前進了一大步。天體輻射，受到地球大氣的吸收和散射，造成輻射強度減弱和顏色變化，這一現象叫作大氣消光。一般而言，天體愈近地面，入射方向愈傾斜，大氣消光愈嚴重。姜岌之地有游氣的概念，與大氣消光原理頗有相通之處，與太陽顏色變化的解釋也相一致。

梁奉朝請祖暅曰：[①]

自古論天者多矣，而群氏糾紛，至相非毀。竊覽同异，稽之典經，仰觀辰極，傍矚四維，睹日月之升降，察五星之見伏，校之以儀象，覆之以晷漏，則渾天之理，信而有徵。輒遺衆説，附渾儀云。《考靈曜》先儒求得天地相去十七萬八千五百里，以晷影驗之，失於過多。既不顯求之術，而虛設其數，蓋夸誕之辭，宜非聖人之旨也。學者多固其説而未之革，豈不知尋其理歟，抑未能求其數故也？[②]

王蕃所考，校之前説，不啻減半。雖非揆格所知，而求之以理，誠未能遙趣其實，蓋近密乎？輒因王蕃天高數，以求冬至、春分日高及南戴日下去地中數。法，令表高八尺與冬至影長一丈三尺，各自乘，并而開方除之爲法。天高乘表高爲實，實如法，得四萬二千六百五十八里有奇，即冬至日高也。以天高乘冬至影長爲實，實如法，得六萬九千三百二十里有奇，即冬至南戴日下去地中數也。求春秋分數法，令表高及春秋分影長五尺三寸九分，各自乘，并而開方除之爲法。因冬至日高實，而以法除之，得六萬七千五百二里有奇，即春秋分日高也。以天高乘春秋分影長實，實如法而一，得四萬五千四百七十九里有奇，即春秋分南戴日下去地中數也。南戴日下，所謂丹穴也。推北極里數法，夜於地中表南，傅地遙望北辰紐星之末，[3]令與表端參合。以人目去表數及表高各自乘，并而開方除之爲法。天高乘表高數爲實，實如法而一，即北辰紐星高地數也。天高乘人目去表爲實，實如法，即去北戴極下之數也。[4]北戴斗極爲空桐。

日去赤道表裏二十四度，遠寒近暑而中和。二分之日，去天頂三十六度。日去地中，四時同度，而有寒暑者，地氣上騰，天氣下降，故遠日下而寒，近日下而暑，非有遠近也。猶火居上，雖遠而炎，在傍，雖近而微。視日在傍而大，居上而小者，仰矚爲難，平觀爲易也。由視有夷險，非遠近之効也。今懸珠於百仞之上，或置之於百仞之前，從而觀之，則大小殊矣。先儒弗斯取驗，虛繁翰墨，夷途頓轡，雄辭析辯，不亦迂哉！今大寒在冬至後二氣者，寒積而未消也。大暑在夏至後二氣者，暑積而未歇也。寒暑均和，乃在春秋分後二氣者，寒暑積而未平也。譬之火始入室，而未甚温，弗事加薪，久而逾熾。既已遷之，猶有餘熱也。[5]

【注】

①祖暅：又名祖暅之，祖沖之之子，少傳家業，在南朝梁任奉朝請等

職。《南史》有傳。《疇人傳》評價説："暅之造圭表，測景驗氣，求日高、地中，於重差之術，用力深矣。睎望北極，知紐星去極一度餘，此乃先儒所未詳，暅之之初獲也。"

②祖暅對《考靈曜》所用天地相去之數持反對和批判態度。

③紐星之末：中華書局校點本考證，"紐星"，諸本作"細星"。今據《開元占經》改。

④祖暅在《渾天論》中，以王蕃的渾天説的忠實追隨者的面目出現，沿着王蕃的思路，補充了王蕃尚未論及的冬至和春秋分時太陽的高度，以及觀測者同地上與太陽垂直的那一點之間距離的計算。與王蕃善於天徑大小的計算存在許多失誤一樣，祖暅所作的補充也漏洞百出，同樣没有實際意義。

⑤日去赤道表裏二十四度……猶有餘熱也：祖暅對一年四季寒暑變化的原因作了頗有見地的論述。他指出，寒暑的變化不是太陽運動遠近的結果。他把關子陽對一日内温涼變化的解説，應用於一年四季寒暑變化的説明。他指出，在火焰上騰的部位，即便距火遠也覺得熱，而在火焰側面，即使距火近也不覺得太熱。故冬天遠日下而寒，夏天近日下而暑。這裏的遠日下和近日下，是指人與太陽相對位置而言。遠日下指太陽斜射，近日下指太陽直射。祖暅還指出一年之中大寒最冷、大暑最熱、穀雨和霜降寒暑均和的原因。他認爲這是積寒而甚、積熱而極的結果，即提出了熱量逐漸積累或消減的機制，用以説明最冷最熱或冷熱均和的時日不在二至和二分的滯後現象，并以室内剛生火時不會立即暖和而撒火後不致馬上冷爲例加以説明。祖暅强調平視與仰視的不同效果，造成日在傍視大、在上視小，并以球爲例，相同距離的水平處大、高處小，由此證明太陽日出時較日中時大的道理。不過，祖暅將太陽視大小的原因解釋僅限於此，實際是否了前人多方面因素的探索，未免以偏概全。

渾天儀①

案《虞書》："舜在璇璣玉衡，以齊七政。"則《考靈曜》所謂觀玉儀之游，昏明主時，乃命中星者也。璇璣中而星未中爲急，急則日過其度，月不及其宿。琁璣未中而星中爲舒，舒則日不及其度，月過其宿。琁璣中而星中爲調，調則風雨時，庶草蕃蕪，而五穀登，萬事康也。所言琁璣者，謂渾天儀也。故《春秋文曜鈎》云：“唐堯即位，羲、和立渾儀。”②而先儒或因星官書，北斗第二星名琁，第三星名璣，第五星名玉衡，仍七政之言，即以爲北斗七星。載筆之官，莫之或辨。史遷、班固，猶且致疑。③馬季長創謂璣衡爲渾天儀。鄭玄亦云：“其轉運者爲璣，其持正者爲衡，皆以玉爲之。七政者，日月五星也。以璣衡視其行度，以觀天意也。”④故王蕃云：“渾天儀者，羲、和之舊器，積代相傳，謂之璣衡。其爲用也，以察三光，以分宿度者也。又有渾天象者，以著天體，以布星辰。而渾象之法，地當在天中，其勢不便，故反觀其形，地爲外匡，於已解者，無異在內。詭狀殊體，而合於理，可謂奇巧。然斯二者，以考於天，蓋密矣。”又云：“古舊渾象，以二分爲一度，周七尺三寸半分。而莫知何代所造。”今案虞喜云：“落下閎爲漢孝武帝於地中轉渾天，定時節，作《泰初曆》。”或其所製也。⑤

【注】

①渾儀和渾象，在中國上古時曾混合使用，分辨不清。至《宋書·天文志》，二者纔有了明確的定義，測角用的稱爲渾儀或渾天儀，演示用的稱爲渾象或渾天象，但仍有可能合在一起稱爲渾象，至《隋書·天文志》，纔將二者分開作獨立介紹。“渾天”一名，源於渾天說。渾天儀者，其基本結構包含璣、衡兩部分。渾天象者，是對渾天

形象的顯示和表述，爲一個布滿全天星宿的可以繞極軸旋轉的天球，現代的名稱爲天球儀。

②對渾儀的歷史，可以追溯到《尚書·舜典》"舜在琁璣玉衡，以齊七政"。李淳風贊成《考靈曜》的説法，這個"琁璣玉衡"就是玉儀，從而將渾儀的創造追溯到唐堯時代。

③李淳風對先儒將"琁璣玉衡"解釋爲北斗七星從而將七政定名爲北斗七星持批評態度，也不滿意於《史記·天官書》和《漢書·天文志》模棱兩可的説法。

④馬季長：馬融（79—166），字季長，右扶風茂陵（今陝西興平）人，經學家。他首先提出璣衡爲渾天儀，鄭玄跟隨其説。

⑤今案虞喜云……或其所製也：渾儀起源於何時？没有可靠的文獻記載。大致有了渾天觀念纔有渾天儀。徐振韜曾探討先秦渾儀，其主要理由是石申夫二十八宿星表有入宿度和去極度。有了度數纔會有記録。但石申夫的二十八宿度數記録，很可能是石申夫學派繼承人所補測，故以此作爲先秦即有渾儀證據不足。同理，陳美東以西漢鮮于妄人可能是石氏星表主要觀測者，而石氏星表除了赤道度還有黃道度，從而推論出渾儀的黃道環爲鮮于妄人所加，這亦不可靠。此處虞喜説落下閎爲漢武帝於地中轉渾天，與《漢書·律曆志》相應證。將渾儀的製作和使用上推到西漢太初年間還是可信的。

漢孝和帝時，太史揆候，皆以赤道儀，與天度頗有進退。以問典星待詔姚崇等，皆曰《星圖》有規法，日月實從黃道。官無其器。^①至永元十五年，詔左中郎將賈逵，^②乃始造太史黃道銅儀。^③至桓帝延熹七年，太史令張衡更以銅製，以四分爲一度，周天一丈四尺六寸一分。亦於密室中以漏水轉之，令司之者，閉户而唱之，以告靈臺之觀天者。琁璣所加，某星始見，某星已中，某星今没，皆如合符。^④蕃以古製局小，以布星辰，相去稠概，不得了察。張衡所作，又復傷大，難可轉移。蕃今所作，以三分爲一度，周一丈九寸五分、四分分之三。張古法三尺六寸五分、四分分之一，減衡法亦三尺六寸五分、四分分之一。渾天儀法，黃赤道各廣一度有半。故今所作渾象，黃赤道各廣四分半，相去七寸二分。⑤又云：“黃赤二道，相共交錯，其間相去二十四度。以兩儀準之，二道俱三百六十五度有奇。又赤道見者，常一百八十二度半强。又南北考之，天見者亦一百八十二度半强。⑥是以知天之體圓如彈丸，南北極相去一百八十二度半强也。而陸績所作渾象，形如鳥卵，以施二道，不得如法。若使二道同規，則其間相去不得滿二十四度。若令相去二十四度，則黃道當長於赤道。又兩極相去，不翅一百八十二度半强。⑦案績説云：‘天東西徑三十五萬七千里，直徑亦然。’則績意亦以天爲正圓也。器與言謬，頗爲乖僻。”⑧然則渾天儀者，其制有機有衡。既動静兼狀，以效二儀之情，又周旋衡管，用考三光之分。所以揆正宿度，準步盈虚，來古之遺法也。⑨則先儒所言圓規徑八尺，漢候臺銅儀，蔡邕所欲寢伏其下者是也。

【注】

①漢孝和帝時……官無其器：是説太史觀測的數據，與天象的實際行度有出入。這是太史測候時，均依靠赤道儀所致。官府責問爲什麼測候有出入，答曰日月的運行是沿着黃道的，靈臺没有沿黃道測量的器物。

②賈逵（30—107）：字景伯，扶風平陵（今陝西咸陽）人，東漢經學家，在天文學上也頗多貢獻。

③乃始造太史黃道銅儀：根據以上的要求便開始建造太史台黃道銅儀。根據這些理由，在此之前的渾儀是沒有黃道圈的。

④至桓帝延熹七年……皆如合符：此處衹說張衡"更以銅製"，"亦於密室中"，以漏水轉之，"琁璣所加"，"皆如合符"，并没有説張衡製造的是什麽，而據《後漢書·張衡傳》則説"作渾天儀，著《靈憲》《算罔論》"。據以上記載，可推知張衡製造的是渾象，而不是渾儀，可見漢晋時人對渾儀和渾象之名是混用的。

⑤蕃以古製局小……相去七寸二分：王蕃造的渾象，由於以三分爲一度，比張衡的小一分，比古制又大一分，所以王蕃渾象的黃赤道寬度比張衡的也小，衹有四分半寬，黃赤道相距達七寸二分。"故今所作渾象"之"故今"，據中華書局校點本考證，諸本作"汝今"，今據《開元占經》改。

⑥又云……天見者亦一百八十二度半强：王蕃造的渾象，在天球的中腰有一塊隔板，北極在板上三十六度，南極隱没在板下三十六度，黃赤二道相交，板上各見一百八十二度半强。

⑦而陸績所作渾象……不翅一百八十二度半强：陸績設計的渾象形如鳥卵，那麽二道相交，總有一道比另一道長。不翅一百八十二度半强：中華書局校點本考證，諸本在"八"前缺"一百"二字。今補。其義爲極軸的兩翼不止一百八十二度半强。

⑧案績説云……頗爲乖僻：言陸績所作渾象既然形如鳥卵，又云"天東西徑三十五萬七千里，直徑亦然"，他又承認天爲正圓形，故他的器物與其學説自相矛盾。

⑨然則渾天儀者……來古之遺法也：渾天儀是用旋轉游動環來對準天象，又旋轉衡管來對準日、月、星，測定它們的宿度的，這是自古以來的方法。

　　梁華林重雲殿前所置銅儀，其制則有雙環規相并，間相去三寸許，正竪當子午。其子午之間，應南北極之衡，各合而爲孔，以象南北樞。植楗於前後，以屬焉。^①又有單橫規，高下正當渾之半。皆周帀分爲度數，署以維辰之位，以象地。^②又有單規，斜帶南北之中，與春秋二分之日道相應。亦周帀分爲度數，而署以維辰，并相連著。屬楗植而不動。^③其裏又有雙規相并，如外雙規。内徑八尺，周二丈四尺，而屬雙軸。軸兩頭出規外各二寸許，合兩爲一。内有孔，圓徑二寸許，南頭入地下，注於外雙規南樞孔中，以象南極。北頭出地上，入於外雙規北樞孔中，以象北極。其運動得東西轉，以象天行。^④其雙軸之間，則置衡，長八尺，通中有孔，圓徑一寸。當衡之半，兩邊有關，各注著雙軸。衡既隨天象東西轉運，又自於雙軸間得南北低仰。所以準驗辰曆，分考次度，其於揆測，唯所欲爲之者也。^⑤檢其鐫題，是僞劉曜光初六年，史官丞南陽孔挺所造，^⑥則古之渾儀之法者也。^⑦而宋御史中丞何承天及太中大夫徐爰，各著《宋史》，咸以爲即張衡所造。其儀略舉天狀，而不綴經星七曜。魏、晉喪亂，沉没西戎。義熙十四年，宋高祖定咸陽得之。梁尚書沈約著《宋史》，亦云然，皆失之遠矣。^⑧

【注】

①以下詳述梁華林重雲殿銅儀的各個部件性能及功用，計有五項。其制則有雙環規相并……以屬焉：其外子午雙環，并於南北極結於一處。

②又有單橫規……以象地：這是地平環有刻度。其與子午雙環相結。

③又有單規……屬楗植而不動：這是與外雙環相垂直又於中腰相結的赤道環，有刻度。

④其裹又有雙規相并……以象天行：外雙環内的游動雙環，俗稱四游儀，内徑八尺，周二丈四尺。内雙環於南北樞處相結，軸頭出規外二寸許，插入外雙規南北樞孔中，可以沿東西方向運轉，以象天球的周日運動。

⑤其雙軸之間……唯所欲爲之者也：這是游動雙環之間夾着衡管，亦稱望筒，長八尺，中通有孔，圓徑一寸。衡管既可隨游動雙環東西運轉，在游動雙環内又可南北移動，用於對準所測天象。

⑥孔挺：南陽人，曾任前趙史官丞，於劉曜光初六年（323）造銅渾儀。

⑦檢其鐫題……則古之渾儀之法者也：在這架渾儀上刻有光初六年"史官丞南陽孔挺"造字樣，故該銅儀的造者已明確。由以上記載可知，孔挺渾儀由外定環和内動環及一根窺管組成。這是中國古代關於渾儀具體形制最早的詳細記載。

⑧而宋御史中丞何承天……皆失之遠矣：當年宋何承天、徐爰和梁沈約各寫《宋史》時，均以爲銅儀爲張衡所造，還說它"略舉天狀"，"不綴經星七曜"，漢亡後流落於"西戎"，至宋高祖平定咸陽時纔得以回還。他們未能對該物進行實際考察，僅憑推想著文，與實際相去甚遠。沈約（441—513）：字休文，吳興武康（今浙江武康）人，南朝文學家，歷南朝宋、齊、梁三代，官至尚書令，其所著《宋書》，至今流傳。被李淳風批評的這段文字，見《宋書·天文一》。由以上介紹可知，孔挺造的渾儀，還衹是中國古代渾儀的基本形式。由於它是當時北方十六國之一的前趙造成的，其尺寸不小，而且堅固實用，也應在中國渾儀史上占有重要一頁。它於東晋義熙十四年（418）平定後秦時在咸陽復現，被運到建康，一直沿用到梁代，安置在華林重雲殿前。這時距造它時已有二百餘年的歷史。

後魏道武天興初，命太史令晁崇修渾儀，以觀星象。十有餘載，至明元永興四年壬子，詔造太史候部鐵儀，以爲渾天法，①考琁璣之正。其銘曰："於皇大代，配天比祚。赫赫明明，聲列遐布。爰造兹器，考正宿度。貽法後葉，永垂典故。"其製并以銅鐵，唯志星度以銀錯之。[2]南北柱曲抱雙規，東西柱直立，下有十字水平，以植四柱。[3]十字之上，以龜負雙規。[4]其餘皆與劉曜儀大同。即今太史候臺所用也。

【注】

①北魏道武天興初（398），命太史令晁崇修渾儀。其後没有下文。十餘年之後，明元帝繼位，於永興四年（412）再次下詔造太史臺供測候用的鐵儀，後世稱都匠斛蘭鐵儀，是指同一件儀器。大概由太史令籌劃設計，由都匠斛蘭造。

②唯志星度以銀錯之：儀器的主體以銅鐵造，唯於刻度盤處鑲嵌銀，以便醒目。

③儀的定環由四根立柱托起，南北立柱托住子午雙環，東西柱直立，四根立柱由十字水平架支撐。

④十字之上以龜負雙規：托起環的立柱，一般做成龍柱形，此以龜托柱較爲少見。大概北魏統治者自認爲是夏人後裔，取自龜蛇圖騰崇拜。

渾天象

渾天象者，其制有機而無衡，[1]梁末秘府有，以木爲之。其圓如丸，其大數圍。[2]南北兩頭有軸。遍體布二十八宿、三家星、黄赤二道及天漢等。別爲横規環，以匡其外。高下管之，以象地。[3]南軸頭入地，注於南植，以象南極。北軸頭出於地上，注於北植，以象北極。正東西運轉。昏明中星，既其應度，分至氣節，亦驗，在不差而已。[4]不如渾儀，別有衡管，測揆日月，分步星度者也。⑤吴太史令陳苗云：⑥ "先賢制木爲儀，名曰渾天。" 即此之謂耶？由斯而言，儀象二器，遠不相涉。則張衡所造，蓋亦止在渾象七曜，而何承天莫辨儀象之异，亦爲乖失。⑦

【注】

①有機而無衡：渾象能够運轉但無用於觀測的窺管，也就不能用於觀測天體的位置。

②雙臂合抱爲一圍。數圍意爲足有幾個合圍那麼大。

③以木爲之……以象地：渾象以木製作，爲正球形。南北兩頭有軸，可以繞軸旋轉。球上分布着三垣二十八宿和銀河等。又另外置一橫環，環繞在球的周圍，水平放置於球的中腰，以象徵地平。

④南軸頭入地……在不差而已：南軸頭没在地平圈以下，北軸頭高在地平圈之上，以象南北極。南北軸頭各插入固定的南北極點之中，使球體可以繞正東西方向運轉，於是，"昏明中星" "分至氣節" 也絲毫不差。

⑤不如渾儀……分步星度者也：它不似渾儀有窺管可以測算日月星辰的行度。

⑥陳苗：曾任吴太史郎，其他不詳。

⑦儀象二器……亦爲乖失：可見渾儀和渾象結構與性能各不相同。何承天著文儀象不分，差誤大了。

宋文帝以元嘉十三年詔太史更造渾儀。太史令錢樂之依案舊説，①采效儀象，鑄銅爲之。五分爲一度，徑六尺八分少，周一丈八尺二寸六分少。地在天内，不動。立黄赤二道之規，南北二極之規，布列二十八宿、北斗極星。置日月五星於黄道上。爲之杠軸，以象天運。昏明中星，與天相符。②梁末，置於文德殿前。至如斯制，以爲渾儀，儀則内闕衡管。以爲渾象，而地不在外。是參兩法，別爲一體。就器用而求，猶渾象之流，外内天地之狀，不失其位也。吴時又有葛衡，明達天官，能爲機巧。改作渾天，使地居于天中。以機動之，天動而地止，^③以上應晷度，則樂之之所放述也。^④

到元嘉十七年，又作小渾天，二分爲一度，徑二尺二寸，周六尺六寸。安二十八宿中外官星備足。以白青黄等三色珠爲三家星。其日月五星，悉居黄道。亦象天運，而地在其中。

宋元嘉所造儀象器，開皇九年平陳後，并入長安。大業初，移於東都觀象殿。

【注】

①錢樂之：劉宋太史令，宋文帝時在任，曾造大小兩個渾象。其事迹亦見《宋書·天文志》。

②據此記載，此渾象以五分爲一度，是自此之前所見最大渾象，它以銅爲球，中空，地在天内，固定不動。銅球固定在杠軸之上，可以繞杠軸旋轉。二十八宿等分布於球上。立黄赤二道，置日月五星於黄道之上。

③天動而地止：諸本“止”作“上”，據《御覽》引《晋陽秋》改。

④吴時又有葛衡……則樂之之所放述也：言吴時葛衡能爲機巧，改作渾天象，地居天中，機動之，天動而地止，故曰錢樂之做此而造渾象。葛衡：字思真，《三國志·趙達傳》注引。放述：做述。

蓋圖

晋侍中劉智云：“顓頊造渾儀，黄帝爲蓋天。”然此二器，皆古之所制，但傳說義者，失其用耳。昔者聖王正曆明時，作圓蓋以圖列宿。極在其中，回之以觀天象。分三百六十五度、四分度之一，以定日數。^①日行於星紀，轉回右行，故圓規之，以爲日行道。欲明其四時所在：故於春也，則以青爲道；於夏也，則以赤爲道；於秋也，則以白爲道；於冬也，則以黑爲道。四季之末，各十八日，則以黄爲道。蓋圖已定，仰觀雖明，而未可正昏明，分晝夜，故作渾儀，以象天體。^②今案自開皇已後，天下一統，靈臺以後魏鐵渾天儀，測七曜盈縮，以蓋圖列星坐，分黄赤二道距二十八宿分度，而莫有更爲渾象者矣。

【注】

①然此二器……以定日數：錢寶琮《蓋天説源流考》指出，漢代有一種稱爲蓋圖的星圖，它原是配合蓋天説而出現的一種儀器，類似於現代所用的活動星圖。它用兩幅方繒重疊起來。下面一幅塗成黄色，以中心爲北天極，畫上周天二十八宿等星官。上面一幅也畫一個圓，代表人目所能見的天空範圍，圓内塗成青色。把黄圖畫中心和青圖畫中心按天北極和觀測的關係安排好。這樣，青圖畫透視下的黄圖畫部分就是在該地人目所見的星空。如果把黄方繒繞北天極順時針旋轉，在青圖畫内就可以演示該地人目所見星空的變化。實際上，黄圖畫就是一幅以北天極爲中心的星圖，後來的星圖，大約便是在此基礎上發展起來的。

②蓋圖已定……以象天體：蓋天儀便於演示四季星空的變化，但難以表示昏明晝夜的變化，所以作渾天儀，以模擬天體的運轉。

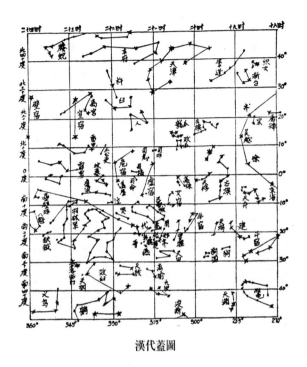

漢代蓋圖

　　仁壽四年，河間劉焯造《皇極曆》，[1]上啓於東宮。
論渾天云：

　　　　璿璣玉衡，正天之器，帝王欽若，世傳其象。
漢之孝武，詳考律曆，糾落下閎、鮮于妄人等，共
所營定。逮于張衡，又尋述作，亦其體制，不異閎
等。雖閎制莫存，而衡造有器。至吳時，陸績、王
蕃，并要修鑄。績小有異，蕃乃事同。宋有錢樂
之，魏初晁崇等，總用銅鐵，小大有殊，規域經
模，不異蕃造。觀蔡邕《月令章句》，鄭玄注《考
靈曜》，勢同衡法，迄今不改。[2]

　　焯以愚管，留情推測，見其數制，莫不違爽。失之千里，差若毫厘，大象一乖，餘何可驗。況赤黄均度，月無出入，至所恒定，氣不别衡。分刻本差，輪回守故。其爲疎謬，不可復言。亦既由理不明，致使异家間出。蓋及宣夜，三説并驅，平、昕、安、穹，四天騰沸。至當不二，理唯一揆，豈容天體，七種殊説？③又影漏去極，就渾可推，百骸共體，本非异物。此真已驗，彼僞自彰，豈朗日未暉，爝火不息，理有而闕，詎不可悲者也？昔蔡邕自朔方上書曰：“以八尺之儀，度知天地之象，古有其器，而無其書。常欲寢伏儀下，案度成數，而爲立説。”邕以負罪朔裔，書奏不許。邕若蒙許，亦必不能。邕才不踰張衡，衡本豈有遺思也？則有器無書，觀不能悟。焯今立術，改正舊渾。又以二至之影，定去極晷漏，并天地高遠，星辰運周，所宗有本，皆有其率。袪今賢之巨惑，稽往哲之群疑，豁若雲披，朗如霧散。爲之錯綜，數卷已成，待得影差，謹更啓送。④

又云：

　　《周官》夏至日影，尺有五寸。張衡、鄭玄、王蕃、陸績先儒等，皆以爲影千里差一寸。言南戴日下萬五千里，表影正同，天高乃异。考之算法，必爲不可。寸差千里，亦無典説，明爲意斷，事不可依。今交、愛之州，表北無影，計無萬里，南過戴日。是千里一寸，非其實差。⑤焯今説渾，以道爲率，道里不定，得差乃審。既大聖之年，升平之日，釐改群謬，斯正其時。請一水工并解算術士，取河南、北平地之所，可量數百里，南北使正。審時以漏，平地以繩，隨氣至分，同日度影。得其差率，里即可知。⑥則天地無所匿其形，辰象無所逃其數，超前顯聖，效象除疑。請勿以人廢言。

不用。至大業三年，敕諸郡測影，而焯尋卒，事遂寢廢。

【注】

①劉焯（544—610）：字士元，信都昌亭（今河北冀州）人，聰敏沉深，以儒學知名，爲州博士。《皇極曆》：《隋書・律曆志》有記載。

②璿璣玉衡……迄今不改：此部分爲劉焯上《皇極曆》表文中論渾天的話。該段陳述渾天儀象的發展歷史。

③焯以愚管……七種殊説：劉焯在這裏批評了以往七種殊説的乖謬。這七種殊説是：古渾天説、蓋天説、平天説、宣夜説、昕天説、安天説和穹天説。

④又影漏去極……謹更啓送：渾天是科學的觀念，但世上有儀而無書，昔蔡邕想立論而環境不允許，但蔡邕不過是一介儒生，其才也不會超越張衡，即使給他機會也不可能成書。我今天立法，改正舊渾，推算天地的高遠，星辰的運周，將會去除學術上的難解之惑，如雲消霧散。

⑤周官夏至日影……非其實差：舊渾天家皆用千里差一寸之説，但考之算法，一定不符合事實。千里差一寸，也無經典的記載，屬於意斷，經不起事實證明。現今交、愛兩州之地，就是日中也無影，但相距并無萬里。交、愛之州：交州和愛州，地域歷代有變，大致在兩廣和越南北部。

⑥焯今説渾……里即可知：劉焯提出一個沿着南北方向、同日測影的方法，量其相距里數，即可得到實差之數。這個建議實際相當於測量子午綫長度的方法，從而也可得到地球半徑的長度。這個建議雖然未能實現，

但爲唐僧一行等的實測作了建言。

地中^①

《周禮·大司徒職》：“以土圭之法，測土深，正日景，以求地中。”此則渾天之正説，立儀象之大本。^②故云：“日南則景短多暑，日北則景長多寒，日東則景夕多風，日西則景朝多陰。日至之景，尺有五寸，謂之地中。天地之所合也。四時之所交也，風雨之所會也，陰陽之所和也。然則百物阜安，乃建王國焉。”^③又《考工記·匠人》：“建國，水地以縣。置槷以縣，眡以景。爲規，識日出之景與日入之景。晝參諸日中之景，夜考之極星，以正朝夕。”^④案土圭正影，經文闕略，先儒解説又非明審。^⑤

【注】

①什麽叫地中？以下的定義都含糊不清，大致可以理解爲天地的中心。

②周禮大司徒職……立儀象之大本：由《周禮·大司徒職》的記載可以看出，此處所載，即爲“地中”一名的經典出處。它爲渾天的正説，是設立儀象的根本。據此理解，這個地中之地，爲國都觀測者觀測宇宙的基地，是天地的中心，也是立渾儀的中心。

③日南則景短多暑……乃建王國焉：如果僅僅據夏至日中之影尺有五寸來尋找日中之地，那麽它祇給出了一條緯度帶，尚不能確定地中究竟在哪裏。但它還有“日東則景夕多風，日西則景朝多陰”等的説法，還有“乃建王國焉”等語，可見這個地中就是指當時的王都洛邑。它與後人附會的城也相去不遠，可以理解爲同一個地區。事實上，所謂“日東則景夕多風，日西則景朝多陰”祇是一種没有實際意義且似是而非的説法，是理

想中的風調雨順、百物阜安的建都之地。

④又考工記匠人……以正朝夕:《考工記》記載選擇建立政權之地,也是用測景之法,用以定南北、正朝夕,也是似是而非的説法。

⑤案土圭正影……又非明審:是説以土圭正影法測土深、正日景、求地中,經文缺載,先儒的解説又不明確。

祖暅錯綜經注,以推地中。其法曰:①

　　先驗昏旦,定刻漏,分辰次。乃立儀表於準平之地,名曰南表。漏刻上水,居日之中,更立一表於南表影末,名曰中表。夜依中表,以望北極樞,而立北表,令參相直。三表皆以懸準定,乃觀。三表直者,其立表之地,即當子午之正。三表曲者,地偏僻。每觀中表,以知所偏。中表在西,則立表處在地中之西,當更向東求地中。若中表在東,則立表處在地中之東也,當更向西求地中。取三表直者,爲地中之正。②又以春秋二分之日,旦始出東方半體,乃立表於中表之東,名曰東表。令東表與日及中表參相直。視日之夕,日入西方半體,又立表於中表之西,名曰西表。亦從中表西望西表及日,參相直。乃觀三表直者,即地南北之中也。若中表差近南,則所測之地在卯酉之南。中表差在北,則所測之地在卯酉之北。進退南北,求三表直正東西者,則其地處中,居卯酉之正也。③

【注】

①祖暅詳考經傳,提出如下推地中的方法。

②祖暅稱圭表爲南表，日中圭表影端立中表，中表與北極同一直綫上設北表。他認爲這三表若在同一直綫上，便爲地中之正。

③祖暅又於春秋分之日，日出時於中表與日一直綫上主東表，於日落時於中表與日一直綫上立西表，三表在一直綫之上，此地即爲南北之中，若不相直，則進退東西或南北求地中。若以此法求地中，則處處爲地中。

晷影

昔者周公測晷影於陽城，以參考曆紀。其於《周禮》，在《大司徒之職》："以土圭之法，測土深，正日景，以求地中。日至之景，尺有五寸，則天地之所合，四時之所交。百物阜安，乃建王國。"然則日爲陽精，玄象之著然者也。生靈因之動息，寒暑由其遞代。觀陰陽之升降，揆天地之高遠，正位辨方，定時考閏，莫近於茲也。古法簡略，旨趣難究，術家考測，互有異同。先儒皆云："夏至立八尺表於陽城，其影與土圭等。"案《尚書考靈曜》稱："日永，景尺五寸；日短，丈三尺。①"《易通卦驗》曰："冬至之日，樹八尺之表，日中視其晷景長短，以占和否。夏至景一尺四寸八分，冬至一丈三尺。"《周髀》云："成周土中，夏至景一尺六寸，冬至景一丈三尺五寸。"劉向《鴻範傳》曰："夏至景長一尺五寸八分，冬至一丈三尺一寸四分，春秋二分，景七尺三寸六分。"後漢《四分曆》、魏《景初曆》、宋《元嘉曆》、大明祖冲之曆，皆與《考靈曜》同。漢、魏及宋，所都皆別，四家曆法，候影則齊。②且緯候所陳，恐難依據。③劉向二分之影，直以率推，④非因表候定其長短。然尋晷影尺丈，雖有大較，或地域不改，而分寸參差，或南北殊方，而長短維一。蓋術士未能精驗，馮占所以致乖。今删其繁雜，附於此云。

【注】

①諸本均作"日短，景尺三寸"，今按中華書局校點本考證，《周髀算經》李淳風注引《考靈曜》作"日短一十三尺"正合"丈三尺"改正。

②所都皆别四家曆法候影則齊：東漢、魏、宋都城不同，但四家曆法所用晷影則同。這些數據是成問題的。不過漢及魏都城長安、洛陽的地理緯度大致相同，所測晷影數值相同不成問題，僅劉宋都城遠在江南，當爲儒家借用，并非實測。

③緯候所陳恐難依據：緯書所説晷影，恐怕難以作爲實測的依據。因爲它不一定是實測。緯候：緯書的測候，緯指《尚書考靈曜》和《易通卦驗》。

④劉向二分之影直以率推：劉向《鴻範傳》春秋分晷影，可以知道它是依據算法推出來的。

梁天監中，祖暅造八尺銅表，其下與圭相連。圭上爲溝，置水，以取平正。揆測日晷，求其盈縮。至大同十年，太史令虞劇，①又用九尺表，格江左之影。②夏至一尺三寸二分，冬至一丈三尺七分，立夏、立秋二尺四寸五分，春分、秋分五尺三寸九分。陳氏一代，唯用梁法。齊神武以洛陽舊器，并徙鄴中，③以暨文宣受終，竟未考驗。至武平七年，訖干景禮始薦劉孝孫、張孟賓等於後主。劉、張建表測影，以考分至之氣。草創未就，仍遇朝亡。周自天和以來，言曆者紛紛復出。亦驗二至之影，以考曆之精粗。

【注】

①虞劇：南朝梁太史令。《隋書·天文志》與《律曆志》均載其事。

②用九尺表格江左之影：虞劇造九尺長的圭表用以測量江南的多個季節日影之長。南朝梁建都於江南，故曰"格江左之影"。格，測量。

③齊神武以洛陽舊器并徙鄴中：550 年，高歡子高洋代東魏稱帝，國號齊，建都鄴，史稱北齊。文宣是其帝號。

及高祖踐極之後，大議造曆。張胄玄兼明揆測，言日長之瑞。^①有詔司存，而莫能考決。至開皇十九年，袁充爲太史令，^②欲成胄玄舊事，復表曰："隋興已後，日景漸長。開皇元年冬至之影，長一丈二尺七寸二分，自爾漸短。至十七年冬至影，一丈二尺六寸三分。四年冬至，在洛陽測影，長一丈二尺八寸八分。二年夏至影，一尺四寸八分，自爾漸短。至十六年夏至影，一尺四寸五分。其十八年冬至，陰雲不測。元年、十七年、十八年夏至，亦陰雲不測。《周官》以土圭之法正日影，日至之影，尺有五寸。鄭玄云：'冬至之景，一丈三尺。'今十六年夏至之影，短於舊五分，十七年冬至之影，短於舊三寸七分。^③日去極近，則影短而日長；去極遠，則影長而日短。行內道則去極近，行外道則去極遠。《堯典》云：'日短星昴，以正仲冬。'據昴星昏中，則知堯時仲冬，日在須女十度。以曆數推之，開皇以來冬至，日在斗十一度，與唐堯之代，去極俱近。謹案《元命包》云：'日月出內道，琁璣得其常，天帝崇靈，聖王初功。'京房《別對》曰：'太平日行上道，升平日行次道，霸代日行下道。'伏惟大隋啓運，上感乾元，影短日長，振古希有。"是時廢庶人勇，晉王廣初爲太子，充奏此事，深合時宜。上臨朝謂百官曰："景長之慶，天之祐也。今太子新立，當須改元，宜取日長之意，以爲年號。"由是改開皇二十一年爲仁壽元年。此後百工作役，并加程課，以日長故也。④皇太子率百官詣闕陳賀。案日徐疾盈縮無常，充等以爲祥瑞，大爲議者所貶。⑤

【注】

①張胄玄（約526—612）：渤海（今河北景縣）人，因懂天文曆法而進太史局任職。言日長之瑞：張胄玄和袁充據京房《別對》和《春秋元命苞》有日行上道、次道、下道之説，引申出冬夏至日影有長短之別，日行上道則日影短，日影短則日長，按以上占語，日長爲瑞象，應在"大隋啓運，上感乾元，影短日長，振古希有"。楊廣初爲太子，惑其説，予以慶祝，上書更改年號。冬夏至日中影長，確有周期性的變化，大約四年變化一周，但影長變化量很小，八尺之表幾乎測不出來。張胄玄所説的"日長之瑞"，可能是一場騙局。陳美東《中國科學技術史·天文卷》稱其"兩人主演了一出接一出天文鬧劇"。

②袁充（544—618）：字德符，陳郡夏陽（今河南淮陽）人，懂天文曆法，任職於太史局。

③十七年冬至之影短於舊三寸七分：如果説，冬夏至日，因不同時刻交氣而會導致冬夏至日中影長發生變化，那麼這種變化也是微小的。按袁充的奏表，開皇十七年冬至影長比舊測竟然短了三寸七分，從科學上説，這是不可能的。由此可見，這不是實測，而是造假，所報其它冬夏至日短之影也不是實測。

④此後百工作役并加程課以日長故也：以後各種工匠做工，都要從工資中加收税，這是因爲慶祝日長。可見這場日長鬧劇甚至殃及百工。

⑤充等以爲祥瑞大爲議者所貶：袁充等以爲日長事是祥瑞，但被衆議論者所批評貶斥。

又《考靈曜》、《周髀》、張衡《靈憲》及鄭玄注《周官》，并云："日影於地，千里而差一寸。"案宋元嘉十九年壬午，使使往交州測影。夏至之日，影出表南三寸二分。何承天遙取陽城，云夏至一尺五寸。計陽城去交州，路當萬里，而影實差一尺八寸二分。是六百里而差一寸也。①又梁大同中，二至所測，以八尺表率取之，夏至當一尺一寸七分强。②後魏信都芳注《周髀四術》，稱永平元年戊子，當梁天監之七年，見洛陽測影，又見公孫崇集諸朝士，共觀秘書影。同是夏至日，其中影皆長一尺五寸八分。③以此推之，金陵去洛，南北略當千里，而影差四寸。則二百五十里而影差一寸也。④况人路迂回，山川登降，方於鳥道，所校彌多，則千里之言，未足依也。其揆測參差如此，故備論之。

【注】

①爲了檢驗古代日影千里差一寸之説的正誤，李淳風在這裏整理了幾個有關數據。宋元嘉十九年（442），派使者到交州測影，得夏至中午日影出表南三寸二分，何承天以陽城一尺五寸計，去交州以萬里計，則影差一尺八寸二分，爲六百里差一寸。

②梁大同中（535—545）所測夏至中午日影一尺一寸七分强，爲於金陵所測，故影長與古代傳統一尺五寸不同。

③北魏信都芳於永平元年（508）在洛陽夏至影長一尺五寸八分，并有公孫崇等朝士共見。信都芳，字玉琳，河間人，明天文算術，兼有巧思。公孫崇，北魏時曾任太樂令，事見《魏書·律曆志》。

④根據金陵和洛陽所測兩地夏至日影長，南北相去約千里，影差四寸，當爲二百五十里差一寸。故結論是“千里之言，未足依也”。

漏刻

昔黄帝創觀漏水，制器取則，以分晝夜。其後因以命官，《周禮》挈壺氏則其職也。其法，總以百刻，分于晝夜。冬至晝漏四十刻，夜漏六十刻。夏至晝漏六十刻，夜漏四十刻。春秋二分，晝夜各五十刻。日未出前二刻半而明，既没後二刻半乃昏。減夜五刻，以益晝漏，謂之昏旦。漏刻皆隨氣增損。冬夏二至之間，晝夜長短，凡差二十刻。每差一刻爲一箭。冬至互起其首，凡有四十一箭。①晝有朝，有禺，有中，有晡，有夕。夜有甲、乙、丙、丁、戊。昏旦有星中。每箭各有其數，皆所以分時代守，更其作役。

漢興，張蒼因循古制，猶多疎闊。及孝武考定星曆，下漏以追天度，亦未能盡其理。劉向《鴻範傳》記武帝時所用法云：“冬夏二至之間，一百八十餘日，晝夜差二十刻。”大率二至之後，九日而增損一刻焉。②至哀帝時，又改用晝夜一百二十刻，尋亦寢廢。至王莽竊位，又遵行之。③光武之初，亦以百刻九日加減法，編於《甲令》，爲《常符漏品》。至和帝永元十四年，霍融上言：“官曆率九日增減一刻，不與天相應。或時差至二刻半，不如夏曆漏刻，隨日南北爲長短。”乃詔用夏曆漏刻。依日行黄道去極，每差二度四分，爲增減一刻。凡用四十八箭，終於魏、晋，相傳不改。④

【注】

①所謂黄帝創漏刻，衹是後人的傳説和想象，没有文獻依據。漏壺，最早的文獻記載爲《周禮》有挈壺氏，知周代不但有漏壺，官府還設有挈壺氏以管理漏壺。其使用方法是設一畫夜爲一百刻，以畫夜分開計算，冬至畫漏四十刻，夜漏六十刻。夏至相反。春秋分畫夜各五十刻。以日出前二刻半爲明，日入後二刻半爲昏。每天畫漏比夜漏各加五刻是爲昏和旦。這樣，冬夏至之間畫夜長短差二十刻。畫夜長短每差一刻爲一支箭，全年共有四十一支箭。

②漢興……九日而增損一刻焉：西漢早期的漏壺如何使用，未見文獻記載。劉向《鴻範傳》記武帝漏壺的用法，大致是二至後九日增損一刻，也就是九日換一箭，一百八十日換二十支箭，冬夏至各一箭。

③至哀帝時……又遵行之：哀帝時將漏刻制由每天一百刻改爲一百二十刻，這樣使用起來有它的不方便之處，故不久就廢止了。王莽時又恢復一百二十刻制。

④至和帝永元十四年……相傳不改：霍融所説的夏曆漏刻法，是主張漏刻以日長短爲數，率日南北二度四分而增減一刻。即以爲一年中漏刻長度的變化，理當與午正時黄道去極度的變化相對應。從冬至到夏至太陽去極度相差四十八度，但冬至到夏至畫漏或夜漏增減了二十刻，所以，需令太陽去極南北每隔二度四分，使漏刻增減一刻。夏曆漏刻法正確地把漏刻長度的變化同太陽去極度的變化有機地聯繫起來。雖然兩者之間并非簡單的綫性關係，但用綫性關係加以表達，已相當接近於實際情況，這在古代已相當可貴了。

　　宋何承天，以月蝕所在，當日之衝，①考驗日宿，知移舊六度。②冬至之日，其影極長，測量晷度，知冬至移舊四日。③前代諸漏，春分畫長，秋分畫短，差過半刻。皆由氣日不正，所以而然。遂議造漏法。春秋二分，昏旦晝夜漏各五十五刻。齊及梁初，因循不改。^④至天監六年，武帝以晝夜百刻，分配十二辰，辰得八刻，仍有餘分，乃以晝夜爲九十六刻，一辰有全刻八焉。至大同十年，又改用一百八刻。依《尚書考靈曜》，晝夜三十六頃之數，因而三之。冬至晝漏四十八刻，夜漏六十刻。夏至晝漏七十刻，夜漏三十八刻。春秋二分，晝漏六十刻，夜漏四十八刻。昏旦之數各三刻。先令祖暅爲《漏經》，皆依渾天黃道日行去極遠近，爲用箭日率。陳文帝天嘉中，亦命舍人朱史造漏，依古百刻爲法。周、齊因循魏漏。晉、宋、梁大同，并以百刻分于晝夜。^⑤

【注】

①以月蝕所在當日之衝：衝，諸本誤作"衡"。"當日之衡"，語義不通。《宋書·律曆中》載何承天上曆表文曰："月盈則蝕，必當其衝，以月推日，則躔次可知焉。"又引太史令錢樂之奏文曰"以月蝕所衝考之"，"以月衝一百八十二度半考之"等，均作以月衝日，沒有以月衡日之理，今據以改。

②以月蝕所在……知移舊六度：日光強烈，日星不可能同時并見，故古人難以測知冬至等日所在位置。何承天據姜岌衝日法考日宿度得知冬至日度已移故所六度。知爲歲差所致。

③冬至之日……知冬至移舊四日：利用冬至日中圭影最長的道理，測得冬至日誤差已達四日。

④前代諸漏……因循不改：何承天知舊曆春分晝長，秋分晝短，甚不合理，於是作了改正，春秋二分，昏旦晝夜漏刻各爲五十五刻。至齊及梁初沿用不改。

⑤至天監六年……并以百刻分于晝夜：按通常將百刻分配於十二辰的辦法，每辰得八刻有餘。爲了方便，梁武帝天監六年（507）改用九十六刻制，則一辰正好爲八刻。至大同十年（544）又改用一百零八刻制，每辰爲九刻。以後陳朝和北魏、北齊、北周均用百刻制。

　　隋初，用周朝尹公正、馬顯所造《漏經》。[1]至開皇十四年，鄜州司馬袁充上晷影漏刻。充以短影平儀，均布十二辰，立表，隨日影所指辰刻，以驗漏水之節。十二辰刻，互有多少，時正前後，刻亦不同。[2]其二至二分用箭辰刻之法，今列之云。

　　冬至：日出辰正，入申正，晝四十刻，夜六十刻。

　　子、丑、亥各二刻，寅、戌各六刻，卯、酉各十三刻，辰、申各十四刻，巳、未各十刻，午八刻。[3]

　　　　上十四日改箭。

　　春秋二分：日出卯正，入酉正，晝五十刻，夜五十刻。

　　子四刻，丑、亥七刻，寅、戌九刻，卯、酉十四刻，辰、申九刻，巳、未七刻，午四刻。

　　　　上五日改箭。

　　夏至：日出寅正，入戌正，晝六十刻，夜四十刻。

　　子八刻，丑、亥十刻，寅、戌十四刻，卯、酉十三刻，辰、申六刻，巳、未二刻，午二刻。

　　　　上一十九日，加減一刻，改箭。

袁充素不曉渾天黃道去極之數，苟役私智，變改舊章，其於施用，未爲精密。[4]

【注】

　　①馬顯：北周太史上士。《隋書·律曆中》載其事迹。

　　②充以短影平儀……刻亦不同：袁充設計出一套與衆不同的晷影漏刻制度，其百刻與十二辰相配，并不是均等的，而是十二辰中的刻數各不相等，互有多少。即使是時正前後，其刻數也不相同。

③冬至前後的辰刻分配，全天相加祇有九十八刻，與春秋分、夏至全天一百刻不相對應，甚不合理，必有一處錯誤。

④袁充素不曉渾天黃道去極之數……未爲精密：李淳風説"袁充素不曉渾天黃道去極之數"，"其於施用，未爲爲密"，對他這種改革，不合科學原理，持否定意見是明確的。

　　開皇十七年，張胄玄用後魏渾天鐵儀，測知春秋二分，日出卯酉之北，不正當中。與何承天所測頗同，皆日出卯三刻五十五分，入酉四刻二十五分。畫漏五十刻十一分，夜漏四十九刻四十分，畫夜差六十分刻之四十。①仁壽四年，劉焯上《皇極曆》，有日行遲疾，推二十四氣，皆有盈縮定日。春秋分定日，去冬至各八十八日有奇，去夏至各九十三日有奇。二分定日，畫夜各五十刻。又依渾天黃道，驗知冬至夜漏五十九刻、一百分刻之八十六，畫漏四十刻一十四分，夏至畫漏五十九刻八十六分，夜漏四十刻一十四分。冬夏二至之間，畫夜差一十九刻、一百分刻之七十二。②胄玄及焯漏刻，并不施用。然其法制，皆著在曆術，推驗加時，最爲詳審。③

【注】

①開皇十七年……畫夜差六十分刻之四十：張胄玄用後魏鐵儀測得春秋二分日出入卯酉不正當中，而都要偏北一些，日出也較卯正早些，日入晚些。這證實何承天所言不差。

②劉焯未使用觀測儀器，祇使用算法和曆理推演，指出日行有遲疾，二十四氣皆有盈縮定日。

③胄玄及焯漏刻……最爲詳審：張胄玄和劉焯定漏刻，雖未得到行用，

但在曆術方面是有其突出的地方的，推驗加時方面也有其詳細和謹慎之處。

大業初，耿詢作古欹器，[①]以漏水注之，獻于煬帝。帝善之，因令與宇文愷，依後魏道士李蘭所修道家上法稱漏制，[②]造稱水漏器，以充行從。又作候影分箭上水方器，置於東都乾陽殿前鼓下司辰。又作馬上漏刻，以從行辨時刻。[③]揆日晷，下漏刻，此二者，測天地正儀象之本也。晷漏沿革，今古大殊，故列其差，以補前闕。

【注】

①耿詢：字敦信，丹陽（今江蘇南京）人，技巧絕人，是隋計時器制造家。

②李蘭：北魏道士。唐徐堅等編《初學記》卷二五載其漏刻法曰："以銅爲渴烏，狀如鈎曲，以引器中水於銀龍口中，吐入權器，漏水一升，稱重一斤，時經一刻。"稱漏與漏刻計時原理的不同之處在於，前者以水重量計時，後者以水的體積計時。

③大業初……以從行辨時刻：在隋代時，耿詢曾造與張衡造的類似以漏水轉渾天儀的水運渾象，又參與據李蘭的發明制造稱水漏器和馬上漏刻，這些有利於部隊行軍打仗時使用。

經星[①]

中宮[②]

北極五星，鈎陳六星，皆在紫宮中。[③]北極，辰也。其紐星，天之樞也。天運無窮，三光迭耀，而極星不移。[④]故曰："居其所而眾星共之。"賈逵、張衡、蔡邕、王蕃、陸績，皆以北極紐星爲樞，是不動處也。祖暅以儀準候不動處，在紐星之末，猶一度有餘。北極大星，太一之座也。第一星主月，太子也。第二星主日，帝王也。第三星主五星，庶子也。所謂第二星者，最赤明者也。北極五星，最爲尊也。中星不明，主不用事。右星不明，太子憂。⑤鈎陳，後宮也，太帝之正妃也，太帝之坐也。北四星曰女御宮，八十一御妻之象也。鈎陳口中一星，曰天皇太帝。其神曰耀魄寶，主御群靈，秉萬神圖。⑥抱極樞四星曰四輔，所以輔佐北極，而出度授政也。太帝上九星曰華蓋，蓋所以覆蔽太帝之坐也。又九星直，曰杠。蓋下五星曰五帝内坐，設叙順，帝所居也。客犯紫宮中坐，大臣犯主。華蓋杠旁六星曰六甲，可以分陰陽而紀節候，故在帝旁，所以布政教而授人時也。極東一星曰柱下史，主記過。古者有左右史，此之象也。柱史北一星曰女史，婦人之微者，主傳漏。故漢有侍史。傳舍九星在華蓋上，近河，賓客之館，主胡人入中國。客星守之，備姦使，亦曰胡兵起。傳舍南河中五星曰造父，御官也，一曰司馬，或曰伯樂。星亡，馬大貴。西河中九星如鈎狀，曰鈎星，伸則地動。天一一星，在紫宮門右星南，天帝之神也，主戰鬬，知人吉凶者也。太一一星，在天一南，相近，亦天帝神也，主使十六神，知風雨水旱，兵革饑饉，疾疫災害所生之國也。

　紫宮垣十五星，其西蕃七，東蕃八，在北斗北。一曰紫微，太帝之坐也，天子之常居也，⑦主命，主度也。一曰長垣，一曰天營，一曰旗星，爲蕃衛，備蕃臣也。宮闕兵起，旗星直，天子出，自將宮中兵。東垣下五星

曰天柱，建政教，懸圖法之所也。常以朔望日懸禁令於
天柱，以示百司。⑧《周禮》以正歲之月，懸法象魏，
此之類也。門内東南維五星曰尚書，主納言，夙夜諮
謀，龍作納言，此之象也。尚書西二星曰陰德、陽德，⑨
主周急振無。宮門左星内二星曰大理，主平刑斷獄也。
門外六星曰天牀，主寢舍，解息燕休。西南角外二星曰
内廚，主六宫之飲食，主后夫人與太子宴飲。東北維外
六星曰天廚，主盛饌。

【注】

①《隋書·天文志》三卷，包括三大部分内容，第一部分爲天文學的
基本觀念和儀象，其中包括天體、蓋圖、地中、晷影、渾天儀、渾天象、
漏刻。第二部分是星占的基本理論和占辭，包括恒星占、七曜占、天占、
變星占、雜氣占等。恒星占包括中宫、二十八舍、二十八舍之外者；七曜
包括日月五星的特徵及其凌犯應驗；天占主要是北極光和地震；變星占包
括瑞星、妖星、雜星、客星、流星等；雜氣占即包括天空中出現的各類雲
氣占。第三部分爲災變應，即天空出現的異常天象和地面上出現的對應災
變關係。本志中大小目雖然區分得不十分明確，但就其内容的編撰來看是
十分明確的。故讀者在閱讀時心中應該有一個明確的分類。星占的理論和
占辭，是占卜活動的基礎，是對具體占卜對象行占的依據。第三部分是星
占家對異常天象出現後所作判辭和災變的應驗狀況。“經星”與下文的
“中宫”不是一個概念，不當連排連讀。就本志而言，經星是天空中的星
座星名之義，其中包括中宫、二十八舍、星官在二十八宿之外者三部分。
這部分内容，與《晋書·天文志》中的文字大同小異，僅個别文字有出
入，内容幾無差别。爲了避免出現與《晋書·天文志》大量相同的重複注
文，本注這部分注從簡，祗作必不可少的注，同時增補《晋書·天文志》
之注中注得不充分的内容，以供讀者對比參閱。在《晋書·天文志》中，
這部分内容的總目稱爲天文經星，下轄中宫、二十八宿、二十八宿以外

者、天漢起没。在《隋書・天文志》中，因"天漢起没"内容不多，不再以子目出現。而《隋書・天文志》在天文經星與中宫之間，則省去了《晉書・天文志》作綜合説明的大段文字。

②就字面含義而言，中宫即中央宫殿，指紫微垣、太微垣、天市垣。但對《史記・天官書》而言，則將全天分爲中宫、東宫、南宫、西宫、北宫五宫。中宫即紫微垣，東、南、西、北宫就是指黄道上的四象。

③北極五星鈎陳六星皆在紫宫中：紫微垣内星官衆多，其中鈎陳六星和北極五星爲兩個主要星座。鈎陳一、二、三、四、增九外加北極五星中的帝星和太子星，構成希臘星座學中小熊星座的七顆主星。鈎陳六星中的另外兩顆星落入仙王座内。帝星和鈎陳一爲紫微垣内兩顆最明的星，均爲二等星。其餘都在三等以下。北極五星除了帝星和太子星，還有庶子、後宫和天樞星。天樞星即紐星，是古代漢以後的北極星。近代的北極星爲鈎陳一，即小熊座之星。

④而極星不移：極星不移有兩種含義：一是天球作晝夜運轉，但極星不動。二是自虞喜、何承天、祖冲之以來，人們做了大量論證和觀測，證明冬至點也是緩慢動的，這便成爲歲差。事實上，出於歲差的原因，古今北極星也在變換。例如：最早時人們曾將北斗星看作極星，稱北辰，以後人們又將帝星作爲北極星，以紐星作爲北極星，還祇是漢代以來的事。雖然祖晅用渾儀已觀測到紐星距北極不動處一度有餘，但由於習慣的原因，人們尚未意識到北極星也在移動。而李淳風又是著文反對有歲差的最後一位天文學家，那就更不會認爲極星移動了。

⑤北極大星太一之座也：這句話難以理解，它顯然不是指北極紐星，也不是指明顧錫疇《天文圖》紫微垣星圖中的太一星。因爲顧錫疇之星圖中的太一星，位於垣外少尉與北斗玉衡星的中間，已遠離了北極。《晉書・天文志》有如下説法："第一星主月，太子也。第二星主日，帝王也；亦大乙之座，謂最赤明者也。第三星主五星，庶子也……北四星曰女御宫，八十一御妻之象也……抱北極四星曰四輔。"由此看來，此處所説的北極大星、太一，就是指帝星。因此，所謂北極五星，即紫微垣星圖中的太子、帝星、庶子、後宫、天樞（紐星）。天樞有四輔。

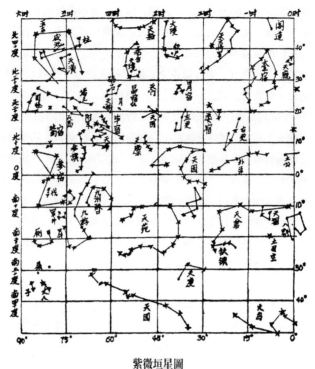

紫微垣星圖

（引自明顧錫疇《天文圖》。紫微垣爲天帝的居所，
後宮中的人員配備、管理機構和生活用品一應俱全。）

⑥鈎陳後宮也……秉萬神圖：鈎陳六星爲後宮，有正妃、次妃。北四星曰女御宮，八十一御妻之象也，所謂鈎陳之口也。鈎陳口中一星，名曰天皇太帝。

⑦紫宮垣十五星：即紫微垣的東西垣牆，西垣七星，東垣八星，均以廣武大臣官員命名，取以守衛帝宮之義。

⑧天柱建政教懸圖法之所也：言天柱星象徵皇家於朔望之日頒布政令的地方。

⑨尚書西二星曰陰德陽德：在一般的星表、星圖中，祇載陰德二星。陰德、陽德二星，是李淳風的發揮，後世也未沿用。

　　北斗七星，輔一星在太微北，七政之樞機，陰陽之元本也。故運乎天中，而臨制四方，以建四時而均五行也。魁四星爲琁璣，杓三星爲玉衡。①又象號令之主，又爲帝車，取乎運動之義也。又魁第一星曰天樞，二曰琁，三曰璣，四曰權，五曰玉衡，六曰開陽，七曰搖光。一至四爲魁，五至七爲杓。樞爲天，琁爲地，璣爲人，權爲時，玉衡爲音，開陽爲律，搖光爲星。石氏云："第一曰正星，主陽德，天子之象也。二曰法星，主陰刑，女主之位也。三曰令星，主禍害也。四曰伐星，主天理，伐無道。五曰殺星，主中央，助四旁，殺有罪。六曰危星，主天倉五穀。七曰部星，亦曰應星，主兵。"又云："一主天，二主地，三主火，四主水，五主土，六主木，七主金。"又曰："一主秦，二主楚，三主梁，四主吳，五主趙，六主燕，七主齊。"

　　魁中四星，爲貴人之牢，曰天理也。輔星傅乎開陽，所以佐斗成功也。又曰："主危正，矯不平。"又曰："丞相之象也。"②七政星明，其國昌。不明，國殃。斗旁欲多星則安，斗中少星則人恐上，天下多訟法者。無星二十日有赦。③有輔星明而斗不明，臣强主弱。斗明輔不明，主强臣弱也。杓南三星及魁第一星，皆曰三公，宣德化，調七政，和陰陽之官也。

　　文昌六星，在北斗魁前，天之六府也，主集計天道。一曰上將，大將建威武。二曰次將，尚書正左右。三曰貴相，太常理文緒。四曰司禄、司中，司隸賞功進。五曰司命、司怪，太史主滅咎。六曰司寇，大理佐理寶。所謂一者，起北斗魁前，近內階者也。明潤，大小齊，天瑞臻。④

　　文昌北六星曰內階，天皇之陛也。相一星在北斗南。相者總領百司而掌邦教，以佐帝王安邦國，集衆事也。其明吉。太陽守一星，在相西，大將大臣之象也，主戒不虞，設武備也。非其常，兵起。西北四星曰勢。勢，腐刑人也。天牢六星在北斗魁下，貴人之牢也，主愆過，禁暴淫。⑤

【注】

　　①魁四星爲琁璣杓三星爲玉衡：由於北斗七星是北極附近特別顯著明亮的星座，古人賦予它建四時、均五行的特殊功能。《尚書·堯典》有琁璣玉衡以齊七政之說。李淳風用以解釋說，北斗星中的斗魁四星爲琁璣，即渾儀中的回游儀，杓三星則爲渾儀中的窺管，是用於觀測的。

　　②輔星傅乎開陽……丞相之象：古人將開陽旁的一顆小星稱爲開陽的輔星，此星雖小，其含義却大。人們把它比附爲輔國的丞相。此處兩個“又曰”，觀上下文，似爲上引之“石氏云”，查對《開元占經·石氏中官》北斗星占，則載有《援神契》曰：“輔星正，矯不平。”《荆州占》曰：“輔星，丞相之象也。”故李淳風撰寫的《隋書·天文志》引文，并不完全明確，尚需核對原文。

　　③斗旁欲多星則安……無星二十日有赦：此處斗旁星多則安，與郗萌曰北斗旁多星則“國家安”含義正好相反。又《荆州占》曰，北斗中“多小星者，民怨上，天下多訟法者”。此說與《隋書·天文志》相反。又諸本原文皆曰“無星二十日”，後無內容，再往後與上下文不相涉，當有缺漏。上引《荆州占》接着說：“無星，二十日有赦。”故知此處當補“有赦”二字語義纔完整。

　　④文昌六星……天瑞臻：中國古代星占家認爲文昌星是主管文人功名的星，其六顆星分別對應六部性質的衙門。這當然屬於附會。

⑤以上諸星官，均爲紫微垣的範圍。按《史記・天官書》所述中宮，就是指紫微垣。因此，自此以下已不屬中宮。按本志的分類，經星當包括中宮、二十八宿以內星官、二十八舍、二十八宿以外星官、天漢起没五部分，故自下文"太微"至本卷末當缺少小標題"二十八宿以內星官"。這部分星官，儘管都在二十八宿以內，但有的星官已在赤道以南，不能歸入中宮範圍，也不僅僅屬於太微垣和天市垣範圍之內。

漢武梁祠畫像石斗爲帝車圖

（天帝坐在北斗組成的帝車中，由祥雲托着，正接受諸大臣的朝拜。）

太微，天子庭也，五帝之坐也，亦十二諸侯府也。其外蕃，九卿也。一曰太微爲衡。衡，主平也。又爲天庭，理法平辭，監升授德，列宿受符，諸神考節，舒情稽疑也。南蕃中二星間曰端門。東曰左執法，廷尉之象也。西曰右執法，御史大夫之象也。執法，所以舉刺凶姦者也。左執法之東，左掖門也。右執法之西，右掖門也。東蕃四星，南第一曰上相，其北東太陽門也。第二星曰次相，其北中華東門也。第三星曰次將，其北東太陰門也。第四星曰上將。所謂四輔也。西蕃四星：南第一星曰上將，其北西太陽門也。第二星曰次將，其北中華西門也。第三曰次相，其北西太陰門也。第四星曰上相。亦四輔也。①東西蕃有芒及搖動者，諸侯謀天子也。執法移則刑罰尤急。月、五星所犯中坐，成刑。月、五星入太微軌道，吉。

西南角外三星曰明堂，天子布政之宮也。明堂西三星曰靈臺，觀臺也。主觀雲物，察符瑞，候災變也。左執法東北一星曰謁者，主贊賓客也。謁者東北三星曰三公內坐，朝會之所居。三公北三星曰九卿內坐，主治萬事。九卿西五星曰內五諸侯，內侍天子，不之國者也。辟雍之禮得，則太微諸侯明。②

黃帝坐一星，在太微中，含樞紐之神也。天子動得天度，止得地意，從容中道，則太微五帝坐明，坐以光。黃帝坐不明，人主求賢士以輔法，不然則奪勢。又曰太微五坐小弱青黑，天子國亡。四帝坐四星，四星夾黃帝坐。東方星，蒼帝靈威仰之神也。南方星，赤帝熛怒之神也。西方星，白帝招距之神也。北方星，黑帝叶光紀之神也。③

五帝坐北一星曰太子，帝儲也。太子北一星曰從官，侍臣也。帝坐東北一星曰幸臣。屏四星在端門之內，近右執法。屏所以壅蔽帝庭也。執法主刺舉，臣尊敬君上，則星光明潤澤。郎位十五星，在帝坐東北，一曰依烏，郎位也。周官之元士，漢官之光祿、中散、諫議、議郎、三署郎中，是其職也。或曰今之尚書也。郎位主衛守也。其星明，大臣有劫主。又曰，客犯上。其星不具，后死，幸臣誅。客星入之，大臣爲亂。郎將一星在郎位北，主閱具，所以爲武備也。武賁一星，在太微西蕃北，下台南，靜室旄頭之騎官也。常陳七星，如畢狀，在帝坐北，④天子宿衛武賁之士，以設强毅也。星搖動，天子自出，明則武兵用，微則武兵弱。

三台六星，兩兩而居，起文昌，列招搖，太微。一曰天柱，三公之位也。在天曰三台，主開德宣符也。西近文昌二星曰上台，爲司命，主壽。次二星曰中台，爲司中，主宗。東二星曰下台，爲司禄，主兵，所以昭德塞違也。又曰三台爲天階，太一躡以上下。一曰泰階，上星爲天子，下星爲女主；中階，上星爲諸侯三公，下星爲卿大夫；下階，上星爲士，下星爲庶人。所以和陰陽而理萬物也。其星有變，各以所主占人。君臣和集，如其常度。⑤

南四星曰內平，近職執法平罪之官也。中台之北一星曰大尊，貴戚也。下台南一星曰武賁，衛官也。⑥

【注】

①二十八宿內星官自太微垣介紹起。太微垣包括垣牆十星和內外諸星官。垣牆分東西，東垣牆自南到北順次爲左執法、左上相、左次相、左次將、左上將，西垣牆順次爲右執法、右上將、右次將、右次相、右上相。左右執法間爲端門，自南往北順次爲左右掖門、東西太陽門、東西中華門、東西太陰門。左右執法以外的四星，亦稱左右四輔。

②在太微垣內，有兩座標志性的"建築"，一爲天子布政之宮明堂，二爲用於觀察雲物的靈臺。辟雍是古代國家尊學、祭祀之所，但是中國古代的星官系統並沒有設辟雍的星名。辟雍之禮得則太微諸侯明：天子按祭

祀之禮在辟雍作祭祀行禮，太微中的諸侯星就明。這是古代星占學上的用
語。反過來説，如果諸侯星不明，就表示天子之禮有欠缺。諸侯星，此指
内五諸侯，在太微垣内左上側。所謂内五諸侯，是指并不去封國而居住在
京都、協助天子處理朝政者。

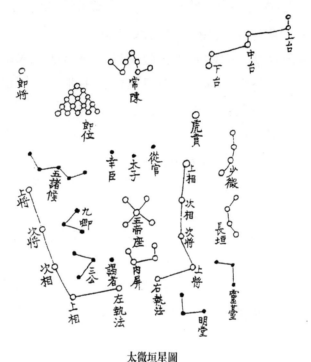

太微垣星圖

（引自顧錫疇《天文圖》。天帝辦公的地方稱爲太
微垣，天帝坐於五帝的位置，由三公、九卿、五諸侯
等伴隨。）

③黃帝坐一星……黑帝叶光紀之神也"：在南方朱雀七宿的北面有軒
轅星座，軒轅是黃帝的號，所以也有人稱軒轅星爲黃帝星。但此處的黃帝
一星并非指軒轅星，而是太微垣中的唯一二等星，位於太微垣的中央。它
的正式名字爲五帝一。五帝座其餘四星，分布在黃帝坐的四周，故曰四星
夾黃帝座。它象徵着對應於四季的蒼帝、赤帝、白帝、青帝。實際上，它

象徵着《周禮》中規定的天帝於四季所坐的座位。

　　④如畢狀在帝坐北：中華書局校點本考證，諸本在"坐北"前無"在帝"二字，據《晉書·天文志》補。

　　⑤三台六星……如其常度：三台六星，兩兩成組，共分三組。關於其含義有不同的解釋：一爲三公之位，主司命、司中、司禄。又爲天階，爲天帝上下的臺階。又爲三個階層的人物，上階爲天子、女主，中階爲諸侯三公、卿史夫，下階爲士和庶人。

　　⑥此部分均爲太微垣内星官，計二十座。太微垣諸星，在南方朱雀翼軫二宿的北面。

　　攝提六星，直斗杓之南，主建時節，①伺禨祥。攝提爲楯，以夾擁帝席也，主九卿。明大，三公恣，客星入之，聖人受制。西三星曰周鼎，主流亡。大角一星，在攝提間。大角者，天王座也。又爲天棟，正經紀。北三星曰帝席，主宴獻酬酢。梗河三星，在大角北。梗河者，天矛也。一曰天鋒，主胡兵。又爲喪，故其變動應以兵喪也。星亡，其國有兵謀。招搖一星在其北，一曰矛楯，主胡兵。占與梗河略相類也。招搖與北斗杓間曰天庫。星去其所，則有庫開之祥也。招搖欲與棟星、梗河、北斗相應，則胡常來受命於中國。招搖明而不正，胡不受命。玄戈二星，在招搖北。玄戈所主，與招搖同。②或云主北夷。客星守之，胡大敗。天槍三星，在北斗杓東。一曰天鉞，天之武備也。故在紫宫之左，所以禦難也。女牀三星，在其北，後宫御也，主女事。天棓五星，在女牀北，天子先驅也，主忿争與刑罰，藏兵，亦所以禦難也。槍棓皆以備非常也。一星不具，國兵起。

東七星曰扶筐，盛桑之器，主勸蠶也。七公七星，在招搖東，天之相也，三公之象，主七政。③貫索九星在其前，賤人之牢也。一曰連索，一曰運營，一曰天牢，主法律，禁暴强也。牢口一星爲門，欲其開也。九星皆明，天下獄煩。七星見，小赦；五星，大赦。動則斧鑕用，中空則更元。《漢志》云十五星。天紀九星，在貫索東，九卿也。九河主萬事之紀，理怨訟也。明則天下多辭訟，亡則政理壞，國紀亂，散絶則地震山崩。織女三星，在天紀東端，天女也，主果蓏絲帛珍寶也。王者至孝，神祇咸喜，則織女星俱明，天下和平。大星怒角，布帛貴。東足四星曰漸臺，臨水之臺也。主晷漏律呂之事。④西之五星曰輦道，王者嬉游之道也，漢輦道通南、北宫象也。⑤

左右角間二星曰平道之官。平道西一星曰進賢，主卿相舉逸才。角北二星曰天田。亢北六星曰亢池。亢，舟航也；池，水也。主送往迎來。氐北一星曰天乳，主甘露。房中道一星曰歲，守之，⑥陰陽平。房西二星南北列，曰天福，主乘輿之官，若《禮》巾車、公車之政。主祠事。東咸、西咸各四星，在房心北，日月五星之道也。房之户，所以防淫佚也。星明則吉，暗則凶。月、五星犯守之，有陰謀。東咸西三星，南北列，曰罰星，主受金贖。鍵閉一星，在房東北，近鈎鈐，主關鑰。⑦

【注】

①攝提六星直斗杓之南主建時節：攝提六星，左右各三顆，中間夾着

大角星，它正對着北斗星柄的南方。斗柄可以用來認定時節，故曰攝提主
建時節。

②玄戈二星在招搖北玄戈所主與招搖同：招搖、玄戈與大角、攝提同
在北斗斗柄所指的延長綫上。除了北斗七星，還有北斗九星之説。北斗九
星，可能就是指七星之外第八招搖、第九玄戈。《淮南子·時則訓》有每
一個月的招搖指示時節的記載，便是北斗九星説的證明。

③七公七星……主七政：中國古代星名，既有三公，又有七公。三公
與七公的含義有何异同？此處解釋，七公七星，"三公之象，主七政"，便
説明了二者的關係。故此處的七公星，就是三公的象徵。由於三公是主持
七政的，故又對應於七公七星。

④織女三星……主晷漏律吕之事：織女計三顆星，其主星是赤道以北
最遠的恒星。兩顆小星面向東方的天河，稱爲織女的兩隻脚。脚的東南方
近銀河處的四顆星稱爲漸臺星，在星占上是主管晷漏律吕之事的。

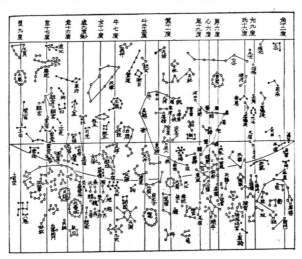

蘇頌渾象東北方中外官星圖

（摹本）

⑤西之五星曰輦道……南北宫象也：天帝的紫宫曰北宫，營室曰離
宫，也曰南宫。有輦道連通兩宫。《甘氏贊》曰："輦道逍遥，優游私行。"

帝后來往南北宮之間屬私行，故又曰“王者嬉游之道”。民間流傳的織女下凡與牛郎相會的故事，其想象就是通過這條輦道進行的。

　　⑥房中道一星曰歲守之：語義不詳，中華書局校點本《校勘記》曰“此段當有脱文”。

　　⑦以上諸座，爲東方蒼龍角亢氐房宿以北諸星官。

　　天市垣二十二星，在房心東北，主權衡，^①主聚衆。一曰天旗庭，主斬戮之事也。市中星衆潤澤則歲實，星稀則歲虚。熒惑守之，戮不忠之臣。又曰，若怒角守之，戮者臣殺主。彗星除之，爲徙市易都。客星入之，兵大起，出之有貴喪。市中六星臨箕，曰市樓市府也，^②主市價律度。其陽爲金錢，其陰爲珠玉。變見，各以所主占之。北四星曰天斛，主量者也。斛西北二星曰列肆，主寶玉之貨。市門左星内二星曰車肆，主衆賈之區。

　　帝坐一星，在天市中，候星西，天庭也。^③光而潤則天子吉，威令行。微小凶，大人當之。候一星，在帝坐東北，主伺陰陽也。明大輔臣强，四夷開。候細微則國安，亡則主失位，移則主不安。宦者四星，在帝坐西南，侍主刑餘之人也。星微則吉，明則凶，非其常，宦者有憂。斗五星，在宦者南，主平量。仰則天下斗斛不平，覆則歲穰。宗正二星，在帝坐東南，宗大夫也。彗星守之，若失色，宗正有事。客星守動，則天子親屬有變。客星守之，貴人死。宗星二，在候星東，宗室之象，帝輔血脉之臣也。客星守之，宗人不和。^④東北二星曰帛度，東北二星曰屠肆，各主其事。^⑤

【注】

①天市垣二十二星在房心東北主權衡：天市垣二十二星，是指組成天市垣牆的二十二顆星。自東北向東再向南向西北排列爲：魏、趙、九河、中山、齊、吳越、徐、東海、燕、南海、宋、韓、楚、梁、巴、蜀、秦、周、鄭、晋、河間、河中。天市垣在房心二宿的東北，主權與衡。權衡，意出度量衡，演繹爲貿易方面的事情。

天市垣星圖

（引自顧錫疇《天文圖》。天市垣爲在天帝統治下各地進行貿易的場所。天帝坐鎮帝座，由市樓進行市場具體管理，有斗、斛等度量工具，有屠肆、列肆等商業種類進行交易。）

②市中六星臨箕曰市樓市府也：天市垣中在其下方面臨箕宿的地方，

爲市樓六星，是市場及機構之義。市府不是星名。

③帝坐一星……天庭也：帝座一星，在天市的中央偏北，在候星的西面，是天上朝廷之義。候是爲測度市場變化之義。天市垣中的星都不明亮，其中帝座和魏星是主要兩顆亮星。帝座爲天帝管理市場的座位，是權力的象徵。

④宗正二星……宗人不和：這裏有宗正星、宗星等星座。宗正義同宗大夫，是管理皇族事務的官員。宗星爲皇族的象徵，宗人就是皇族中的成員。爲什麼在天市垣中設立三個與宗族有關的星座？這是因爲上面述及的天市二十二星，象徵全國各個地區，而皇族中的許多成員都被封於各地爲王、爲侯，爲了使他們之間能做到公平貿易，就需要設宗正加以管理。

⑤天市垣中各星均爲天市垣的範圍，共十九個星座，在房、心、箕以上。

天江四星在尾北，主太陰。江星不具，天下津河關道不通。明若動搖，大水出，大兵起。參差則馬貴。熒惑守之，有立王。客星入之。河津絕。

天籥八星，在南斗杓西，主關閉。建星六星，在南斗北，亦曰天旗，天之都關也。爲謀事，爲天鼓，爲天馬。南二星，天庫也。中央二星，市也，鈇鑕也。^①上二星，旗跗也。斗建之間，三光道也。星動則人勞。月暈之，蛟龍見，牛馬疫。月、五星犯之，大臣相譖，臣謀主；亦爲關梁不通，有大水。東南四星曰狗國，主鮮卑、烏丸、沃且。熒惑守之，外夷爲變。太白逆守之，其國亂。客星犯守之，有大盜，其王且來。^②狗國北二星曰天雞，主候時。天弁九星在建星北，市官之長也。主列肆闤闠，若市籍之事，以知市珍也。星欲明，吉。慧星犯守之，糴貴，囚徒起兵。^③

河鼓三星，旗九星，在牽牛北，天鼓也，主軍鼓，主鈇鉞。一曰三武，主天子三將軍。中央大星爲大將軍，左星爲左將軍，右星爲右將軍。左星，南星也，所以備關梁而距難也，設守阻險，知謀徵也。旗即天鼓之旗，所以爲旌表也。左旗九星，在鼓左旁。鼓欲正直而明，色黃光澤，將吉；不正，爲兵憂也。星怒馬貴，動則兵起，曲則將失計奪勢。旗星戾，亂相陵。旗端四星南北列，曰天桴。桴，鼓桴也。星不明，漏刻失時。前近河鼓，若桴鼓相直，皆爲桴鼓用。④

離珠五星，在須女北，須女之藏府也，女子之星也。星非故，後宮亂。客星犯之，後宮凶。虛北二星曰司命，北二星曰司禄，又北二星曰司危，又北二星曰司非。司命主舉過行罰，滅不祥。司禄增年延德，故在六宗北。犯司危，主驕佚亡下。司非以法多就私。瓠瓜五星，在離珠北，主陰謀，主後宮，主果食。明則歲熟，微則歲惡，後失勢。非其故，則山搖，谷多水。旁五星曰敗瓜，主種。天津九星，梁，所以度神通四方也。一星不備，津關道不通。星明動則兵起如流沙，死人亂麻。微而參差，則馬貴若死。星亡，若從河水爲害，或曰水賊稱王也。東近河邊七星曰車府，主車之官也。車府東南五星曰人星，主靜衆庶，柔遠能邇。一曰臥星，主防淫。其南三星内析，東南四星曰杵臼，主給軍糧。客星入之，兵起，天下聚米。⑤天津北四星如衡狀，曰奚仲，古車正也。

【注】

①中央二星市也鈇鑕也：中華書局校點本考證，諸本原脱“鑕也”二

字，據《晉志》改。

②東南四星曰狗國……其王且來：黃道帶這個天區爲北方玄武七宿，玄武爲北方民族的圖騰。此處有狗國四星，狗國星的西北，還有狗星兩顆。志文曰：“主鮮卑、烏丸、沃且。”這三個政權均爲中國古代北方部族所建，以狗國或狗爲象徵，説明中國古代北方的幾個部族以犬爲圖騰，故有這種比附。事實上，中國史書中不乏以犬爲圖騰的部族，如《山海經·海内北經》有“‘犬’封國，曰犬戎國，狀如犬。”周代時有强盛的犬戎部落。

③天弁九星在建星北……囚徒起兵：天弁九星，在建星西北。事實上，它更靠近天市垣左垣牆的東海星。通常説屬天市垣範圍的大都在天市垣内，這個星座例外，它雖屬天市垣的重要星官，却分布在市場外。據本志志文，它是市官之長，即管理市場的長官。

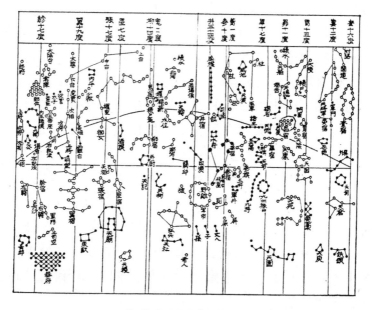

蘇頌渾象西南方中外官星圖

（摹本）

④河鼓三星……皆爲枹鼓用：河鼓的主星，是全天二十一顆一等大星

之一。正因爲它很明亮，很受人們的關注，所以流傳在民間與之有關的故事也特別多。《爾雅》曰："河鼓謂之牽牛。"又《詩經·大東》有"跂彼織女"，"睆彼牽牛"。《古詩十九首》有"迢迢牽牛星，皎皎河漢女"。人們將這兩個星座串連起來形成了中國古代最美麗的四大神話故事之一牛郎織女的戀愛故事。這個故事可能產生得很早，一直在民間流傳。在中國封建社會形成之後，神人之間不同階層的男女自由變愛不合封建禮教。當中國古代星座系統形成之後更不合中國星官體系，故星占家將牽牛星更名爲河鼓星，讓織女星作爲天帝孫女獨立存在。據本志解釋，河鼓即爲銀河邊上的軍鼓。另一種說法，河鼓三星爲天帝的三將軍。爲了與軍鼓相配，特將河鼓的東西設立了左旗九星和右旗九星。左右旗星，也象徵與軍鼓相配的指揮作戰的軍旗。

⑤離珠五星……天下聚米：在星圖上可以看到，北方玄武七宿的上下左右多爲與水有關的星座。首先是銀河最明的部分，分布在箕和斗之間，并向上流向東北方，穿過了黃道帶北方星空的中部。在銀河北段河中橫跨着巨大的天津星座。天津一名，爲天上的河渠通道，津梁爲橋梁關卡。本志説："天津九星，梁，所以度神通四方也。"《晉書·天文志》則説："天津九星，橫河中……主四瀆津梁，所以度神通四方也。"我們説不清是漏掉"主四瀆津"四字，還是有意省去，因爲本志的"天津九星，梁，所以度神通四方也"也是可以解釋通的。在斗宿的西邊有天江星，天江中有魚星。在斗宿的東南有天淵星，都是大量水積聚的地方。農業離不開水。正是在這種理想水鄉之地，中國古代星占家在星空中設計出一組完整的農業社會圖象：斗宿東北的牛宿和女宿，組成了男耕女織的農業社會的基本細胞——家庭。牛宿指牛郎星，女即婺女，即以織布爲主的農婦。在斗宿南方有農丈人星，爲農民的代表星。女宿西北的離珠，即爲農婦生産出、准備敬獻給帝后的衣服和珠寶飾物。離珠北面的敗瓜星和瓠瓜星，敗是農民生産出的蔬果准備上交政府之用。瓠瓜星的東北有人星、臼星和杵星，是農夫爲皇家春軍糧的場面。

騰蛇二十二星，在營室北，天蛇星主水蟲。星明則

不安，客星守之，水雨爲災，水物不收。王良五星，在
奎北，居河中，天子奉車御官也。其四星曰天駟，旁一
星曰王良，亦曰天馬。其星動，爲策馬，車騎滿野。亦
曰王良梁，爲天橋，主御風雨水道，故或占津梁。其星
移，有兵，亦曰馬病。客星守之，橋不通。前一星曰
策，王良之御策也，主天子僕，在王良旁。若移在馬
後，是謂策馬，則車騎滿野。閣道六星，在王良前，飛
道也。從紫宮至河，神所乘也。一曰閣道，主道里，天
子游別宮之道也。亦曰閣道，所以捍難滅咎也。一曰王
良旗，一曰紫宮旗，亦所以爲旌表，而不欲其動搖。旗
星者，兵所用也。傅路一星，在閣道南，旁別道也。備
閣道之敗，復而乘之也。一曰太僕，主禦風雨，亦游從
之義也。①東壁北十星曰天厩，主馬之官，若今驛亭也，
主傳令置驛，逐漏馳鶩，謂其行急疾，與晷漏競馳。②

【注】

①王良五星……亦游從之義也：這是一組與車、馬、道有關的星座。
首先是王良五星，其中大星爲王良，爲天帝的奉車御馬官。王良本是晋趙
襄子御手，因駕車立功而著名，成爲天上的星座名。餘四星爲四匹千里
馬。故有王良策馬，"車騎滿野"之説。在駟前一大星曰策星。何爲策馬？
《開元占經》石氏中官引《黄帝占》曰："駟馬參差，不行列，天下安；
若駟馬齊行，王良舉策，天子自臨兵，國不安。"可見策星就是馬鞭星。
按古代星占家的想象，王良是軍星，它是國家是否安定、是否要行軍打仗
的標志。在星占家看來，王良和策星是會移動的。宋均曰："策馬在王良
傍，若移在王良前，居馬後，是謂策馬。"《開元占經》注曰："策馬謂有
光芒也。"故衹要策星有光芒便叫策馬。閣道六星在王良前飛道也：閣道
爲飛道，天子的御道，它從紫宫越過銀河，通向天大將軍等組成的西方戰

場。閣道旁還有附路一星，爲閣道的備用車道。王良的馬車，正是通過閣道駛向遠方的。王良一、四和策星，是這組星中的二等大星，它與閣道中的二、三組成了希臘星座中的仙后座。

②與晷漏競馳：中華書局校點本考證，諸本"與"作"興"，據《晋志》改。"河鼓三星"至"與晷漏競馳"這部分爲北方玄武七宿以北諸星官。

天將軍十二星，在婁北，主武兵。中央大星，天之大將也。外小星，吏士也。大將星搖，兵起，大將出。小星不具，兵發。南一星曰軍南門，主誰何出入。①太陵八星，在胃北。陵者，墓也。太陵卷舌之口曰積京，主大喪也。積京中星絶，則諸侯有喪，民多疾，兵起，粟聚。少則粟散。星守之，有土功。太陵中一星曰積尸，明則死人如山。②天船九星，在太陵北，居河中。一曰舟星，主度，所以濟不通也，亦主水旱。不在漢中，津河不通。中四星欲其均明，即天下大安。不則兵若喪。客彗星出入之，爲大水，有兵。中一星曰積水，候水災。昴西二星曰天街，③三光之道，主伺候關梁中外之境。天街西一星曰月。④卷舌六星在北，主口語，以知佞讒也。曲者吉，直而動，天下有口舌之害。中一星曰天讒，主巫醫。

五車五星，三柱九星，在畢北。五車者，五帝車舍也，五帝坐也，主天子五兵，一曰主五穀豐耗。西北大星曰天庫，主太白，主秦。次東北星曰獄，主辰星，主燕、趙。次東星曰天倉，主歲星，主魯、衛。次東南星曰司空，主填星，主楚。次西南星曰卿星，主熒惑，主

魏。五星有變，皆以其所主而占之。三柱，一曰三泉，
一曰休，一曰旗。五車星欲均明，闊狹有常也。天子得
靈臺之禮，則五車、三柱均明。中有五星曰天潢。天潢
南三星曰咸池，魚囿也。⑤月、五星入天潢，兵起，道不
通，天下亂，易政。咸池明，有龍墮死，猛獸及狼害
人，若兵起。

　　五車南六星曰諸王，察諸侯存亡。西五星曰厲石，
金若客星守之，兵動。北八星曰八穀，主候歲。八穀一
星亡，一穀不登。天關一星，在五車南，亦曰天門，日
月所行也，主邊事，主開閉。芒角，有兵。五星守之，
貴人多死。⑥

　　東井鉞前四星曰司怪，主候天地日月星辰變异，及
鳥獸草木之妖，明主聞災，修德保福也。司怪西北九星
曰坐旗，君臣設位之表也。坐旗西四星曰天高，臺榭之
高，主遠望氣象。天高西一星曰天河，主察山林妖變。
南河、北河各三星，夾東井。一曰天高天之闕門，主關
梁。南河曰南戍，一曰南宫，一曰陽門，一曰越門，一
曰權星，主火。北河一曰北戍，一曰北宫，一曰陰門，
一曰胡門，一曰衡星，主水。兩河戍間，日月五星之常
道也。河戍動搖，中國兵起。⑦南河三星曰闕丘，⑧主宫
門外象魏也。五諸侯五星，在東井北，主刺舉，戒不
虞。又曰理陰陽，察得失。亦曰主帝心。一曰帝師，二
曰帝友，三曰三公，四曰博士，五曰太史。此五者常爲
帝定疑議。星明大潤澤，則天下大治，角則禍在中。五
諸侯南三星曰天樽，主盛饘粥，以給酒食之正也。積薪

一星，在積水東，供給庖厨之正也。水位四星，在東井東，主水衡。客星若水火守犯之，百川流溢。

　　軒轅十七星，在七星北。軒轅，黄帝之神，黄龍之體也。后妃之主，土職也。一曰東陵，一曰權星，主雷雨之神。南大星，女主也。次北一星，妃也。次，將軍也。其次諸星，皆次妃之屬也。女主南小星，女御也。左一星少民，少后宗也。右一星大民，太后宗也。欲其色黄小而明也。⑨軒轅右角南三星曰酒旗，酒官之旗也，主饗宴飲食。五星守酒旗，天下大酺，有酒肉財物，賜若爵宗室。酒旗南二星曰天相，丞相之象也。軒轅西四星曰爟，⑩爟者，烽火之爟也，邊亭之警候。

　　爟北四星曰内平。少微四星，在太微西，士大夫之位也。一名處士，亦天子副主，或曰博士官。一曰主衛掖門。南第一星處士，第二星議士，第三星博士，第四星大夫。明大而黄，則賢士舉也。月、五星犯守之，處士、女主憂，宰相易。南四星曰長垣，主界域及胡夷。熒惑入之，胡入中國。太白入之，九卿謀。⑪

【注】

　　①天將軍十二星……主誰何出入：天將軍星簡稱天將星。天將中央大星即天將一，爲天將星中唯一大星二等星。軍南門星，又叫軍門星，位於奎宿和天將星之間。主誰何出入即軍士出入。

　　②太陵八星……明則死人如山：《晋書・天文志》曰：“積京中星衆，則諸侯有喪，民多疾，兵起。太陵中一星曰積尸，明則死人如山。”本志曰積京中星絶，諸侯有喪，星絶當爲無星之義，則二志説法不同。又下文均曰積尸明則死人如山，二志説法又相同。綜合看來，本志“星絶”，當

爲“星衆”方纔一致。本志和《晋志》均星名太陵，但其餘各家星表均稱大陵。大、太雖無太大差别，但仍有微差。

③昴西二星曰天街：《晋志》相同。但核對諸家星表，天街二星均介於昴宿和畢宿之間。《宋史·天文四》亦説：“昴、畢間爲天街。”故此處“昴西”當爲“昴東”之誤。

④天街西一星曰月：中國古代有於春分祭日、秋分祭月的習俗。春季對應於東方七宿，秋季對應於西方七宿，故在中國的傳統星圖上常將太陽畫在東方七宿，將月亮畫在西方七宿。與此相對應，又有日一星，月一星，日星在東方七宿的房宿附近，月星在昴宿附近。此處“天街西一星曰月”之“月”即月星。在傳統星圖上，確實天街二星之西爲月星，月星以西爲昴宿。由此再次證明上文“昴西二星曰天街”的説法有誤。

⑤五車五星……魚囿也：五車五星在畢宿的北面，五車五星均較明亮，尤以五車二爲全天第五大星，爲零等星，五車三、五爲二等星，一、四爲三等星。五車主天子五兵，即象徵天子的五種兵車。《周禮·車仆》將天子的五種兵車分爲戎車、廣車、闕車、苹（輧）車、輕車，各有各的分工。柱爲軍旗的旗杆。天潢和咸池都是積水之處，故有魚囿之説。

⑥天將軍十二星……貴人多死：均屬西方白虎七宿以北諸星官。

⑦南河北河各三星……中國兵起：南河、北河星的正式稱呼爲南河戍、北河戍，各三星。戍爲駐守之義。南北河戍星也很明亮，南河三爲全天第八大星，爲零等，北河三也爲一等大星。

⑧南河三星曰闕丘：此句當有缺漏文字。《晋志》爲“南河南三星曰闕丘”。在中國傳統星圖上，南河星以南有闕丘星二顆。可見本志在“南河”二字後當缺“南”字，“三”字當爲“二”字之誤。

⑨軒轅十七星……欲其色黄小而明也：軒轅十七星是南北河戍之後又一重要星座。其中南大星即軒轅十四稱爲女主星，即正妃皇后，是該星座中最亮的星，爲一等大星。之上第二星即軒轅十二爲二等星。

⑩軒轅西四星曰爟：中華書局校點本考證，諸本“爟”作“權”。今據《晋志》改。

⑪東井鉞前四星曰司怪……九卿謀：以上諸座均屬北方玄武七宿以北星官。

《隋書》卷二十

志第十五

天文中①

二十八舍②

東方：角二星，爲天闕，其間天門也，其内天庭也。故黄道經其中，七曜之所行也。③左角爲天田，爲理，主刑，其南爲太陽道。右角爲將，主兵，其北爲太陰道。④蓋天之三門，⑤猶房之四表。其星明大，王道太平，賢者在朝。動摇移徙，王者行。

亢四星，天子之内朝也。總攝天下奏事，聽訟理獄録功者也。一曰疏廟，主疾疫。星明大，輔納忠，天下寧，人無疾疫。動則多疾。

氐四星，王者之宿宮，后妃之府，休解之房。前二星適也，後二星妾也。將有徭役之事，氐先動。星明大則臣奉度，人無勞。

房四星爲明堂，天子布政之宮也，亦四輔也。下第一星，上將也；次，次將也；次，次相也；上星，上相也。南二星君位，北二星夫人位。又爲四表，中間爲天衢之大道，爲天關，黃道之所經也。南間曰陽環，其南曰太陽。北間曰陰間，其北曰太陰。七曜由乎天衢，則天下平和。由陽道則主旱喪，由陰道則主水兵。亦曰天駟，爲天馬，主車駕。南星曰左驂，次左服，次右服，次右驂。亦曰天厩，又主開閉，爲畜藏之所由也。房星明則王者明。驂星大則兵起，星離則人流。又北二小星曰鈎鈐，房之鈐鍵，天之管籥，主閉藏，鍵天心也。王者孝則鈎鈐明。近房，天下同心，遠則天下不和，王者絶後。房鈎鈐間有星及疎坼，則地動河清。

心三星，天王正位也。中星曰明堂，天子位，爲大辰，主天下之賞罰。天下變動，心星見祥。星明大，天下同，暗則主暗。前星爲太子，其星不明，太子不得代。後星爲庶子，後星明，庶子代。心星變黑，大人有憂。直則王失勢，動則國有憂急，角搖則有兵，離則人流。⑥

尾九星，後宮之場，妃后之府。上第一星，后也；次三星，夫人；次星，嬪妾。第三星傍一星，名曰神宫，解衣之内室。尾亦爲九子。星色欲均明，大小相承，則後宫有叙，多子孫。星微細暗，后有憂疾。疎遠，后失勢。動搖則君臣不和，天下亂。就聚則大水。⑦

箕四星，亦後宫妃后之府。亦曰天津，一曰天鷄。主八風，凡日月宿在箕、東壁、翼、軫者，風起。⑧又主口舌，主客蠻夷胡貉，故蠻胡將動，先表箕焉。星大明直則穀熟，内外有差。就聚細微，天下憂。動則蠻夷有使來。離徙則人流動，不出三日，大風。⑨

【注】

①《晋志》與《隋志》的内容分類基本相同，但二志的分卷方式不同，《晋志》上卷至經星結束，而《隋志》中卷則自"二十八舍"開始。二十八宿、宿外諸官和天漢起没均屬經星範圍，可見《隋志》分卷是以篇幅大小爲主要依據的。

②二十八舍：下文小標題爲"星官在二十八宿之外者"，可見本志爲舍、宿并稱。宿與舍均指人的住宿之處，此處借用爲月亮在黄道附近每夜處一個星座，將此星座稱爲舍或宿。

③角二星……七曜之所行也：角宿爲二十八宿的第一宿，具有特殊含義，它象徵着帝庭前左右的高建築物，故曰天闕。又黄道經過其中，正是七曜出入的場所，故稱爲天門。

④左角爲天田……其北爲太陰道：角宿象徵蒼龍星座的兩隻角。《易·乾卦》文言曰"九二曰見龍在田"，正是天田星的出處。天田二星，在角宿左星的上方，故曰左角爲天田。爲理，爲理獄之官，故曰主刑。星占家將角宿左右二星比喻爲理官和武將。黄道的北面對應於左角星的南面，稱爲陽道，黄道的南面對應於左角星的北面，稱爲陰道。陽道和陰道，都是對應於月和五星而言的，它們出入其中。

⑤天之三門：黄道二十八宿被稱爲天上的三座大門，角宿是其中之一。在角宿的南方，又另有天門二星，這個天門星，大約是因角宿爲天門而得名。本志所説天之三門，除了角宿，可能是指東井八星和南門二星。東井是南方七宿的當頭星。南門星也在角宿南方，其中南門二是全天第五大星。其實，稱爲門的星座不祇三座，天將星座有軍南門一星，軫宿西南有軍門二星，庫樓星的上方有陽門二星，羽林軍南還有北落師門星一顆。

⑥心三星……離則人流：心宿三星，在中國古代受到特别的重視。心大星即心宿二，是全天第十五大星，又稱大火。中國古代有專以觀測火星定季節的官員，稱爲火正，正因爲如此，它還有一個特定的名稱爲大辰。星占家將心宿二比附爲天子，上星心宿一比附爲太子，下星心宿三比附爲庶子，還以其星各自明暗變化視爲其勢力興衰的象徵。

⑦尾九星……就聚則大水：尾宿九星也較爲明亮，其中尾宿二、五、八爲二等大星。星占家將尾宿比附爲后妃之象，又比附爲天帝的九個兒子，或稱龍有九子。

⑧箕四星……風起：星占家有一種説法——將箕看作簸箕，其簸揚穀物時便產生風，將混在穀子中的糠等雜物吹走。正是憑這一想象，箕宿口外正有一顆“糠”飛出。

⑨本部分爲黄道帶東方蒼龍七宿。

北方：南斗六星，天廟也，丞相太宰之位，主褒賢進士，稟授爵禄，又主兵。一曰天機。南二星魁，天梁也。中央二星，天相也。北二星杓，天府庭也，亦爲天子壽命之期也。將有天子之事，占於斗。斗星盛明，王道平和，爵禄行。芒角動摇，天子愁，兵起移徙，其臣逐。①

牽牛六星，天之關梁，主犧牲事。其北二星，一曰即路，一曰聚火。又曰，上一星主道路，次二星主關梁，次三星主南越。摇動變色則占之。星明大，王道昌，關梁通，牛貴。怒則馬貴。不明失常，穀不登。細則牛賤。中星移上下，牛多死。小星亡，牛多疫。又曰，牽牛星動爲牛災。②

須女四星，天之少府也。須，賤妾之稱，婦職之卑者也，主布帛裁製嫁娶。星明，天下豐，女功昌，國充富。小暗則國藏虛。動則有嫁娶出納裁製之事。③

虛二星，冢宰之官也。主北方，主邑居廟堂祭祀祝禱事，又主死喪哭泣。④

危三星，主天府天庫架屋，餘同虛占。星不明，客有誅。動則王者作宮殿，有土功。墳墓四星，屬危之下，主死喪哭泣，爲墳墓也。星不明，天下旱。動則有喪。

營室二星，天子之宮也。一曰玄宮，一曰清廟，又爲軍糧之府及土功事。星明國昌，小不明，祠祀鬼神不享，國家多疾。動則有土功，兵出野。離宮六星，天子之別宮，主隱藏休息之所。⑤

東壁二星，主文章，天下圖書之秘府也，主土功。星明，王者興，道術行，國多君子。星失色，大小不同，王者好武，經士不用，圖書隱。星動則有土功。離徙就聚，爲田宅事。⑥

【注】

①北方……其臣逐：由於兩漢以後冬至點已自牽牛移至斗宿，爲曆元起點，在星占家的心目中就顯得十分重要。雖然斗宿六星較爲暗淡，仍將其與北斗相比，將其比爲丞相、太宰之位，"將有天子之事"，占於南斗。

②牽牛六星……牽牛星動爲牛災：很多學者都認爲，中國早期二十八宿中的牛女二宿爲河鼓和織女，由於距黃道太遠纔移至牛宿和女宿，但保留了原有的名稱，這是牛女二宿名稱的來歷。儘管有些星占家將牛宿比附爲關梁，即銀河邊上的關卡和橋梁，但牛宿應在牛馬貴賤，《黃帝占》更曰"牽牛，不與織女星直者，天下陰陽不和"，亦可以看出牛宿和女宿之間存在的微妙關係。此處《黃帝占》所說的牽牛、織女，就是指牛宿和女宿。

③須女四星……動則有嫁娶出納裁製之事：須女即女宿，又稱婺女。本志此處特別指出，是"賤妾之稱，婦職之卑者"，以示與織女星的貴族身份相區別。此處牛宿和女宿，分明是一對農民夫婦的象徵，是國家所需穀物、蔬果、布帛貢品的主要承擔者和納賦者。

④虛二星……又主死喪哭泣：前人往往將虛宿的含義解釋爲空虛之
虛，并與冬季寒冷蕭索的環境相對應。筆者以爲這種解釋不得要領。本志
説虛宿主北方、邑居廟堂祭祀祝禱事。那麼，主祭的是北方什麼神呢？
《禮記·月令》仲冬之月説：“仲冬之月，日在斗……其日壬癸，其帝顓
頊，其神玄冥，其蟲介。”冬季與北方玄武七宿相對應，祭祀的先帝是顓
頊，這裏的虛宿很可能就是顓頊之頊的同音异寫。

⑤營室二星……主隱藏休息之所：營室二星爲“天子之宮”，即天帝
的南宮。由於處於北方七宿，又稱玄宮。離宮爲天子別宮。其實它與營室
的玄宮没有區別，離宮六星與營室二星也緊密相連。天帝與嬪妃常通過閣
道往來於紫宮和離宮別院。

⑥本部分諸宿星官均屬於北方七宿。

西方：奎十六星，天之武庫也。一曰天豕，亦曰封
豕。主以兵禁暴，又主溝瀆。西南大星，所謂天豕目，
亦曰大將，欲其明。若帝淫佚，政不平，則奎有角。角
動則有兵，不出年中，或有溝瀆之事。又曰，奎中星
明，水大出。①

婁三星，爲天獄，主苑牧犧牲，供給郊祀，亦爲興
兵聚衆。星明，天下平和，郊祀大享，多子孫。動則有
聚衆。星直則有執主之命者。就聚，國不安。②

胃三星，天之厨藏，主倉廪五穀府也。明則和平倉
實，動則有輪運事，就聚則穀貴人流。

昴七星，天之耳目也，主西方，主獄事。又爲旄
頭，胡星也。又主喪。昴畢間爲天街，天子出，旄頭罕
畢以前驅，此其義也。黄道之所經也。昴明則天下牢獄
平。昴六星皆明，與大星等，大水。七星黄，兵大起。
一星亡，爲兵喪。摇動，有大臣下獄，及白衣之會。大

而數盡動，若跳躍者，胡兵大起。一星獨跳躍，餘不動者，胡欲犯邊境也。③

畢八星，主邊兵，主弋獵。其大星曰天高，一曰邊將，主四夷之尉也。星明大則遠夷來貢，天下安。失色則邊亂。一星亡，爲兵喪。動搖，邊城兵起，有讒臣。離徙，天下獄亂。就聚，法令酷。附耳一星在畢下，主聽得失，伺愆邪，察不祥。星盛則中國微，有盜賊，邊候驚，外國反，鬭兵連年。若移動，佞讒行，兵大起，邊尤甚。④月入畢，多雨。⑤

觜觿三星，爲三軍之候，行軍之藏府，主葆旅，收斂萬物。明則軍儲盈，將得勢。動而明，盜賊群行，葆旅起。動移，將有逐者。

參十星，一曰參伐，一曰大辰，一曰天市，一曰鈇鉞，主斬刈。又爲天獄，主殺伐。又主權衡，所以平理也。又主邊城，爲九譯，故不欲其動也。參，白獸之體。其中三星橫列，三將也。東北曰左肩，主左將。西北曰右肩，主右將。東南曰左足，主後將軍。西南曰右足，主偏將軍。故《黃帝占》參應七將。中央三小星曰伐，天之都尉也，主胡、鮮卑、戎狄之國，故不欲明。七將皆明大，天下兵精也。王道缺則芒角張。伐星明與參等，大臣皆謀，兵起。參星失色，軍散。參芒角動搖，邊候有急，天下兵起。又曰，有斬伐之事。參星移，客伐主。參左足入玉井中，兵大起，秦大水，若有喪，山石爲怪。參星差忒，王臣貳。⑥

【注】

①奎宿十六星，在星占上的含義有武庫和天豕兩種解釋。考古發掘證實，石器時代的先民自從飼養家豬以後，開始出現豬崇拜的痕迹。首先是人們將北斗看作豬神，有關豬神崇拜的觀念，由《明皇雜録》一行勸玄宗大赦天下的故事中可以得到證實。奎爲天豕的觀念，可能由北斗的豬崇拜演化而來。由奎爲天豕衍生出奎主溝瀆。由奎爲武庫衍生出奎大星爲大將、有兵等。在奎宿十六星中，以東北方的奎宿九最爲明亮，故稱奎大星，爲二等星。

②婁三星……國不安：婁爲天獄，僅巫咸一家之説。大多數星占家都主苑牧犧牲説。它與下一宿胃宿主倉廩正好互相配合，成爲天帝的牧場和倉庫。由此在此二宿的南方更衍生出天苑、天園、天囷、天倉等星座。

③昴七星……胡欲犯邊境也：昴宿七星，七顆星聚集在兩度的範圍之內，故又稱昴星團。通常肉眼能看到七顆，而最暗的一顆已經暗至六等多了。昴宿七星均不明亮，最亮的昴宿六爲三等星。星占家將昴宿稱爲"胡人"之星，由此衍生出中國和西方、北方"胡人"政權强弱興衰的諸多判語。

④畢八星……邊尤甚：昴爲"胡星"，原爲邊兵，這兩個星座在中國古代星占家看來是一對矛盾體，中央强盛則"胡人"弱，"胡人"强則中央受殃，均以昴宿和畢宿的光體變化爲判據。作爲古代中央星占家，他總是希望中央勝。畢宿八星，狀似畢網，其中畢宿五爲一等大星，其餘則爲三至五等小星。在畢宿下方有一顆小星叫附耳，它雖然祇是一顆四等小星，中國古代星占家對它却十分重視，將其作爲判斷西北有無戰事的標志。畢宿諸星也是一個疏散星團，但畢大星不屬於密集星團的成員，它比密集星團到我們的距離要近得多。

⑤月入畢多雨：《詩經·漸漸之石》曰："月離於畢，俾滂沱矣。"朱注曰："離，月所宿也；畢，將雨之宿也。"這裏講的是一句農諺，由於是詩歌，不能用太多的文字説清楚，後世注家也含糊其辭。其實，這句農諺缺少了外界條件，就會成爲一句没有意義的空話。月亮每月都要經過畢宿

一次，難道都要下一場大雨嗎？由此可知，詩中缺少交代季節月份。《月令》曰："孟秋之月，完隄防，謹壅塞，以防水潦。"鄭注云："備者，備八月也。八月宿值畢，畢好雨。"是説八月的時候，月亮經過畢宿就要下大雨。每年農曆八月爲黄河流域下大雨的季節，故有此説。

⑥參十星……王臣貳：參宿十星，包括橫三星、左右肩、左右足，稱爲七將，中央小三星稱爲伐，計爲十星。參宿十星非常明亮，七將都爲二等以上大星，參宿七爲零等星，參宿四爲一等星，在春季黄昏的星空中十分顯著。在星占家看來，七將都是中央的將軍，故希望其安定明大。伐星則主胡、鮮卑、戎狄等邊疆之地，故不欲其明則對中央有利。參星差戾王臣貳：參星乖張，王臣反叛。按照本志的説法，參爲白獸之體。又《史記·天官書》稱觜觿爲白虎首。那麽，觜參二宿，當爲白虎的主體。自本部分起首之"西方"至"王臣貳"爲西方白虎七宿。

南方：東井八星，天之南門，黄道所經，天之亭候。主水衡事，法令所取平也。王者用法平，則井星明而端列。鉞一星，附井之前，主伺淫奢而斬之，故不欲其明。明與井齊，則用鉞，大臣有斬者，以欲殺也。月宿井，有風雨。①

輿鬼五星，天目也，主視，明察姦謀。東北星主積馬，東南星主積兵，西南星主積布帛，西北星主積金玉，隨變占之。中央爲積尸，主死喪祠祀。一曰鈇鑕，主誅斬。鬼星明大，穀成。不明，人散。動而光，上賦斂重，徭役多。星徙，人愁，政令急。鬼鑕欲其忽忽不明則安，明則兵起，大臣誅。②

柳八星，天之厨宰也，主尚食，和滋味，又主雷雨，若女主驕奢。一曰天相，一曰天庫，一曰注，又主木功。星明，大臣重慎，國安，厨食具。注舉首，王命興，輔佐出。星直，天下謀伐其主。星就聚，兵滿國門。

七星七星，[③]一名天都，主衣裳文繡，又主急兵，守盜賊，故欲明。星明，王道昌，暗則賢良不處，天下空，天子疾。動則兵起，離則易政。

張六星，主珍寶，宗廟所用及衣服，又主天厨，飲食賞賚之事。星明則王者行五禮，得天之中。動則賞賚，離徙天下有逆人，就聚有兵。

翼二十二星，天之樂府，主俳倡戲樂，又主夷狄遠客，負海之賓。星明大，禮樂興，四夷賓。動則蠻夷使來，離徙則天子舉兵。

軫四星，主冢宰輔臣也，主車騎，主載任。有軍出入，皆占於軫。又主風，主死喪。軫星明，則車駕備。動則車騎用。離徙，天子憂。就聚，兵大起。轄星，傅軫兩傍，主王侯。左轄爲王者同姓，右轄爲异姓。星明，兵大起。遠軫凶。軫轄舉，南蠻侵。車無轄，國主憂。長沙一星，在軫之中，主壽命。明則主壽長，子孫昌。[④]

上四方二十八宿并輔官一百八十二星。

【注】

①東井八星……有風雨：井宿八星在中國天文學上也較有名，它是南方七宿的帶頭星。其八星左右各四顆，排列呈井壁狀。其中井宿三爲二等星，一、四、五爲三等星。月宿井有風雨：無典出。或許井與水有關，月爲陰性，二者相遇，則有風雨。其實據研究，按分野理論，井宿對應於關中秦之分野，源出於西周的井國。

②輿鬼五星……大臣誅：輿鬼即鬼宿。外四星似梯形，中央一星爲積尸氣。石氏曰：“中央色白如粉絮者，所謂積尸氣也，一曰天尸，故主死喪。”積尸氣不過是天上的雲氣，也就是西方人所説的星雲。但星占家認爲，這塊星雲既然出現在鬼宿之中，就應該是鬼氣，是一種不祥的雲氣，故星占家常用這團雲氣的明暗程度來判斷民間死人多少和水旱災害的狀況。鬼宿中的星雲，實際是一個密集狀態的恒星集團，稱爲鬼星團。在天氣晴朗的夜晚，視力好的人，還可以用肉眼看到積尸氣中的若干微星，故古人稱其爲白色如粉絮狀態。

③七星七星：前“七星”爲星宿名，後“七星”爲星數。

④軫四星……子孫昌：軫的直接含義是車座上的四根橫木，故以四星爲象徵。軫既象徵輔臣，又主車騎、主軍事，也主風。但其基本的一條爲主車騎，它象徵着軍車。由於車行速則生風，軍車則象徵軍事。其兩旁又附有左右轄星，它雖不明亮，在星占上却是有無戰事的風向標。在軫宿四星的内部，又有長沙一星，主長壽。自本部分起首之“南方”至“子孫昌”諸座爲南方朱雀七宿。

星官在二十八宿之外者①

庫樓十星，其六大星爲庫，南四星爲樓，在角南。一曰天庫，兵車之府也。旁十五星，三三而聚者，柱也。中央四小星，衡也。主陳兵。又曰，天庫空則兵四合。東北二星曰陽門，主守隘塞也。南門二星在庫樓南，天之外門也。主守兵。平星二星，在庫樓北，平天下之法獄事，廷尉之象也。天門二星，在平星北。②

亢南七星曰折威，主斬殺。頓頑二星，在折威東南，主考囚情狀，察詐僞也。

騎官二十七星，在氐南，若天子武賁，主宿衛。東端一星，騎陳將軍，騎將也。南三星車騎，車騎之將也。陣車三星，在騎官東北，革車也。

積卒十二星，在房心南，主爲衛也。他星守之，近臣誅。從官二星，在積卒西北。③

龜五星，在尾南，主卜，以占吉凶。傅説一星，在尾後。傅説主章祝巫官也。章，請號之聲也。主王后之内祭祀，以祈子孫，廣求胤嗣。《詩》云：“克禋克祀，以弗無子。”此之象也。星明大，王者多子孫。魚一星，在尾後河中，主陰事，知雲雨之期也。星不明，則魚多亡，若魚少。動摇則大水暴出。出漢中，則大魚多死。

杵三星，在箕南，杵給庖舂。客星入杵臼，天下有急。糠一星，在箕舌前，杵西北。④

【注】

①以下諸官，爲二十八宿以南至南極附近諸星，分四象述説。

②庫樓十星……在平星北：庫樓十星，包括北面的六顆庫星和南面的四顆樓星。這是天帝屯兵之所，凡軍車和士兵都包括在内。其内有衡四星，主陳兵。在庫樓星旁有五柱星計五組十五顆星，爲插軍旗的地方。庫樓星的四周計有四道門：其南爲南門，其北爲天門，東北爲陽門，青丘西爲軍門。青丘爲南方“蠻夷”的號，是東甌、東越之地。從庫樓在南方七宿、面對的又是“南蠻”之地，可見此處之駐兵，主要是防止“南蠻”的。

③騎官二十七星……在積卒西北：此處的騎官，騎陳將軍、車騎、積卒、從官，爲軍隊的官員和兵士，它是與庫樓的兵營相呼應的，組成了一種完整的南方戰場的態勢。

④庫樓十星……杵西北：爲東方七宿以南諸星官。

鱉十四星，在南斗南。鱉爲水蟲，歸太陰。有星守之，白衣會，主有水令。農丈人一星，在南斗西南，老農主稼穡也。[①]狗二星，在南斗魁前，主吠守。[②]

天田九星，在牛南。羅堰九星，在牽牛東，岠馬也，以壅畜水潦，灌漑溝渠也。[③]九坎九星，在牽牛南。坎，溝渠也，所以導達泉源，疏瀉盈溢，通溝洫也。九坎間十星曰天池，一曰三池，一曰天海，主灌漑事。[④]九坎東列星：北一星曰齊，齊北二星曰趙，趙北一星曰鄭，鄭北一星曰越，越東二星曰周，周東南北列二星曰秦，秦南二星曰代，代西一星曰晉，晉北一星曰韓，韓北一星曰魏，魏西一星曰楚，楚南一星曰燕。其星有變，各以其國。[⑤]秦、代東三星南北列，曰離瑜。離圭衣也，瑜玉飾，皆婦人之服星也。[⑥]

虛南二星曰哭，哭東二星曰泣，泣哭皆近墳墓。泣南十三星，曰天壘城，如貫索狀，主北夷丁零、匈奴。[⑦]敗臼四星，在虛危南，知凶災。他星守之，飢兵起。

危南二星曰蓋屋，主治宮室之官也。虛梁四星，在蓋屋南，主園陵寢廟。非人所處，故曰虛梁。

室南六星曰雷電。室西南二星曰土功吏，主司過度。

壁南二星曰土公，土公西南五星曰霹靂，霹靂南四星曰雲雨，皆在壘壁北。

羽林四十五星，在營室南。[⑧]一曰天軍，主軍騎，又主翼王也。壘壁陣十二星，在羽林北，羽林之垣壘也，主軍位，爲營壅也。五星有在天軍中者，皆爲兵起，熒惑、太白、辰星尤甚。北落師門一星，在羽林南。北者，宿在北方也。落，天之蕃落也。師，衆也。師門猶軍門也。長安城北門曰北落門，以象北也。主非常，以候兵。有星守之，虜入塞中，兵起。⑨北落西北有十星，曰天錢。北落西南一星，曰天綱，主武帳。北落東南九星，曰八魁，主張禽獸。客星入之，多盗賊。八魁西北三星曰鈇鑕，一曰鈇鉞。有星入之，皆爲大臣誅。⑩

【注】

①農丈人一星……老農主稼穡也：在中國古代星座系統中，特地設立農丈人一星，以示對農業生産的重視。他與二十八宿中的牛宿、女宿的農業家庭是對應的。

②狗二星……主吠守：此處的狗二星，使我們聯想到狗星東南的狗國星，二者當有連帶關係。前已述及狗國爲中國古代北方部族的地方政權，那麼狗星當對應狗國的人民。當然，此處狗二星還可以作另外的解釋，它與附近的天雞等同屬農民飼養的畜類。

③羅堰九星……灌溉溝渠也：此處的羅堰九星，是與農丈人等農業社會相匹配的灌溉溝渠。

④九坎九星……主灌溉事：九坎星與羅堰星也是與農業生産相匹配的水利系統，不過羅堰是直接用來爲灌溉服務的人工渠道，而九坎則是從大的方面將各地河水相連，除了用於灌溉，還兼及引水、排水航運和水産等。疏瀉盈溢：中華書局校點本考證，盈，原作"瀛"，據《晋志》改。

⑤九坎東列星……各以其國：在天田、九坎以東，載十二諸侯國星。核對《步天歌》，也有簡單的陳述，但星名不全。令人驚奇的是，《晋志》前後文都有，獨缺這十二諸侯國星。它的含義值得進一步研究，是否象徵着晋代時這十二諸侯國星名尚未形成呢？於此不得不讓人進一步思考，既然在天市垣中設立了二十二諸侯星，此處再設十二諸侯星又有什麼新的含義呢？姑且以爲，天市垣中的二十二諸侯或地區，表明參加全國性集市貿易的地區之多，而此處的十二諸侯國，反映的却是各地農業豐歉的狀態，

作用各不相同。

　　⑥秦代東三星南北列……皆婦人之服星也：在後世星圖中，離瑜三星不在秦代東，而在晋燕之東南。離瑜三星，當與女宿以北的離珠五星加以對比就明白了，離珠爲飾有珍珠的衣服，離瑜爲飾有美玉的衣服，均爲農民生産而進貢給貴族婦女的珍貴服飾。自農丈人至此，組成了一套完整的農業社會和農業生産的系統，此系統爲帝王生産出糧食和布帛等生活物品。

　　⑦泣南十三星……主北夷丁零匈奴：在中國古代星官系統中，各民族和地區的分布，總是與黄道帶的四方相對應的，前已述及與北方七宿對應的犬戎，與西方七宿對應的"胡人"、鮮卑、戎狄，與南方七宿對應的青丘、東甌、東越等。此處對應於北方七宿的部族爲丁零和匈奴，再次證明恒星分野中的四象與中國古代部族的分布方向大概來看是一致的。

　　⑧羽林四十五星爲中國古代星官系統諸星座中星數最多的一個星座。每三顆星爲一組，計十五組。羽林軍爲漢武帝創建的宿衛營騎，爲皇帝的護衛軍，後演變爲禁衛軍，爲皇帝的親軍。星占家將羽林軍布置在營室之南，象徵羽林軍守衛着帝王的宫殿。

　　⑨北落師門一星……兵起：北落師門爲羽林軍軍門的名稱。這個名稱比較怪，不好理解。本志解釋説，北落就是北方之義，師門即軍門。

　　⑩鼈十四星……皆爲大臣誅：以上諸座，均爲二十八宿中北方七宿之南諸星官。

　　奎南七星曰外屏。外屏南七星曰天溷，厠也。屏所以障之也。天溷南一星曰土司空，主水土之事故，又知禍殃也。客星人之，多土功，天下大疾。①

　　婁東五星曰左更，山虞也，主澤藪竹木之屬，亦主仁智。婁西五星曰右更，牧師也，主養牛馬之屬，亦主禮義。二更，秦爵名也。②

　　天倉六星，在婁南，倉穀所藏也。星黄而大，歲熟。西南四星曰天庾，積厨粟之所也。

天囷十三星在胃南。囷，倉廩之屬也，主給御糧也。星見則囷倉實，不見即虛。

天廩四星在昴南，一曰天廥，主畜黍稷，以供饗祀，《春秋》所謂御廩，此之象也。天苑十六星，在昴畢南，天子之苑囿，養禽獸之所也，主馬牛羊。星明則牛馬盈，希則死。苑西六星曰芻稿，以供牛馬之食也。一曰天積，天子之藏府也。星盛則歲豐穰，希則貨財散。苑南十三星曰天園，植果菜之所也。③

畢附耳南八星，曰天節，主使臣之所持者也。天節下九星，曰九州殊口，曉方俗之官，通重譯者也。④畢柄西五星曰天陰。

參旗九星在參西，一曰天旗，一曰天弓，主司弓弩之張，候變禦難。玉井四星，在參左足下，主水漿，以給厨。西南九星曰九游，天子之旗也。玉井東南四星曰軍井，行軍之井也。軍井未達，將不言渴，名取此也。屏二星在玉井南，屏爲屏風。客星入之，四足蟲大疾。天厠四星，在屏東，溷也，主觀天下疾病。天矢一星在厠南，色黃則吉，他色皆凶。⑤軍市十三星，在參東南，天軍貿易之市，使有無通也。野鷄一星，主變怪，在軍市中。軍市西南二星曰丈人，丈人東二星曰子，子東二星曰孫。⑥

【注】

①天溷南一星曰土司空……天下大疾：土司空一星在天溷南，在奎宿

之南，主水土之事。石氏曰："司空，水土司察者，星黄潤則吉。"《巫咸贊》曰："土司空，主界域，族神……"

②婁東五星曰左更……秦爵名也：左更爲管理山的官，主管澤藪竹木，又主仁智。右更爲放牧牲畜之官，主養牛馬，又主禮義。

③天倉六星……植果菜之所也：天倉六星，在婁南，爲藏穀物的倉庫，其西南有天庾四星，爲厨房積粟米的地方。天廩四星在昴宿之南，廩即米倉。天苑十六星，在昴畢之南，爲天帝養禽獸之處，主馬牛羊。希則死：天苑星稀少，則牛馬死亡。希通稀。刍稿六星，在天苑之西，對應牛馬的食料。苑南有十三星名天園，爲種植蔬菜果品的場地。由此可知，在軫宿至昴宿之南的廣大星空，玄武七宿之南爲農業區，白虎之奎、婁、胃、昴之南爲天帝的倉庫和苑囿區。其中土司空、左更、右更爲這些地區的管理官員。

④畢附耳南八星……曰九州殊口通重譯者也：畢宿左叉下方一星爲附耳星，附耳以南八星爲天節星，天節下九星爲九州殊口星。九州之人各有不同語言，九州殊口爲溝通各地語言的譯官。

⑤屏二星在玉井南……他色皆凶：屏星、厠星、天矢星爲一組軍用厠所星。除了天厠四星，屏星爲遮擋厠所的障礙物，天矢星即天屎星。

⑥奎南七星曰外屏……子東二星曰孫：其中那些星座爲西方七宿以南諸星官。

東井西南四星曰水府，主水之官也。東井南垣之東四星，曰四瀆，江、河、淮、濟之精也。①狼一星，在東井東南。狼爲野將，主侵掠。色有常，不欲變動也。角而變色動搖，盜賊萌，胡兵起，人相食。躁則人主不静，不居其宮，馳騁天下。北七星曰天狗，主守財。弧九星在狼東南，天弓也，主備盜賊，常向於狼。弧矢動移，不如常者，多盜賊，胡兵大起。狼弧張，害及胡，天下乖亂。又曰，天弓張，天下盡兵，主與臣相謀。②弧南六星爲天社。昔共工氏之子句龍，能平水土，故祀以配社，其精爲星。老人一星在弧南，一曰南極。常以秋分之旦見于丙，春分之夕而没于丁。見則化平，主壽昌，亡則君危代天。常以秋分候之南郊。③

柳南六星曰外厨。厨南一星曰天紀，主禽獸之齒。

稷五星在七星南。稷，農正也。取乎百穀之長，以爲號也。

張南十四星曰天廟，天子之祖廟也。客星守之，祠官有憂。

翼南五星曰東區，蠻夷星也。④

軫南三十二星曰器府，樂器之府也。青丘七星在軫東南，蠻夷之國號也。⑤青丘西（四星曰土司空，主界域，亦曰司徒。土司空北）二星曰軍門，主營候豹尾威旗。⑥

自攝提至此，大凡二百五十四官，⑦一千二百八十三星。并二十八宿輔官，名曰經星常宿。遠近有度，小大有差。苟或失常，實表災异。⑧

【注】

①東井西南四星曰水府……江河淮濟之精也：銀河於箕斗處向東北流，於奎宿天船處繞過北方，經井宿向東南流，越老人星繞過南方再回到箕斗處。銀河達井宿處又開始明亮起來。井宿西南的水府四星爲主管水事的官員。井宿南面的四瀆四星，爲長江、黄河、淮河和濟水四條河流的象徵。

②狼一星……主與臣相謀：井宿東南天狼星，爲全天最亮的恒星之一，它象徵野將，即與中國敵對方的將軍，主侵掠之事。在天狼星的東南方，又有弧九星。弧星又名弧矢星，它的第一顆星表示箭頭，指向天狼

星，其餘八星似弓狀，故古代文獻中有弧矢射天狼之説。

　　③老人一星在弧南……常以秋分候之南郊：在弧矢星的南方，還有一顆老人星，它的亮度達負零點九等。但由於過於偏向南方，長江以北的人很少能看到它，僅能在秋分黎明和春分黃昏的短暫時刻看到它。

南極老人星神像

（引自《介子園書畫譜》）

　　④翼南五星曰東區蠻夷星也：翼宿屬南方七宿，分野對應於中國南方，其相應的星座也與南方有關。“蠻夷”古代指南方部族。東區，即東甌。甘氏曰：“東甌五星，在翼南。”可見本志之東區與甘氏之東甌一致。

　　⑤青丘七星在軫東南蠻夷之國號也：《甘氏贊》曰：“南夷蠻貊，大赫青丘。”

　　⑥青丘七星在軫東南……主營候豹尾威旗：此處曰青丘西四星曰土司空，前已述及“土司空一星在奎南”。前人對此矛盾的説法沒有評説。《晋志》説法與此相同。難道中國古代星名真有兩處土司空嗎？不可能。在中國古代星圖上，衹標明天溷星下有土司空。那麼，這段文字該如何解釋呢？《宋史·天文志四》末尾説：“軍門二星，在青丘西……主營候，設豹

尾旗。”可見《宋史·天文志》關於軍門二星的説法是一致的，本志曰
“二星曰軍門”，《宋志》曰“軍門二星”，没有差别。由此可知，所謂青
丘西“四星曰土司空”者，爲衍文也。故括號中“四星曰土司空主界域亦
曰司徒土司空北”十七字爲衍文，當删。

　　⑦大凡二百五十四官：中華書局校點本考證，諸本“官”作“宫”，
今據宋小字本、元九行本等改。

　　⑧東井西南四星曰水府……實表災异：此部分文中諸座爲南方七宿以
南諸星官。

　　天漢，起東方，①經尾箕之間，謂之漢津。乃分爲二
道，其南經傅説、魚、天籥、天弁、河鼓，其北經龜，
貫箕下，次絡南斗魁、左旗，至天津下而合南道。②乃西
南行，③又分夾匏瓜，絡人星、杵、造父、騰蛇、王良、
傅路、④閣道北端、太陵、天船、卷舌而南行，絡五車，
經北河之南，入東井水位而東南行，絡南河、闕丘、天
狗、天紀、天稷，在七星南而没。⑤

【注】

　　①天漢起東方：《晋志》對這部分内容專以小題目“天漢起没”標出。
天漢即銀河。起東方，即銀河自下而上，升起於東方七宿。

　　②晋隋二《天文志》對天漢起没的描述很具體，其中對箕斗以上銀河
分叉部分的描述最爲詳細，但仔細核對分叉南北各星，有些方位又有問
題。今以（明）梅静復《乾象圖》中銀河畫得較爲清楚的七月之圖爲例加
以説明。首先説南道，其中傅説星、魚星、河鼓星確實都在銀河南道附
近，描述還是較爲準確的，但天籥實際位於兩道之間，尤其是天弁星，却
在銀河之北，就明顯不能説在南道了。將南道諸星爲基礎與北道之星加以
對比，問題就更多了。其一，龜星在傅説星的南方，將龜星作爲北道的起
點就不準確；其二，箕宿在天籥星的下方，將天籥作爲南道星、箕宿作爲

北道星就明顯不對了；第三，南斗的斗魁明顯在銀河的南岸，本志將南斗魁歸入北道實有錯誤。另外，左旗星大部分在河中，另有兩顆在北道，本志將其歸入北道也失當。因此，銀河的北道似乎應該是尾宿、天龠、天弁星等。

　　③西南：似爲“東北”之誤。

　　④傳路：諸本作“傳路”。今據《晋志》改。

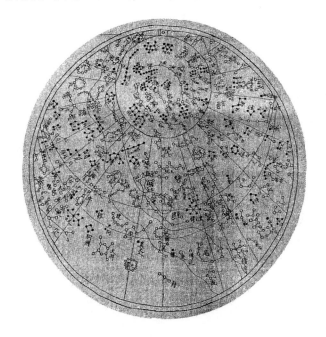

(明) 梅静復《乾象圖》中七月之圖上所附銀河分叉的狀況

　　⑤陳遵媯《中國天文學史》第二册引《天漢起没歌》曰：

　　　天河亦一名天漢　　起自東方箕尾間

　　　遂乃分爲南北道　　南經傳説入魚淵

　　　開籥載弁鳴河鼓　　北經龜宿貫箕邊

　　　次終斗魁胃左旗　　又合南道天津湄

　　　二道相合西南行　　分夾瓠瓜絡人星

　　　杵畔造父騰蛇精　　王良附路閣道平
　　　登此大陵泛天船　　直到卷舌又南征
　　　五車駕向北河南　　東井水位入吾驂
　　　水位過了東南游　　經次南河向闕丘
　　　天狗天紀與天稷　　七星南畔天河没

《天漢起没歌》的説法與本書完全一致，衹是更具體通俗一些。

天占①

　　《鴻範五行傳》曰："清而明者，天之體也，天忽變色，是謂易常。天裂，陽不足，是謂臣强，②下將害上，國後分裂，其下之主當之。③天開見光，流血滂滂。天裂見人，兵起國亡。④天鳴有聲，至尊憂且驚。皆亂國之所生也。"

　　漢惠帝二年，天開東北，長三十餘丈，廣十餘丈。後有吕氏變亂。

　　晋惠帝太安二年，天中裂。穆帝升平五年，又裂，廣數丈，并有聲如雷。其後皆有兵革之應。⑤

【注】

　　①天占：中國星占的一個門類，它與前面的經星占和下文的七曜占、妖星占、雜星占等并列，之所以這裏稱"天占"而其它門類不稱占，衹是爲了省約。其經星、七曜等標題雖不帶"占"字，但文中所述均爲星占的理論，就可明白其所述均爲相應占文。

　　②《星經》曰："天裂，陽不足，皆下盛强，將害君之變也。"天裂，又稱天開眼，是黑暗的北方夜空突然出現赤色、白色等光焰，就如天開裂的狀態。據今人研究，這是地球兩極夜空因電磁效應而出現的光亮。陽不足，暗示天子軟弱、不够强大。强臣指控制國家實權的大臣。

③下將害上國後分裂其下之主當之：兩個"下"字含義不同，前一個"下"字指臣下，後一個"下"字是指星座對應的地區。整句的含義是，有天開裂現象，就有可能臣子謀害國君，國家分裂，應在星座對應分野地區的國君身上。

④天開見光……兵起國亡：《天鏡》曰："天裂見光，流血汪汪；天裂見人，兵起國亡。"用字略有不同，含義則一致。

⑤漢惠帝二年……其後皆有兵革之應：列舉漢惠帝二年天開東北和晋惠帝太安二年天裂兩個歷史應驗事例，用以説明天裂和天變預示人間政治會有大的動亂，必須加以充分重視。

七曜①

日循黄道東行，一日一夜行一度，三百六十五日有奇而周天。行東陸謂之春，行南陸謂之夏，行西陸謂之秋，行北陸謂之冬。行以成陰陽寒暑之節。是故《傳》云："日爲太陽之精，主生養恩德，人君之象也。"又人君有瑕，必露其慝，以告示焉。故日月行有道之國則光明，人君吉昌，百姓安寧。日變色，有軍軍破，無軍喪侯王。其君無德，其臣亂國，則日赤無光。日失色，所臨之國不昌。日晝昏，行人無影，到暮不止者，上刑急，下人不聊生，不出一年，有大水。日晝昏，烏鳥群鳴，國失政。日中烏見，主不明，爲政亂，國有白衣會。日中有黑子、黑氣、黑雲，乍三乍五，臣廢其主。日食，陰侵陽，臣掩君之象，有亡國，有死君，有大水。日食見星，有殺君，天下分裂。王者修德以禳之。②

【注】

①七曜：指日月和五星。此處講七曜的運動特性，祇是爲了述説建立

七曜占的理論依據。以下星雜變、流星、雲氣、十輝、雜氣等，都同此解。

②此是日變會引起社會動亂的總叙。按中國古代的傳説觀念，日爲君象，日變將應驗在國君身上。日變有晝昏、日失色、有黑子、黑氣、黑雲、日食等。其在國家方面的對應便是國不昌、主不明、民不聊生、國失政、臣廢主、君死、國亡等。最嚴重的情況就是發生日全食，這時星占家將要勸國君采取禳救措施。

月者，陰之精也。其形圓，其質清，日光照之，則見其明。日光所不照，則謂之魄。①故月望之日，日月相望，人居其間，盡覩其明，故形圓也。二絃之日，日照其側，人觀其傍，故半明半魄也。晦朔之日，日照其表，人在其里，故不見也。其行有遲疾。其極遲則日行十二度强，極疾則日行十四度半强。遲則漸疾，疾極漸遲，二十七日半强而遲疾一終矣。②又月行之道，斜帶黄道。③十三日有奇在黄道表，又十三日有奇在黄道裏。④表裏極遠者，去黄道六度。⑤二十七日有奇，陰陽一終。張衡云：“對日之衝，其大如日，日光不照，謂之闇虚。闇虚逢月則月食，值星則星亡。”今曆家月望行黄道，則值闇虚矣。值闇虚有表裏深淺，故食有南北多少。月爲太陰之精，以之配日，女主之象也。以之比德，刑罰之義。列之朝廷，諸侯大臣之類。故君明則月行依度，臣執權則月行失道。大臣用事，兵刑失理，則月行乍南乍北。女主外戚擅權，則或進或退。月變色，將有殃。月晝明，姦邪并作，君臣争明，女主失行，陰國兵强，中國饑，天下謀僭。數月重見，國以亂亡。⑥

【注】

①日光所不照則謂之魄：李淳風采用劉歆的觀點，認爲魄爲日光之照不到的月亮之黑暗部分，故曰月有半明半魄也。

②二十七日半强而遲疾一終矣：月行快慢一周爲二十七天半多一點。這個周期稱爲近點月。

③月行之道斜帶黃道：月道與黃道斜交，故白道半在日道裏，半在日道外。

④十三日有奇在黃道表，又十三日有奇在黃道裏：黃道北即黃道裏，黃道南即黃道表。表者，外也。月亮由黃白升交點起經降交點又回到升交點，運行一周稱爲交點月。交點月的周期爲二十七點二一二二日，比近點月小一些。

⑤表裏極遠者去黃道六度：白道距黃道南北的最大距離各爲六度。

⑥月爲太陰之精……國以亂亡：古人將太陽和月亮并稱爲大明。月亮受日光所照而放光，月與日相配，故古人以日比君，以月爲女主之象。在朝則月似諸侯大臣。故古代星占家常以月行的失當與否來預言女主大臣行爲之得失。

歲星曰東方春木。於人五常，仁也；五事，貌也。①仁虧貌失，逆春令，傷木氣，則罰見歲星。歲星盈縮，以其舍命國。其所居久，其國有德厚，五穀豐昌，不可伐。其對爲衝，歲乃有殃。歲星安静中度，吉。盈縮失次，其國有變，不可舉事用兵。又曰，人主出象也。色欲明光潤澤，德合同。又曰，進退如度，姦邪息；變色亂行，主無福。又主福，主大司農，主齊、吳，主司天下諸侯人君之過，主歲五穀。赤而角，其國昌；赤黃而沉，其野大穰。②

熒惑曰南方夏火。禮也，視也。禮虧視失，逆夏令，傷火氣，罰見熒惑。熒惑法使行無常，出則有兵，入則兵散。以舍命國，爲亂，爲賊，爲疾，爲喪，爲饑，爲兵，居國受殃。環繞勾巳，芒角動搖變色，乍前乍後，乍左乍右，其殃愈甚。其南丈夫、北女子喪。周旋止息，乃爲死喪，寇亂其野，亡地。其失行而速，兵聚其下，順之戰勝。又曰，熒惑主大鴻臚，主死喪，主司空，又爲司馬，主楚、吳、越以南，又司天下群臣之過，司驕奢亡亂妖孽，主歲成敗。又曰，熒惑不動，兵不戰，有誅將。其出色赤怒，逆行成鈎巳，戰凶，有圍軍。鈎巳，有芒角如鋒刃，人主無出宮，下有伏兵。芒大則人民怒，君子遑遑，小人浪浪，不有亂臣，則有大喪，人欺吏，吏欺王。又爲外則兵，内則理政，爲天子之理也。故曰，雖有明天子，必視熒惑所在。其入守犯太微、軒轅、營室、房、心，主命惡之。③

　　填星曰中央季夏土，信也，思心也。仁義禮智，以信爲主，貌言視聽，以心爲政，故四星皆失，填乃爲之動。動而盈，侯王不寧。縮，有軍不復。所居之宿，國吉，得地及女子，有福，不可伐。去之，失地，若有女憂。居宿久，國福厚，易則薄。失次而上二三宿曰盈，有主命不成，不乃大水。失次而下曰縮，后戚，其歲不復，不乃天裂，若地動。一曰，填爲黄帝之德，女主之象，主德厚，安危存亡之機，司天下女主之過。又曰，天子之星也。天子失信，則填星大動。④

　　太白曰西方秋金，義也，言也。義虧言失，逆秋令，傷金氣，罰見太白。太白進退以候兵，高埤遲速，

静躁見伏，用兵皆象之，吉。其出西方，失行，夷狄
敗；出東方，失行，中國敗。未盡期日，過参天，病其
對國。若經天，天下革，人更王，是謂亂紀，人民流
亡。畫與日争明，强國弱，小國强，女主昌。又曰，太
白大臣，其號上公也，大司馬位謹候此。[5]

　辰星曰北方冬水，智也，聽也。智虧聽失，逆冬
令，傷水氣，罰見辰星。辰星見，主刑，主廷尉，主
燕、趙，又爲燕、趙、代以北，宰相之象，亦爲殺伐之
氣，戰闘之象。又曰，軍於野，辰星爲偏將之象，無軍
爲刑事。和陰陽，應其時。不和，出失其時，寒暑失其
節，邦當大饑。當出不出，是謂擊卒，兵大起。在於房
心間，地動。亦曰，辰星出入躁疾，常主夷狄。又曰，
蠻夷出星，亦主刑法之得失。色黄而小，地大動。[6]

【注】

　①五星與五行、五方、五季（四季加季夏）、五常、五色、五帝等的
對應關係，都是人爲分配的，没有什麼科學依據，但是，它在天文界和學
術界廣爲流行。它們之間的對應關係，列表陳述如下：

五星	歲星	熒惑	填星	太白	辰星
五行	木	火	土	金	水
五時	春	夏	季夏	秋	冬
五方	東	南	中	西	北
五獸	蒼龍	朱鳥	黄龍	白虎	玄武
五色	青	赤	黄	白	黑
五帝	太昊	炎帝	黄帝	少昊	顓頊
五佐	勾芒	祝融	后土	蓐收	玄冥
五常	仁	禮	信	義	智

　　星占家觀察五星凌犯而占卜時，其所考慮的基本出發點就是以上五星本身的特性在特定條件下所產生的影響。

　　②歲星盈縮……其野大穰：正是由於歲星具有仁這個基本特點，造成了歲星是一顆德星、吉星和福星的形象。歲星運動到哪裏，其星座所對應的地區就有福，五穀豐登，國家安定。而與其相對的國家則有災殃。如果歲星在這個星座中久留，則對應的地區其國有厚德，五穀豐昌。如歲星變色亂行，則所對應的地區無福。

　　③熒惑曰南方夏火……主命惡之：根據該星的行爲，它是主禮之星，一切與禮有關的事情都由它主管。禮，是指奴隸社會和封建社會貴族等級的社會規範和行爲規範。國家、地方、帝王、官員等，都需遵守這個禮，違反了禮，就是失禮。失了禮，會受到報應，就會在熒惑的運動變化上顯現出來。熒惑的不同變化，可以顯現出爲亂、爲賊、爲疾、爲喪、爲饑、爲兵等，所居之國受殃。熒惑是一顆名副其實的災星。

　　④填星曰中央季夏土……則填星大動：填星又叫鎮星，是主宰誠信的星，它是誠信的象徵，故所居之宿國吉，可以得到土地和女子，國家有福，別國也不可以侵犯這個國家。填星在這個星宿居留時間越久，所對應的國家就越有厚福；停留的時間短則福薄。反之，也可以用填星的出沒動態來檢驗帝王后妃的行爲過失，失信，則填星大動。

　　⑤太白曰西方秋金……大司馬位謹候此：太白與五常的對應上是義。這個義字的主要含義是正義。不過，它在星占

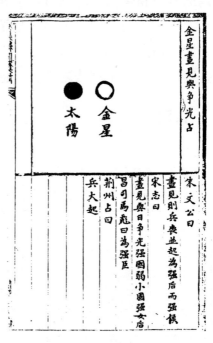

金星畫見與日爭光之占圖

（與日爭光，即象徵着爭奪帝王的統治權。）

方面没有太具體的對應關係。就星占而言，太白爲兵象。與兵事有關的事情，主要依靠太白來觀察。其行占主要有三個方面的内容。一是太白的性狀和行度，是用兵現象的參照，進退以太白爲候。又太白出西方，失行，則"夷狄"敗，太白出東方，失行，則"中國"敗。二是太白不能經天晝見，若發現經天晝見，這一定是凶象，將有天下革政、人更王、人民流亡之事發生。太白晝見，這是與日争明的反映，故問題嚴重。三是太白出現異常天象，也是大臣有殃的表徵，這個大臣主要應在大司馬上。

　　⑥辰星曰北方冬水……地大動：辰與五常的對應關係是對應智。人主智虧失聽則應在辰星上。辰星又主刑事、主廷尉，刑事有闕失也可從辰星的失行上反映出來。辰星亦爲主殺伐之星，戰鬥之象。

　　凡五星有色，大小不同，各依其行而順時應節。色變有類。凡青皆比參左肩，赤比心大星，黄比參右肩，白比狼星，黑比奎大星。①不失本色，而應其四時者，吉；色害其行，凶。

　　凡五星所出所行所直之辰，其國爲得位者，歲星以德，熒惑有禮，填星有福，太白兵強，辰星陰陽和。所行所直之辰，順其色而有角者勝，其色害者敗。居實，有德也。居虚，無德也。②色勝位，行勝色，行得盡勝之。營室爲清廟，歲星廟也。心爲明堂，熒惑廟也。南斗爲文太室，填星廟也。亢爲疏廟，太白廟也。七星爲員官，辰星廟也。五星行至其廟，謹候其命。③

　　凡五星盈縮失位，其精降于地爲人。歲星降爲貴臣；熒惑降爲童兒，歌謡嬉戲；填星降爲老人婦女；太白降爲壯夫，④處於林麓；辰星降爲婦人。吉凶之應，隨其象告。

　　凡五星，木與土合，爲内亂、饑；與水合，爲變謀而更事；與火合，爲饑，爲旱；與金合，爲白衣之會，合鬬，國有内亂，野有破軍，爲水。太白在南，歲星在北，名曰牡年，穀大熟。太白在北，歲星在南，年或有或無。火與金合，爲爍爲喪，不可舉事用兵。從軍爲軍憂，離之軍卻。出太白陰，分宅，出其陽，偏將戰。與土合，爲憂，主孽。與水合，爲北軍，用兵舉事大敗。一曰，火與水合爲淬，不可舉事用兵。土與水合，爲雝沮，不可舉事用兵，有覆軍下師。一曰，爲變謀更事，必爲旱。與金合，爲疾，爲白衣會，爲内兵，國亡地。與木合，國饑。水與金合，爲變謀，爲兵憂。入太白中而上出，破軍殺將，客勝。下出，客亡地，視旗所指，以命破軍。環繞太白，若與鬬，大戰，客勝。凡木、火、土、金與水鬬，皆爲戰，兵不在外，皆爲内亂。凡同舍爲合，相陵爲鬬。二星相近，其殃大，相遠無傷，七寸以内必之。⑤

凡月蝕五星，其國亡。歲以饑，熒惑以亂，填以殺，太白以强國戰，辰以女亂。

凡五星入月，其野有逐相。太白，將僇。

凡五星所聚，其國王，天下從。歲以義從，熒惑以禮從，填以重從，太白以兵從，辰以法，各以其事致天下也。三星若合，是謂驚立絶行，其國外内有兵，天喪人民，改立侯王。四星若合，是謂太陽，其國兵喪并起，君子憂，小人流。五星若合，是謂易行，有德受慶，改立王者，奄有四方，子孫蕃昌；亡德受殃，離其國家，滅其宗廟，百姓離去，被滿四方。五星皆大，其事亦大；皆小，事亦小。⑥

凡五星色，其圜白，爲喪，爲旱；赤中不平，爲兵，爲憂；青爲水；黑爲疾疫，爲多死；黃爲吉。皆角，赤，犯我城；黃，地之爭；白，哭泣聲；青，有兵憂；黑，有水。五星同色，天下偃兵，百姓安寧，歌儛以行，不見災疾，五穀蕃昌。⑦

凡五星，歲，政緩則不行，⑧急則過分。逆則占。熒惑，緩則不入，急則不出，違道則占。填，緩則不還，急則過舍，逆則占。太白，緩則不出，急則不入，逆則占。辰星，緩則不出，急則不入，非時則占。五星不失行，則年穀豐昌。

凡五星分天之中，積于東方，中國；積於西方，外國。用兵者利。辰星不出，太白爲客；其出，太白爲主。出而與太白不相從，及各出一方，爲格，野有軍不戰。⑨

【注】

①以上五色的標志星，見《史記・天官書》記載。

②凡五星所出所行所直之辰……居虛無德也：這是李淳風對五星運行理解得更詳細之後對五星占所作進一步的明確解釋，是以推步所得之辰，其國爲得位，即歲星得位是有德，熒惑得位則國家有禮，填星爲有福，太白得位之國兵強，辰星則陰陽調和即國家上下和同、社會和諧。這裏所說的所行所直，要求居實而不是居虛。

③水、金、火、木、土五星之廟分列爲七星、亢宿、心宿、營室、南斗。這是五星之神供奉祭祀的地方。

④壯夫：中華書局校點本考證，本志諸本原爲"仕夫"，據《晉志》改。五星失位，其精降於地爲人之說，祇是隨意編造，毫無根據，於星占

理論也不起什麼作用。

　　⑤凡五星木與土合……七寸以内必之"：述説五星中二星相合後在星占上的應驗。這些應驗的觀念，主要是建立在五行觀念基礎上的。例如，水星有水的性質，火星有火的淬火，故不可舉事用兵。又如土星有土的性質，它與水星的水相遇，就將發生壅塞現象，故不可舉事用兵。按照通常的説法，兩星相遇於一宿爲合，七寸以内爲犯、爲凌、爲斗。

　　⑥凡五星所聚……事亦小：以上講述五星中三星合、四星合、五星合出現後社會發生的動亂情況，按星占理論，均將發生大的動亂，星愈多，星愈亮，動亂愈重。即使三星相合，也將發生内外有兵、改立王侯的大事，五星相合那要發生改朝换代的大事了。

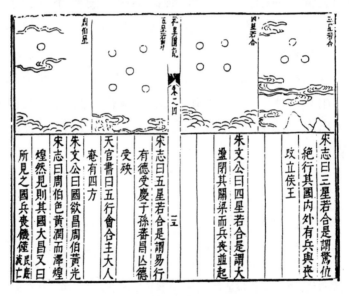

五星聚合占圖

(引自明《天元玉曆祥异賦》)

　　⑦凡五星色……五穀蕃昌：言五星出現不同的顔色，就將發生災异：白色爲喪，爲旱；青色有兵憂；黑色有水災，爲疾疫；赤色爲不平，爲兵，爲憂；唯黄色爲吉。凡五星同色，則爲天下安寧、五穀繁昌、歌舞升

平的年代。

　　⑧凡五星歲政緩則不行：中華書局校點本考證，"歲"，諸本原作"爲"。今據《晉志》改。中華書局校點本本句點讀爲："凡五星歲政緩則不行，急則過分，逆則占。"這種點讀法，就不知表達的是什麼意思了，與下文其他星的表述也不合拍。歲政連續，按通常的理解，當爲每歲的政策，故當理解爲每歲的政策，緩了就貫徹不下去，急了則做過了頭。若這樣理解，就完全誤解了文義。事實上，這裏是述説政策的緩急，在五星運行上的不同徵兆，故此處之"歲"字當是指歲星，它與以下之熒惑、填星、太白、辰星相對應。正確的句讀當爲："凡五星，歲，政緩則不行，急則過分，逆則占……"

　　⑨自此以往，本志所載七曜文全引同《晉志》，基本沒有差异。

　　五星爲五德之主，①其行或入黃道裏，或出黃道表，猶月行出有陰陽也。終出入五常，不可以算數求也。②其東行曰順，西行曰逆，順則疾，逆則遲，通而率之，終爲東行矣。不東不西曰留。與日相近而不見，曰伏。伏與日同度曰合。其留、行、逆、順、掩、合、犯（法）、陵、變色、芒角，③凡其所主，皆以時政五常、五官、五事之得失，而見其變。

　　木、火、土三星行遲，夜半經天。其初皆與日合度，而後順行漸遲，追日不及，晨見東方。行去日稍遠，朝時近中則留。留經旦過中則逆行。逆行至夕時近中則又留。④留而又順，先遲漸速，以至于夕伏西方，乃更與日合。金、水二星，行速而不經天。自始與日合之後，行速而先日，夕見西方。去日前稍遠，夕時欲近南方則漸遲，遲極則留。留而近日，則逆行而合日，在于日後。晨見東方。逆極則留，留而後遲。遲極去日稍

遠，旦時欲近南方，則速行以追日，晨伏于東方，復與
日合。此五星合見、遲速、逆順、留行之大經也。昏旦
者，陰陽之大分也。南方者，太陽之位，而天地之經
也。七曜行至陽位，當天之經，則虧炅留逆而不居焉。
此天之常道也。三星經天，二星不經天，三天兩地之
道也。⑤

凡五星見伏留行，逆順遲速，應曆度者，爲得其
行，政合于常。違曆錯度，而失路盈縮者，爲亂行。亂
行則爲夭矢彗孛，而有亡國革政，兵饑喪亂之禍云。⑥

古曆五星并順行，《秦曆》始有金火之逆。又甘、
石并時，自有差異。漢初測候，乃知五星皆有逆行，其
後相承罕能察。至後魏末，清河張子信，學藝博通，尤
精曆數。因避葛榮亂，隱於海島中，積三十許年，專以
渾儀測候日月五星差變之數，以算步之，始悟日月交
道，有表裏遲速，五星見伏，有感召向背。言日行在春
分後則遲，秋分後則速。合朔月在日道裏則日食，若在
日道外，雖交不虧。月望值交則虧，不問表裏。又月行
遇木、火、土、金四星，向之則速，背之則遲。五星行
四方列宿，各有所好惡。所居遇其好者，則留多行遲，
見早。遇其惡者，則留少行速，見遲。與常數并差，少
者差至五度，多者差至三十許度。其辰星之行，見伏尤
異。晨應見在雨水後立夏前，夕應見在處暑後霜降前
者，并不見。啓蟄、立夏、立秋、霜降四氣之內，晨夕
去日前後三十六度內，十八度外，有木、火、土、金一
星者見，無者不見。後張胄玄、劉孝孫、劉焯等，依此

差度，爲定入交食分及五星定見定行，與天密會，皆古
人所未得也。⑦

【注】

①自此以下的三段，爲《晉志》言七曜星占的補充（其中"凡五星見
伏"至"兵饑喪亂之禍"數十字一段仍爲《晉志》固有），爲天文學自南
北朝以來發展後對有關星占的新認識。

②自北齊張子信和唐李淳風以後，天文學家事實上已經發現了五星均
在類似於月亮的沿黃道南北運動的交點運動。推算月亮交點運動位置的方
法，早在漢末劉洪的《乾象曆》中就已經創立了，但與此相類似的五星交
點運動的推算方法，却在相當長的時間内遲遲沒有建立起來。這個方法，
大致到明初纔得以建立。故此處説"不可以算數求也"。

③其留行逆順掩合犯（法）陵變色芒角：此句表示五星運行中的各種
運動狀態，留爲停留，行爲行進，逆爲逆行，順爲順行，掩爲掩蓋，合爲
兩行星同宿，犯爲侵犯，陵爲凌犯，"陵"爲"凌"的假借字，變色是行
星顏色發生變化，芒角是行星發出刺眼的光芒，形容較爲明亮。在這裏，
"法"是衍字當删除。

④朝時近中則留……逆行至夕時近中則又留：説火、木、土三個外行
星的會合運動中，早晨出現於東方後，當星近午正時出現了停留，其逆行
後至傍晚時見其午正時再次出現停留，然後再順行至伏，完成一個會合
周期。

⑤木、火、土三星行遲……三天兩地之道也：此處概括介紹了五星各
自的會合運動狀態，其規律是水金二星不經天，火、木、土三星經天，總
結爲三天兩地之道。

⑥凡五星見伏留行……兵饑喪亂之禍云：這幾句話，在《晉志》中即
有，它説明天體得行和亂行的區別。得行即五星按正常曆度運動，這時天
下太平，一旦發生了异常天象，社會就有亡國革政之變。

⑦古曆五星并順行……皆古人所未得也：叙述了古人對日月五星運動
之認知的發展歷史，并重點介紹了張子信在觀測上的新發現，由此推動了

曆法推步的進步。不過這段内容對推動星占理論的發展似無直接關係。

梁奉朝請祖暅，天監中，受詔集古天官及圖緯舊説，撰《天文録》三十卷。① 逮周氏克梁，獲庾季才，爲太史令，撰《靈臺秘苑》一百二十卷，占驗益備。② 今略其雜星、瑞星、妖星、客星、流星及雲氣名狀，次之於此云。③

瑞星

一曰景星，如半月，生於晦朔，助月爲明。或曰，星大而中空。或曰，有三星，在赤方氣，與青方氣相連。黄星在赤方氣中，亦名德星。二曰周伯星，黄色煌煌然，所見之國大昌。三曰含譽，光耀似彗，喜則含譽射。④

星雜變

一曰星晝見。若星與日并出，名曰嫁女。星與日爭光，武且弱，文且强，女子爲王，在邑爲喪，在野爲兵。又曰，臣有姦心，上不明，臣下從横，大水浩洋。又曰，星晝見，虹不滅，臣人生明，星奪日光，天下有立王。二曰恒星不見。恒星者，在位人君之類。不見者，象諸侯之背畔，不佐王者奉順法度，無君之象也。又曰，恒星不見，主不嚴，法度消。又曰，天子失政，諸侯横暴。又曰，常星列宿不見，象中國諸侯微滅也。三曰星鬬，星鬬天下大亂。四曰星摇，星摇人衆將勞。

五曰星隕。大星隕下，陽失其位，災害之萌也。又曰，眾星墜，人失其所也。凡星所墜，國易政。又曰，星墜，當其下有戰場，天下亂，期三年。又曰，奔星之所墜，其下有兵，列宿之所墜，滅家邦，眾星之所墜，眾庶亡。又曰，填星墜，海水泆，黃星騁，海水躍。又曰，黃星墜，海水傾。亦曰，驥星墜而勃海決。星隕如雨，天子微，諸侯力政，五伯代興，更爲盟主，眾暴寡，大并小。又曰，星辰附離天，猶庶人附離王者也。王者失道，綱紀廢，下將畔去。故星畔天而隕，以見其象。國有兵凶，則星墜爲鳥獸。天下將亡，則星墜爲飛蟲。天下大兵，則星墜爲金鐵。天下有水，則星墜爲土。國主亡，有兵，則星墜爲草木。兵起，國主亡，則星墜爲沙。星墜，爲人而言者，善惡如其言。又曰，國有大喪，則星墜爲龍。⑤

【注】

①祖暅：前文已注，其爲南朝梁天文學家，祖沖之之子，曾撰《漏經》以及《天文錄》三十卷，今佚。

②庾季才（516—603）：字叔弈，新野人，曾在南朝梁、周、隋等朝爲官，擅天文，曾撰《靈臺秘苑》一百二十卷，後散亡，後世有托名之作。

③梁奉朝請祖暅……次之於此云：爲了撰寫本志，李淳風除了撰有以上恒星占、七曜占等內容，還重點參考、引錄了祖暅和庾季才的星占內容，以下瑞星、妖星、客星、流星、雲氣等，主要出自他們兩人的著作。

④瑞星……喜則含譽射：以往正史中的瑞星景星，衹是出自傳說中的聖王黃帝和帝堯。人們對景星形狀的描述也很模糊。至此除了景星，又新

提出另二種瑞星周伯星和含譽星。周伯星爲黄色，煌煌然。有關周伯星的故事，在北宋年間還引起一場大的風波，此事待《宋史·天文志》注時再詳細交代。《晋書·天文志》中的瑞星又有四種，除了景星、周伯、含譽星，還有一顆格澤星。而格澤星在《史記·天官書》中并不是瑞星。關於這些瑞星，在古代星占家中間尚有爭議。《隋志》和《晋志》中所用小標題令人費解，中華書局標點本的二志分類也不相同。僅就這些變異星氣而言，《晋志》用雜星氣作標題，它實際可以包括以下瑞星、妖星、客星、流星、雲氣等。而《隋志》以星雜變爲標題，它僅包括星晝見、恒星不見、星鬭、星摇、星隕五種星變，瑞星則置於星雜變之前，以下妖星、彗星、雜妖、客星、流星、運氣均各自成類。

　　⑤星雜變……則星墜爲龍：星雜變，是指星體發生各種不同的變化，這裏記述了五種，一是恒星晝見，二是恒星不見，三是星鬭，四是星摇動，五是星隕落。所有這些星變，都足以引起天下大亂、兵起和國主亡。

妖星

　　妖星者，五行之氣，五星之變名，見其方，以爲殃災。各以其日五色占，知何國吉凶決矣。行見無道之國，失禮之邦，爲兵爲饑，水旱死亡之徵也。又曰，凡妖星所出，形狀不同，爲殃如一。其出不過一年，若三年，必有破國屠城。其君死，天下大亂，兵士亂行，戰死於野，積尸從横。餘殃不盡，爲水旱兵饑疾疫之殃。又曰，凡妖星出見，長大，災深期遠；短小，災淺期近。三尺至五尺，期百日。五尺至一丈，期一年。一丈至三丈，期三年。三丈至五丈，期五年。五丈至十丈，期七年。十丈以上，期九年。審以察之，其災必應。①

　　彗星，世所謂掃星，本類星，末類彗，小者數寸，

長或竟天。見則兵起，大水。主掃除，除舊布新。有五
色，各依五行本精所主。史臣案，彗體無光，傅日而爲
光，故夕見則東指，晨見則西指，在日南北，皆隨日光
而指。頓挫其芒，或長或短，光芒所及則爲災。[2]

又曰，孛星，彗之屬也。偏指曰彗，芒氣四出曰
孛。[3]孛者，孛然非常，惡氣之所生也。内不有大亂，則
外有大兵，天下合謀，暗蔽不明，有所傷害。晏子曰：
"君若不改，孛星將出，彗星何懼乎?" 由是言之，災甚
於彗。

【注】

①什麼叫妖星? 本志説："五行之氣，五星之變名，見其方，以爲殃
災。"因此，妖星的觀念是明確的，它是五行之氣，是五星的變化之名。
它的出現，是專門顯示災殃的。所謂五星之變名，説明它應該具有五星的
特徵。這個特徵之一就是可以運動。它們區別於五星的特徵有二：一星有
尾，二是出没無常。由此也可以判定，古人所説的妖星，主要是指彗星。
《晋志》之雜星氣一欄中祇有妖星、客星、流星，而無彗星，在其妖星一
欄二十多種中，其第一、第二就是彗星和孛星，足見彗星類是妖星中的主
要成員。

②妖星涉及的具體星象，首先就是彗星和孛星。按照本志的説法，彗
星主除舊布新，見則兵起，大水。對具體的彗星而言，要依據具體情況加
以分析。古人早已明白，彗星自身不發光，"傅日而爲光"，對它的尾巴指
向背日方向，也是很清楚的，即所謂"夕見則東指，晨見則西指"。災應
之地爲"光芒所及"。

③偏指曰彗芒氣四出曰孛：彗尾指向一方爲彗，它的光芒指向四方爲
孛。這是彗與孛的主要區別。

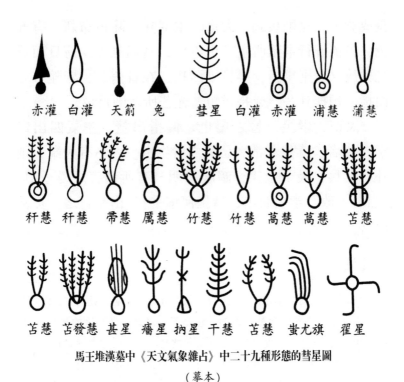

赤灌　白灌　天箭　兔　　彗星　白灌　赤灌　浦慧　蒲慧

秆慧　秆慧　帚慧　蕭慧　竹慧　竹慧　蒿慧　蒿慧　苦慧

苦慧　苦發慧　甚星　瘍星　拘星　干慧　苦慧　蚩尤旗　瞿星

馬王堆漢墓中《天文氣象雜占》中二十九種形態的彗星圖

（摹本）

歲星之精，流爲天棓、天槍、天猾、天衝、國皇、反登。一曰天棓，一名覺星，或曰天格。本類星，末銳，長四丈。主滅兵，主奮爭。又曰，天棓出，其國凶，不可舉事用兵。又曰，期三月，必有破軍拔城。又曰，天棓見，女主用事。其本者爲主人。二曰天槍，主捕制。或曰，攙雲如牛，槍雲如馬。或曰，如槍，左右銳，長數丈。天攙本類星，末銳，長丈。三曰天猾，主招亂。又曰，人主自恣，逆天暴物，則天猾起。四曰天衝，狀如人，蒼衣赤首，不動。主滅位。又曰，衝星出，臣謀主，武卒發。又曰，天衝抱極泣帝前，血濁霧

下，天下冤。五曰國皇。或曰，機星散爲國皇。國皇之
星，大而赤，類南極老人星也。主滅姦，主内寇難。見
則兵起，天下急。或云，去地一二丈，如炬火狀。後客星
內亦有國皇，名同而占狀异。六曰反登，主夷分，皆少陽之精，
司徒之類，青龍七宿之域。有謀反，若恣虐爲害，主失
春政者，以出時衝爲期。皆主君徵也。

　　熒惑之精，流爲析旦、蚩尤旗、昭明、司危、天
攙。一曰析旦，或曰昭旦，主弱之符。又曰，析旦橫
出，參欋百尺，爲相誅滅。二曰蚩尤旗。或曰，旋星散
爲蚩尤旗。或曰，蚩尤旗，五星盈縮之所生也。狀類彗
而後曲，象旗。或曰，四望無雲，獨見赤雲，蚩尤旗
也。或曰，蚩尤旗如箕，可長二丈，末有星。又曰，亂
國之王，衆邪并積，有雲若植藋竹長，黃上白下，名曰
蚩尤旗。主誅逆國。又曰，帝將怒，則蚩尤旗出。又
曰，虐王反度，則蚩尤旗出。或曰，本類星，而後委
曲，其像旗旛，可長二三丈。見則王者旗鼓，大行征
伐，四方兵大起。不然，國有大喪。三曰昭明者，五星
變出於西方，名曰昭明，金之氣也。又曰，赤彗分爲昭
明。昭明滅光，象如太白，七芒，故以爲起霸之徵。或
曰，機星散爲昭明。又曰，西方有星，望之去地可六丈
而有光，其類太白，數動，察之中赤，是謂西方之野
星，名曰昭明。出則兵大起。其出也，下有喪。出南
方，則西方之邦失地。或曰，昭明如太白，不行，主起
有德。又曰，西方有星，大而白，有角，目下視之，名
曰昭明。金之精，出則兵大起。若守房心，國有喪，必

有屠城。昭明下則爲天狗，所下者大戰流血。四曰司危。或曰，機星散爲司危。又曰，白彗之氣，分爲司危。司危平，以爲乖争之徵。或曰，司危星大，有毛，兩角。又曰，司危星類太白，數動，察之而赤。司危出，强國盈，主擊强侯兵也。又曰，司危見則主失法，期八年，豪傑起，天子以不義失國。有聲之臣，行主德也。又曰，司危見，則其下國相殘賊。又曰，司危星出正西，西方之野星，去地可六丈，大而白，類太白。一曰，見，兵起强。又曰，司危出則非，其下有兵衝不利。五曰天攙，其狀白小，數動，是謂攙星，一名斬星。天攙主殺罰。①又曰，天攙見，女主用事者，其本爲主人。又曰，天攙出，其下相攙，爲饑爲兵，赤地千里，枯骨籍籍。亦曰，天攙出，其國内亂。又曰，太陽之精，赤鳥七宿之域，有謀反，恣虐爲害，主失夏政。

　　填星之精，流爲五殘、六賊、獄漢、大賁、炤星、紃流、茀星、旬始、擊咎。一曰五殘。或曰，旋星散爲五殘。亦曰，蒼彗散爲五殘。故爲毀敗之徵。或曰，五殘五分。亦曰，一本而五枝也。期九年，姦興。②三九二十七，大亂不可禁。又曰，五殘者，五行之變，出於東方，五殘木之氣也。一曰，五縫又曰五殘，星出正東，東方之野星，狀類辰星，可去地六七丈，大而白，主乖亡。或曰，東方有星，望之去地可六丈，大而赤，察之中青。或曰，星表青氣如暈，有毛，其類歲星，是謂東方之野星，名曰五殘。出則兵大起。其出也，下有喪。出北則東方之邦失地。又曰，五殘出，四蕃虚，天子有

急兵。或曰，五殘大而赤，數動，察之有青。又曰，五
殘出則兵起。二曰六賊者，五行之氣，出於南方。或
曰，六賊火之氣也。或曰，六賊星形如彗。又曰，南方
有星，望之可去地六丈，赤而數動，察之有光，其類熒
惑，是謂南方之野星，名曰六賊。出則兵起，其國亂。
其出也，下有喪。出東方則南方之邦失地。又曰，六賊
星見，出正南，南方之星，去地可六丈，大而赤，數動
有光。三曰獄漢，一曰咸漢。或曰，權星散爲獄漢。又
曰，咸漢者，五行之氣，出於北方，水之氣也。獄漢青
中赤表，下有三彗從橫，主逐王刺王。又曰，北方有
星，望之可去地六丈，大而赤，數動，察之中青黑，其
類辰星，是謂北方之野星，名曰咸漢。出則兵起，其下
有喪。出西方則北方之邦失地。又曰，獄漢動，諸侯
驚，出則陰橫。四曰大賁，主暴衝。五曰焰星，主滅
邦。六曰絀流，動天下敖主伏逃。又曰，絀流，主自
理，無所逃。七曰蒒星，在東南，本有星，末類蒒，所
當之國，實受其殃。八曰旬始。或曰，樞星散爲旬始。
或曰，五星盈縮之所生也。亦曰，旬始妖氣。又曰，旬
始蚩尤也。又曰，旬始出於北斗旁，狀如雄雞。其怒青
黑，象伏鱉。又曰，黃彗分爲旬始。旬始者，今起也。
狀如雄雞，土含陽，以交白接，精象雞，故以爲立主之
題。期十年，聖人起代。又曰，旬始主爭兵，主亂，主
招橫。又曰，旬始照，其下必有滅王。五姦爭作，暴骨
積骸，以子續食。見則臣亂兵作，諸侯爲虐。又曰，常
以戊戌日，視五車及天軍天庫中有奇怪，曰旬始。狀如

鳥有喙，而見者則兵大起，攻戰當其首者破死。又曰，出見北斗，聖人受命，天子壽，王者有福。九曰擊咎，出，臣下主。一曰，臣禁主，主大兵。又曰，土精，斗七星之域，以長四方，司空之位，有謀反恣虐者，占如上。

太白之精，散爲天杵、天榭、伏靈、大敗、司姦、天狗、天殘、卒起。一曰天杵，主牂羊。二曰天榭，主擊殃。三曰伏靈，主領讒。伏靈出，天下亂復人。四曰大敗，主鬭沖。或曰，大敗出，擊咎謀。五曰司姦，主見妖。六曰天狗。亦曰，五星氣合之變，出西南，金火氣合，名曰天狗。或曰，天狗星有毛，旁有短彗，下有如狗形者，主徵兵，主討賊。亦曰，天狗流，五將鬭。又曰，西北方有星，長三丈，而出水金氣交，名曰天狗。亦曰，西北三星，大而白，名曰天狗。見則大兵起，天下饑，人相食。又曰，天狗所下之處，必有大戰，破軍殺將，伏尸流血，天狗食之。皆期一年，中二年，遠三年，各以其所下之國，以占吉凶。後流星内天狗，名同，占狀小異。七曰天殘，主貪殘。八曰卒起。卒起見，禍無時，諸變有萌，臣運柄。又曰，少陰之精，大司馬之類，白獸七宿之域，有謀反，若恣虐爲害，主失秋政者，期如上占，禍亦應之。

辰星之精，散爲枉矢、破女、拂樞、滅寶、繞廷、驚理、大奮祀。一曰枉矢。或曰，填星之變爲枉矢。又曰，機星散爲枉矢。亦曰，枉矢，五星盈縮之所生也，弓弩之像也。類大流星，色蒼黑，蛇行，望之如有毛

目，長數匹，著天。主反萌，主射愚。又曰，黑彗分爲
枉矢。枉矢者，射是也。枉矢見，謀反之兵合，射所
誅，亦爲以亂伐亂。又曰，人君暴專己，則有枉矢動。
亦曰，枉矢類流星，望之有尾目，長可一匹布，皎皎著
天。見則大兵起，大將出，弓弩用，期三年。曰，枉矢
所觸，天下之所伐，射滅之象也。二曰破女。破女若
見，君臣皆誅，主勝之符。三曰拂樞。拂樞動亂，駭擾
無調時。又曰，拂樞主制時。四曰滅寶。滅寶起，相得
之。又曰，滅寶主伐之。五曰繞廷。繞廷主亂孽。六曰
驚理。驚理主相署。七曰大奮祀。大奮祀主招邪。或
曰，大奮祀出，主安之。太陰之精，玄武七宿之域，有
謀反，若恣虐爲害，主失冬政者，期如上占，禍亦應
之。又曰，五精潛潭，皆以類逆所犯，行失時指，下臣
承類者，乘而害之，皆滅亡之徵也。入天子宿，主滅，
諸侯五百謀。③

【注】

①主殺罰：中華書局校點本考證，"罰"，原作"時"，據《晉
志》改。

②姦興：中華書局校點本考證，"興"，諸本作"與"，據《開元占
經》改。

③歲星之精、熒惑之精、填星之精、太白之精、辰星之精，此處的
"精"字，按通常的説法當釋作精氣。但這裏可直接釋作妖，即歲星之妖、
熒惑之妖、填星之妖、太白之妖、辰星之妖。這裏傅衍的文字雖然不少，
但均缺乏嚴密的理論依據，祇是依據五星本身的方向、特性、季節的分配
和對應的五行特性加以鋪陳，沒有多少科學價值。

雜妖①

一曰天鋒。天鋒，彗象矛鋒者也，主從橫。天下從橫，則天鋒星見。

二曰燭星，狀如太白，其出也不行，見則不久而滅。或曰，主星上有三彗上出。燭星所出邑反。又曰，燭星所燭者城邑亂。又曰，燭星所出，有大盜不成。

三曰蓬星，一名王星，狀如夜火之光，多即至四五，少即一二。亦曰，蓬星在西南，修數丈，左右銳，出而易處。又曰，有星，其色黃白，方不過三尺，名曰蓬星。又曰，蓬星狀如粉絮，見則天下道術士當有出者，布衣之士貴，天下太平，五穀成。又曰，蓬星出北斗，諸侯有奪地，以地亡，有兵起。星所居者，期不出三年。又曰，蓬星出太微中，天子立王。②

四曰長庚，狀如一匹布著天。見則兵起。

五曰四填，星出四隅，去地六丈餘。或曰，四填去地可四丈。或曰，四填星大而赤，去地二丈，當以夜半時出。四填星見，十月而兵起。又曰，四填星見四隅，皆爲兵起其下。③

六曰地維臧光。地維臧光者，五行之氣，出於四季土之氣也。又曰，有星出，大而赤，去地二三丈，如月，始出謂之地維臧光。四隅有星，望之可去地四丈，而赤黃搖動，其類填星，是謂中央之野星，出於四隅，名曰地維臧光。出東北隅，天下大水。出東南隅，天下大旱。出西南隅，則有兵起。出西北隅，則天下亂，兵大起。又曰，地維臧光見，下有亂者亡，有德者昌。④

七曰女帛。女帛者，五星氣合變，出東北，水木氣合也。又曰，東北有星，長三丈而出，名曰女帛，見則天下兵起，若有大喪。又東北有大星出，名曰女帛，見則天下有大喪。⑤

八曰盜星。盜星者，五星氣合之變，出東南，火木氣合也。又曰，東南有星，長三丈而出，名曰盜星，見則天下有大盜，多寇賊。

九曰積陵。積陵者，五星氣合之變，出西北，金水氣合也。又曰，西南有星，長三丈，名曰積陵，見則天下隕霜，兵大起，五穀不成，人飢。

十曰端星。端星者，五星氣合之變，出與金木水火，合於四隅。又四隅有星，大而赤，察之中黃，數動，長可四丈。此土之氣，效於四季，名曰四隅端星，所出，兵大起。

十一曰昏昌。有星出西北，氣青赤以環之，中赤外青，名曰昏昌，見則天下兵起，國易政。先起者昌，後起者亡。高十丈，亂一年。高二十丈，亂二年。高三十丈，亂三年。

十二曰莘星。有星出西北，狀如有環二，名山勤。一星見則諸侯有失地，西北國。

十三曰白星。有如星非星，狀如削瓜，有勝兵，名曰白星。白星出，爲男喪。

十四曰菀昌。西北菀昌之星，有赤青環之，有殃，有青爲水。此星見，則天下改易。

十五曰格澤，狀如炎火。又曰，格澤星也，上黃下白，從地而上，下大上銳，見則不種而獲。又曰，不有土功，必有大客鄰國來者，期一年、二年。又曰，格澤氣赤如火，炎炎中天，上下同色，東西絚天，若於南北，長可四五里。此熒惑之變，見則兵起，其下伏尸流血，期三年。

十六曰歸邪，狀如星非星，如雲非雲。或曰，有兩赤彗上向，上有蓋狀如氣，下連星。或曰，見必有歸國者。

十七曰濛星，夜有赤氣如牙旗，長短四面，西南最多。又曰刀星，亂之象。又曰，遍天薄雲，四方生赤黃氣，長三尺，乍見乍没，尋皆消滅。又曰，刀星見，天下有兵，戰鬪流血。或曰，遍天薄雲，四方合有八氣，蒼白色，長三尺，乍見乍没。

【注】

①雜妖：雜妖星和妖星，均是各種類型的妖星。本志所述妖星，專以五行之氣和五星之精所生。其餘各種妖星則稱爲雜妖星。本志所載雜妖星，又分爲兩類，前一類即《史記·天官書》以來的傳統說法，《晉志》集合爲二十一種，本志抽出彗、孛等三種前置，是爲餘十八種。第二類即下文所引京房《風角書·集星章》所載妖星三十五種。

②天鋒、燭星、蓬星等這類星名，均以形狀或外表而得名。天鋒星之尾象矛鋒，燭星之光似燭，蓬星狀如粉絮。

③五曰四填……皆爲兵起其下：因星出四隅，去地六丈，故稱四隅星，主兵起。

④地維藏光：按其解說，地維藏光源出於五行之氣中的土氣，土氣對應於土星，而地候、地維又源出於填星的異名，故有此星名。

⑤七曰女帛……見則天下有大喪：爲五行之氣合變而生，出東北，爲水木二氣相合，北方爲水，東方爲木。水木合氣生成女帛妖星。自此以下至十曰端星均仿此，不再解説。

漢京房著《風角書》，有《集星章》，所載妖星，皆見於月旁，互有五色方雲，以五寅日見，各五星所生云。

天槍星生箕宿中，天根星生尾宿中，天荆星生心宿中，眞若星生房宿中，天撩星生氐宿中，天樓星生亢宿中，天垣星生左角宿中，皆歲星所生也。見以甲寅日，其星咸有兩青方在其旁。

天陰星生軫宿中，晋若星生翼宿中，官張星生張宿中，天惑星生七星中，天雀星生柳宿中，赤若星生鬼宿中，蚩尤星生井宿中，皆熒惑之所生也。出在丙寅日，有兩赤方在其旁。

天上、天伐、從星、天樞、天翟、天沸、荆彗，皆鎭星之所生也。出在戊寅日，有兩黃方在其旁。

若星生參宿中，帚星生觜宿中，若彗星生畢宿中，竹彗星生昴宿中，墻星生胃宿中，槤星生婁宿中，白萑星生奎宿中，皆太白之所生也。出在庚寅日，有兩白方在其旁。

天美星生壁宿中，天毚星生室宿中，天杜星生危宿中，天蒜星生虛宿中，天林星生女宿中，天高星生牛宿中，端下星生斗宿中，皆辰星之所生也。出以壬寅日，有兩黑方在其旁。

已前三十五星，即五行氣所生，皆出月左右方氣之

中，各以其所生星將出不出日數期候之。當其未出之前
而見，見則有水旱兵喪饑亂，所指亡國失地，王死，破
軍殺將。①

【注】

　　①如前所述，雜妖星又分二類，此第二類爲京房《風角書·集星章》
所載。其特點是皆見於月旁，與五色五方雲有關，爲五星所生，均以寅日
見。按其解説，這類妖星共有三十五種，其中天槍星、天根星、天荆星、
真若星、天摝星、天樓星、天垣星生於東方蒼龍箕、尾、心、房、氐、
亢、角宿中，皆歲星所生，以甲寅日見。天陰星、晉若星、官張星、天惑
星、天雀星、赤若星、蚩尤星生於南方朱雀軫、翼、張、星、柳、鬼、井
宿中，皆熒惑星所生，以丙寅日見。天上、天伐、從星、天樞、天翟、天
沸、荆彗星皆爲填星所生，見於戊寅日。若星、帚星、若彗星、竹彗星、
牆星、棧星、白藋星生於西方白虎七宿參、觜、畢、昴、胃、婁、奎宿
中，皆太白所生，見於庚寅日。天美星、天毚星、天杜星、天簌星、天林
星、天高星、端下星生於北方玄武七宿壁、室、危、虛、女、牛、斗宿
中，皆爲辰星所生，見於壬寅日。以上都是嚴格按照二十八宿與五星、天
干地支的對應關係分配的。其實并非星占家實際觀測所見。其中"天惑星
生七星中"，"七星"，諸本均作"七宿"，中華書局校點本亦誤，今按文
義改。

客星

　　客星者，周伯、老子、王蓬絮、國皇、温星，凡五
星，皆客星也。行諸列舍，十二國分野，各在其所臨之
邦，所守之宿，以占吉凶。周伯，大而色黄，煌煌然。
見其國兵起，若有喪，天下饑，衆庶流亡去其鄉。瑞星中
名狀與此同，①而占異。老子，明大，色白，淳淳然。所出之

國，爲饑，爲凶，爲善，爲惡，爲喜，爲怒。常出見則兵大起，人主有憂。王者以赦除咎則災消。王蓬絮，狀如粉絮，拂拂然。見則其國兵起，若有喪，白衣之會，其邦饑亡。又曰，王蓬絮，星色青而熒熒然。所見之國，風雨不如節，焦旱，物不生，五穀不成登，蝗蟲多。國皇星，出而大，其色黃白，望之有芒角。見則兵起，國多變，若有水饑，人主惡之，眾庶多疾。溫星，色白而大，狀如風動搖，常出四隅。出東南，天下有兵，將軍出於野。出東北，當有千里暴兵。出西北，亦如之。出西南，其國兵喪并起，若有大水，人飢。又曰，溫星出東南，爲大將軍服屈不能發者。出於東北，暴骸三千里。出西亦然。[②]

凡客星見其分，若留止，即以其色占吉凶。星大事大，星小事小。星色黃得地，色白有喪，色青有憂，色黑有死，色赤有兵，各以五色占之，皆不出三年。又曰，客星入列宿中外官者，各以其所出部舍官名爲其事。所之者爲其謀，其下之國，皆受其禍。以所守之舍爲其期，以五氣相賊者爲其使。

【注】

①瑞星：諸本作“端星”，據中華書局校點本，今據宋小字本和元九行本改。

②客星者……出西亦然：以上占語出自《黃帝占》。《開元占經·客星占》引《黃帝占》曰：“客星者，周伯、老子、王蓬絮、國皇、溫星，凡五星，皆客星也。行諸列舍，十二國分野，各在其所臨之邦，所守之宿，以占吉凶。”又曰：“客星大而色黃，煌煌然，名曰周伯，見其國，兵起，

若有喪，天下大饑，人民流亡，去其鄉。”又曰：“客星明大白淳然，名曰老子，所出之國，爲饑爲凶，爲善爲惡，爲喜爲怒。常出見則兵大起，人主有憂。王者以赦除咎則災消。”又曰：“客星狀如粉絮，拂拂然，名曰王蓬絮，見則其國兵起，若有喪，白衣會，其邦饑亡。”《荆州占》曰：“王蓬絮星色青而熒熒然，所見之國風雨不如節，焦旱，物不生，五穀不登，多蝗蟲。”《黄帝占》曰：“客星出而大，其色黄白，望之上有芒角，名曰國皇，見則兵大起，國多變，若有水饑，人主惡之，人多疾。”又曰：“客星色白而大，狀如風動搖，名曰温星，常出四隅。出東南，天下有兵，將軍出於野。出東北，有千里暴兵。出西北，亦如之。出西南，其國兵喪并起，若大水，人飢。”石氏曰：“温星出東南，爲大將軍服曲不能發者。出於東北，暴骸三千里。出西亦然。”《黄帝占》曰：“客星見其分，若留止，即以其色占吉凶，星大事大，星小事小。星色黄得地，色白有喪，色青有憂，色黑有死，色赤有兵，各以五色占之，皆不出三年。”巫咸曰：“客星入列宿中外官者，各以其所部舍官名爲其事。所之者爲其謀，其下之國，皆受其禍。以所守之舍爲其期，以五氣相賊者爲其使。”從以上所引《開元占經》等占語可以看出，本志所引客星占語，實出多家不同的觀念，李淳風將其全部吸收，融爲一體，成爲一家之説。其注文曰“瑞星中名狀與此同，而占异”，是指本志中客星周伯星是凶星，而瑞星中周伯星却是吉星。

流星

流星天使也。自上而降曰流，自下而升曰飛。大者曰奔，奔亦流星也。[①]星大者使大，星小者使小。聲隆隆者，怒之象也。行疾者期速，行遲者期遲。大而無光者，衆人之事。小而光者，貴人之事。大而光者，其人貴且衆也。乍明乍滅者，賊敗成也。[②]前大後小者，恐憂也。前小後大者，喜事也。蛇行者，姦事也。往疾者，往而不返也。長者，其事長久也。短者，事疾也。奔星所墜，其下有兵。無風雲，有流星見，良久間乃入，爲大風發屋折木。小流星百數，四面行者，庶人流移之象。流星异狀，名占不同。

今略古書及《荆州占》所載云。

流星之尾，長二三丈，暉然有光竟天，其色白者，主使也，色赤者，將軍使也。流星有光，其色黃白者，從天墜有音，如炬熛火下地，野雉盡鳴，斯天保也。所墜國安有喜，若水。流星其色青赤，名曰地雁，其所墜者起兵。③流星有光青赤，其長二三丈，名曰天雁，軍之精華也。其國起兵，將軍當從星所之。流星暉然有光，白，長竟天者，人主之星也，主將相軍從星所之。凡星如甕者，爲發謀起事。大如桃者爲使事。流星大如缶，其光赤黑，有喙者，名曰梁星，其所墜之鄉有兵，君失地。

飛星大如缶若甕，後皎然白，前卑後高，此謂頓頑，其所從者多死亡，削邑而不戰。有飛星大如缶若甕，後皎然白，前卑後高，搖頭，乍上乍下，此謂降石，所下民食不足。飛星大如缶若甕，後皎然白，星滅後，白者曲環如車輪，此謂解銜。其國人相斬爲爵禄，此謂自相嚙食。有飛星大如缶若甕，其後皎然白，長數丈，星滅後，白者化爲雲流下，名曰大滑，所下有流血積骨。有飛星大如缶若甕，後皎白，縵縵然長可十餘丈而委曲，名曰天刑，一曰天飾，將軍均封疆。④

天狗，狀如大奔星，色黃有聲，其止地類狗，所墜，望之如火光，炎炎衝天，其上銳，其下圓，如數頃田處。或曰，星有毛，旁有短彗，下有狗形者。或曰，星出，其狀赤白有光，下即爲天狗。一曰，流星有光，見人面，墜無音，若有足者，名曰天狗。⑤其色白，其中黄，黄如遺火狀。主候兵討賊，見則四方相射，千里破軍殺將。或曰，五將鬭，人相食，所往之鄉有流血。其君失地，兵大起，國易政，戒守禦。餘占同前。營頭，有雲如壞山墮，所謂營頭之星。所墮，其下覆軍，流血千里。亦曰，流星晝隕名營頭。⑥

【注】

①流星天使也……奔亦流星也：通常來説，星占家將流星看作使星，即傳達"天意"的星。根據流星的不同形態，又有不同的名稱：自上而降者稱爲流星，自下而上者爲飛星，大的流星又稱爲奔星。《開元占經·流星》引孟康曰："流星，光相連也，大如瓜桃，名曰使星。飛星主謀事，流星主兵事，使星主行事。以所出入宿占之。"

②賊敗成也：《晉志》同。中華書局校點本《校勘記》曰：今從宋本，作"賊成賊敗"。不過其義似是而非，以不改爲妥。

③今略古書及荆州占所載云……其所墜者起兵：《開元占經·流星》引《荆州占》曰："流星之尾長二三丈，耀然有光竟天，其色白者，主使也。其色赤者，將軍使也。"《雒書》曰："飛星大如缶甕，而行絶迹，色如煙火，

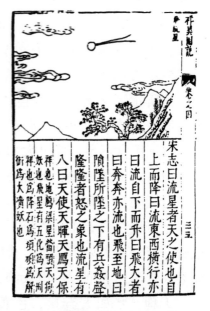

《天元玉曆祥异賦》中的流星自上而降圖

墜，名曰天保。此星所往者，其分受福有利。若有吉事，期不出年。"《文曜鈎》曰："流星有光，夜見牆垣而有聲者，野雞盡呴，名天保，所止之野大兵起。"《荆州占》曰："流星有光，黄白，從天墮，有音，如炬煙火下地，雞晝鳴，名天保也。所墜國安，有喜若水。"中華書局校點本將"今略古書及荆州占所載云"一句置於上段末尾，句後用句號。這句話置於段前和段後的文義是不同的，段前表示引語和綜述，段後表示概括和小結。考察文義，當置於本段之前綫合文義，爲表示承上啓下和綜述之意，單句成段。

④飛星大如缶若甕……將軍均封疆：古代的天文學家對流星的大小之衡量喜歡用大如桃、缶、甕來比仿。缶和甕均爲陶器，甕比缶稍大，缶爲盛酒水器，甕可盛水和糧食等。此處根據飛星前進中的不同形狀，將其分爲頓頑、降石、解銜、大滑、天刑等名稱，并附有不同的占語。

⑤天狗狀如大奔星……名曰天狗：天狗狀如大奔星，落地後類似狗形，或曰有足、有毛，其狀赤白有光。落在地面即爲石塊。

⑥流星晝隕名營頭：流星白天隕落的，稱爲營頭星。《開元占經·流星》引論曰："流星晝行，亡君之誡。"甘氏曰："星晝行，名曰營首。營首所在，有流血滂沱，則天下不通。一曰大旱，赤地千里。所謂晝行者，日未入也。"巫咸曰："流星晝行，名曰爭明，其分有兵，國破君亡。"

雲氣

瑞氣①

一曰慶雲，若煙非煙，若雲非雲，郁郁紛紛，蕭索輪囷，是謂慶雲，亦曰景雲。此喜氣也，太平之應。一曰昌光，赤如龍狀。聖人起，帝受終則見。②

妖氣

一曰虹蜺，日旁氣也。斗之亂精，主惑心，主内淫，主臣謀君，天子詘后妃，顓妻不一。二曰悖雲，如狗，赤色長尾，爲亂君，爲兵喪。③

【注】

①瑞氣與妖氣當爲雲氣下的兩個子目。

②瑞氣、景雲之名，正與以上瑞星、景星相對應。

③妖氣一名，又與妖星相對應。虹蜺和𦍒雲，均爲日旁出現的雲氣，與太陽無關，實爲地球表面的雲彩，因其在日旁出現，星占家便將之與天子安危相聯繫。

《隋書》卷二十一

志第十六

天文下

十煇[①]

《周禮》，眂祲氏掌十煇之法，以觀妖祥，辨吉凶。一曰祲，謂陰陽五色之氣，祲淫相侵。或曰，抱珥背璚之屬，如虹而短是也。二曰象，謂雲如氣，成形象，雲如赤鳥，夾日以飛之類是也。三曰鑴，日旁氣刺日，形如童子所佩之鑴也。四曰監，謂雲氣臨在日上也。五曰暗，謂日月蝕，或日光暗也。六曰瞢，謂瞢瞢不光明也。七曰彌，謂白虹彌天而貫日也。八曰序，謂氣若山而在日上。或曰，冠珥背璚，重疊次序，在于日旁也。九曰隮，謂暈氣也。或曰，虹也。《詩》所謂“朝隮于西”者也。十曰想，謂氣五色，有形想也，青饑，赤兵，白喪，黑憂，黃熟。或曰，想，思也，赤氣爲人獸之形，可思而知其吉凶。[②]

【注】

①十煇：這是《隋書·天文志》下的一個小標題，在其後包括十煇、日面雜氣、日暈等内容。其實，十煇衹是《周禮》一書中使用的表示十種日面雲氣的詞，後世星占家所使用的名稱也都已改變，它實際是指日面旁邊的各種形狀的雲氣。

②周禮……可思而知其吉凶：此是專講"十煇"的。其十種氣煇的形狀和名稱爲一曰祲，二曰象，三曰鑴，四曰監，五曰暗，六曰瞢，七曰彌，八曰序，九曰隮，十曰想。此是《周禮》中就已記載的十煇之法。

自周已降，術士間出。今採其著者而言之。①

日，君。乘土而王，其政太平，則日五色。又曰，或黑或青或黄，師破。又曰，②游氣蔽天，日月失色，皆是風雨之候也。若天氣清静，無諸游氣，日月不明，乃爲失色。或天氣下降，地氣未升，厚則日紫，薄則日赤，若於夜則月白，皆將雨也。或天氣未降，地氣上升，厚則日黄，薄則日白，若於夜則月赤，將旱且風。亦爲日月暈之候，雨少而多陰。或天氣已降，地氣又升，上下未交則日青，若於夜則月緑色，將寒候也。或天地氣雖交而未密，則日黑，若於夜則月青，將雨不雨，變爲雺霧，暈背虹蜺。又曰，沉陰，日月俱無光，晝不見日，夜不見星，皆有雲郭之，兩敵相當，陰相圖議也。③日曚曚光，士卒内亂。日薄赤，見日中烏，將軍出，旌旗舉，此不祥，必有敗亡。又曰，數日俱出若鬭，天下兵大戰。日鬭下有拔城。④

日戴者，形如直狀，其上微起，在日上爲戴。戴者

德也，國有喜也。一云，立日上爲戴。青赤氣抱在日
上，小者爲冠，國有喜事。青赤氣小，而交於日下，爲
纓。青赤氣小而圓，一二在日下左右者，爲紐。青赤氣
如小半暈狀，在日上爲負。負者得地爲喜。又曰，青赤
氣長而斜倚日傍爲戟。青赤氣圓而小，在日左右爲珥。
黃白者有喜。又曰，有軍。日有一珥爲喜，在日西，西
軍戰勝，在日東，東軍戰勝。南北亦如之。無軍而珥，
爲拜將。又日旁如半環，向日爲抱。青赤氣如月初生，
背日者爲背。又曰，背氣青赤而曲，外向爲叛象，分爲
反城。璚者如帶，璚在日四方。青赤氣長，而立日旁，
爲直。日旁有一直，敵在一旁欲自立。從直所擊者勝。
日旁有二直三抱，欲自立者不成。順抱擊者勝，殺將。
氣形三抱，在日四方，爲提。青赤氣橫在日上下爲格。
氣如半暈，在日下爲承。承者，臣承君也。又曰，日下
有黃氣三重若抱，名曰承福，人主有吉喜，且得地。青
白氣如履，在日下者爲履。日旁抱五重，戰順抱者勝。
日一抱一背爲破走。抱者，順氣也，背者，逆氣也。兩
軍相當，順抱擊逆者勝，故曰破走。日抱且兩珥，一虹
貫抱，抱至日，⑤順虹擊者勝。日重抱，內有璚，順抱擊
者勝；⑥亦曰軍內有欲反者。日重抱，左右二珥，有白虹
貫抱，順抱擊勝，得二將。有三虹，得三將。日抱黃白
潤澤，內赤外青，天子有喜，有和親來降者。軍不戰，
敵降，軍罷。色青，將喜；赤，將兵爭；白，將有喪；
黑，將死。日重抱且背，順抱擊者勝，得地，若有罷
師。日重抱，抱內外有璚，兩珥，順抱擊者勝，破軍，

軍中不和，不相信。⑦

【注】

　　①自周已降……今採其著者而言之：以上數字，諸本均附於上段末尾。出於與前注相同的理由，這些術士所言內容均在下面，故將其單立爲一段以承上啓下。

　　②日君乘土而王其政太平則日五色：以上數字，爲李淳風撰《隋志》時從《晋志》中引用時所加，以下至"軍中不和不相信"文字全同。

　　③游氣蔽天……陰相圖議也：作者李淳風在講日旁雲氣占以前，講述他所認識的因天氣變化而引起日面雲氣、顏色變化的科學道理。這段話與星占無直接關係。

　　④日薄赤……日鬭下有拔城：日中烏和數日俱出，一是日中見黑子，一是大氣現象引起數日并出的錯覺。此兩條均與日旁氣現象無關。

　　⑤一虹貫抱抱至日：《晋志》與本志均載有這句話。但中華書局校點本《校勘記》均認爲兩"抱"相重爲衍字，故删掉下面"抱"字，成爲"一虹貫抱，至日"。這是什麼意思呢？至哪一日呢？當然是抱至日那一天。故原文不能删。

　　⑥順虹擊者勝……順抱擊者勝：這些話似乎可以連通，但若校對《晋志》，便可發現破綻。《晋志》曰："日抱且兩珥，一虹貫抱至日，順虹擊者勝，殺將。日抱兩珥且璚，二虹貫抱至日，順虹擊者

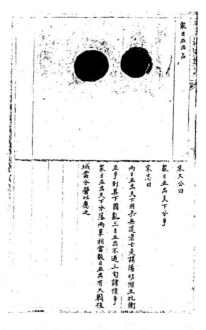

眾日並出天下分爭之形態占圖

勝。日重抱，內有璚，順抱擊者勝。"可見其間漏掉"殺將。日抱兩珥且璚，二虹貫抱至日，順虹擊者勝"十餘字。

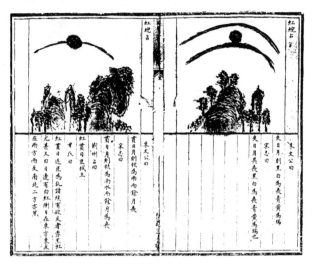

虹蜺占圖

　⑦日戴者……軍中不和不相信：介紹了自周代以來諸術士有關日旁雲氣狀態的記錄和占語，其中有日戴、日抱、日冠、日纓、日紐、日負、日戴、日珥、日背、日璚、日直、日提、日格、承福、日履等。這些日旁雲氣占，在《開元占經·日占》中也有記載。

氣如赤蛇貫日占圖

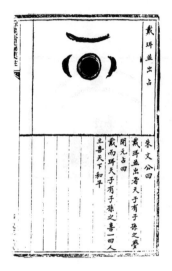 

戴珥并出之占圖　　　　　日有抱氣占圖

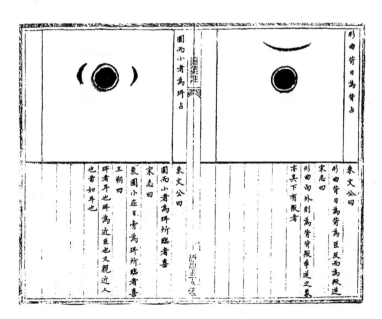

背占與珥占圖

氣直立於日旁占圖　　　　　　格占圖

日旁有氣，圓而周币，內赤而外青，名爲暈。日暈者，軍營之象。周環币日無厚薄，敵與軍勢齊等。若無軍在外，天子失御，民多叛。日暈有五色，有喜；不得五色，有憂。[①]

凡占兩軍相當，必謹審日月暈氣，知其所起，留止遠近，應與不應，疾遲大小，厚薄長短，抱背爲多少，有無實虛久亟，密疎澤枯。相應等者勢等。近勝遠，疾勝遲，大勝小，厚勝薄，長勝短，抱勝背，多勝少，有勝無，實勝虛，久勝亟，密勝疎，澤勝枯。重背大破，重抱爲和親，抱多親者益多，背爲不和。分離相去，背於內者離於內，背於外者離於外也。[②]

凡占分離相去，赤內青外，以和相去；青內赤外，以惡相去。日暈明久，内赤外青，外人勝；内青外赤，内人勝；内黄外青黑，内人勝；外黄内青黑，外人勝；外白内青，外人勝；内白外青，内人勝，内黄外青，外人勝；内青外黄，内人勝。日暈周币，東北偏厚，厚爲軍福，在東北戰勝，西南戰敗。日暈，黄白，不鬭兵未解；青黑，和解分地；色黄，土功動，人不安；日色黑，有水，陰國盛。日暈七日無風雨，兵大作，不可起，衆大敗。不及日蝕，日暈而明，天下有兵，兵罷；無兵，兵起不戰。日暈始起，前滅而後成者，後成面勝。日暈有兵在外者，主人不勝。日暈，内赤外青，群臣親外；外赤内青，群臣親内其身，身外其心。日有朝夕暈，是謂失地，主人必敗。③

日暈而珥，主有謀，軍在外，外軍有悔。日暈抱珥上，將軍易。日暈而珥如幹者，國亡，有大兵交。日暈上西，將軍易，兩敵相當。日暈兩珥，平等俱起而色同，軍勢等，色厚潤澤者賀喜。日暈有直珥爲破軍，貫至日爲殺將。日暈員且戴，國有喜，戰從戴所擊者勝，得地。日暈而珥背左右，如大軍輒者，兵起，其國亡城，兵滿野而城復歸。④

日暈，暈内有珥一抱，所謂圍城者在内，内人則勝。日暈有重抱，後有背，戰順抱者勝，得地有軍。日暈有一抱，抱爲順，貫暈内，在日西，西軍勝，有軍。⑤

日暈有一背，背爲逆，在日西，東軍勝。餘方放此。日暈而背，兵起，其分，失城。日暈有背，背爲逆，有降叛者，有反城。在日東，東有叛。餘方放此。

日暈背氣在暈內，此爲不和，分離相去。其色青外赤內，節臣受王命有所之。日暈上下有兩背，無兵兵起，有兵兵入。日暈四背在暈內，名曰不和，有內亂。日暈而四背如大車輞者四提，設其國衆在外，有反臣。日暈四提，必有大將出亡者。日暈有四背璚，其背端盡出暈者，反從內起。⑥

　　日暈而兩珥在外，有聚雲在內與外，不出三日，城圍出戰。日暈有背珥直，而有虹貫之者，順虹擊之，大勝得地。日暈，有白虹貫暈至日，從虹所指戰勝，破軍殺將。日暈，有虹貫暈，不至日，戰從貫所擊之勝，得小將。日暈，有一虹貫暈內，順虹擊者勝，殺將。日暈，二白虹貫暈，有戰，客勝。日重暈，有四五白虹氣，從內出外，以此圍城，主人勝，城不拔。⑦

【注】

　　①日旁有氣……不得五色有憂：中華書局校點本將此段文字置於前段末尾。從各段論述內容來看，這幾句話當置於本段前且單立成段爲好。但不知從何時開始，這幾句文字錯附於前段末尾，《晉志》亦然。當調整爲是。

　　②日旁有氣……背於外者離於外也：與上文結合論述日暈、日抱、日背對國家、天子、軍情影響的嚴重程度。

　　③凡占分離相去……主人必敗：以日暈內外顏色的變化不同而分別吉凶及有關事項。

　　④日暈而珥……兵滿野而城復歸：本段論述日暈與日珥相對位置的不同在星占內容上的區別。

　　⑤日暈暈內有珥一抱……西軍勝有軍：本段論述日暈與日抱相對位置的不同在星占內容上的區別。

⑥日暈有一背……反從内起：本段論述日暈與日背相對位置的不同在星占内容上的區別。

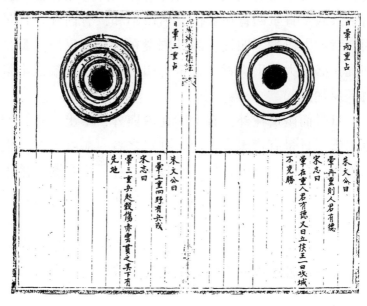

日暈兩重、三重占圖

⑦日暈而兩珥在外……主人勝城不拔：論述在有日暈、日珥、虹等情況下的戰場形勢和正確的出軍方向等。

　　又日重暈，攻城圍邑不拔。日暈二重，其外清内濁不散，軍會聚。日暈三重，有拔城。日交暈無厚薄，交爭，力勢均，厚者勝。日交暈，人主左右有爭者，兵在外戰。日在暈上，軍罷。交暈貫日，天下有破軍死將。日交暈而爭者先衰，不勝即兩敵相向。交暈至日月，順以戰勝，殺將。一法日在上者勝。日有交者，赤青如暈狀，或如合背，或正直交者，偏交也，兩氣相交也，或相貫穿，或相向，或相背也。交主内亂，軍内不和。日交暈如連環，爲兩軍兵起，君争地。日有三暈，軍分爲三。日方暈而上下聚二背，將敗人亡。日暈若井垣，若車輪，二國皆兵亡。又曰，有軍。[①]

日暈不帀，半暈在東，東軍勝，在西，西軍勝。南北亦如之。日暈如車輪半，軍在外者罷。日半暈東向者，西夷羌胡來入國。半暈西向者，東夷人欲反入國。半暈北向者，南夷人欲反入國。半暈南向者，北夷人欲反入國。[②]

又曰，軍在外，月暈師上，其將戰必勝。月暈黄色，將軍益秩禄，得位。月暈有兩珥，白虹貫之，天下大戰。月暈而珥，兵從珥攻擊者利。月暈有蜺雲，乘之以戰，從蜺所往者大勝。月暈，虹蜺直指暈至月者，破軍殺將。[③]

【注】

①又曰重暈……又曰有軍：本段論述日重暈、三重暈等和日交等相對位置在星占内容上的區别。《開元占經·日占》引論曰："日有交。交者，青赤如暈狀，或如合背，或正直交者。偏交者，兩氣相交也。或相貫穿，或相背交，主内亂，軍中不和。"石氏曰："日交，人受淫勃之氣。"京氏曰："偏交在日旁，從交在日，傍交所擊者勝。"甘氏曰："常以九月上景候日傍交赤雲，其下有兵。"

②日暈不帀……北夷人欲反入國：本段論述日暈不帀即半暈、祇有半邊的情況下在星占上的内容。

③又曰軍在外……破軍殺將：本段論述月暈不同方位在星占内容上的區别。月暈師上：月暈出現在軍隊的上方。月暈而珥兵從珥攻擊者利：在月有暈的情況下有珥，則兵從有珥的方向開始攻擊有利。

雜氣①

天子氣，内赤外黄正四方，所發之處，當有王者。若天子欲有游往處，其地亦先發此氣。或如城門，隱隱在氣霧中，恒帶殺氣森森然，或如華蓋在氣霧中，或有五色，多在晨昏見。或如千石倉在霧中，恒帶殺氣，或如高樓在霧氣中，或如山鎮。蒼帝起，青雲扶日。赤帝起，赤雲扶日。黄帝起，黄雲扶日。白帝起，白雲扶日。黑帝起，黑雲扶日。或曰氣象青衣人，無手，②在日西，天子之氣也。敵上氣如龍馬，或雜色鬱鬱衝天者，此帝王之氣，不可擊。若在吾軍，戰必大勝。

凡天子之氣，皆多上達於天，以王相日見。③

凡猛將之氣如龍。兩軍相當，若氣發其上，則其將猛銳。或如虎，在殺氣中。猛將欲行動，亦先發此氣；若無行動，亦有暴兵起。或如火煙之狀，或白如粉沸，或如火光之狀，夜照人，或白而赤氣繞之，或如山林竹木，或紫黑如門上樓，或上黑下赤，狀似黑旌，或如張弩，或如埃塵，頭銳而卑，本大而高。兩軍相當，敵軍上氣如困倉，正白，見日逾明，或青白如膏，將勇。大戰氣發，漸漸如雲，變作此形，將有深謀。

凡氣上與天連，軍中有貞將，或云賢將。④

凡軍勝氣，如堤如坂，前後磨地，此軍士衆强盛，不可擊。軍上氣如火光，將軍勇，士卒猛，好擊戰，不可擊。軍上氣如山堤，山上若林木，將士驍勇。軍上氣

如埃塵粉沸，其色黃白，旌旗無風而颺，揮揮指敵，此
軍必勝。敵上有白氣粉沸如樓，繞以赤氣者，兵銳。營
上氣黃白色，重厚潤澤者，勿與戰。兩敵相當，有氣如
人持斧向敵，戰必大勝。兩敵相當，上有氣如蛇舉首向
敵者戰勝。敵上氣如一匹帛者，此雍軍之氣，不可攻。
望敵上氣如覆舟，雲如牽牛，有白氣出，似旌幟，在軍
上，有雲如鬬鷄，赤白相隨，在氣中，或發黃氣，皆將
士精勇，不可擊。軍營上有赤黃氣，上達於天，亦不
可攻。⑤

【注】

①雜氣：此處之雜氣，與本志中之雲氣不同。雲氣屬於星空中的星體
類，夜間觀看。此處之雜氣，主要在白天或早晨、傍晚時觀看。從高度上
說，這類氣離地面還遠，或竟然與地面相連接。此處之雜氣，也有類似於
地面上的雲彩處。

②或曰氣象青衣人無手："曰"，諸本均作"日"，中華書局校點
本亦作"日"，唯此處將地面之氣釋作"日氣"不通。又考《晋志》
相應處則爲"或氣象青衣人無手"，既不用"日"，也不用"曰"。考
其文義，顯然是地面之氣面而非日面之氣，故當改爲"或曰氣象青衣
人無手"。

③天子氣……以王相日見：這段論述天子氣即王者之氣的特徵。天子
氣五色或如山鎮，或如高樓等，有氣扶日，上達於天。

④凡猛將之氣如龍……或云賢將：這段論述猛將軍之氣的形狀和特
征。其氣如龍似虎，或如火煙之狀，頭銳而卑，本大而高。

⑤凡軍勝氣……亦不可攻：這段論述勝軍之氣的形狀和特征。其氣如
堤如坂，前後磨地。軍上氣如火光，不可擊。營上氣黃白色、重厚潤澤者
勿與戰。

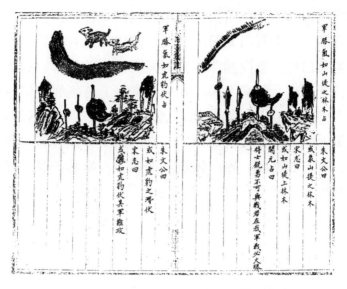

勝軍之氣的兩種形態——林木之氣和虎豹之氣占圖

　　凡軍營上五色氣，上與天連，此天應之軍，不可擊。其氣上小下大，其軍日增益士卒。軍上氣如堤，以覆其軍上，前赤後白，此勝氣。若覆吾軍，急往擊之，大勝。天氣銳，黃白團團而潤澤者，敵將勇猛，且士卒能強戰，不可擊。雲如日月而赤氣繞之，如日月暈狀有光者，所見之地大勝，不可攻。

　　凡雲氣，有獸居上者勝。軍上有氣如塵埃，前下後高者，將士精銳。敵上氣如乳武豹伏者，難攻。軍上恒有氣者，其軍難攻。軍上雲如華蓋者，勿往與戰。雲如旌旗，如蜂向人者，勿與戰。兩軍相當，敵上有雲如飛鳥，徘徊其上，或來而高者，兵精銳，不可擊。軍上雲如馬，頭低尾仰，勿與戰。軍上雲如狗形，勿與戰。望四方有氣如赤鳥，在烏氣中，如烏人在赤氣中，如赤杵在烏氣中，如人十十五五，或如旌旗，在烏氣中，有赤氣在前者，敵人精悍，不可當。敵上有雲如山，不可說。有雲如引素，如陣前銳，或一或四，黑色有陰謀，赤色饑，青色兵有反，黃色急去。①

【注】

①以上兩段，是對各類勝軍之氣的歸納和總結。

凡氣，上黃下白，名曰善氣。所臨之軍，欲求和退。若氣出北方，求退向北，其衆死散。向東則不可信，終能爲害。向南將死。敵上氣囚廢枯散，或如馬肝色，如死灰色，或類偃蓋，或類偃魚，皆爲將敗。軍上氣，乍見乍不見，如霧起，此衰氣，可擊。上大下小，士卒日減。

凡軍營上十日無氣發，則軍必勝。而有赤白氣乍出即滅，外聲欲戰，其實欲退散。黑氣如壞山墮軍上者，名曰營頭之氣，其軍必敗。軍上氣昏發連夜，夜照人，則軍士散亂。軍上氣半而絕，一敗，再絕再敗，三絕三敗。在東發白氣者，災深。軍上氣中有黑雲如牛形，或如豬形者，此是瓦解之氣，軍必敗。敵上氣如粉如塵者，勃勃如煙，或五色雜亂，或東西南北不定者，其軍欲敗。軍上氣如群羊群豬在氣中，此衰氣，擊之必勝。軍上有赤氣，炎降於天，則將死，士衆亂。赤光從天流下入軍，軍亂將死。彼軍上有蒼氣，須臾散去，擊之必勝。在我軍上，須自堅守。軍有黑氣如牛形，或如馬形，從氣霧中下，漸漸入軍，名曰天狗下食血，則軍破。軍上氣或如群鳥亂飛，或如懸衣，如人相隨，或紛紛如轉蓬，或如揚灰，或雲如卷席，如匹布亂穰者，皆爲敗徵。氣乍見乍沒，乍聚乍散，如霧之始起，爲敗氣。氣如繫牛，如人臥，如敗車，如雙蛇，如飛鳥，如決堤垣，如壞屋，如人相指，如人無頭，如驚鹿相逐，如兩鷄相向，皆爲敗氣。①

凡降人氣，如人十十五五，皆叉手低頭。又云，如人叉手相向。白氣如群鳥，趣入屯營，連結百餘里不絕，而能徘徊，須臾不見者，當有他國來降。氣如黑山，以黃爲緣者，欲降服。敵上氣青而高漸黑者，將欲死散。軍上氣如燔生草之煙，前雖銳，後必退。黑氣臨營，或聚或散，如鳥將宿，敵人畏我，心意不定，終必逃背，逼之大勝。②

凡白氣從城中南北出者，不可攻，城不可屠。城中有黑雲如星，名曰軍精，急解圍去，有突兵出，客敗。城上白氣如旌旗，或青雲臨城，有喜慶。黃雲臨城，有大喜慶，青色從中南北出者，城不可攻。或氣如青色，如牛頭觸人者，城不可屠。城中氣出東方，其色黃，此太一。城白氣從中出，青氣從城北入，反向還者，軍不得入。攻城圍邑，過旬雷雨者，爲城有輔，疾去之，勿攻。城上氣如煙火，主人欲出戰。其氣無極者，不可攻。城上氣如雙蛇者，難攻。赤氣如杵形，從城中向外者，內兵突出，主人戰勝。城上有雲，分爲兩彗狀，攻不可得。赤氣在城上，黃氣四面繞之，城中大將死，城降。城上赤氣如飛鳥，如敗車，及無雲氣，士卒必散。城營中有赤黑氣，如狸皮斑及赤者，并亡。城上氣上赤而下白色，或城中氣聚如樓，出見於外，城皆可屠。城營上有雲如衆人頭，赤色，下多死喪流血。城上氣如灰，城可屠。氣出而北，城可剋。其氣出復入，城中人欲逃亡。其氣出而覆其軍，軍必病。氣出而高，無所止，用日久長。有白氣如蛇來指城，可急攻。白氣從城指營，宜急固守。攻城若雨霧日死風至，兵勝。日色無光爲日死。雲氣如雄雉臨城，其下必有降者。濛氛圍城而入城者，外勝，得入。有雲如立人五枚，或如三牛，邊城圍。③

凡軍上有黑氣，渾渾圓長，赤氣在其中，其下必有伏兵。白氣粉沸起，如樓狀，其下必有藏兵萬人，皆不可輕擊。伏兵之氣，如幢節狀，在烏雲中，或如赤杵在烏雲中，或如烏人在赤雲中。④

【注】

①凡氣上黃下白……皆爲敗氣：這兩段論述各種形態的敗軍、敗將之氣。

②凡降人氣……逼之大勝：本段論述各種形態的降人、降軍、降國和散敗之氣。

③凡白氣從城中南北出者……邊城圍：本段專門論述處於圍城下的各種形態的戰爭之氣，或勝、或降、或亡、或難攻、或勿攻等各種狀態。

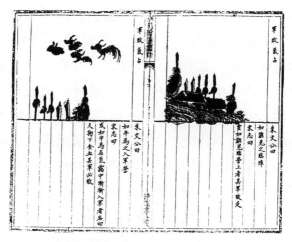

敗軍之氣的兩種形態——雞兔之氣和牛馬之氣占圖

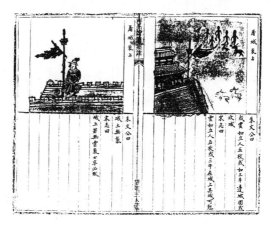

屠城之氣的兩種形態——立人之氣和無雲之氣占圖

④凡軍上有黑氣……或如烏人在赤雲中：這段專論伏兵之氣。

　　凡暴兵氣，白如瓜蔓連結，部隊相逐，須臾罷而復出，至八九來而不斷，急賊卒至，宜防固之。白氣如仙人衣，千萬連結，部隊相逐，罷而復興，如是八九者，當有千里兵來，視所起備之。黑雲從敵上來，之我軍上，欲襲我。敵人告發，宜備不宜戰。壬子日，候四望無雲，獨見赤雲如旌旗，其下有兵起。若遍四方者，天下盡有兵。若四望無雲，獨見黑雲極天，天下兵大起。半天，半起。三日內有雨，災解。敵欲來者，其氣上有雲，下有氛零，中天而下，敵必至。雲氣如旌旗，賊兵暴起。暴兵氣，如人持刀楯，雲如人，赤色，所臨城邑，有卒兵至，驚怖，須臾去。赤氣如人持節，兵來未息。雲如方虹，有暴兵。赤雲如火者，所向兵至。天有白氣，狀如匹布，經丑未者，天下多兵。①

凡戰氣，青白如膏，將勇。大戰氣，如人無頭，如死人臥。敵上氣如丹蛇，赤氣隨之，必大戰，殺將。四望無雲，見赤氣如狗入營，其下有流血。②

凡連陰十日，晝不見日，夜不見月，亂風四起，欲雨而無雨，名曰蒙，臣謀君。故曰，久陰不雨臣謀主。霧氣若晝若夜，其色青黃，更相掩冒，乍合乍散，臣謀君，逆者喪。山中冬霧十日不解者，欲崩之候。視四方常有大雲，五色具者，其下有賢人隱也。青雲潤澤蔽日，在西北爲舉賢良。雲氣如亂穰，大風將至，視所從來避之。雲甚潤而厚，大雨必暴至。四始之日，有黑雲氣如陣，厚重大者，多雨。氣若霧非霧，衣冠不雨而濡，見則其城帶甲而趣。日出沒時，有雲橫截之，白者喪，烏者驚。三日內雨者各解。有黑氣入營者，兵相殘。有赤青氣入營者，兵弱。有雲如蛟龍，所見處將軍失魄。有雲如鵠尾，來蔭國上，三日亡。有雲如日月暈，赤色，其國凶。青白色，有大水。有雲狀如龍行，國有大水，人流亡。有雲赤黃色，四塞終日，竟夜照地者，大臣縱恣。有雲如氣，昧而濁，賢人去，小人在位。

凡白虹者，百殃之本，衆亂所基。霧者，衆邪之氣，陰來冒陽。

凡遇四方盛氣，無向之戰。甲乙日青氣在東方，丙丁日赤氣在南方，庚辛日白氣在西方，壬癸日黑氣在北方，戊巳日黃氣在中央。四季戰當此日氣，背之吉。日中有黑氣，君有小過而臣不諫，又掩君惡而揚君善，故日中有黑氣不明也。

凡白虹霧，奸臣謀君，擅權立威。晝霧夜明，臣志得申，夜霧晝明，臣志不申。霧終日終時，君有憂。色黃小雨。白言兵喪，青言疾，黑有暴水，赤有兵喪，黃言土功，或有大風。

凡夜霧，白虹見，臣有憂。晝霧白虹見，君有憂。虹頭尾至地，流血之象。

凡霧氣不順四時，逆相交錯，微風小雨，爲陰陽氣亂之象。從寅至辰巳上，周而復始，爲逆者不成。積日不解，晝夜昏暗，天下欲分離。

凡霧四合，有虹各見其方，隨四時色吉，非時色凶。氣色青黃，更相掩覆，乍合乍散，臣欲謀君，爲逆者不成，自亡。

凡霧氣四方俱起，百步不見人，名曰晝昏，不有破國，必有滅門。

　　凡天地四方昏濛若下塵，十日五日以上，或一日，或一時，雨不霑衣而有土，名曰霾。故曰，天地霾，君臣乖，大旱。③

【注】

　　①本段專門論述各種形態的暴兵之氣。暴兵者，突然出現的軍事行動。

　　②這段論戰氣和大戰氣的形態。

　　③凡連陰十日……天地霾君臣乖大旱：這幾段專門論述連陰天、晝不見日、夜不見月、亂風四氣、霧氣若晝若夜、黑氣入營、白虹霧見、霧氣四方起、昏濛若下塵等狀態下的戰場形勢，甚至論及霾的影響，內容複雜。

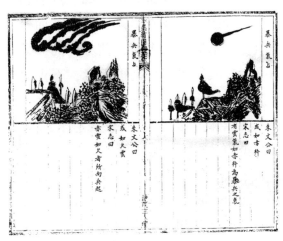

暴兵之氣的兩種形狀——赤杵氣和火雲氣占圖

　　凡海傍蜃氣象樓臺，廣野氣成宮闕。北夷之氣如牛羊群畜穹閭，南夷之氣類舟船幡旗。①自華以南，氣下黑上赤。嵩高、三河之郊，氣正赤。恒山之北，氣青。勃、碣、海、岱之間，氣皆正黑。江湖之間，氣皆白。② 東海氣如圓簦。附漢、河水，氣如引布。江、漢氣勁如杼。濟水氣如黑狆。滑水氣如狼白尾。淮南氣如帛。少室氣如白兔青尾。恒山氣如黑牛青尾。東夷氣如樹，西夷氣如室屋，南夷氣如闍臺，或類舟船。③ 陣雲如立垣，杼軸雲類軸摶，兩端鋭。杓雲如繩，居前亘天，其半半天，其蛪者類闕旗，故鉤雲勾曲。諸此雲見，以五色占而澤摶密。其見，動人及有兵，必起合鬭。其直，雲氣如三匹帛，廣前鋭後，大軍行氣也。韓雲如布，趙雲如牛，楚雲如日，宋雲如車，魯雲如馬，衛雲如犬，周雲如車輪，秦雲如行人，魏雲如鼠，鄭、齊雲如絳衣，越雲如龍，蜀雲如囷。④ 車氣乍高乍下，往往而聚。騎氣卑而布，卒氣摶。前卑後高者疾，前方而高，後鋭而卑者卻。其氣平者，其行徐。前高後卑者，不止而返。校騎之氣正蒼黑，長數百丈。游兵之氣如彗掃，一云長數百丈，無根本。喜氣上黄下白，怒氣上下赤，憂氣上下黑，土功氣黄白，徙氣白。

凡候氣之法，氣初出時，若雲非雲，若霧非霧，髣髴若可見。初出森森然，在桑榆上，高五六尺者，是千五百里外。平視則千里，舉目望則五百里。仰瞻中天，則百里内。平望桑榆間二千里，登高而望，下屬地者，三千里。⑤

凡欲知我軍氣，常以甲巳日及庚、子、辰、戌、午、未、亥日，及八月十八日，去軍十里許，登高望之可見，依別記占之。百人以上皆有氣。

　　凡占災异，先推九宮分野，六壬日月，不應陰霧風雨而陰霧者，乃可占。對敵而坐，氣來甚卑下，其陰覆人，上掩溝蓋道者，是大賊必至。敵在東，日出候。在南，日中候。在西，日入候。在北，夜半候。王相色吉，囚死色凶。

　　凡軍上氣，高勝下，厚勝薄，實勝虛，長勝短，澤勝枯。我軍在西，賊軍在東，氣西厚東薄，西長東短，西高東下，西澤東枯，則知我軍必勝。⑥

　　凡氣初出，似甑上氣，勃勃上升。氣積爲霧，霧爲陰，陰氣結爲虹蜺姿暈珥之屬。

　　凡氣不積不結，散漫一方，不能爲災。必須和雜殺氣，森森然疾起，乃可論占。軍上氣安則軍安，氣不安則軍不安。氣南北則軍南北，氣東西則軍亦東西。氣散則爲軍破敗。

　　候氣，常以平旦、下晡、日出没時處氣，以見知大。占期内有大風雨久陰，則災不成。故風以散之，陰以諫之，雲以幡之，雨以厭之。⑦

【注】

　　①凡海傍蜃氣……類舟船幡旗：從海邊的海市蜃樓現象加以引申，説明一個地方有一個地方的氣、有一個地方的特點，如"北夷之氣如牛羊群畜穹閭，南夷之氣類舟船幡旗"。

　　②自華以南……江湖之間氣皆白：此是根據各個地域的實際情況加以描述，與傳統的五方色不協調。

　　③東海氣如圓簦……或類舟船：又以動物、生活用品或建築、植物等

類比各地氣之不同。圓簦（dēng）：一種有柄的笠，類似於雨傘。闍（dū）：城門上的臺。

④蜀雲如布……蜀雲如囷：一個地域以一種物品比附，這是李淳風寫本志時的創造。

⑤車氣乍高乍下……下屬地者三千里：此處車氣、騎氣、校騎之氣等，望氣之高下遠近，在《史記·天官書》中已有類似的説法，但不完全一致。

⑥凡軍上氣高勝下……則知我軍必勝：高勝下、厚勝薄、實勝虛、長勝短、澤勝枯，是古代星占家望氣判斷軍情的一個基本原則。

⑦占期内有大風雨久陰……雨以厭之：此處"幡之"即擋之，"厭之"即壓之。總之認爲，在占期内有大風雨久陰，則不成災。

五代（及隋）災變應①

梁武帝天監元年八月壬寅，熒惑守南斗。占曰："糴貴，五穀不成，大旱，多火災，吳、越有憂，宰相死。"是歲大旱，米斗五千，人多餓死。其二年五月，尚書范雲卒。②

二年五月丙辰，月犯心。占曰："有亂臣，不出三年，有亡國。"其四年，交州刺史李凱舉兵反。七月丙子，太白犯軒轅大星。

四年六月壬戌，歲星晝見。占曰："歲色黄潤，立竿影見，大熟。"是歲大穰，米斛三十。又曰："星與日争光，武且弱，文且强。"自此後，帝崇尚文儒，躬自講説，終於太清，不修武備。八月庚子，老人星見。占曰："老人星見，人主壽昌。"自此後，每年恒以秋分後見於參南，至春分而伏。武帝壽考之象云。③

七年九月己亥，月犯東井。占曰："有水災。"其年京師大水。

十年九月丙申，天西北隆隆有聲，赤氣下至地。占曰："天狗也，所往之鄉有流血，其君失地。"其年十二月，馬仙琕大敗魏軍，斬馘十餘萬，剋復朐山城。④十二月壬戌朔，日食，在牛四度。

十三年二月丙午，太白失行，在天關。占曰："津梁不通，又兵起。"其年填星守天江。占曰："有江河塞，有決溢，有土功。"其年，大發軍眾造浮山堰，以堨淮水。至十四年，填星移去天江而堰壞，奔流決溢。

十四年十月辛未，太白犯南斗。

十七年閏八月戊辰，月行掩昴。

【注】

①五代及隋災變應：五個朝代之災異變化在星占上的應驗。《晉志》相應部分的標題為"史傳事驗"即歷史事件在星占上的應驗。其文義完全一致。祇是《晉志》是記載魏晉的星占應驗，《隋志》在星占上的應驗包括南北朝時南方的梁、陳和北方的北齊、北周，還有統一後的隋。據此統計，當為五代，正與這個標題相合。晉以前的災變應，《晉志》中已有記載，南朝宋的災變應記載在《宋志》，南朝齊的災變應載在《南齊志》，魏的災變應已載在《魏志》，故從梁代記述。

②梁武帝天監元年八月壬寅……尚書范雲卒：梁建立元年（502）八月壬寅這一天，發生了熒惑守在南斗的天象。這時星占家作出占辭說："該年糧貴，五穀不收，地區大旱，多處發生火災，吳越地區有憂，宰相死。"最終得到驗證：是歲大旱，米每斗高達五千錢，人多餓死。第二年五月，尚書范雲去世。從以上驗辭與占辭核對來看，星占家所作幾項預言幾乎都應驗了。南朝梁的都城在建康（今南京），位於吳地。尚書即宰相，故可以說全部應驗。當然不是信口胡言，還是有一定依據的，依據就是本

志以上所載七曜占、恒星占、妖星占、雜星占、流星占、客星占、日月食占、十煇占、雲氣占等。這些星占占辭，也即星占理論，雖然對民間是保密的，但對朝廷政論尤其是對皇帝并不保密，故星占家并不能胡亂編造星占預言來蒙騙皇帝。對於這些星占理論，皇帝雖然不能精通，但多少也是知道一些的。這裏先解說一下爲什麽星空出現熒惑犯南斗就會發生以上災害。首先，本志南斗條説："南斗六星，天廟也，丞相太宰之位……中央二星，天相也……將有天子之事，占於斗。斗星盛明，王道平和，爵祿行。芒角動摇，天子愁，兵起移徙，其臣逐。"又斗宿與牛宿經常是聯在一起的，這兩個星宿也交織在一起。本志牛宿説：牽牛六星"不明失常，穀不登"。又《春秋緯》曰："熒惑入南斗，先潦後大旱。"《海中占》曰："熒惑守南斗，旱，多火災。"陳卓曰："熒惑守南斗，五穀不成。"再看本志《七曜》中關於熒惑占的説法：熒惑"爲亂，爲賊，爲疾，爲喪，爲饑，爲兵，居國受殃"。可見熒惑是一顆典型的災星、賊亂之星，所見之國有災，災害落在對應的國家南朝梁。由以上占語可以看出，星占家所作預言，是合於中國傳統星占理論的。必須指出，星占家在建立星占理論時，往往備有數套互不相關的災異情況供選擇。例如，就熒惑犯南斗而言，除了以上占辭，還有亡國、主死、大臣反、其國絶嗣等占辭，某具體異常天象出現時，星占術士會根據當時實際政治狀態做出最佳論斷。即使這樣，星占術士選擇不當也是經常發生的。而據各《天文志》所載占辭，大多預言得較準。這是爲什麽呢？原因是星占術士對預言相合的事例做了大量誇張的宣傳，史臣編寫《天文志》時也做了有利於星占預言的選擇。自此以下天象記事的格式大多與此一致，不再一一重複解説，僅擇重要記事和典型事例做出注釋。

③八月庚子老人星見……武帝壽考之象云：人們於梁天監四年（505）八月庚子看到了老人星。星占家的占辭："老人星見，人主壽昌。"也就是説，老人星是長壽之星，看到了老人星，就象徵着皇帝長壽。漢朝就有於二月春分夕和八月秋分晨觀看老人星以判斷壽昌的習俗。當時都城在長安和洛陽，緯度較高，難以得見，現都城遷至長江以南的建康，雖然也不可能經常看到老人星，但在春秋分時看到的機會就多一些了。故此處驗辭説："自此後，每年恒以秋分後見於參南，至春分而伏。武帝壽考之象

云。"説老人星見是梁武帝長壽的徵兆，這是星占家恭維梁武帝的套話。但梁武帝蕭衍（464—549）共活了八十五歲，確實長壽。

④十年九月丙申……剋復朐山城：據記載，該年（511）九月丙申有天狗隕石落在北魏境內，占曰："所往之鄉有流血，其君失地。"結果果然於當年梁將馬仙琕剋復朐山（今連雲港西南的錦屏山）城。這個占辭也是符合星占理論的，不過其下落之鄉祇是泛指北魏國土而已。

普通元年春正月丙子，日有食之。占曰："日食，陰侵陽，陽不克陰也，爲大水。"其年七月，江、淮、海溢。九月乙亥，有星晨見東方，光爛如火。占曰："國皇見，有內難，有急兵反叛。"其三年，義州刺史文僧朗以州叛。

四年十一月癸未朔，日有食之，太白晝見。

六年三月丙午，歲星入南斗。庚申，月食。五月己酉，太白晝見。六月癸未，太白經天。九月壬子，太白犯右執法。

七年正月癸卯，太白歲星在牛相犯。占曰："其國君凶，易政。"明年三月，改元，大赦。大通元年八月甲申，月掩填星。閏月癸酉，又掩之。占曰："有大喪，天下無主，國易政。"其後中大通元年九月癸巳，上又幸同泰寺舍身，王公以一億萬錢奉贖。十月己酉還宮，大赦，改元。中大通三年，太子薨，皆天下無主、易政及大喪之應。①

中大通元年閏月壬戌，熒惑犯鬼積尸。占曰："有大喪，有大兵，破軍殺將。"其二年，蕭玩帥衆援巴州，爲魏梁州軍所敗，玩被殺。

四年七月甲辰，星隕如雨。占曰："星隕，陽失其位，災害之象萌也。"又曰："星隕如雨，人民叛，下有專討。"又曰："大人憂。"其後侯景狡亂，帝以憂崩，人衆奔散，皆其應也。

五年正月己酉，長星見。

六年四月丁卯，熒惑在南斗。占曰："熒惑出入留舍南斗中，有賊臣謀反，天下易政，更元。"②其年十二月，北梁州刺史蘭欽舉兵反，後年改爲大同元年。

大同三年三月乙丑，歲星掩建星。占曰："有反臣。"其年，會稽山賊起。其七年，交州刺史李賁舉兵反。

五年十月辛丑，彗出南斗，長一尺餘，東南指，漸長一丈餘。十一月乙卯，至婁滅。占曰："天下有謀王者。"其八年正月，安成民劉敬躬挾左道以反，黨與數萬。其九年，李賁僭稱皇帝於交州。

太清二年五月，兩月見。占曰："其國亂，必見於亡國。"

三年正月壬午，熒惑守心。占曰："王者惡之。"乙酉，太白晝見。占曰："不出三年，有大喪，天下革政更王，強國弱，小國強。"三月丙子，熒惑又守心。占曰："大人易政，主去其宮。"又曰："人饑亡，海内哭，天下大潰。"是年，帝爲侯景所幽，崩。七月，九江大饑，人相食十四五。九月戊午，月在斗，掩歲星。占曰："天下亡君。"其後侯景篡殺。③

簡文帝大寶元年正月丙寅，月晝光見。占曰："月晝光，有隱謀，國雄逃。"又云："月晝明，姦邪并作，擅君之朝。"其後侯景篡殺，皆國亂亡君。大喪更政之應也。

元帝承聖三年九月甲午，月犯心中星。占曰："有反臣，王者惡之，有亡國。"其後三年，帝爲周軍所俘執，陳氏取國，梁氏以亡。

【注】

①大通元年八月甲申……易政及大喪之應：這裏記載了一件非常有趣的事。大通元年（527）八月甲申，月掩填星。閏月癸酉，又掩之。占曰："有大喪，天下無主，國易政。"月掩填星就是填星被月亮掩蓋，這是很少見到的天象。在一年中兩次發生月掩填星就更爲少見了。星占家的占辭是有大喪、國無主、國易政。大喪是指皇帝死，此外儲君死亦可稱大喪。國無主，即國家沒有皇帝了，或皇帝死了，或是不當皇帝了。國易政，即政權發生了改變，通常是指更換了帝王或宰輔。《隋書・天文志》雖然記載了恒星占、七曜占、妖星占、雜星占、流星占、客星占等，却沒有單立記載日占和月占，月掩填星，本當載在月占中。《開元占經》引《河圖帝覽嬉》曰："填星入月中，臣賊其主。"《黃帝占》曰："若貴人絶嗣，不出其年，王者當之。"這些占語，確實與《隋志》的占辭一致。《隋志》驗辭曰："中大通元年（529）九月癸巳，上又幸同泰寺舍身，王公以一億萬錢奉贖。十月己酉還宮，大赦，改元。中大通三年（531），太子薨，皆天下無主、易政及大喪之應。"天下還真有這樣的事，奪來的帝位又不願當皇帝了，而要去做和尚，王公們沒有辦法，祇好從國庫中用一億萬錢贖出帝身，讓他繼續當皇帝。真不知蕭衍玩的是什麼把戲。

②六年（534）四月丁卯……天下易政更元：熒惑在南斗即守南斗。在中大通年間再次發生這種天象。《隋志》的占辭説有賊臣謀反，天下易政更元。《隋志》沒有驗辭。就是這次熒惑在南斗的異常天象，在《資治通鑒・梁紀》中却作了更爲有趣的記載："熒惑入南斗，去而復還，留止

六旬，上以諺云‘熒惑入南斗，天子下殿走’，乃跣而下殿以禳之。及聞魏主西奔，慚曰：‘虜亦應天象邪！’”

③三年正月壬午……其後侯景篡殺：太清三年（549）正月壬午，發生了熒惑守心的天象。三月丙子，熒惑又守心。星占家的占辭爲“大人易政，主去其宫”，“人饑亡，海内哭，天下大潰”。本志有關熒惑守心的占辭較爲簡單，祇是“主命惡之”云云。不過，《開元占經·熒惑占》却有豐富的記載，其引陳卓曰：“熒惑留心，近臣爲亂。”《黄帝占》曰：“熒惑宿心，色青有喪，色赤有兵。”《文曜鈎》曰：“熒惑與心合，主死，不死出走。又曰易帝。”果然不出所料，蕭衍在這次侯景叛亂中被囚死亡。

陳武帝永定三年九月辛卯朔，月入南斗。占曰：“月入南斗，大人憂。”一曰：“太子殃。”後二年，帝崩，太子昌在周爲質，文帝立。後昌還國，爲侯安都遣盗迎殺之。

三年五月丙辰朔，日有食之。占曰：“日食君傷。”又曰：“日食帝德消。”①六月庚子，填星鉞與太白并。②占：“太白與填合，爲疾爲内兵。”

文帝天嘉元年五月辛亥，熒惑犯右執法。占曰：“大臣有憂，執法者誅。”後四年，司空侯安都賜死。

九月癸丑，彗星長四尺，見芒，指西南。占曰：“彗星見則敵國兵起，得本者勝。”③其年，周將獨孤盛領衆趣巴湘，侯瑱襲破之。

二年五月己酉，歲星守南斗。六月丙戌，熒惑犯東井。七月乙丑，熒惑入鬼中。戊辰，熒惑犯斧質。十月，熒惑行在太微右掖門内。

三年閏二月己丑，熒惑逆行，犯上相。甲子，太白犯五車，填星。七月，太白犯輿鬼。八月癸卯，月犯南斗。丙午，月犯牽牛。庚申，太白入太微。十一月丁丑，月犯畢左股。辛巳，熒惑犯歲星。戊子，月犯角。庚寅，月入氐。

四年六月癸丑，太白犯右執法。七月戊子，熒惑犯填星。八月甲午，熒惑犯軒轅大星。丁未，太白犯房。九月戊寅，熒惑入太微，犯右執法。癸未，太白入南斗。占曰：“太白入斗，天下大亂，將相謀反，國易政。”又曰：“君死，不死則廢。”又曰：“天下受爵禄。”其後安成王爲太傅，廢少帝而自立，改官受爵之應也。辛卯，熒惑犯左執法。十一月辛酉，熒惑犯右執法。甲戌，月犯畢左股。

【注】

①三年五月丙辰朔……日食帝德消：這與《乙巳占》“德傷則亡，故日食”的説法是一致的。還有一種傳統的説法是陰侵陽。

②填星鉞與太白并：填星在鉞星處與太白星重疊在一起。

③得本者勝：彗星出現，互相敵對的國家兵起，彗頭對應的國家勝利，彗尾對應、掃過的國家失敗。

五年正月甲子，月犯畢大星。丁卯，月犯星。①四月庚子，太白歲星合在奎，金在南，木在北，相去二尺許。②壬寅，月入氐，又犯熒惑，太白歲星又合，在婁，相去一尺許。癸卯，月犯房上星。五月庚午，熒惑逆行二十一日，犯氐東南、西南星。③占曰：“月有賊臣。”又曰：“人主無出，廊廟間有伏兵。”又曰：“君死，有赦。”後二年，少帝廢之應也。④六月丙申，月犯亢。七月戊寅，月犯畢大星。閏十月庚申，月犯牽牛。丙子，又犯左執法。十一月乙未，月食畢大星。

六年正月己亥，太白犯熒惑，相去二寸。占曰：“其野有兵喪，改立侯王。”三月丁卯，日入後，眾星未見，有流星白色，大如斗，從太微間南行，尾長尺餘。占曰：“有兵與喪。”四月丁巳，月犯軒轅。占曰：“女主有憂。”五月丁亥，太白犯軒轅。占曰：“女主失勢。”又曰：“四方禍起。”其後年，少帝廢，廢後慈訓太后崩。六月己未，月犯氐。辛酉，有彗長可丈餘。占曰：“陰謀姦宄起。”一曰：“宮中火起。”後安成王錄尚書、都督中外諸軍事，廢少帝而自立，陰謀之應。八月戊辰，月掩畢大星。丙子，月與太白并，光芒相着，在太微西蕃南三尺所。九月辛巳，熒惑犯左執法。癸未，太白犯右執法。辛卯，犯左執法。乙巳，月犯上相，太白犯熒惑。其夜，月又犯太白。占曰：“其國內外有兵喪，改立侯王。”明年，帝崩，又少帝廢之應也。

七年二月庚午，日無光，烏見。占曰：“王者惡之。”其日庚午，吳、楚之分野。⑤四月甲子，日有交暈，白虹貫之。是月癸酉，帝崩。

廢帝天康元年五月庚辰，月犯軒轅女御大星。⑥占曰：“女主憂。”後年，慈訓太后崩。癸未，月犯左執法。

光大元年正月甲寅，月犯軒轅大星。占曰：“女主當之。”八月戊寅，月食哭星。占曰：“有喪泣事。”明年，太后崩，臨海王薨，哭泣之應也。壬午，鎮星辰星合於軫。九月戊午，辰星太白相犯。占曰：“改立侯王。”己未，月犯歲星。占曰：“國亡君。”十二月辛巳，月又犯歲星。辛卯，月犯建星。占曰：“大人惡之。”

二年正月戊申，月掩歲星。占曰：“國亡君。”五月乙未，月犯太白。六月丙寅，太白犯右執法。壬子，客星見氐東。八月庚寅，月犯太微。九月庚戌，太白逆行，與鎮星合，在角。占曰：“爲白衣之會。”又曰：“所合之國，爲亡地，爲疾兵。”戊午，太白晝見。占曰：“太白晝見，國更政易王。”十一月丙午，歲星守右執法，甲申，月犯太微東南星。戊子，太白入氐。十二月甲寅，慈訓太后廢帝爲臨海王，太建二年四月薨，皆其應也。

宣帝太建七年四月丙戌，有星孛于大角。占曰：“人主亡。”五月庚辰，熒惑犯右執法。壬子，又犯右執法。

十年二月癸亥，日上有背。[⑦]占曰：“其野失地，有叛兵。”甲子，吳明徹軍敗於呂梁，將卒并爲周軍所虜。來年，淮南之地，盡没于周。十月癸卯，月食熒惑。占曰：“國敗君亡，大兵起，破軍殺將。”來年三月，吳明徹敗於呂梁，十三年帝崩，敗國亡君之應也。

十一年四月己丑，歲星太白辰星合于東井。

十二年二月壬寅，白虹見西方。占曰：“有喪。”其後十三年帝崩。十月戊午，月犯牽牛吳越之野。占曰：

"其國亡，君有憂。"後年帝崩。辛酉，歲星犯執法。十二月癸酉，辰星在太白上。甲戌，辰星太白交相掩。占曰："大兵在野，大戰。"辛巳，彗星見西南。占曰："有兵喪。"明年帝崩，始興王叔陵作亂。

後主至德元年正月壬戌，蓬星見。占曰："必有亡國亂臣。"後帝於太皇寺捨身作奴，以祈冥助，不恤國政，爲施文慶等所惑，以至國亡。⑧

【注】

①五年正月甲子……丁卯月犯星：這是一種連續的月行記録，正月甲子月在畢宿大星處。原文包括中華書局校點本爲"月犯畢大星奎"，"奎"字當爲衍文。奎宿在畢宿前二宿，與此無關，當爲下句中"奎"字衍入。正月甲子後三日爲丁卯，月行二十餘度至星宿，故後面這個"星"字當釋爲星宿。

②四月庚子……相去二尺許：四月庚子這一天，太白與歲星相遇在奎宿，太白在南，歲星在北，兩星相距約二尺，即緯度相距約二度。

③熒惑……犯氐東南西南星：熒惑逆行從氐宿東南星、西南星旁通過。

④人主無出廊廟間有伏兵：皇帝不外出，而且要注意廊廟裏有伏兵害主。這是星占家據熒惑做出的占語。驗辭證明皇帝并未受到傷害，但最終少帝仍然被廢。

⑤七年二月庚午……吳楚之分野：烏見：日中見黑子。言七年二月庚午這一天見日中有黑子，對皇帝不利。其下"其日庚午，吳、楚之分野"九字疑爲衍文。因爲前已説了二月庚午，下面就不必重複了。吳、楚之分野是無的放矢，這時太陽既不在吳楚之分野，也無其他異常天象出現在此，故這九字當刪。

⑥月犯軒轅女御大星：軒轅大星爲軒轅十四，女御爲軒轅之附座，故這句話當調整爲"月犯軒轅大星、御女"。

⑦日上有背：太陽旁出現背氣。本志《十煇》說："日一抱一背爲破走。抱者，順氣也，背者，逆氣也。"《開元占經·日占》引京氏曰："日中赤外青，曲向外，名爲背。"蔡伯喈曰："氣見於日傍外曲曰背。"

⑧後主至德元年正月壬戌……以至國亡：陳後主作爲皇帝不太懂得也不用心於國家治理，却中意於寫詩作畫。當國家敗亡日顯之時，竟然不恤國政，捨身於太皇寺作奴，以祈冥助，這種愚腐思想更加速了陳朝的滅亡。

魏普泰元年十月，歲星熒惑填星太白聚於觜參，色甚明大。占曰："當有王者興。"其月，齊高祖起於信都，至中興二年春而破尒朱兆，遂開霸業。①

魏武定四年九月丁未，高祖圍玉壁城，有星墜於營，衆驢皆鳴。占曰："破軍殺將。"高祖不豫，五年正月丙午崩。②

齊文宣帝天保元年十二月甲申，熒惑犯房北頭第一星及鈎鈐。占曰："大臣有反者。"其二年二月壬辰，太尉彭樂謀反，誅。

八年二月己亥，歲星守少微，經六十三日。占曰："五官亂。"五月癸卯，歲星犯太微上將。占曰："大將憂，大臣死。"其十年五月，誅諸元宗室四十餘家，乾明元年，誅楊遵彦等，皆五官亂，大將憂，大臣死之應也。③

八年七月甲辰，月掩心星。占曰："人主惡之。"十年十月，帝崩。

九年二月，熒惑犯鬼質。占曰："斧質用，有大喪。"三月甲午，熒惑犯軒轅。占曰："女主惡之。"其十年五月，誅魏氏宗室，十月帝崩，斧質用，有大喪之應也。

十年六月庚子，填星犯井鉞，與太白并。占曰："子爲玄枵，齊之分野，君有戮死者，大臣誅，斧鉞用。"其明年二月乙巳，太師常山王誅尚書令楊遵彥、右僕射燕子獻、領軍可朱渾天和、侍中宋欽道等。八月壬午，廢少帝爲濟南王。④

廢帝乾明元年三月甲午，熒惑入軒轅。占曰："女主凶。"後太寧二年四月，太后崩。

肅宗皇建二年四月丙子，日有食之。子爲玄枵，齊之分野。⑤七月乙丑，熒惑入鬼中，戊辰，犯鬼質。占曰："有大喪。"十一月，帝以暴疾崩。

武成帝河清元年七月乙亥，太白犯輿鬼。占曰："有兵謀，誅大臣，斧質用。"其年十月壬申，冀州刺史平秦王高歸彥反，段孝先討擒，斬之於都市，又其二年，殺太原王紹德，皆斧質用之應也。八月甲寅，月掩畢。占曰："其國君死，大臣有誅者，有邊兵大戰，破軍殺將。"其十月，平秦王歸彥以反誅，其三年，周師與突厥入并州，大戰城西，伏尸流血百餘里，皆其應也。

四年正月己亥，太白犯熒惑，相去二寸，在奎。甲辰，太白、熒惑、歲星合在婁。占曰："甲爲齊。⑥三星若合，是謂驚立絕行，其分有兵喪，改立侯王，國易政。"三月戊子，慧星見。占曰："除舊布新，有易王。"至四月，傳位於太子，改元。

【注】

①魏普泰元年十月……遂開霸業：魏普泰元年十月，歲星、熒惑、填星、太白四大行星聚於觜參宿，這是當有王者興的吉徵兆。當月，齊高祖高歡起兵於信都，遂開霸業。

②魏武定四年九月丁未……五年正月丙午崩：東魏武定四年九月丁未有流星墜於北齊高祖營，預示着軍將不利。齊高祖於五年崩。這兩條記事雖記於魏，但實寫北齊開國之事。

③八年二月己亥……大臣死之應也：歲星守少微，占曰"五官亂"；歲星犯太微上將，占曰："大將憂，大臣死。"應在文宣帝天保十年諸元宗室四十餘家和廢帝乾明元年誅楊遵彥等大臣身上。太微垣，國家權政之所在，歲星犯之，故有此應。

④十年六月庚子……廢少帝爲濟南王：填星犯井鉞，應在大臣誅，斧鉞用。"子爲玄枵，齊之分野，君有戮死者"似無出處。異常天象出現在井宿，不當在齊。此占似有失當之處。若以"庚子"的"子"作爲出處，則與分野無關，"廢少帝爲濟南王"或勉强屬之，因爲濟南屬齊地。

⑤肅宗皇建二年……齊之分野：此説與上注所引，以干支之子釋爲子方在星占上有誤。

⑥甲爲齊：甲辰日，太白、熒惑等多星合於婁，是謂鷩立絶行，爲改王易政之候，但此處又以甲辰之"甲"釋爲星占上之甲方又誤。

後主天統元年六月壬戌，①彗星見於文昌，長數寸，入文昌，犯上將，然後經紫微宮西垣，入危，漸長一丈餘，指室壁。後百餘日，在虛危滅。占曰："有大喪，有亡國易政。"其四年十二月，太上皇崩。②

三年五月戊寅，甲夜，西北有赤氣竟天，夜中始滅。十月丙午，天西北頻有赤氣。③占曰："有大兵大戰。"後周武帝總衆來伐，大戰，有大兵之應也。

四年六月，彗星見東井。占曰："大亂，國易政。"
七月，孛星見房心，白如粉絮，大如斗，東行。八月，
入天市，漸長四丈，犯瓠瓜，歷虛危，入室，犯離宫。
九月入奎，至婁而滅。孛者，孛亂之氣也。占曰："兵
喪并起，國大亂易政，大臣誅。"其後，太上皇崩。至
武平二年七月，領軍庫狄伏連、治書侍御史王子宜，④受
琅邪王儼旨，矯詔誅録尚書、淮南王和士開於南臺，伏
連等即日伏誅，右僕射馮子琮賜死。此國亂之應也。

五年二月戊辰，歲星逆行，掩太微上將。占曰：
"天下大驚，四輔有誅者。"五月甲午，熒惑犯鬼積尸。
甲，齊也。占曰："大臣誅，兵大起，斧質用，有大
喪。"⑤至武平二年九月，誅琅邪王儼，三年五月，誅右
丞相、咸陽王斛律明月，四年七月，誅蘭陵王長恭，皆
懿親名將也。四年十月，又誅崔季舒等，此斧質用之
應也。

武平三年八月癸未，填星、歲星、太白合於氐，宋
之分野。占曰："其國内外有兵喪，改立侯王。"⑥其四
年十月，陳將吳明徹寇彭城，右僕射崔季舒，國子祭酒
張雕，黄門裴澤、郭遵，尚書左丞封孝琰等，諫車駕不
宜北幸并州。帝怒，并誅之，内外兵喪之應也。九月庚
申，月在婁，食既，至旦不復。占曰："女主凶。"其三
年八月，廢斛律皇后，立穆后。四年，又廢胡后爲庶
人。十一月乙亥，天狗下西北。占曰："其下有大戰流
血。"後周武帝攻晉州，進兵平并州，大戰流血。

三年十二月辛丑，日食歲星。占曰："有亡國。"至

七年，而齊亡。

四年五月癸巳，熒惑犯右執法。占曰：“大將死，執法者誅，若有罪。”其年，誅右丞相斛律明月，明年，誅蘭陵王長恭，後年，誅右僕射崔季舒，皆大將死，執法誅之應也。

【注】

①後主：此後主爲齊後主高緯，歷三個年號：天統、武平、隆化。天統：齊後主的年號。

②後主天統元年……太上皇崩：彗星在星占上主除舊布新，占曰有大喪，亡國易政，理所當然，應在太上皇指武成帝高湛。

③三年五月戊寅……天西北頻有赤氣：均指北極光出現。甲夜相當於初更。

④王子宜：據中華書局校點本，《北齊書·後主紀》“宜”作“宣”。

⑤五月甲午……有大喪：熒惑犯鬼宿中的積尸氣，其所用占辭合適。但以甲午日之“甲”判定在齊，未見以往星占家有此用法。

⑥武平三年八月癸未……改立侯王：三星合於氐宿，宋之分野。《晋志》曰：“角、亢、氏、鄭、兗州，宋之分野。”陳兵攻彭城，北齊危，帝欲北逃避兵，有大臣進諫被誅，終於導致武平七年北齊亡。

周閔帝元年五月癸卯，太白犯軒轅。占曰：“太白行軒轅中，大臣出令。”又曰：“皇后失勢。”辛亥，熒惑犯東井北端第二星。占曰：“其國亂。”又曰：“大旱。”其年九月，冢宰護逼帝遜位，幽於舊邸，月餘殺崩，司會李植、軍司馬孫恒及宮伯乙弗鳳等被誅害。其冬大旱。皆大臣出令、大臣死、旱之應也。

明帝二年三月甲午，熒惑入軒轅。占曰：“王者惡之，女主凶。”其月，王后獨孤氏崩。六月庚子，填星犯井鉞，與太白并。占曰：“傷成於鉞，君有戮死者。”其年，太師宇文護進食，帝遇毒崩。[①]

武帝保定元年九月乙巳，客星見於翼。十月甲戌，日有食之。戊寅，熒惑犯太微上將，合爲一。

二年閏正月癸巳，太白入昴。二月壬寅，熒惑犯太微上相。三月壬午，熒惑犯左執法。七月乙亥，太白犯輿鬼。九月戊辰，日有食之，既。十一月壬午，熒惑犯歲星於危南。

三年三月乙丑朔，日有食之。九月甲子，熒惑犯太微上將。占曰：“上將誅死。”十月壬辰，熒惑犯左執法。

四年二月庚寅朔，日有食之。甲午，熒惑犯房右驂。三月己未，熒惑又犯房右驂。占曰：“上相誅，車馳人走，天下兵起。”其年十月，冢宰晋公護率軍伐齊。十二月，柱國、庸公王雄力戰死之，遂班師。兵起將死之應也。八月丁亥，朔，日有蝕之。

五年正月辛卯，白虹貫日。占曰：“爲兵喪。”甲辰，太白、熒惑、歲星合於婁。六月庚申，慧星出三台，入文昌，犯上將，後經紫宮西垣，入危，漸長一丈餘，指室壁，後百餘日稍短，長二尺五寸，在虛危滅，齊之分野。七月辛巳，朔，日有食之。

天和元年正月己卯，日有食之。十月乙卯，太白晝見，經天。

二年，正月癸酉朔，日有食之。五月己丑，歲星與

熒惑合在井宿，相去五尺。并爲秦分。占曰："其國有
兵，爲饑旱，大臣匿謀，下有反者，若亡地。"閏六月
丁酉，歲星、太白合，在柳，相去一尺七寸。柳爲周
分。占曰："爲内兵。"又曰："主人凶憂，失城。"是
歲，陳湘州刺史華皎率衆來附，遣衛公直將兵援之，因
而南伐。九月，衛公直與陳將淳于量戰于沌口，王師失
利。元定、韋世冲以步騎數千先度，遂没陳。七月庚
戌，太白犯軒轅大星，相去七寸。占曰："女主失勢，
大臣當之。"又曰："西方禍起。"其十一月癸丑，太
保、許公宇文貴薨，大臣當之驗也。十月辛卯，有黑氣
一，大如杯，在日中。甲午，又加一，經六日乃滅。占
曰："臣有蔽主之明者。"②十一月戊戌朔，日有食之。
庚子，熒惑犯鈎鈐，去之六寸。占曰："王者有憂。"又
曰："車騎驚，三公謀。"

　　三年三月己未，太白犯井北轅第一星。占曰："將
軍惡之。"其七月壬寅，隋公楊忠薨。四月辛巳，太白
入輿鬼，犯積尸。占曰："大臣誅。"又曰："亂臣在
内，有屠城。"六月甲戌，彗見東井，長一丈，上白下
赤而銳，漸東行，至七月癸卯，在鬼北八寸所乃滅。占
曰："爲兵，國政崩壞。"又曰："將軍死，大臣誅。"
七月己未，客星見房心，白如粉絮，大如斗，漸大，東
行；八月，入天市，長如匹所，復東行，犯河鼓右將；
癸未，犯瓠瓜，又入室，犯離宮；九月壬寅，入奎，稍
小；壬戌，至婁北一尺所滅。凡六十九日。占曰："兵
起，若有喪，白衣會，爲饑旱，國易政。"又曰："兵犯

外城，大臣誅。"

【注】

①周閔帝元年五月癸卯……帝遇毒崩：閔帝元年五月癸卯太白犯軒轅，九月宇文護逼囚殺帝，明帝二年三月甲午熒惑入軒轅，六月庚子填星犯井鉞與太白并，其年宇文護進毒害帝，連殺二帝。對於這兩次異常天象的出現，星占家的占辭爲大臣出令、王者惡之、女主凶。其應在大臣專權、連殺二帝、王后獨孤氏崩的結局。

②十月辛卯……臣有蔽主之明者：天和二年十月辛卯見日中有黑氣一，大如杯。甲午日，又增加了一個，經過六天後纔滅。這是太陽上出現的黑子。星占家占曰有臣蔽主之明。其年十一月戊戌朔，日食，亦占曰"王者有憂"。這些均應在大臣專權。

　　四年二月戊辰，歲星逆行，掩太微上將。占曰："天下大驚，國不安，四輔有誅，必有兵革，天下大赦。"庚午，有流星，大如斗，出左攝提，流至天津滅，有聲如雷。五月癸巳，熒惑犯輿鬼，甲午，犯積尸。占曰："午，秦也。大臣有誅，兵大起。"後三年，太師、大冢宰、晉國公宇文護以不臣誅，皆其應也。

　　五年正月乙巳，月在氐，暈，有白虹長丈所貫之，而有兩珥連接，規北斗第四星。占曰："兵大起，大戰，將軍死於野。"是冬，齊將斛律明月寇邊，於汾北築城，自華谷至於龍門。其明年正月，詔齊公憲率師禦之。三月己酉，憲自龍門度河，攻拔其新築五城，兵起大戰之應也。

　　六年二月己丑夜，有蒼雲，廣三丈，經天，自戌加辰。四月戊寅朔，日有蝕之。己卯，熒惑逆行，犯輿鬼。占曰：“有兵喪，大臣誅，兵大起。”其月，又率師取齊宜陽等九城。六月，齊將攻陷汾州。六月庚辰，熒惑太白合，在張宿，相去一尺。占曰：“主人兵不勝，所合國有殃。”

建德元年三月丙辰，熒惑、太白合壁。占曰：“其分有兵喪，不可舉事，用兵必受其殃。”又曰：“改立侯王，有德者興，無德者亡。”其月，誅晉公護、護子譚公會、莒公至、崇業公静等，大赦。癸亥，詔以齊公憲爲大冢宰，是其驗也。[①]七月丙午，辰與太白合於井，相去七寸。占曰；“其下之國，必有重德致天下。”後四年，上帥師平齊，致天下之應也。九月己酉，月犯心中星，相去一寸。占曰：“亂臣在傍，不出五年，下有亡國。”後周武伐齊，平之，有亡國之應也。

二年二月辛亥，白虹貫日。占曰：“臣謀君，不出三年。”又曰：“近臣爲亂。”後年七月，衛王直在京師舉兵反。癸亥，熒惑掩鬼西北星。占曰：“大賊在大人之側。”又曰：“大臣有誅。”四月己亥，太白掩西北星，壬寅，又掩東北星。占曰：“國有憂，大臣誅。”六月丙辰，月犯心中後二星。[②]占曰：“亂臣在傍，不出三年，有亡國。”又曰：“人主惡之。”九月癸酉，太白犯左執法。占曰：“大臣有憂，執法者誅，若有罪。”十一月壬子，太白掩填星，在尾。占曰：“填星爲女主，尾爲後宫。”明年，皇太后崩。[③]

三年二月戊午，客星大如桃，青白色，出五車東南三尺所，漸東行，稍長二尺所；至四月壬辰，入文昌；丁未，入北斗魁中，後出魁，漸小。凡見九十三日。占曰："天下兵起，車騎滿野，人主有憂。"又曰："天下有亂，兵大起，臣謀主。"其七月乙酉，衛王直在京師舉兵反，討擒之，廢爲庶人。至十月，始州民王軌擁衆反，討平之。四月乙卯，星孛於紫宫垣外，大如拳，赤白，指五帝座，漸東南行，稍長一丈五尺；五月甲子，至上台北滅。占曰："天下易政，無德者亡。"後二年，武帝率六軍滅齊。④十一月丙子，歲星與太白相犯，光芒相及，在危。占曰："其野兵，人主凶，失其城邑。危，齊之分野。"後二年，宇文神舉攻拔陸渾等五城。十二月庚寅，月犯歲星，在危，相去二寸。占曰："其邦流亡，不出三年。"辛卯，月行在營室，食太白。占曰："其國以兵亡，將軍戰死。營室，衛也，地在齊境。"後齊亡入周。

【注】

①"四年二月戊辰，歲星逆行，掩太微"，"五月癸巳，熒惑犯輿鬼"，六年四月己卯"熒惑逆行，犯輿鬼"，"建德元年三月丙辰，熒惑，太白合壁"，以上天象之占辭均曰四輔有誅、大臣有誅、大臣誅、改立侯王、有德者興、無德者亡。直至建德元年三月，皇室與宇文護集團的這場矛盾纔得以解決，結果是宇文護及其主要集團成員被殺，北周政權纔得以鞏固。

②月犯心中後二星：月亮掩犯心宿中間大星和心宿二，象徵天子受到侵犯，故曰亂臣在傍、有亡國。

③十一月壬子……明年皇太后崩：太白掩填星在尾，填星有多重象徵，如女主、後宫的身份，即填星和尾宿均爲後宫之象，故必於後宫有應，驗辭爲明年皇太后崩。

④三年二月戊午……武帝率六軍滅齊：這裏記載了兩次彗星的出現，一次是建德三年二月戊午，另一次是四月乙卯。彗星既是除舊布新之象，又是兵象，應在衛王直反而被廢爲庶人和齊被滅。

　　四年三月甲子，月犯軒轅大星。占曰：“女主有憂，又五官有亂。”

　　五年十月庚戌，熒惑犯太微西蕃上將星。占曰：“天下不安，上將誅，若有罪，其止。”

　　六年二月，皇太子巡撫西土，仍討吐谷渾。①八月，至伏俟城而旋。吐谷渾寇邊，天下不安之應也。六月庚午，熒惑入鬼。占曰：“有喪旱。”其七月，京師旱。十月戊午，歲星犯大陵。又己未、庚申，月連暈，規昴、畢、五車及參。②占曰：“兵起爭地。”又曰：“王自將兵。”又曰：“天下大赦。”癸亥，帝率衆攻晉州。是日虹見晉州城上，首向南，尾入紫宮，長十餘丈。庚午，克之。丁卯夜，白虹見，長十餘丈，頭在南，尾入紫宮中。占曰：“其下兵戰流血。”又曰：“若無兵，必有大喪。”至六年正月，平齊，與齊軍大戰。十一月稽胡反，齊王討平之。

　　七年四月，③先此熒惑入太微宮二百日，犯東蕃上相，西蕃上將，句已往還。④至此月甲子，出端門。占曰：“爲大臣代主。”⑤又曰：“臣不臣，有反者。”又曰：“必有大喪。”後宣、武繼崩，高祖以大運代起。十月癸卯，月食，熒惑在斗。占曰：“國敗，其君亡，兵大起，破軍殺將。斗爲吳、越之星，陳之分野。”⑥十一月，陳將吳明徹侵呂梁，徐州總管梁士彥出軍與戰，不利。明年三月，郯公王軌討擒陳將吳明徹，俘斬三萬餘人。十一月甲辰，晡時，日中有黑子，大如杯。占曰："君有過而臣不諫，人主惡之。"十二月癸丑，流星大如月，西流有聲，蛇行屈曲，光照地。占曰："兵大起，下有戰場。"戊辰平旦，有流星大如三斗器，色赤，出紫宮，凝著天，乃北下。占曰："人主去其宮殿。"是月，營州刺史高寶寧據州反。其明年五月，帝總戎北伐。後年，武帝崩。

　宣政元年正月丙子，月食昴。占曰："有白衣之會。"又曰："匈奴侵邊。"其月，突厥寇幽州，殺略吏人。五月，帝總戎北伐。六月，帝疾甚，還京，次雲陽而崩。⑦六月壬午、癸丑，木、火、金三星合，在井。占曰："其國霸。"又曰："其國外內有兵喪，改立侯王。"是月，幽州人盧昌期據范陽反，改立王侯、兵喪之驗也。七年辛丑，月犯心前星。占曰："太子惡之，若失位。"後靜帝立爲天子，不終之徵也。⑧丙辰，熒惑、太白合，在七星，相去二尺八寸所。占曰："君憂。"又曰："其國有兵，改立王侯，有德興，無德亡。"後年，改署四輔官，傳位太子，改立王侯之應也。己未，太白犯軒轅大星。占曰："女主凶。"後二年，宣帝崩，楊后令其父隋公爲大丞相，總軍國事。隋氏受命，廢后爲樂平公主，餘四后悉廢爲比丘尼。八月庚辰，太白入太微。占曰："爲天下驚。"又曰："近臣起兵，大臣相殺，國有憂。"其後，趙、陳等五王爲執政所誅，大臣相殺之應也。九月丁酉，熒惑入太微西掖門，庚申，犯左執法，相去三寸。占曰：“天下不安，大臣有憂。”又曰：“執法者誅，若有罪。”是月，汾州稽胡反，討平之。十一月，突厥寇邊，圍酒泉，殺略吏人。明年二月，殺柱國、郯公王軌。皆其應也。十二月癸未，熒惑入氐，守犯之三十日。占曰：“天子失其宮。”又曰：“賊臣在内，下有反者。”又曰：“國君有繫饑死，若毒死者。”静帝禪位，隋高祖幽殺之。⑨

【注】

①六年二月皇太子巡撫西土仍討吐谷渾：據中華書局校點本《校勘記》，下文載該年正月大戰平齊，與二月撫西土矛盾。又《周書》記在五年，故此處之“六年”當“五年”之誤。

②月連暈規昴畢五車及參：接連發生月暈之事，并且窺測昴宿、畢宿、五車星和參宿。“規”爲“窺”的假借詞，“窺”爲從隱僻處察看之義。此處對月亮作了擬人化的描述。

③七年四月：諸本作“七年四月”，中華書局校點本改作“六年四月”，未説明理由。由於以上已有六年數月之事，此當爲“七年四月”。今改。

④句巳：屈曲之狀。巳意爲蛇形。中華書局校點本誤作“句已”。今改。

⑤七年四月……爲大臣代主：自此接連發生熒惑入太微、犯上相、上將、出端門之象，在星占上爲大臣代主之兆。

⑥斗爲吴越之星陳之分野：從星占分野上説，斗宿對應於吴越之地。但現在這個地域屬於南朝陳，故曰陳之分野。在星占理論上，角、亢、氐對應於鄭陳之國，星占上所指之陳，爲春秋時淮陽之陳國，與本志之南朝陳有别。

⑦宣政元年正月丙子……次雲陽而崩：月食昴，昴爲“胡人”之星，故此异常天象對應於“胡人”匈奴侵邊。月食昴又應在白衣會，即有大

喪，亦爲帝王去世的代名詞。此有帝北伐而後崩之應。

⑧月犯心前星……不終之徵也：月犯心前星，即月犯心宿上星。根據星占家的説法，心前星爲太子，今月犯之，太子有憂，故即使繼位了也依然有不終之徵。

⑨十二月癸未……隋高祖幽殺之：《開元占經·熒惑占》引甘氏曰："熒惑入天子宮，天子失其宮。"甘氏曰："熒惑入氐，留守二十日不下，當有賊臣在内；下，有反者。三十日不下，其國兵起，人主當之。氐爲天子之宮，罰星入之，不祥之徵，所守之國，其君死之。"熒惑又稱罰星，氐宿爲天子之宮。熒惑犯天子之宮，象徵着天子之宮受到侵害，天子會失去基地，也就是不在其位了。最終應在静帝被迫禪位、爲隋高祖（文帝）幽殺而死。

宣帝大成元年正月丙午、癸丑，日皆有背。①占曰："臣爲逆，有反叛，邊將去之。"又曰："卿大夫欲爲主。"其後，隋公作霸，尉迥、王謙、司馬消難各舉兵反。

大象元年四月戊子，太白、歲星、辰星合，在井。占曰："是謂驚立，是謂絶行，其國内外有兵喪，改立王公。"又曰："其國可霸，修德者强，無德受殃。"其五月，趙、陳、越、代、滕五王并入國。②後二年，隋王受命，宇文氏宗族相繼誅滅。③六月丁卯，有流星一，大如鷄子，出氐中，西北流，有尾迹，長一丈所，入月中，即滅。占曰："不出三年，人主有憂。"又曰："有亡國。"静帝幽閉之應也。己丑，有流星一，大如斗，色青，有光明照地，出營室，抵壁入濁。七月壬辰，熒惑掩房北頭第一星。占曰："亡君之誡。"又曰："將軍爲亂，王者惡之，大臣有反者，天子憂。"其十二月，帝親御驛馬，日行三百里。四皇后及文武侍衛數百人，并乘馹以從。房爲天駟，熒惑主亂，此宣帝亂道德，馳騁車騎，將亡之誠。八月辛巳，熒惑犯南斗第五星。占曰：「且有反臣，道路不通，破軍殺將。」尉迥、王謙等起兵敗亡之徵也。九月己酉，太白入南斗魁中。占曰：「天下有大亂，將相謀反，國易政。」又曰：「君死，不死則疾。」又曰：「天下爵祿。」皆高祖受命、群臣分爵之徵也。十月壬戌，歲星犯軒轅大星。占曰：「女主憂，若失勢。」周自宣政元年，熒惑、太白從歲星聚東井。大象元年四月，太白、歲星、辰星又聚井。十月，歲星守軒轅。其年，又守翼。東井，秦分，翼，楚分，漢東爲楚地，軒轅后族，隋以后族興於秦地之象，而周之后妃失勢之徵也。④乙酉，熒惑在虛，與填星合。占曰：「兵大起，將軍爲亂，大人惡之。」是月，相州段德舉謀反，伏誅。其明年三月，杞公宇文亮舉兵反，擒殺之。

二年四月乙丑，有星大如斗，出天厨，流入紫宮，抵鈎陳乃滅。占曰：「有大喪，兵大起，將軍戮。」又曰：「臣犯上，主有憂。」其五月，帝崩，隋公執國政，大喪、臣犯主之應。趙王、越王以謀執政被誅。又荆、豫、襄三州諸蠻反，尉迥、王謙、司馬消難各舉兵畔，不從執政，終以敗亡。皆大兵起、將軍戮之應也。五月甲辰，有流星一，大如三斗器，出太微端門，流入翼，色青白，光明照地，聲若風吹幡旗。占曰：「有立王，若徙王。」又曰：「國失君。」其月己酉，帝崩，劉昉矯制，以隋公受遺詔輔政，終受天命，立王、徙王、失君之應也。七月壬子，歲星、太白合於張，有流星，大如斗，出五車東北流，光明燭地。九月甲申，熒惑、歲星合于翼。

靜帝大定元年正月乙酉，歲星逆行，守右執法，熒惑掩房北第一星。占曰："房爲明堂，布政之宮，無德者失之。"二月甲子，隋王稱尊號。⑤

【注】

①日皆有背：太陽圓面旁都有背氣。背氣，弧狀之氣背向太陽圓面。星占家理解爲與天子背向，爲反叛之象。

②即本志前文所載"趙、陳等五王爲執政所誅，大臣相殺之應也"。

③後二年隋王受命宇文氏宗族相繼誅滅：自建德元年晋公護、譚公會、莒公至、崇業公靜被殺，宣政元年周武帝崩，至大定元年靜帝禪位，象徵宇文氏宗族的滅亡，隋朝興起。

④周自宣政元年……而周之后妃失勢之徵也：熒惑、太白從歲星聚東井，太白、歲星、辰星又聚東井，皆爲東井之地當有王者興之兆，應在隋當興起於秦。歲星守軒轅象徵隋以后族興。歲星守翼，又是周朝后妃失勢之徵。這是因爲，在星分野上，東井爲秦分，翼爲楚分，隋以秦地興，楚則漸弱。

⑤熒惑掩房北第一星……隋王稱尊號：房宿象徵明堂，即帝王頒布政令的地方，是權政的符號，今受到侵犯，意味着帝王失去政權，故有隋王稱尊號之應。

高祖文皇帝開皇元年三月甲申，太白晝見。占曰："太白經天晝見，爲臣強，爲革政。"四月壬午，歲星晝見。占曰："大臣強，有逆謀，王者不安。"其後，劉昉等謀反，伏誅。①十一月己巳，有流星，聲如隤墻，光燭地。占曰：“流星有光有聲，名曰天保，所墜國安有喜。”其九年，平陳，天下一統。五年八月戊申，有流星數百，四散而下。占曰：“小星四面流行者，庶人流移之象也。”其九年，平陳，江南士人，悉播遷入京師。②

八年二月庚子，填星入東井。占曰：“填星所居有德，利以稱兵。”其年大舉伐陳，克之。十月甲子，有星孛于牽牛。占曰：“臣殺君，天下合謀。”又曰：“內不有大亂，則外有大兵。牛，吳、越之星，陳之分野。”後年，陳氏滅。

九年正月己巳，白虹夾日。占曰：“白虹衝日，臣有背主。”又曰：“人主無德者亡。”是月，滅陳。

十四年十一月癸未，有彗星孛于虛危及奎婁，③齊、魯之分野。其後魯公虞慶則伏法，齊公高熲除名。

十九年十二月乙未，星隕於渤海。占曰：“陽失其位，災害之萌也。”又曰：“大人憂。”

二十年十月，太白晝見。占曰：“大臣強，爲革政，爲易王。”右僕射楊素，熒惑高祖及獻后，④勸廢嫡立庶。其月乙丑，廢皇太子勇爲庶人。明年改元。皆陽失位及革政易王之驗也。

仁壽四年六月庚午，有星入于月中。占曰：“有大喪，有大兵，有亡國，有破軍殺將。”七月乙未，日青無光，八日乃復。占曰：“主勢奪。”又曰：“日無光，有死王。”甲辰，上疾甚，丁未，宮車晏駕。漢王諒反，楊素討平之。皆兵喪亡國死王之應。

【注】

①楊堅取得政權，劉昉矯詔隋公輔政功勞甚大。在楊堅取得帝位後的當年，劉昉就以有逆謀的罪名受到誅殺。看來楊堅對劉昉這個人是不放心的。殺劉昉作爲天象上的預兆，爲三月甲申太白畫見和四月壬午歲星畫見。太白和歲星畫見，是與日争明，於此也可見其中的含義。

②十一月己巳……悉播遷入京師"：這裏記載了元年十一月己巳流星和五年八月戊申流星雨，其驗辭爲陳被隋平定，南北歸於統一。星占家認爲這是兩次流星的應驗。通常來説，流星爲信使、爲兵象，將滅陳統一南北這樣的大事歸因於兩次流星顯象，理由不大充分。

③有彗星孛于虛危及奎婁：本書《高帝紀》載"虛危"作"角亢"。不知孰是。從分野來看，虛危主齊，後文驗辭有關魯與齊，當以"虛危"爲是。

④熒惑高祖及獻后：迷惑高祖及獻后。此處"熒惑"二字爲動詞，非爲星名。

煬帝大業元年六月甲子，熒惑入太微。占曰："熒惑爲賊，爲亂入宮，宮中不安。"

三年三月辛亥，長星見西方，竟天，干歷奎婁、角亢而没；至九月辛未，轉見南方，亦竟天，又干角亢，頻掃太微帝座，干犯列宿，唯不及參、井。經歲乃滅。占曰："去穢布新，天所以去無道，建有德，見久者災深，星大者事大，行遲者期遠。兵大起，國大亂而亡。餘殃爲水旱饑饉，土功疾疫。"其後，築長城，討吐谷渾及高麗，兵戎歲駕，略無寧息。水旱饑饉疾疫，土功相仍，而有群盜并起，邑落空虛。①九年五月，禮部尚書楊玄感於黎陽舉兵反。丁未，熒惑逆行入南斗，色赤如血，如三斗器，光芒震耀，長七八尺，於斗中句已而行。占曰：“有反臣，道路不通，國大亂，兵大起。”斗，吳、越分野，玄感父封於越，後徙封楚地，又次之，天意若曰，使熒惑句已之，除其分野。②至七月，宇文述討平之。其兄弟悉梟首車裂，斬其黨與數萬人。其年，朱燮、管崇亦於吳郡擁眾反。此後群盜屯聚，剽略郡縣，尸橫草野，道路不通，賫詔敕使人，皆步涉夜行，不敢遵路。

十一年六月，有星孛于文昌東南，長五六寸，色黑而銳，夜動搖，西北行，數日至文昌，去宮四五寸，不入，卻行而滅。③占曰：“爲急兵。”其八月，突厥圍帝於雁門，從兵悉馮城禦寇，矢及帝前。七月，熒惑守羽林。占曰：“衛兵反。”十二月戊寅，大流星如斛，墜賊盧明月營，破其衝輣，壓殺十餘人。占曰：“奔星所墜，破軍殺將。”其年，王充擊盧明月城，破之。

十二年五月丙戌朔，日有食之，既。占曰：“日食既，人主亡，陰侵陽，下伐上。”其後宇文化及等行殺逆。癸巳，大流星隕于吳郡，爲石。占曰：“有亡國，有死王，有大戰，破軍殺將。”其後大軍破逆賊劉元進于吳郡，斬之。八月壬子，有大流星如斗，出王良閣道，聲如隤墻；癸丑，大流星如甕，出羽林。九月戊午，有枉矢二，出北斗魁，委曲蛇形，注於南斗。占曰：“主以兵去，天之所伐。”④亦曰：“以亂伐亂，執矢者不正。”後二年，化及殺帝僭號，王充亦於東都殺恭帝，篡號鄭。皆殺逆無道，以亂代亂之應也。

　　十三年五月辛亥，大流星如甕，墜於江都。占曰：
“其下有大兵戰，流血破軍殺將。”六月，有星孛于太微
五帝座，色黃赤，長三四尺所，數日而滅。占曰：“有
亡國，有殺君。”明年三月，宇文化及等殺帝也。十一
月辛酉，熒惑犯太微，日光四散如流血。占曰：“賊入
宮，主以急兵見伐。”又曰：“臣逆君。”明年三月，化
及等殺帝，諸王及幸臣并被戮。⑤

【注】

　　①三年三月辛亥……邑落空虛：隋煬帝繼位之後，好大喜功，築長城，
開運河、征高麗、討吐谷渾，兵戎歲駕，略無寧息，農田荒蕪，國庫空虛，
人民處於水深火熱之中。星占家將楊廣這一系列倒行逆施、違反民意的政策
與星空中出現大彗星相聯繫，預言爲兵大起、國大亂而政權覆亡。

　　②九年五月……除其分野：大業九年五月丁未，熒惑逆行入南斗，於
斗中屈曲而行。正好在該月禮部尚書楊玄感舉兵反。由於楊玄感之父曾被
封於越，這時星占家正好與楊玄感的起兵相對應，因爲斗宿正好對應於吳
越之地。熒惑在其分野遲遲不出，句巳而行，在星占家來説顯現的問題就
更爲嚴重。當然，本志在這裏還使用了一些誇張不實之詞，如説熒惑色赤
如血，如三斗器，光芒震耀，長七八尺。有誰見過熒惑的光芒長達七八
尺？衹是用於説明天象顯現之緊迫而已。

　　③去宮四五寸不入卻行而滅：言彗星現文昌，西北行，至紫宮垣牆外
四五寸而滅。

　　④九月戊午……天之所伐：枉矢爲流星。言有兩顆流星屈曲蛇行於北
斗和南斗之間，占者認爲帝王權政受到侵犯，帝王將跟兵丁一起消亡。

　　⑤六月有星孛于太微五帝座……諸王及幸臣并被戮：六月，彗星犯太
微，天象表示帝王權政受到侵犯。明年三月，熒惑又犯太微，且日光極爲
反常，象徵賊兵侵犯朝廷，統治者蒼促應付。對應於宇文化及殺帝及諸王
幸臣。

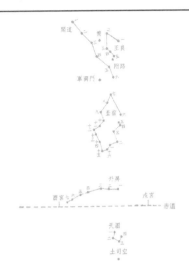

舊唐書·天文志

　　《舊唐書·天文志》分上下兩卷，成書於後晋開運年間，由趙瑩、張昭遠、賈緯等奉詔修撰。成書時，出力較多的趙瑩已罷相位，不得署名，時宰相劉昫以監修國史名，故署名劉昫撰。《舊唐書·天文志》的具體作者不明。《曆志》首卷説："前史取傅仁均、李淳風、南宮説、一行四家曆經，爲《曆志》四卷……《景龍曆》不經行用，世以爲非，今略而不載，但取《戊寅》《麟德》《大衍》三曆法，以備此志。"這裏所説"前史"，是指唐代闞駰、韋述等人所編的國史舊本，這便是《舊唐書·曆志》三卷的來歷。由此看來，《天文志》也當與此有關。英人杜希德《唐代官修史籍考》認爲本志"采用了早先的《國史》中的《天文志》，又增補了終結於846年左右的後續資料"。其中《國史》指柳芳的《國史》。

　　本書編撰於社會比較混亂的五代時期，苦於史料不足，大量采用唐代國史及紀録。趙翼説："五代修《唐書》，雖史籍已散失，然代宗以前，尚有紀傳，而庾傳美得自蜀中者，亦尚有九朝實録。今細閲《舊書》文義，知此數朝紀、傳，多鈔實録國史原文也。"此《天文志》也存在大量傳抄而缺少統一構思的缺陷。其中天

象記録，武宗以前以不同天象分類，肅宗以後又以各種
天象記録混合記載的方法，可能源自兩種不同文獻的叙
事體例，未經組合而祇是簡單地拼湊在一起。與此同
時，自宣宗至唐末的天象記録，由於缺少文獻，也祇能
付之闕如。

　　儘管如此，此《天文志》也有其重要成就。它詳細
地記載了唐代造的兩架渾儀——李淳風的黄道渾儀和僧
一行、梁令瓚的黄道游儀的製造過程和結構，明確地指
出了兩者之差異和不同之處，是十分難得的有關古代渾
儀的史料。它還詳細地記載了一行利用黄道游儀所開展
的唐代唯一一次系統的恒星方位測量的結果和數據。

　　本志還詳細記載了由一行發起的第一次全國大地測
量工作，觀測地點主要包括鐵勒（貝加爾湖附近）、林
邑（今越南中部）、陽城等十三處的北極高度、冬夏至
影長及晝夜時間長度等，爲一行編《大衍曆》積累了資
料和數據。中國上古有南北千里日影差一寸的錯誤觀
念。爲了證實其錯誤，南宫説在測量河南白馬、浚儀、
扶溝、上蔡四個點的數據時，還特地測量了這四個地點
在同一經度上的距離，用實測數據證明且批判了舊説的
錯誤。更重要的是，一行還發現了南北兩地北極高度差
異，與兩地間的距離有着穩定的綫性比例關係："三百
五十一里八十步而差一度。"實際上是説，子午綫一度
長一百三十一点一一公里。這與實際值雖然還存在較大
誤差，却爲世界上第一次子午綫長度的實測工作。

　　本志第一次記載了十二次分野的沿革史，詳細記載

了李淳風對分野觀念重新整理劃分的結果。一行又據黃
道游儀實測了十二次的起、中、終的宿度，積累了唐代
有關十二次分野的具體資料。

　　本志是記載唐代天文機構具體資料的唯一文獻，包
括隸屬關係的變化、名稱的變更、官員的配置、品級、
分工、紀律、官員的人數、觀生、曆生的人數等，爲人
們研究古代天文機構的狀況提供了難得而珍貴的史料。

　　本志留下了我國最早的彗星分裂記錄。

《旧唐書》卷三十五

志第十五

天文上

《易》曰："觀乎天文以察時變。"①是故古之哲王，法垂象以施化，考庶徵以致理，以授人時，以考物紀，脩其德以順其度，②改其過以慎其災，去危而就安，轉禍而爲福者也。③夫其五緯七紀之名數，④中官外官之位次，⑤凌歷犯守之所主，⑥飛流彗孛之所應，⑦前史載之備矣。

武德年中，薛頤、庾儉等相次爲太史令，雖各善於占候，而無所發明。⑧

貞觀初，將仕郎直太史李淳風始上言靈臺候儀是後魏遺範，法制疏略，難爲占步。太宗因令淳風改造渾儀，鑄銅爲之，至七年造成。淳風因撰《法象志》七卷，以論前代渾儀得失之差，語在《淳風傳》。⑨其所造渾儀，太宗令置於凝暉閣以用測候，既在宮中，尋而失其所在。

【注】

①觀乎天文以察時變：《周易》的這句話，在中國古代已成爲帝王設立天文機構的指導思想。人們從觀察天象的變化中，認識到時事政治的變化。這也成爲歷代正史中編撰《天文志》的主要宗旨。

②……古之哲王……以順其度：哲王指聖王英主。《周易·系辭下》曰："古者，包犧氏之王天下也，仰則觀象於天，俯則觀法於地，觀鳥獸之文，與地之宜，近取諸身，遠取諸物，於是始作八卦，以通神明之德，以類萬物之情。作結繩而爲网罟，以佃以漁，蓋取諸《離》。"說法相似，是說古聖王以天象物候爲則，制訂法條，治理國家，頒布曆法。

③改其過……轉禍而爲福"：《周易·系辭上》曰："天垂象，見吉凶，聖人象之。河出圖，洛出書，聖人則之。"其含義也與此處所言相當。天象顯示時變，聖王據以改正過失，去危爲安，轉禍爲福。

④五緯七紀之名數：五緯，指五方即東、西、南、北、中；七紀，指七曜；名數，指名稱和行度。

⑤中官外官之位次：中官，指赤道以北的星座；外官，指赤道以南的星座；位次，指位置和順序。

⑥凌歷犯守之所主：月亮、五星及其他異常天體接近中外星官時所對應的社會災异狀況。

⑦飛流彗孛之所應：飛星、流星、彗星和孛星凌犯具體星官時所對應的災變狀況。

⑧……武德年中……無所發明：武德年間（618—626）薛頤、庾儉兩名太史令，祇是善言災變占候的術士，對於天文則無所闡發和說明。

⑨貞觀初……在淳風傳：李淳風（602—670），唐代著名天文學家，明天文陰陽之學，曾任太史令、秘閣郎中等職，制黃道渾儀，撰《法象志》《乙巳占》《晋書·天文志》《晋書·律曆志》《隋書·天文志》《隋書·律曆志》等，其所造《麟德曆》得以頒行，爲唐代名曆。《舊唐書》載《法象志》尚較簡略，具體內容可參見《乙巳占》。貞觀七年（633）黃道儀成，此亦當爲撰《法象志》之年。

　　玄宗開元九年，太史頻奏日蝕不效，詔沙門一行改造新曆。^①一行奏云，今欲創曆立元，^②須知黃道進退，^③請太史令測候星度。有司云："承前唯依赤道推步，官無黃道游儀，無由測候。"時率府兵曹梁令瓚待制於麗正書院，因造游儀木樣，甚爲精密。一行乃上言曰："黃道游儀，古有其術而無其器。以黃道隨天運動，難用常儀格之，^④故昔人潛思皆不能得。今梁令瓚創造此圖，日道月交，莫不自然契合，既於推步尤要，望就書院更以銅鐵爲之，庶得考驗星度，無有差舛。"從之，至十三年造成。^⑤

【注】

　　①一行（683—727），俗名張遂，魏州昌樂（今屬河南）人，幼孤家貧，二十一歲出家爲僧。後成爲唐朝著名天文學家，精天文曆法，與梁令瓚合造黃道游儀，多所創造發明。他發起全國性、分爲十三個點的天文大地測量工程，其中河南四個測點歸算出子午綫一度之長，具有重要科學價值。其撰《大衍曆》得以頒行，爲唐代名曆。

　　②創曆立元：創造曆法之首在於必須設立曆元，即推算各天體運行的基本點。曆元，包括在天球上的基本點和起始時間。

　　③須知黃道進退：除了太陽沿着黃道運動，月亮和五星雖然各有自己的運動軌道，但與黃道的夾角都不大，都在六度範圍之内，顯然，用黃道儀來測量和表述它們的運動軌迹是最爲方便的。故自東漢開始，天文學家就在設想造黃道渾儀。據傳東漢時曾造黃道渾儀，但由於設計上的缺陷，實際并不便於使用。直至唐李淳風纔設計出具體合於實用的黃道儀，然而用過一段時間人們發現，歲差的移動，使得李淳風設計製造的將黃道環固定在赤道環上的渾儀不符合當時的情況，歲差的變化將使儀器很快不能使用，故有下文的有司"無由測候"之説。這纔引起設計黃道游儀的話題。

唐代畫家李真的一行畫像

（描摹圖，現收藏於日本。）

④黃道隨天運動難用常儀格之：隨天運動，是指據日旋轉設計出的赤道系統的周日旋轉，故曰黃道的方位難用常儀測量。常儀，指與赤道渾儀相固定的黃道環。

⑤十三年造成：梁令瓚的黃道游儀自開元九年至十三年造成（721—725）。

又上疏曰：①

按《舜典》云："在璿樞玉衡，以齊七政。"說者以爲取其轉運者爲樞，持正者爲衡，皆以玉爲之，用齊七政之變，知其盈縮進退，得失政之所在，即古太史渾天儀也。

自周室衰微，疇人喪職，其制度遺象，莫有傳者。漢興，丞相張蒼首創律曆之學。至武帝詔司馬遷等更造漢曆，乃定東西、立晷儀、下漏刻，以追二十八宿相距星度，與古不同。故唐都分天部，洛下閎運算轉曆，今赤道曆星度，則其遺法也。

後漢永元中，左中郎將賈逵奏言：② “臣前上傅安等用黄道度日月，弦望多近。③史官壹以赤道度之，不與天合，至差一日以上。願請太史官日月宿簿及星度課，與待詔星官考校。奏可。問典星待詔姚崇等十二人，皆曰：‘星圖有規法，日月實從黄道，官無其器，不知施行。’④甘露二年，大司農丞耿壽昌奏，以圓儀度日月行，考驗天運。日月行赤道，至牽牛、東井，日行一度，月行十五度；至婁、角，日行一度，月行十三度，此前代所共知也。”是歲永元四載也。明年，始詔太史造黄道銅儀。冬至，日在斗十九度四分度之一，與赤道定差二度。⑤史官以校日月弦望，雖密近，而不爲望日。儀，黄道與度運轉，難候，是以少終其事。⑥其後劉洪因黄道渾儀，以考月行出入遲速。而後代理曆者不遵其法，更從赤道命文，以驗賈逵所言，差謬益甚，此理曆者之大惑也。⑦

今靈臺鐵儀，後魏明元時都匠解蘭所造，規制朴略，度刻不均，赤道不動，乃如膠柱，不置黄道，進退無準。⑧此據赤道月行以驗入曆遲速，多者或至十七度，少者僅出十度，不足以上稽天象，敬授人時。近秘閣郎中李淳風著《法象志》，備載黄道渾儀法，以玉衡旋規，別帶日道，傍列二百四十九交，以攜月游，用法頗雜，其術竟寢。⑨

臣伏承恩旨，更造游儀，使黄道運行，以追列舍之變，⑩因二分之中以立黄道，交於軫、奎之間，二至陟降各二十四度。⑪黄道之内，又施白道月環，用究陰陽朓朒之數，動合天運，⑫簡而易從，足以制器垂象，永傳不朽。⑬

【注】

①以下是一行爲造黄道游儀上疏的表文，文中陳述了制曆的歷史、理由、依據和新儀的特點。

②此下自"臣前上"至"前代所共知也"：這是中國古代最早言及"日月實從黄道"并用黄道儀度日月行的文獻。這段議論摘引自《後漢書·律曆志》，載在永元四年（92）。這段議論論述及三件事，一是以黄道測度日月行纔能密近；二是以黄道度日月行是傅安首先創立的；三是早在西漢甘露二年（公元前52），耿壽昌就已發現以赤經度月亮每日行度冬夏至前後與春秋前後是差至二度，這是以赤經測月行所産生的差异。

③傅安等用黄道度日月弦望多近：黄道度日月，即用黄道環度量日月行度。是説傅安等人首創了以黄道環測量日月行度的方法，可見當時已創立了將黄道環附於赤道環上的儀器。

④願請太史官……不知施行：記載賈逵認爲以黄道度日月和以赤道度的誤差已不小，希望相關部門加以考校，但太史官的回答是"官無其器，不知施行"。這導致詔造黄道銅儀。本校注取中華書局校點本意見，無特殊情况不再重複。

⑤明年始詔太史造黄道銅儀……定差二度：明年即永元五年（93）。

在此儀成後測量了冬至黄道度，證明確實存在二度之差。

⑥儀黄道與度運轉難候是以少終其事：語出《後漢書・律曆志》，僅"難以候"少一"以"字，"少循其事"改"循"爲"終"，含義不變。意爲仍然很少使用。

⑦其後劉洪……大惑也：言東漢的黄道儀很少有人用其觀測，僅劉洪使用了這架儀器，觀測了月亮的實際行度，創立了月行三道術。後人不明白劉洪的方法，錯誤地理解爲是從赤道測量的，并依此來校驗賈逵的説法，差誤更大，成爲後世整理曆法資料的人的一大疑惑。這是一段很少爲人們所關注的精采議論，值得深入研究。

⑧今靈臺鐵儀……進退無準：言此魏解蘭製造的鐵儀，除了製造不精、運動不靈，還不設黄道環，故所測月行誤差很大，多不準確。

⑨近秘閣……其術竟寢：李淳風造的黄道渾儀，又設立了黄道環，黄道環上還首先創立設置了月道環，爲了與月道環的運動相對應，還在黄道環上分別設立二百四十九個孔洞，用以調整黄道與白道斜交的關係。由於方法複雜，其後方法不傳。

⑩更造游儀……以追列舍之變：由於李淳風造的黄道儀的黄赤二環是固定不變的，不符合歲差原理，故今做黄道儀時，更改爲黄道游儀，使黄道與赤道的交點可以移動，用以適應黄道和赤道斜交的實際情況。

⑪因二分之中……二十四度：今儀黄赤道交於軫奎，二至距赤道二十四度。

⑫黄道之内……動合天運：今儀仿李淳風的黄道儀，在黄道環上附設白道環，這樣便於測量月亮在黄道南北的實際位置。

⑬永傳不朽：由於設立了黄道游儀，無論何時使用，祇需調整黄道環、白道環與赤道環的實際位置，就可以達到測定月亮實際位置的目的，故曰永傳不朽。

　　於是玄宗親爲製銘，置之於靈臺以考星度。其二十八宿及中外官與古經不同者，凡數十條。又詔一行與梁令瓚及諸術士更造渾天儀，鑄銅爲圓天之象，上具列宿赤道及周天度數。注水激輪，令其自轉，一日一夜，天轉一周。又別置二輪絡在天外，綴以日月，令得運行。每天西轉一帀，日東行一度，月行十三度十九分度之七，凡二十九轉有餘而日月會，三百六十五轉而日行帀。仍置木櫃以爲地平，令儀半在地下，晦明朔望，遲速有準。又立二木人於地平之上，前置鐘鼓以候辰刻，每一刻自然擊鼓，每辰則自然撞鐘。皆於櫃中各施輪軸，鈎鍵交錯，關鎖相持。即與天道合同，當時共稱其妙。鑄成，命之曰水運渾天俯視圖，置於武成殿前以示百僚。[①]無幾而銅鐵漸澀，不能自轉，遂收置於集賢院，不復行用。

今録游儀制度及所測星度异同，開元十二年分遣使諸州所測日晷長短，李淳風、僧一行所定十二次分野，武德已來交蝕及五星祥變，著于篇。

①又詔一行……以示百僚：造了黃道游儀之後，又命一行造水運渾天儀，能隨天運轉，自報辰刻。

黃道游儀規尺寸：[①]

旋樞雙環：外一丈四尺六寸一分，豎八分，厚三分，直徑四尺五寸九分，即古所謂旋儀也。南北斜兩極，上下循規各三十四度，兩面各畫周天度數。一面加釘，并用銀飾，使東西運轉如渾天游儀。中旋樞軸至兩極首内，孔徑大兩度半，長與旋環徑齊，并用古尺四分爲度。②

玉衡望筒：長四尺五寸八分，廣一寸二分，厚一寸，孔徑六分，古用玉飾之。玉衡，衡施於軸中，旋運持正，用闚七曜及列星之闊狹，外方內圓，孔徑一度半，周日輪也。③

陽經雙環：外一丈七尺三寸，內一丈四尺六寸四分，廣四寸，厚四分，直徑五尺四寸四分，置於子午。左右用八柱相固，兩面畫周天度數，一面加釘，并銀飾之。半出地上，半入地下，雙間挾樞軸及玉衡望筒，旋環於中也。④

陰緯單環：外內廣厚周徑，皆準陽經，與陽經相銜各半，內外俱齊。面平上爲天，以下爲地，橫周陽環，謂之陰渾也。面上爲兩界，內外爲周天百刻。平上御製銘序及書，并金爲字。⑤

天頂單環：外一丈七尺三寸，豎廣八分，厚三分，直徑五尺四寸四分。當中國人頂之上，東西當卯酉之中，稍南，使見日出入，令與陽經、陰緯相固，如殼之裹黃。南去赤道三十六度，去黃道十二度，去北極五十五度，去南北平各九十一度強。⑥

赤道單環：外一丈四尺五寸九分，橫八分，厚三分，直徑四尺九寸。赤道者，當天之中，二十八宿之列位也。其本，後魏解蘭所造也。因著雙規，不能運動。臣今所造者，上列周天星度，使轉運隨天，仍度穿一穴，隨穴退交，不有差謬。即知古者秋分，日在角五度，今在軫十三度；冬至，日在牽牛初，今在斗十度。

擬隨差卻退，故置穴也。傍在卯酉之南，上去天頂三十六度而橫置之。⑦

黃道單環：外一丈五尺四寸一分，橫八分，厚四分，直徑四尺八寸四分。日之所行，故名黃道。古人知有其事，竟無其器，遂使太陽陟降，積歲有差。月及五星，亦隨日度出入，規制不知準的，斟量爲率，疏闊尤多。臣今創置此環，置於赤道環內，仍開合使隨轉運，出入四十八度，而極畫兩方，東西列周天度數，南北列百刻，使見日知時，不有差謬。上列三百六十策，與用卦相準，度穿一穴，與赤道相交。⑧

白道月環：⑨外一丈五尺一寸五分，橫度八分，厚三分，直徑四尺七寸六分。月行有迂曲遲疾，與日行緩急相反。古無其器，今創置於黃道環內，使就黃道爲交合，出入六度，⑩以測每夜行度。上畫周天度數，穿一穴，擬移交會，并用銅鐵爲之。

李淳風《法象志》說有此日月兩環，在旋儀環上。既用玉衡，不得遂於玉衡內別安一尺望筒。運用既難，其器已澀。

游儀四柱，龍各高四尺七寸。水槽、山各高一尺七寸五分。槽長六尺九寸，高廣各四寸。水池深一寸，廣一寸五分。龍者能興雲雨，故以飾柱。柱在四維，龍下有山雲，俱在水平槽上，并銅爲之。⑪

【注】

①以下記載黃道游儀的結構、零部件的規格尺寸，其中包括旋樞雙

環、玉衡望筒、陽經雙環、陰緯單環、天頂單環、赤道單環、黃道單環、白道月環、游儀四柱，計九件。

②旋樞雙環：北極高三十四度。此爲交接於南北極軸、中夾望筒，可以沿極軸東西運轉的游動環，可以東西旋轉，故古稱旋儀。此即四游儀。

③玉衡望筒：望筒夾於旋樞雙環之內。這是旋樞使用雙環的原因。望筒可在旋樞環内自由轉動，對準所測天體。望筒外方内圓，孔徑六分，可容納日輪大小。

④陽經雙環：置於子午面與地平圈、樞軸和八柱相固定的雙環，爲渾儀外圍固定的支架，又稱爲六合儀。

⑤陰緯單環：此環爲地平環與陽經環正交固定，爲六合儀的一部分。

⑥天頂單環：此環東西經卯酉，上經天頂，與陽經環相正交固定，爲六合儀的一部分。

⑦赤道單環：解蘭儀用雙環，使用不便，今改爲單環。與旋樞雙環正交於九十度處相固定，爲四游儀的一部分。環上每度打一孔，以便隨時調整與黃道環的交點，亦即春秋分點。

⑧黃道單環：與四游儀的赤道環組合在一起，斜交，南北各列百刻，爲四游儀的一部分。

⑨白道月環：此爲李淳風、一行黃道儀的創造。此環在黃道環上按度打孔，使白道環與黃道環按實際天運相固定，組成四游儀的一部分，用以測量月行。

⑩白道月環與“黃道爲交合，出入六度”。中華書局校點本校定“六度”爲“六十度”，誤。黃白二環相交爲六度。今改。

⑪游儀四柱：龍以飾柱，置於四維，與六合儀相聯，成爲一體，下置平槽，以定水準。

現將以上部件尺寸整理載於下表：

結構名稱	外徑	外周	環寬	環厚
陽經雙環	544	1730	廣 40	厚 4
陰緯單環	544	1730	廣 40	厚 4
天頂單環	544	1730	豎廣 8	厚 3
赤道單環	490	1459	橫 8	厚 3
黃道單環	484	1541	橫 8	厚 4
白道月環	476	1515	橫 8	厚 3
旋樞雙環	459	1461	豎 8	厚 3
玉衡望筒	長 458	廣 12	厚 10	孔徑 6

表中數字，統一以分爲單位，1 分＝0.24525 厘米。

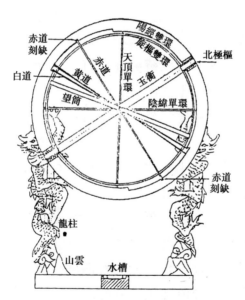

陳美東《中國科學技術史・天文卷》所載黃道游儀示意圖

　　游儀初成，太史所測二十八宿等與《經》同
異狀：①

角二星，十二度；赤道黄道度與古同。^②舊《經》去極九十一度，今則九十三度半。^③《星經》云：^④"角去極九十一度，距星正當赤道，其黄道在赤道南，不經角中。"今測角在赤道南二度半，黄道復經角中，即與天象符合。^⑤

亢四星，九度。舊去極八十九度，今九十一度半。

氐四星，十六度。舊去極九十四度，今九十八度。

房四星，五度。舊去極一百八度，今一百一十度半。

心三星，五度。舊去極一百八度，今一百一十一度。

尾九星，十八度。舊去極一百二十度，一云一百四十一度，今一百二十四度。

箕四星，十一度。舊去極一百一十八度，今一百二十度。

南斗六星，二十六度。舊去極一百一十六度，今一百一十九度。

牽牛六星，八度。舊去極一百六度，今一百四度。

須女四星，十二度。舊去極一百度，今一百一度。

虛二星，十度。舊去極一百四度，今一百一度。北星舊圖入虛宿，今測在須女九度。

危三星，十七度。舊去極九十七度，今九十七度。北星舊圖入危宿，今測在虛六度半。

室二星，十六度。舊去極八十五度，今八十三度。

東壁二星，九度。舊去極八十六度，今八十四度。

奎十六星，十六度。舊去極七十六度，一云七十度，今七十三度。東壁九度，奎十六度，此錯以奎西大星爲距，即損壁二度，加奎二度，今取西南大星爲距，即奎、壁各不失本度。

婁三星，十三度。舊去極八十度，今七十七度。

胃三星，十四度。

昴七星，十一度。舊去極七十四度，今七十二度。

畢八星，十七度。舊去極七十八度，今七十六度。

觜觿三度，舊去極八十四度，今八十二度。畢赤道與黃道度同。觜赤道二度，黃道三度。其二宿俱當黃道斜虛。畢有十六度，尚與赤道度同。觜總二度，黃道損加一度，此即承前有誤。今測畢有十七度半，觜觿半度，并依天正。

參十星，舊去極九十四度，今九十二度。

東井八星，三十三度。舊去極七十度，今六十八度。

輿鬼五星，舊去極六十八度，今古同也。

柳八星，十五度。舊去極七十七度，一云七十九度，今八十度半。柳，合用西頭第三星爲距，比來錯取第四星，今依第三星爲正。

七星十度，舊去極九十一度，一云九十三度，今九十三度半。

張六星，十八度。舊去極九十七度，今一百度。張六星，中央四星爲朱鳥嗉，外二星爲翼。比來不取膆前爲距，錯取翼星，即張加二度半，七星欠二度半。今依本《經》爲定。

翼二十二星，十八度。舊去極九十七度，今一百三度。

軫四星，十七度。舊去極九十八度，今一百度。

文昌，舊二星在鬼，四星在井；今四星在柳，一星在鬼，一星在井。

北斗，魁第一星舊在七星一度，今在張十三度。第二星舊在張二度，今在張十二度半。第三星舊在翼二度，今在翼十三度。第四星舊在翼八度，今在翼十七度太。第五星舊在軫八度，今在軫十度半。第六星舊在角七度，今在角四度少。第七星舊在亢四度，今在角十二度少。

天關，舊在黃道南四度，今當黃道。⑥

天江，舊在黃道外，今當黃道。

天困，舊在赤道外，今當赤道。

三台：上台舊在井，今測在柳；中台舊在七星，今在張。

建星，舊去黃道北半度，今四度半。

天苑，舊在昴、畢，今在胃、昴。

王良，舊五星在壁，今四星在奎，一星在壁外。

屏，舊在觜，今在畢宿。

雲雨，舊在黃道外，今在黃道內七度。

雷電，舊在赤道外五度，今在赤道內二度。

霹靂，舊五星并在赤道外四度，今四星在赤道內，一星在外。

土公吏，舊在赤道外，今在赤道内六度。

虛梁，舊在黄道外，今測内四度。[7]

外屏，舊在黄道外三度，今當黄道。

八魁，舊九星并在室，今五星在壁，四星在室。

長垣，舊當黄道，今在黄道北五度。

軍井，準《經》在玉井東南二度半。

天樽，舊在黄道北，今當黄道。

天高，舊在黄道外，今當黄道。

狗國，舊在黄道外，今當黄道。

羅堰，舊當黄道，今在黄道北。[8]

【注】

①黄道游儀於開元十三年（725）造成，隨即交太史官用於天象觀測。觀測記録載在本志。計二十八宿去極度、入宿度以及二十八宿及其餘二十三個星座距星與黄道相對位置和交角。觀測時間可定爲開元十三年。

②角二星十二度赤道黄道度與古同：角宿兩星南北排列，其距度，無論是古測還是今測的赤道度或黄道度，都爲十二度。這是指角宿距星至亢宿距星的赤經差或黄經差。

③舊經去極九十一度今則九十三度半：角宿距星去極度的差别達到二度半。其差誤由兩個方面造成：一是歲差所致，二是測量轉精。在唐宋以前中國天文學家可能尚未認識到歲差對恒星去極度也有影響，但實測證實了這一結果。

④星經：1999 年版《辭海》"星經"條説："書名。《隋書·經籍志》載有《星經》兩卷，不署撰人名，今佚。今本《星經》兩卷，不署撰人名，或托名漢甘公石申撰，故又名《甘石星經》。據考證，爲唐宋人所輯，編入《道藏》，題名《通占大象曆星經》，不署撰人名。"（第 3751 頁）

⑤星經……黄道在赤道南……黄道復經角中：歲差使節氣西退，恒星東移。《星經》所引資料比今測早。角宿在秋分點以西。黄道西南走向。

《星經》觀測到黃道不經角中，而今測黃道復經角中，這是客觀事實，歲差使然。

⑥天關舊在黃道南四度今當黃道：按歲差原理，恒星的黃經當隨時間的推移而增加，黃緯則不變。對天關星的黃緯，舊測與今測差至四度。《七政推步》載黃道內外星經緯度表"天關星南二度一十八分"，正介於二者之間。可見舊測與今測均有較大誤差。其它黃道內外星記錄的差異當同此解。

⑦舊在黃道外今測內四度：原文爲"舊在黃道內四度"，內容既與今測無關，載在此處就無道理。筆者據中華書局校點本引《唐書·天文志》和《合鈔》《唐書·天文志》卷五〇《天文志》的考證，在"黃道"與"內"之間補"外今測"三字。

⑧陳美東在分析黃道游儀的觀測結果時指出："一行等人得出，古今二十八宿去極度變化的有關狀況爲：從牛宿到井宿，古大今小，其間稍異者僅有女宿（古小今大）和危宿（古今同度）；從鬼宿到斗宿，古小今大，其中稍異者僅有鬼宿（古今同度）。若用現今的歲差對去極度大小影響的知識加以分析，二十八宿去極度古今變化的情況應爲：從牛宿到井宿古大今小，而從鬼宿到斗宿古小今大。這說明一行當年對二十八宿去極度古今變化的總體描述基本上是正確的。一行等人還得出，二十八宿中有斗、虛、畢、觜、參、鬼六宿的距度，古今不同。對該六宿新舊距度值的精度分析表明，新值的絕對值平均誤差爲零點二六度，而舊值爲零點八六度，可見一行等人的新測值較舊值要準確得多。"

黃道，春分之日與赤道交於奎五度太；秋分之日交於軫十四度少；冬至之日於斗十度，去赤道南二十四度；夏至之日於井十三度少，去赤道北二十四度。①其赤道帶天之中，用分列宿之度；黃道斜運，以明日月之行。其冬至，洛下閎起於牛初，張衡等遷於斗度，由每歲差分不及舊次也。②

①黃道……去赤道北二十四度：黃道於春秋分日與赤道交於奎宿、軫宿，於冬夏至日交於斗宿、井宿，與赤道斜交成二十四度。

②每歲差分不及舊次：言從洛下閎、張衡以來所測冬至日度，歲歲有差，每年日度都回不到舊有的宿次。

日晷：①《周禮》大司徒，常“以土圭之法測土深，正日景，以求地中。日東則景夕多風，日西則景朝多陰。日至之景尺五寸，謂之地中，天地之所合也，四時之所交也，風雨之所會也，陰陽之所合也。然則百物阜安，乃建王國焉”。鄭氏以爲“凡日景於地，千里而差一寸”。“景尺有五寸者，南戴日下萬五千里，地與星辰四游升降於三萬里之中，是以半之，得地之中焉”。②鄭司農云：“土圭之長尺有五寸，以夏至之日立八尺之表，其景適與土圭等，謂之地中。今潁川陽城爲然。”

謹按《南越志》：“宋元嘉中，南征林邑，以五月立表望之，日在表北，影居表南。交州日影覺北三寸，林邑覺九寸一分，所謂開北戶以向日也。”③交州，大略去洛九千餘里，蓋水陸曲折，非論圭表所度，惟直考實，其五千乎！開元十二年，詔太史交州測景，夏至影表南長三寸三分，與元嘉中所測大同。然則距陽城而南，使直路應弦，至於日下，蓋不盈五千里也。④測影使者大相元太云：“交州望極，纔出地二十餘度。以八月自海中南望老人星殊高。老人星下，環星燦然，其明大者甚衆，圖所不載，莫辨其名。大率去南極二十度以上，其星皆見。乃古渾天家以爲常没地中，伏而不見之所也。”⑤

又按貞觀中，史官所載鐵勒、回紇部在薛延陀之北，去京師六千九百里。又有骨利幹居回紇北方瀚海之北，草多百藥，地出名馬，駿者行數百里。北又距大海，晝長而夕短，既日没後，天色正曛，煮一羊胛纔熟，而東方已曙。蓋近日出入之所云。⑥凡此二事，皆書契所未載也。

開元十二年，太史監南宫説擇河南平地，以水準繩，樹八尺之表而以引度之。始自滑州白馬縣，北至之暑，尺有五寸七分。自滑州臺表南行一百九十八里百七十九步，得汴州浚儀古臺表，夏至影長一尺五寸微强。又自浚儀而南百六十七里二百八十一步，得許州扶溝縣表，夏至影長一尺四寸四分。又自扶溝而南一百六十里百一十步，至豫州上蔡武津表，夏至影長一尺三寸六分半。大率五百二十六里二百七十步，影差二寸有餘。而先儒以爲王畿千里，影移一寸，又乖舛而不同矣。⑦

【注】

①日暑：以土圭測日中暑影以定冬夏至的方法。

②日至之景尺五寸謂之地中……得地之中焉：鄭衆有一種説法，認爲日影千里差一寸。陽城夏至日影一尺五寸，爲天地之中，謂之地中。南戴日下，一萬五千里，日中無影。

③謹按……北户以向日：元嘉實測，得交州夏至日影北三寸，林邑日影北九寸一分。

④至於日下蓋不盈五千里：自洛陽至交州路程爲九千里，扣去曲折，不足五千里，足以證明鄭衆之説之誤。日下：戴日之下，夏至日中無影，

指夏至日中陽光直射地面之地。

⑤測影使者……伏而不見之所：開元十二年測影使者大相元太至交州，見南極老人星殊高，老人星下衆星燦然，即見到了南極附近的星座。

⑥貞觀中……近日出入之所：貞觀中人們到了中國人所到的距北極最近之地骨利幹，夏至日煮一羊胛纔熟，東方已曙，可見夏至已近日出入之所。

⑦開元十二年……乖舛而不同：南宫説於白馬、浚儀、扶溝、武津四地夏至測影，并測四地南北里程，推得五百二十六里二百七十步影差二寸有餘，用實測批駁了鄭説的錯誤。

今以句股圖校之，陽城北至之晷，一尺四寸八分弱；冬至之晷，一丈二尺七寸一分半；春秋分，其長五尺四寸三分。以覆矩斜視，北極出地三十四度四分。_{凡度分皆以十分爲法。}自滑臺表視之，高三十五度三分。_{差陽城九分。}自浚儀表視之，高三十四度八分。[①]_{差陽城四分。}自武津表視之，高三十三度八分。_{差陽城九分。}雖秒分稍有盈縮，難以目校，然大率五百二十六里二百七十步而北極差一度半，三百五十一里八十步而差一度。[②]樞極之遠近不同，則黄道之軌景固隨而遷變矣。

自此爲率，推之比歲朗州測影，夏至長七寸七分，冬至長一丈五寸三分，春秋分四尺三寸七分半。_{以圖測之，定氣長四尺四寸七分。}按圖斜視，北極出地二十九度半。_{差陽城五度二分。}蔚州横野軍測影，夏至長二尺二寸九分，冬至長一丈五尺八寸九分，春秋分長六尺四寸四分半。_{以圖測之，定氣六尺六寸三分半。}按圖斜視，北極出地四十度。_{差陽城五度二分。}凡南北之差十度半，其徑三千六百八十里九十步。自陽城至朗州，一千八百二十六里百九十六步，自陽城至蔚州橫野軍，一千八百六十一里二百一十四步。北至之晷，差一尺五寸三分，自陽城至朗州，差七寸二分，自陽城至橫野軍，差八寸。南至之晷，差五尺三寸六分。自陽城至朗州，差二尺一寸八分，自陽城至橫野軍，差三尺一寸八分。率夏至與南方差少，冬至與北方差多。③又以圖校安南，日在天頂北二度四分，北極高二十度四分，冬至影長七尺九寸四分，定春秋分影長二尺九寸三分。差陽城十四度三分，其徑五千二十三里。至林邑國，日在天頂北六度六分強，北極之高十七度四分，周圍三十五度，常見不隱，冬至影長六尺九寸，其徑六千一百一十二里。假令距陽城而北，至鐵勒之地亦十七度四分，合與林邑正等，則五月日在天頂南二十七度四分，北極之高五十二度，周圍一百四度，常見不隱。北至之晷四尺一寸三分，南至之晷二丈九尺二寸六分。定春秋分影長九尺八寸七分。北方其沒地纔十五度餘，昏伏於亥之正西，晨見於丑之正東，以里數推之，已在回紇之北，又南距洛陽九千八百一十里，則五月極長之日，其夕常明，然則骨利幹猶在其南矣。

又先儒以南戴日下萬五千里爲句股，邪射陽城爲弦，考周徑之率以揆天度，當一千四百六里二十四步有餘。今測日影，距陽城五千餘里，已居戴日之南，則一度之廣，皆宜三分去二，計南北極相去纔八萬餘里，其徑五萬餘里，宇宙之廣，豈若是乎？然則王蕃所傳，蓋以管窺天，以蠡測海之義也。④

【注】

①今將南宮說河南四地的觀測數據，連上文，引載分述於下表：

地名	水平距離	夏至影長（尺）	北極出地高度（度）
滑州白馬	198 里 179 步	1.57	35.3
汴州浚儀	167 里 281 步	1.53	34.8
許州扶溝	160 里 110 步	1.44	34.3
豫州上蔡		1.365	33.8

②大率五百二十六里……差一度：現將河南四地觀測值歸算結果引載如下表：

序號	兩地名	影差一寸之里長	北極出地高差1度之里差
1	白馬—浚儀	496 里 148 步	397 里 58 步
2	浚儀—扶溝	186 里 197 步	335 里 262 步
3	扶溝—上蔡	213 里 247 步	320 里 220 步
4	白馬—扶溝	281 里 285 步	366 里 160 步
5	白馬—上蔡	257 里 7 步	351 里 80 步
6	浚儀—上蔡	198 里 292 步	328 里 91 步

以上結果是這樣求得的：南北相距：198 里 179 步＋167 里 281 步＋160 里 110 步＝526 里 270 步。這裏 1 里＝300 步。夏至影差＝1.57－1.365＝2.05 寸。二者相除，即得 1 度之里差爲 351 里 80 步，求得 1 度里差值以後，將其乘以圓周 360°，即得地球周長。

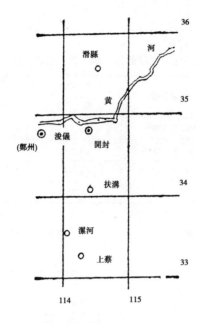

四個測點與黃河、鄭州、開封相對位置圖

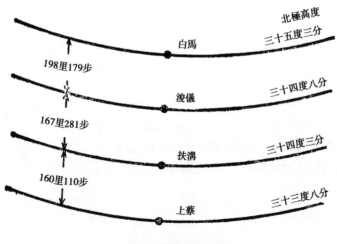

唐代子午綫測量點示意圖

③"樞極之遠近不同，則黃道之軌景固隨而遷變"，"率夏至與南方差少，冬至與北方差多"：這是一般性的規律，也即里差與影差之間并不存在線性關係。本處注②表中第三列所載影差一寸的里長差距之大，也正好說明這一問題。

④又先儒……以蠡測海：言古人以句股法測天徑之數，其法謬誤，實不啻爲以管窺天，以蠡測海而不可信。

古人所以恃句股之術，謂其有徵於近事。顧未知目視不能遠，浸成微分之差，其差不已，遂與術錯。如人游於大湖，廣不盈百里，而覿日月朝夕出入湖中。及其浮于巨海，不知幾千萬里，猶覿日月朝出其中，夕入其中。若於朝夕之際，俱設重差而望之，必將小大同術而不可分矣。

夫橫既有之，縱亦宜然。假令設兩表，南北相距十里，其崇皆數十里，若置火炬於南表之端，而植八尺之木於其下，則當無影。試從南表之下，仰望北表之端，必將積微分之差，漸與南表參合。表首參合，則置炬於其上，亦當無影矣。又置火炬於北表之端，而植八尺之木於其下，則當無影。試從北表之下，仰望南表之端，又將積微分之差，漸與北表參合。表首參合，則置炬於其上，亦當無影矣。復於二表之間，相距各五里，更植八尺之木，仰而望之，則表首環屈而相會。若置火炬於兩表之端，皆當無影。夫數十里之高與十里之廣，然則邪射之影與仰望不殊。今欲求其影差以推遠近高下，猶尚不可知也；而況稽周天積里之數於不測之中，又可必乎！假令學者因二十里之高以立句股之術，尚不知其所以然，況八尺之木乎！

　　原人所以步圭景之意，將欲節宣和氣，輔相物宜，而不在於辰次之周徑；其所以重曆數之意，將欲敬授人時，欽若乾象，而不在於渾、蓋之是非。若乃述無稽之談於視聽之所不及，則君子闕疑而不質，仲尼慎言而不論也。而或者各守所傳之器以述天體，謂渾元可任數而測，大象可運算而闚，終以六家之説，迭爲矛盾。今誠以爲蓋天，則南方之度漸狹；以爲渾天，則北方之極浸高。此二者，又渾、蓋之家未能有以通其説也。由是而觀，則王仲任、葛稚川之徒，區區於异同之辨，何益人倫之化哉！①

　　又凡日晷差，冬夏至不同，南北亦异，而先儒一以里數齊之，喪其事實。沙門一行因脩《大衍圖》，②更爲《覆矩圖》，③自丹穴以暨幽都之地，④凡爲圖二十四，以考日蝕之分數，知夜漏之短長。今載諸州測景尺寸如下：

　　林邑國，北極高十七度四分。冬至影在表北六尺九寸。定春秋分影在表北二尺八寸五分，夏至影在表南五寸七分。

　　安南都護府，北極高二十六度六分。冬至影在表北七尺九寸四分。定春秋分影在表北二尺九寸三分，夏至影在表南三寸三分。

　　朗州武陵縣，北極高二十九度五分。冬至影在表北一丈五寸三分。定春秋分影在表北四尺三寸七分半，夏至影在表北七寸七分。

　　襄州。恒春分影在表北四尺八寸。

　　蔡州上蔡縣武津館，北極高三十三度八分。冬至影在表北一丈二尺三寸八分。定春秋分影在表北五尺二寸八分，夏至影在表北一尺三寸六分半。

　　許州扶溝，北極高三十四度三分。冬至影在表北一丈二尺五寸三分。定春秋分影在表北五尺三寸七分，夏至影在表北一尺四寸四分。

　　汴州浚儀太岳臺，北極高三十四度八分。冬至影在表北一丈二尺八寸五分。定春秋分影在表北五尺五寸，夏至影在表北一尺五寸三分。

滑州白馬，北極高三十五度三分。冬至影在表北一丈三尺。

定春秋分影在表北五尺三寸六分，夏至影在表北一尺五寸七分。

太原府。恒春分影在表北六尺。

蔚州橫野軍，北極高四十度。冬至影在表北一丈五尺八寸九

分。定春秋分影在表北六尺六寸三分，夏至影在表北二尺二寸九分。⑤

【注】

①古人所以恃句股之術……何益人倫之化：從理論上分析，句股測天方法沒有科學依據。

②《大衍圖》：《舊唐書·一行傳》和《舊唐書·藝文志》均不載一行修《大衍圖》之事，僅《唐書·藝文志》易學類有一行《大衍玄圖》一卷的記載，但不知其圖象內容若何。

③覆矩圖：爲了在各地進行北極出地高度的測量，一行還發明了名叫覆矩的專用儀器。據推測，它是個象限形的器具。在圓弧上有刻度，直角頂上掛一鉛垂綫。觀測時，令一直角邊瞄準北極，則由鉛垂綫在圓弧上所指的度數，即可知北極的出地高度。這是一種十分輕便、易於携帶并具有較高準確度的測角儀器。

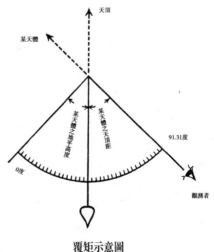

覆矩示意圖

④丹穴：極南之地；幽都：古縣名，唐建中時分薊州地置，在今北京西南，亦爲北方之地的代稱。

⑤林邑國……蔚州：分列十處天文觀測記録，包括北極出地高，冬夏至、春秋分日中影長等。

《舊唐書》卷三十六

志第十六

天文下

天文之爲十二次，^①所以辨析天體、紀綱、辰象，^②上以考七曜之宿度，下以配萬方之分野，^③仰觀變謫，而驗之於郡國也。《傳》曰：“歲在星紀，而淫于玄枵。”“姜氏、任氏，實守其地。” 及七國交争，善星者有甘德、石申，更配十二分野，故有周、秦、齊、楚、韓、趙、燕、魏、宋、衛、魯、鄭、吳、越等國。張衡、蔡邕，又以漢郡配焉。自此因循，但守其舊文，無所變革。且懸象在上，終天不易，而郡國沿革，名稱屢遷，遂令後學難爲憑準。貞觀中，李淳風撰《法象志》，始以唐之州縣配焉。至開元初，沙門一行又增損其書，更爲詳密。既事包今古，與舊有异同，頗裨後學，故録其文著于篇。并配武德以來交蝕淺深及注蝕不虧，以紀日月之變云爾。^④

【注】

①十二次：黃道帶十二星次的省稱。太陽每歲沿黃道帶二十八宿運行一周。每歲分十二個月，每月太陽行三十度，分爲一個星次，其名稱分別爲玄枵、娵訾、降婁、大梁、實沈、鶉首、鶉火、鶉尾、壽星、大火、析木、星紀。它對應於子、亥、戌、酉、申、未、午、巳、辰、卯、寅、丑十二辰。十二次、二十八宿的排列方向與十二辰是相反的。

②所以辨析天體紀綱辰象：這裏，中華書局校點本標點不够準確，中華書局校點本標點爲"辨析天體，紀綱辰象"。天體、紀綱、辰象爲三个對等的概念，應該用頓號區分開。辨析天體，即分辨天象與星座的對應關係。辨析紀綱，即制訂法紀，治理國家。辨析辰象，即區分辰次。

③上以考七曜之宿度下以配萬方之分野：古人將十二次、二十八宿與國家州郡地區相配合，稱爲天文分野，并以觀察天象對其凌犯狀況，判斷各個地區的吉凶禍福。

④傳曰……以紀日月之變：言《左傳》以國家名配分野，漢張衡、蔡邕以漢郡名配，李淳風、一行則以唐之州縣名配。這裏交代了《舊唐書》分野變革之原由。

須女、虛、危，玄枵之次。①子初起女五度，②二千三百七十四分，秒四少。中虛九度，終危十二度。③其分野：自濟北郡東逾濟水，涉平陰至于山茌，漢太山郡山茌縣，屬齊州西南之界。東南及高密，漢高密國，今在密州北界。自此以上，玄枵之分。東盡東萊之地，漢之東萊郡及膠東國，今爲萊州、登州也。又得漢之北海、千乘、淄川、濟南、齊郡，今爲淄、青、齊等州，及濟州東界。及平原、渤海，盡九河故道之南，濱于碣石。④今爲德州、棣州，滄州其北界。自九河故道之北，屬析木分也。⑤

營室、東壁，娵訾之次。⑥亥初起危十三度，二千九百二十六分太。中室十二度，五百五十分，秒二十一半。終奎一度。其分野：自王屋、太行而東，盡漢河内之地，今爲懷州、洺、衛州之西境。北負漳、鄴，東及館陶、聊城，漢地自黎陽、内黄及鄴、魏、武安，東至館陶、元城，皆屬魏郡；自頓邱、三城、武陽，東至聊城，皆屬東郡。今爲相、魏、衛州。東盡漢東郡之地。⑦漢東郡、清河，西南至白馬、濮陽，東至東河、須昌、濱濟，至于鄆城。今爲滑州、濮州、鄆州。其須昌、濟東之地，屬降婁，非豕韋也。⑧

【注】

①須女虛危玄枵之次：玄枵對應於女、虛、危三宿，這是自古以來傳統的説法。十二次名大多具有一定的含義。此處之玄枵，即《史記·五帝本紀》中黄帝的長子玄囂。

②子初起女五度：原本規定玄枵星次對應於女虛危，但由於當時宿界區分不清、測量不精、界綫不嚴。後由於測量漸密，各宿距度界綫嚴密，更由於歲差的變更，使得各星次在二十八宿中的位置嚴密起來。《舊唐書·天文志》所載十二次宿度，大概爲一行所測。

③子初起女五度……終危十二度：這是一行所做實測。他將一月分爲上、中、下三旬，每旬十天，對應於次初、次中、次終，各有直迄之度。《舊唐書》所載十二次，起始於農曆十二月玄枵之次，既不起自譽女之首，也不始於歲首冬至之月。

④其分野……濱于碣石：玄枵星次主要包括齊州、青州、萊州中的若干州縣。其所述地名，爲唐代州縣之名。"漢之北海"等爲漢代地名。

⑤自九河故道之此屬析木分也：九河故道，指黄河下游九條支流流經之地，雖然與玄枵分野相近，已屬析木之分。析木，東方七宿中的第三個星次，對應於尾箕二宿。

⑥陬訾之次：對應於亥的星次。陬訾之名源於《五帝本紀》載帝嚳"娶陬訾氏女，生摯。"索隱引《帝王紀》云："次妃陬訾氏女，曰常儀，生帝摯。"

⑦其分野……東盡漢東郡之地：其對應的分野爲太行山以東，北至漳、鄴，南至河內的華北平原廣大地區。

⑧豕韋：陬訾之次的另一名稱。豕韋本爲夏王室的同盟部落，後爲商湯所滅。此處玄枵、陬訾等星次同屬北方玄武之象。

奎、婁及胃，降婁之次。①戌初起奎二度，一千二百一十七分，秒十七少。中婁一度，一千八百八十三。終胃三度。其分野：南屆鉅野，東達梁父，以負東海。又東至于呂梁，乃東南抵淮水，而東盡于徐夷之地。東爲降婁之次。得漢東平、魯國。漢東平國在任城、平陸，今在兗州。奎爲大澤，在陬訾之下流，濱于淮、泗，東北負山，爲婁、胃之墟。蓋中國膏腴之地，百穀之所阜也。胃星得馬牧之氣，與冀之北土同占。②

昴、畢，大梁之次。③酉初起胃四度，④二千五百四十九分，秒八太。中昴六度，一百七十四分半。終畢九度。其分野：自魏郡濁漳之北，得漢之趙國、廣平、鉅鹿、常山，東及清河、信都，北據中山、真定。今爲洺、趙、邢、恒、定、冀、貝、深八州。又分相、魏、博之北界，與瀛州之西，全趙之分。又北盡漢代郡、鴈門、雲中、定襄之地，與北方群狄之國，皆大梁分也。⑤

觜觿、參伐，實沈之次也。⑥申初起畢十度，八百四十一分，十五太。中參七度，一千五百二十六，終井十一度。其分野：得漢河東郡，今爲蒲、絳、晉州，又得澤州及慈州界也。及上黨，今爲澤、潞、儀、沁也。太原，今爲并、汾州。盡西河之地。今爲隰州、石州、嵐州，西涉河，得銀州以北也。又西河戎狄之國，皆實沈分也。⑦今河東郡永樂、芮城、河北縣及河曲豐、勝、夏州，皆爲實沈之次，東井之

_{分也。}參伐爲戎索，爲武政，故殷河東，盡大夏之墟。上黨次居下流，與趙、魏相接，爲觜觿之分。

【注】

①降婁之次：與戌相對應的星次。降婁爲天降婁人之義。婁人爲夏民族的同盟部落，周代杞國國君東婁公就是其後裔。

②南届鉅野……北土同占：其對應的分野東負東海，東南抵淮水，以魯地、徐州爲中心。

③大梁之次：爲與西相對應的星次。經考證，大梁與其對應的昴宿、畢宿是有連帶關係的。畢宿之名，源於對魏國始祖畢萬創建魏國的紀念。大梁則是魏國後期的都城大梁城，均與魏國有關。故《漢書·地理志》在論述天文地理分野的關係時説："魏國，亦姬姓也。……自唐叔十六世至獻公，滅魏以封大夫畢萬……至於文公，伯諸侯，尊周室，始有河内之土。……自畢萬後十世稱侯，至孫稱王，徙都大梁。"

④西初起胃四度：諸本"西"字之前衍一"畢"字，於文理不通。今删。

⑤自魏郡濁漳……皆大梁分也：關於恒星的地理分野，在趙魏的分配上有兩種相反意見。《史記·天官書》《漢書·地理志》《晋書·天文志》是一種意見，而《淮南子·天文訓》《觀象玩占》《開元占經·分野略例》又是另一種意見。顯然，《史記·天官書》載"昴、畢，冀州。觜觿、參，益州"，將畢宿分配在冀州即趙，與畢萬爲魏祖有些矛盾。但是，《淮南子·天文訓》則説"奎、婁，魯"；"胃、昴、畢，魏"；"觜、觿、參，趙"，《開元占經》也説"奎、婁，魯之分野；胃、昴，趙之分野；畢、觜、參，魏之分野"，均將畢宿分配在魏地，在細小的地域分配上也都一致了。本志大梁星次的分野以趙地爲中心，實沈星次的分野以太原、上黨、河東爲中心。

⑥觜觿參伐實沈之次：觜觿爲白虎之首，參伐爲白虎之身，二宿組成西方的虎之形。實沈之名，源於《左傳·昭公元年》子産曰："昔高辛氏有二子，伯曰閼伯，季曰實沈，居於曠林，不相能也，日尋干戈，以相征

討。后帝不臧，遷閼伯於商丘，主辰，商人是國，故辰爲商星。遷實沈於大夏，主參，唐人是因，以服事夏商。……故參爲晉星。由是觀之，則實沈，參神也。"

⑦又西河戎狄之國皆實沈分也：西河戎狄之國，指河西諸羌部族等，他們有以虎爲圖騰的習俗，與唐堯之虎崇拜習俗一致，故均爲觜參之分野。以上降婁、大梁、實沈三個星次，同屬西方白虎之象。

東井、輿鬼，鶉首之次也。①未初起井十二度，二千一百七十二，秒十五太。中井二十七度，二千八百二十八分，秒一半。終柳六度。其分野：自漢之三輔及北地、上郡、安定，西自隴坻至河西，西南盡巴、蜀、漢中之地，及西南夷犍爲、越嶲、益州郡，極南河之表，東至牂柯，皆鶉首分也。②鶉首之分，得《禹貢》雍、梁二州，其郡縣易知，故不詳載。狼星分野在江、河上源之西，弧矢、犬、雞，皆徼外之象。今之西羌、吐蕃、蕃渾，及西南徼外夷，皆狼星之象。③

柳、星、張，鶉火之次也。④午初起柳七度，四百六十四，秒七少。中七星七度，一千一百三。終張十四度。其分野：北自滎澤、滎陽，并京、索，暨山南，得新鄭、密縣，至於方陽。方陽之南得漢之潁川郡陽翟、崇高、郟城、襄城，南盡鄢縣。今爲鄧、汝、唐、仙四州界。又漢南陽郡，北自宛、葉，南盡漢東申、隨之地，大抵以淮源桐柏、東陽爲限。今之唐州、隨州屬鶉火，申州屬壽星。又自洛邑負河之南，西及函谷南紀，達武當漢水之陰，盡弘農郡。漢弘農盧氏、陝縣，今爲虢、陝二州。上洛、商洛爲商州。丹水爲均州。宜陽、沔池、新安、陸渾，今屬洛州。古成周、虢、鄭、管、鄶、東虢、密、滑、焦、唐、申、鄧，皆鶉火分也，及祝融氏之都。新鄭爲祝融氏之墟，屬鶉火。其東鄙則入壽星。舊説皆在函谷，非也。柳、星、興鬼之東，又接漢源，故殷商、洛之陽，接南河之上流。七星上係軒轅，得土行之正位，中岳象也，故爲河南之分。⑤張星直河南漢東，與鶉尾同占。⑥

　　翼、軫，鶉尾之次。⑦巳初起張十五度，一千七百九十五，秒二十二少。中翼十二度，二千四百六十一，秒八半。終軫九度。其分野：自房陵、白帝而東，盡漢之南郡、南郡：巫縣，今在夔州。秭歸在西，夷陵在峽州。襄、夔、郢、申在襄、郢界，餘爲荆州。江夏，江夏。竟陵今爲復州，安、鄂、蘄、沔、黄五州，皆漢江夏界。東達廬江南郡。漢廬江之尋陽，今在江州，於山河之像，宜屬鶉尾也。濱彭蠡之西，得漢長沙、武陵、桂陽、零陵郡。零陵今爲道州、永州。桂陽今爲郴州。大抵自沅、湘上流，西通黔安之左，皆楚之分也。又逾南紀，盡鬱林、合浦之地。鬱林縣今在貴州。定林縣今在廉州。合浦縣今爲桂州。今自富、昭、蒙、龔、繡、容、白、罕八州以西，皆屬鶉尾之墟也。荆、楚、鄖、邘、羅、權、巴、夔與南方蠻貊，殷河南之南。⑧其中一星主長沙國。逾嶺徼而南，皆甌東、青丘之分。⑨今安南諸州，在雲漢上源之東，宜屬鶉火。

【注】

　　①東井輿鬼鶉首之次：鶉首次對應於東井和輿鬼二宿。東井、輿鬼爲南方七宿之首二宿。南方七宿爲朱雀之位，故鶉首對應於朱鳥之首，知南方朱鳥也就是鶉鳥。

　　②其分野……皆鶉首分也：鶉首之分野對應於秦中三輔之地和隴南之地，也包括西南開拓之巴蜀雲貴之地。

　　③狼星分野……皆狼星之象：原本天狼星和弧矢星由觜參白虎星的觀念衍生而出，當與白虎同類，故類比於西南“徼外夷”，但由於秦人長期雜居於西羌，故也被稱爲虎狼之國，所以分野觀念將屬鶉火分野下方的天狼弧矢與江河上源的西羌等部及“徼外夷”相對應。

④柳星張鶉火之次：柳、星、張爲朱雀的主體，故與鶉火星次相對應。

⑤其分野……河南之分：河南中部鄭州和洛陽一帶，爲古祝融之都，爲鶉火之分。

⑥張星直河南漢東與鶉尾同占：張宿對黄河之南、漢水之東，故不屬鶉火星次，而與鶉尾星次同占。

⑦翼軫鶉尾之次：翼宿和軫宿，對應於鶉尾星次。爲什麽説翼宿對應於鶉尾呢？這是因爲，朱雀没有尾宿，實際上，翼宿中就包含鳥尾在内。《月令》朱子注曰："鶉無尾，故以翼爲尾。"朱鳥爲鶉鳥。鶉鳥就是秃尾巴鵪鶉，看上去與無尾一樣。

⑧其分野……殷河南之南：鶉尾的分野主要包括荆州江夏、長沙、郁林等地，即上古所謂荆楚之地。

⑨其中一星主長沙國……皆甌東青丘之分：在軫宿之中有長沙一星，是長沙國的象徵。鶉尾星次的南方，有東甌、青丘兩個星座，它們一直分布到南嶺以南。以上鶉首、鶉次、鶉尾三個星次，對應於南方朱雀七宿之象。

　　角、亢，壽星之次。①辰初起軫十度，八十七，秒十四半。中角八度，七百五十，秒三十。終氐一度。其分野：自原武、管城，濱河、濟之南，東至封邱、陳留，盡陳、蔡、汝南之地，逾淮源至于弋陽。漢陳留郡，自封邱、陳留已東，皆入大火之分。漢汝南，今爲豫州。西華、南頓、項城縣今爲陳州。汝陰縣今在潁州。弋陽縣在光州。西涉南陽郡，至于桐柏，又東北抵嵩之東陽。漢南陽郡春陵、湖陽、蔡陽，後分爲春陵郡，後魏以爲南荆州，今有舊義陽郡，在申國之東界，今爲申州。按中國地絡，在南北河之間，故申、隨、光三州，皆屬《禹貢》豫州之分，宜屬鶉火、壽星。非南方負海之地。古陳、蔡、隨、許，皆屬壽星分也。②氐星涉壽星之次，故其分野殷雒邑衆山之東，與亳土相接。③

氐、房、心，大火之次也。④卯初起氐二度，一千四百
一十九分，秒五太。中房二度，二千八百五分，秒一半。終尾六度。
其分野：得漢之陳留縣，自雍丘、襄邑、小黄而東，循
濟陰，界于齊、魯，右泗水，達於吕梁，乃東南抵淮，
西南接太昊之墟，⑤盡濟陰、山陽、楚國、豐、沛之
地。⑥濟陰郡之定陶、冤句、乘氏，今在東郡。大抵曹、宋、徐、亳及鄆州西界，
皆屬大火分。自商、亳以負北河，陽氣之所升也，爲心分。
自豐、沛以負南河，陽氣之所布也，爲房分。故其下流
皆與尾星同占，西接陳、鄭，爲氐星之分。⑦

　　尾、箕，析木之次也。⑧寅初起尾七度，二千七百五十分，
秒二十一少。中箕星五度，三百七十分，秒六十七。終斗八度。其
分野：自渤海九河之北，盡河間、涿郡、廣陽國，漢渤海
郡浮陽，今爲清池縣，屬滄州。涿郡之饒陽，今屬瀛州。涿縣、良鄉與廣陽國薊縣，
今在幽州。及上谷、漁陽、右北平、遼東、樂浪、玄菟，漁
陽在幽州。右北平在白狼無終縣，隋代爲漁陽郡，古孤竹國，後置北平郡，今爲平
州。遼東在無慮縣，即《周禮》醫無閭山。樂浪在朝鮮縣，玄菟在高句驪縣，今皆
在東夷也。古之北燕、孤竹、無終及東方九夷之國，皆析
木之分也。⑨尾得雲漢之末流，北紀之所窮也。箕與南斗
相近，故其分野在吴、越之東。⑩

　　南斗、牽牛，星紀之次也。⑪丑初起斗九度，一千四十
二分，秒十二太。中斗二十四度，一千一百分，秒八半。終女四度。
其分野：自廬江、九江，負淮水之南，盡臨淮、廣陵，
至于東海，廬、壽、和、濠、揚，皆屬星紀也。又逾南河，得漢丹
陽、會稽、豫章郡，西濱彭蠡，南涉越州，盡蒼梧、南
海。又逾嶺表，自韶、廣、封、梧、藤、羅、雷州，南及珠崖自北以東爲星紀，
其西皆屬鶉尾之次。古吴、越及東南百越之國，皆星紀分

也。⑫南斗在雲漢之下流，當淮、海之間，爲吳分。牽牛去南河寖遠，故其分野自豫章東達會稽，南逾嶺徼，爲越分。⑬島夷蠻貊之人，聲教之所不洎，皆係于狗國。⑭李淳風刊定《隋志》，郡國頗爲詳悉，所注郡邑多依用。其後州縣又隷管屬不同，但據山河以分耳。⑮

【注】

①角亢壽星之次：角宿和亢宿對應於壽星星次。關於壽星的含義，通常都理解爲長壽之星。

②其分野……皆屬壽星分也：指壽星的分野對應於古代的陳國、蔡國、隨國和許國，大致分布在今河南省的中部和南部。

③氐星涉壽星之次……與亳土相接：壽星次的末界，已經達到氐宿的範圍，故它的分野已與東部的亳地相接。

④氐房心大火之次：氐宿、房宿和心宿對應於大火星次。心宿即大火星，是這個星次中最著名也是最明亮的恒星，故以大火星爲代表，將這個星次稱爲大火星次。

⑤太昊之墟：濮陽爲太昊之墟，即相傳濮陽爲古帝太昊的都城。太昊，相傳爲東夷的遠祖，以龍爲圖騰，故東方蒼龍七宿的分野，與龍的子孫分布地相對應。《山海經·海內東經》說："雷澤中有雷神，龍身而人頭。"據考雷澤即在今濮陽。又《左傳·昭公十七年》曰太昊"以龍紀，故爲龍師而龍名。"杜注曰："有龍瑞，故以龍命官。"據孔疏，這些官名，爲青龍氏、赤龍氏、白龍氏、黑龍氏、黃龍氏。太昊爲東夷的部落聯盟大酋長，太昊既以龍爲名號，那麼，這些官名就是各個部落的名號。這條記載，應該是東夷以龍爲圖騰的直接證據。

⑥其分野……豐沛之地：指大火星次對應於河南東部、安徽北部淮泗之地。

⑦商亳……爲氐星之分：本志將氐、房、心三宿又細分出各自的分野，商丘、亳州以負北河爲心分，豐、沛以負南河爲房分，陳、鄭東至豐、沛爲氐分。

⑧尾箕析木之次：析木星次對應於尾宿和箕宿。考析木的含義，當爲納西族之自稱"摩些"的倒寫。摩些爲兩個部落聯盟。其中析人即西遷上古之寯人，爲夏人的一個支系。(參見《中國星座神話》，台灣古籍出版有限公司，2005 年)

⑨其分野……皆析木之分：指析木星次對應於河間、涿郡、滄州、右北平、漁陽、遼東、樂浪等地。

⑩尾得雲漢之末流……故其分野在吳越之東：尾宿在銀河下方的末端，爲北方玄武之象的最後處。箕宿與南斗相近，它的分野不在北方，而在吳、越之東。箕與玄武之象無關，而爲吳、越之東象。實際上，箕宿之名，源出於殷末賢臣箕子。壽星、大火、析木星次，對應於東方蒼龍之象。

⑪南斗牽牛星紀之次：南斗和牽牛二宿對應於星紀星次。星紀的含義，爲紀載星象運行的起點，即含有曆元之義。南斗即斗宿，牽牛即牛宿。此處的牽牛星，常與河鼓之牽牛星相混。

⑫其分野……皆星紀分也：指星紀星次對應於九江、淮水之南、廣陵、會稽直至嶺南之地。

⑬南斗在雲漢……爲越分：本志將斗、牛和吳、越的分野明確分開，淮河與東海之間爲吳分，豫章、會稽至嶺南爲越分。

⑭島夷蠻貊之人聲教之所不泊皆係于狗國：狗國，以狗爲圖騰的部落，此處指古代以苗瑶畲爲主的南方部落，他們以狗爲圖騰，至今部分民族亦然。李淳風、一行以個人的理解，以爲吳越之地的部族均爲狗圖騰，故有此説。實際越人多以蛇鳥爲圖騰，這僅是古代相互混雜而已。

⑮此處的星紀，與以上的玄枵、陬訾等星次，對應於北方玄武之象。

災異①

武德元年十月壬申朔，四年八月丙戌朔，六年十二月壬寅朔，九年十月丙辰朔。②

貞觀元年閏三月癸丑朔，九月庚戌朔，二年三月戊申朔，三年八月己巳朔，四年閏正月丁卯朔，六年正月乙卯朔，九年閏四月丙寅朔，十一年三月丙戌朔，十二年閏二月庚辰朔，十三年八月辛未朔，十七年六月己卯朔，十八年十月辛丑朔，二十年閏三月癸巳朔，二十二年八月己酉朔。

　　高宗顯慶五年六月庚午朔。乾封二年八月己酉朔。總章二年六月戊申朔。咸亨元年六月壬寅朔，二年十一月甲午朔，三年十一月戊子朔。上元元年三月辛亥朔，二年九月壬寅朔。調露二年四月乙巳朔，十一月壬寅朔。開耀元年十月丙寅朔。永淳元年四月甲子朔，十一月庚申朔。

　　則天垂拱二年二月辛未朔，四年六月丁亥朔。天授二年四月壬寅朔。如意元年四月丙申朔。長壽二年九月丁亥朔，三年九月壬午朔。延載元年九月壬午朔。證聖元年二月己酉朔。聖曆三年五月乙酉朔。久視元年五月己酉朔。長安二年九月乙丑朔，三年三月壬戌朔，九月庚寅朔。

　　中宗神龍三年六月丁卯朔。景龍元年十二月乙丑朔。

　　睿宗太極元年二月丁卯朔。

　　玄宗先天元年九月丁卯朔。開元三年七月庚辰朔，六年五月乙丑朔，九年五月乙巳朔，十二年閏十二月壬辰朔，十七年十月丙午朔，二十年二月癸酉朔，八月辛未朔，二十一年七月乙丑朔，二十二年十二月戊子朔，二十三年閏十一月壬午朔，二十六年九月丙申朔，二十八年三月丁亥朔。天寶元年七月癸卯朔，五載五月壬子朔，十三載六月乙丑朔。

肅宗至德元載十月辛巳朔。上元二年七月癸未朔，蝕既，大星皆見。

代宗大曆三年三月乙巳朔，四年正月十五日甲午蝕。十三年甲戌，有司奏合蝕不蝕。十四年二月丙寅朔。

德宗貞元三年八月辛巳朔，日蝕。有司奏，准禮請伐鼓于社，不許。太常卿董晉諫曰：“伐鼓所以責群陰，助陽德，宜從經義。”竟不報。③六年正月戊戌朔，有司奏合蝕不蝕，百僚稱賀。七年六月庚寅朔，有司奏蝕，是夜陰雲不見，百官表賀。八年十一月壬子朔，先是，司天監徐承嗣奏：“據曆，合蝕八分，今退蝕三分。准占，君盛明則陰匿而潛退。請書于史。”從之。④十年四月癸卯朔，有司奏太陽合虧，巳正後刻蝕之既，未正後五刻復滿。太常奏，准禮上不視朝。⑤其日陰雲不見，百官表賀。十七年五月壬戌蝕。

元和三年七月癸巳蝕。憲宗謂宰臣曰：“昨司天奏太陽虧蝕，皆如其言，何也？又素服救日，其儀安在？”李吉甫對曰：“日月運行，遲速不齊。日凡周天三百六十五度有餘，日行一度，月行十三度有餘，率二十九日半而與日會。又月行有南北九道之异，或進或退，若晦朔之交，又南北同道，即日爲月之所掩，故名薄蝕。雖自然常數可以推步，然日爲陽精，人君之象，若君行有緩有急，即日爲之遲速。稍逾常度，爲月所掩，即陰浸於陽。亦猶人君行或失中，應感所致。⑥故《禮》云：'男教不修，陽事不得，謫見于天，日爲之蝕。'古者日蝕，則天子素服而修六官之職，月蝕，則后素服而修六宮之職，皆所以懼天戒而自省惕也。人君在民物之上，易爲驕盈，故聖人制禮，務乾恭兢惕，以奉若天道。⑦苟德大備，天人合應，百福斯臻。陛下恭己向明，日慎一日，又顧憂天譴，則聖德益固，升平何遠。伏望長保睿志，以永無疆之休。"上曰："天人交感，妖祥應德，蓋如卿言。素服救日，自貶之旨也。朕雖不德，敢忘兢惕。卿等當匡吾不逮也。"十年八月己亥朔，十三年六月癸丑朔。

長慶二年四月辛酉朔，三年九月壬子朔。

大和八年二月壬午朔。開成二年十二月庚寅朔，當蝕，陰雲不見。

會昌三年二月庚申朔，四年二月甲寅朔，五年七月丙午朔，六年十二月戊辰朔，皆蝕。

【注】

①災异：歷代的《天文志》主要是用以記載人們對天文學的認識，人們所從事的有關天文的活動，其中主要包括對恒星和星次的認識、儀器製造和所從事的天文觀測。所觀測的天象記錄是最基本的，也是最主要的內容之一。天象記錄，是指觀測到的異常天象記錄。這些記錄，按門類，可分爲日變、月變、星變。日變和月變，主要包括日食、月食和日月雲氣、黑子等；星變主要指五星凌犯和異常天象的出現等。對於這部分內容，有些志不分類，不加小標題，本志則加小標題曰災异。意思是，異常天象的出現對人類社會災害的影響。這部分內容，在《晉志》中稱爲"史傳事

驗”，《隋志》中則稱爲“五代災變應”。《宋書·天文志》和《魏書·天象志》則不加小標題。本志“災异”下，還有更細的分類爲日食、客星、彗星、流星和五星凌犯等。本志出現一個特殊情况，編志者以唐肅宗至德元年（756）爲界，至德以後又稱爲災异編年，即將各種天象記録混合在一起按紀年順序記載，不再按天象性質分類。

②武德元年……九年十月丙辰朔：自此以下，均記載觀測到發生日食的記録，而不再記録司天官員上報的預言和災异發生後的驗辭。這是《唐志》出現的新情况。這表明，司天官員和帝王文武大臣已不再完全迷信交食發生必與政治有關的理論，但仍然十分嚴肅認真地對待預報和交食發生的觀測。

③德宗貞元三年……竟不報：官員預報貞元三年（787）八月辛巳朔日食，并奏請依據古代禮制舉行伐鼓於社的救日活動。德宗不予批准。又太常卿上奏説，伐鼓的目的是譴責群陰的不當活動，用以助陽德，所以應該遵從經義的做法，仍然没有得到批准。没有批准舉行救日的活動，説明德宗并不相信救日之舉真有責群陰助陽的作用。

④八年十一月……從之：司天監徐承嗣奏，據曆推算，八年十一月壬子朔日當食八分，實際觀測退食三分，這是君主盛明使得陰匿潛退的表現，請史官加以記載并予以祝賀。這次德宗批准了。

⑤十年四月……上不視朝：曆官報告説，德宗貞元十年四月癸卯朔，巳正後食既，未正後五刻復圓。太常卿上書，請批准依古禮上不視朝即放假一天。

⑥元和三年……應感所致：對於元和三年（808）七月癸巳那次日食，憲宗對宰臣説，昨天司天官奏預報日食，到時觀測到的結果與預報的一致，這是爲什麽？這不是説明與君主施政的優劣無關麽？又古代舉行素服救日，它的道理究竟如何？宰臣李吉甫回答得很巧妙，他説，日食雖然有常數可以推算，但太陽爲陽精，爲人君之象，就如人君行爲有緩急，日行也有遲速，稍微逾出常度，爲月亮所掩蓋，就會發生陰侵陽現象。就如人君執政行事間或有失，應感所致。所以每發生日食，天子就當素服修六官之職；每發生月食，皇后就當素服修六宮之職。

⑦人君在民物之上……以奉若天道：人君是民衆和財物的主人，容易發

生驕傲和自滿的現象，所以聖人創禮制，用以約束人君的行爲，保持乾恭兢惕，以達到執行上天意志的目的。

武德九年二月二十三日夜，星孛于胃、昴間，凡二十八日，又孛于卷舌。①

貞觀八年八月二十三日，星孛于虛、危，歷于玄枵，凡十一日而滅。太宗謂侍臣曰：“是何妖也？”虞世南對曰：“齊景公時，有彗星。晏子對曰：‘公穿池畏不深，築臺恐不高，行刑恐不重，是以彗爲誡耳。’景公懼而修德，十六日而星滅。臣聞若德政不修，麟鳳數見，無所補也；苟政教無闕，雖有災眚，何損於時。伏願陛下勿以功高古人而矜大，勿以太平日久而驕逸，慎終如始，彗何足憂。”帝深嘉之。②十三年三月二十二日夜，星孛于畢、昴。十五年六月十九日，星孛於太微，犯郎位。七月甲戌滅。③

總章元年四月，彗見五車，上避正殿，減膳，令內外五品已上上封事，極言得失。許敬宗曰：“星雖孛而光芒小，此非國眚，④不足上勞聖慮，請御正殿，復常膳。”不從。敬宗又進曰：“星孛于東北，王師問罪，高麗將滅之徵。”帝曰：“我爲萬國主，豈移過於小蕃哉！”二十二日星滅。上元二年十月，彗見于角、亢南，長五尺。三年七月二十一日，彗見東井，指南河、積薪，長三尺餘，漸向東北，光芒益裏，長三丈，掃中台，指文昌，經五十八日而滅。永隆二年九月一日，萬年縣女子劉凝静，乘白馬，著白衣，男子從者八九十人，入太史局，升令廳牀坐，勘問比有何災异。太史令姚玄辯執之以聞。⑤是夜彗見西方天市中，長五尺，漸小，向東行，出天市，至河鼓右旗，十七日滅。永淳二年三月十八日，彗見五車之北，凡二十五日而滅。

文明元年七月二十二日，西方有彗，長丈餘，凡四十九日滅。

光宅元年九月二十九日，有星如半月，見西方。

景龍元年十月十八日，彗見西方，凡四十三日而滅。二年二月，天狗墜于西南，有聲如雷，野雉皆雊。⑥七月七日，星孛胃、昴之間。三年八月八日，星孛于紫宮。

太極元年七月四日，彗入太微。

開元十八年六月十一日，彗見五車；三十日，星孛于畢、昴。二十六年三月八日，星孛于紫微垣，歷斗魁，十餘日，陰雲不見。

【注】

①武德九年……又孛于卷舌：自此以下主要是彗星、彗孛凌犯記録。彗星出現，素有除舊布新的嚴重凶兆。甘氏曰：“彗干犯胃，其國兵起，不出三年。”又巫咸曰：“彗星出昴，大臣爲亂，君弱臣强，邊兵大起，天子憂之。”

②貞觀八年……帝深嘉之：太宗貞觀八年（634）八月二十三日，孛星見虛危，太宗問是何妖异。大臣虞世南以齊景公時彗星見爲例，勸太宗修德。太宗嘉之。

③十五年……七月甲戌滅：對於星孛於太微，陳卓曰：“彗孛干入太微，帝宗后族爲亂，亡社稷。”又《春秋緯》曰：“彗星出而茀太微，天下亂，不過三五，必易政。”

④星雖孛而光芒小此非國眚：義爲彗星光芒小，這不表示國家的過失。此爲許敬宗爲高宗掩塞之辭。許敬宗，高宗、武則天時大臣。

⑤姚玄辯：高宗時太史令，事迹不詳。

⑥天狗墜于西南：天狗，通常是指隕星，此非彗星而混雜於此。

　　武德元年六月三日，熒惑犯左執法。①八年九月二十二日，熒惑入太微。九年五月，傅奕奏：太白晝見于秦，秦國當有天下。高祖以狀授太宗。及太宗即位，召奕謂曰：“汝前奏事幾累我，然而今後但須悉心盡言，無以前事爲慮。”②

　　貞觀十三年五月，熒惑犯右執法。十五年二月十五日，熒惑逆犯太微東藩上相。十七年三月七日，熒惑守心前星，③十九日退。其月二十二日，熒惑犯句陳。九月二十九日，熒惑犯太微西藩上將。十九年九月二十四日，太白在太微，犯左執法，光芒相及。

　　永徽三年六月二日，熒惑犯右執法；三日，太白入太微，犯右執法。顯慶五年二月三日，熒惑入南斗。龍朔元年九月十四日，太白犯太微左執法。乾封二年五月，熒惑入軒轅。咸亨元年十二月，熒惑入太微。上元二年正月九日，熒惑犯房星。儀鳳四年四月九日，熒惑犯羽林。調露二年五月二十四日，太白經天。

　　長安四年，熒惑入月及鎮星，犯天關。太史令嚴善思奏：④法有亂臣伏罪，臣下謀上之變。歲餘，誅二張，五王立中宗。

　　景龍三年六月八日，太白晝見于東井。

　　景雲二年三月二十七日，太白入羽林。太極元年三月三日，熒惑入東井；四月十二日，熒惑與太白守東井。

先天元年八月十四日夜，月蝕盡，有星入月魄中。⑤十六日，太白襲月。⑥開元十年七月二十九日，熒惑入南斗。天寶十三載五月，熒惑守心五十餘日。

至德元載十一月二十六日，熒惑、太白同犯昴。

武德二年三月二十七日，太白、辰、鎮聚于東井。九年六月十八日，辰、歲會于東井。二十三日，辰、歲、太白又會于東井。⑦

貞觀十八年五月，太白、辰合于東井。

景雲二年七月，太白、鎮同在張宿。

武德三年十月三十日，有流星墜於東都城內，殷殷有聲。高祖謂侍臣曰："此何祥也？"起居舍人令狐德棻曰："昔司馬懿伐遼，有流星墜于遼東梁水上，尋而公孫淵敗走，晉軍追之，至其星墜處斬之。此王世充滅亡之兆也。"⑧

貞觀十八年五月，有流星大如斗，五日出東壁，光照地，聲如雷。

咸亨三年二月三日，有流星如雷。

景龍二年二月十九日，大星墜于西南，聲如雷，野雉皆雊。

景雲二年八月十七日，東方有流星出五車，至于上台。

天寶三載閏二月十七日，星墜于東南，有聲。京師訛言官遣棖棖捕人肝以祭天狗，人相恐，畿內尤甚。

　　景龍元年九月十八日，有赤氣竟天，其光燭地，經三日乃止。九月四日，黃霧昏。

　　唐隆元年六月八日，虹蜺竟天。⑨

【注】

　　①武德元年六月三日熒惑犯左執法：《河圖帝覽嬉》曰：“熒惑行犯太微左右執法，大臣有憂。”自此以下，爲五星凌犯記錄。

　　②八年九月……無以前事爲慮：此是一條涉及太子黨與庶子黨争帝位的著名占例。據記載，太史令傅奕預言了這一占事，并密奏於高祖。高祖又告知太宗，導致玄武門之變。太白晝見於秦，即太白白天出現在東井，東井的分野爲秦，秦即指秦王李世民，故有此占。

　　③熒惑守心前星：按照星占家的説法，心大星爲天王位，前心爲太子位，後心爲庶子位。《開元占經》引太史公曰：“心三星，上星太子星，星不明，太子不得代；下星庶子星，星明，庶子代後。心動者，國有憂。”

　　④嚴善思：則天長安（701—704）時太史令，事迹不詳。他曾據熒惑入月犯天關的天象，預言有亂臣伏罪，後來二張被誅，中宗得正。

　　⑤有星入月魄中：有星行入月中，即發生月掩行星的天象。

　　⑥太白襲月：太白凌犯月亮。太白行動迅速，故有襲月之説。

　　⑦武德二年三月……太白又會于東井：武德二年三月二十七日太白、辰星、歲星聚東井，九年六月二十三日太白、辰星、歲星又會於東井，這是唐代少有的兩次三星以上聚會記錄。聚於東井，爲秦王（李世民）當興的有利天象。

　　⑧武德三年……滅亡之兆：《晋志》曰：“蜀後主建興十三年，諸葛亮帥大衆伐魏，屯於渭南。有長星赤而芒角，自東北西南流，投亮營，三投三還，往大還小。占曰：‘兩軍相當，有大流星來走軍上及墜軍中者，皆破敗之徵也。’九月，亮卒于軍，焚營而退，群帥交怨，多相誅殘。”據此占，武德三年十月三十日流星墜於東都城内，此爲王世充之都城，當爲王世充滅亡之兆。

　　⑨景龍元年九月十八日……虹蜺竟天：赤氣竟天和虹蜺竟天，疑均爲

北極光天象。對此類特殊天象唐朝記録很少。

災异編年　至德後①

至德元年三月乙酉，歲、太白、熒惑合于東井。十月辛丑朔，日有食之。十一月壬戌五更，有流星大如斗，流于東北，長數丈，蛇行屈曲，有碎光迸空。乾元元年四月，熒惑、鎮、太白合於營室。太史南宫沛奏：②所合之處戰不勝，大人惡之，恐有喪禍。明年冬，郭子儀等九節度之師自潰於相州。五月癸未夜一更三籌，月掩心前星，二更四籌方出。六月癸丑，月入南斗魁。二年二月丙辰，月犯心前大星，相去三寸。三年四月丁巳夜五更，彗出東方，色白，長四尺，在婁、胃間，疾行向東北角，歷昴、畢、觜、參、井、鬼、柳、軒轅，至太微右執法七寸所，凡五十餘日方滅。閏四月辛酉朔，妖星見于南方，長數丈。是時自四月初大霧大雨，至閏四月末方止。是月，逆賊史思明再陷東都，米價踴貴，斗至八百文，人相食，殍尸蔽地。上元元年十二月癸未夜，歲掩房星。二年七月癸未朔，日有蝕之，大星皆見。司天秋官正瞿曇譔奏曰：③“癸未太陽虧，辰正後六刻起虧，巳正後一刻既，午前一刻復滿。虧於張四度，周之分野。甘德云，‘日從巳至午蝕爲周’，周爲河南，今逆賊史思明據。《乙巳占》曰‘日蝕之下有破國’。”其年九月，制去上元之號，單稱元年，月首去正、二、三之次，以“建”冠之。其年建子月癸巳亥時一鼓二籌後，月掩昴，出其北，兼白暈；畢星有白氣從北來貫昴。司天監韓穎奏曰："按石申占，'月掩昴，胡王死'。又'月行昴北，天下福'。[④]臣伏以三光垂象，月爲刑殺之徵。二石殲夷，史官常占。畢、昴爲天綱，白氣兵喪，掩其星則大破胡王，行其北則天下有福。巳爲周分，癸主幽、燕，當羯胡竊據之郊，是殘寇滅亡之地。"明年，史思明爲其子朝義所殺。十月，雍王收復東都。上元三年正月時去上元之號，今存之以正年。建辰月，肅宗病。是月丙戌，月上有黄白冠連成暈，東井、五諸侯、南北河、輿鬼皆在中。建巳月，以楚州獻定國寶，乃改元寶應，月復以正、二、三爲次。其月，肅宗崩。

【注】

①自肅宗至德元年（756）以後至唐亡（907），天象記録的排列方式爲之一變，改爲混合排列，不再分類，故改稱"災异編年"。

②南宫沛：肅宗乾元（758—759）時的太史官，他曾預言乾元元年四月熒惑、鎮星、太白合於營室，所合之處戰不勝，大人惡之，恐有喪禍。後果然有乾元二年九節度相州之敗。

③秋官正瞿曇譔：據晁華山《唐代天文學家瞿曇譔墓的發現》介紹，瞿曇譔墓志記載，印度來華定居者瞿曇逸生瞿曇羅，瞿曇羅生瞿曇悉達，瞿曇悉達生瞿曇譔，他們擅長印度天文曆算，也精通中國傳統天文學，他們在唐代統稱瞿曇監。

④月掩昴胡王死……月行昴北天下福：月掩星，是凌犯中最嚴重的天象。昴在黄道之北二至七度，而黄白大距爲六度，月行昴北的機會是很少的，它無疑就相當於月掩昴星，故這兩種説法是相當的。昴主"胡人"，故月掩昴星主"胡王"死。"胡王"死，則"中國"即天下有福。

　　代宗即位。其月壬子夜，西北方有赤光見，炎赫亘天，貫紫微，漸流于東，瀰漫北方，照耀數十里，久之乃散。辛未夜，江陵見赤光貫北斗，①俄僕固懷恩叛。明年十月，吐蕃陷長安，代宗避狄幸陝州。廣德二年五月丁酉朔，日當蝕不蝕，群臣賀。十二月三日夜，星流如雨，自亥及曉。永泰元年九月辛卯，太白經天，是月吐蕃逼京畿。二年六月丁未，日重輪，其夜月重輪，②是年大水。大曆元年十二月己亥，彗星出匏瓜，長尺餘，犯宦者星。③二年七月癸亥，熒惑色赤黃，順行入氐。乙丑夜，鎮星色黃，近辰星，在東井初度。丙寅申時，有青赤氣長四十餘尺，見日旁，久之乃散。己巳夜，歲星順行去司怪七寸。庚午夜，月逼天關。壬申十二月，④赤氣長二丈亘日上。甲戌酉時，白氣亘天。八月壬午，月入氐。戊子，月犯牽牛，相去九寸。己丑夜，月犯畢，相去四寸。⑤九月戊申朔，歲星守東井，凡七日。乙卯，吐蕃入寇，至邠寧。戊午夜，白霧起尾西北，瀰漫亘天。乙丑晝，有流星大如一升器，其色黃明，尾迹長六七十尺，出于午，流于丑。⑥戊辰夜，熒惑去南斗五寸。乙亥，青赤氣亘于日旁。十一月辛酉夜，月去東井一尺。甲子夜，月去軒轅一尺。壬戌，京師地震，有聲如雷，自東北來。十二月丁酉夜，熒惑入壁壘。⑦戊戌，有黑氣如霧，亘北方，久之方散。三年正月壬子夜，月掩畢。丁巳巳時，日有黃冠，青赤珥。三月乙巳朔，日有蝕之，自午虧，至後一刻，凡蝕十分之六分半。癸丑夜，太白去天衢八寸。⑧癸酉夜，太白順行，去歲星二尺。七

月壬申夜，五星并列東井。⑨占云：“中國之利。”八月
己酉，月入畢。辛酉，月入東井。壬戌，火星去太白四
寸。庚午夜，太白犯左執法，相去一尺。九月壬申夜，
歲星入輿鬼。乙亥夜，大星如斗，自南流北，其光燭
地。丁丑夜，熒惑入太微垣。己卯夜，太白犯左執法，
相去六寸。戊子夜，歲星去輿鬼一尺。己丑夜，月犯東
井，去五寸。庚戌，熒惑去太微五寸，太白去進賢四
寸。癸巳，月去靈臺一尺。四年正月十五日，日有蝕
之。二月丙午夜，熒惑有芒角，去房星二尺所。丙辰
夜，地震，有聲如雷者三。三月壬午，熒惑有芒角，入
氐。癸未，月去氐一尺。戊子夜，鎮星近輿鬼。五月丙
戌，京師地震。七月，熒惑犯次相星。九月丁卯，熒惑
犯郎位。是歲自四月霖雨，至秋末方息，京師米斗八百
文。五年四月乙巳夜，歲星入軒轅。己未夜，彗出五
車，蓬孛，光芒長三丈。五月己卯夜，彗出北方，其色
白。癸未夜，彗隨天東行，⑩近八穀。甲申，西北方白氣
竟天。六月丙申，月去太微左執法一寸。丁酉，月去哭
星二寸。庚子，月去氐七寸。癸卯，彗去三公二尺。庚
戌，太白入東井。甲寅，白氣出西北方，竟天。己未，
彗星滅。七月，京師米價騰踊，斗千錢。六年七月乙巳
夜，月掩畢，入昴畢中。壬子，月去太微二寸。八月庚
辰，月入太微。九月壬辰，熒惑犯哭星，去二寸。庚子
夜，火去泣星四寸，月掩畢。甲辰夜，西南流星大如一
升器，有尾迹，光明照地，珠子散落，長五丈餘；出須
女，入天市南垣滅。丁未，月入太微。辛亥，熒惑入壁

壘。十月丁卯，月掩畢。甲戌，月入軒轅。十一月壬寅，月入太微。丙午夜，月掩氐。十二月己巳，月入太微。七年正月乙未夜，月近軒轅。二月戊午，月掩天關。辛酉，月逼輿鬼。己巳，熒惑逼天衢。三月辛卯，月逼靈臺。四月丁巳，熒惑入東井。辛未，歲星入東角。⑪壬申，月入羽林。丙子，鎮星臨太微。五月丙戌，月入太微。六月乙亥，月臨東井。十二月甲子，太白入羽林。丙寅，雨土，是夜，長星出于參。八年五月庚辰，熒惑入羽林。六月戊辰，流星大如一升器，有尾迹，長三丈，流入太微。七月己卯，太白入東井，留七日而出。庚寅酉時，有氣三道竟天。辛卯，熒惑臨月。乙未，月掩畢中。八月戊午夜，熒惑臨月。其月，朱滔自幽州入朝。九月癸未，月入羽林。己丑，月入太微。十月癸卯，太白臨鎮星。丙午夜，太白臨進賢。丁巳夜，月掩畢。壬戌夜，月入鬼中。庚午，月近太白，并入氐中。十一月己卯，月入羽林。壬午，鎮星逼進賢。癸未，太白掩房。癸巳，月入太微垣。閏十一月壬寅夜，太白、辰星會于危。癸丑，月掩天關。甲寅，月入東井。乙丑，月掩天關。丙寅，月入氐。十二月癸酉，月入羽林。九年正月癸丑，熒惑逼諸王星。三月丁未，熒惑入東井。四月乙亥，月臨軒轅。丁丑，月入太微。五月己酉，太白逼熒惑。乙未夜，太白入軒轅。辛酉，辰星逼軒轅。六月戊寅，月逼天綱。⑫己卯，月掩南斗。庚辰，月入太微。戊子，太白臨左執法。七月甲辰，月掩房。辛亥，月入羽林。壬戌，月入輿鬼。八月辛卯，月掩軒轅。九月庚子，朱泚自幽州入朝，是夜，太白入南斗。甲子，熒惑入氐。十月戊子，木入南斗。十二月戊辰，月入羽林。十年正月，昭義軍亂，逐薛崿；田承嗣據河北叛。戊申，月逼軒轅。甲寅夜，熒惑、歲星合于南斗，并順行。二月，河陽軍亂，逐常休明。三月，陝州軍亂，逐李國青。庚戌，熒惑入壁壘。四月甲子，熒惑順行入羽林。庚午，月臨軒轅。六月癸亥，太白臨東井。乙丑夜，熒惑臨天囷。戊辰，月入太微。乙亥，月臨南斗。七月庚子，辰星、太白順行，同在柳。八月乙酉，熒惑順行，臨天高。戊子，月入太微。九月甲午，月臨房。十月辛酉朔，日有蝕之。十二月丙子夜，東方月上有白氣十餘道，如匹帛，貫五車、東井、輿鬼、觜、參、畢、柳、軒轅，三更後方散。十一年閏八月丁酉，太白晝見。其年七月，李靈耀以汴州叛，十月，方誅之。十二年正月乙丑夜，月掩軒轅。癸酉夜，月掩心前星。丙子，月入南斗魁中。二月乙未，鎮星入氐。辛亥夜，流星大如桃，尾長十丈，出匏瓜，入太微。三月壬戌，月入太微。戊辰，月逼心星。是月，幸臣元載誅，王縉黜。四月庚寅，月臨左執法。乙未夜，月掩心前星。五月丙辰，月入太微。六月戊戌，月入羽林。七月庚戌，月入南斗。癸丑，熒惑逼司怪。己巳，宰相楊綰卒。乙亥，熒惑順行，入東井。是歲，春夏旱，八月大雨，河南大水，平地深五尺。吐蕃入寇，至坊州。十月己丑，月臨歲星。壬辰，月掩昴。乙未，月臨五諸侯。庚子，月臨左執法，遂入太微垣。十一月癸丑，太白臨哭星。乙卯夜，月入羽林。戊辰，月臨左執法。十二月辛巳，鎮星臨鍵閉。[13]壬午，月入羽林。十四年五月十一日，代宗崩。

【注】

①西北方有赤光，赤光貫北斗，這兩次天象是典型的北極光。

②日重輪和月重輪都是大氣現象。

③彗星出匏瓜……犯宦者星：匏瓜星在女宿，宦者星在天市垣。

④壬申十二月："十二月"疑爲"十二日"之誤，改後纔能與其後的八月、九月相接。

⑤據近人研究，古人大致以一尺爲一度，也有以七寸爲一度説者。

⑥流星……出于午流于丑：午在正南方，丑在北偏東。此流星自天頂南流向北方。

⑦熒惑入壁壘：火星進入壘壁陣星。

⑧太白去天衢八寸：天衢星，古星名。《晋書·天文志》曰："房四星，爲明堂，天子布政之宮也……又爲四表，中間爲天衢，爲天關，黄道之所經也。"

⑨七月壬申夜五星并列東井：代宗大曆三年（768）七月壬申，五星聚於東井，這是唐代唯一的五星聚於一宿的天象。

⑩彗隨天東行：地球自東向西旋轉，此"東行"疑爲"西行"之誤。

⑪歲星入東角：歲星進入東方的角星。

⑫月逼天綱：巫咸曰："天綱一星，在北落西南。"這條記録似有疑問。天綱星在黄道南十餘度，月逼天綱用辭欠妥。

⑬原文爲"鎮星臨關鍵"，如中華書局校點本考證，"關鍵"當爲"鍵閉"之誤，且無"關鍵"星名。今改。

德宗即位。明年改元建中。至四年十月，朱泚亂，車駕幸奉天。貞元四年五月丁卯，月犯歲星。乙亥，熒惑、鎮、歲聚于營室三十餘日。八月辛卯朔，日有蝕之。十年三月乙亥，黄霧四塞，日無光。四月，太白晝見。

元和七年正月辛未，[1]月掩熒惑。六月乙亥，月去南斗魁第四星西北五寸所。八年七月四日夜，月去太微東垣之南首星南一尺所。癸酉夜，月去五諸侯之西第四星南七寸所。十月己丑，熒惑順行，去太微西垣之南首星西北四寸所。九年二月丁酉，月去心大星東北七寸所。四月辛巳，北方有大流星，迹尾長五丈，光芒照地，至右攝提南三尺所。九月己丑，月掩軒轅。十二年正月戊子，彗出畢南，長二尺餘，指西南，凡三日，近參旗没。十三年正月乙未，歲星退行，近太微西垣之南第一星。八月己未，月近南斗魁。壬戌，太白順行，近太微。十四年正月己丑，月近東井北河星。[2]癸卯夜，月近南斗魁星。五月庚寅，月犯心前大星西南一尺所。十五年正月二十七日，憲宗崩。[3]

穆宗即位。七月庚申，熒惑退行，入羽林。癸亥夜，大星出勾陳，南流至婁北滅。八月己卯，月掩牽牛。長慶元年正月丙午，月掩鉞星；二更後，月去東井南河第一星南七寸。[4]丙辰，南方大流星色赤，尾有迹，長三丈，光明燭地，出狼星北二尺所，東北流至七星三尺所滅。己未夜，星孛于翼。丁卯夜，星孛在辰上，去太微西垣南第一星七寸所。二月八日夜，太白犯昴東南五寸所。丁亥夜，月犯歲星南六寸所，在尾十三度。三月庚戌，太白犯五車東南七寸所。七月壬寅，月掩房次相星。乙丑夜，東方大流星，色黃，有尾迹，長六七丈，光明燭地，出參西北，向西流，至羽林東北滅。其月幽州軍亂，囚其帥張弘靖，立朱克融。其月二十八日，鎮州軍亂，殺其帥田弘正王廷湊。元和末，河北三鎮皆以疆土歸朝廷；至是，幽、鎮俱失。俄而史憲誠以魏州叛，三鎮復爲盜據，連兵不息。八月辛巳夜，東北有大星自雲中出流，白光照地，前後長丈二尺五寸，西北入蜀滅；太白在軒轅左角西北一尺所。是月壬辰夜，太白去太微垣南第一星一尺所。九月戊戌夜，太白順行，入太微，去左執法星西北一尺所。乙巳夜，去左執法二寸所。辛亥，月去天關西北八寸。二年正月戊申，魏帥田布伏劍死，史憲誠據郡叛。二月甲戌夜，熒惑在歲星南七寸所。四月辛酉朔，日有蝕之，在胃十二度，不盡者四之一，燕、趙見之既。七月丙子夜，東方大星西流，至昴滅，其聲如雷。十月甲子夜，月掩牽牛中星。⑤乙丑夜，太白去南斗魁第四星西一寸所。十一月丁丑，月掩左角。庚辰，月去房一尺所。十二月丁亥，月掩左角。⑥庚戌夜，月近房星。壬子五更後，月近太白，相去一尺所。四年正月二十二日，穆宗崩。

　　敬宗即位。二月癸卯，太白犯東井，近北河。三月甲子，熒惑犯鎮星。壬申，太白犯東井，近北河。⑦四月十七日，染院作人張韶於柴草車中載兵器，犯銀臺門，共三十七人，入大內，對食於清思殿；其日禁兵誅之。七月乙卯夜，有大星出于天船，流犯斗魁第一星西南滅。八月丁亥，熒惑犯鎮星。癸未，熒惑入東井。己丑，太白犯軒轅右角。十二月戊子夜，月掩東井。甲午夜，西北有流星出閣道，至北極滅。寶曆元年七月乙酉，月犯西咸，^⑧去八寸所。甲子夜，月掩畢。閏七月癸巳夜，月去心，距九寸。庚子，流星去北極，至南斗柄滅。八月乙卯，太白犯房，相去九寸。九月癸未，太白犯南斗。丙戌，月犯畢。甲午，月犯太微左執法。十月辛卯，月犯天囷，相去七寸。癸亥，太白臨哭星，相去九寸。十一月庚辰，鎮星犯東井，相去七寸。癸未夜，月去東井六寸。戊戌，西南大流星出羽林，入濁。十二月戊申夜，月犯畢。乙酉夜，西北方有霧起，須臾遍天。霧上有赤氣，其色或深或淺，久而方散。二年正月甲戌夜，北方大流星長五丈餘，出紫微，過軫滅。甲申，月犯右執法，相去五寸。二月丙午夜，月犯畢。三月己巳，流星出河鼓，東過天市，入濁滅。四月甲子夜，西方大流星長三丈，穿天市垣，至房星滅。其月十七日，白虹貫日連環，至午方滅。五月甲戌，月去太微八寸所。癸巳，西北方大流星長三丈，光明照地，入天市垣中滅。甲午五更，熒惑犯昴。六月庚申，太白犯昴。七月壬申，流星長二丈，出斗北，入濁滅。其夜，月初入，巳上有流星向南滅。其夜，辰犯畢。八月丙申夜，北方大流星長四丈餘，出王良，流至北斗柄滅。甲辰夜，太白去太微八寸所。丁未夜，熒惑近鎮星西北。丁丑，熒惑去輿鬼七寸。十二月八日夜，敬宗爲內官劉克明所弒，立絳王。樞密使王守澄等殺絳王，立文宗。

【注】

①元和（806—820）爲憲宗年號。

②月近東井北河星：諸本“北河”均作“北轅”。軒轅星與東井不相鄰，東井之北有北河星，南河、北河星均在井宿之內，故知“北轅”爲“北河”之誤。北河，北河戌之簡稱。

③（十四年）五月庚寅月犯心前大星西南一尺所十五年正月二十七日憲宗崩：月犯心前大星，距憲宗崩僅八個月，在星占家看來，憲宗崩與月犯心宿有關。例如，《漢書·天文志》曰：“月犯心……其國有憂，若有大喪。”《海中占》曰：“月犯心中央星，人主惡之。”又曰：“月貫心，一年國君死。”

④月去東井南河第一星：“南河”，諸本作“南轅”，與本部分上文注②相同理由，“南轅”當爲“南河”之誤。今改。

⑤月掩牽牛中星：月亮掩蓋牛宿一。

⑥月掩左角：月掩角宿二。

⑦近北河：前後兩次“犯東井，近北河”記錄，諸志“北河”均作“北轅”，誤。今據理改。

⑧月犯西咸：房宿上方，有東咸、西咸各四星，在黃道北界處。

　　大和元年九月戊寅，月掩東井南河星。①四年四月辛酉夜四更五籌後，月掩南斗第二星。十一月辛未朔，熒惑犯右執法西北五寸，五年二月，宰相宋申錫、漳王被誣得罪。②八年二月朔，日有蝕之。六月辛巳五更，有六流星，赤色，有尾迹，光明照地，珠子散落，出河鼓北流，近天棓滅，有聲如雷。七月己巳夜，流星出紫微西北，長二丈，至北斗第一星滅。是夜五更，月犯昴。九月辛亥夜五更，太微宮近郎位有彗星，長丈餘，西指，西北行，凡九夜，越郎位星西北五尺滅。癸丑，月入南斗。庚申，右軍中尉王守澄，宣召鄭注對於浴殿門。是夜，彗星出東方，長三尺，芒耀甚猛。十二月丙戌夜，月掩昴。九年三月乙卯，京師地震。四月辛丑，大風震雷，拔殿前古樹。六月庚寅夜，月掩歲星。丁酉夜一更至四更，流星縱橫旁午，約二十餘處，多近天漢。其年十一月，李訓謀殺內官，事敗，中尉仇士良殺王涯、鄭注、李訓等十七家，朝臣多有貶逐。開成元年正月甲辰，太白掩西建第一星。③其月辛丑朔，日有蝕之。④二月乙亥夜四更，京師地震。二年二月丙午夜，彗出東方，長七尺餘，在危初度，西指。戊申夜，危之西南，彗長七尺，芒耀愈猛，亦西指。癸丑夜，彗在危八度。庚申夜，在虛三度半。辛酉夜，彗長丈餘，直西行，稍南指，在虛一度半。壬戌夜，彗長二丈，其廣三尺，在女九度。癸亥夜，彗愈長廣，在女四度。三月甲子朔，其夜，彗長五丈，岐分兩尾，其一指氐，其一掩房，在斗十度。丙寅夜，彗長六丈，尾無岐，北指，在亢七度。文宗召司天監朱子容問星變之由，子容曰：“彗主兵旱，或破四夷，古之占書也。然天道懸遠，唯陛下修政以抗之。”⑤乃敕尚食，今後每日御食料分爲十日。其夜彗長五丈，闊五尺，卻西北行，東指。戊辰夜，彗長八丈有餘，西北行，東指，在張十四度。詔天下放繫囚，撤樂減膳，避正殿；先是，群臣拜章上徽號，宜并停。癸未夜，彗長三尺，出軒轅之右，東指，在張七度。六月，河陽軍亂，逐李詠。
是歲，夏蝗大旱。八月丁酉，彗出虛、危之間。十
月，地南北震。三年十月十九日，彗見，長二丈餘；
二十日夜，長二丈五尺；二十一日夜，長三丈；二
十二日夜，長三丈五尺：并在辰上，西指軫、魁。
十一月乙卯朔，是夜彗出東方，東西竟天。五月五
日，太白犯輿鬼。六月一日，太白犯熒惑。二十八
日，太白犯右執法。十月七日，太白犯南斗。四年
正月丁巳，熒惑、太白、辰聚于南斗。癸酉，彗出
于西方，在室十四度。閏月二十三日，又見于卷舌
北，凡三十三日，至二十六日夜滅。二月二十六日，
自夜四更至五更，四方中央流星大小二百餘，并西
流，有尾迹，長二丈。三月乙酉夜，月掩東井第三
星。是歲，夏大旱，禱祈無應，文宗憂形于色。宰
臣進曰：“星官言天時當爾，乞不過勞聖慮。”帝改
容言曰：“朕爲人主，無德庇人，比年災旱，星文謫
見。若三日內不雨，朕當退歸南內，卿等自選賢明
之君以安天下。”宰相楊嗣復等嗚咽流涕不已。七月
辛丑，月犯熒惑，河南大水。八月辛未，流星出羽
林，有尾迹，長十丈，有聲如雷。十月辛酉，辰入
南斗魁。五年正月，文宗崩。

　　武宗即位。會昌元年六月二十九日，從一鼓至五
鼓，小流星五十餘，交橫流散。七月二日，北方流星光
明照地，東北流星有聲如雷。九月癸巳，熒惑犯輿鬼。
閏九月丁酉，熒惑貫鬼宿；戊戌，在鬼中。十一月六

日，彗見西南，在室初度，凡五十六日而滅。其夜上方大流星光明燭地，東北流星有聲。二年六月乙丑，熒惑犯歲星。丙寅，太白犯東井。其夜，熒惑蒼赤色，動搖於井中，⑥至八月十六日，犯輿鬼。五年二月五日，太白掩昴北側，在昴宿一度。五月辛酉，太白入畢口，⑦距星東南一尺。八月七日，太白犯軒轅大星。⑧

【注】

①月掩東井南河星："南河"，諸本均作"南轅"。首先，南轅星之名稱就不妥，若硬按文義推理，南轅星當爲軒轅星座南部星中的某顆星，但月掩星是少見的天象，幾乎沒有可能在戊寅這個晚上同時發生月掩東井某星和軒轅南部某星，即使同時發生了兩次月掩兩星的現象，也不當籠統地記載月掩東井星和月掩軒轅南星，軒轅南部有若干星幷列，而應指掩東井某星、掩軒轅某星。再説即使掩南轅之説成立，上文還有月近東井北轅星，就當理解爲月亮先接近了東井星，後又接近了軒轅北星。軒轅星座是一個南北達三十餘度的巨大星座，其南星位於黄道附近，北星就在黄道北三十度附近，月能接嗎？故知南轅、北轅必爲南河、北河之誤。南河、北河星，均爲東井宿内的一個星座。以上記載，均是指月亮掩蓋、接近、相去東井宿中的北河星、南河星，而不是同時掩蓋、接近、相去兩組星。

②十一月辛未朔……被誣得罪：太和四年（830）十一月辛未朔，熒惑犯右執法星西北五寸。五年二月宰相宋申錫、漳王被誣告判罪。在星占家看來，這兩件事是有關係的。《河圖帝覽嬉》曰："熒惑行犯太微左右執法，大臣有憂。"郗萌曰："熒惑犯左右執法，左右執法者誅若有罪。"故自熒惑犯右執法後三個月，宰相宋申錫和漳王就都獲罪了。

③太白掩西建第一星：太白掩蓋建星一。

④其月辛丑朔日有蝕之：諸本皆作"其月十五日日有蝕之"。但發生交食之日爲開成元年正月十五日，正爲望日之時，故知必誤。今從中華書局校點本據《唐書》改。

⑤開成二年三月甲子朔發生彗星現象，文宗問司天監朱子容出現彗星的原由。朱子容勸文宗修明政治來對待。

⑥動搖於井中：指熒惑出現在東井諸星的中間，而且閃動不已。

⑦太白入畢口：太白星進入畢宿口中，畢宿兩叉之間稱爲畢口。

⑧太白犯軒轅大星：太白星犯軒轅大星即軒轅十四，軒轅十四爲一等大星。《河圖帝覽嬉》曰："太白守軒轅大星，若環繞之，皇后有急，若憂誅。"巫咸曰："太白行犯守軒轅，女主失政，若失勢。一曰大臣當之，若有黜者，期二年。"

舊儀：太史局隷秘書省，掌視天文曆象。①則天朝，術士尚獻輔精於曆算，召拜太史令。獻輔辭曰："臣山野之人，性靈散率，不能屈事官長。"天后惜其才，久視元年五月十九日，敕太史局不隷秘書省，自爲職局，仍改爲渾天監。至七月六日，又改爲渾儀監。長安二年八月，獻輔卒，復爲太史局，隷秘書省，緣進所置官員并廢。②景龍二年六月，改爲太史監，不隷秘書省。景雲元年七月，復爲太史局，隷秘書省。八月，又改爲太史監。十一月，又改爲太史局。二年閏九月，改爲渾儀監。開元二年二月，改爲太史監。十五年正月，改爲太史局，隷秘書省。天寶元年，又改爲太史監。

乾元元年三月，改太史監爲司天臺，③於永寧坊張守珪故宅置。敕曰："建邦設都，必稽玄象；分列曹局，皆應物宜。靈臺三星，主觀察雲物；天文正位，在太微西南。今興慶宮，上帝廷也，考符之所，合置靈臺。宜令所司量事修理。"④舊臺在秘書省之南。仍置五官正五人。⑤司天臺內別置一院，曰通玄院。應有術藝之士，徵辟至京，于崇玄院安置。⑥其官員：大監一員，正三品。少監二人，正四品。丞三人，正六品。主簿三人，主事二人，五官正五人，五官副正五人，靈臺郎一人，五官保章正五人，五官挈壺正五人，五官司曆五人，五官司辰十五人，觀生、曆生七百二十六人。凡官員六十六人。⑦寶應元年，司天少監瞿曇譔奏曰："司天丞請減兩員，主簿減兩員，主事減一員，保章正減三員，挈壺正減三員，監候減兩員，司辰減七員，五陵司辰減五員。"從之。⑧

天寶十三載三月十四日，敕太史監官除朔望朝外，非別有公事，一切不須入朝，及充保識，仍不在點檢之限。

開成五年十二月，敕："司天臺占候災祥，理宜秘密。如聞近日監司官吏及所由等，多與朝官并雜色人交游，既乖慎守，須明制約。自今已後，監司官吏不得更與朝官及諸色人等交通往來，委御史臺察訪。"⑨

【注】

①舊儀太史局隸秘書省掌視天文曆象：原來規定，太史局屬秘書省管轄，負責天文曆法和天象觀察。此處"儀"爲法規解，而非指儀器。

②則天朝……官員并廢：在武則天當政期間，有一個名叫尚獻輔的術士，精通曆算，被召拜爲太史令。尚推辭説：我是山野之人，性靈散慢，不能屈事官長。武則天便於久視元年（700）命太史局改爲渾天監，自爲職局，不受秘書省管轄。至長安二年（702）尚卒，纔恢復太史局原有編制。因改爲渾天監而所置官員并廢。

③唐朝官方天文機構名稱累改，先後有太史局、渾天監、渾儀監、太史監、司天臺等，通常屬秘書省管轄。

④乾元元年……量事修理：唐朝的太史局和靈臺，原設在秘書省的南面。肅宗乾元以後，改太史監爲司天臺，遷建於永寧坊張守珪故宅。詔書曰興慶宮爲天子宅院，是重大事宜"考符之所"，相當於太微垣，靈臺三顆星，又在太微垣的西南方，正是建靈臺之地。

⑤仍置五官正五人：改建司天臺以後，又設五官正五人，分別爲春官正、夏官正、秋官正、冬官正和中官正，員各一人，皆正五品上，掌司四時，觀察氣象變化。

⑥司天臺内……于崇玄院安置：又在司天臺内別建一院，稱爲崇玄院，從全國各地招術藝之士，安置其内。於是，司天臺人數大增。

⑦其官員……凡官員六十六人：據以上記載，特造唐司天臺人員構成表如下：

	職名	人數	品級
臺官	大監	1	正三品
	少監	2	正四品
	監丞	3	正六品
屬官	主簿	3	
	主事	2	
	五官正	5	
	五官副正	5	
	靈臺郎	1	
	五官保章正	5	
	五官挈壺正	5	
	五官司曆	5	
	五官司辰	15	
生員	觀生、曆生	726	

⑧寶應元年……從之：寶應元年（762），司天少監瞿曇譔奏請司天丞減員二人，主簿減二人，主事減一人，保章正減三人，挈壺正減三人，監候減二人，司辰減七人，五陵司辰減五人。從申請減員的奏書中也可看

出，在具體貫徹過程中，除了上表官員五十二人，還增加了監候、五陵司辰十四人，合計六十六人。另外，在局學習觀測和曆法推算的生員達七百二十六人，可見當時司天臺人員衆多。

⑨開成五年……御史臺察訪：朝官向司天臺司官吏及雜色人等探天象災异之變的情報。天象災异之變是政權的機密，探聽的行爲是不允許的，故特下敕禁止交通，并責成御史臺察訪監督。

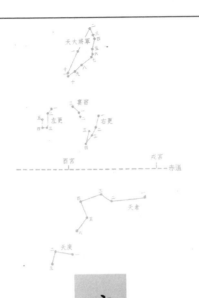

唐書・天文志

　　《唐書·天文志》三卷，宋劉羲叟（1015—1058）撰，編成於1058年。劉羲叟，字仲更，山西晋城人，曾任趙州軍事判官等低級官吏，但以好學而精於術算著稱。歐陽修重其才，特推薦其專修天文、律曆、五行志。官至秘書省著作佐郎。其著作除了《唐志》，著名的還有《劉氏輯術》，爲中國影響較大、時代較早的年代學著作。

　　新舊《唐書》之《天文志》，記載的都是唐代的天文學情況及天文事件，二志當有很多重複的記事。將《舊唐書·天文志》二卷與《唐書·天文志》三卷作比較，《舊唐書·天文志上》及志下卷首部分，相當於《唐書·天文一》，即包括李淳風和一行的儀器創作，一行等人利用黄道游儀所開展的恒星位置測量，一行等人發起的全國性天文大地測量，以及十二次分野説等。就這部分記載而言，應該説是各有優劣。《舊志》對天文大地測量記載得較爲詳盡，後者則詳細記載了一行創立的天下山河兩界説，用以作爲十二次分野的理論基礎，而《舊志》則完全不用此説。

　　《唐書·天文二》記載了自唐武德元年（618）至天祐三年（906）的日變、月變、彗孛等天象，包括九十三條日食記録方位和時間、黑子、日暈、月暈、彗星、客星、流星等。

《唐書·天文三》則記載了月五星凌犯、五星聚會、星變等。應該説，新舊《志》的記載各有詳略不同，故可以相互補充，但又必須指出，《舊志》日食記載干支有多處錯誤，而《新志》糾正了這些錯誤，也補足了《舊志》記録所缺的部分，故可以説《舊志》記録了最重要的基礎資料，《新志》則編撰得更爲準確、完備。兩者之間還存在互相補充的關係，不可偏廢。

《唐書·天文志》記載的平面蓋圖繪製方法爲古代難得的天文繪圖資料。其星野變通思想、測量精度的進步等方面的記載和相關展示也是很有時代意義的。

《唐書》卷三十一

志第二十一

天文一

　　昔者，堯命羲、和，出納日月，考星中以正四時。[①]至舜，則曰"在璿璣玉衡，以齊七政"而已。雖二典質略，存其大法，亦由古者天人之際，推候占測，爲術猶簡。至於後世，其法漸密者，必積衆人之智，然後能極其精微哉。蓋自三代以來詳矣。詩人所記，婚禮、土功，必候天星。[②]而《春秋》書日食、星變，《傳》載諸國所占次舍、伏見、逆順。至於《周禮》測景求中、分星辨國、妖祥察候，皆可推考，而獨無所謂璿璣玉衡者，豈其不用於三代耶？抑其法制遂亡，而不可復得耶？不然，二物者，莫知其爲何器也。[③]至漢以後，表測景晷，以正地中，分列境界，上當星次，皆略依古。而又作儀以候天地，而渾天、周髀、宣夜之説，至於星經、曆法，皆出於數術之學。唐興，太史李淳風、浮圖一行，尤稱精博，後世未能過也。故採其要説，以著于篇。至於天象變見所以譴告人君者，皆有司所宜謹記也。

【注】

①出納日月考星中以正四時：考日月的出入以及中星的變化，用以確定四個時節。

②婚禮土功必候天星：根據《詩經》所載，人們在舉行婚禮和建房時，均要觀測星象，以取吉祥之日行之。

③而獨無所謂……爲何器也：言舜時所謂璿璣玉衡，不知其爲何器，值得懷疑。

貞觀初，淳風上言：“舜在璿璣玉衡，以齊七政，則渾天儀也。《周禮》，土圭正日景以求地中，有以見日行黃道之驗也。暨于周末，此器乃亡。漢落下閎作渾儀，其後賈逵、張衡等亦各有之，而推驗七曜，并循赤道。按冬至極南，夏至極北，而赤道常定於中，國無南北之异。蓋渾儀無黃道久矣。”太宗异其説，因詔爲之。至七年儀成。①表裏三重，②下據準基，狀如十字，末樹鼇足，以張四表。③一曰六合儀，有天經雙規、金渾緯規、金常規，相結於四極之内。列二十八宿、十日、十二辰、經緯三百六十五度。④二曰三辰儀，圓徑八尺，有璿璣規、月游規，列宿距度，七曜所行，轉於六合之内。⑤三曰四游儀，玄樞爲軸，以連結玉衡游箾而貫約矩規。又玄極北樹北辰，南矩地軸，傍轉於内。玉衡在玄樞之間，而南北游，仰以觀天之辰宿，下以識器之晷度。皆用銅。⑥帝稱善，置於凝暉閣，用之測候。閣在禁中，其後遂亡。

　　開元九年，一行受詔，改治新曆，欲知黃道進退，而太史無黃道儀，率府兵曹參軍梁令瓚以木爲游儀，一行是之，乃奏：“黃道游儀，古有其術而無其器，昔人潛思，皆未能得。今令瓚所爲，日道月交，皆自然契合，於推步尤要，請更鑄以銅鐵。”十一年儀成。[7]一行又曰：“靈臺鐵儀，後魏斛蘭所作，規制朴略，度刻不均，赤道不動，乃如膠柱。以考月行，遲速多差，多或至十七度，少不減十度，不足以稽天象、授人時。李淳風黃道儀，以玉衡旋規，別帶日道，傍列二百四十九交，以攜月游，法頗難，術遂寢廢。臣更造游儀，使黃道運行，以追列舍之變，因二分之中，以立黃道，交於奎、軫之間，二至陟降，各二十四度。黃道內施白道月環，用究陰陽朓朒，動合天運。簡而易從，可以制器垂象，永傳不朽。”[8]於是玄宗嘉之，自爲之銘。

　　又詔一行與令瓚等更鑄渾天銅儀，圓天之象，具列宿赤道及周天度數。注水激輪，令其自轉，一晝夜而天運周。外絡二輪，綴以日月，令得運行。每天西旋一周，日東行一度，月行十三度十九分度之七，二十九轉有餘而日月會，三百六十五轉而日周天。以木櫃爲地平，令儀半在地下，晦明朔望遲速有準。立木人二於地平上：其一前置鼓以候刻，至一刻則自擊之；其一前置鐘以候辰，至一辰亦自撞之。皆於櫃中各施輪軸，鈎鍵關鏁，交錯相持。置於武成殿前，以示百官。無幾而銅鐵漸澀，不能自轉，遂藏於集賢院。[9]

【注】

①貞觀初……七年儀成：貞觀初（627），李淳風上書言要造黄道渾儀，太宗批准同意，至貞觀七年（633）新儀造成。《舊唐書·天文志》説十三年儀成。

②表裏三重：李淳風的黄道渾儀共有三重圓環組成，即六合儀、三辰儀、四游儀。《舊志》雖也説到李淳風造黄道渾儀之事，但并未細載其結構。

③下據……以張四表：三重儀坐落在狀如十字的準基上，十字的末端做成鼇足狀，以達到穩固和表示四方之義。

④一曰六合儀……三百六十五度：六合儀的結構是，兩個成子午綫方向的圓環，稱爲天經雙規，與一個與其正交的在赤道方向的同樣大小的稱之爲金渾緯規圓環相固定，同樣與其固定的還有一個放置於水平方向的金常規。它們組合成渾儀的框架，以象徵四極。在相應的環上刻有二十八宿、十日、十二辰和赤經三百六十度和赤緯南北各九十一度。

⑤二曰三辰儀……轉於六合之内：由赤道環、黄道環、白道環相交叉固定在一起，圓徑爲八尺的三個環稱爲三辰儀，它們通過赤道環與南北樞軸相連接，可以在六合儀内旋轉，在相應的環上刻有二十八宿距度，以便於測量。

⑥三曰四游儀……皆用銅：貫約在連接於南北玄樞方向的雙環之中的游箭，可以在南北極之間隨意轉動，另雙環亦可東西運轉，以此上可以觀天上辰宿，下可以讀出相應天體的方位。以上三個環組，皆用銅造成。

⑦開元九年……十一年儀成：開元九年（721）一行受詔改治新曆，欲知黄道進退度，而無觀測儀器，正好有梁令瓚以木製成黄道游儀樣品，一行觀後十分認可，并上書奏請以銅鐵造器，新舊《唐志》均記載了這篇奏文，内容相似，但細節出入較大。又《新志》載"十一年儀成"，《舊志》則曰"十三年造成"，不知孰是。

⑧靈臺鐵儀……永傳不朽：這是一行游儀造成後相關奏文中的一部分。《新志》删除了前半部分，且文字亦略有差異。《舊志》則載有奏書的

全文。

　　⑨又詔……集賢院：記載一行製造水運渾象的過程和性能，新舊《志》行文大同小异。

　　其黃道游儀，以古尺四分爲度。旋樞雙環，其表一丈四尺六寸一分，縱八分，厚三分，直徑四尺五寸九分，古所謂旋儀也。南北科兩極，上下循規各三十四度。表裏畫周天度，其一面加之銀釘。使東西運轉，如渾天游旋。中旋樞軸，至兩極首内，孔徑大兩度半，長與旋環徑齊。玉衡望筩，長四尺五寸八分，廣一寸二分，厚一寸，孔徑六分。衡旋於軸中，旋運持正，用窺七曜及列星之闊狹。外方内圓，孔徑一度半，周日輪也。陽經雙環，表一丈七尺三寸，裏一丈四尺六寸四分，廣四寸，厚四分，直徑五尺四寸四分，置於子午。左右用八柱，八柱相固。亦表裏畫周天度，其一面加之銀釘。半出地上，半入地下。雙間挾樞軸及玉衡望筩，旋環於中也。陰緯單環，外内廣厚周徑，皆準陽經，與陽經相銜各半，内外俱齊。面平，上爲天，下爲地。橫周陽環，謂之陰渾也。平上爲兩界，内外爲周天百刻。天頂單環，表一丈七尺三寸，縱廣八分，厚三分，直徑五尺四寸四分。直中國人頂之上，東西當卯酉之中，稍南使見日出入。令與陽經、陰緯相固，如鳥殼之裏黃。南去赤道三十六度，去黃道十二度，去北極五十五度，去南北平各九十一度強。赤道單環，表一丈四尺五寸九分，橫八分，厚三分，直徑四尺五寸八分。赤道者，當天之中，二十八宿之位也。雙規運動，度穿一穴。古者，秋分日在角五度，今在軫十三度；冬至日在牽牛初，今在斗十度。隨穴退交，不復差繆。傍在卯酉之南，上去天頂三十六度，而橫置之。黄道單環，表一丈五尺四寸一分，橫八分，厚四分，直徑四尺八寸四分。日之所行，故名黄道。太陽陟降，積歲有差。月及五星，亦隨日度出入。古無其器，規制不如準的，斟酌爲率，疏闊尤甚。今設此環，置於赤道環内，仍開合使運轉，出入四十八度，而極畫兩方，東西列周天度數，南北列百刻，可使見日知時。上列三百六十策，與用卦相準。度穿一穴，與赤道相交。白道月環，表一丈五尺一寸五分，橫八分，厚三分，直徑四尺七寸六分。月行有迂曲遲速，與日行緩急相及。古亦無其器，今設於黄道環内，使就黄道爲交合，出入六度，以測每夜月離。上畫周天度數，度穿一穴，擬移交會。皆用鋼鐵。游儀，四柱爲龍，其崇四尺七寸，水槽及山崇一尺七寸半，槽長六尺九寸，高廣皆四寸，池深一寸，廣一寸半。龍能興雲雨，故以飾柱。柱在四維。龍下有山雲，俱在水平槽上。皆用銅。[1]

【注】

①此部分内容，新舊《志》所載游儀結構及尺寸内容一致，僅修飾性文字略有出入，今不再加注説明。

其所測宿度與古异者：舊經，角距星去極九十一度，亢八十九度，氐九十四度，房百八度，心百八度，尾百二十度，箕百一十八度，南斗百一十六度，牽牛百六度，須女百度，虛百四度，危九十七度，營室八十五度，東壁八十六度，奎七十六度，婁八十度，胃、昴七十四度，畢七十八度，觜觿八十四度，參九十四度，東井七十度，輿鬼六十八度，柳七十七度，七星九十一度，張九十七度，翼九十七度，軫九十八度。今測，角九十三度半，亢九十一度半，氐九十八度，房百一十度半，心百一十度，尾百二十四度，箕百二十度，南斗百一十九度，牽牛百四度，須女百一度，虛百一度，危九十七度，營室八十三度，東壁八十四度，奎七十三度，婁七十七度，胃、昴七十二度，畢七十六度，觜觿八十二度，參九十三度，東井六十八度，輿鬼六十八度，柳八十度半，七星九十三度半，張百度，翼百三度，軫百度。

又舊經，角距星正當赤道，黃道在其南；今測，角在赤道南二度半，則黃道復經角中，與天象合。虛北星舊圖入虛，今測在須女九度。危北星舊圖入危，今測在虛六度半。又奎誤距以西大星，故壁損二度，奎增二度；今復距西南大星，即奎、壁各得本度。畢，赤道十六度，黃道亦十六度。觜觿，赤道二度，黃道三度。二宿俱當黃道斜虛，畢尚與赤道度同，觜觿總二度，黃道損加一度，蓋其誤也。今測畢十七度半，觜觿半度。又柳誤距以第四星，今復用第三星。張中央四星爲朱鳥嗉，外二星爲翼，比距以翼而不距以膺，故張增二度半，七星減二度半；今復以膺爲距，則七星、張各得本度。

其他星：舊經，文昌二星在輿鬼，四星在東井。北斗樞在七星一度，璇在張二度，機在翼二度，權在翼八度，衡在軫八度，開陽在角七度，杓在亢四度。天關在黃道南四度，天尊、天棓在黃道北，天江、天高、狗國、外屏、雲雨、虛梁在黃道外，天囷、土公吏在赤道外，上台在東井，中台在七星，建星在黃道北半度，天苑在昴、畢，王良在壁，外屏在觜觿，雷電在赤道外五度，霹靂在赤道外四度，八魁在營室，長垣、羅堰當黃道。今測，文昌四星在柳，一星在輿鬼，一星在東井。北斗樞在張十三度，璇在張十二度半，機在翼十三度，權在翼十七度太，衡在軫十度半，開陽在角四度少，杓在角十二度少。天關、天尊、天棓、天江、天高、狗國、外屏，皆當黃道。雲雨在黃道內七度，虛梁在黃道內四度，天囷當赤道，土公吏在赤道內六度，上台在柳，中台在張，建星在黃道北四度半，天苑在胃、昴，王良四星在奎，一星在壁，外屏在畢，雷電在赤道內二度，霹靂四星在赤道內，一星在外，八魁五星在壁，四星在營室，長垣在黃道北五度，羅堰在黃道北。

黃道，春分與赤道交於奎五度太；秋分交於軫十四度少；冬至在斗十度，去赤道南二十四度；夏至在井十三度少，去赤道北二十四度。其赤道帶天之中，以分列宿之度。黃道斜運，以明日月之行。乃立八節、九限，校二道差數，著之曆經。[1]

【注】

①其所測宿度……著之曆經：利用黃道游儀所測各星宿位置，與舊測對比數據，新舊《志》所載相同，僅表述文字略有差异，今不再加注。

　　蓋天之説，李淳風以爲天地中高而四隤，日月相隱蔽，以爲晝夜。繞北極常見者謂之上規，南極常隱者謂之下規，赤道橫絡者謂之中規。及一行考月行出入黃道，爲圖三十六，究九道之增損，而蓋天之狀見矣。①

　　削篾爲度，徑一分，其厚半之，長與圖等，穴其正中，植針爲樞，令可環運。自中樞之外，均刻百四十七度。②全度之末，旋爲外規。規外太半度，再旋爲重規。以均賦周天度分。又距極樞九十一度少半，旋爲赤道帶天之紘。距極三十五度旋爲内規。

　　乃步冬至日躔所在，以正辰次之中，以立宿距。按渾儀所測，甘、石、巫咸衆星明者，皆以篾，橫考入宿距，縱考去極度，而後圖之。③其赤道外衆星疏密之狀，與仰視小殊者，由渾儀去南極漸近，其度益狹；而蓋圖漸遠，其度益廣使然。④若考其去極入宿度數，移之於渾天則一也。又赤道内外，其廣狹不均，若就二至出入赤道二十四度，以規度之，則二分所交不得其正；自二分黃赤道交，以規度之，則二至距極度數不得其正；當求赤道分至之中，均刻爲七十二限，據每黃道差數，以篾度量而識之，然後規爲黃道，則周天咸得其正矣。⑤又考黃道二分二至之中，均刻爲七十二候，定陰陽曆二交所在。依月去黃道度，率差一候，亦以篾度量而識之，然後規爲月道，則周天咸得其正矣。⑥

【注】

①一行考月行出入黃道爲圖三十六：一行畫出月行出入黃道三十六種不同的狀態，用以對應於月行九道圖，每一行四幅圖，計三十六幅。

②均刻百四十七度：百四十七加三十五，則爲半規之數。

③而後圖之：測出衆星的入宿距和去極度，然後將所測之數在圖中標出。

④渾儀去南極漸近其度益狹而蓋圖漸遠其度益廣：這是言蓋圖在赤道外與實際有差異的缺陷。

⑤又赤道內外……咸得其正矣：在蓋圖上黃道不好表示，祇好用篾一點點作具體測量，再在圖中表示出來。

⑥這裏記載了古代一行有關蓋天星圖的具體畫法：先以一根竹篾作輔助工具，寬一分爲一度。若圖亦以一分爲一度，則篾長取爲一百四十七分，若度的大小有异則篾長亦應增减。於紙上正中處以針定爲北極天樞，以篾的末端繞極旋轉定爲外規，并將外規均分爲周天度分，又於距極九十一度少半處旋爲赤道，距極三十五度處旋爲内規。然後據所測冬至點的度數，確定冬至點的位置。再確定十二星次的位置。再按所測星宿的赤徑赤緯，以篾量出去極度和入宿度，在圖上標示出來。黃道不能簡單地從二分處以規度之，祇能分別測定各節氣方位，以篾確定方位連接而成黃道。然後將黃道分刻七十二候，以定陰陽曆二交所在。有關蓋圖的畫法，《舊唐書》不載。

中晷之法。初，淳風造曆，定二十四氣中晷，與祖冲之短長頗异，然未知其孰是。及一行作《大衍曆》，詔太史測天下之晷，求其土中，以爲定數。其議曰：①

《周禮》大司徒："以土圭之法測土深。日至之景，尺有五寸，謂之地中。"鄭氏以爲"日景於地，千里而差一寸。尺有五寸者，南戴日下萬五千里，地與星辰四游升降於三萬里内，是以半之，得地中，令穎川陽城是也"。宋元嘉中，南征林邑，五月立表望之，日在表北，交州影在表南三寸，林邑九寸一分。交州去洛，水陸之路九千里，蓋山川回折使之然，以表考其弦當五千乎。開元十二年，測交州，夏至，在表南三寸三分，與元嘉所測略同。使者大相元太言："交州望極，纔高二十餘度。八月海中望老人星下列星粲然，明大者甚衆，古所未識，乃渾天家以爲常没地中者也。大率去南極二十度已上之星則見。"又鐵勒、回紇在薛延陀之北，去京師六千九百里，其北又有骨利幹，居澣海之北，北距大海，晝長而夜短，既夜，天如曛不暝，夕胹羊髀纔熟而曙，蓋近日出没之所。太史監南宮説擇河南平地，設水準繩墨植表而以引度之，自滑臺始白馬，夏至之晷，尺五寸七分。又南百九十八里百七十九步，得浚儀岳臺，晷尺五寸三分。又南百六十七里二百八十一步，得扶溝，晷尺四寸四分。又南百六十里百一十步，至上蔡武津，晷尺三寸六分半。大率五百二十六里二百七十步，晷差二寸餘。而舊説，王畿千里，影差一寸，妄矣。

　　今以句股校陽城中晷，夏至尺四寸七分八氂，冬至丈二尺七寸一分半，定春秋分五尺四寸三分，以覆矩斜視，極出地三十四度十分度之四。自滑臺表視之，極高三十五度三分，冬至丈三尺，定春秋分五尺五寸六分。自浚儀表視之，極高三十四度八分，冬至丈二尺八寸五分，定春秋分五尺五寸。自扶溝表視之，極高三十四度三分，冬至丈二尺五寸五分，定春秋分五尺三寸七分。上蔡武津表視之，極高三十三度八分，冬至丈二尺三寸八分，定春秋分五尺二寸八分。其北極去地，雖秒分微有盈縮，難以目校，大率三百五十一里八十步，而極差一度。極之遠近异，則黄道軌景固隨而變矣。②

自此爲率推之，比歲武陵晷，夏至七寸七分，冬至丈五寸三分，春秋分四尺三寸七分半，以圖測之，定氣四尺四寸七分，按圖斜視，極高二十九度半，差陽城五度三分。蔚州橫野軍夏至二尺二寸九分，冬至丈五尺八寸九分，春秋分六尺四寸四分半，以圖測之，定氣六尺六寸二分半。按圖斜視，極高四十度，差陽城五度三分。凡南北之差十度半，其徑三千六百八十八里九十步，自陽城至武陵，千八百二十六里七十六步，自陽城至橫野，千八百六十一里二百十四步。夏至晷差尺五寸三分，自陽城至武陵，差七寸三分，自陽城至橫野，差八寸。冬至晷差五尺三寸六分，自陽城至武陵差二尺一寸八分，自陽城至橫野，差三尺一寸八分。率夏至與南方差少，冬至與北方差多。

又以圖校安南，日在天頂北二度四分，極高二十度四分。冬至晷七尺九寸四分，定春秋分二尺九寸三分，夏至在表南三寸三分，差陽城十四度三分，其徑五千二十三里。至林邑，日在天頂北六度六分強，極高十七度四分，周圓三十五度，常見不隱。冬至晷六尺九寸，定春秋分二尺八寸五分，夏至在表南五寸七分，其徑六千一百一十二里。若令距陽城而北，至鐵勒之地，亦差十七度四分，與林邑正等，則五月日在天頂南二十七度四分，極高五十二度，周圓百四度，常見不隱。北至晷四尺一寸三分，南至晷二丈九尺二寸六分，定春秋分晷五尺八寸七分。其没地纔十五餘度，夕没亥西，晨出丑東，校其里數，已在回紇之北，又南距洛陽九千八百一十五里，則極長之晝，其夕常明。然則骨利幹猶在其南矣。

　吳中常侍王蕃，考先儒所傳，以戴日下萬五千里爲句股，斜射陽城，考周徑之率以揆天度，當千四百六里二十四步有餘。今測日晷，距陽城五千里已在戴日之南，則一度之廣皆三分減二，南北極相去八萬里，其徑五萬里。宇宙之廣，豈若是乎？然則蕃之術，以蠡測海者也。

　古人所以恃句股術，謂其有證於近事。顧未知目視不能及遠，遠則微差，其差不已，遂與術錯。譬游於大湖，廣袤不盈百里，見日月朝夕出入湖中；及其浮于巨海，不知幾千萬里，猶見日月朝夕出入其中矣。若於朝夕之際，俱設重差而望之，必將大小同術，無以分矣。橫既有之，縱亦宜然。

又若樹兩表，南北相距十里，其崇皆數十里，置大炬於南表之端，而植八尺之木於其下，則當無影。試從南表之下，仰望北表之端，必將積微分之差，漸與南表參合。表首參合，則置炬於其上，亦當無影矣。又置大炬於北表之端，而植八尺之木於其下，則當無影。試從北表之下，仰望南表之端，又將積微分之差，漸與北表參合。表首參合，則置炬於其上，亦當無影矣。復於二表間更植八尺之木，仰而望之，則表首環屈相合。若置火炬於兩表之端，皆當無影矣。夫數十里之高與十里之廣，然猶斜射之影與仰望不殊。今欲憑晷差以推遠近高下，尚不可知，而況稽周天里步於不測之中，又可必乎？十三年，南至，岱宗禮畢，自上傳呼萬歲，聲聞於下，時山下夜漏未盡，自日觀東望，日已漸高。據曆法，晨初迫日出差二刻半，然則山上所差凡三刻餘。其冬至夜刻同立春之後，春分夜刻同立夏之後。自岳趾升泰壇僅二十里，而晝夜之差一節。設使因二十里之崇以立句股術，固不知其所以然，況八尺之表乎！

原古人所以步圭影之意，將以節宣和氣，輔相物宜，不在於辰次之周徑。其所以重曆數之意，將欲恭授人時，欽若乾象，不在於渾、蓋之是非。若乃述無稽之法於視聽之所不及，則君子當闕疑而不議也。而或者各守所傳之器以術天體，[③]謂渾元可任數而測，大象可運算而闚。終以六家之說，迭為矛楛，誠以爲蓋天邪，則南方之度漸狹；果以爲渾天邪，則北方之極寖高。此二者，又渾、蓋之家盡智畢議，未能有以通其説也。則王仲任、葛稚川之徒，區區於异同之辨，何益人倫之化哉。凡晷差，冬夏不同，南北亦异，先儒一以里數齊之，遂失其實。今更爲《覆矩圖》，南自丹穴，北暨幽都，每極移一度，輒累其差，可以稽日食之多少，定晝夜之長短，而天下之晷，皆協其數矣。[④]

昭宗時，太子少詹事邊岡，脩曆術，服其精粹，以爲不刊之數也。

【注】

①《舊唐書·天文志》"日晷"下所載一大段文字，《唐書·天文志》亦有記載，但文字略有出入，且將其歸入一行《大衍曆議》中的"中晷議"中。中晷即測二十四節氣日中日影長度之法。《舊志》中已經作注，此處不再詳注。

②自滑臺表視之……固隨而變：此即一行據河南四地測子午綫長所載各地基本數據，與《舊志》沒有差別。

③或者各守所傳之器以術天體：原文"守"爲"封"，文義不通。考《舊唐書·天文志》相應文字爲"或者各守所傳之器以述天體"，知《新志》爲傳寫之誤。今改。

④自此以下，《舊志》還載有十個觀測地所測冬夏至、春秋分中午日影長和北極高的數值，《新志》删除不載。由於以上述文中各地觀測值已經介紹，删除後者是省略之舉。

初，貞觀中，淳風撰《法象志》，因《漢書》十二次度數，始以唐之州縣配焉。[①]而一行以爲，天下山河之象存乎兩戒。②北戒，自三危、積石，負終南地絡之陰，東及太華，逾河，并雷首、厎柱、王屋、太行，北抵常山之右，乃東循塞垣，至濊貊、朝鮮，是謂北紀，所以限戎狄也。③南戒，自岷山、嶓冢，負地絡之陽，東及太華，連商山、熊耳、外方、桐柏，自上洛南逾江、漢，攜武當、荆山，至于衡陽，乃東循嶺徼，達東甌、閩中，是謂南紀，所以限蠻夷也。④故《星傳》謂北戒爲"胡門"，南戒爲"越門"。⑤

河源自北紀之首，循雍州北徼，達華陰，而與地絡相會，并行而東，至太行之曲，分而東流，與涇、渭、濟瀆相爲表裏，謂之"北河"。⑥江源自南紀之首，循梁州南徼，達華陽，而與地絡相會，并行而東，及荆山之陽，分而東流，與漢水、淮瀆相爲表裏，謂之"南河"。⑦

故於天象，則弘農分陝爲兩河之會，五服諸侯在焉。自陝而西爲秦、凉，北紀山河之曲爲晋、代，南紀山河之曲爲巴、蜀，皆負險用武之國也。自陝而東，三川、中岳爲成周；西距外方、大伾，北至于濟，南至于淮，東達鉅野，爲宋、鄭、陳、蔡；河內及濟水之陽爲鄁、衛；漢東濱淮水之陰爲申、隨。皆四戰用文之國也。北紀之東，至北河之北，爲邢、趙。南紀之東，至南河之南，爲荆、楚。自北河下流，南距岱山爲三齊，夾右碣石爲北燕。自南河下流，北距岱山爲鄒、魯，南涉江、淮爲吳、越。皆負海之國，貨殖之所阜也。自河源循塞垣北，東及海，爲戎狄。自江源循嶺徼南，東及海，爲蠻越。觀兩河之象，與雲漢之所始終，而分野可知矣。⑧

【注】

①貞觀中……唐之州縣配焉：入唐以後，對於恒星分野的具體分配方案，先後做過兩次調整，首先是李淳風據漢代郡縣名，改爲唐代的州縣名，改動的結果載在《法象志》一書中。第二次纔是一行所做變革，載在本志。

②天下山河之象存乎兩戒：開始介紹一行創立的兩戒說。兩戒之說，自一行之後纔開始出現。以往之分野說，衹是依據先秦之十二諸侯國界和漢代郡縣封國疆界而變動的，所以具體對應起來有困難，各家說法也不統一。李淳風撰《晋書・天文志》時，對地理分野據漢代郡國地名做了較爲具體的描述，以後又改爲唐代州縣之名，但界限仍不够具體明確，關鍵在於没有一個較爲明確的分判標準。根據這一需要，一行創立了兩戒說，依據名山大川的走向，用以界定天文地理分野，從此以後，分野之說的具體走向，纔有了一個界定的標準。雖然《舊唐書・天文志》没有用兩戒說，本志却完整地記載了下來，成爲唐以後分野說的主要理論依據，宋元以後各地方志的分野觀念，都出自此志。《三才圖會》有《唐一行山河兩戒圖》，圖題爲書中原有，圖下五百餘字是說明性文字，經核對，也與《唐志》合，說明此圖就是據《唐志》所繪。

③北戒……限戎狄也：自三危、積石、終南、太華、太行、常山至濊貊、朝鮮，是謂北紀，用於明“中國”與“胡人戎狄”之地的界限。

④南戒……限蠻夷也：自岷山、嶓冢、商山、熊耳、桐柏、荆山至衡陽，循嶺徼，直達東甌、閩中，是謂南紀，用於明“中國”與“蠻夷”之地的界限。當然，即使“胡人”“蠻夷”，也是中華民族的一部分，也屬分野範圍之内，衹是基於星空劃定一個研究天文和天象的界限而已。

⑤北戒爲胡門南戒爲越門：北戒爲通向“胡人”的門户，南戒爲通向越人的門户。在古人心目中，“蠻夷”與“越人”似無差别，故以“越門”象徵“南門”。但分野的一個重要基礎是荆蠻屬南方分野，而吳越是附屬北方玄武分野的。此處有些混淆。此處的“越門”，主要是指以犬爲圖騰的古代苗瑶等部族，與“越人”有别。

⑥河源……北河：以上言山界，以下言河界。自黄河源頭，經雍州之

北而下，至太行山而南下，再曲向東流，涇水、渭水、濟水等南北匯入其中，稱爲北河。

⑦江源……南河：自長江之源頭，經梁州之南而下，經荆山之南，與漢水、淮水等相匯合，稱爲南河。此處將黃河與長江南北相會之地稱爲地絡，地絡之北爲華陰，之南爲華陽。地絡，地的脉絡根基。

⑧故於天象……而分野可知矣：作者據兩河之間各地區的形勢分析，與銀河在星空間的走向相比較，有相似之處，由此推定分野的格局。

於《易》，①五月一陰生，而雲漢潛萌于天稷之下，進及井、鉞間，得坤維之氣，陰始達於地上，而雲漢上升，始交於列宿，七緯之氣通矣。東井據百川上流，故鶉首爲秦、蜀墟，得兩戒山河之首。②雲漢達坤維右而漸升，始居列宿上，觜觿、參、伐皆直天關表而在河陰，故實沈下流得大梁，距河稍遠，涉陰亦深。③故其分野，自漳濱却負恒山，居北紀衆山之東南，外接髦頭地，皆河外陰國也。④十月陰氣進逾乾維，始上達于天，雲漢至營室、東壁間，升氣悉究，與内規相接。⑤故自南正達於西正，得雲漢升氣，爲山河上流；自北正達于東正，得雲漢降氣，爲山河下流。⑥陬訾在雲漢升降中，居水行正位，故其分野當中州河、濟間。且王良、閣道由紫垣絶漢抵營室，上帝離宫也，内接成周、河内，皆豕韋分。⑦十一月一陽生，而雲漢漸降，退及艮維，始下接于地，至斗、建間，復與列舍氣通，⑧於《易》，天地始交，泰象也。逾析木津，陰氣益降，進及大辰，升陽之氣究，而雲漢沈潛於東正之中，故《易》，雷出地曰豫，龍出泉爲解，皆房、心象也。星紀得雲漢下流，百川歸焉，析木爲雲漢末派，山河極焉。故其分野，自南河下流，窮南紀之曲，東南負海，爲星紀；自北河末派，窮北紀之曲，東北負海，爲析木。負海者，以其雲漢之陰也。[⑨]唯陬訾内接紫宫，在王畿河、濟間。降婁、玄枵與山河首尾相遠，鄰顓頊之墟，故爲中州負海之國也。其地當南河之北、北河之南，界以岱宗，至于東海。[⑩]自鶉首踰河，戒東曰鶉火，得重離正位，軒轅之祗在焉。其分野，自河、華之交，東接祝融之墟，北負河，南及漢，蓋寒燠之所均也。自析木紀天漢而南，曰大火，得明堂升氣，天市之都在焉。其分野，自鉅野岱宗，西至陳留，北負河、濟，南及淮，皆和氣之所布也。陽氣自明堂漸升，達于龍角，曰壽星。龍角謂之天關，於《易》，氣以陽決陰，夬象也。升陽進逾天關，得純乾之位，故鶉尾直建巳之月，内列太微，爲天廷。其分野，自南河以負海，亦純陽地也。壽星在天關内，故其分野，在商、亳西南，淮水之陰，北連太室之東，自陽城際之，亦巽維地也。[⑪]

【注】

①於易：一行喜歡借助於《易》學觀念説事，牽涉到陰陽二氣的升降變化和八卦方位的分布與山河走向的上流、末流等關係，故理解起來較爲困難。

②五月一陰生……山河之首：五月初昏時的天象，銀河尚潛伏於天稷星的下方。隨着季節的推移，當東井和鉞星中天時，銀河得到陰氣，纔出現於地面之上，自此銀河開始上升。由於東井星位於天上百川的上流，銀河的起始地，所以與東井相對應的鶉首星次爲秦、蜀，得到兩戒山河之首

的位置。此處的"坤維"及以下的"乾維""艮維""巽維"等，均與八
卦有關。爲了讀者參考方便，今引録後天八卦之卦畫、卦名、卦象與卦
位、卦序的關係如下：

八卦結構圖

卦畫	☰	☷	☳	☴	☵	☲	☶	☱
卦名	乾	坤	震	巽	坎	離	艮	兑
卦象	天	地	風	雷	水	火	山	澤
卦位	西北	西南	東	東南	北	南	東北	西
卦序	父	母	長男	長女	中男	中女	少男	少女

③雲漢達坤維右……涉陰亦深：銀河向西北上升，始穿插於列宿之
間，觜觿、參、伐，直達天關而在銀河的南岸，故有實沈、大梁星次。

④故其分野……皆河外陰國：其分野對應於漳水和恒山，其外并連接
河外北方之國，均爲"胡人"之地。上古有髦國。

⑤十月陰氣……與内規相接：十月陰氣上升，這時的銀河升到營室、
東壁之間。營室爲十月營造宮室之候，這時的銀河已經升達最高位，進入
内規之中。内規即拱極圈。

⑥南正……山河下流：言銀河在南方七宿至西方七宿，爲山河自下而
上流，由北方七宿至東方七宿，爲山河下流。

⑦陬訾……皆豕韋分：陬訾星次對應於營室、東壁二宿，位於北方七
宿的中間，它在星空間升至最高位，亦介於營室、紫宮中間。而它的分
野，也正好對應於中州河濟、成周、河内之地，均對應於天地之中。豕韋
星次爲陬訾异名。

⑧十一月……復與列舍氣通：言銀河至十一月昏中退居東北至西南的
走向。而對於《周易》的卦氣觀念，這時正是一陽初生的時節。

⑨星紀得雲漢下流……雲漢之陰：星紀爲銀河之下流，析木爲銀河的
末派，其所對應的分野，星紀對應於東南負海之國，析木對應於東北負海
之國，亦正好合於兩戒對應之觀念。

⑩降婁玄枵……至于東海：言降婁、玄枵這兩個星次，正位於銀河首尾相去最遠之處，而與顓頊之墟爲鄰，其分野也對應於東海之濱的中州負海之國。

⑪鶉首踰河……亦異維地也：言鶉火、鶉尾、壽星、大火四個星次，也分別對應於祝融之墟（鄭州）、南河負海純陽之地、商亳淮水之陰和陳留河濟之地。

夫雲漢自坤抵艮爲地紀，北斗自乾攜巽爲天綱，其分野與帝車相直，皆五帝墟也。究咸池之政而在乾維內者，降婁也，故爲少昊之墟。叶北宮之政而在乾維外者，陬訾也，故爲顓頊之墟。成攝提之政而在巽維內者，壽星也，故爲太昊之墟。布太微之政，而在巽維外者，鶉尾也，故爲列山氏之墟。得四海中承太階之政者，軒轅也，故爲有熊氏之墟。木、金得天地之微氣，其神治於季月；水、火得天地之章氣，其神治於孟月。故章道存乎至，微道存乎終，皆陰陽變化之際也。若微者沉潛而不及，章者高明而過亢，皆非上帝之居也。①

斗杓謂之外廷，陽精之所布也。斗魁謂之會府，陽精之所復也。杓以治外，故鶉尾爲南方負海之國。魁以治內，故陬訾爲中州四戰之國。其餘列舍，在雲漢之陰者八，爲負海之國。在雲漢之陽者四，爲四戰之國。降婁、玄枵以負東海，其神主於岱宗，歲星位焉。星紀、鶉尾以負南海，其神主於衡山，熒惑位焉。鶉首、實沈以負西海，其神主於華山，太白位焉。大梁、析木以負北海，其神主於恒山，辰星位焉。鶉火、大火、壽星、豕韋爲中州，其神主於嵩丘，鎮星位焉。②

近代諸儒言星土者，或以州，或以國。虞、夏、秦、漢，郡國廢置不同。周之興也，王畿千里。及其衰也，僅得河南七縣。今又天下一統，而直以鶉火爲周分，則疆埸舛矣。七國之初，天下地形雌韓而雄魏，[3]魏地西距高陵，盡河東、河内，北固漳、鄴，東分梁、宋，至於汝南，韓據全鄭之地，南盡潁川、南陽，西達虢略，距函谷，固宜陽，北連上地，皆綿亘數州，相錯如繡。考雲漢山河之象，多者或至十餘宿。其後魏徙大梁，則西河合於東井；秦拔宜陽，而上黨入於輿鬼。方戰國未滅時，星家之言，屢有明效。今則同在畿甸之中矣。而或者猶據《漢書·地理志》推之，是守甘、石遺術，而不知變通之數也。[4]

又古之辰次與節氣相係，各據當時曆數，與歲差遷徙不同。今更以七宿之中分四象中位，自上元之首，以度數紀之，而著其分野，其州縣雖改隸不同，但據山河以分爾。

【注】

①夫雲漢……上帝之居也：此處黄道帶五個方位的對應古帝分別爲東方太昊、北方顓頊、西方少昊、南方炎帝、中方黄帝，與《月令》的説法一致。衹是《月令》當時或無星次觀念，當爲唐人所加。其中列山氏即爲神農炎帝之號。

②斗杓……鎮星位焉：五方星對應於五星，其觀念出自《史記·天官書》，但進一步與十二次相聯繫，則是唐人的發展。

③雌韓而雄魏：韓在南而魏在北，南爲陰爲雌，北爲陽爲雄。

④近代諸儒……不知變通之數：言對十二次的分野加以變革整理的原

因，是爲那些言分野而不知變通所激發。

須女、虛、危，玄枵也。初，須女五度，餘二千三百七十四，秒四少。①中，虛九度。終，危十二度。其分野，自濟北東逾濟水，涉平陰，至于山茌，循岱岳衆山之陰，東南及高密，又東盡萊夷之地，得漢北海、千乘、淄川、濟南、齊郡及平原、渤海、九河故道之南，濱于碣石。古齊、紀、祝、淳于、萊、譚、寒及斟尋、有過、有鬲、蒲姑氏之國，其地得陬訾之下流，自濟東達于河外，故其象著爲天津，絶雲漢之陽。凡司人之星與群臣之録，皆主虛、危，故岱宗爲十二諸侯受命府。又下流得婺女，當九河末派，比于星紀，與吳、越同占。②

營室、東壁，陬訾也。初，危十三度，餘二千九百二十六，秒一太。③中，營室十二度。④終，奎一度。自王屋、太行而東，得漢河內，至北紀之東隅，北負漳、鄴，東及館陶、聊城。又自河、濟之交，涉滎波，濱濟水而東，得東郡之地，占邶、鄘、衛、凡、胙、邗、雍、共、微、觀、南燕、昆吾、豕韋之國。自閣道、王良至東壁，在豕韋，爲上流。⑤當河內及漳、鄴之南，得山河之會，爲離宮。又循河、濟而東接玄枵爲營室之分。

奎、婁，降婁也。初，奎二度，餘千二百一十七，秒十七少。中，婁一度。⑥終，胃三度。自蛇丘、肥成，南屆鉅野，東達梁父，循岱岳衆山之陽，以負東海。又

濱泗水，經方與、沛、留、彭城，東至于呂梁，乃東南
抵淮，并淮水而東，盡徐夷之地，得漢東平、魯國、琅
邪、東海、泗水、城陽，古魯、薛、邾、莒、小邾、
徐、郯、鄫、鄅、邳、郳、任、宿、須句、顓臾、牟、
遂、鑄夷、介、根牟及大庭氏之國。奎爲大澤，在陬訾
下流，當鉅野之東陽，至于淮、泗。婁、胃之墟，東北
負山，蓋中國膏腴地，百穀之所阜也。胃得馬牧之氣，
與冀之北土同占。

胃、昴、畢，大梁也。初，胃四度，餘二千五百四
十九，秒八太。中，昴六度。⑦終，畢九度。自魏郡濁漳
之北，得漢趙國、廣平、鉅鹿、常山，東及清河、信
都，北據中山、真定，全趙之分。又北逾衆山，盡代
郡、鴈門、雲中、定襄之地與北方群狄之國。北紀之東
陽，表裏山河，以蕃屏中國，爲畢分。循北河之表，西
盡塞垣，皆髦頭故地，爲昴分。冀之北土，馬牧之所蕃
庶，故天苑之象存焉。⑧

觜觿、參、伐，實沈也。初，畢十度，餘八百四十
一，秒四之一。中，參七度。⑨終，東井十一度。自漢之
河東及上黨、太原，盡西河之地，古晉、魏、虞、唐、
耿、楊、霍、冀、黎、郇與西河戎狄之國。西河之濱，
所以設險限秦、晉，故其地上應天闗。其南曲之陰，在
晉地，衆山之陽；南曲之陽，在秦地，衆山之陰。陰陽
之氣并，故與東井通。⑩河東永樂、芮城、河北縣及河曲
豐、勝、夏州，皆東井之分。參、伐爲戎索，爲武政，
當河東，盡大夏之墟。上黨次居下流，與趙、魏接，爲

觜觿之分。

東井、輿鬼，鶉首也。初，東井十二度，餘二千一百七十二，秒十五太。中，東井二十七度。⑪終，柳六度。自漢三輔及北地、上郡、安定，西自隴坻至河右，西南盡巴、蜀、漢中之地，及西南夷犍爲、越巂、益州郡，極南河之表，東至牂柯，古秦、梁、豳、芮、豐、畢、駘杠、有扈、密須、庸、蜀、羌、髳之國。東井居兩河之陰，自山河上流，當地絡之西北。輿鬼居兩河之陽，自漢中東盡華陽，與鶉火相接，當地絡之東南。鶉首之外，雲漢潛流而未達，故狼星在江、河上源之西，弧矢、犬、雞皆徼外之備也。西羌、吐蕃、吐谷渾及西南徼外夷人，皆占狼星。⑫

柳、七星、張，鶉火也。初，柳七度，餘四百六十四，秒七少。中，七星七度。⑬終，張十四度。北自滎澤、滎陽，并京、索，暨山南，得新鄭、密縣，至外方東隅，斜至方城，抵桐柏，北自宛、叶，南暨漢東，盡漢南陽之地。又自雒邑負北河之南，西及函谷，逾南紀，達武當、漢水之陰，盡弘農郡，以淮源、桐柏、東陽爲限，而申州屬壽星，古成周、虢、鄭、管、鄶、東虢、密、滑、焦、唐、隨、申、鄧及祝融氏之都。新鄭爲軒轅、祝融之墟，其東鄙則入壽星。柳，在輿鬼東，又接漢源，當商、洛之陽，接南河上流。七星係軒轅，得土行正位，中岳象也，河南之分。張，直南陽、漢東，與鶉尾同占。

翼、軫，鶉尾也。初，張十五度，餘千七百九十

五，秒二十二太。^⑭中，翼十二度。^⑮終，軫九度。自房
陵、白帝而東，盡漢之南郡、江夏，東達廬江南部，濱
彭蠡之西，得長沙、武陵，又逾南紀，盡鬱林、合浦之
地，自沅、湘上流，西達黔安之左，皆全楚之分。自
富、昭、象、龔、繡、容、白、廉州已西，亦鶉尾之
墟。古荊、楚、鄝、郡、羅、權、巴、夔與南方蠻貊之
國。翼與咮張同象，當南河之北，軫在天關之外，當南
河之南，其中一星主長沙，逾嶺徼而南，爲東甌、青丘
之分。安南諸州在雲漢上源之東陽，宜屬鶉火。而柳、
七星、張皆當中州，不得連負海之地，故麗于鶉尾。^⑯

角、亢，壽星也。初，軫十度，餘八十七，秒十四
少。中，角八度。^⑰終，氐一度。自原武、管城、濱河、
濟之南，東至封丘、陳留，盡陳、蔡、汝南之地，逾淮
源至于弋陽，西涉南陽郡至于桐柏，又東北抵嵩之東
陽，中國地絡在南北河之間，首自西傾，極于陪尾，故
隨、申、光皆豫州之分，宜屬鶉火，古陳、蔡、許、
息、江、黃、道、柏、沈、賴、蓼、須頓、胡、防、
弦、厲之國。氐涉壽星，當洛邑眾山之東，與亳土相
接。次南直潁水之間，曰太昊之墟，爲亢分。又南涉
淮，氣連鶉尾，在成周之東陽，爲角分。^⑱

氐、房、心，大火也。初，氐二度，餘千四百一十
九，秒五太。中，房二度。^⑲終，尾六度。自雍丘、襄
邑、小黃而東，循濟陰，界于齊、魯，右泗水，達于呂
梁，乃東南接太昊之墟，盡漢濟陰、山陽、楚國、豐、
沛之地，古宋、曹、郕、滕、茅、郜、蕭、葛、向城、

偪陽、申父之國。商、亳負北河，陽氣之所升也，爲心
分。豐、沛負南河，陽氣之所布也，爲房分。其下流與
尾同占，西接陳、鄭爲氐分。

尾、箕，析木津也。初，尾七度，餘二千七百五
十，秒二十一少。中，箕五度。^⑳終，南斗八度。自渤
海、九河之北，得漢河間、涿郡、廣陽及上谷、漁陽、
右北平、遼西、遼東、樂浪、玄菟，古北燕、孤竹、無
終、九夷之國。尾得雲漢之末派，龜、魚麗焉，當九河
之下流，濱于渤碣，皆北紀之所窮也。箕與南斗相近，
爲遼水之陽，盡朝鮮三韓之地，在吳、越東。^㉑

南斗、牽牛，星紀也。初，南斗九度，餘千四十
二，秒十二太。中，南斗二十四度。^㉒終，女四度。自廬
江、九江，負淮水，南盡臨淮、廣陵，至于東海，又逾
南河，得漢丹楊、會稽、豫章，西濱彭蠡，南涉越門，
迄蒼梧、南海，逾嶺表，自韶、廣以西，珠崖以東，爲
星紀之分也。古吳、越、群舒、廬、桐、六、蓼及東南
百越之國。南斗在雲漢下流，當淮、海間，爲吳分。牽
牛去南河寖遠，自豫章迄會稽，南逾嶺徼，爲越分。^㉓島
夷蠻貊之人，聲教所不暨，皆係于狗國云。

【注】

①一行對十二星次初、中、終起迄的測量十分細密，度下有分，分下
有秒。此處所取分數，以總法三千零四十爲母，秒法一百。《大衍曆》
法推步中所用二十八宿距度却較粗略，故甚爲反常。

②其分野……與吳越同占：此處言星次與二十八宿之分野，星次是駕
於二十八宿之上的。新舊《唐志》所載分野，爲李淳風、一行對舊有分野

加以改造後的產物，內容更加具體細密。新舊《唐志》所載分野，可以説內容完全一致，也屬於同一來源，不過，其文字也略有出入，考其原因，可能《舊志》主要取自原文，其中也包括用小注形式對地名所做的解釋，而《新志》則熔正文注文於一爐，以自己的理解加以叙述，并有取捨，可能是《新志》作者對原文所做修飾。故新舊《志》分野記載，不必區分述説其優劣，可以理解爲各有所長、互爲補充而已。

③危十三度餘二千九百二十六秒一太：《舊志》爲“初起危十三度，二千九百二十六分太”，內容大同而數字有別。

④中營室十二度：《舊志》度下載“五百五十分，秒二十一半”。本志無。

⑤豕韋爲夏王室的同盟部落，後爲商湯所滅。周代天文學家取之作爲陬訾星次的異名。《舊志》説須昌、濟東之地已屬降婁次，即西方七宿的第一個次，而《新志》則説“東郡之地”，在豕韋，爲上流，二者是有區別的。

⑥中婁一度：《舊志》度下載“一千八百八十三”。《新志》不載。

⑦中昴六度：《舊志》度下載“一百七十四分半”。《新志》不載。

⑧北紀之東陽……天苑之象存焉：這是《舊志》無而《新志》增補的內容，言在大梁次內，以北紀之東陽爲界，其南爲中國，爲畢分；其北爲髦頭故地，爲昴分。冀北之地爲牧馬之所，故與天象中的天苑星相對應。

⑨秒四之一中參七度：《舊志》爲“十五太。中參七度，一千五百二十六”。二者有差异。

⑩西河之濱……與東井通：《舊志》無這段描述。這段文字言實沈爲晋分，東井爲秦分，西河爲秦與晋的界限，故上應天關星。晋爲南曲陰、山之陽，秦爲南曲陽、山之陰。陰陽之氣并，觜參與東井通。

⑪中東井二十七度：《舊志》度下載“二千八百二十八分，秒一半”。《新志》不載。

⑫西羌……皆占狼星：《舊志》無。這段文字言西羌、吐蕃、吐谷渾和西南徼外族人，均以天狼星爲占。

⑬中七星七度：《舊志》度下載“一千一百三”。《新志》不載。

⑭秒二十二太：《舊志》以“太”爲“少”。

⑮中翼十二度：《舊志》度下載"二千四百六十一，秒八半"。

⑯安南諸州……故麗于鶉尾：其義與以往分野説不合，亦與常理不通，疑文字有錯亂。

⑰中角八度：《舊志》度下載"七百五十，秒三十"。

⑱次南直潁水……爲角分：《新志》將潁水定爲亢之分野，淮水爲角之分野，分得更細。

⑲中房二度：《舊志》度下載"二千八百五分，秒一半"。

⑳中箕五度：《舊志》度下載"三百七十分，秒六十七"。

㉑箕與南斗相近爲遼水之陽盡朝鮮三韓之地在吳越東：言南斗宿與箕宿相鄰，其分野亦當相近。朝鮮三韓在吳、越之東，認爲朝鮮三韓與吳、越相近。

㉒中南斗二十四度：《舊志》度下載"一千一百分，秒八半"。《新志》不載。

㉓南斗在雲漢下流……爲越分：指淮河至東海間爲吳分，豫章迄會稽甚至南逾嶺徼爲越分。

《唐書》卷三十二

志第二十二

天文二

日食①

武德元年十月壬申朔，日有食之，在氐五度。占曰："諸侯專權，則其應在所宿國；諸侯附從，則爲王者事。"②四年八月丙戌朔，日有食之，在翼四度。楚分也。③六年十二月壬寅朔，日有食之，在南斗十九度。吳分也。九年十月丙辰朔，日有食之，在氐七度。

貞觀元年閏三月癸丑朔，日有食之，在胃九度。九月庚戌朔，日有食之，在亢五度。胃爲天倉，亢爲疏廟。二年三月戊申朔，日有食之，在婁十一度。占爲大臣憂。三年八月己巳朔，日有食之，在翼五度。占曰："旱。"四年正月丁卯朔，日有食之，在營室四度。七月甲子朔，日有食之，在張十四度。占爲禮失。六年正月乙卯朔，日有食之，在虛九度。虛，耗祥也。④八年五月辛未朔，日有食之，在參七度。九年閏四月丙寅朔，日有食之，在畢十三度。占爲邊兵。⑤十一年三月丙戌朔，日有食之，在婁二度。占爲大臣憂。十二年閏二月庚辰朔，日有食之，在奎九度。奎，武庫也。十三年八月辛未朔，日有食之，在翼十四度。翼爲遠夷。十七年六月己卯朔，日有食之，在東井十六度。京師分也。十八年十月辛丑朔，日有食之，在房三度。房，將相位。二十年閏三月癸巳朔，日有食之，在胃九度。占曰："主有疾。"二十二年八月己酉朔，日有食之，在翼五度。占曰"旱。"

顯慶五年六月庚午朔，日有食之，在柳五度。

龍朔元年五月甲子晦，日有食之，在東井二十七度。皆京師分也。⑥

麟德二年閏三月癸酉，日有食之，在胃九度。占曰："主有疾。"

乾封二年八月己丑朔，日有食之，在翼六度。

總章二年六月戊申朔，日有食之，在東井二十九度。

咸亨元年六月壬寅朔，日有食之，在東井十八度。二年十一月甲午朔，日有食之，在箕九度。三年十一月戊子朔，日有食之，在尾十度。東井，京師分。箕爲后妃之府。尾爲後宮。⑦五年三月辛亥朔，日有食之，在婁十三度。占爲大臣憂。

永隆元年十一月壬申朔，日有食之，在尾十六度。

【注】

①日食：現在一般人將其理解爲日食記録，原因是中國古代的天文學

家十分認真而且嚴肅地推算、觀測日食出没等變化狀態，并把它向帝王報告、記録下來。這便是爲什麽中國古代的日食記録在世界各國中特別豐富的原因。古代中國帝王特別重視日食，是因爲人們將太陽與帝王聯繫起來。人們認爲太陽的任何變化，都與帝王生存狀態及政權的鞏固與否相聯繫。日食被看作帝王本人進而聯繫到國家會有災難。皇帝自稱天子，宣稱是上天派他到民間治理百姓的。若帝王政策、行爲有失誤，上天會通過日食出現，或月五星凌犯、彗星或流星等變星的出現來加以警告，勸其改正錯誤政策或不當行爲。古代天文學家對這些异常天象的觀察記録，完全是爲鞏固帝王政權服務的。由於《舊志》對天象記録整理不嚴謹，以致出現前後分類不協調的情况。《新志》的作者重新收集了天象記録，認真統一加以分類，并且糾正了其中一些記録的錯誤，分爲日食、日變、月變、星變、五星凌犯計五類，記載於《唐書·天文二》《唐書·天文三》中。據統計，《新志》日食記録計九十三條，比《舊志》又有增加。

②占曰……則爲王者事：諸侯專權，則災异應驗在日食發生所在星宿對應的地區和諸侯國；若諸侯附順皇帝，則行事權在皇帝，就將應驗在王事上。這是星占最爲基本的原則。就具體而言，這次日食發生在氏宿。據以上分野理論，鄭、陳爲氏分，若諸侯專權，則災在鄭、陳之地；若諸侯聽從帝王號令，則災在帝王。與其相對應，則所有日食發生後，所對應的災异至少有兩種判斷預言。

③楚分也：《晋志》曰："翼軫，楚，荆州。"其説對應。

④日有食之在虚九度虚耗祥也：虚宿的"虚"字，爲虚耗之義，故爲消耗的徵兆。由此可見，日食的徵兆，也可通過所發生的星宿名含義來預言。

⑤日有食之……占爲邊兵：畢主中國，昴主"胡人"。昴畢是一對矛盾體，今日食發生在畢，故爲有邊兵發生之象。

⑥在東井二十七度皆京師分也：唐朝都城爲長安，東井爲秦分，故曰東井京師分也。

⑦箕爲后妃之府尾爲後宮：可以應驗爲後宮的星座通常有箕宿、尾宿和軒轅座。石氏曰："尾箕主後宮妃后府，故置傳説，衍子孫。"箕爲后妃

之應，可能也是由於尾箕同處一個星次之故。

　　開耀元年十月丙寅朔，日有食之，在尾四度。

　　永淳元年四月甲子朔，日有食之，在畢五度。十月庚申朔，日有食之，在房三度。

　　垂拱二年二月辛未朔，日有食之，在營室十五度。四年六月丁亥朔，日有食之，在東井二十七度。京師分也。

　　天授二年四月壬寅朔，日有食之，在昴七度。

　　如意元年四月丙申朔，日有食之，在胃十一度。皆正陽之月。①

　　長壽二年九月丁亥朔，日有食之，在角十度。角內爲天廷。

　　延載元年九月壬午朔，日有食之，在軫十八度。軫爲車騎。②

　　證聖元年二月己酉朔，日有食之，在營室五度。

　　聖曆三年五月己酉朔，日有食之，在畢十五度。

　　長安二年九月乙丑朔，日有食之，幾既，在角初度。三年三月壬戌朔，日有食之，在奎十度。占曰：“君不安。”③九月庚寅朔，日有食之，在亢七度。

　　神龍三年六月丁卯朔，日有食之，在東井二十八度。京師分也。

　　景龍元年十二月乙丑朔，日有食之，在南斗二十一度。斗爲丞相位。

　　先天元年九月丁卯朔，日有食之，在角十度。

开元三年七月庚辰朔，日有食之，在张四度。七年五月己丑朔，日有食之，在毕十五度。九年九月乙巳朔，日有食之，在轸十八度。十二年闰十二月丙辰朔，日有食之，在虚初度。十七年十月戊午朔，日有食之，不尽如钩，在氐九度。二十年二月甲戌朔，日有食之，在营室十度。八月辛未朔，日有食之，在翼七度。二十一年七月乙丑朔，日有食之，在张十五度。二十二年十二月戊子朔，日有食之，在南斗二十三度。二十三年闰十一月壬午朔，日有食之，在南斗十一度。二十六年九月丙申朔，日有食之，在亢九度。二十八年三月丁亥朔，日有食之，在娄三度。

天宝元年七月癸卯朔，日有食之，在张五度。五载五月壬子朔，日有食之，在毕十六度。十三载六月乙丑朔，日有食之，几既，在东井十九度。京师分也。

至德元载十月辛巳朔，日有食之，既，在氐十度。

上元二年七月癸未朔，日有食之，既，大星皆见，在张四度。

大历三年三月乙巳朔，日有食之，在奎十一度。十年十月辛酉朔，日有食之，在氐十一度。宋分也。十四年七月戊辰朔，日有食之，在张四度。十二月丙寅晦，日有食之，在危十二度。

贞元三年八月辛巳朔，日有食之，在轸八度。五年正月甲辰朔，日有食之，在营室六度。八年十一月壬子朔，日有食之，在尾六度。宋分也。④十二年八月己未朔，日有食之，在翼十八度。占曰："旱。"十七年五月壬戌朔，日有食之，在東井十度。

元和三年七月辛巳朔，日有食之，在七星三度。十年八月己亥朔，日有食之，在翼十八度。十三年六月癸丑朔，日有食之，在輿鬼一度。京師分也。[⑤]

長慶二年四年辛酉朔，日有食之，在胃十三度。三年九月壬子朔，日有食之，在角十二度。

大和八年二月壬午朔，日有食之，在奎一度。

開成元年正月辛丑朔，日有食之，在虛三度。

會昌三年二月庚申朔，日有食之，在東壁一度。并州分也。四年二月甲寅朔，日有食之，在營室七度。五年七月丙午朔，日有食之，在張七度。六年十二月戊辰朔，日有食之，在南斗十四度。

大中二年五月己未朔，日有食之，在參九度。八年正月丙戌朔，日有食之，在危二度。危爲玄枵，亦耗祥也。

咸通四年七月辛卯朔，日有食之，在張十七度。

乾符三年九月乙亥朔，日有食之，在軫十四度。四年四月壬申朔，日有食之，在畢三度。六年四月庚申朔，日有食之，既，在胃八度。

文德元年三月戊戌朔，日有食之，在胃一度。

天祐元年十月辛卯朔，日有食之，在心二度。三年四月癸未朔，日有食之，在胃十二度。

凡唐著紀二百八十九年，日食九十三：朔九十，晦二，二日一。

【注】

①皆正陽之月：農曆四月爲正陽之月。

②軫爲車騎：軫的含義爲馬車。《聖洽符》曰：“軫者，車事也。”《孝經章句》曰：“軫，府廷也，車也。”故通常將軫釋爲馬車。

③在奎十度占曰君不安：凡日食，通常應驗在國君。但此處日食在奎，占曰“君不安”，似無特殊含義。石氏曰：“日蝕奎，魯國凶邦，君不安。”此占語可能由此引出。

④在尾六度宋分也：又前大曆十年十月辛酉朔，日有食之，在氐十一度。宋分也。此二宿之分野記爲“宋分”，似有誤。據前載分野，氐爲鄭、陳分野，尾爲燕、幽州，均不爲宋分。

⑤輿鬼……京師分也：按分野理論，輿鬼和東井爲秦分，唐都長安屬秦，故曰京師分。

日變①

貞觀初，突厥有五日并照。②二十三年三月，日赤無光。李淳風曰：“日變色，有軍急。”又曰：“其君無德，其臣亂國。”濮陽復曰：“日無光，主病。”③

咸亨元年二月壬子，日赤無光。癸丑，四方濛濛，日有濁氣，色赤如赭。

上元二年三月丁未，日赤如赭。

永淳元年三月，日赤如赭。

文明元年二月辛巳，日赤如赭。

長安四年正月壬子，日赤如赭。

景龍三年二月庚申，日色紫赤無光。

開元十四年十二月己未，日赤如赭。二十九年三月丙午，風霾，日無光，近晝昏也。占爲上刑急，人不樂生。④

天寶三載正月庚戌，日暈五重。占曰："是謂棄光，天下有兵。"⑤

肅宗上元二年二月乙酉，白虹貫日。⑥

大曆二年七月丙寅，日旁有青赤氣，長四丈餘。壬申，日上有赤氣，長二丈。九月乙亥至于辛丑，日旁有青赤氣。三年正月丁巳，日有黃冠、青赤珥。辛丑，亦如之。凡氣長而立者爲直，橫者爲格，立于日上者爲冠。直爲有自立者，格爲戰鬭。又曰："赤氣在日上，君有佞臣。黃爲土功，青赤爲憂。"⑦

貞元二年閏五月壬戌，日有黑暈。六年正月甲子，日赤如血。十年三月乙亥，黃霧四塞，日無光。

元和二年十月壬午，日傍有黑氣如人形跪，手捧盤向日，盤中氣如人頭。四年閏三月，日傍有物如日。五年四月辛未，白虹貫日。十年正月辛卯，日外有物如烏。十一年正月己卯，日紫赤無光。

長慶元年六月己丑，白虹貫日。三年二月庚戌，白虹貫日。

寶曆元年六月甲戌，赤虹貫日。九月甲申，日赤無光。二年三月甲午，日中有黑氣如杯。辛亥，日中有黑子。四月甲寅，白虹貫日。

大和二年二月癸亥，日無光，白霧晝昏。十二月癸亥，有黑祲，與日如鬭。五年二月辛丑，白虹貫日。六年三月，有黑祲與日如鬭。庚戌，日中有黑子。四月乙丑，黑氣磨日。七年正月庚戌，白虹貫日。八年七月甲戌，白虹貫日，日有交暈。十月壬寅，白虹貫日，東西際天，上有背玦。九年二月辛卯，日月赤如血。壬辰，亦如之。

【注】

①日變：指從日面觀察到的各種變化現象。日食亦是其中的變化之一。除了日食，還有數日并出、黑子、日暈、日珥、白虹貫日、日變色、日赤無光、日赤如赭等。既然天子被比作太陽，那麼，日食就象徵天子受到邪惡勢力的侵犯，黑子象徵天子持政有失誤，日赤無光象徵天子無權無能，數日并出象徵有人與天子爭位，等等，都是與天子及其政權有關的凶象。故天子與國家政權對此也特別重視。

②突厥有五日并照：五日并照，有五個太陽之像同時出現。如果這條記録是真實的，那也是地球大氣現象反光所產生的光變現象，使得觀者似乎觀察到了五個日面。當然，其他四個日面要暗淡得多。五日并出，表明同時有五股勢力在爭君主之位。五日并出於突厥，表明這種政治變故祇是發生在突厥，而與唐無關。

③二十三年三月日赤無光：這是引起人們嚴重關注的一種天文現象。對日赤無光，李淳風給出的占辭爲"有軍急"，或"君無德"。此時正是國家昌明之時，説唐太宗無德，誰也不信，當應驗在有緊急軍情上。又濮陽復出占詞曰"日無光，主病"，即表明天子將有病災，正應驗在唐太宗將崩上。太宗在位二十三年。

④上刑急人不樂生：皇上的刑罰太嚴太重，犯人都受刑不樂生。這是指唐玄宗開元年間的獄事。

⑤日暈五重占曰是謂棄光天下有兵：日暈五重，表明天子受到困難的包圍，有重大的急事。占曰"天下有兵"，應驗在天寶末年安禄山造反上。

⑥肅宗上元二年二月乙酉白虹貫日：以下還有元和五年四月辛未、長慶元年六月己丑、三年二月庚戌、寶曆二年四月甲寅、大和五年二月辛丑、七年正月庚戌、八年七月甲戌、十月壬寅等白虹貫日的記録，可見這

是一種很受人們重視和關注的日面天象。它究竟對人類政治有何種影響呢？《晉書·天文志》論雜氣説："凡白虹者，百殃之本，衆亂所基。霧者，衆邪之氣，陰來冒陽。凡白虹霧，奸臣謀君，擅權立威。晝霧夜明，臣志得申。凡夜霧白虹見，臣有憂。晝霧白虹見，君有憂。虹頭尾至地，流血之象。"又其"史傳事驗"載愍帝建興五年正月庚子虹蜺彌天，其"占曰：'白虹，兵氣也。三四五六日俱出并爭，天下兵作。'"又懷帝永嘉二年二月癸卯白虹貫日，占曰："白虹貫日，近臣爲亂，不則諸侯有反者。暈五重，有國者受其祥，天下有兵，破亡其地。"可見白虹貫日應在近臣諸侯爲亂、有兵上。

⑦凡氣長而立……青赤爲憂：日珥有多種不同的狀態，立在日旁爲日直、橫者爲格，立於日上者爲冠、日下者爲承。日冠、日承爲喜。立於日側者，向日環抱者爲日抱，象徵親和，天子有喜。背日爲日背，爲反叛之象。日格爲戰鬥之象。日直主有自立爲王者，或有立王侯之事發生。

開成元年正月辛丑朔，白虹貫日。二月己丑，亦如之。二年十一月辛巳，日中有黑子①大如雞卵，日赤如赭，晝昏至于癸未。五年正月己丑，日暈，白虹在東，如玉環貫珥。二月丙辰，日有重暈，有赤氣夾日。十二月癸卯朔，日旁有黑氣來觸。

會昌元年十一月庚戌，日中有黑子。四年正月戊申，日無光。二月己巳，白虹貫日如玉環。

大中十三年四月甲午，日暗無光。

咸通六年正月，白虹貫日，中有黑氣如雞卵。七年十二月癸酉，白氣貫日，日有重暈。甲戌，亦如之。白氣，兵象也。十四年二月癸卯，白虹貫日。

乾符元年，日中有黑子。二年，日中有若飛燕者。六年十一月丙辰朔，有兩日并出而鬥，三日乃不見。鬥者，離而復合也。

廣明元年，日暈如虹，黃氣蔽日無光。日不可以二；②虹，百殃之本也。

中和三年三月丙午，日有青黃暈。四月丙辰，亦如之。丁巳、戊午，又如之。

光啓三年十一月己亥，下晡，日上有黑氣。四年二月己丑，日赤如血。庚寅，改元文德。是日，風，日赤無光。

景福元年五月，日色散如黃金。

光化三年冬，日有虹蜺背璚彌旬，日有赤氣，自東北至于東南。

天復元年十月，日色散如黃金。十一月，又如之。三年二月丁丑，日有赤氣，自東北至于東南。

天祐元年二月丙寅，日中見北斗，其占重。③十一月癸酉，日中，日有黃暈，旁有青赤氣二。二年正月甲申，日有黃白暈，暈上有青赤背。乙酉亦如之，暈中生白虹，漸東，長百餘丈。④二月乙巳，日有黃白暈如半環，有蒼黑雲夾日，長各六尺餘，既而雲變，狀如人如馬，乃消。舊占：“背者，叛背之象。日暈有虹者爲大戰，半暈者相有謀。蒼黑，祲祥也。夾日者，賊臣制君之象。變而如人者爲叛臣；如馬者爲兵。”三年正月辛未，日有黃白暈，上有青赤背。二月癸巳，日有黃白暈，如半環，有青赤背。庚戌，日有黃白暈，青赤背。

【注】

① （開成）二年十一月辛巳日中有黑子：唐代的黑子記錄比較少。此

外，還有會昌元年、咸通六年等。其名除了黑子，也稱爲黑氣。二者的差
別，黑子邊界比較明確，黑氣則邊界模糊。

②日不可以二：與上文不相涉，疑此五字爲衍文。或釋爲天無二日。

③日中見北斗其占重：北斗爲二等星，白天很少見到一等以上大星。
現載日中見北斗，難以置信，疑爲誤載。

④暈中生白虹……長百餘丈：此説於理不合，大致一丈爲十度，此百
餘丈即千餘度，人目觀天不及半周，故此處百餘丈當爲十餘丈之誤。

月變①

貞觀初，突厥有三月并見。②

儀鳳二年正月甲子朔，月見西方，是謂朓。朓則侯
王其舒。③

武太后時，月過望不虧者二。

天寶三載正月庚戌，月有紅氣如垂帶。

肅宗元年建子月癸巳乙夜，月掩昴而暈，色白，有
白氣自北貫之。昴，胡也。白氣，兵喪。④建辰月丙戌，
月有黃白冠，連暈，圍東井、五諸侯、兩河及輿鬼。東
井，京師分也。

大曆十年九月戊申，月暈熒惑、畢、昴、參，東及
五車，暈中有黑氣，乍合乍散。十二月丙子，月出東
方，上有白氣十餘道，如匹練，貫五車及畢、觜觿、
參、東井、輿鬼、柳、軒轅，中夜散去。占曰：“女主
凶。”白氣爲兵喪，五車主庫兵，軒轅爲後宮，其宿則
晉分及京師也。

元和十一年，己未旦，日已出，有虹貫月于營室。⑤

開成四年閏正月甲申朔，乙酉，月在營室，正偃魄

質成，早也。⑥占爲臣下專恣之象。五年正月戊寅朔，甲申，月昏而中，未弦而中，早也。占同上。

景福二年十一月，有白氣如環，貫月，穿北斗，連太微。

天復二年十二月甲申，夜月有三暈，裏白，中赤黃，外緑。

天祐二年二月丙申，月暈熒惑。

【注】

①月變：《晋書·天文中》曰："月爲太陰之精，以之配日，女主之象；以之比德，刑罰之義；列之朝廷，諸侯大臣之類。故君明，則月行依度；臣執權，則月行失道；大臣用事，兵刑失理，則月行乍南乍北；女主外戚擅權，則或進或退。月變色，將有殃。月晝明，奸邪并作，君臣争明，女主失行，陰國兵強，中國饑，天下謀僭。數月重見，國以亂亡。"

②貞觀初突厥有三月并見：三月并見，象徵三女争爲后。見於突厥表示事關突厥。

③月見西方是謂朓朓則侯王其舒：朔而月見西方，爲月行舒。舒則寓意侯王行政寬舒不力。其實晦朔月見是推算不精或采用平朔法所致，與政治無關。

④白氣兵喪：星占家的意見，白色與兵喪相對應。

⑤有虹貫月于營宫：郗萌曰："月暈營室，爲宫敗。"《河圖帝覽嬉》曰："月暈室，有喪。"

⑥正偃魄質成早也：開成四年閏正月甲申朔，乙酉爲初二，月在營室，即已看到月魄生成，見彎月於西方，是月早成的反映。這是臣下專權之象。

孛彗①

武德九年二月壬午，有星孛于胃、昴間；丁亥，孛于卷舌。孛與彗皆非常惡氣所生，而災甚于彗。

貞觀八年八月甲子，有星孛于虛、危，歷玄枵，乙亥不見。十三年三月乙丑，有星孛于畢、昴。十五年六月己酉，有星孛于太微，犯郎位，七月甲戌不見。

龍朔三年八月癸卯，有彗星于左攝提，長二尺餘，乙巳不見。攝提，建時節，大臣象。[②]

乾封二年四月丙辰，有彗星于東北，在五車、畢、昴間，乙亥不見。

上元二年十二月壬午，有彗星于角、亢南，長五尺。三年七月丁亥，有彗星于東井，指北河，長三尺餘；東北行，光芒益盛，長三丈，掃中台，指文昌。九月乙酉，不見。東井，京師分；中台、文昌，將相位；兩河，天關也。

開耀元年九月丙申，有彗星于天市中，長五丈，漸小，東行至河鼓，癸丑不見。市者，貨食之所聚，以衣食生民者；一曰帝將遷都。河鼓，將軍象。[③]

永淳二年三月丙午，有彗星于五車北，四月辛未不見。

文明元年七月辛未夕，有彗星于西方，長丈餘，八月甲辰不見。是謂天攙。

光宅元年九月丁丑，有星如半月，見于西方。月，眾陰之長，星如月者陰盛之極。

景龍元年十月壬午，有彗星于西方，十一月甲寅不見。二年七月丁酉，有星孛于胃、昴間。胡分也。三年八月壬辰，有星孛于紫宮。

延和元年六月，有彗星自軒轅入太微，至大角滅。

開元十八年六月甲子，有彗星于五車。癸酉，有星孛于畢、昴。二十六年三月丙子，有星孛于紫宮垣，歷北斗魁，旬餘，因雲陰不見。

乾元三年四月丁巳，有彗星于東方，在婁、胃間，色白，長四尺，東方疾行，歷昴、畢、觜觿、參、東井、輿鬼、柳、軒轅至右執法西，凡五旬餘不見。閏月辛酉朔，有彗星于西方，長數丈，至五月乃滅。婁爲魯，胃、昴、畢爲趙，觜觿、參爲唐，東井、輿鬼爲京師分，柳其半爲周分。二彗仍見者，荐禍也。又婁、胃間，天倉。④

大曆元年十二月己亥，有彗星于匏瓜，長尺餘，經二旬不見，犯宦者星。五年四月己未，有彗星于五車，光芒蓬勃，長三丈。五月己卯，彗星見于北方，色白，癸未東行近八穀中星；六月癸卯近三公，己未不見。占曰：“色白者，太白所生也。”七年十二月丙寅，有長星于參下，其長亙天。長星，彗屬。參，唐星也。⑤

【注】

①孛彗：古人將有尾彗星稱爲彗星，無尾彗星則稱爲孛。二者實爲一類。古人認爲彗星爲災星，有袪舊迎新之兆，義爲改朝換代的大凶星。

②攝提建時節大臣象：攝提六星，分布於大角星的東西邊。古代用於指示時節，故曰建時節。《合誠圖》認爲攝提“主九卿”，故曰攝提爲大臣象。

③河鼓將軍象：民間傳説，河鼓爲牽牛。但星占家稱河鼓爲將軍指揮作戰的軍鼓，是將軍的象徵。《黄帝占》曰：“河鼓，中央星，大將也，左

星左將軍，右星右將軍。"

④婁胃間天倉：胃宿的含義，象徵動物聚食的胃，故衍生爲倉庫。天文學家由此進一步將胃宿附近的星座命名爲天倉、天困、天廩，均與倉庫有關。

⑤參唐星也：參宿對應於唐國，即遠古唐堯之地，西周在其地建晉國，故又稱晉星。其地主要對應於今山西南部和中部。

元和十年三月，有長星于太微，尾至軒轅。十二年正月戊子，有彗星于畢。

長慶元年正月己未，有星孛于翼；丁卯，孛于太微西上將。六月，有彗星于昴，長一丈，凡十日不見。

大和二年七月甲辰，有彗星于右攝提南，長二尺。三年十月，客星見于水位。①八年九月辛亥，有彗星于太微，長丈餘，西北行，越郎位，②庚申不見。

開成二年二月丙午，有彗星于危，長七尺餘，西指南斗；戊申在危西南，芒耀愈盛；癸丑在虛；辛酉，長丈餘，西行稍南指；壬戌，在婺女，長二丈餘，廣三尺；癸亥，愈長且闊；三月甲子，在南斗；乙丑，長五丈，其末兩岐，一指氐，一掩房；丙寅，長六丈，無岐，北指在亢七度；丁卯，西北行，東指；己巳，長八丈餘，在張；癸未，長三尺，在軒轅右不見。凡彗星晨出則西指，夕出則東指，乃常也，未有遍指四方，凌犯如此之甚者。③甲申，客星出于東井下。戊子，客星別出于端門內，近屏星。④四月丙午，東井下客星沒。五月癸酉，端門內客星沒。壬午，客星如孛，在南斗天籥旁。八月丁酉，有彗星于虛、危，虛、危爲玄枵。枵，耗名也。三年十月乙巳，有彗星于軒轅，⑤長二丈餘，漸長，西指。十一月乙卯，有彗星于東方，在尾、箕，東西亘天；⑥十二月壬辰不見。四年正月癸酉，有彗星于羽林。衞分也。⑦閏月丙午，有彗星于卷舌西北；二月己卯不見。五年二月庚申，有彗星于營室、東壁間，二十日滅。十一月戊寅，有彗星于東方。燕分也。⑧

會昌元年七月，有彗星于羽林、營室、東壁間也。十一月壬寅，有彗星于北落師門，在營室，入紫宮，十二月辛卯不見。并州分也。⑨

大中六年三月，有彗星于觜、參。參，唐星也。十一年九月乙未，有彗星于房，長三尺。

咸通五年五月己亥，夜漏未盡一刻，⑩有彗星出于東北，色黃白，長三尺，在婁。徐州分也。⑪九年正月，有彗星于婁、胃。十年八月，有彗星于大陵，東北指。占爲外夷兵及水災。

乾符四年五月，有彗星。

光啓元年，有彗星于積水、積薪之間。二年五月丙戌，有星孛于尾、箕，歷北斗、攝提。占曰：“貴臣誅。”

大順二年四月庚辰，有彗星于三台，東行入太微，掃大角、天市，長十丈餘，⑫五月甲戌不見。宦者陳匡知星，奏曰：“當有亂臣入宮。”三台，太一三階也；太微大角，帝廷也；天市，都市也。

【注】

①見于水位：見於北方七宿之位。北方爲水，故曰水位。

②越郎位：言彗見於太微垣，越過郎位星。郎位，在太微垣五帝座北。

③凡彗星晨出則西指夕出則東指……凌犯如此之甚者：如果彗星晨出日西則尾指正西，偏北指北，偏南指南；傍晚出日東則尾指正東，偏北指北，偏南指南。這是普遍規律。以上所言，祇對出現在日正東正西而言，偏之則偏南北也。下文所言遍指四方。

④客星別出于端門内近屏星：本志之彗字一類，不僅有彗星，還包括客星、流星和北極光等。此處的客星，則主要指超新星和新星，其位置是不變的。端門指太微左右執法中所夾之門，屏星爲太微内之内屏星。

⑤有彗星于軫魁：有彗星見於軫宿魁中，軫四星四方如魁，故有此言。

⑥東西亙天：尾長布於東西天空，形容彗星尾巴之長。

⑦衛分也：指并州。

⑧燕分也：指幽州。

⑨并州分也：指衛地并州分野，對應於營室。

⑩夜漏未盡一刻：黎明前一刻。

⑪徐州分：指魯地，對應於奎、婁、胃星。

⑫長十丈餘：這是本志中尾最長之彗星。十丈餘即百餘度。

景福元年五月，蚩尤旗見，①初出有白彗，形如髮，長二尺許，經數日，乃從中天下，如匹布，至地如蛇。六月，孫儒攻楊行密于宣州，有黑雲如山，漸下，墜于儒營上，狀如破屋。占曰："營頭星也。"②十一月，有星孛于斗、牛。占曰："越有自立者。"十二月丙子，天攙出于西南；己卯，化爲雲而没。二年三月，天久陰，至四月乙酉夜，雲稍開，有彗星于上台，長十餘丈，東行入太微，掃大角，入天市，經三旬有七日，益長，至二十餘丈，③因雲陰不見。

乾寧元年正月，有星孛于鶉首。秦分也。又星隕于西南，有聲如雷。七月，妖星見，非彗非孛，不知其名，時人謂之妖星，或曰惡星。④三年十月，有客星三，一大二小，在虛、危間，乍合乍離，相隨東行，狀如鬪，經三日而二小星沒，其大星後沒。⑤虛、危，齊分也。

光化三年正月，客星出于中垣宦者旁，大如桃，光炎射宦者，宦者不見。⑥

天復元年五月，有三赤星，各有鋒芒，在南方，既而西方、北方、東方亦如之，頃之，又各增一星，凡十六星；少時，先從北滅。占曰："濛星也，見則諸侯兵相攻。"二年正月，客星如桃，在紫宫華蓋下，漸行至御女。丁卯，有流星起文昌，抵客星，客星不動；己巳，客星在杠，守之，至明年猶不去。占曰："將相出兵。"五月夕，有星當箕下，如炬火，炎炎上衝，人初以爲燒火也，高丈餘乃隕。占曰："機星也，下有亂。"⑦

天祐元年四月，有星狀如人，首赤身黑，在北斗下紫微中。占曰："天衝也。天衝抱極泣帝前，血濁霧下天下冤。"⑧後三日而黑風晦暝。二年四月庚子夕，西北隅有星類太白，上有光似彗，長三四丈，色如赭；辛丑夕，色如縞。或曰五車之水星也，一曰昭明星也。甲辰，有彗星于北河，貫文昌，長三丈餘，陵中台、下台；五月乙丑夜，自軒轅左角及天市西垣，光芒猛怒，其長亘天；丙寅雲陰，至辛未少霽，不見。兩河爲天闕,在東井間,而北河,中國所經也。文昌,天之六司。天市,都市也。

【注】

①蚩尤旗:大彗星的一種。

②營頭星:落入軍營的流星或隕星。

③彗星……至二十餘丈:二十餘丈即二百餘度,顯然爲張大之辭。

④或曰惡星:亦當是孛星的一種形態。

⑤有客星三……其大星後没:亦當是流星的一種狀態。

⑥光化三年……宦者不見:光化三年爲公元 900 年,其客星見於宦者星旁,光掩宦者不見,當爲超新星。

⑦出現於箕星下方,光炎丈餘的亦當是流星。

⑧紫宫中的星狀人可能是北極光變化所致。

星變①

武德三年十月己未,有星隕于東都中,隱隱有聲。②

貞觀二年,天狗隕于夏州城中。③十四年八月,有星隕于高昌城中。十六年六月甲辰,西方有流星如月,西南行三丈乃滅。占曰:“星甚大者,爲人主。”十八年五月,流星出東壁,有聲如雷。占曰:“聲如雷者,怒象。”十九年四月己酉,有流星向北斗杓而滅。

永徽三年十月,有流星貫北極。四年十月,睦州女子陳碩真反,婺州刺史崔義玄討之,有星隕于賊營。④

乾封元年正月癸酉,有星出太微,東流,有聲如雷。

咸亨元年十一月,西方有流星聲如雷。

調露元年十一月戊寅，流星入北斗魁中；乙巳，流星燭地有光，使星也。⑤

神龍三年二月丙辰，有流星聲如頹牆，光燭天地。

景龍二年二月癸未，有大星隕于西南，聲如雷，野雉皆雊。

景雲元年八月己未，有流星出五車，至上台滅。九月甲申，有流星出中台，至相滅。

太極元年正月辛卯，有流星出太微，至相滅。

延和元年六月，幽州都督孫佺討奚、契丹，出師之夕，有大星隕于營中。

開元二年五月乙卯晦，有星西北流，或如甕，或如斗，貫北極，小者不可勝數，天星盡搖，至曙乃止。⑥占曰：“星，民象；流者，失其所也。”《漢書》曰：“星搖者民勞。”十二年十月壬辰，流星大如桃，色赤黃，有光燭地。占曰：“色赤爲將軍使。”

天寶三載閏二月辛亥，有星如月，墜于東南，墜後有聲。

至德二載，賊將武令珣圍南陽，四月甲辰夜中，有大星赤黃色，長數十丈，光燭地，墜賊營中。十一月壬戌，有流星大如斗，東北流，長數丈，蛇行屈曲，有碎光迸出。占曰：“是謂枉矢。”⑦

廣德二年六月丁卯，有妖星隕于汾州。十二月丙寅，自乙夜至曙，星流如雨。

大曆二年九月乙丑，晝有星如一斗器，色黃，有尾長六丈餘，出南方，沒于東北。東北于中國，則幽州分也。三年九月乙亥，有星大如斗，北流，有光燭地，占爲貴使。六年九月甲辰，有星西流，大如一升器，光燭地，有尾，迸光如珠，長五丈，出婺女，入天市南垣滅。八年六月戊辰，有流星大如一升器，有尾，長三丈餘，入太微。十二月壬申，有流星大如一升器，有尾，長二丈餘，出紫微入濁。⑧十年三月戊戌，有流星出于西方，如二升器，有尾，長二丈，入濁。十二年二月辛亥，有流星如桃，尾長十丈，出匏瓜，入太微。

建中四年八月庚申，有星隕于京師。

興元元年六月戊午，星或什或伍而隕。

貞元三年閏五月戊寅，枉矢墜于虛、危。十四年閏五月辛亥，有星墜于東北，光燭如晝，聲如雷。

元和二年十二月己巳，西北有流星亘天，尾散如珠。占曰：“有貴使。”四年八月丁丑，西北有大星，東南流，聲如雷鼓。六年三月戊戌日晡，天陰寒，有流星大如一斛器，墜于兗、鄆間，聲震數百里，野雉皆雊，所墜之上，有赤氣如立蛇，長丈餘，至夕乃滅。時占者以爲日在戌，魯分也，不及十年，其野主殺而地分。九年正月，有大星如半席，自下而升，有光燭地，群小星隨之。四月辛巳，有大流星，尾迹長五丈餘，光燭地，至右攝提西滅。十二年九月己亥甲夜，⑨有流星起中天，首如甕，尾如二百斛舡，長十餘丈，聲如群鴨飛，明若火炬，過月下西流，須臾，有聲礧礧，墜地，有大聲如壞屋者三，在陳、蔡間。十四年五月己亥，有大流星出北斗魁，長二丈餘，南抵軒轅而滅。占曰：“有赦，赦視星之大小。"十五年七月癸亥，有大星出鈎陳，南流至婁滅。

【注】

①星變：就名稱而言，可以理解爲光度和形態發生變化的星體，當包括流星、隕星、流星雨和其他光度發生變化的星，不動的有周期變星和各類爆發星體，移動的有彗字等。就本志所載而言，此星變主要就是指流星、流星雨和隕星。

②有星隕于東都中隱隱有聲：此爲武德三年十月己未發生在東都的一次隕星，隕落時爆發有聲。東都指洛陽。

③天狗隕于夏州城中：據説天狗爲降落於地的形狀似狗的隕石。夏州，陝西大理河以北地區。

④有星隕于賊營：有隕石落於叛賊的營中。按照星占家的説法，凡是有隕石落入的兵營會敗亡。此處載婺州刺史討陳碩真，已説明了這一點。

⑤流星燭地有光使星也：星占家對流星還有另一種判斷方法，即稱之爲使星，認爲流星落滅所在星座的分野將有使者到。《後漢書·方術傳》載李郃以流星預言天使到的成功事例，就是其中的一個典型。

⑥天星盡搖至曙乃止：此是典型的發生在北極附近的流星雨記録，時間是農曆五月晦。

⑦十一月壬戌……是謂枉矢：大流星蛇行屈曲，碎光迸出。枉矢亦是古人所説的典型大流星。《海中占》曰："枉矢類流星，望之有毛目，長可一匹布，皎皎著天，見則大兵起，大將出，弓弩用，期三年。"

⑧出紫微入濁：出現在紫微垣中，流入此方濁中。地平之上的游氣，稱爲濁氣，能障目，故稱入濁不見。

⑨九月己亥甲夜：古人將夜時分爲五段，稱甲夜、乙夜、丙夜、丁夜、戊夜，它亦對應於五更。

長慶元年正月丙辰，有大星出狼星北，色赤，有尾迹，長三丈餘，光燭地，東北流至七星南滅。四月，有大星墜于吳，聲如飛羽。七月乙巳，有大流星出參西北，色黃，有尾迹，長六七丈，光燭地，至羽林滅。八月辛巳，東北方有大星自雲中出，色白，光燭地，前銳後大，長二丈餘，西北流入雲中滅。二年四月辛亥，有流星出天市，光燭地，隱隱有聲，至郎位滅。市者，小人所聚，郎在天廷中，主宿衛。六月丁酉，有小星隕于房、心間，戊戌亦如之，己亥亦如之。閏十月丙申，有流星大如斗，抵中台上星。三年八月丁酉夜，有大流星如數斗器，起西北，經奎、婁，東南流，去月甚近，迸光散落，墜地有聲。四年四月，紫微中，星隕者衆。七月乙卯，有大流星出天船，犯斗魁樞星而滅。占曰："有舟楫事。"①丙子，有大流星出天將軍東北，入濁。

寶曆元年正月乙卯，有流星出北斗樞星，光燭地，入濁。占曰："有赦。"二年五月癸巳，西北有流星，長三丈餘，光燭地，入天市中滅。占爲有誅。七月丙戌，日初入，東南有流星，向南滅，以晷度推之，在箕、斗間。八月丙申，有大流星出王良，長四丈餘，至北斗杓滅。王良，奉車御官也。

大和四年六月辛未，自昏至戊夜，流星或大或小，觀者不能數。占曰："民失其所，王者失道，綱紀廢則然。"又曰："星在野象物，在朝象官。"七年六月戊子，自昏及曙，四方流星，大小縱橫百餘。八年六月辛巳，夜中有流星出河鼓，赤色，有尾迹，光燭地，迸如散珠，北行近天棓滅，有聲如雷。河鼓爲將軍。天棓者，帝之武備。九年六月丁酉，自昏至丁夜，流星二十餘，縱橫出没，多近天漢。②

開成二年九月丁酉，有星大如斗，長五丈，自室、壁西北流，入大角下没，行類枉矢，中天有聲，小星數百隨之。十一月丁丑，有大星隕于興元府署寝室之上，光燭庭宇。三年五月乙丑，有大星出于柳、張，尾長五丈餘，再出再没。四年二月己亥，丁夜至戊夜，四方中天流星小大凡二百餘，并西流，有尾迹，長二丈至五丈。八月辛未，流星出羽林，有尾迹，長八丈餘，有聲如雷。羽林，天軍也。十二月壬申，蚩尤旗見。③

會昌元年六月戊辰，自昏至戊夜，小星數十，縱橫流散。占曰："小星，民象。"七月庚午，北方有星，光燭地，東北流經王良，有聲如雷。十一月壬寅，有大星東北流，光燭地，有聲如雷。四年八月丙午，有大星如炬火，光燭天地，自奎、婁掃西方七宿而隕。六年二月辛丑，夜中有流星赤色如桃，光燭地，有尾迹，貫紫微入濁。

咸通六年七月乙酉，甲夜有大流星長數丈，光爍如電，群小星隨之，自南徂北。其象南方有以衆叛而之北也。九年十一月丁酉，有星出如匹練，亘空化爲雲而没，在楚分。是謂長庚，見則兵起。④十三年春，有二星從天際而上，相從至中天，狀如旌旗，乃隕。九月，蚩尤旗見。

乾符二年冬，有二星，一赤一白，大如斗，相隨東南流，燭地如月，漸大，光芒猛怒。三年，晝有星如炬火，大如五升器，出東北，徐行，隕于西北。⑤四年七月，有大流星如盂，自虚、危，歷天市，入羽林滅。占爲外兵。

中和元年，有异星出于輿鬼。占者以爲惡星。八月己丑夜，星隕如雨，或如杯碗者，交流如織，庚寅夜亦如之，至丁酉止。三年十一月夜，星隕于西北，如雨。

光啓二年九月，有大星隕于揚州府署延和閣前，聲如雷，光炎燭地。十月壬戌，有星出于西方，色白，長一丈五尺，屈曲而隕。占曰：“長庚也，下則流血。”三年五月，秦宗權擁兵于汴州北郊，晝有大星隕于其營，聲如雷，是謂營頭。其下破軍殺將。⑥

乾寧元年夏，有星隕于越州，後有光，長丈餘，狀如蛇。或曰枉矢也。三年六月，天暴雨，雷電，有星大如碗，起西南，墜于東北，色如鶴練，聲如群鴨飛。占爲姦謀。

光化元年九月丙子，有大星墜于北方。三年三月丙午，有星如二十斛船，色黃，前銳後大，西南行。十一月，中天有大星自東緩流如帶屈曲，光凝著天，食頃乃滅。是謂枉矢。

天復三年二月，帝至自鳳翔，其明日，有大星如月，自東濁際西流，有聲如雷，尾迹橫貫中天，三夕乃滅。

天祐元年五月戊寅，乙夜雨、晦暝，有星長二十丈，出東方，西南向，首黑、尾赤、中白，枉矢也，一曰長星。⑦二年三月乙丑，夜中有大星出中天，如五斗器，流至西北，去地十丈許而止，上有星芒，炎如火，赤而黃，長丈五許，而蛇行，小星皆動而東南，其隕如雨，少頃没，後有蒼白氣如竹叢，上衝天中，色瞢瞢。占曰："亦枉矢也。"三年十二月昏，東方有星如太白，自地徐上，行極緩，至中天，如上弦月，乃曲行，頃之，分爲二。占曰："有大孽。"

【注】

①流星出天船……占曰有舟楫事：天船象徵船，流星犯之，則象徵舟楫有災變。星占家就是這樣附會用以爲占的。

②大和四年六月……多近天漢：唐文宗大和四年爲公元 830 年，這裏共記載了大和年間四次六月中出現的流星雨：大和四年六月辛未流星，"觀者不能數"；七年六月戊子"四方流星，大小縱橫百餘"；八年六月辛巳，"流星出河鼓"；九年六月丁酉，"流星二十餘，縱橫出没，多近天漢"。另外，下文還載會昌元年六月戊辰，"小星數十，縱橫流散"。五次流星雨的記録均比較集中和明確。可惜的是，流星雨流出之點記載得不够明確，一次説多出自天漢，天漢即銀河。六月所見銀河大致在河鼓附近，二者大致相合。據近代天文觀測研究，農曆六月相當於公曆 7 月，在 7 月 31 日前後有一次寶瓶座流星雨，寶瓶座與天鷹座（即河鼓星）正好相鄰，因此這些流星雨記録很有可能就是寶瓶座流星雨。

③蚩尤旗見：如前文注，蚩尤旗爲彗星的一種，混入流星記録之中。

④九年十一月……見則兵起：此處將該條流星記録稱爲長庚。下文光啓二年十月隕星占語亦稱之爲"長庚"。先秦將金星稱爲東有啓明，西有長庚，今又將流星稱爲長庚。

⑤晝有星如炬火……隕于西北：這是唐代流隕記録中少見的一次晝見記録。

⑥大星隕于其營……是謂營頭其下破軍殺將：星占家將落入軍營的隕星稱爲營頭星，相應占語爲"軍破敗""破軍殺將"。

⑦首黑尾赤中白枉矢也：星占家將首黑、尾赤、中白的流星稱爲枉矢，又曰長星。

《唐書》卷三十三

志第二十三

天文三

月五星凌犯及星變①

隋大業十三年六月，鎮星贏而旅于參。②參，唐星也。③李淳風曰："鎮星主福，未當居而居，所宿國吉。"④

義寧二年三月丙午，熒惑入東井。占曰："大人憂。"

武德元年五月庚午，太白晝見。⑤占曰："兵起，臣彊。"六月丙子，熒惑犯右執法。⑥占曰："執法，大臣象。"二年七月戊寅，月犯牽牛。凡月與列宿相犯，其宿地憂。牽牛，吳、越分。九月庚寅，太白晝見。冬，熒惑守五諸侯。六年七月癸卯，熒惑犯輿鬼西南星。占曰："大臣有誅。"七年六月，熒惑犯右執法。七月戊寅，歲星犯畢。占曰："邊有兵。"八年九月癸丑，熒惑入太微。太微，天廷也。冬，太白入南斗。斗主爵禄。九年五月，太白晝見；六月丁巳，經天；己未，又經天。在秦分。丙寅，月犯氐。氐爲天子宿宮。己卯，太白晝見；七月辛亥，晝見；甲寅，晝見；八月丁巳，晝見。太白，上公；經天者，陰乘陽也。⑦

【注】

①月五星凌犯：古人認爲，月亮和五星都在一刻不停地按照自己的運動速度在恒星間運行，月亮和五星又有自己的特性，正是由於這種特性，決定着它們在各恒星間的不同的運動狀態對人類社會所產生的影響。簡單地說，土星是福星，木星是吉星，火星是災星，金星是兵星，水是刑罰之星。它們的這些特性，使它們在恒星間的分布狀態導致人類社會的吉凶禍福。月五星所在分野是如此。如果它們又發生了凌犯，那麼其性狀又會進一步激化和發生變化。日月又是帝王后妃和大臣的象徵，它們受到了侵犯，當然是國家和社會的災難。各個星體，也分別是帝王、后妃、大臣或各種政治機構的象徵，侵犯了它們，當然也會產生災難。五星凌犯，就是建立在這種觀念上的。

②鎮星贏而旅于參：鎮星即土星，是一顆福星。它所鎮守的星座，其對應的分野就將有福。天象發生在隋大業十三年的參宿，表明參星的分野將有福。旅，行也；贏，快速。按正常狀態，這時的土星分布於觜宿，由於福德在唐，故土星越過觜而到達參，表明唐地有福，而觜宿所對應的分野則福薄。

③參唐星也：參宿，爲唐地的分野之星。隋時的唐地在晉，其對應星座爲參。

④李淳風曰……所宿國吉：這是李淳風對隋大業十三年鎮星贏而旅於參所做出的占語，義爲唐地有福。當時李淵割據於太原（唐），星象表示唐將興起，故有此占語。

⑤太白晝見：太白晝見是古代星占家最爲關注也是各種天象記錄中最常見的天象。人們關注它的目的是什麼呢？石氏曰：“凡太白不經天。若經天，天下革政，民更主，是謂亂紀，人民流亡。”孟康曰：“謂出東入西，出西入東也。太白陰星，出東當伏東，出西當伏西，過午爲經天。”

晋灼曰："日，陽也。日出則星亡晝上，午上爲經天也。"《荆州占》曰："太白夕見，過午亦曰經天，有連頭斬死人，陰國兵强，王天下。女主用事，陽國不利。"《春秋漢含孳》曰："陽弱臣逆，則太白經天。"《孝經鈎命訣》曰："天子失兵，則太白經天。"《春秋緯考异郵》曰："太白經天，主命凶。"以上所引各家有關太白經天的占語，已從不同的角度闡述了星占對政治的影響，總之，將發生革政改朝代的事情，也將有兵災和天下大亂。太白爲内行星，通常祇能在日落後的西方、日出前的東方距日五十度的範圍内見到它，但由於它是最亮的行星之一，也是在地球人看來除了日月最亮的天體，有時也能在白天見到它，故曰晝見。晝見與經天幾乎是同時發生的，祇有晝見，纔能見到太白出現於午上，纔能經天。武德年間發生太白經天之天象，從星占角度來看，李淵政權就不穩了。

⑥熒惑犯右執法：《春秋元命苞》曰："西曰右執法，御史大夫之象也。"《河圖帝覽嬉》曰熒惑"行犯左右執法，大臣有憂"。甘氏曰："若犯左相，左相誅，犯右相，右相誅。"説明熒惑犯左右執法相位不保。

⑦經天者陰乘陽也：前已述及，太白經天，象徵臣下或女主犯天子位，故曰陰乘陽。

貞觀三年三月丁丑，歲星逆行入氐。占曰："人君治宫室過度。"一曰："饑。"①五年五月庚申，鎮星犯鍵閉。占爲腹心喉舌臣。九年四月丙午，熒惑犯軒轅。十年四月癸酉，復犯之。占曰："熒惑主禮，禮失而後罰出焉。"軒轅爲後宫。②十一年二月癸未，熒惑入輿鬼。占曰："賊在大人側。"十二年六月辛卯，熒惑入東井。占曰："旱。"③十三年五月乙巳，犯右執法。六月，太白犯東井北河。井，京師分也。④十四年十一月壬午，月入太微。占曰："君不安。"⑤十五年二月，熒惑逆行，犯太微東上相。十六年五月，太白犯畢左股，畢爲邊將；六月戊戌，晝見。九月己未，熒惑犯太微西上將；

十月丙戌，入太微，犯左執法。十七年二月，犯鍵閉；三月丁巳，守心前星；⑥癸酉，逆行犯鉤鈐。熒惑常以十月入太微，受制而出，伺其所守犯，天子所誅也。鍵閉爲腹心喉舌臣，鉤鈐以開闔天心，皆貴臣象。十八年十一月乙未，月掩鉤鈐。十九年七月壬午，太白入太微，是夜月掩南斗，太白遂犯左執法，光芒相及箕、斗間。漢津，高麗地也。太白爲兵，亦罰星也。二十年七月丁未，歲星守東壁。占曰：“五穀以水傷。”二十一年四月戊寅，月犯熒惑。占曰：“貴臣死。”十二月丁丑，月食昴。占曰：“天子破匈奴。”⑦二十二年五月丁亥，犯右執法。七月，太白晝見。乙巳，鎮星守東井。占曰：“旱。”⑧閏十二月辛巳，太白犯建星。占曰：“大臣相譖。”⑨

永徽元年二月己丑，熒惑犯東井。占曰：“旱。”⑩四月己巳，月犯五諸侯，熒惑犯輿鬼。占曰：“諸侯凶。”五月己未，太白晝見。二年六月己丑，太白入太微，犯右執法；九月甲午，犯心前星。十二月乙未，太白晝見。三年正月壬戌，犯牽牛。牽牛爲將軍，又吳、越分也。⑪丁亥，歲星掩太微上將。二月己丑，熒惑犯五諸侯；五月戊子，掩右執法。四年六月己丑，太白晝見。六年七月乙亥，歲星守尾。占曰：“人主以嬪爲后。”⑫己丑，熒惑入輿鬼；八月丁卯，入軒轅。

顯慶元年四月丁酉，太白犯東井北河。⑬占曰：“秦有兵。”五年二月甲午，熒惑入南斗；六月戊申，復犯之。南斗，天廟；去復來者，其事大且久也。⑭

龍朔元年六月辛巳，太白晝見經天；九月癸卯，犯左執法。二年七月己丑，熒惑守羽林，羽林，禁兵也；三年正月己卯，犯天街。占曰：“政塞姦出。”六月乙酉，太白入東井。占曰：“君失政，大臣有誅。”

麟德二年三月戊午，熒惑犯東井；四月壬寅，入輿鬼，犯質星。[15]

乾封元年八月乙巳，熒惑入東井。二年五月庚申，入軒轅。三年正月乙巳，月犯軒轅大星。[16]

咸亨元年四月癸卯，月犯東井。占曰：“人主憂。”七月壬申，熒惑入東井。占曰：“旱。”丙申，月犯熒惑。占曰：“貴人死。”十二月丙子，熒惑入太微；二年四月戊辰，復犯。太微垣，將相位也。五年六月壬寅，太白入東井。

上元二年正月甲寅，熒惑犯房。占曰：“君有憂。”一曰：“有喪。”三年正月丁卯，太白犯牽牛。占曰：“將軍凶。”[17]

儀鳳二年八月辛亥，太白犯軒轅左角。左角，貴相也。三年十月戊寅，熒惑犯鈎鈐；四年四月戊午，入羽林。占曰：“軍憂。”[18]

調露元年七月辛巳，入天困。[19]

永隆元年五月癸未，犯輿鬼。丁酉，太白晝見經天。是謂陰乘陽，陽，君道也。

永淳元年五月丁巳，辰星犯軒轅。九月庚戌，熒惑入輿鬼，犯質星；十一月乙未，復犯輿鬼。去而復來，是謂“句巳”。[20]

垂拱元年四月癸未，辰星犯東井北河。㉑辰星爲廷尉，東井爲法令，失道則相犯也。十二月戊子，月掩軒轅大星；二年三月丙辰，復犯之。

萬歲通天元年十一月乙丑，歲星犯司怪。占曰："水旱不時。"

【注】

①歲星逆行入氐……一曰饑：石氏曰："氐，天子行宫也。一名天廟，一名天府。"這是占詞曰"人君治宫室過度"的基本依據。又巫咸曰："歲星守氐，國大饑，人民流亡。"木星原本是吉星，其所居星座對應之國吉利，歲熟，但歲星犯守氐宿之後爲什麼又變成饑呢？這是因爲氐本爲木之根，氐星受到歲星逆行的侵犯，情况就將發生變化，意味着木之類的根受到侵犯，植物生長不好，發生饑荒。

②軒轅爲後宫：軒轅星座爲後宫之象。石氏曰："軒轅星，王后以下所居宫也。一曰帝南宫，中央土神，女主之象也。女主之位，黄帝之舍也。"

③熒惑入東井占曰旱：熒惑爲火象，東井爲水事，水受到火侵犯，故曰旱。

④井京師分也：東井爲秦分，唐都在長安，屬秦，故曰京師分。

⑤月入太微占曰君不安：太微爲天子之廷，受到侵犯，故曰"君不安"。

⑥熒惑……守心前星：心大星爲天王，前心爲太子，後星爲庶子。今熒惑守心前星，即象徵太子有咎。

⑦月食昴……天子破匈奴：昴爲"胡星"，是匈奴的象徵，今月犯之，爲天子破匈奴之象徵。

⑧鎮星守東井占曰旱：東井爲水事，今受到土的侵犯，故曰旱。

⑨太白犯建星占曰大臣相讒：建星爲大臣之象，受到侵犯則意味大臣有咎。相讒爲有咎的一種，故有是占。

⑩熒惑犯東井占曰旱：東井爲水事，如上述又熒惑爲災星，爲火，是典型的爲旱之占。

⑪牽牛爲將軍又吴越分也：此處的牽牛，既可理解爲河鼓，也可理解爲牛宿，河鼓爲將，且亦在斗牛分野，故言。

⑫歲星守尾占曰人主以嬪爲后：尾宿爲后妃之象，今被犯，嬪妃有變。

⑬太白犯東井北河："北河"，諸本作"北轅"，《舊志》亦然。惟"北轅"之名，當作軒轅諸星中的北部之星，軒轅星座南當黄道，向北達二十餘度，太白不可能侵犯到軒轅北星，且軒轅與東井不相鄰，太白不可能在一天同時相犯。又其下相應占文曰"秦有兵"，不與軒轅相涉，故知此"北轅"必爲"北河"之誤。南河、北河，均爲東井宿内星，解爲太白犯東井宿内之北河星較妥當。今改。另，此類説法在本部分和其他同題目的文獻中多有，當同此解。

⑭去復來者其事大且久也：言熒惑犯南斗星，去之後又犯，則災异更爲嚴重。

⑮入輿鬼犯質星：質星爲鬼宿内的一顆星，今熒惑正犯質星。《開元占經》引齊伯曰："熒惑入鬼中，大臣有誅，兵大起，白骨滿野。"

⑯月犯軒轅大星：軒轅大星指軒轅十四，爲女主之象。

⑰太白犯牽牛占曰將軍凶：如前文所述，牽牛同河鼓，有軍中戰鼓象，亦爲將軍之象，今太白犯之，故曰"將軍凶"。

⑱入羽林占曰軍憂：羽林爲禁軍之象，今被犯之，故曰軍有憂。

⑲入天囷：圓曰囷，方曰倉，均爲倉庫之象，介於婁胃宿内。

⑳是謂句巳：句巳爲蛇形屈曲之狀。

㉑辰星犯東井北河："北河"，諸本作"北轅"，理由在注⑬中已經言明。今改。

聖曆元年五月庚午，太白犯天關。天關主邊事。①二年，熒惑入輿鬼。三年三月辛亥，歲星犯左執法。

久視元年十二月甲戌晦，熒惑犯軒轅。

自乾封二年後，月及熒惑、太白、辰星凌犯軒轅者六。

長安二年，熒惑犯五諸侯。渾儀監尚獻甫奏："臣命在金，五諸侯太史之位，火克金，臣將死矣。"武后曰："朕爲卿禳之，以獻甫爲水衡都尉，水生金，又去太史之位，卿無憂矣。"是秋，獻甫卒。②四年，熒惑入月，鎮星犯天關。

神龍元年三月癸巳，熒惑犯天田。占曰："旱。"七月辛巳，掩氐西南星。占曰："賊臣在內。"二年閏正月丁卯，月掩軒轅后星。③九月壬子，熒惑犯左執法。己巳，月犯軒轅后星；十一月辛亥，犯昴，占曰："胡王死。"④戊午，熒惑入氐；十二月丁酉，犯天江，占曰："旱。"⑤三年五月戊戌，太白入輿鬼中。占曰："大臣有誅。"

景龍三年六月癸巳，太白晝見在東井。京師分也。四年二月癸未，熒惑犯天街。五月甲子，月犯五諸侯。

景雲二年三月壬申，太白入羽林。八月己未，歲星犯執法。

太極元年三月壬申，熒惑入東井。

先天元年八月甲子，太白襲月。占曰："太白，兵象；月，大臣體。"⑥二年十一月丙子，熒惑犯司怪。

開元二年七月己丑，太白犯輿鬼東南星。七年六月甲戌，太白犯東井鉞星。占曰："斧鉞用。"⑦八年三月庚午，犯東井北河；五月甲子，犯軒轅。十一年十一月丁卯，歲星犯進賢。十四年十月甲寅，太白晝見。二十五年六月壬戌，熒惑犯房。二十七年七月辛丑，犯南斗。占曰："貴相凶。"⑧

天寶十三載五月，熒惑守心五旬餘。占曰："主去其宮。"⑨十四載十二月，月食歲星在東井。占曰："其國亡。"東井，京師分也。

至德二載七月己酉，太白晝見經天，至于十一月戊午不見，歷秦、周、楚、鄭、宋、燕之分。十二月，歲星犯軒轅大星。占曰："女主謀君。"

乾元元年五月癸未，月掩心前星，占曰："太子憂。"六月癸丑，入南斗魁中，占曰"大人憂。"二年正月癸未，歲星蝕月在翼，楚分也，一曰："饑。"二月丙辰，月犯心中星。占曰："主命惡之。"

上元元年五月癸丑，月掩昴。占曰："胡王死。"八月己酉，太白犯進賢。十二月癸未，歲星掩房。占曰："將相憂。"三年建子月癸巳，月掩昴，出昴北；八月丁卯，又掩昴。

【注】

①太白犯天關天關主邊事：如本志一所述："西河之濱，所以設險限秦、晉，故其地上應天關。"天關與天闕相應。

②長安二年……獻甫卒：這裏記載了一個有趣的星占故事。該年見有熒惑犯五諸侯的天象，渾儀監尚獻甫對武后說："我的命在金，太史位即爲五諸侯之一，今熒惑犯之，爲火克金，爲我死之象。"武后安慰他說："那我爲你禳救，據水生金之理，我就免去你的太史之位，今任命你爲水衡都尉，你就不是金命而是水命了，也就不用擔心了。"但是當年秋天，尚獻甫還是死了。

③月掩軒轅后星：月亮掩軒轅十四大星，大星爲天后之象，故有此説。

④（月）犯昴占曰胡王死：昴爲"胡星"，爲"胡王"象徵，今月犯之，應在"胡王"死上。

⑤犯天江占曰旱：天江爲水源，今火犯之，故占爲旱。

⑥太白襲月占曰太白兵象月大臣體：太白爲兵象，月爲大臣，今發生了太白襲月之事，應在大臣犯事和兵災上。

⑦太白犯東井鉞星占曰斧鉞用：太白星侵犯了東井宿中的鉞星，應在斧鉞用上，即應在有大臣犯了殺頭的死罪上。

⑧犯南斗占曰貴相凶：熒惑犯南斗，南斗爲重臣象，故曰貴相凶。

⑨熒惑守心……占曰主去其宮：心大星爲天王位，今災星熒惑犯之，象徵帝凶，故占曰："主去其宮。"即去其帝位，應在天寶末年安禄山造反、玄宗奔蜀事上。

寶應二年四月己丑，月掩歲星。占曰："饑。"①

永泰元年九月辛卯，太白晝見經天。

大曆二年七月癸亥，熒惑入氐，其色赤黃。乙丑，鎮星犯水位。占曰："有水災。"乙亥，歲星犯司怪。八月壬午，月入氐；丙申，犯畢。九月戊申，歲星守東井。占皆爲有兵。乙丑，熒惑犯南斗。在燕分。②十二月丁丑，犯壘壁。占曰："兵起。"三年正月壬子，月掩畢；八月己未，復掩畢；辛酉，入東井。九月壬申，歲星入輿鬼。占曰："歲星爲貴臣，輿鬼主死喪。"③丁丑，熒惑入太微，二旬而出。己卯，太白犯左執法。四年二月壬寅，熒惑守房上相；丙午，有芒角；三月壬午，逆行入氐中。是月，鎮星犯輿鬼。七月戊辰，熒惑犯次相；九月丁卯，犯建星。占曰："大臣相譖。"五年二月乙巳，歲星入軒轅。六月丁酉，月犯進賢；庚子，犯氐。庚戌，太白入東井。六年七月乙巳，月掩畢，入畢中；壬子，月犯太微。八月甲戌，熒惑犯鄭星。④庚辰，月入太微。九月壬辰，熒惑犯哭星；庚子，犯泣星。是夜，月掩畢；丁未，入太微；十月丁卯，掩畢。己巳，熒惑犯壘壁。甲戌，月入軒轅，占曰“憂在後宮”；十一月壬寅，入太微；丙午掩氐；十二月己巳，入太微；七年正月乙未，犯軒轅；二月戊午，掩天關。占曰：“亂臣更天子法令。”己巳，熒惑犯天街；四月丁巳，入東井。辛未，歲星犯左角。占曰：“天下之道不通。”⑤壬申，月入羽林；五月丙戌，入太微。八年四月癸丑，歲星掩房。占曰：“將相憂。”又宋分也。⑥甲寅，熒惑入壘壁；五月庚辰，入羽林。七月己卯，太白入東井，留七日，非常度也。占曰：“秦有兵。”乙未，月入畢中。癸未，入羽林。己丑，太白入太微。占曰：“兵入天廷。”八月晝見。十月丁巳，月掩畢；壬戌，入輿鬼，掩質星。庚午，月及太白入氐中。占曰：“君有哭泣事。”⑦十一月己卯，月入羽林。癸未，太白入房。占曰：“白衣會。”不曰犯而曰入，蓋鈎鈐間。癸丑，月掩天關；甲寅，入東井；癸酉，入羽林。九年三月丁未，熒惑入東井。四月丁丑，月入太微。五月己未，太白入軒轅。占曰：“憂在後宮。”六月己卯，月掩南斗；庚辰，入太微；七月甲辰，掩房；辛亥，入羽林；壬戌，入輿鬼。九月辛丑，太白入南斗。占曰：“有反臣。”又曰：“有赦。”甲子，熒惑入氐。宋分也。十月戊子，歲星入南斗。占曰："大臣有誅。"十二月戊辰，月入羽林。十年三月庚戌，熒惑入壘壁；四月甲子，入羽林。八月戊辰，月入太微。十一年閏八月丁酉，太白晝見經天。十二年正月乙丑，月掩軒轅；癸酉，掩心前星，宋分也；丙子，入南斗魁中。二月乙未，鎮星入氐中。占曰："其分兵喪。"李正己地也。三月壬戌，月入太微；四月乙未，掩心前星；五月丙辰，入太微；戊戌，入羽林；七月庚戌，入南斗。乙亥，熒惑入東井。十月壬辰，月掩昴；庚子，入太微；十一月乙卯，入羽林；十二月壬午，復入羽林。自六年至此，月入太微者十有二，入羽林者八；熒惑三入東井，再入羽林，三入壘壁；月、太白、歲星，皆入南斗魁中。十四年春，歲星入東井。

建中元年十一月，月食歲星在秦分。占曰："其國亡。"是月，歲星食天尸。天尸，輿鬼中星。占曰："有妖言，小人在位，君王失樞，死者太半。"⑧三年七月，月掩心中星。

貞元四年五月丁卯，月犯歲星在營室。六月癸卯，熒惑逆行入羽林。占曰："軍有憂。"六年五月戊辰，月犯太白，間容一指。占曰："大將死。"十年四月，太白晝見。十一年七月，熒惑、太白相繼犯太微上將。十三年二月戊辰，太白入昴。三月庚寅，月犯太白。十九年三月，熒惑入南斗，色如血。斗，吳、越分；色如血者，旱祥也。二十一年正月己酉，太白犯昴。趙分也。

永貞元年十二月丙午，月犯畢。己酉，歲星犯太微西垣。將相位也。

【注】

①月掩歲星占曰饑：這是常見的占語。歲星所應之國熟，今被月掩，反熟爲饑。

②熒惑犯南斗在燕分：此占語有誤，南斗爲吳越分。尾箕爲燕分。

③歲星入輿鬼占曰歲星爲貴臣輿鬼主死喪：輿鬼主死喪，這是常用的占語。今歲星入輿鬼，應在貴臣死喪上。石氏曰："木入輿鬼，大臣誅。一曰亂臣在內。"故有是占。

④熒惑犯鄭星：鄭星，女宿內東南星，非天市之鄭星。天市鄭星遠離黃道，熒惑不能犯。

⑤歲星犯左角占曰天下之道不通：角宿爲天門，爲日月五星出入之道，今歲星犯之，故有道不通之占。

⑥歲星掩房占曰將相憂又宋分也：房爲王者布政之堂，又房、心二宿爲宋分，故有是占。

⑦太白入氐中占曰君有哭泣事：氐爲後宮，帝有哭泣事，應在后妃亡上。

⑧建中元年……死者太半："歲星食天尸。天尸，輿鬼中星。"天尸星即輿鬼中間的質星，今歲星犯之，應在死喪上。石氏曰："四星有變，則占其所主也。中央色白如粉絮者，所謂積尸氣也。一曰天尸，故主死喪，主祠事也。一曰鈇鑕，故主法，主誅斬。"此積尸氣，當爲鬼星團。

元和元年十月，太白入南斗；十二月，復犯之。斗，吳分也。二年正月癸丑，月犯太白于女、虛。二月壬申，月掩歲星。占曰："大臣死。"四月丙子，太白犯東井北河。①己卯，月犯房上相。三年三月乙未，鎮星蝕月在氐。占曰："其地主死。"②四年九月癸亥，太白犯南斗。七年正月辛未，月掩熒惑。五月癸亥，熒惑犯右执法。六月己亥，月犯南斗魁。八年七月癸酉，月犯五諸侯。十月己丑，熒惑犯太微西上將；十二月，掩左執法。九年二月丁酉，月犯心中星；七月辛亥，掩心中星。占曰："其宿地凶。"心，豫州分。③壬辰，月掩軒轅。是月，太白入南斗，至十月出，乃畫見。熒惑入南斗中，因留，犯之。南斗，天廟，又丞相位也。十年八月丙午，月入南斗魁中。十一年二月丙辰，月掩心。是月，熒惑入氐，因逆行。三月己丑，月犯鎮星在女。齊分也。四月丙辰，太白犯輿鬼。占曰："有僇臣。"六月甲辰，月掩心後星。是月，熒惑復入氐，是謂"句巳"。十一月戊寅，月犯歲星；十二月甲午，犯鎮星在危。亦齊分也。十二年三月丁丑，月犯心。十三年正月乙未，歲星逆行，犯太微西上將。三月，熒惑入南斗，因逆留，至于七月，在南斗中，大如五升器，色赤而怒，乃東行，非常也。八月甲戌，太白犯左執法。乙巳，熒惑犯哭星。十月甲子，月犯昴。趙分也。十四年正月癸卯，月犯南斗魁。占曰："相凶。"五月丙戌，月犯心中星；七月乙酉，掩心中星；十五年正月丙申，復犯中星。四月，太白犯昴。七月庚申，熒惑逆行入羽林。八月己卯，月掩牽牛。吳、越分也。十一月壬子，月犯東井北河。

長慶元年正月丙午，月掩東井鉞，遂犯南河第一星。二月乙亥，太白犯昴。趙分也。丁亥，月犯歲星在尾。占曰："大臣死。"燕分也。三月庚戌，太白犯五車，因晝見，至于七月。以曆度推之，在唐及趙、魏之分。占曰："兵起。"七月壬寅，月掩房次相。九月乙巳，太白犯左執法。二年九月，太白晝見。熒惑守天囷，六旬餘乃去。占曰："天囷，上帝之藏，耗祥也。"④十月，熒惑犯鎮星于昴。甲子，月掩牽牛中星。占曰："吳、越凶。"十一月丁丑，掩左角；十二月，復掩之。占曰："將死。"甲寅，月犯太白于南斗。四年三月庚午，太白犯東井北河，遂入井中，晝見經天，七日而出，因犯輿鬼。京師分也。五月乙亥，月掩畢大星。⑤六月丙戌，鎮星依曆在觜觿，贏行至參六度，當居不居，失行而前，遂犯井鉞。占曰："所居宿久，國福厚；易，福薄。"⑥又曰："贏，爲王不寧；鉞主斬刈而又犯之，其占重。"癸未，熒惑犯東井；丁亥，入井中。己丑，太白犯軒轅右角，⑦因晝見，至于九月。占曰："相凶。"十月辛巳，月入畢口。十一月，熒惑逆行向參，鎮星守天關。十二月戊子，月掩東井。

【注】

①太白犯東井北河："北河"，諸本均爲"北轅"，如前所述，太白不能犯及軒轅北星，且太白一夜之間也不可能越過井宿、鬼宿到達軒轅星，故知"北轅"必爲"北河"之誤。此句含義爲太白犯東井宿內之北河星。

②鎮星蝕月在氐占曰其地主死：鎮星食月，亦爲月食土星之天象。在氐，此天象發生在氐宿。其地主死，應在該分野之負責官員死亡上。

③（月）掩心中星……心豫州分：此處兩次分別爲犯和掩。心中星不以天王爲占，而以分野爲占。心之分野爲宋地豫州。

④二年九月……耗祥也：熒惑守天囷，即災星犯倉庫，天帝的庫藏受侵犯，故曰耗祥。

⑤畢大星指畢宿五。

⑥六月丙戌……易福薄：言土星爲福星，所留居星宿對應的分野福厚，當居而離開的分野則福薄。

⑦太白犯軒轅右角：金星犯軒轅十五。軒轅十五在軒轅星座的右下角。

寶曆元年四月壬寅，熒惑入輿鬼，掩積尸；七月癸卯，犯執法。甲辰，鎮星犯東井。甲子，月掩畢大星。癸未，太白犯南斗。丙戌，月犯畢；十月辛亥，犯天囷。十一月庚辰，鎮星復犯東井。癸未，月犯東井；二年正月甲申，犯左執法；戊子，入于氐。二月丙午，犯畢。五月甲午，熒惑犯昴。六月，太白犯昴。七月壬申，月犯畢。八月庚戌，熒惑犯輿鬼。

大和元年正月庚午，月掩畢；三月癸丑，入畢口，掩大星。月變于畢者，自寶曆元年九月，及茲而五。五月，月掩熒惑在太微西垣。丙戌，熒惑犯右執法。

大和二年正月庚午，月掩鎮星。七月甲辰，熒惑掩輿鬼質星。十月丁卯，月掩東井北河。三年二月乙卯，太白犯昴。壬申，熒惑掩右執法；七月，入于氐；十月，入于南斗。四年四月庚申，月掩南斗杓次星。①十一月辛未，熒惑犯右執法。五年二月甲申，月掩熒惑。三月，熒惑犯南斗杓次星。六年四月辛未，月掩鎮星于端門。己丑，太白晝見。七月戊戌，月掩心大星；辛丑，掩南斗杓次星。七年五月甲辰，熒惑守心中星。六月丙子，月掩心中星，遂犯熒惑。七月甲午，月掩心中星；丙申，掩南斗口第二星。②九月丁巳，入于箕；戊辰，入于南斗。癸酉，太白入南斗。冬，鎮星守角；八年二月始去。七月戊子，月犯昴。十月庚子，熒惑、鎮星合于亢。十二月丙戌，月掩昴。是歲，月入南斗者五。占曰："大人憂。"九年夏，太白晝見，自軒轅至于翼、軫。六月庚寅，月掩歲星在危而暈；十月庚辰，月復掩歲星在危。

開成元年正月甲辰，太白掩建星。占曰："大臣相譖。"六月丁未，月掩心前星；八月乙巳，入南斗。二年正月壬申，月掩昴。二月己亥，月掩太白于昴中。六月甲寅，月掩昴而暈，太白亦有暈。③六月己酉，大星晝見。庚申，太白入于東井。七月壬申，月入南斗；丁亥，掩太白于柳。八月壬子，太白入太微，遂犯左、右執法。九月丙子，月掩昴；三年二月己酉，掩心前星。二月戊午，熒惑入東井；三月乙酉，入輿鬼。五月辛酉，太白犯輿鬼。庚午，月犯心中星。甲寅，太白犯右執法。七月乙丑，月掩心前星。十月辛卯，太白犯南斗。四年二月丁卯，月掩歲星于畢；三月乙酉，掩東井。七月乙未，月犯熒惑。占曰："貴臣死。"八月壬申，熒惑犯鉞，遂入東井。十月戊午，辰星入南斗魁中。占曰："大赦。"五年春，木當王，④而歲星小闇無光。占曰："有大喪。"二月壬申，熒惑入輿鬼。四月，太白、歲星入輿鬼。五月，辰星見于七星，色赤如火。七月乙酉，月掩鎮星。

【注】

①月掩南斗杓次星：月掩南斗杓第二星。

②月掩南斗口第二星即掩南斗魁第二星。

③月掩昴而暈太白亦有暈：暈，地球大氣折射而引起的光學現象。

④木當王：春季在五行中屬東，木，故曰木當王。

會昌元年閏八月丁酉，熒惑入輿鬼中。占曰："有兵喪。"①十二月庚午，月犯太白于羽林；二年正月壬戌，掩太白于羽林。六月丙寅，太白犯東井。十月丙戌，月掩歲星于角。三年三月丙申，又掩歲星于角。七月癸巳，熒惑入東井，色蒼赤，動搖井中；八月丁丑，犯輿鬼。十月壬午晝，月食太白于亢。四年二月，歲星守房，掩上相；熒惑逆行，守軒轅，四旬乃去。庚申，月掩畢大星。十月癸未，太白與熒惑合，遂入南斗。五年二月壬午，太白掩昴；五月辛酉，入畢口；八月壬午，犯軒轅大星。九月癸巳，熒惑犯太微上將。六年二月丁丑，犯畢大星。丁亥，月出無光，犯熒惑于太微，頃之，乃稍有光，遂犯左執法；丙申，掩牽牛南星，遂犯歲星。牽牛，揚州分。

大中十一年八月，熒惑犯東井。

咸通十年春，熒惑逆行，守心。

乾符二年四月庚辰，太白晝見在昴。三年七月，常星晝見。②四年七月，月犯房。六年冬，歲星入南斗魁中。占曰："有反臣。"③

光啓二年四月，熒惑犯月角。

文德元年七月丙午，月入南斗。八月，熒惑守輿鬼。占曰："多戰死。"

龍紀元年七月甲辰，月犯心。

乾寧二年七月癸亥，熒惑犯心。

光化二年，鎮星入南斗。三年八月壬申，太白應見在氐，不見，至九月丁亥乃見，是謂當出不出。十一月丁未，太白犯月，因畫見。

天復元年五月自丁酉至于己亥，太白畫見經天，在井度。十月，大角五色散搖，煌煌如火。占曰：“王者惡之。”二年五月甲子，太白襲熒惑在軒轅后星上，太白遂犯端門，又犯長垣中星。占曰：“賊臣謀亂，京畿大戰。”十月甲戌，太白夕見在斗，去地一丈而墜。占曰：“兵聚其下。”又曰：“山摧石裂，大水竭。”庚子，辰星見氐中，小而不明。占曰：“負海之國大水。”是歲，鎮星守虛。三年二月始去虛。十一月丙戌，太白在南斗，去地五尺許，色小而黃，至明年正月乃高十丈，光芒甚大。是冬，熒惑徘徊于東井間，久而不去。京師分也。

天祐元年二月辛卯，太白夕見昴西，色赤，炎焰如火；壬辰，有三角如花而動搖。占曰：“有反，城有火災，胡兵起。”六月甲午，太白在張，芒角甚大；癸丑，句巳，犯水位。④自夏及秋，大角五色散搖，煌煌然。占同天復初。三年八月丙午，歲星在哭星上，生黃白氣如孛狀。

【注】

①熒惑入輿鬼中占曰有兵喪：熒惑爲災星，輿鬼爲死喪之象，熒惑入輿鬼，兵喪爲死喪的一種。

②常星晝見：在白天見到普通星。這當是一種异常情況。

③歲星入南斗：天象主大臣有咎，占曰"有反臣"，是有咎的一種表現。

④句巳犯水位：太白星屈曲蛇行，犯水位星。水位四星，在南河東北。

五星聚合①

武德元年七月丙午，鎮星、太白、辰星聚于東井。關中分也。二年三月丙申，鎮星、太白、辰星復聚于東井。②九年六月己卯，歲星、辰星合于東井。占曰："爲變謀。"

貞觀十八年五月，太白、辰星合于東井。占曰："爲兵謀。"十九年六月丙辰，太宗征高麗，次安市城，太白、辰星合于東井。《史記》曰，太白爲主，辰星爲客，爲蠻夷，出相從而兵在野爲戰。

永徽元年七月辛酉，歲星、太白合于柳。在秦分。占曰："兵起。"

景龍元年十月丙寅，太白、熒惑合于虛、危。占曰："有喪。"

景雲二年七月，鎮星、太白合于張。占曰："內兵。"

太極元年四月，熒惑、太白合于東井。

天寶九載八月，五星聚于尾、箕，熒惑先至而又先去。尾、箕，燕分也。占曰："有德則慶，無德則殃。"③十四載二月，熒惑、太白鬭于畢、昴、井、鬼間，至四月乃伏。十五載五月，熒惑、鎮星同在虛、危，中天芒角大動搖。占者以爲北方之宿，子午相衝，災在南方。

至德二載四月壬寅，歲星、熒惑、太白、辰星聚于鶉首，從歲星也。④罰星先去，而歲星留。占曰："歲星、熒惑爲陽，太白、辰星爲陰。陰主外邦，陽主中邦，陽與陰合，中外相連以兵。"八月，太白芒怒，掩歲星于鶉火，又晝見經天。鶉火，周分也。

乾元元年四月，熒惑、鎮星、太白聚于營室。太史南宫沛奏："其地戰不勝。"衛分也。

大曆三年七月壬申，五星并出東方。⑤占曰："中國利。"八年閏十一月壬寅，太白、辰星合于危。齊分也。十年正月甲寅，歲星、熒惑合于南斗。占曰："饑、旱。"吴、越分也。一曰："不可用兵。"七月庚辰，太白、辰星合于柳。京師分也。

建中二年六月，熒惑、太白鬬于東井。四年六月，熒惑、太白復鬬于東井。京師分也。金、火罰星鬬者，戰象也。⑥

【注】

①五星在一個星宿中相聚，通稱爲五星聚合。兩星相犯爲鬬，三星以上相聚稱爲聚或合。這是一種較少見到的天象。三星聚見得還多一些，五顆星聚集於同一個星宿，機會就更少了，甚至幾百年、上千年纔會遇到一次。正因爲稀少，星占家纔特別予以重視。星占家對於五星聚還有一個專有名稱，叫作五星連珠，意爲五顆行星似明珠串聯在一起。

②武德元年……聚於東井：據《唐志》記載，唐朝建立時，没見有

五星聚合的天象，但有武德元年七月丙午土、金、水三星聚於東井，武德二年三月丙申土、金、水聚於東井的天象。三星聚於東井，是當有王者興於東井分野的象徵，正是唐朝當興的吉兆。唐朝建都長安，正屬東井分野。

③天寶九載……無德則殃：天寶九年八月，五星聚於尾和箕，尾、箕爲燕分，燕地爲安禄山的老巢，正應在天寶末年安禄山反叛稱帝的事件上。當然，安禄山的叛唐稱帝，祇是乘唐明皇安於享樂、政治不明的機會，安禄山并没有什麽德政，唐朝的政權也還未衰敗到無可挽救的地步，故安禄山建立政權後僅數年，仍爲唐軍所敗。通常地説，五星聚於一舍，方能稱爲五星聚合。這次明載五星聚於尾、箕，表明五星聚於兩舍，而不是一舍，這與五星聚於一舍是有區别的。

④至德二載四月壬寅……從歲星也：記載了這一天有木、火、金、水四星聚於鶉首星次。鶉首即東井，輿鬼兩宿，也是應在唐政權有咎上。從歲星，以歲星爲中心。這時歲星正表示爲留的狀態。

⑤大曆三年七月壬申五星并出東方：大曆三年七月壬申這天黎明時，發生五星并出東方的天象。這表明這時的五星正處於南方七宿之中，分布得更爲分散。

⑥金火罰星鬥者戰象也：金星、火星相鬥的現象，是有戰事發生的象徵。

　　興元元年春，熒惑守歲星在角、亢。占曰：“有反臣。”角、亢，鄭也。

　　貞元四年五月乙亥，歲星、熒惑、鎮星聚于營室。占曰：“其國亡。”地在衛分。六年閏三月庚申，太白、辰星合于東井。占爲兵憂。戊寅，熒惑犯鎮星在奎。魯分也。

　　元和九年十月辛未，熒惑犯鎮星，又與太白合于女。在齊分。十年六月辛未，歲星、熒惑、太白、辰星合于東井。^①占曰："中外相連以兵。"^②十一年五月丁卯，歲星、辰星合于東井；六月己未，復合于東井。占曰："爲變謀而更事。"十一月戊子，鎮星、熒惑合于虛、危。十二月，鎮星、太白、辰星聚于危。皆齊分也。十四年八月丁丑，歲星、太白、辰星聚于軫。占曰："兵喪。"在楚分與南方夷貊之國。十五年三月，鎮星、太白合于奎。占曰："内兵。"^③徐州分也。十二月，熒惑、鎮星合于奎。占曰："主憂。"

長慶二年二月甲戌，歲星、熒惑合于南斗。占曰："饑、旱。"八月丙寅，熒惑犯鎮星在昴、畢，因留相守。占曰："主憂。"四年八月庚辰，熒惑犯鎮星于東井，鎮星既失行犯鉞，而熒惑復往犯之。占曰："内亂。"^④

寶曆二年八月丁未，熒惑、鎮星復合于東井、輿鬼間。

大和二年九月，歲星、熒惑、鎮星聚于七星。三年四月壬申，歲星犯鎮星。占曰："饑。"四年五月丙午，歲星、太白合于東井。六年正月，太白、熒惑合于羽林。十月，太白、熒惑、鎮星聚于軫。八年七月庚寅，太白、熒惑合相犯，推曆度在翼，近太微。占曰："兵起。"

開成三年六月丁亥，太白犯熒惑于張。占曰："有喪。"四年正月丁巳，熒惑、太白、辰星聚于南斗，推曆度在燕分。占曰："内外兵喪，改立王公。"冬，歲星、熒惑俱逆行失色，合于東井。京師分也。

會昌二年六月乙丑，熒惑犯歲星于翼。占曰：“旱。”四年十月癸未，太白、熒惑合于南斗。

咸通中，熒惑、鎮星、太白、辰星聚于畢、昴，在趙、魏之分。⑤詔鎮州王景崇被究冤，軍府稱臣以厭之。

文德元年八月，歲星、鎮星、太白聚于張，周分也。占曰：“内外有兵。”爲河内、河東地。

光化三年十月，太白、鎮星合于南斗。占曰：“吴、越有兵。”

【注】

①（元和）十年六月辛未，歲星、熒惑、太白、辰星合于東井，即木、火、金、水相聚於東井，唐都長安在東井分野，災异仍對應於唐。

②占曰中外相連以兵：内行星與外行星共同組成四星聚，故有“中外相連以兵”之説。星占家總是密切觀察當時實際形勢以形成占語。此占語符合唐末中外軍閥擁兵割據又有聯合的形勢。

③占曰内兵：内有兵亂之災。

④占曰内亂：政治混亂由内部分争産生。

⑤咸通中熒惑鎮星太白辰星聚于畢昴在趙魏之分：在《唐志》五星聚合記録中，共有至德二年四月壬寅木、火、金、水四星聚，元和十年六月辛未木、火、金、水四星聚和咸通中火、土、金、水四星聚，合計三次。四星聚與五星聚所産生的災异，幾乎同樣嚴重，均有有德者繁昌、無德者喪（《荆州占》）之説。由於多顆行星相聚，其行星的個性，也都融合於共性之中，所形成的災异，幾乎没有差異，僅嚴重程度有所差别。咸通中的這次四星聚天象，應驗在即將爆發的黄巢大起義之上。唐政權，也在此次戰亂的打擊下走向滅亡。

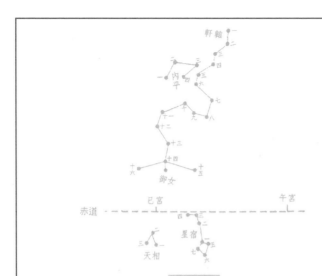

軒轅
一
二
三
四
五
六
七
八
九
十
十一
十二
十三
十四
十五
十六
內平
御女

赤道 ‧ ——————— 巳宮 —————— 午宮 ——

星宿
天相

舊五代史‧天文志

　　《舊五代史·天文志》一卷，宋平章政事薛居正（912—981）監修，盧多遜、扈蒙、張蒙、張澹、李昉等同修。薛居正，開封浚儀人，後唐進士，歷後晉、後漢、後周三代，官至刑部侍郎。入宋後任户部侍郎、平章政事等職，應命監修國史，因親身經歷過五代歷史變遷，掌握較多原始資料，故於書中記載了較翔實的重要史料。

　　《舊五代史》成書於宋開寶六年至七年（973—974），因歐陽修《五代史》後成，薛居正《五代史》便被稱爲《舊五代史》。該書流傳至清代已經失傳，由邵晋涵等人依據《永樂大典》輯録，并補充《册府元龜》《資治通鑑考异》等書所引薛氏主編《五代史》材料而成，大致恢復了原有面貌的十之七八。

　　《舊五代史·天文志》共分日食、月食、月暈、彗孛、五星凌犯、星晝見、流星、雲氣八個門類。每個門類下又按年代先後記録天象發生的過程，較少涉及占驗、機祥。

　　儘管今本《舊五代史》爲輯録而來，其原貌已不可知，但其《天文志》對於北極光的記録是比較翔實的，也是比較難得的。

《舊五代史》卷一百三十九

志 一

天文志

案：薛《史·天文志序》，《永樂大典》原闕，然其日食、星變諸門，事迹具存，較歐陽《史·司天考》爲詳備。今考《五代會要》所載星變、物異諸門，與《司天考》互有詳略。蓋五代典章散佚，各記所聞，未能畫一也。參考諸書，當以薛《史》爲得其實焉。①

日食②

梁太祖乾化元年，元年，原本作“五年”，考乾化無五年，《通鑑》、歐陽《史》俱作“元年”，今改正。(影庫本粘籤)③正月丙戌朔，日有蝕之。時言事諸臣，多引漢高祖末年日蝕於歲首，太祖甚惡之，④於是素服避正殿，百官各守本司。是日，有司奏：“雲初陰晦，事同不蝕。”百僚奉表稱賀。

【注】

①現輯本《天文志》開頭沒有綜述或稱爲序言，有人推爲佚失。此段

案語，爲邵晋涵等人所加。

②日食：此處日食記録，自後梁乾化元年至後周廣順二年（911—952），共十八條。

③此小字部分爲邵晋涵等人所加注語和考證内容。

④太祖甚惡之：對該次日食，朝臣多有引漢高祖劉邦末年時發生的日食爲據，加以闡發，引起梁太祖的不安，於是梁太祖擺出避正殿的姿態。

末帝龍德三年，十月辛未朔，日有蝕之。

唐莊宗同光三年，四月癸亥朔，時有司奏：“日蝕在卯，①主歲大旱。”

明宗天成元年，八月乙酉朔，日有蝕之。

二年，八月己卯朔，日有蝕之。

三年，二月丁丑朔，日食。其日陰雲不見，百官稱賀。

長興元年，六月癸巳朔，日食。其日陰冥不見，至夕大雨。

二年，十一月甲申朔，先是，司天奏：“朔日合蝕二分，伏緣所蝕微少，太陽光影相鑠，伏恐不辨虧闕，請其日不入閤，②百官守司。”從之。

晋高祖天福二年，正月乙卯，先是，司天奏：“正月二日，太陽虧蝕，宜避正殿，開諸營門，蓋藏兵器，半月不宜用軍。”③是日太陽虧，十分内食三分，在尾宿十七度。日出東方，以帶蝕三分，漸生，至卯時復滿。④

三年，正月戊申朔，司天先奏，其日日蝕。至是日不蝕，内外稱賀。⑤

四年，七月庚子朔，時中書門下奏：“謹案舊禮：

日有變，天子素服避正殿，太史以所司救日於社，陳五兵、五鼓、五麾，東戟西矛，南弩_{南弩，原本作"西弩"，今據《五代會要》改正。（影庫本粘籤）⑥}北楯，中央置鼓，服從其位，百職廢務，素服守司，重列于庭，每等異位，向日而立，明復而止。今所司法物，咸不能具，去歲正旦日蝕，唯謹藏兵仗，皇帝避正殿素食，百官守司。今且欲依近禮施行。"從之。⑦

七年，四月甲寅朔，_{"甲寅朔"下原本疑有脫文，今無別本可考，姑仍其舊。⑧（影庫本粘籤）}是日百官守司，太陽不蝕，上表稱賀。

八年，四月戊申朔，日有蝕之。

少帝開運元年，九月庚午朔，日有蝕之。

二年，八月甲子朔，日有蝕之。

三年，三月壬戌朔，日有蝕之。

漢隱帝乾祐三年，十一月甲子朔，日有蝕之。

周太祖廣順二年，四月丙戌朔，日有蝕之。

【注】

①日蝕在卯：日食在卯方即正東方。這次日食發生在上午。

②請其日不入閣百官守司：不上朝，百官各自守候在自己的衙門內。

③半月不宜用軍：由於發生了日食，有不吉祥之兆，故在半個月內不宜用兵。

④日出東方……卯時復滿：日出時帶食三分，卯時又圓。正月日出卯時，即日出後不久就復圓了。

⑤至是日不蝕內外稱賀：司天預報晉高祖天福三年正月戊申朔日食，至時不食。這實際上是曆法推步不精，朝臣却認爲是陽盛陰退所致，故內

外稱賀。

⑥南弩原本作……五代會要改正：這是邵晉涵等考正後所作注文。

⑦對於預報的晉天福四年七月庚子朔日食，中書門下奏報，先言古代救日的具體措施和做法，復言今法物不具，建議不救日，祇需依去年正月日食的應對方式，百官守候在司裏即可。此奏議得到了批准。

⑧甲寅朔下原本……姑仍其舊：“四月甲寅朔”與下文的“百官守司”上下文字不連通，故邵晉涵加注曰“疑有脱文”。

月食①

梁太祖開平四年，十二月十四日夜，先是，司天奏：“是日月食，不宜用兵。”時王景仁方總大軍北伐，追之不及。至五年正月二日，果爲後唐莊宗大敗於柏鄉。

唐莊宗同光三年，三月戊申，月食。九月甲辰，月食。

明宗天成三年，十二月乙卯，月食。

四年，六月癸丑望，月食。十二月庚戌，月食。

晉高祖天福二年，七月丙寅，月食。

五年，十一月丁丑，月食鶉首之分。③

少帝開運元年，三月戊子，月食。九月丙戌，月食。

漢高祖天福十二年，十二月乙未，月食。

周世宗顯德三年，正月戊申，月食。

五年，十一月辛未，月食。

月暈④

唐明宗天成元年，十一月，月暈匝火木。⑤

【注】

①日爲衆陽之精，月爲衆陰之象，日主君主，月主女主、亦爲大臣之象。古人以爲，凡月食、月凌犯、月暈、月變色等，均爲女主、大臣有咎的示警。不過，月食發生的規律和產生的原因比日食容易認識，故早在《詩經》中，就有"彼月而食，則惟其常，此日而食，於何不藏"的説法。人們因而也漸漸地不再過分關注月食對政治的影響。例如，新舊《唐書》就不載月食記録，這就表明了對月食認識的某種傾向。然而，人們對自然規律的認識有反復，新舊《五代史》則仍然記載了月食，并且在短短的近六十年五代歷史中，仍然有十條月食記録。此外，與月亮有關的天象僅有月暈一條，月凌犯、月變色等則没有記録，由此亦可以看出當時的統治者和司天官員對月象觀察的偏重程度。

②梁太祖……大敗於柏鄉：司天奏月食不宜用兵，不聽，導致被後唐莊宗打敗。《洛書》曰："日月蝕，當用兵擊之。若安居，日月蝕不可出軍。日蝕之歲，不可出軍。月蝕之月，不可出軍。"後梁出軍違反了這一忌諱，終於導致失敗。

③月食鶉首之分：鶉首爲井宿和鬼宿，對應於關中秦分。

④月暈：因地球大氣不穩而導致的月亮周圍的光圈。

⑤月暈匝火木：出現月暈時，其光環將火星、木星也包圍在內。換句話説，也是月犯火星、木星的天象記録。星占家認爲月暈是出現政治危機的預兆。石氏曰："月傍有氣，圓而周匝，黃白，名爲暈。"巫咸曰："月之暈者，臣專權之象。"

彗孛①

梁太祖乾化二年，四月甲戌夜，彗見於靈臺之西。

唐明宗天成三年，十月庚午夜，西南有孛，長丈餘，東南指，在牛宿五度。②

末帝清泰三年，九月乙丑，彗出虛危，長尺餘，形細微，經天壘、哭星。

晋高祖天福六年，九月，有彗星長丈餘。③

八年，十月庚戌夜，有彗見於東方，西指，尾長一丈，在角九度。④

周太祖顯德三年，正月壬戌夜，有星孛於參角，其芒指於東南。⑤

【注】

①彗孛：五代近六十年間，共見載六次彗星，而且未見特大彗星，可見五代時的彗星并不算太特殊。古人認爲彗星是有德者昌、無德者亡的奇異天象，是祛舊迎新的天象標志，故歷代《天文志》都很重視。

②天成三年……在牛宿五度：這條彗星記録較爲翔實，有年、月、日、時、方位和尾長，未載對應的災變。實際上，在星占家看來，帝位的更替、國家的更朝換代就是災變之應。此處雖未載觀測時間，但由尾東南指即可知其在傍晚。尾長丈餘，是五代時三次最大彗星記録之一。

③彗星長丈餘：這是五代最大彗星之一，出現於天福六年九月。此處雖未載災應，其實是後晋皇帝去位的預兆。

④有彗見於東方，西指，這是五代三大彗星之一，尾西指，見在黎明，爲後晋皇帝失位之象。

⑤有星孛於參角：有彗星出現於參星上角，通常稱參星左右肩股。此處的參角，當指參星的肩角之上。

五星凌犯①

梁太祖開平二年，正月乙亥，歲星犯月。②

乾化二年，五月壬戌，熒惑犯心大星，去心四度，③順行。占曰："心爲帝王之星。"其年六月五日，帝崩。

案歐陽《史》：正月丙申，熒惑犯房第二星。與薛《史》异，《五代會要》與薛

《史》同。④

　　唐莊宗同光二年，八月戊子，熒惑犯星。⑤

　　三年，三月丙申，熒惑犯上相。四月甲申，熒惑犯左執法。六月丙寅，歲犯右執法。九月己亥，熒惑在江東犯第一星。⑥案歐陽《史》：九月丙辰，太白、歲相犯。薛《史》不載，疑有闕文。⑦

　　明宗天成元年，八月癸卯，太白犯心大星。辛亥，熒惑犯上將。九月庚午，熒惑犯右執法。己卯，熒惑犯左執法。十月戊子，熒惑犯上相。十二月，熒惑犯氐。

　　二年，正月甲戌，熒惑、歲相犯。⑧二月辛卯，熒惑犯鍵閉。三月，熒惑犯上相。六月辛丑，熒惑犯房。九月壬子，歲犯房。

　　三年，正月壬申，太白、熒惑合於奎。閏八月癸卯，熒惑犯上將。乙卯，熒惑犯右執法。庚午，太白犯左執法。九月庚辰，鎮、歲合於箕。辛巳，太白、熒惑合於軫。十二月壬寅，熒惑犯房，太白、歲相犯於斗。⑨

　　四年，三月壬辰，歲犯牛。九月丙子，熒惑入哭星。⑩

【注】

　　①五星淩犯：五星即木、火、土、金、水五顆行星。天體淩犯爲天體互相接近所產生的異常天象，在星占家看來，這往往對應於人間社會的政治災變。在星占家看來，五星各有自己的形象定位，如土星爲福星、木星爲吉星、火星爲災星、金星爲兵星、水星爲刑罰之星等。正因爲其各有本性，當五星出現在星座間時（守），對社會會顯現多種結果。如土、木守某星宿時，其對應分野有福得地，熒惑守心時帝王有咎。依據古代五星的

傳統變化，共有五星守、五星犯、五星聚、五星變色等多種説法。本志僅載五星凌犯，不及其它，但增設"星晝見"一個新的門類。《五代史》不載五星聚、五星守、五星變色等，或説明時人較少關心這類天象變化。

②歲星犯月：也可改稱爲月犯歲星。《荆州占》曰："月犯歲星，其國疾。"《河圖帝覽嬉》曰："月犯歲星，其國饑。"

③熒惑犯心大星去心四度：這裏涉及兩個概念和狀態：一是熒惑犯心宿大星（心宿二）。犯者，二星相距一度之内。二是熒惑距離心宿距星四度。星宿距星爲星宿一。

④案歐陽史……與薛史：此爲邵晋涵等對乾化二年五月壬戌熒惑犯心大星的考證注文，發現歐陽《史》載正月丙申熒惑犯房第二星，與此不同，但《五代會要》有此記載。

⑤熒惑犯星：熒惑犯七星宿。

⑥熒惑在江東犯第一星：無江東星，此處之江東，疑指尾宿中的天江星。

⑦案歐陽史……疑有闕文：此爲邵晋涵等的注文，但未表明江東是否星名。

⑧唐莊宗與明宗年間，星占家經常預報或報告觀測到的五星犯左、右執法、上相、上將等，其中尤以熒惑犯這些星爲多。星占家着力關注這些天象的凌犯，是有政治原因的，五代時，君主與大臣的關係比較緊張，不時有篡奪帝位之事發生，這些篡權者，不是上相，就是主將、左右執法，也即左右相。反映在星空間，也都集中在太微垣這個權力中心之間。必須明確指出，這些天象記録中的被犯星座有些是明確的，例如左執法、右執法、五諸侯等，有些則不够明確，如犯上將、上相等。在星座之名中，有東上相、東上將、西上相、西上將，在紫微垣中亦有相星之位，這些記録究竟實指哪一顆呢？由於五星與黄道的交角通常都在五度範圍之内，故其凌犯的星座也當限於黄緯五六度之内。由此可見，以上犯上相、上將的記録，當是指犯東上相、西上將，而不涉及東上將、西上相。同時，這裏的"熒惑、歲相犯"，也是指犯東上相，而不是指紫微垣中的相星。熒惑凌犯記録特别多的原因，也是由於它與政治鬥爭的關係更爲密切，從而得到更多的關注。

⑨太白歲相犯於斗：太白、歲星犯於斗宿。
⑩熒惑入哭星：有死亡之事，纔會引起哭泣之象。哭星在虛宿之內。

長興元年，六月乙卯，太白犯天罇。①十一月壬戌，熒惑犯氐。十二月丙辰，熒惑犯天江。

二年，正月乙亥，太白犯羽林。四月甲寅，熒惑犯羽林。八月，辰犯端門。十一月丙戌，太白犯鍵閉。

三年，四月庚辰，熒惑犯積尸。九月庚寅，太白犯哭星。十一月己亥，太白犯壁壘。

四年，八月己未，五鼓三籌，熒惑近天高星，歲星近司怪，太白近軒轅大星。案歐陽《史》：九月辛巳，太白犯右執法。薛《史》不載。

末帝清泰元年，六月甲戌，太白犯右執法。

晉天福元年，三月壬子，熒惑犯積尸。

四年，四月辛巳，太白犯東井北河。②甲申，太白犯五諸侯。③五月丁未，太白犯輿鬼中星。④

六年，八月辛卯，太白犯軒轅。九月己卯，熒惑犯上將。

八年，八月丙子，熒惑犯右掖。十月丙辰，熒惑犯進賢。

開運元年，二月壬戌，太白犯昴。己巳，熒惑犯天鑰。四月丁巳，太白犯五諸侯。七月甲申，太白犯東井。八月甲辰，熒惑入南斗。十月壬戌，熒惑犯哭星。案：此條歐陽《史》不載。十二月，太白犯辰。⑤

二年，八月甲戌，歲犯東井。九月甲寅，太白犯南斗魁。十一月甲午朔，太白犯哭星。

漢天福十二年，十月己丑，太白犯亢距星。

乾祐元年，八月己丑，鎮星入太微西垣。戊戌，歲犯右執法。十月丁丑，歲犯左執法。

二年，九月壬寅，太白犯右執法。庚戌，太白犯鎮。丁卯，太白犯歲。十一月，鎮星始出太微之左掖門。自元年八月己丑，鎮星入太微垣，犯上將、左右執法、內屏、謁者、句巳，案：原本作"旬巳"，今從歐陽《史》改正。往來凡四百四十三日方出左掖。⑥

三年，六月乙卯，鎮犯左掖。⑦七月甲申，熒惑犯司怪。八月癸卯，太白犯房。庚戌，太白犯心大星。十月辛酉，太白犯歲。

周廣順元年，二月丁巳，歲犯咸池。⑧己未，熒惑犯五諸侯。三月甲子，歲守心。己卯，熒惑犯鬼。壬午，熒惑犯天尸。⑨四月甲午，歲犯鈎鈐。

二年七月，熒惑犯井鉞。八月乙未，熒惑犯天罇。九月辛酉，熒惑犯鬼。庚戌，熒惑掩右執法。十月壬辰，太白犯進賢。

三年，四月乙丑，熒惑犯靈臺。五月辛巳，熒惑犯上將。

顯德六年，六月庚子，熒惑與心大星合度，光芒相射。先是，熒惑句巳於房、心間，凡數月，至是與心大星合度，是夜順行。案：此條歐陽《史》不載。

【注】

①太白犯天罇：太白星犯天罇星。很多人容易混淆天罇星與太尊星，

這是對中國古代星座的分布尚不夠熟悉所致。其實，這兩者的區別是明確的，天罇三顆星，是酒器之名，從其字的偏旁也可看出其含義，位於井宿東北方。而太尊一星爲一高名望的官員，分布在張宿靠近拱極圈附近。由此可知，此處太白犯天罇，就不可能理解爲太尊。

②四年四月辛巳太白犯東井北河："北河"，諸本作"北轅"。如前分析，"北轅"必爲"北河"之誤。今改。改後的文義爲太白於辛巳這一天犯了井宿中的北河星。

③甲申太白犯五諸侯：辛巳三天後爲甲申，太白犯五諸侯，五諸侯在北河北，同在東井宿内。由此也可證明"北轅"爲"北河"之誤。

④五月丁未太白犯輿鬼中星：五月丁未，即四月甲申後二十三日，太白纔向東進入下一個星宿鬼宿，并且犯輿鬼中星。輿鬼中星，爲鬼宿中間的一顆星，古稱質量，又名積尸氣，呈粉絮狀，古人認爲是一團呈白色粉絮狀的氣體，由於它在鬼宿之内，故稱積尸氣，義爲積聚起來的尸體散發出的氣。經近代觀測，它實際是由衆多恒星組成的鬼宿疏散星團。依據中國古代星占思想，太白主兵，鬼宿與魂魄有關，太白犯鬼宿或積尸氣，當與戰争導致兵員死喪有關。

⑤太白犯辰：太白犯水星。

⑥自元年八月……出左掖：這是一條完整的土星觀測記録，自乾祐元年八月己丑土星進入太微西垣起，到二年十一月土星出太微東垣之左掖門，計四百四十三日。其運行的路綫是明確的：進入太微西垣之後，先犯西上將，再犯右執法和左執法，然後犯内屏星和謁者星，然後留并作句已往來運行，至第二年十一月，土星纔從太微東垣之左掖門出去。

土星在恒星間的運動，在五星中是最緩慢的，大致一年纔運行一個星宿，故又名鎮星。自左掖門到右掖門，差不多一個星宿，可見文獻記載得十分準確。《黄帝占》曰："太微，天子之宫。"南蕃兩星，東西列，其西星爲右執法，東星爲左執法，廷尉尚書之象。兩執法之間，太微天廷端門也，右執法西間爲右掖門，左執法之東爲左掖門。

⑦三年六月乙卯鎮犯左掖：以上載二年十一月鎮星出左掖，即已從左掖門出去，至第三年六月又犯左掖門，可見在這半年多時間之内爲土星留逆句已之期。

⑧咸池：咸池三星，在五車内。

⑨天尸：石氏曰輿鬼"一名天尸"。

星晝見①

唐同光三年，六月己巳，太白晝見。②

天成元年，七月庚申，太白晝見。

長興二年，五月己亥，歲星晝見。③案：歐陽《史》作癸亥，太白晝見。閏五月己巳，歲星晝見。八月戊子，太白晝見。

三年，十月壬申，太白晝見。

四年，五月癸卯，太白晝見。

清泰元年，五月己未，太白晝見。

漢天福十二年，四月丙子，太白晝見。

乾祐二年，四月壬午，太白晝見。

周廣順二年，二月庚寅，太白經天。④

【注】

①星晝見：白天看到星。古人認爲，這是星與日争明的凶兆，於君主不利。所謂星晝見，是日出後，在强烈的陽光下，能見到除了日、月少數幾顆亮星，如金星、木星、客星（超新星）、流星等。本志僅載金星和木星，不及其餘。星晝見是本志特設的欄目，在其它《天文志》中很少作爲單獨的一欄列出，由此可見本志作者對星晝見天象的重視。

②太白晝見：金星是除了日月全天較亮的天體。正是出於這個原因，歷代《天文志》中也經常可以見到太白晝見、太白經天的記載。甘氏曰："太白晝見，天子有喪，天下更王，大亂，是謂經天，有亡國者，百姓皆流亡。"又《荆州占》曰："太白晝見，名曰昭明，强國弱，弱國霸，兵大起，期不出年。"可見太白晝見是一種非常嚴重的凶象，它是君主亡、天下更王、百姓流亡的徵兆。這對於五代時的混亂局面尤其有現實意義，故

引起君主們的特別重視。

③歲星晝見：木星是全天少數幾個最亮的星體之一。其亮度除了日、月和金星，爲全天較亮天體，可達負二點四等，比最亮的恒星天狼星還要亮，故它也可能呈現出星晝見的天象。

④太白經天：經天，是經過天頂的意思。由於金星是內行星，它在與太陽的最大視角不大於四十八度的星空可以見到。但在日出以後，或日落之前，若也能見到它，情況就不同了，它可以超出這個範圍，出現在更高的天空，甚至可以到達天頂，這便是所謂太白經天，即看到太白出現在南方子午綫附近的特殊現象。正是由於它奇異反常，古人纔將其與政治相聯繫，認爲是天下大亂、要改朝換代的象徵。太白經天與太白晝見是有聯繫的，太白晝見是太白經天的必要條件，但并不是太白晝見都能有太白經天的現象。所謂晝見，是指日出後不久或日落前不久同時看到太陽和金星出現在天空，這時的陽光還比較弱，看到金星的可能性也較大。當太陽距地平較高時，日光強烈了，看到金星的幾率也小了。如果金星距日的夾角小於四十度時，即使晝見，金星也達不到經天的範圍，故太白經天是比晝見更少見的天象。

流星①

梁乾化元年，十一月甲辰，東方有流星如數升器，出畢宿口，曳光三丈餘，有聲如雷。

唐長興二年，九月丙戌夜，二鼓初，東北方有小流星入北斗魁滅。至五鼓初，②西北方次北有流星，狀如半升器，初小後大，速流如奎滅。尾迹凝天，屈曲似雲而散，光明燭地。又東北有流星如大桃，出下台星，西北速流，至斗柄第三星旁滅。五鼓後至明，中天及四方有小流星百餘，流注交橫。③

應順元年春，案：原本訛"廣順"，今據歐陽《史》改正。（《舊五代史考異》）二月辛未夜，有大星如五升器，流於東北，有聲如雷。

清泰元年，九月辛丑夜，五鼓初，有大星如五斗器而南流，尾迹長數丈，亦赤色，移時盤屈如龍形，蹙縮如二鏵，相鬭而散。又一星稍小，東流，有尾迹，凝成白氣，食頃方散。④

晉天福三年，三月壬申夜，四鼓後，東方有大流星，狀如三升器，其色白，長尺餘，屈曲流出河鼓星東三尺，流丈餘滅。

周顯德元年，正月庚寅，子夜後，⑤東北有大星墜，有聲如雷，牛馬震駭，六街鼓人方寐而驚，以爲曉鼓，乃齊伐鼓以應之，至曙方知之。三月，高平之役，戰之前夕，有大流星如日，流行數丈，墜於賊營之所。⑥

【注】

①流星：流星出没，往往伴有隕石降落，是中國傳統异常天象觀察和記録的項目。流星有一般的散流星、火流星、流星群（雨）、隕石等不同的分類形態。孟康曰流星"名曰使星"，"主兵事，使星主行事，以所出入宿占之"。又石氏曰流星"爲使星，所之國受福"。

②二鼓初、五鼓初：中國古代以鐘鼓記時，自初昏至黎明，將其間時間均分爲五鼓或五更，又將每鼓或每更細分爲五點，每逢更鼓擊鼓，遇點敲鐘報時，故有幾更幾點記時之説。夜間的起迄時間，通常爲日落後二刻半爲昏，日出前二刻半爲晨，昏晨之間爲夜。

③唐長興二年九月……流注交橫：這是一條詳細的流星雨觀察記録，在同一夜中，既觀察到大的流星，"光明燭地"，又觀察到"小流星百餘，流注交橫"，從發生的日期和流注的方位來看，它可能是一次金牛座流星雨的記録。

④清泰元年九月……食頃方散：記載的雖然衹是一顆特大流星和一顆

小的流星，但從日期分析，它可能爲金牛座流星雨的另一次觀察記録。

⑤子夜後：子夜，十二時記時法中的子時，二十三至凌晨一時爲子夜。子夜後，即今時記時法凌晨一點以後。

⑥墜於賊營：據星占的觀念，凡有流星或隕石墜於營的軍隊，便是這支軍隊即將破敗的象徵。最爲典型的星占記事就是史載蜀後主建興十二年諸葛亮帥大軍伐魏，有長星投亮營，三投再還，導致亮卒於軍，群帥交惡，多相誅戮。

雲氣①

梁開平二年，三月丁丑夜，月有蒼白暈，又有白氣如人形十餘，皆東向，出於暈内。②九月乙酉，平旦，西方有氣如人形甚衆，皆若俯伏之狀，經刻乃散。③

唐同光二年，日有背氣，凡十二。④

三年，九月丁未，遍天陰雲，北方有聲如雷，四面雞雉皆雊，俗謂之“天狗落”。⑤是歲，日有背氣，凡十三。是月，司天監奏：“自七月三日陰雲大雨，至九月十八日後方晴，三辰行度_{行度，原本作“在度”，今從《五代會要》改正。（影庫本粘籤）}災祥，數日不見。”⑥閏十二月庚午，日有黑氣，似日，交相錯磨，測在室十度。⑦

天成二年，十二月壬辰，西南有赤氣，如火焰焰，約二千里。占者云：“不出二年，其下當有大兵。”⑧

長興三年，六月，司天監奏：“自月初至月終，每夜陰雲蔽天，不辨星月。”

應順元年，四月九日，白虹貫日，是時閔帝遇害。⑨

晉天福初，高祖將建義於太原，日傍多有五色雲，如蓮芰之狀。⑩

二年，正月丙辰，一鼓初，北方有赤氣，向西至戌亥地，東北至丑地巳來向北，闊三丈餘，狀如火光。赤氣內見紫微宮共北斗諸星，其氣乍明乍暗。至三點後，後有白氣數條，相次西行，直至三鼓後散。

漢乾祐二年，十二月，日暈三重，上有背氣。⑪

周顯德三年，十二月庚午，白虹貫日，氣暈勾環。

《永樂大典》卷三千二百七。

【注】

①雲氣：雲氣是地球大氣現象，圍繞太陽的雲氣稱日暈，圍繞月亮的雲氣稱月暈。另外有單獨存在的怪雲等。這些屬於大氣現象的雲氣，本與政治無關，古人却將其與君主、女主和大臣相比附，形成了雲氣占。

②開平……出於暈內：此爲出現於月旁似人形的月暈。

③九月乙酉……經刻乃散：此爲出現於平旦西方的人形雲氣，與日月無關。

④日有背氣凡十二：在日旁呈現十二條背氣。背氣，氣形爲弧狀，與日面相背，似反對狀，星占家附會爲有反叛之象。

⑤北方有聲如雷……俗謂之天狗落：天狗即通常所述的隕落至地形狀似狗的隕石，當屬隕星類天象，混雜於此。

⑥三辰行度災祥數日不見：此爲司天監的奏議，數日不見三辰也作爲奏議的內容，可見天象奏議之頻繁。三辰行度，日、月、星謂之“三辰”。太陽、月亮和五星均有行度，故有此議。

⑦日有黑氣似日……在室十度：日旁有黑氣，如日狀，有與日爭明之狀，故引爲异常天象。

⑧有赤氣如火焰焰約二千里：形容此赤色雲氣之廣。按照星占的觀念，此爲兵雲之氣，爲有大兵出現之象。

⑨白虹貫日……閔帝遇害：星占家常將白虹貫日與帝王有災异相

聯繫。《荆州占》曰："白虹貫日，臣殺主。"星占家引用的就是這條占辭。

　　⑩高祖將建義於太原日傍多有五色雲："日傍"，"二十五史"本作"日旁"。其義爲正當石敬瑭篡權之時，見日旁有五色雲吉兆，便在太原建立政權稱帝。五色雲，吉祥之狀，星占家於此多有附會。

　　⑪日暈三重上有背氣：這是漢帝出現困境和有大臣背叛的天象。

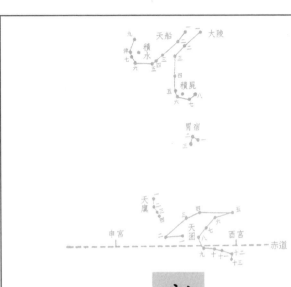

新五代史・司天考

　　《新五代史·司天考》，宋歐陽修（1007—1072）撰於景祐三年至皇祐五年（1036—1053）。歐陽修是宋代著名的文學家和史學家，在文學上，是著名的唐宋八大家之一；在史學上，他主持由多人參與編修的《唐書》等。歐陽修雖算不上天文學家，但其所撰《司天考》，與《舊五代史·天文志》《舊五代史·曆志》相比，也有許多可取之處。與此同時，在《司天考一》中，歐陽修明確交代了在編寫時得到天文學家劉羲叟的幫助，甚至可以算作作者之一。關於劉羲叟，《唐志》中已有介紹。

　　《司天考一》記載了後周王朴"欽天曆"的基本上完整的內容。其曆經完整而曆表沒收載。

　　《司天考二》記載了自後梁太祖開平二年至後周世宗顯德三年（908—956）間的各類天象，以年代先後爲序，不分天象門類，綜而述之。由於五代所涉年代較短，天象記錄爲數不多，這種記述方式還是切實可行的。《舊五代史·天文志》開篇未載記錄天象的目的。《司天考》則載有編撰天象記錄的目的和理由，作者對前代一些《天文志》涉及占驗、機祥持批評態度，指出："自秦、漢以來，學者惑於災异矣，天文五行之説，不勝其繁也。"故在其所述天象記録中，"書天而不書人"，一律不涉占驗、機祥，幾乎不涉大氣現象，但有地震等自然災害記録。所載天象，包括日、月食，月掩犯恒星、行星，五星掩、犯、守恒星，太白晝見，流、彗、新星等，與《舊志》内容大致相當，并間有補充。

《新五代史》卷五十九

司天考第二

　　昔孔子作《春秋》而天人備。予述本紀，書人而不書天，予何敢异於聖人哉！其文雖异，其意一也。①

　　自堯、舜、三代以來，莫不稱天以舉事，孔子删《詩》《書》不去也。②蓋聖人不絕天於人，亦不以天參人。絕天於人則天道廢，以天參人則人事惑，故常存而不究也。③《春秋》雖書日食、星變之類，孔子未嘗道其所以然者，故其弟子之徒，莫得有所述於後世也。④

　　然則天果與於人乎？果不與乎？曰：天，吾不知，質諸聖人之言可也。⑤易曰："天道虧盈而益謙，地道變盈而流謙，鬼神害盈而福謙，人道惡盈而好謙。"此聖人極論天人之際，最詳而明者也。其於天地鬼神，以不可知爲言；其可知者，人而已。⑥夫日中則昃，盛衰必復。天，吾不知，吾見其虧益於物者矣。草木之成者，變而衰落之；物之下者，進而流行之。地，吾不知，吾見其變流於物者矣。人之貪滿者多禍，其守約者多福。鬼神，吾不知，吾見人之禍福者矣。⑦天地鬼神，不可知其心，則因其著於物者以測之。故據其迹之可見者以爲言，曰虧益，曰變流，曰害福。若人，則可知者，故直言其情曰好惡。其知與不知，异辭也，參而會之，與人無以异也。其果與於人乎，不與於人乎，則所不知也。以其不可知，故常尊而遠之；以其與人無所异也，則修吾人事而已。人事者，天意也。《書》曰："天視自我民視，天聽自我民聽。"未有人心悦於下，而天意怒於上者；未有人理逆於下，而天道順於上者。⑧

然則王者君天下，子生民，布德行政，以順人心，是之謂奉天。⑨至於三辰五星常動而不息，不能無盈縮差忒之變，而占之有中有不中，不可以爲常者，有司之事也。⑩本紀所述人君行事詳矣，其興亡治亂可以見。至於三辰五星逆順變見，有司之所占者，故以其官誌之，以備司天之所考。

嗚呼，聖人既没而异端起。自秦、漢以來，學者感於災异矣，天文五行之説，不勝其繁也。予之所述，不得不异乎《春秋》也，考者可以知焉。⑪

【注】

①昔孔子……其意一也：言孔子作《春秋》，天人齊備。其述本紀，僅書人而不書天象，文雖然不同，其用意是相同的。

②稱天以舉事孔子删詩書不去：言自有古史記載以來，都是以天象與人事相聯繫。

③常存而不究：言孔子在論述人事時，常載出現的天象而不探究二者之間的關係。

④故其弟子之徒莫得有所述於後世也：孔子未述其所以然，其後世弟

子也并没有據其加以論述。

⑤天吾不知質諸聖人之言可也：天象的道理，我不瞭解，祇需求證於聖人之言就可以了。

⑥其於天地鬼神以不可知爲言其可知者人而已：對於天地鬼神之事，他們祇説不可知。他們認爲可以知道的，祇是人事而已。

⑦人之貪滿者多禍……吾見人之禍福者矣：貪滿多禍，守約者多福。這是作者觀察研究人類社會變遷盛衰的一條基本規律，也符合有德者昌、失德者亡的名言。

⑧人事天意也……天道順於上者：天意與人心是共通的，没有人理與天道相逆之理。

⑨然則王者……謂奉天：君天下者，以生民爲子，布德行政，以順民心爲正務，是奉天的根本所在。

⑩至於三辰五星……有司之事：星辰有盈縮差忒之變，占之有中有不中，不可以爲常，不過爲有司例行公事而已，故官志以備司天之考。

⑪嗚呼……考者可以知焉：以往的《天文志》作者惑於災異五行之説，導致應驗之説不勝其繁。這是聖人没而異端興起的原因。作者今在《司天考》中不列機祥應驗之辭，將本紀與天象記錄分開，也算是一種异常行爲。這是與《春秋》體例不同之處，讀者讀後便能明白。這篇導言，是作者編撰天象記錄的指導思想，是人們對在《天文志》中編撰天象記錄觀念的一種革新。自此以後的史學家，在編寫歷代《天文志》時，也都繼承這種理念。

開平二年夏四月辛丑，熒惑犯上將。①甲寅，地震。②四年十二月庚午，月有食之。

乾化元年春正月丙戌朔，日有食之。五月，客星犯帝坐。二年正月丙申，熒惑犯房第二星。③戊申，月犯心大星。④四月甲寅，月掩心大星。壬申，彗出於張；甲戌，彗出靈臺。⑤

　　同光元年十月辛未朔，日有食之。二年六月甲申，衆星交流；丙戌，衆星交流。⑥八月戊子，熒惑犯星。十一月丁巳，地震。三年三月丙申，熒惑犯上相。⑦戊申，月有食之。四月癸亥朔，日有食之。甲子，熒惑犯左執法。⑧六月甲子，太白晝見。丙寅，歲犯右執法。己巳，太白晝見。⑨庚寅，衆星流，自二更盡三更而止。⑩辛卯，衆小星流于西南。九月甲辰，月有食之。丁未，天狗墮，⑪有聲如雷，野雉皆雊。丙辰，太白、歲相犯。十一月甲寅，地震。

　　天成元年三月，惡星入天庫，⑫流星犯天棓。四月庚戌，金犯積尸。六月乙未，衆小星交流。⑬七月己未，月犯太白。庚申，太白晝見。乙丑，月入南斗魁。八月乙酉朔，日有食之。癸卯，太白犯心大星。乙巳，月犯五諸侯。辛亥，熒惑犯上將。九月丁巳，月犯心大星。己巳，月犯昴。庚午，熒惑犯右執法；己卯，熒惑犯左執法。十月戊子，熒惑犯上相。己丑至于庚子，日月赤而無光。丙午，月掩左執法。十一月丁丑，月暈匝火、木，⑭戊寅，月犯金、木、土。十二月戊戌，熒惑犯氐。乙巳，月掩庶子。⑮二年正月甲戌，熒惑、歲相犯。二月辛卯，熒惑犯鍵閉。三月戊午，月掩鬼。庚申，衆小星流于西北。己巳，熒惑犯上相。乙亥，月入羽林。四月丁亥，月犯右執法；癸卯，月入羽林。六月辛丑，熒惑犯房。八月己卯朔，日有食之。庚子，月犯五諸侯。九月壬子，歲犯房。庚申，月入羽林；壬申，月犯上將。十月壬午，月犯五諸侯。癸未，地震。十一月乙卯，月入羽林。辛未，地震；壬申，地震。十二月癸未，地震。三年春正月壬申，金、火合于奎。二月丁丑朔，日有食之。四月丁酉，月犯五諸侯；五月丁巳，月掩房距星；六月乙酉，月掩心庶子；癸巳，月入羽林。自正月至于是月，宗人、宗正搖不止。⑯七月乙卯，月入南斗魁。閏八月癸卯朔，熒惑犯上將。戊申，月犯南斗。乙卯，熒惑犯右執法。庚戌，太白犯右執法。九月庚辰，土、木合于箕。辛巳，金、火合于軫。十月庚午，彗出西南。十一月戊子，月掩軒轅大星。⑰乙未，太白犯鎮，月掩房。十二月壬寅朔，熒惑犯房，金、木相犯于斗。乙卯，月有食之。四年正月癸巳，月入南斗魁。二月辛酉，月及火、土合于斗。三月壬辰，歲犯牛。六月癸丑，月有食之，既。七月丁丑，月入南斗。九月丙子，熒惑入哭星。⑱十二庚戌，月有食之，既。

【注】

①熒惑犯上將：熒惑犯西上將。上將有東西之分，東上將遠離黃道，故熒惑衹可能犯西上將。

②甲寅地震：地震不是天象記録，但作爲自然災异，記之亦可。

③房第二星：指自北向南數第二星，即房宿三。其距黃道近，熒惑能犯之。

④月犯心大星：月犯心宿二，又稱爲大火星。

⑤彗出靈臺：靈臺三星，在西上相西。

⑥衆星交流：農曆六月流星雨。

⑦熒惑犯上相：熒惑犯東上相。西上相遠離黃道，故熒惑衹可能犯東上相。

⑧左右執法，在太微垣南近黃道。《春秋元命苞》曰：“左執法，廷尉

之象；右執法，御史大夫之象也。"

⑨太白晝見：白天見到金星。金星爲日月以外天空較亮的天體，達負四點三等。日出後，日落前，也可能見到其出現在天空。

⑩二更盡三更而止：二更快要結束與三更之交時流星方停止。

⑪天狗墮：墜地的隕星，狀類狗。

⑫惡星：妖星。

⑬（天成元年）六月乙未衆小星交流：爲六月出現的一次流星雨。前此，已有同光二年六月甲申衆星交流、丙戌衆星交流，當是同一流星雨在不同年代的再現，這與《唐書·天文二》流星注所述六月寶瓶座流星雨相一致。

⑭月暈匝火木：月亮周圍出現月暈，其光環將火星和木星也包圍在內。

⑮月掩庶子：月亮掩蓋庶子星。庶子星，指心宿三。《史記索隱·天官書》曰："心之大星，天王也。前星，太子；後星，庶子。"

⑯宗人、宗正搖不止：宗人星、宗正星搖動不止。此二星座，皆在天市垣內東側。星體搖動，實屬大氣現象。

⑰月掩軒轅大星：月亮掩蓋軒轅十四星。星占家認爲軒轅大星爲女主的象徵。

⑱熒惑入哭星：熒惑入犯哭星，哭星在虛、危二宿之南。星占家認爲，熒惑爲災星，犯哭星，必有死喪之事。

長興元年六月癸巳朔，日有食之。乙卯，太白犯天罇。①八月己亥，月犯南斗。乙卯，月犯積尸。九月辛酉朔，衆小星交流而殞。②十一月壬戌，熒惑犯氐。十二月丙辰，熒惑犯天江。二年正月乙亥，太白犯羽林。庚辰，月犯心距星；二月丁未，月犯房。四月甲寅，熒惑犯羽林。③五月癸亥，太白晝見。閏五月乙巳，歲晝見。④六月壬午，地震。八月丁巳，辰犯端門。⑤九月丙戌，衆星交流；丁亥，衆星交流而殞。⑥戊子，太白晝見。丁未，雷。十一月甲申朔，日有食之。丙戌，太白犯鍵。⑦三年四月庚辰，熒惑犯積尸。⑧九月庚寅，太白犯哭星。十月壬申，太白晝見。十一月己亥，太白犯壁壘。⑨四年五月癸卯，太白晝見。六月庚午，衆星交流。⑩七月乙亥朔，衆星交流。九月辛巳，太白犯右執法。乙未，雷。

應順元年二月丁酉，衆星流于西北。四月戊寅，白虹貫日。是月改元。⑪

【注】

①天罇：罇是一種三隻脚的酒器，同意象的該星座由三顆星組成，分布於井宿之北的黃道上。

②九月辛酉朔衆小星交流而殞：《舊五代志》也有此記錄，并且更爲詳盡。疑爲金牛座流星雨記錄。

③熒惑犯羽林：火星侵犯羽林星。羽林爲軍星。羽林軍星在危宿內壘壁陣南。羽林軍，爲皇家禁衛軍，熒惑犯之，必有軍事發生。

④歲晝見：歲星在白天出現於天空。如前文所注，歲星是全天較亮星，可能呈現歲星晝見的天象。

⑤辰犯端門：水星凌犯端門。太微垣的左右執法之間稱爲端門，這是象徵皇家最高行政機關的正門。端門受到侵犯，象徵政府權政受到威脅。

⑥（長興二年）九月丙戌衆星交流丁亥衆星交流而隕：與同光三年九月丁未天狗墜當是同一流星雨即金牛座流星雨的再現。這種流星雨記錄，在《唐志》中也多次出現。

⑦太白犯鍵：金星犯鍵閉星，在衆多的凌犯記錄中，常見有犯房、犯鈎鈐、犯鍵閉、犯罰星、犯東咸、犯西咸的記錄，不熟悉星空者不易分辨，今一起加以闡釋。這些星座均分布於房宿之內。房宿四顆星，自下而上爲房宿二、一、三、四。於房宿四斜向東南處，爲兩顆鈎鈐星，它們與

房組成彎鈎狀，故有此名。在鈎鈐星的正上方，爲一顆鍵閉星。在鍵閉星的東面，爲四顆罰星，在鍵閉和罰星的左右各有四顆東咸、西咸星。這些星座，均分布於黃道不遠處，故常有星象凌犯發生。房宿《步天歌》曰："四星直下主明堂，鍵閉一黃斜向上，鈎鈐兩個近其旁。罰有三黃直鍵土，兩咸夾罰似房狀。"

⑧熒惑犯積尸：在衆多的天象記録中，常見有犯積尸、犯積尸氣、犯鑕星、犯鬼宿等。鬼宿四星，成四邊形，分布於黃道之上，故常有星象凌犯。在鬼宿四邊形的中間，還有一團似星非星、似雲非雲、呈粉絮狀的星體，被中國古代的天文學家稱爲鑕星，"鑕"又寫作"質"。由於其呈粉絮狀分布，與衆星不同，故又被稱爲積尸氣，義爲由尸體積聚而來的鬼氣，故人們常將其看作一團氣體而非星體。近代用望遠鏡觀察，發現它其實是一個疏散星團，被稱爲鬼星團。

⑨太白犯壁壘：太白犯壘壁陣星。壘壁陣星組成似堅固營壘的有兵士駐防的營房，分布於營室之内的黃道上，故常有凌犯天象發生。其南爲羽林星。

⑩六月庚午衆星交流：這是又一次六月流星雨記録。

⑪白虹貫日是月改元：時人很迷信，見到白虹貫日，以爲是於帝皇不利的天象，故有改元禳災之舉。《晋書·天文志》論雜氣說："凡白虹者，百殃之本，衆亂所基。"故這裏也以其作爲改元的理由。

清泰元年五月己未，太白晝見。六月甲戌，太白犯右執法。九月辛丑，衆星交流。①壬寅，雨雹于京師。冬十一月丁未，彗出虚、危，掃天壘及哭星。

天福元年三月壬子，熒惑犯積尸。二年正月乙卯，日有食之。七月丙寅，月有食之。十二月己卯朔，日有白虹二。三年三月壬子，日有白虹二。五月壬子，月犯上將。四年四月辛巳，太白犯東井北河；②甲午，太白犯五諸侯；五月丁未，太白犯輿鬼中星。七月庚子朔，日有食之。九月癸未，月掩畢。五年十一月丁丑，月有食之。六年八月辛卯，太白犯軒轅。九月己卯，熒惑犯上將。壬子，彗出于西，掃天市垣。八年四月戊申朔，日有食之。八月丙子，熒惑犯右掖。③十月庚戌，彗出東方。丙辰，熒惑犯進賢。④十一月庚子，月犯房。

　　開運元年二月辛亥，日有白虹二。壬戌，太白犯昴。己巳，熒惑犯天鑰。⑤三月戊子，月有食之。四月丁巳，太白犯五諸侯。七月庚辰，月犯熒惑；壬午，月入南斗。甲申，太白犯東井。八月甲辰，熒惑入南斗。九月庚午朔，日有食之。丙子，月入南斗；乙酉，月食昴。丙戌，月有食之。庚寅，月犯五諸侯；十月癸卯，月入南斗；十一月辛巳，月犯昴。十二月癸丑，太白犯辰。二年七月乙未朔，月犯角；壬寅，月犯心前大星。庚戌，歲犯井鉞。⑥八月甲子朔，日有食之。甲戌，歲犯東井。九月己酉，月犯昴。甲寅，太白犯南斗魁。十一月甲午朔，太白犯哭星。癸丑，月掩角距星；⑦戊午，月犯心後星。三年二月壬戌朔，日有食之。

【注】

　　①九月辛丑衆星交流：在清泰元年，這是又一次九月流星雨記錄。

　　②太白犯東井北河：“北河”，諸本作“北轅”。今改爲“北河”。道理已如前所分析。

　　③熒惑犯右掖：熒惑侵犯太微垣中的右掖門。右執法與西上將間爲右掖門。

　　④熒惑犯進賢：進賢一星，在太微垣東南。進賢爲推舉賢良之官員。現進賢星受到侵犯，意味着賢路受阻、社會政治黑暗。

　　⑤犯天鑰：熒惑侵犯天鑰星。天鑰星，近南斗西，爲主管庫藏之鑰匙。

　　⑥歲犯井鉞：歲星凌犯了井宿和鉞星。鉞星，在東井西北角，鉞爲鈇鉞之義，爲兵器，主斬殺之用。

　　⑦月掩角距星：月亮掩蓋了角宿距星，即角宿一。凡二十八宿，各宿都有距星，通過入宿和去極度，用以測定全天星象的坐標，故距星是測定天體位置的基點。這便是歷代天文學家都注重精測二十八宿距度的原因所在。

　　天福十二年四月丙子，太白晝見。十月己丑，太白犯亢距星。①十一月壬子，雨木冰。②辛酉，雨木冰。壬戌，月犯昴。癸酉，雨木冰。乙亥，月掩心大星；己卯，月犯南斗。十二月乙未，月有食之。

　　乾祐元年四月甲午，月犯南斗。六月戊寅朔，日有食之。乙未，月入南斗。七月甲寅，月掩心庶子星。八月己丑，鎮犯太微西垣。③戊戌，歲犯右執法。九月丁卯，月掩鬼。十月丁丑，歲犯左執法。二年四月壬午，太白晝見。六月癸酉朔，日有食之。壬午，月犯心；丙戌，月犯天關；④八月乙亥，月犯房次將。⑤九月壬寅，太白犯右執法。庚戌，太白犯鎮。辛酉，鎮犯右執法。丁卯，太白犯歲。鎮自元年八月己丑入太微垣，犯上將、執法、内屏、謁者，勾巳往來，至是歲十一月辛亥而出，四百四十三日。甲寅，⑥月犯昴。三年二月甲戌，月犯昴。六月乙卯，鎮犯左掖。七月甲申，熒惑犯司怪。八月癸卯，太白犯房；庚戌，太白犯心大星。十月辛酉，月犯心大星，太白犯木。十一月甲子朔，日有食之。

【注】

①太白犯亢距星：太白星犯亢宿距星即亢宿一。亢宿四星的位置是自下向上爲亢四、一、二、三。

②雨木冰：天下冰，并夾雜樹木。

③八月己丑鎮犯太微西垣："己丑"，諸本作"乙酉"。《舊五代史·天文志》有相同的記載，但干支記録爲"己丑"。本來兩個干支日期僅差四天，於鎮星犯太微的緩慢運動影響不大，但由於其下還載"自元年八月己丑入太微"，兩説自相矛盾，故知其干支有誤。今改。

④月犯天關：月亮犯了天關星。天關一星，近黄道，在觜宿北。它爲黄道自西方七宿進入南方七宿的必經之路，故稱天關。這顆星，因宋代記載了1054年天關客星，引起20世紀研究超新星爆發的熱潮而著稱於世，它被各國天文學家稱爲中國星。

⑤房次將：房南第二星。

⑥這條自乾祐元年八月己丑至二年十一月辛亥，鎮星在太微垣中詳細凌犯的記録，在新舊《五代史》志中均有記載，僅内容略有出入，可以互證和相互補充。然本志此條記録中最後六個字"四百四十三日"，諸本均以小字標出，可能是作者自作注釋。中華書局校點本將其引爲小注，不倫不類，實屬不妥，今恢復原樣，按普通字型排出。其内容上也與《舊五代志》對應。

廣順元年二月丁巳，歲犯咸池。①己未，熒惑犯五諸侯。三月甲子，歲守心。己卯，熒惑犯鬼；壬午，熒惑犯天尸。四月甲午，歲犯鈎鈐。二年二月庚寅，太白經天。四月丙戌朔，日有食之。七月乙丑，熒惑犯井鉞；八月乙未，熒惑犯天罇。九月辛酉，熒惑犯鬼。庚辰，太白掩右執法。十月壬辰，太白犯進賢。三年四月乙丑，熒惑犯靈臺；②五月辛巳，熒惑犯上將；丙申，熒惑犯右執法。七月乙酉，月犯房。十二月戊申，雨木冰。

顯德元年正月庚寅，有大星墜，有聲如雷，牛馬皆逸，京城以爲曉鼓，皆伐鼓以應之。③三年正月壬戌，有星孛于參。十二月庚午，白虹貫日。癸酉，月有食之。

【注】

①歲犯咸池：歲星犯咸池星。咸池，星名，位於五車星座之中。星名源自神話故事。《離騷》曰："飲余馬於咸池兮。"又《淮南子·天文訓》曰："日出於暘谷，浴於咸池。"咸池是人們想象中太陽落入西方的水池，經過一夜之後，又回到東方從暘谷中升起。

②熒惑犯靈臺：熒惑星犯靈臺星。靈臺三星，位於太微垣東南黃道附近。靈臺爲觀看天象風雨之處。

③大星墜……京城以爲曉鼓皆伐鼓以應之：顯德元年正月墜於京城的這顆隕星，下落時發出聲響如雷，人們還錯誤地以爲是曉鼓響了，都跟着敲鼓報告黎明到了。

五代亂世，文字不完，①而史官所記亦有詳略，②其日、月、五星之變，大者如此。至於氣祲之象，出沒銷散不常，尤難占據。③而五代之際，日有冠珥、環暈、纓紐、負抱、戴履、背氣，④十日之中常七八，其繁不可以勝書，而背氣尤多。⑤天福八年正月丙戌，黃霧四塞。九年正月乙未，大霧中二白虹相偶。四月庚戌，大霧中有蒼白二虹。廣順元年十一月甲子，白虹竟天。此其尤異者也。⑥至於吳火出楊林江水中、閩天雨豆之類，皆非中國耳目所及者，⑦不可得而悉書矣。

【注】

①文字不完：五代亂世，所載歷史文獻不完備。

②史官所記亦有詳略：史官所記官方文獻檔案，也有缺失不詳之處。

③至於氣祲之象……尤難占據：至於陰陽二氣互相侵擾之事，由於消散没有一定之規，就更難用以爲占和把握了。

④日有冠珥環暈纓紐負抱戴履背氣：在五代之際，有關太陽氣祲的記載，就有日冠、日珥、環暈、纓紐、日負、日抱、戴履、背氣等。

⑤十日之中常七八……而背氣尤多：此處文字表述不够完善，言有關太陽災异的記録中，十之七八爲雲氣，而背氣尤多。

⑥天福八年……尤异者也：除了以上籠統陳述介紹五代氣祲之象，還介紹了天福八年正月的黄霧四塞和九年正月、四月、廣順元年十一月的白虹出現，爲"尤异者"。

⑦吴火出楊林江水中閩天雨豆之類皆非中國耳目所及：還記載了遠離中原的傳聞，如楊林江中出現的吴火和閩天雨豆等衆多异常現象。

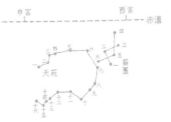

宋史·天文志

　　《宋史·天文志》，完成於元至正五年（1345），署名元脱脱等撰。脱脱爲元順帝時丞相，與阿魯圖先後主持撰修《宋史》，鐵木兒塔識、賀惟一、歐陽玄等七人任總裁官。在他們應命監修國史之前，已見有宋人國史多種版本。《宋史》是二十四史中篇幅最大的一部，其中"志"約占全書的三分之一，其分量之大，也是正史中絶無僅有的，從應命修史至完稿，共兩年半時間。修撰者爲圖方便，在許多地方僅對舊史加以剪輯編排，而未作細致的整理潤色，故見有首尾難以銜接、體例風格不太統一的弊病。錢大昕《廿二史考異》認爲，《律曆志》"惟總序一篇，乃元史臣之筆。自一卷至三卷，本之《三朝史》，四卷至九卷，本之《兩朝史》，十卷至十三卷，本之《四朝史》，十四卷以後，本之《中興史》。四史體裁，本未畫一，史臣彙爲一志，初未鎔範，故首尾絶不相應。"《律曆志》如此，《天文志》也大體類似。因此，《宋史·天文志》的真正具體作者，就難以考定了。

　　潘鼐《中國恒星觀測史》認爲："我國古代的恒星觀測，從所謂正史角度來評議，除了晋、隋《志》以外，論者率皆推崇《宋史·天文志》。《宋志》的記叙，在篇幅上確是周詳的……"

　　其他評論，可參見陳美東所撰《宋史·天文志》提要，載於《中國科學技術典籍通彙》（大象出版社）天文卷第三分册。關於本志的校勘，可參考高紀春《〈宋史·天文志〉抉疑》《〈宋史〉天文志、五行志校讀札記之二》等。

《宋史》卷四十八

志第一

天文一

儀象　極度　黃赤道　中星　土圭①

【注】

　　①儀象極度黃赤道中星土圭：《宋史·天文一》所述的這五項內容，也是《宋史·天文志》中最精彩、最核心的內容之一，重點記述了宋太宗太平興國四年（979）張思訓創造的太平渾儀，詳細記載了韓顯符於宋真宗大中祥符三年（1010）造的銅候儀的結構，還轉錄了沈括於宋神宗熙寧七年（1074）撰寫的渾儀、浮漏儀、景表儀，還提及蘇頌、韓公廉於宋哲宗元祐七年（1092）造的水運儀象台。極度部分討論了各地不同的北極出地高度。黃赤道討論了二十八宿距度古今不同的問題。中星簡要地討論了歲差引起的古今中星變化。土圭記述了開封和臨安兩地因緯度不同而導致的不同節氣影長的不同推算方法。

　　夫不言而信，天之道也。①天於人君有告戒之道焉，示之以象而已。②故自上古以來，天文有世掌之官，唐虞羲、和，夏昆吾，商巫咸，周史佚、甘德、石申之流。③

居是官者，專察天象之常變，而述天心告戒之意，進言於其君，以致交脩之儆焉。④《易》曰："天垂象，見吉凶，聖人則之。"又曰"觀乎天文，以察時變"是也。然考《堯典》，中星不過正人時以興民事。夏仲康之世，《胤征》之篇："乃季秋月朔，辰弗集于房。"然後日食之變眇見於《書》。觀其數羲、和以"俶擾天紀""昏迷天象"之罪而討之，則知先王克謹天戒，所以責成於司天之官者，豈輕任哉！⑤

【注】

①不言而信天之道也：上天不説話，但是往往信而不枉。這就是天道。

②天於人君有告戒之道焉示之以象而已：上天對於君主，有勸戒其爲善之道，這就是以天象展示其意志。

③羲、和、昆吾、巫咸、史佚、甘德、石申：均爲先秦之天文學家。阮元《疇人傳》彙編有他們的傳略。筆者主編的《中國古代天文學家》（中國科學技術出版社，2008）中，載有羲、和、甘德、石申夫等人的傳記和研究成果。

④居是官……交脩之儆焉：歷代天文學家的傳統職責，便是專察天象的變化，向君主報告上天告戒的意圖，以達到儆戒修德明政的目的。

⑤考堯典……豈輕任哉：據文獻記載，羲、和的工作，祇不過是正人時、興民事，直到夏仲康之世，纔有《胤征》之篇，纔知道先王克謹天戒，命令司天官察天象戒人事之責，可見責任重大。

　　箕子《洪範》論休咎之徵曰："王省惟歲，卿士惟月，師尹惟日。""庶民惟星，星有好風，星有好雨。"《禮記》言體信達順之效，則以天降膏露先之。

至於周《詩》，屢言天變，所謂“旻天疾威，敷于下土”，又所謂“雨無其極，傷我稼穡”，“正月繁霜，我心憂傷”，以及“彼月而微，此日而微”，“爗爗震電，不寧不令”。孔子删《詩》而存之，以示戒也。他日約魯史而作《春秋》，則日食、星變屢書而不爲煩。聖人以天道戒謹後世之旨，昭然可覩矣。[①]於是司馬遷《史記》而下，歷代皆志天文。第以羲、和既遠，官乏世掌，賴世以有專門之學焉。然其說三家：曰周髀，曰宣夜，曰渾天。宣夜先絶，周髀多差，渾天之學遭秦而滅，洛下閎、耿壽昌晚出，始物色得之。故自魏、晋以至隋、唐，精天文之學者犖犖名世，豈世難得其人歟！[②]

【注】

①箕子洪範……昭然可覩：引《尚書》《禮記》《詩經》和《春秋》的有關天象記事，述説先秦人們重視以天象論休咎之事。

②司馬遷史記……難得其人：言漢以後至隋唐，天文學理論和人才更替不絶，代有輩出。犖犖名世：著名於世。

宋之初興，近臣如楚昭輔，文臣如竇儀，號知天文。[①]太宗之世，召天下伎術有能明天文者，試隸司天臺，匿不以聞者，罪論死。既而張思訓、韓顯符輩以推步進。其後學士大夫如沈括之議，蘇頌之作，亦皆底於幼眇。[②]靖康之變，測驗之器盡歸金人。[③]高宗南渡，至紹興十三年，始因秘書丞嚴抑之請，命太史局重創渾儀。自是厥後，窺測占候蓋不廢焉爾。寧宗慶元四年九

月，太史言月食於晝，草澤上書言食于夜。及驗視，如
草澤言。乃更造《統天曆》，命秘書正字馮履參定。以
是推之，民間天文之學蓋有精於太史者，則太宗召試之
法亦豈徒哉！④

【注】

①近臣如楚昭輔文臣如竇儀號知天文：號知天文爲號稱懂得天文。此
數人僅知休咎之説，一知半解，實際於天文毫無作爲。
②底於幼眇：指沈括之議、蘇頌之作亦都深奥莫辨。
③測驗之器盡歸金人：指金滅北宋（1126）之後，北宋朝的天文儀器
均成爲金人的戰利品。
④太宗召試之法亦豈徒哉：指宋太宗召草澤之民試任職於司天臺的做
法還是有效的，不能認爲民間沒有善天文的人才。

今東都舊史所書天文禎祥、日月薄蝕、五緯凌犯、
彗孛飛流、暈珥虹霓、精祲雲氣等事，其言時日災祥之
應，分野休咎之别，視南渡後史有詳略焉。①蓋東都之
日，海内爲一人，君遇變修德，無或他諉。南渡土宇分
裂，太史所上必謹星野之書。且君臣恐懼脩省之餘，故
於天文休咎之應有不容不縷述而申言之者，是亦時勢使
然，未可以言星翁、日官之術有精觕敬怠之不同也。②今
合累朝史臣所録爲一志，而取歐陽修《新唐書》《五代
史記》爲法，凡徵驗之説有涉於傅會，咸削而不書，歸
於傳信而已矣。③

【注】

①今東都舊史……有詳略焉：以下所載各種天象記録，不同時代有詳

有略，這是因爲所依據的東都舊史和南渡後史之記載詳略不同。東都舊史，是指以北宋開封爲都城記載的天象記録。南渡後史，是指南宋建都臨安以後的天象記録。

②蓋東都之日……敬怠之不同也：北宋時，海内一統，天下集權於宋帝一人。南渡以後，國土分裂成幾部分，每逢天象災咎，就不得不據實際所對應的地區加以區別判斷，其實這并不是南渡以後更爲精確，而是時勢發展，使星官、日官不得不這樣做。"無或他諉"：不能推諉於他人。凡遇日變星變，都是宋帝的責任，無可推托寄過於他人。"必謹星野之書：凡遇日變星變，必須謹慎分析過在何方，這是基於國土分裂的原因。

③今合累朝……傳信而已：本志記録天象的方式，依據歐陽修《新唐書》和《五代史記》的方法，祗記天象，削減徵驗附會之辭而不書。歐陽修編撰天文志記載天象記録的觀念是什麽呢？詳閱歐《史》可知，他一方面强調歷朝君主皆依天象出没爲據修明政治，另一方面則詳載不同時日出没的不同天象，但削減前人有關應驗的説法，將其視爲傳信附會之辭。以上所言，亦即錢大昕所言天文志之總序。

儀象

曆象以授四時，璣衡以齊七政，二者本相因而成。[①]故璣衡之設，史謂起於帝嚳，或謂作於宓犧。又云璿璣玉衡乃羲、和舊器，非舜創爲也。[②]漢馬融有云："上天之體不可得知，測天之事見於經者，惟有璣衡一事。璣衡者，即今之渾儀也。"吳王蕃之論亦云："渾儀之制，置天梁、地平以定天體，爲四游儀以綴赤道者，此謂璣也；置望筒横簫於游儀中，以窺七曜之行，而知其躔離之次者，此謂衡也。"[③]若六合儀、三辰儀與四游儀并列爲三重者，唐李淳風所作。而黄道儀者，一行所增也。如張衡祖洛下閎、耿壽昌之法，別爲渾象，置諸密室，以漏水轉之，以合璿璣所加星度，則渾象本別爲一器。
唐李淳風、梁令瓚祖之，始與渾儀并用。[④]

太平興國四年正月，巴中人張思訓創作以獻。[⑤]太宗
召工造於禁中，逾年而成，詔置於文明殿東鼓樓下。其
制：起樓高丈餘，機隱於內，規天矩地。[⑥]下設地輪、地
足；又爲橫輪、側輪、斜輪、定身關、中關、小關、天
柱；[⑦]七直神，左搖鈴，右扣鐘，中擊鼓，以定刻數，每
一晝夜，周而復始；又以木爲十二神，各直一時，至其
時則自執辰牌，循環而出，隨刻數以定晝夜短長。[⑧]上有
天頂、天牙、天關、天指、天抱、天束、天條，[⑨]布三百
六十五度，爲日、月、五星、紫微宮、列宿、斗建、黃
赤道，以日行度定寒暑進退。[⑩]開元遺法，運轉以水，至
冬中凝凍遲澀，遂爲疎略，寒暑無準。今以水銀代之，
則無差失。[⑪]冬至之日，日在黃道表，去北極最遠，爲小
寒，晝短夜長。夏至之日，日在赤道裏，去北極最近，
爲小暑，晝長夜短。春秋二分，日在兩交，春和秋凉，
晝夜平分。寒暑進退，皆由於此。并著日月象，皆取仰
視。按舊法，日月晝夜行度皆人所運行。新制成於自
然，尤爲精妙。[⑫]以思訓爲司天渾儀丞。

【注】

①曆象以授四時璣衡以齊七政：利用天象的變化制訂曆法，授民以四
時，又利用璣衡測定七曜的運行規律，用以判定七曜的行度，這二者是相
輔相成之事。

②璣衡之設……非舜創爲也：關於渾儀的發明，有多種説法，有伏羲
説、羲、和舊器，非創自帝舜説，皆爲附會之辭。據近人研究，渾儀的發

明，最早可上推至戰國時代，可以石申夫天象行度記録爲據。但這些記録，也難以確定爲戰國時期完成。

③璣衡之名，源於璿璣玉衡，用於解釋成測天儀器之後，便與渾儀相對應，將四游儀解釋爲璣，觀測之望筒爲衡。

④若六合儀……始與渾儀并用：在唐以前，測角用的渾儀與演示用的渾象并稱爲渾天儀或渾儀，至《舊唐書·天文志》和《唐書·天文志》亦然，進入宋代以後纔發生變化，將二者的不同區分開來。《宋史·天文志》開始明確地將李淳風、梁令瓚所造具有六合儀、三辰儀、四游儀結構的稱爲渾儀，而將張衡、洛下閎等所造漏水轉以合璿璣所加星度的儀器稱爲渾象。另將增有黄道環的渾儀稱爲黄道儀。

⑤張思訓，字山來，巴中人，一説四川遂州人。先仕後蜀，制渾儀，蜀亡歸宋。太宗太平興國四年（979），他曾進獻一種新型天文儀器的木樣，得到太宗皇帝的重視并命工匠造於禁中，第二年（980）儀成，被封爲司天渾儀丞，實際職務就是看管他所造的這架儀器。“自思訓死，機繩斷壞，無復知者”。後人通稱其爲太平渾儀。實際上，這是繼承唐梁令瓚水運渾儀的又一重要創造，對梁令瓚的渾儀又有重要發展，是集觀測、演示於一體的重要儀器。

⑥其制……規天矩地：從外表看，它是一座高四米左右、圓頂木結構的樓閣，在其内部則隱藏着複雜的機構，既可演示天象，又可計時報時。《玉海》卷四説：“起爲樓閣之狀，數層，高丈余。”説明這個儀器爲樓閣狀，有數層之多。

《玉海》又載：“渾儀者，法天象地，數有三層，有地軸、地輪、地足。亦有横輪、側輪、斜輪，定關、中關、小關、天柱。七直人左撼鈴、右扣鍾、中擊鼓，以定刻數。其七直一晝夜方退，是日、月、木、土、火、金、水。中有黄道天足十二神，報十二時刻數，定晝夜長短。上有天頂、天牙、天關、天指、天托、天束、天條，布三百六十五度，爲日月五星，紫微宫及周天列宿，并斗建、黄赤二道。太陽行度定寒暑、進退。古之製作，運動以水，頗爲疎，寒暑無準。乃以水銀代之，運動不差，（且冬至之日，日在黄道，去北極最遠，謂之晝短夜長；夏至之日，日在黄道，去北極最近，謂之晝長夜短。春秋二分，日在兩交，春如秋凉，晝夜復等。寒暑進退，皆由於此。）舊制，太陽晝行度皆以手運，今所制取於自然。"

⑦下設地輪……天柱：是説儀器下部和内部主要機構狀況。地輪等專用構件名詞及其彼此之間搭配的詳情，已無由得知。但顧名思義，以上四輪，依次應是底部平置、立置與斜放的輪子，它們大約有原動輪和傳動輪之分。所提到的三關，當是起控制作用的構件。天柱應爲自底到頂豎立的中軸。

⑧七直神……隨刻數以定晝夜短長：這是説，居於中層的是報時系統，以搖鈴、扣鐘、擊鼓三種音響形式，報告每一刻的時間。又以木做的神人的形象，報告每一辰的來臨。二者皆每經一晝夜自動循環一周。本志關於三層的分層并不很明確，但張思訓的自序就説得很清楚。

⑨上有天頂天牙天關天指天抱天束天條：是指儀器上部的傳動和控制構件，詳情已難知曉，但它們當是帶動儀器上部所列天象運行的構件。

⑩布三百六十五度……定寒暑進退：在一球形内壁上，繪有周天刻度、全天星官、黄道與赤道等，包括日月五星，以此來確定寒暑變化等。

⑪開元遺法運轉以水……則無差失：這是張思訓基於水温隨四季變化導致漏壺水流量多少不同的認識，和水銀流量受温度變化的影響較小的發現，對儀器動力做出的改進，它也確實行之有效。但水銀揮發，易導致中毒，這是張思訓没有顧及的。可能正是這個原因，後世漏壺均不采用水銀作爲動力。

⑫并著日月象……尤爲精妙：這裏所謂舊法，指唐代一行和梁令瓚所制"水運渾天俯視圖"中的有關方法，張思訓在此基礎上做出改進，使日月的運行也自動化了。而對於新添的五星運轉，大約還需人撥動。"皆取仰視"，這裏既指日月，也指全天星官包括五星，它們都在上部，故均需仰視。對於一個高約四米的儀器，觀測其上部演示的星象和日月五星的運轉，自然難以登高俯視，仰視法應是合理的方法。一取仰視，一取俯視，這是新制與一行、梁令瓚的"水運渾天俯視圖"的最大區别，也是張思訓的最大創新之處。新儀器的上部，相當於近代的假天儀，是爲中國古代最早見的假天儀。

張思訓創造的這部大型儀器，集計時、報時和演示星象尤其是日月五星運動於一體。它由漏壺流出的、具有等時性的水銀驅動，通過複雜的齒輪系統的轉動，和若干構件的控制，使報時、星象運行自動與天同步。其中，相當於假天儀的創制，在中國古代儀器史上更具有十分重要的地位。

銅候儀，司天冬官正韓顯符所造，[①]其要本淳風及僧一行之遺法。[②]顯符自著經十卷上之書府。[③]銅儀之制有九：[④]

　　一曰雙規，皆徑六尺一寸三分，圍一丈八尺三寸九分，廣四寸五分，上刻周天三百六十五度，南北并立，置水臬以爲準，得出地三十五度，乃北極出地之度也。以釭貫之，四面皆七十二度，屬紫微宮，星凡三十七坐，一百七十有五星，四時常見，謂之上規。中一百一十度，四面二百二十度，屬黃赤道內外官，星二百四十六坐，一千二百八十九星，近日而隱，遠而見，謂之中規。置臬之下，繞南極七十二度，除老人星外，四時常隱，謂之下規。

　　二曰游規，徑五尺二寸，圍一丈五尺六寸，廣一寸二分，厚四分，上亦刻周天，以釭貫於雙規巔軸之上，令得左右運轉。凡置管測驗之法，衆星遠近，隨天周遍。

　　三曰直規，二，各長四尺八寸，闊一寸二分，厚四分，於兩極之間用夾窺管，中置關軸，令其游規運轉。

　　四曰窺管，一，長四尺八寸，廣一寸二分，關軸在直規中。

五曰平準輪，在水臬之上，徑六尺一寸三分，圍一丈八尺三寸九分，上刻八卦、十干、十二辰、二十四氣、七十二候於其中，定四維日辰，正晝夜百刻。

六曰黃道，南北各去赤道二十四度，東西交於卯酉，以爲日行盈縮、月行九道之限。凡冬至日行南極，去北極一百一十五度，故景長而寒；夏至日在赤道北二十四度，去北極六十七度，故景短而暑。月有九道之行，歲匝十二辰，正交出入黃道，遠不過六度。五星順、留、伏、逆行度之常數也。

七曰赤道，與黃道等，帶天之紘以隔黃道，去兩極各九十一度強。黃道之交也，按經東交角宿五度少，西交奎宿一十四度強。日出於赤道外，遠不過二十四度，冬至之日行斗宿；日入於赤道內，亦不過二十四度，夏至之日行井宿；及晝夜分，炎凉等。日、月、五星陰陽進退盈縮之常數也。

八曰龍柱，四，各高五尺五寸，并於平準輪下。

九曰水臬，十字爲之，其水平滿，北辰正。以置四隅，各長七尺五寸，高三寸半，深一寸。四隅水平則天地準。⑤

【注】

①韓顯符（940—1013），北宋初年天文學家，少年時喜習天文，曾研

究六壬、太乙、遁甲之類的三式術數，也熟悉星辰、天象。入宋後爲司天監生，不久爲靈臺郎。據伊世同等研究，韓顯符一生中造過兩架渾儀（參考《中國古代天文學家》，中國科學技術出版社，2008），一架成於北宋至道元年（995），造成之後，贈賜雜彩五十匹，命築新司天臺，將新造渾儀放置臺上。韓顯符升爲秋官正，又轉任冬官正，從事天文觀測工作。另一架造於真宗大中祥符三年（1010），造成後安置在皇宮龍圖閣。因製造有功，升爲春官正加太子洗馬銜。爲了對儀器製造過程和使用性能進行解釋，韓顯符還撰寫了《銅渾儀法要》十卷。後官至殿中丞兼翰林天文，大中祥符六年（1013）卒。

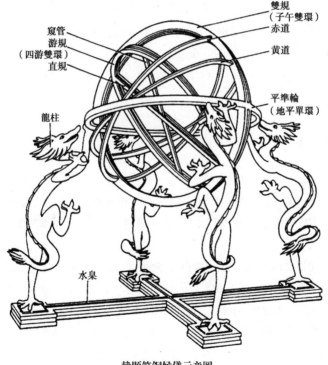

韓顯符銅候儀示意圖

（伊世同等繪韓顯符銅儀示意圖，圖中標出九類部件的相對位置。）

②其要本淳風及僧一行之遺法：下文載沈括《渾儀議》曰：“至道中，初鑄渾天儀于司天監，多因斛蘭、晁崇之法。皇祐中，改鑄銅儀于天文院，姑用令瓚、一行之論，而去取交有失得。”故伊世同等認爲，以上所述淳風、一行之遺法當爲“斛蘭、晁崇”遺法之誤。

③顯符自著經十卷：指《銅渾儀法要》十卷。今佚。在《宋史·韓顯符傳》中，録有《銅渾儀法要序》，從中可以看出韓顯符的若干思想。

④銅儀之制有九：銅候儀的結構部件有九類，即雙規、游規、直規、窺管、平準輪、黃道環、赤道環、龍柱、水臬（niè）。

⑤韓顯符銅儀的大致結構如上圖。

唐貞觀初，李淳風於浚儀縣古岳臺測北極出地高三十四度八分，差陽城四分。今測定北極高三十五度以爲常準。①

熙寧七年七月，沈括②上《渾儀》《浮漏》《景表》三議。③

【注】

①浚儀在開封，陽城在登封告成，爲周公測景臺所在地，號爲地中。李淳風測得開封北極高度爲三十四度八分（相當於 34°18′），韓顯符所測爲三十五度（相當於 34°30′）。韓顯符正是用自己所測作爲銅渾儀極軸的安置數據。

②沈括（1031—1095），字存中，錢塘（今浙江杭州）人。自幼受到良好的教育，以父蔭任職沐陽主簿，整治沐水大獲成功，發揮了技術上的才能。英宗治平元年（1064），得中進士，歷任昭文館編校、提舉司天監、兼集賢院校理、翰林學士、權三司使等職。他是王安石變法的重要成員之一，做了大量興利除弊的工作。後因派系鬥爭而被貶逐。晚年退居潤州（今江蘇鎮江），著《夢溪筆談》，記述了一生重要見聞。《夢溪筆談》是一部珍貴的科學典笈，具有極高的學術價值和歷史價值。史稱沈括“博學

善文，於天文、方志、律曆、音樂、醫藥、卜算，無所不通，皆有所論著"。

③上渾儀浮漏景表三議：宋神宗熙寧五年（1072），沈括受命提舉司天監。他上任即面臨嚴峻的考驗。一是"日官皆市井庸販，法象圖器，大抵漫不知"；二是雖下令天文院與司天監各自獨立觀測天象，各自上報，可是院、監官員仍多"不占候""日月五星之行狀"，而是私下串通一氣，合夥編造天象。在周琮被撤職以後，莫名其妙地復用過陳舊的"崇天曆"，司天監等天文機構便出現迅速衰敗的迹象。對此，沈括實施了整治措施，"免官者六人"，以去蕪存真，強調實測天象的重要性和嚴肅性。改進觀測儀器，則是他實施整治的又一措施。《渾儀議》《浮漏議》和《景表議》便是沈括於熙寧六年（1073）上奏改進渾儀、漏刻、圭表三種觀天儀器的意見書，也是三篇重要的專題論文。神宗准奏，詔依式製造。次年（1074）三儀告成，天文機構纔有了新的裝備，又恢復了生機。李志超教授作《渾儀議評注》《浮漏議考釋》，今略作整理以爲注。（載《天文議》，河南教育出版社，1995）

《渾儀議》曰：

五星之行有疾舒，日月之交有見匿，求其次舍經劘之會，其法一寓於日。[①]冬至之日，日之端南者也。日行周天而復集於表銳，凡三百六十有五日四分日之幾一，而謂之歲。[②]周天之體，日別之謂之度。[③]度之離，其數有二：日行則舒則疾，會而均，別之曰赤道之度；日行自南而北，升降四十有八度而迤，別之曰黃道之度。[④]度不可見，其可見者星也。日、月、五星之所由，有星焉。當度之畫者凡二十有八，而謂之舍。[⑤]舍所以絜度，度所以生數也。[⑥]度在天者也，爲之璣衡，則度在器。[⑦]度在器，則日月五星可搏乎器中，而天無所豫也。天無所豫，則在天者不爲難知也。⑧

自漢以前，爲曆者必有機衡以自驗迹。其後雖有機衡，而不爲曆作；爲曆者亦不復以器自考，氣朔星緯，皆莫能知其必當之數。至唐僧一行改《大衍曆法》，始復用渾儀參實，故其術所得，比諸家爲多。⑨

臣嘗歷考古今儀象之法，《虞書》所謂璿璣玉衡，唯鄭康成粗記其法，至洛下閎製圓儀，賈逵又加黃道，其詳皆不存于書。⑩其後張衡爲銅儀於密室中，以水轉之，蓋所謂渾象，非古之璣衡也。⑪吳孫氏時王蕃、陸績皆嘗爲儀及象，其説以謂舊以二分爲一度，而患星辰稠概；張衡改用四分，而復椎重難運。故蕃以三分爲度，周丈有九寸五分寸之三，而具黃赤道焉。⑫績之説以天形如鳥卵小橢，而黃赤道短長相害，不能應法。⑬至劉曜時，南陽孔定製銅儀，⑭有雙規，規正距子午以象天；有橫規，判儀之中以象地；有時規，斜絡天腹以候赤道；南北植幹，以法二極；⑮其中乃爲游規、窺管，劉曜太史令晁崇、斛蘭皆嘗爲鐵儀，其規有六，四常定，以象地，一象赤道，其二象二極，乃是定所謂雙規者也。其制與定法大同，唯南北柱曲抱雙規，下有縱衡水平，以銀錯星度，小變舊法。而皆不言有黃道，疑其失傳也。⑯唐李淳風爲圓儀三重：其外曰六合，有天經雙規、金渾緯規、金常規。次曰三辰，轉於六合之內，圓徑八尺，有璿璣規、月游規，所謂璿璣者，黃、赤道屬焉。又次曰四游，南北爲天樞，中爲游筒可以升降游轉，別爲月道，傍列二百四十九交以携月游。一行以爲難用，而其法亦亡。[17]其後率府兵曹梁令瓚更以木爲游儀，因淳風之法而稍附新意，詔與一行雜校得失，改鑄銅儀，古今稱其詳確。[18]至道中，初鑄渾天儀于司天監，多因斛蘭、晁崇之法。皇祐中，改鑄銅儀于天文院，姑用令瓚、一行之論，而去取交有失得。[19]

【注】

①五星之行有疾舒……其法一寓於日：次、舍，即十二次、二十八宿，指恒星總體，是相對不動的框架。日月五星即七曜。曆家以七曜運行的疾舒、見匿、交食、凌犯爲主要觀察目的。這些天體的運行，“其法一寓於日”，是說它們行度的推算都與太陽的位置有關。

②冬至之日……而謂之歲：端南，日行至最南端。復集於表銳：指太陽經一歲而與某一恒星再度會合於表柱之尖向南瞄準的位置。

③周天之體日別之謂之度：日行經一周天爲 $365\frac{1}{4}$ 日，行周天 $365\frac{1}{4}$ 度。這是中國古代分周天爲 $365\frac{1}{4}$ 度而非三百六十度的邏輯依據。

④度之離……別之曰黃道之度：日度運行有兩種。會：累計之數。均，求每日平均值，命爲赤道度。升降各二十四度，總和四十八度，這是黃道交赤道的黃赤大距。

⑤度不可見……而謂之舍：沈括認爲，天空中的角度是看不到的，能看到的祇有星體。爲了測量日月五星的行度，利用設立二十八個度星的辦法加以度量，畫以度數作參考。《夢溪筆談》卷八曰各宿選當度者爲標識，即所謂“距度星”。

⑥舍所以絜度度所以生數也：以度生數，是計量學的基本概念。度即測量的標準單位，任一被測物之數，均是用度比測而得。

⑦度在天者也爲之璣衡則度在器：渾儀是瞄準測量的儀器。古人所說的“在天之度”，是指天球上的單位弧長。

⑧度在器……不爲難知也：天無所豫是指那沒有刻度，祇有繁星的天，被人在數算處理中，加以改造、變換爲除去雜亂的恒星以後，代之以刻度的模型化的天，於是，數學就發揮作用，以此使日月五星之運動，成爲可知的、可以用數學表示其規律的計算模型。所謂易知、可知，指容易掌握其規律，是可以測知的。

⑨自漢以前……比諸家爲多：沈括認爲，璣衡就是渾儀，此說源於《舜典》所說“璿璣玉衡”。其實，祇有在渾天觀念產生之後纔有，當在洛下閎、張衡之後。此處說一行之前曆家“不復以器自考”不大符合事實。

⑩臣嘗歷考……不存于書：言其實所謂璿璣玉衡、洛下閎、賈逵渾天儀，在文獻中都無具體記載。李志超認爲，洛下閎的圓儀和賈逵的黃道儀，都祇是一維式測角儀，至張衡渾儀，纔能測量二維角度。這是中國天文儀器發展史上的兩個重要階段。

⑪其後張衡……非古之璣衡：李志超指出，張衡於密室中轉渾天，自然是指渾象，但同時張衡也是渾儀的真正發明人。這是明確提出這一觀念的第一人。

⑫吳孫氏……具黃赤道：李志超指出，《晉書·天文志》的作者和王蕃等，均誤以爲張衡製造的四分爲一度的渾天儀是渾象，其實它是渾儀，所以并不算笨大。說其“椎重難運”，祇是作史者的臆測。

⑬績之說……不能應法”：李志超說：“陸績可能襲張衡之說，以天球爲‘南北短減千里，東西廣增千里’。”然後此處說陸績爲南北長而東西短，與張衡相反。陸績認爲爲卵形，張衡認爲爲桔形。

⑭劉曜時南陽孔定製銅儀：孔定即孔挺，南陽孔氏，自漢武帝時即爲著名金工之家，孔挺當爲其後裔。

⑮有雙規……以法二極：孔挺的銅儀，以南北二直柱支起子午雙規、橫規和時規，北直柱高，支北極，南直柱低，支南極。

⑯其中乃爲游規……疑其失傳也：言斛蘭鐵儀六規，四常定，二常

動。但實際黃道不是失傳，而是并未加上。

⑰唐李淳風……而其法亦亡：李淳風造的渾儀爲三組環，爲李淳風首創，不久即亡失，一行没有見到。李志超推爲某貴人有意滅迹於宫内池塘之中。

⑱率府兵曹……稱其詳確：李志超認爲，沈括崇拜一行，以爲一行、梁令瓚之儀最好，但那不是“因淳風之法”，而是以斛蘭鐵儀爲底本，稍附新意。

⑲至道中……去取交有失得：李志超曰：“皇祐之制也不是令瓚、一行舊法。”“宋人已不知一行、梁令瓚原樣如何，唯以爲其與李淳風一樣，實非。”以上爲“渾儀議”緒論部分。

　　臣今輯古今之説以求數象，有不合者十有三事：①

　　其一，舊説以謂今中國於地爲東南，當令西北望極星，置天極不當中北。又曰：天常傾西北，極星不得居中。②臣謂以中國規觀之，天常北倚可也，③謂極星偏西則不然。所謂東西南北者，何從而得之？豈不以日之所出者爲東，日之所入者爲西乎？臣觀古之候天者，自安南都護府至浚儀太岳臺纔六千里，而北極之差凡十五度，稍北不已，庸詎知極星之不直人上也？臣嘗讀黄帝《素書》：“立於午而面子，立於子而面午，至於自卯而望酉，自酉而望卯，皆曰北面。立於卯而負酉，立於酉而負卯，至于自午而望南，自子而望北，則皆曰南面。”④臣始不諭其理，逮今思之，乃常以天中爲北也。常以天中爲北，則蓋以極星常居天中也。《素問》尤爲善言天者。今南北纔五百里，則北極輒差一度以上；而東西南北數千里間，日分之時候之，日未嘗不出於卯半而入於酉半，則又知天樞既中，則日之所出者定爲東，日之所入者定爲西，天樞則常爲北無疑矣。以衡窺之，日分之時，以渾儀抵極星以候日之出没，則常在卯酉之半少北。⑤此殆放乎四海而同者，何從而知中國之爲東南也？彼徒見中國東南皆際海而爲是説也。臣以謂極星之果中，果非中，皆無足論者。彼北極之出地六千里之間所差者已如是，又安知其茫昧幾千萬里之外邪？今直當據建邦之地，人目之所及者，裁以爲法；不足爲法者，宜置而勿議可也。

【注】

①臣今輯古今之説以求數象有不合者十有三事：我今天輯録古今推求天象之數的觀念中，有十三事與事實有出入。李志超指出，下文的十三個問題，明顯不是當時人們提出或製造渾儀中存在的問題，其實是古今皆無其説，衹可理解爲沈括自己爲説明或暗示某些觀點而虛擬的問題。

②舊説以謂今中國於地爲東南……極星不得居中：謂中國位於地之東南、地傾西北。古代確有此説，但這些都衹是上古先民中傳説的故事，并不是渾天象的説法。沈括以此説引作假設，是没有多大意義的。

③以中國規觀之：以中國的地理緯度來觀察，衹可説天常倚正北。

④臣嘗讀黄帝素書……皆曰南面：黄帝《素書》，當指《黄帝内經·素問》，是傳説中著名的古醫書。李志超指出："檢索今本《黄帝内經素問》，言天事的内容確實不少，但却没有這幾句話。我不信他那本《素書》就是失傳了的實有之書，很可能是沈括玩虛的，欺人之不敢追究。當時不像現在這樣書籍流傳普及，别人看到没見過的文字難於判斷其真僞。自己杜撰個古典之文，唬人而已。而所述的中心對稱式的方向規定衹有蓋天説

和地球説有之。以大地爲平面的渾天説没有這種説法。沈括怕直接講地心説必會遭到攻擊，在這裏玩弄花樣。沈括爲人是有這個特徵的。"

⑤以衡窺之……常在卯酉之半少北：在春分或秋分之時，以渾儀之極對準北極，觀測日出、日没的方位，常在卯酉之半稍偏北而不是正東西。這種現象，早在何承天和張胄玄就已發現。

　　其二曰：纮平設以象地體，今渾儀置于崇臺之上，下瞰日月之所出，則纮不與地際相當者。^①臣詳此説雖粗有理，然天地之廣大，不爲一臺之高下有所推遷。蓋渾儀考天地之體，有實數，有準數。所謂實者，此數即彼數也，此移赤彼亦移赤之謂也。^②所謂準者，以此準彼，此之一分，則準彼之幾千里之謂也。^③今臺之高下乃所謂實數，一臺之高不過數丈，彼之所差者亦不過此，天地之大，豈數丈足累其高下？^④若衡之低昂，則所謂準數者也。衡移一分，則彼不知其數幾千里，則衡之低昂當審，而臺之高下非所當恤也。^⑤

【注】

　　①纮平……不與地際相當者：纮，指渾儀的水平圈。古代的天文學界追求給渾儀的各個部件重新命名，曆法也是如此，是説將渾儀置於高臺之上，看上去其水平圈與地平就不在同一個水平之上了。

　　②此移赤彼亦移赤之謂也：天地是十分廣大的，今做此上下移動，相對來説，其水平位置没有什麽差别。李志超注曰："赤"不可解，疑是"十分"二字在竪行書寫時被讀成一個字致誤。

　　③臣詳此説……幾千里之謂也：李志超認爲，這裏沈括有一項重大貢獻，即計測理論基本概念的提出。在現代計量學中有誤差概念，有絶對值

和相對值概念。"實數"無疑是絕對值,"準數"則對應於相對值。準是瞄準、參比之義。渾儀所測的天度,是天球表面的弧長,而此弧長的絕對值是不知道的,因爲天球半徑并不知道。人們測到的,衹是將天球大圓分爲三百六十五點二五度,以度爲單位計數。而且那個度也是在渾儀上用瞄準法尋找對應的渾儀圓圈上的讀數。

④今臺之高下……足累其高下:臺之高度,雖影響絕對誤差,但這在天地的大尺度上衹是很小的相對誤差,可以忽略不計。

⑤若衡之低昂……非所當恤也:望筒低昂所決定的準數,則是很重要的,而非臺的高低所產生的誤差可比。

　　　　其三曰:月行之道,過交則入黃道六度而稍却,復交則出於黃道之南亦如之。①月行周於黃道,如繩之繞木,故月交而行日之陰,則日爲之虧;入蝕法而不虧者,行日之陽也。②每月退交二百四十九周有奇,然後復會。③今月道既不能環繞黃道,又退交之漸當每日差池,今必候月終而頓移,亦終不能符會天度,當省去月環。④其候月之出入,專以曆法步之。

【注】

①月行之道……之南亦如之:月道交黃道六度,故有月行有黃道南北之位。

②月交而行日之陰……行日之陽也:沈括算不得真正的曆法學家,他對交食形成的原理說得似是而非。故李志超注批評說:"月球與太陽交會時,忽焉在前,再瞻又後,在前則處於地日之間,遮擋太陽而有日食,在後則雖爲交會而無食。這是不對的。凡'入蝕法而不虧者',衹能是計算不精,誤差所致,不能以月亮在太陽背後爲由來搪塞。"

③每月退交二百四十九周有奇然後復會:是指黃白交點每月都有退

行，每經二百四十九周而回到原處。

④今月道……當省去月環：沈括提出渾儀製造省去白道環的理由時說，白道既不與黃道重合，每月交點又有退行之差，必須要等候月末後再移動其交點位置，但最終也不能符合天象的行度，故不如省去白道環爲簡明。

　　其四，衡上下二端皆徑一度有半，用日之徑也。若衡端不能全容日月之體，則無由審日月定次。欲日月正滿上衡之端，不可動移，此其所以用一度有半爲法也。①下端亦一度有半，則不然。若人目迫下端之東以窺上端之西，則差幾三度。凡求星之法，必令所求之星正當穿之中心。今兩端既等，則人目游動，無因知其正中。今以鈎股法求之，下徑三分，上徑一度有半，則兩竅相覆，大小略等。人目不搖，則所察自正。②

【注】

①衡上下二端……用一度有半爲法：李志超認爲，這裏發生了一個概念錯誤。他説："一度有半，用日之徑也。"實際上，日月視徑皆爲半度，管口直徑對着的璿璣規環上的刻度爲一度半。這是事實，但這不是説日月之徑是一度半。天度的正確測量方法是，用衡管對正一點讀出刻度，再對準另一點讀出刻度，二數之差纔是這二點的度距。沈括以不動的衡管上口兩側所對刻度爲度距，致謬如此。

②下端亦一度有半……所察自正：李志超認爲，這裏，沈括對改進瞄準技術有所貢獻，其發現實開郭守敬創叉絲法之先河。一根直管，上下管口在人目中成透視大小相套關係，把下口做小些，人目再拉開個距離使上下二孔投影相合，則瞳孔自然處於管子的軸綫上。這就克服了"差幾三度"的誤差。

其五，前世皆以極星爲天中，自祖暅以璣衡窺考天極不動處，乃在極星之末猶一度有餘。①今銅儀天樞內徑一度有半，乃謬以衡端之度爲率。若璣衡端平，則極星常游天樞之外；璣衡小偏，則極星乍出乍入。令瓚舊法，天樞乃徑二度有半，蓋欲使極星游於樞中也。臣考驗極星更三月，而後知天中不動處遠極星乃三度有餘，則祖暅窺考猶爲未審。②今當爲天樞徑七度，使人目切南樞望之，星正循北極。樞裏周常見不隱，天體方正。

其六，令瓚以辰刻、十干、八卦皆刻於紘，然紘平正而黄道斜運，當子、午之間，則日徑度而道促；卯、酉之際，則日迆行而道舒。如此，辰刻不能無謬。新銅儀則移刻於緯，四游均平，辰刻不失。③然令瓚天中單環，直中國人頂之上，而新銅儀緯斜絡南北極之中，與赤道相直。舊法設之無用，新儀移之爲是。④然當側窺如車輪之牙，而不當衡規如鼓陶，其旁迫狹，難賦辰刻，而又蔽映星度。

其七，司天銅儀，黄、赤道與紘合鑄，不可轉移，雖與天運不符，至於窺測之時，先以距度星考定三辰所舍，復運游儀抵本宿度，乃求出入黄道與去極度，所得無以异於令瓚之術。其法本於晁崇、斛蘭之舊制，雖不甚精緒，而頗爲簡易。李淳風嘗謂斛蘭所作鐵儀，赤道不動，乃如膠柱。以考月行，差或至十七度，少不減十度。此正謂直以赤道候月行，其差如此。⑤今黄、赤道度，再運游儀抵所舍宿度求之，而月行則以月曆每日去極度算率之，不可謂之膠也。新法定宿而變黃道，⑥此定黃道而變宿，⑦但可賦三百六十五度而不能具餘分，此其爲略也。

其八，令瓚舊法，黃道設於月道之上，赤道又次月道，而璣最處其下。每月移一交，則黃、赤道輒變。今當省去月道，徙璣於赤道之上，而黃道居赤道之下，則二道與衡端相迫，而星度易審。⑧

【注】

①前世……猶一度有餘：渾儀的設置，需先調正極軸，最簡單的方法就是於黃昏後對準極星，看它在儀器上的位置，經過十二小時，到旦前再看極星位置，此兩點正中便是北天極。同時也知道北極星偏離北極的方向，是對着赤道上二十八宿的哪顆星。這樣，北極的位置就完全確定了。

②今銅儀……猶爲未審：李志超注指出：“沈括自己誇自己搞了三個月，畫了一百多幅圖纏搞好，這是不值得贊許的，技術上并不高明。最嚴重的是他錯誤地批評前代觀測數據，自己却提供了一個錯誤數據“三度有餘”。雖然此後不久的蘇頌《新儀象法要》并沒接受沈括的數據，但黃裳的天文圖却用了沈括之數且以刻石流傳，影響很壞。”

③令瓚以……辰刻不失：沈括的渾儀做了兩項改革：一是將辰刻、十干、八卦自地平圈移刻於赤道環上，這樣便可以“四游均平，辰刻不失”。二是將天中單環移置於赤道。

④然令瓚……移之爲是”：沈括的渾儀，將六合儀中的天中單環改爲赤道單環，不過天頂而經赤道。這一改革是合理的。李志超注批評説：“‘令瓚天中單環’是有所爲而設，不是‘設之無用’，沈括不知原物如何，橫加非議。原來梁令瓚的設計中，赤道環是不固定的，因而少了一個力學支撐加固部件，這天中單環是加固之必需。”沈括説“設之無用”是指設在中天無特殊用處，并不是説在六合儀中也無用，移置於赤道部位，

同樣可起到支撐加固的作用。李氏的批評有些偏激。

⑤司天銅儀……其差如此：李志超注曰：“‘赤道不動’并不是什麼錯誤設計，可動的赤道也不一定好。李淳風評説斛蘭鐵儀的問題，并没講赤道不動與月行之差二事有無關聯。而沈括遽而斷言‘直以赤道候月行，其差如此’。從何説起？若説漢賈逵之前秖有赤道圓儀，會是‘遥準度之’，也許對頭，而斛蘭之儀決然不是這樣的。問題何在，當另作考查。”

⑥新法定宿而變黄道：先用窺管定好月亮的入宿度，再把黄道移到其標刻的宿位，與月位重合（實即與當時黄道重合），以求出入黄道度數。

⑦定黄道而變宿：以實測的月位入宿度，移到固定的黄道上標刻的同一宿度處，查看其出入黄道度數。陳美東曰：“其七，改在黄道環（原在赤道環）上刻出二十八宿距度值，用以厘定黄赤道的位置。”（《中國科學技術史·天文學卷》，科學出版社，2003）

⑧令瓚舊法……星度易審：李志超注曰：“沈括此論全然錯誤。令瓚舊法不是這樣的，那是赤道最外，黄道次之，月道最内。三道緊貼不留空隙。沈括所説的璣就是李淳風三辰儀的子午雙環，而梁令瓚設計中根本就没有三辰儀，哪來的什麼‘璣’？沈括對黄道游儀的誤解與歐陽修主編的《新唐書》有關，那裏把《舊唐書》中的本已有誤的記録，更加歪曲誤解，横加臆改，使人以爲這‘令瓚舊法’與李淳風的設計一樣。”

其九，舊法規環一面刻周天度，一面加銀丁。所以施銀丁者，夜候天晦，不可目察，則以手切之也。古之人以璿爲之，璿者，珠之屬也。今司天監三辰儀設齒于環背，不與横蕭會，當移列兩旁，以便參察。①

其十，舊法重璣皆廣四寸，厚四分。其他規軸，椎重樸拙，不可旋運。今小損其制，使之輕利。②

其十一，古之人知黄道歲易，不知赤道之因變也。黄道之度，與赤道之度相偶者也。黄道徙而西，則赤道不得獨膠。今當變赤道與黃道同法。③

其十二，舊法黃、赤道平設，正當天度，掩蔽人目，不可占察。其後乃別加鑽孔，尤爲拙謬。今當側置少偏，使天度出北際之外，自不凌蔽。④

其十三，舊法地紘正絡天經之半，凡候三辰出入，則地際正爲地紘所伏。今當徙紘稍下，使地際與紘之上際相直。候三辰伏見，專以紘際爲率，自當默與天合。⑤

【注】

①舊法規環……以便參察：爲便於在光線不足的情況下讀數，前渾儀是在有關刻度環圈的背面，附有凸或凹的標記，以手觸摸的方式來讀數。沈括改將標記附於刻度環圈的兩旁，使觸摸讀數更方便準確。對"古之人以璿爲之，璿者，珠之屬也"，李志超注曰："用珠類作刻度標記，怕沒有這種事。沈括謬用'璿璣玉衡'之義。"

②舊法重璣……使之輕利：適當減各環圈的寬度和厚度，可令渾儀運轉輕便。李志超注曰："沈括所指'舊法'爲'令瓚舊法'，則亦不對，那裏不是'皆廣四寸，厚四分'，也不是'椎重樸拙，不可旋運'，反而是太過輕弱。"

③古之人……與黃道同法：在黃、赤道環上，每度穿一孔穴，黃、赤道環以銅穿釘相連接。當歲差滿一度時，令黃道環和赤道環各移過一對孔穴相連接，可以更準確地反映歲差造成的黃、赤道度的變化。

④舊法黃赤道平設……自不凌蔽：言新法做了改進，不把黃、赤道環圈的中綫正安置在黃、赤道方向上，而是讓其偏在一邊，使環圈不至遮擋黃、赤道方向重要的天區。李志超注曰："這個設計考慮不是沈括的發明，'令瓚舊法'早有這種設計。"

⑤舊法地紘……默與天合：新法做出改進，不把地平環圈的中綫安置在正中腰的水平方向上，而是令地平環圈的上表面處於其上，這樣就可以

準確地測量出入地平的天體。

又言渾儀製器：[①]

渾儀之爲器，其屬有三，相因爲用。其在外者曰體，以立四方上下之定位。其次曰象，以法天之運行，常與天隨。[②]其在内機衡，璣以察緯，衡以察經。[③]求天地端極三明匿見者，體爲之用；察黄道降陟辰刻運徙者，象爲之用；四方上下無所不屬者，璣衡爲之用。[④]

體之爲器，爲圓規者四。其規之別：一曰經，經之規二并峙，正抵子午，若車輪之植。二規相距四寸，夾規爲齒，以別去極之度。[⑤]北極出紘之上三十有四度十分度之八強，南極下紘亦如之。對衡二釭，聯二規以爲一，釭中容樞。二曰緯，緯之規一，與經交於二極之中，若車輪之倚，南北距極皆九十一度強。夾規爲齒，以別周天之度。三曰紘，[⑥]紘之規一，上際當經之半，若車輪之僕，以考地際，周賦十二辰，以定八方。紘之下有跌，從一衡一，刻溝受水以爲平。中溝爲地，以受注水。四末建跌，[⑦]爲升龍四以負紘。凡渾儀之屬皆屬焉。龍吭爲綱維之四揵以爲固。[⑧]

象之爲器，爲圓規者四。其規之別：一曰璣，璣之規二并峙，相距如經之度。夾規爲齒，對衡二釭，釭中容樞，皆如經之率。[⑨]設之亦如經，其異者經膠而璣可旋。二曰赤道，赤道之規一，刻璣十分寸之三以衡赤道。⑩赤道設之如緯，其异者緯膠於經，而赤道衡於璣，有時而移，⑪度穿一竅，以移歲差。三曰黄道，黄道之規一，刻赤道十分寸之二以衡黄道，⑫其南出赤道之北際二十有四度，其北入赤道亦如之。交於奎、角，度穿一竅，以銅編屬於赤道。⑬歲差盈度，則并赤道徙而西。⑭黄、赤道夾規爲齒，以別均迤之度。

　　璣衡之爲器，爲圓規二，曰璣，對峙，相距如象璣之度，夾規爲齒，皆如象璣。其异者：象璣對衡二釭，而璣對衡二樞，貫于象璣天經之釭中。三物相重而不相膠，爲間十分寸之三，無使相切，所以利旋也。爲横簫二，兩端夾樞，屬于璣，其中挾衡爲横一，棲於横簫之間。⑮中衡爲轄，以貫横簫，兩末入于璣之韄而可旋。⑯璣可以左右，以察四方之祥；衡可以低昂，以察上下之祥。⑰

【注】

　　①又言渾儀製器：以下一大段，是《渾儀議》的第三部分，是渾儀結構設計的説明書。這一結構體系，屬於李淳風始創的三重環組類型。李淳風依次名之爲六合儀、三辰儀、四游儀。沈括則相應名之爲體、象、璣衡。文中没有載明結構的定量尺寸數據。但從上文第十條可知，他是將黄道游儀尺寸數基本保留而作的設計，最外環和最内環與唐代儀器相同。

　　②以法天之運行常與天隨：此處的天，是指以黄、赤道爲代表的恒星天。

　　③其在内璣衡璣以察緯衡以察經：此是指四游儀環旋轉在緯度圈上所達之處，給出該緯度上的不同經度數；而衡管俯仰所至，則給出所在經圈上的不同緯度數。

④求天地……璣衡爲之用：經和緯二維角度測量，依靠"萬向著節"型式的轉動結構，可以指向任何方位而皆有度數。

⑤二規相距四寸……以別去極之度：一個環的兩面都有齒，每齒一度。

⑥北極出紘……三曰紘：紘，通閎。《禮記·月令》曰"其器圜以閎"，注曰："閎讀如紘。紘，謂中寬，象土含物。"這與沈括的用意以紘象地相符。

⑦刻溝受水以爲平……四末建趺：溝爲地，即把溝做在地盤上，或直譯爲"爲溝設地"。又解："中溝"後十一字，非爲正文，或爲原文之小注，或爲後人竄入之衍文。趺：足座。地盤按傳統觀念是正方形，各邊正對東、西、南、北，故四末爲四角，即東南、西南、東北、西北四個方位。

⑧龍吭爲綱維之四捷以爲固：《説文》："綱，網紘也。"此與紘之名相對應，又《詩經·大雅·卷阿》"四方爲綱"，也與四方相對應。

⑨對衡二釭……皆如經之率：釭爲套在極樞之外的套管。

⑩刻璣十分寸之三以銜赤道：所謂刻者，於璣環内邊刻一缺口，深三分，以嵌裝赤道環。赤道環面寬三分，約合一厘米。

⑪赤道銜於璣有時而移：非經常移動，但與下文"移歲差"亦非一事。

⑫刻赤道十分寸之二以銜黃道：如刻璣以銜赤道之法，則黃道環面寬即爲二分，約合六毫米。

⑬以銅編：以銅釘穿。

⑭歲差盈度則并赤道徙而西：每當歲差積滿一度，就將赤道西移一度。赤道西徙，説明春分點在象璣上的位置固定。任何一架有此類設計的渾儀，實際上都沒有達到歲差積滿一度即七十二年的使用壽命。

⑮爲橫簫二……橫簫之間：此處沈括以橫簫命窺管之軸架，而一般則以之命窺管。

⑯中衡爲轊……兩末入于璣之罅而可旋：轊，車軸之端部，此以命中軸。衡管兩端要伸進雙璣環之間，以免橫搖。（以上本部分注多參考李志超注）

⑰以察上下之祥：應該說，沈括提出的以上改進意見，是經過深思熟慮的，其總的立意在於使渾儀運轉靈活、視野開闊、準確合理，達到提高觀測精度和使用效率的目的。沈括依此製造的渾儀，史稱熙寧渾儀，它在總體上與唐一行、梁令瓚的黃道游儀類似，尺度亦相仿，祇是做了如上改進。《渾儀議》是對熙寧渾儀合理性和先進性的極好論證，它與熙寧渾儀一起，在中國古代渾儀發展史上均占有重要地位。

《浮漏議》曰：①

　　播水之壺三，而受水之壺一。曰求壺、廢壺，方中皆圓尺有八寸，尺有四寸五分以深，其食二斛，爲積分四百六十六萬六千四百六十。②曰複壺，如求壺之度，中離以爲二，元一斛介八斗，而中有達。曰建壺，方尺，植三尺有五寸，其食斛有半。③求壺之水，複壺之所求也。壺盈則水馳，壺虛則水凝。複壺之脅爲枝渠，以爲水節。求壺進水暴，則流怒以搖，複以壺，又折以爲介。複爲枝渠，達其濫溢。枝渠之委，所謂廢壺也，以受廢水。三壺皆所以播水，爲水制也。自複壺之介，以玉權灑于建壺，建壺所以受水爲刻者也。建壺一易箭，則發土室以瀉之。求、複、建壺之泄，皆欲迫下，水所趣也。玉權下水之概寸，矯而上之然後發，則水撓而不躁也。複壺之達半求壺之注，玉權半複壺之達。枝渠博皆分，高如其博，平方如砥，以爲水概。④壺皆爲之幂，無使穢游，則水道不慧。求壺之幂龍紐，以其出水不窮也。複壺士紐，士所以生法者，複壺制法之器也。廢壺鯢紐，止水之瀋，鯢所伏也。⑤銅史令刻,執漏政也。⑥冬設熅燎,以澤凝也。注水以龍喙直頸附于壺體,直則易浚,附于壺體則難敗。⑦複壺玉爲之喙,衡于龍喙,謂之權,所以權其盈虛也。建壺之執室瓴塗而彌之以重帛,室則不吐也。⑧管之善利者,水所溲也,非玉則不能堅良以久。權之所出高則源輕,源輕則其委不悍而溲物不利。箭不效於璣衡,則易權、洗箭而改畫,覆以璣衡,謂之常不弊之術。今之下漏者,始嘗甚密,久復先大者,管泐也。⑨管泐而器皆弊者,無權也。弊而不可復壽者,術固也。察日之晷以璣衡,而制箭以日之晷迹,一刻之度,以賦餘刻,刻有不均者,建壺有眚也。贅者磨之,刱者補之,百刻一度,其壺乃善。⑩晝夜已復,而箭有餘才者,權鄙也。晝夜未復,而壺吐者,權沃也。如是,則調其權,此制器之法也。

下漏必用甘泉,惡其迣之爲壺眚也。⑪必用一源,泉之冽者,權之而重,重則敏於行,而爲箭之情慓;泉之鹵者,權之而輕,輕則椎於行,而爲箭之情駑。一井不可他汲,數汲則泉濁。陳水不可再注,再注則行利。此下漏之法也。

箭一如建壺之長,廣寸有五分,三分去二以爲之厚,其陽爲百刻,爲十二辰。博牘二十有一,如箭之長,廣五分,去半以爲之厚。陽爲五更,爲二十有五籌;陰刻消長之衰。三分箭之廣,其中刻契以容牘。夜算差一刻,則因箭而易牘。⑫鐐匏,⑬箭

舟也。其虚五升，重一鎰有半。鍛而赤柔者金之美
者也，然後漬而不墨，墨者其久必蝕。銀之有銅則
墨，銅之有錫則屑，特銅久瀹則腹敗而飲，皆工之
所不材也。⑭

【注】

①漏壺即西方所謂的水鐘，是中國古代最主要的計時儀器。在長期使用過程中，爲了提高計時精度，中國人對漏刻的理論和技術做過許多研究，有過許多專著。沈括積十餘年的實踐與研究，寫成了《熙寧晷漏》四卷，可惜這一以漏刻計時作爲研究課題的專著已經失傳。沈括的《浮漏議》是保存下來的最完整的一篇。

②播水之壺……四百六十：沈括的漏壺，由求壺、廢壺、複壺和建壺組成。方中皆圓；據《宋會要・運曆》，"圓"作"圍"，疑此句有訛誤。筆者認爲，此壺的長度均當作一尺八寸解，高一尺四寸五分，容積爲四百六十九萬八千立方分，正與"其食二斛"相應。即求壺等三壺的實際容積，稍大於二斛。若以爲尺有八寸指的是圓徑，算得容積就不及二斛。由此看來，播水之壺，從外形看，當爲偏長方形。這種形狀，在唐宋時很普遍。李志超注曰："圓，應爲圍，音玩。義爲削去棱角。""積分"，容積的立方總分數。

③曰建壺方尺植三尺有五寸其食斛有半：爲一個長方形的容器，壺内容箭、牘和箭舟。建壺下部有退水孔，名叫土室。

④複壺是沈括漏壺的核心部分，結構比較複雜。在複壺内置一隔板（"介"），將複壺分成左右兩部，隔板上有孔（"達"），所以兩部分又是相連通的。在複壺壺壁的上部，又開有長寬均爲一分的"平方如砥"的方孔（"枝渠"），讓複壺的水從這裏漫溢出去。因爲複壺的邊長爲尺有八寸，其真實容量爲二斛有餘，而複壺隔板左右兩部分衹要求有"八斗"和"一斛"的水量，所以，這實際上已指明了枝渠的下邊緣應開在複壺的上邊緣。而隔板的位置，與複壺左右壁的距離，應分別爲八寸和一尺。灑，同灑。概，本義爲平斗之木，枝渠對水的作用，也如刮斗的木板一樣。

《漢書·律曆志》有"以井水准其概"，是在斗中盛水，校正斗況使周邊在一個平面上。

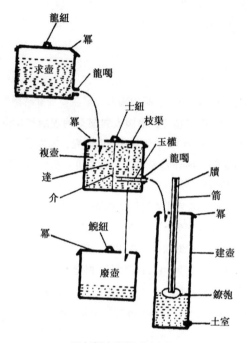

沈括漏壺縱剖面示意圖

（選自陳美東《中國科學技術史·天文卷》第 473 頁）

⑤壺皆爲之冪……鯢所伏也：這是説漏壺系統的四個壺均有蓋子，并且設計了三種不同形式：求壺之冪爲龍紐，複壺的爲士紐，廢壺的爲鯢紐，這些蓋紐爲便於開啓壺蓋而設，又是使漏壺外表美觀的裝飾品。

⑥銅史令刻執漏政也：舉着時刻牌的銅人，是執掌漏刻之政的使者。

⑦注水以龍喙直頸附于壺體……附于壺體則難敗：這是對複壺和求壺而言的，雖然這裏未明言求壺龍喙所在部位，據常理當位於求壺的底部。而"複壺玉爲之喙，銜於龍喙，謂之權"，即在複壺龍喙裏，又銜有直的玉權，作爲漏管。《浮漏議》明白無誤地指明了"達"和"玉權"的位

置，"複壺之達半求壺之注，玉權半複壺之達"，即隔板上的孔應開在複壺容有一斛水時的水平面的高度上，而玉權則安在複壺下邊緣附近。嚮，鳥嘴。龍嚮，形狀爲龍頭的注水孔。

⑧建壺之執窒……窒則不吐也：執和窒，均爲堵塞之義。瓴（fāng），陶瓷塞子。塗，義爲堵。

⑨今之下漏者……管泐也：密，精密。先大，所報時刻，定在天象應有時刻之前，也就是"鐘"走快了。"泐"（lè），石順紋理裂開。

⑩一刻之度……其壺乃善：度，指長度。百刻一度：與一百個分格長度相同。眚（shěng），缺陷，毛病。

⑪惡其垽之爲壺眚也：垽（yín），水垢。《爾雅》曰："澱謂之垽。"

⑫夜算：夜漏數，夜長刻數。古曆規定，冬至夜漏最長六十刻，夏至夜漏最短四十刻。夜漏減五刻爲昏刻，餘爲明刻。五等分昏刻爲五更，五等分一更爲二十五籌。籌也叫點。夜漏刻數，每增減一刻，就換一支牘。

⑬鐐鉋：《爾雅》曰："白金謂之銀，其美者謂之鐐。"鐐鉋即銀葫蘆。

⑭鍛而赤……皆工之所不材也：本段爲關於金屬材料特性的論述。墨，銀腐蝕後發黑之狀。屑，太脆易碎。"特銅"可能是指純銅。潘，出入水中。腹敗而飲，漏壺進水。

由以上介紹可知，漏壺的工作程序爲："求壺之水，複壺之所求也"，"其出水不窮也"，即水經求壺龍嚮，不停地注進複壺左半部，再經由達，緩緩流入右半部，多餘的水，不斷經由枝渠外溢。"枝渠之委，所謂廢壺也，以受廢水"。右半部的水，又不斷經過"玉權麗于建壺，建壺所以受水爲刻者"。水下箭舟與箭牘一起上浮，則可在箭、牘與建壺蓋的交界處，讀得辰、刻或更籌數值。

《景表議》曰：

步景之法，惟定南北爲難。古法置槷爲規，識日出之景與日入之景。晝參諸日中之景，夜考之極星。極星不當天中，而候景之法取晨夕景之最長者規之，兩表相去中折以參驗，最短之景爲日中。然測景之地，百里之間，地之高下東西不能無偏，其間又有邑屋山林之蔽，倘在人目之外，則與濁氛相雜，莫能知其所蔽，而濁氛又繫其日之明晦風雨，人間烟氣塵坌變作不常。臣在本局候景，入濁出濁之節，日日不同，此又不足以考見出没之實，則晨夕景之短長未能得其極數。①

參考舊聞，別立新術。候景之表三，其崇八尺，博三寸三分，殺一以爲厚者。圭首剡其南使偏銳。其趺方厚各二尺，環趺刻渠受水以爲準。以銅爲之。表四方志墨以爲中刻之，綴四繩，垂以銅丸，各當一方之墨。先約定四方，以三表南北相重，令趺相切，表别相去二尺，各使端直。四繩皆附墨，三表相去左右上下以度量之，令相重如一。自日初出，則量西景三表相去之度，又量三表之端景之所至，各别記之。至日欲入，候東景亦如之。長短同，相去之疎密又同，則以東西景端隨表景規之，半折以求最短之景。五者皆合，則半折最短之景爲北，表南墨之下爲南，東西景端爲東西。五候一有不合，未足以爲正。②既得四方，則惟設一表，方首，表下爲石席，以水平之，植表于席之南端。席廣三尺，長如九服。冬至之景，自表趺刻以爲分，分積爲寸，寸積爲尺。爲密室以棲表，當極爲霤，以下午景使當表端。③副表并趺崇四寸，趺博二寸，厚五分，方首，剡其南，以銅爲之。凡景表景薄不可辨，即以小表副之，則景墨而易度。④

【注】

①步景之法……得其極數：以往用日出之景和日入之景，或用夜考極星的傳統方法，測定東、西、南、北方向的實際困難。

②參考舊聞……未足以爲正：沈括對測定東、南、西、北四方的舊法做出改進如下：

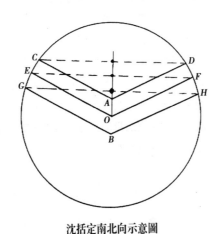

沈括定南北向示意圖

（陳美東繪）

在一水平地面上，沿大致南北的方向，竪立北、中、南三根八尺高的表，三表間距爲二尺。爲使中表與地面垂直，須在中表的大致的東、南、西、北四方適當位置上，各懸掛一條鉛垂綫，令中表同時處於東西兩鉛垂綫平面和南北兩鉛垂綫平面之中。對於南表和北表亦如此操作。以中表 O 爲中心，在地面上畫一圓，半徑不拘，如八尺左右均可，於日出日入時，分別記下三表 A、O、B 影在圓周上的交點。適當調整 AOB 的方向，當 AC = AD，OE = OF，BG = BH，CE = DF，EG = FH，即"五者皆合"時，CD、EF 或 GH 的中點與 O 的連綫即爲南北方向。有了南北方向之後，東西也可確定。"墨"，可解作黑，指黑綫、黑影。

③既得四方……使當表端：有關圭表的製作，仍取八尺爲表高，以銅製造，使與其下的石圭相垂直。石圭自表的根部向北水平設置，寬三尺，長一丈餘，并刻有分、寸、尺刻度。將圭表安置於密室之中，於密室頂部南北方向開一條縫，可依正午太陽的高度調整開合，使日光通過縫隙正好照於表端，在圭面上投下黑白分明的日影。這一設計，較圭表露天安置時表影的清晰度有所改進，這是提高表影清晰度的關鍵因素。

④副表……景墨而易度：當日光較微弱時，沈括還設計了一種小表即副表備用。副表以銅製造，高四寸，寬二寸，厚五分，端點呈鋭形。雖然日光較微弱，觀測者在密室中仍可見投射到圭面的一道光束：將副表在圭面上移動，令副表影端與光束相切，可達到提高表影清晰度的目的。

綜上所述，沈括在《景表議》中記載了他對圭表測景的三項改革：設北、中、南三表重測東、南、西、北四個方位，將圭表置於密室之中，設附表精測影端，以達到增加精度的目的。這三項改進確實有效，一直沿用到清代，成爲圭表測影中的傳統創造。

元祐間蘇頌①更作者，上置渾儀，中設渾象，旁設昏曉更籌，激水以運之。三器一機，吻合躔度，最爲奇巧。②宣和間，又嘗更作之。而此五儀者悉歸于金。③

中興更謀制作，紹興三年正月，工部員外郎袁正功獻渾儀木樣，太史局令丁師仁始請募工鑄造，且言："東京舊儀用銅二萬餘，今請折半用八千斤有奇。"已而不就，蓋在廷諸臣罕通其制度者。乃召蘇頌子携取頌遺書，考質舊法，而携亦不能通也。④至十四年，乃命宰臣秦檜提舉鑄渾儀，而以內侍邵諤專領其事，久而儀成。三十二年，始出其二置太史局。而高宗先自爲一儀置諸宮中，以測天象，其制差小，而邵諤所鑄蓋祖是焉，後在鐘鼓院者是也。⑤

　　清臺之儀，後其一在秘書省。按儀制度，表裏凡三重：其第一重曰六合儀，陽經徑四尺九寸六分，闊三寸二分，厚五分。南北正位，兩面各列周天度數，南北極出入地皆三十一度少，度闊三分。陰緯單環大小如陽經，闊三寸二分，厚一寸八分。上置水平池，闊九分，深四分，沿環通流，亦如舊制。內外八幹、十二枝，畫艮、巽、坤、乾卦於四維。第二重曰三辰儀，徑四尺三分，闊二寸二分，厚五分。釭釥刻畫如陽經。赤道單環，徑四尺一寸四分，闊一寸二分，厚五分。上列二十八宿，均天度數，闊二分七厘。黃道單環，徑四尺一寸四分，闊一寸二分，厚五分，上列七十二候，均分卦策，與赤道相交，出入各二十四度弱。百刻單環，徑四尺五寸六分，闊一寸二分，厚五分，上列晝夜刻數。第三重曰四游儀，徑三尺九寸，闊一寸九分，厚五分。釭釥刻畫如璿璣，度闊二分半。望筒長三尺六寸五分，內圓外方，中通孔竅，四面闊一寸四分七厘，窺眼闊三分，夾窺徑五尺三分。鰲雲以負龍柱，龍柱各高五尺二寸。十字平水臺高一尺一寸七分，長五尺七寸，闊五寸二分。水槽闊七分，深一寸二分。若水運之法與夫渾象，則不復設。[6]

　　其後朱熹家有渾儀，頗考水運制度，卒不可得。[7]蘇頌之書雖在，大抵於渾象以爲詳，而其尺寸多不載，是以難遽復云。舊制有白道儀以考月行，在望筒之旁。自熙寧沈括以爲無益而去之，南渡更造，亦不復設焉。

【注】

①蘇頌（1019—1101），宋代天文學家，字子容，泉州南安（今福建同安）人，歷仕仁宗、英宗、神宗、哲宗，官至吏部尚書、右丞相等職。與沈括爲同時代人，但蘇頌與沈括政見不同而屬於保守派。他於元祐三年（1088）組織韓公廉造水運儀象臺，并著《新儀象法要》一書。

②上置渾儀……最爲奇巧：言蘇頌製造的集渾儀、渾象、報時三種功能爲一體的天文儀器即水運儀象臺最爲奇巧，但此處并未做詳細介紹，也未提及其書。以水激之，可見不用水銀爲動力。元祐渾天儀象，現通稱水運儀象臺，是一座大型綜合性的天文儀器。它將渾儀、渾象、圭表、計量、報時等儀器功能集於一體。渾象爲報時裝置，可自動顯示天象或報時。渾儀亦可自動跟蹤天體，是近世轉移鍾的雛型。水運儀象臺是世界上最早的天文鍾，以其恢宏的規模、巧妙的設計和衆多創新著稱，不但在中國，而且在世界天文儀器製造史上，都占有很高的地位。

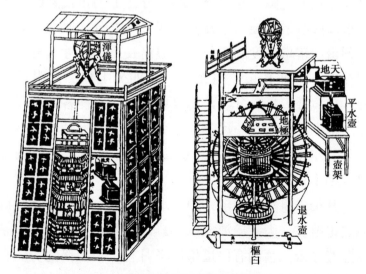

水運儀象臺臺體與内部結構示意圖

（選自《新儀象法要》）

③此五儀者悉歸于金：爲金所有的五件儀器，爲沈括製造的三件儀器、蘇頌的水運儀象臺和宣和年間更作的儀器。這是此《天文志》作者的意見。

④中興……不能通也：南宋安定之後，要恢復宋代天文機構，但舊儀亡失，不能製造，召蘇頌子蘇攜複製舊儀，攜也辦不了。

⑤至十四年……在鐘鼓院者是也：言自紹興十四年（1144），纔由秦檜主持，由内侍邵諤主其事，複製了兩件形制祇有一半大小的渾儀，臨時供天文觀測使用。整個南宋所使用的觀天儀器，也就是這兩件。

⑥清臺之儀……不復設：紹興年間複製的渾儀，祇有北宋渾儀的一半大小，但其結構則與北宋三重渾儀相似，祇是做了兩項變革：一是爲了適於臨安地區使用，其北極高度改用"三十一度少"；二是依據沈括意見，省去白道環。

⑦朱熹家有渾儀……卒不可得：朱熹家有渾儀，并未實見，祇是傳聞。所述水運制度，實則是指渾象的動力部分。

極度①

極星之在紫垣，爲七曜、三垣、二十八宿衆星所拱，是謂北極，爲天之正中。②而自唐以來，曆家以儀象考測，則中國南北極之正，③實去極星之北一度有半，此蓋中原地勢之度數也。④中興更造渾儀，而太史令丁師仁乃言："臨安府地勢向南，於北極高下，當量行移易。"⑤局官吕璨言："渾天無量行更易之制，若用於臨安與天參合，移之他往必有差忒。"⑥遂罷議。後十餘年，邵諤鑄儀，則果用臨安北極高下爲之。⑦以清臺儀校之，實去極星四度有奇也。⑧

【注】

①極度：北極星距離北天極的度數。

②北極與北極星并非一個概念，北極星爲靠近北天極的一顆星體，屬紫微垣。而北極則爲七曜、三垣、二十八宿拱圍的中心，是天之正中。

③中國南北極之正：當爲“中國北極之正”，此處似多一“南”字。中國古代無南極星的概念，更無南極星去南極一度半之説。

④自唐以來曆家以儀象考測……實去極星之北一度有半：此説時代有誤。《隋書·天文志》“經星中宫”曰：“祖暅以儀準候不動處，在紐星之末，猶一度有餘。”祖暅爲南朝梁代人，非唐人。此一失誤容易使人們産生時代上的誤差，没有意識到時代的差异引起極星位置的變化。

⑤丁師仁乃言……當量行移易：丁師仁的話容易讓人理解爲北極星距北極的高下與觀測緯度有關，故曰出於臨安地勢向南的情況，北極高下當另行測定。

⑥局官……必有差忒：局官吕璨反對臨安製儀時重測北極高度，認爲若儀器移往他處時又將不合。時人仍然有將臨安看作臨時首都的觀念。

⑦邵諤鑄儀則果用臨安北極高下爲之：邵諤製造的渾儀，果然采用臨安地區的北極高度進行安排，即上文提到的“三十一度少”。

⑧以清臺儀校之實去極星四度有奇也：紐星即當時的北極星，經南宋以渾儀測量，實際與北極相距四度多。渾儀的製造、安置，其實與極星和北極之差無關，但渾儀如果不對準北極，則測量結果也將不準。

黄、赤道

占天之法，以二十八宿爲綱維，分列四方，南北去極各九十有一度有奇，南低而北昂，去地各三十有六度，一定不易者，名之曰赤道。①以日躔半在赤道内，半在赤道外，出入内外極遠者皆二十有四度，以其行赤道之中者名之曰黄道。②凡五緯皆隨日由黄道行，③惟月之行有九道，四時交會歸於黄道而轉變焉，故有青、黑、白、赤四者之异名。④

夫赤道終古不移，則星舍宜無盈縮矣。⑤然自唐一行作《大衍曆》，以儀揆測之，得畢、觜、參、鬼四宿，分度與古不同。皇祐初，日官周琮以新儀測候，與唐一行尤異。紹聖二年，清臺以赤道度數有差，復命考正。惟牛、室、尾、柳四宿與舊法合，其他二十四宿躔度或多或寡。蓋天度之不齊，古人特紀其大綱，後世漸極於精密也。

　　若夫黃道橫絡天體，列宿躔度自隨歲差而增減。[⑥]中興以來，用《統元》《紀元》及《乾道》《淳熙》《開禧》《統天》《會元》，每一曆更一黃道，其多寡之異有不可勝載者，而步占家亦隨各曆之躔度焉。

【注】

　　①占天之法……名之曰赤道：以二十八宿爲基礎，分布於天球上的東、西、南、北四個方向，它們距離北極均爲五十五度，或距南方地平均爲三十六度，這個距離，都是固定不變的，從它們的方位看上去，都是南面低下，北面高昂，由此組成了一條圈環，名之曰赤道。

　　②以日躔……名之曰黃道：這是太陽運行的路徑，它的一半在赤道北，另一半在赤道南，距離赤道南北最遠處都爲二十四度多，運行於赤道之中的，名之曰黃道。

　　③凡五緯皆隨日由黃道行：金、木、水、火、土五大行星，都跟隨着太陽，沿黃道運行。其實五星各有自己的運行軌道，但與黃道夾角不大，均在七度範圍之內。明代以前的中國曆法家，知道五星能運行於黃道南北，但無推算緯度變化的方法。

　　④惟月之行有九道……之異名：衹有月亮運行另有軌道，稱爲九道，它們與黃道四時交會於四方，分別爲青道、黑道、白道、赤道。

　　⑤赤道終古不移則星舍宜無盈縮：赤道距北極的距離永不改變，那麼二十八宿中的各個星宿之間的距度也當没有改變。這是古代天文學家的看法。由於有歲差，實際距度也在變化，所以所測距度各代不同。

⑥列宿躔度自隨歲差而增減：二十八宿的距度，有黃道和赤道之別。從理論上説，衹有赤道距度有變，黃道距度是没有變化的。但由於中國古代使用偽黃緯，實際也有變化。

中星①

四時中星，見於《堯典》。②蓋聖人南面而治天下，即日行而定四時。虛、鳥、火、昴之度在天，夷隩析因之候在人。③故《書》首載之，以見授時爲政之大也。④而後世考驗冬至之日，堯時躔虛，至於三代則躔于女，春秋時在牛，至後漢永元已在斗矣。大略六十餘年輒差一度。⑤開禧占測已在箕宿，校之堯時，幾退四十餘度。蓋自漢太初至今，已差一氣有餘。⑥而太陽之躔十二次，大約中氣前後，乃得本月宮次。⑦蓋太陽日行一度，近歲《紀元曆》定歲差，約退一分四十餘秒。蓋太陽日行一度而微遲緩，一年周天而微差，積累分秒而躔度見焉。曆家考之，萬五千年之後，所差半周天，⑧寒暑將易位，世未有知其説者焉。⑨

【注】

①中星：指出現在中天即子午綫附近的恒星。中星必須定時，故有昏中星、旦中星之別。

②四時中星見於堯典：《堯典》曰："日中，星鳥，以殷仲春，厥民析……日永，星火，以正仲夏，厥民因……宵中，星虛，以殷仲秋，厥民夷……日短星昴，以正仲冬，厥民隩。"

③虛鳥火昴之度在天夷隩析因之候在人：如上注所引《堯典》，有鳥、火、虛、昴和析、因、夷、隩之詞。前者爲四時中星，後者爲在四時中人們相應的活動。析，分散而居；因，就高地而居；夷，到平地而居；隩，

到深室而居。

④書首載之以見授時爲政之大也：在《尚書》中首先記載，可見授時工作之重要。

⑤後世考驗……六十餘年輒差一度：自有史記載冬至日度的考驗，大致六十餘年差一度。這是至宋代中國人所認識的歲差值。其實這個歲差值還太大，經現代精測，爲七十餘年差一度。

⑥蓋自漢太初至今已差一氣有餘：一個節氣爲十五日多，即十五度有餘。

⑦太陽之躔十二次……乃得本月宮次：太陽行經十二次，大約在中氣前後，太陽行在本月的宮次上。

⑧太陽日行……所差半周天：由此進一步推算，大約經過一萬五千年，冬至日度就將差至半周。今人推得二萬六千年歲差循環一周。

⑨寒暑將易位世未有知其説者焉：經過半周，原本在冬至的日度，就將變爲夏至，就將寒暑易位，這種情況世人還不知道。

土圭

《周官》大司徒以土圭之法正日景，①以求地中。②而馮相氏春夏致日，秋冬致月，以辨四時之叙。漢之造曆必先定東西，立晷儀，唐詔太史測天下之晷，蓋校定日景，推驗氣節，必先乎此也。宋朝測景在浚儀之岳臺，崇寧間姚舜輔造《紀元曆》，求岳臺晷景，冬至後初限六十二日二十二分。蓋立八尺之表，俟圭尺上正八尺之景去冬至多寡日辰，立爲初限，用減二至，得一百二十日四十二分爲夏至後初限，以爲後法。蓋冬至之景，長短實與歲差相應，而地里遠近古今亦不同焉。③中興後，清臺亦立晷圭，如汴京之制，冬至必測驗焉。《統天曆》《開禧曆》亦皆以六十二日數分爲冬至初限，而議者謂臨安之晷景當與岳臺异。或謂當立八尺之表，俟圭景上八尺之景在四十九日有奇，當用四十九日五分爲臨安冬至後初限，用減二至限，得一百三十三日有奇爲夏至後初限。參合天道，其法爲密焉。然土圭之法本以致日景，求地中，而表景不應，災祥繫焉。^④占家知之，而亦不能知其所以然也。

【注】

①以土圭之法正日景：用土圭於中午測量日影長度的辦法，來確定節氣的正確日期。

②以求地中：中國古代認爲河南陽城爲大地的中央，人們至元明以後纔漸漸明白，這是一種錯誤觀念。

③冬至之景……而地里遠近古今亦不同焉：這句話也對也不對。按理說，冬至影長變化與歲差無關，祇要北極的位置不變，冬至日影長度就不會變。地里遠近亦同。但實測的結果發現，隨着歲差的變化，北極的指向也在發生緩慢的不依規則的微小變動。

④表景不應災祥繫焉：表影測量值如與前人所測結果不合，便是災祥即將發生的徵兆。古人還没有此説，這是胡亂附會觀念的進一步發展。

《宋史》卷四十九

志第二

天文二

紫微垣　太微垣　天市垣①

【注】

①紫微垣、太微垣、天市垣：合稱三垣。三垣是環繞着北極和比較靠近頭頂天空的星象，分紫微、太微、天市三個天區。各區都有東西兩蕃的星，圍繞成垣牆的樣子，因而叫做三垣。從三垣分布的大體情況來看，似乎以冬至太陽東升的方向爲觀察星象的標準。首先仰觀天頂，把北極周圍的廣大範圍定爲紫微垣，作爲中宮。中央部分確定之後，向它的西北觀察，把一定範圍内的星定爲太微垣，再向它的東南觀察，也把一定範圍内的星定爲天市垣。這樣纔能確定北斗星位於紫宫的西南，王良、造父星位於紫宫東北，紫宫的左右樞，也即紫宫的正門即南大門，正對着紫宫的南方。

紫微垣①

紫微垣東蕃八星，西蕃七星，在北斗北，左右環列，翊衞之象也。一曰大帝之坐，天子之常居也，主命、主度也。東蕃近閶闔門第一星爲左樞，第二星爲上

宰，三星曰少宰，四星曰上弼，一曰上輔。五星爲少弼，一
曰少輔。六星爲上衞，七星爲少衞，八星爲少丞。或曰上丞。
其西蕃近閭闔門第一星爲右樞，第二星爲少尉，第三星
爲上輔，第四星爲少輔，第五星爲上衞，第六星爲少
衞，第七星爲上丞。②其占，欲均明，大小有常，則内輔
盛；垣直，天子自將出征；門開，兵起宫垣。兩蕃正南
開如門，曰閶闔。③有流星自門出四野者，當有中使御命，
視其所往分野論之；④不依門出入者，外蕃國使也。太陰、
歲星犯紫微垣，有喪。太白、辰星犯之，改世。熒惑守
宫，君失位。⑤客星守，有不臣，國易政。國皇星，兵。
彗星犯，有异王立。流星犯之，爲兵、喪，水旱不調。
使星入北方，兵起。石氏云：⑥東西兩蕃總十六星，西蕃亦八星，一右樞，
二上尉，三少尉，四上輔，五少輔，六上衞，七少衞，八少丞。上宰一星，上輔二星，
三公也。少宰一星，少輔二星，三孤也。此三公、三孤在朝者也。左右樞、上少丞，
疑丞輔弼，四鄰之謂也。尉二星，衞四星，六軍大副尉，四衞將軍也。⑦

　　北極五星在紫微宫中，北辰最尊者也，其紐星爲天
樞，天運無窮，三光迭耀，而極星不移，故曰："居其
所而衆星共之。"樞星在天心，四方去極各九十一度。
賈逵、張衡、蔡邕、王蕃、陸績皆以北極紐星之樞，是
不動處。在紐星末猶一度有餘。今清臺則去極四度半。⑧
第一星主月，太子也；二星主日，帝王也，亦太一之
坐，謂最赤明者也；第三星主五行，庶子也。《乾象新星
書》⑨曰："第三星主五行，第四星主諸王，第五星爲後宫。"閎云："北極五星，初
一曰帝，次二曰后，次三曰妃，次四曰太子，次五曰庶子。"四曰太子者，最赤明者
也。後四星勾曲以抱之者，帝星也。太公望以爲北辰，以爲耀魄寶，以爲帝極者是
也。或以勾陳口中一星爲耀魄寶者，非是。⑩北極中星不明，主不用

事；右星不明，太子憂；左星不明，庶子憂；明大動
搖，主好出游；色青微者，凶。客星入，爲兵、喪。彗
入，爲易位。流星入，兵起地動。

【注】

①紫微垣：三垣的中垣，居北天中央位置，故稱中宮，或稱紫宮、紫
垣。紫微宮是皇宮的意思，其中各星均給以適當的官名或與宮廷有關的其
他名稱。其垣牆，主要有十五顆星組成，分東西兩區，以北極爲中心，或
屏藩形狀，似兩弓相合，環而成垣。紫微垣可以説大概相當於現今所謂恒
星圈。它包含現今國際通用的小熊、大熊、天龍、獵犬、牧夫、武仙、仙
王、仙后、鹿豹等星座。爲了認識和解説方便，今分別引載藪內清《宋代
的星宿》（載《東方學報》，第七册，京都，1936 年日文版）相應各表和
明顧錫疇《天文圖》中相關星圖如下。

紫微垣表

號數	星座	距　星		去極度（°）		入宿度		赤經（°）
1	北極	太子	小熊 γ	15 度	14.78	心	3 度	234.10
2	四輔			4 度				
3	天乙		天龍 i	20.5 度	20.21	亢	1 度	201.73
4	太乙		Boss3539	21 度	20.70	亢	1 度	201.73
5	左垣	左樞	天龍 ι	27.5 度	27.10	房	1 度	226.64
		上宰	天龍 θ	28 度	27.60	尾	1 度	238.21
		少宰	天龍 η	26 度	25.63	尾	4 度	241.17
		上弼	天龍 ζ	24 度	23.65	箕	初度	256.28
		少弼	天龍 υ	18 度	17.74	斗	12 度	278.37
		上衛	天龍 73	15.5 度	15.28	女	7 度	305.83
		少衛	仙王 π	15.5 度	15.28	軫	5 度	176.83
		少丞	仙后 23	16 度	15.77	奎	4 度	3.45

（續表）

號數	星座	距 星		去極度（°）		入宿度		赤經（°）
6	右垣	右樞	天龍α	21度	20.70	亢	8度	208.62
		少尉	天龍κ	18.5度	18.23	軫	9度	180.77
		上輔	天龍λ	15.5度	15.28	翼	4.5度	157.90
		少輔	大熊d	16.5度	16.26	柳	4度	120.67
		上衛	鹿豹43	19.5度	19.22	參	8度	78.83
		少衛	鹿豹α	18.5度	18.23	昴	9度	51.29
		上丞	鹿豹七	20度	19.71	胃	初0.5度	27.80
7	陰德	東星（陰德二）	Boss3893	19度	18.73	房	2度	227.62
8	尚書	西南星（尚書三）	天龍ζ	19度	18.73	尾	14度	251.02
9	女史		天龍34	17.5度	17.25	斗	2度	268.51
10	柱史		天龍φ	18度	17.74	斗	13度	279.35
11	御女	西南星（御女四）	天龍χ	13.5度	13.31	奎	1度	292.76
12	天柱	東南星（天柱二）	天龍77	13.5度	13.31	危	初度	319.17
13	大理	東星（大理二）	Boss4021	23.5度	23.16	心	5度	236.07
14	勾陳	大星（勾陳一）	小熊α	6.5度	6.41	壁	5度	356.15
15	六甲	南星（六甲五）	仙王44H	15度	14.78	奎	4度	3.44
16	天皇大帝		仙王32H	8.5度	8.61	室	11度	345.28
17	五帝內座	中大星（五帝內座三）	仙王34H	12.5度	11.83	室	6度	340.35
18	華蓋	中大星（華蓋四）	仙后31	26度	25.63	婁	4度	19.76
	杠（附）	南第一星（杠九）	仙后38	14.5度	14.29	婁	11度	26.66
19	傳舍	西第四星（傳舍四）	仙后32	28.5度	28.09	胃	5度	32.24
20	內階	西南星（內階一）	大熊o	23度	22.67	井	26度	107.02
21	天厨	大星（天厨一）	天龍δ	24度	23.66	斗	22度	288.22
22	八穀	西南星（八穀五）	鹿豹7	31.5度	31.05	畢	3度	56.46

（續表）

號數	星座	距　星		去極度（°）		入宿度		赤經（°）
23	天棓	南星（天棓五）	武仙ι	44度	43.37	箕	3度	259.24
24	天床	西南星（天床六）	Boss3827	22度	21.68	氐	12.5度	222.15
25	内厨	西南星（内厨二）	天龍8	19.5度	19.22	軫	11度	182.74
26	文昌	西南星（文昌五）	大熊i	34.5度	34.00	柳	2.5度	119.19
27	三師	西星（三師一）	大熊ρ	21度	20.70	張	初0.5度	136.95
28	太尊		大熊ψ	39度	38.44	張	9度	145.33
29	天牢	西北星（天牢一）	大熊ω	28度	27.60	張	6度	142.37
30	太陽守		大熊χ	37度	36.47	翼	10度	163.31
31	勢	東北星（勢四）	小獅46	31度	30.56	翼	2度	155.43
32	相		獵犬5	33度	32.53	軫	4度	175.84
33	三公	東星（三公二）	獵犬24	35度少	34.74	角	6度	194.87
34	玄戈		牧夫λ	39度	38.44	亢	4度	204.68
35	天理	東南星（天理三）	大熊66	28.5度	28.09	翼	9度	162.33
36	北斗	天樞（北斗一）	大熊α	23.5度	23.16	張	10度	146.32
		天璿（北斗二）	大熊β	29度	28.58	張	10度	146.32
		天璣（北斗三）	大熊γ	31度	30.56	翼	11度	164.30
		天權（北斗四）	大熊δ	29度	28.58	軫	初度	171.90
		玉衡（北斗五）	大熊ε	28度	27.60	軫	11度	182.74
		開陽（北斗六）	大熊ζ	30度	29.57	角	2.5度	191.42
		搖光（北斗七）	大熊η	35度	34.50	角	9度	197.83
	輔(附)		大熊81	30度	29.57	角	3度	191.91
37	天槍	大星（天槍三）	牧夫θ	32.5度	32.03	氐	初度	209.83

　　②以上説紫微垣垣牆東八星、西七星。東西左右的判别是，五月黄昏，北斗在南，這時左樞等星在東、右樞在西，如兩弓相合，故有東蕃"第一星爲左樞"、西蕃"第一星爲右樞"之説。陳遵嬀《中國天文學史》

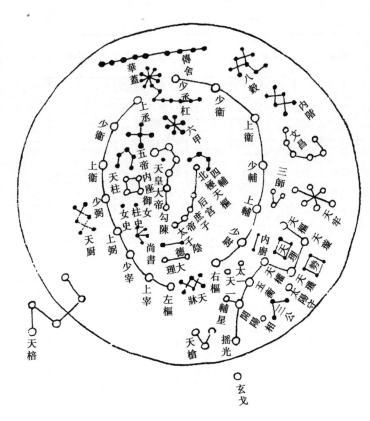

明顧錫疇《天文圖》中的紫微垣星圖

的説法與此正好相反，誤。

　　③兩蕃正南開如門曰閶闔：兩面垣牆圍合在一起，祇有在正南面之左右樞星之處，似打開之門，名之曰閶闔。又於正北東少丞與西上丞之間也有一門，稱爲北門。北門外有閣道、南門有輦道以供出入。

　　④有流星自門出四野者當有中使御命視其所往分野論之：流星從門中流出，象徵天帝派出的使者，按流星隕落的所在分野，判别出使的地方。“御”或爲“啣”“銜”。

　　⑤熒惑守宮君失位：熒惑守候在紫宫，君主將失去帝位。守的概念還

比較模糊，凡是五星守候在該星座時，均可稱爲守，但以上還有太陰、歲星犯紫微垣等占辭，就有問題了。按定義，兩天體相距一度（一尺）之内爲犯，紫宫距黄道甚遠，月和五星是永遠不能相犯的，故這一虛擬的假設等於廢話。

⑥石氏云：《開元占經》等星占書中，載有大量石氏曰、甘氏曰、巫咸曰等占語，另有《石氏星經》《甘氏星經》等書，經後人研究，均爲兩漢魏晋南北朝時人僞托甘石的流派。以下多引石氏、《乾象新星書》爲小注。

⑦《宋史·天文志》對於全天星座的記述最爲詳盡，共包括三垣、二十八宿之四方星座計三卷，每一個星座又包括星名、星數、方位和對應的分野占辭等。因文字淺近，不必一一加以注釋，今僅擇難解之處釋之。

⑧賈逵……去極四度半：賈逵、張衡、蔡邕、王蕃、陸績都以紐星爲北極不動處；梁祖暅測得紐星去極一度有餘；而紐星距極四度半，則爲南宋的觀測結果。可惜這一發現并未引起人們對北極有移動的理論認識。

⑨《乾象新星書》：景祐元年（1034），仁宗命太子洗馬兼司天春官正權同監判楊維德、春官正王立等，編撰春秋以來諸家天文占書，至景祐元年七月編成，命之爲《景祐乾象新書》，全書共三十卷，内容除了日月星占，其中最重要的是"周天星座去極、入宿度一卷"，這是楊維德等人受命後所作的恒星實測星表，也是《宋史·天文志》編排全天星座的主要依據。

⑩第一星……非是：對北極五星，自下而上第一爲太子，第二爲帝王、第三爲庶子、第五爲紐星都有交代，唯第四星不明，實際這點自《晋志》《隋志》交代均不明確，作志者於此想引其他著作加以補充説明，但結果仍不明確，甚至更加模糊。《步天歌》就説得很明確：大帝之座第二珠，第三之星庶子居，第一號曰爲太子，四爲後宫五天樞。

北斗七星在太微北，杓攜龍角，衡殷南斗，魁枕參首，是爲帝車，運於中央，臨制四海，以建四時、均五行、移節度、定諸紀，①乃七政之樞機，陰陽之元本也。②魁第一星曰天樞，正星，主天，又曰樞爲天，主陽德，天子象。其分爲秦，《漢志》主徐州。《天象占》曰："天子不恭宗廟，不敬鬼神，則不明，變色。"③二曰璇，法星，主地，又曰璇爲地，主陰刑，女主象。其分爲楚，《漢志》主益州。《天象占》曰："若廣營宮室，妄鑿山陵，則不明，變色。"三曰璣，爲人，主火，爲令星，主中禍。其分爲梁，《漢志》主冀州。若王者不恤民，驟征役，則不明，變色。四曰權，爲時，主水，爲伐星，主天理，伐無道。其分爲吳，《漢志》主荆州。若號令不順四時，則不明，變色。五曰玉衡，爲音，主土，爲殺星，主中央，助四方，殺有罪。其分爲燕，《漢志》主兗州。若廢正樂，務淫聲，則不明，變色。六曰闓陽，爲律，主木，爲危星，主天倉、五穀。其分爲趙，《漢志》主揚州。若不勸農桑，峻刑法，退賢能，則不明，變色。七曰搖光，爲星，主金，爲部星，爲應星，主兵。其分爲齊，《漢志》主豫州。王者聚金寶，不修德，則不明，變色。又曰一至四爲魁，魁爲璇璣；五至七爲杓，杓爲玉衡：是爲七政，星明其國昌。④第八曰弼星，在第七星右，不見，《漢志》主幽州。第九曰輔星，在第六星左，常見，《漢志》主并州。《晉志》，輔星傅乎闓陽，⑤所以佐斗成功，丞相之象也。其色在春青黃，在夏赤黃，秋爲白黃，冬爲黑黃。變常則國有兵殃，明則臣強。斗旁欲多星則安，斗中星少則人恐。太陰犯之，爲兵、喪、大赦。白暈貫三星，王者惡之。星孛于北斗，主危。彗星犯，爲易主。流星犯，主客兵。客星犯，爲兵。五星犯之，國亂易主。

　　按北斗與輔星爲八，而《漢志》云九星，武密⑥及楊維德皆采用之。《史記索隱》云："北斗星間相去各九千里。其二陰星不見者，相去八千里。"而丹元子《步天歌》⑦亦云九星，《漢書》必有所本矣。⑧

【注】

①枓攜龍角……定諸紀：引自《史記·天官書》。

②七政之樞機陰陽之元本：北斗七星是日月五星運動的樞紐中心，是產生宇宙間陰陽變化的根本。這兩句話是《宋史·天文志》作者自己的發揮，元本即本源。

③天象占……變色：查《宋史·藝文志五》載有無名氏《天象占》一卷，可見宋元時確有《天象占》一書，從所引內容看，大概是宋人編撰的星占書，今佚。

④魁第一星……星明其國昌：言北斗諸星獨有的分野與占事關係，并且不同說法差異很大。《天象占》爲其中的一種。這裏引《漢志》對應的分野文字，查《漢書》之天文、律曆、五行等志均不載。《開元占經》引陸績《渾圖》有此說："魁星，第一星主徐州，第二星主益州，第三星主冀州，第四星主荆州，第五星主兗州，第六星主揚州，第七星主豫州。"

北斗七星，是紫微垣中最明亮、"身份"最特殊的星座。其七顆星中，除了第四顆天權爲一等星，其餘均爲二等星。多種迹象表明，它在遠古時曾作爲北極的標志星，并用以定季節，稱爲北辰。在北斗七星中，每一顆星都有自己的名稱，自斗口至斗柄依次爲：天樞、天璇、天璣、天權、玉衡、開（《宋史·天文志》稱爲"闓"）陽、搖光。在第六顆闓（開）陽星的旁邊，還有一顆三等星稱爲輔星。遠古時的北極，就在天樞星附近，整個北斗七星，不分晝夜地圍繞着北極運轉，故有璿璣玉衡之說。

⑤輔星傅乎闓陽：輔星是輔助闓（開）陽之星。輔星爲北斗第六星的

附星，比闓（開）陽星稍暗，故有輔助之義。輔星并非北斗七星之一，這是後人的附會之辭。

⑥武密：《唐書·藝文志四》載《武密古今通占鏡》三十卷，《宋史·藝文志五》載《武密古今通占鑑》三十卷，當爲同一書，“鏡”爲“鑑”字同義而混用。

⑦丹元子步天歌：丹元子，隋人。鄭樵《通志》有引載。筆者著《步天歌解説》，可以參閱（首都師範大學出版社，2008）。

⑧第八曰弼星……必有所本：北斗九星之説，自古有很多傳聞，但無明確記載。本志以上所引有關九星的文獻并不準確。《步天歌》并無九星之文。《漢書·天文志》亦無九星之説，僅《後漢書·天文志》注引《星經》説：“琁、璣者，謂北極星也。玉衡者，謂斗九星也。……第八星主幽州……第九星主并州。”《史記·天官書》曰：“杓端有兩星：一內爲矛，招搖；一外爲楯，天鋒。”《史記集解》引晉灼曰：“外，遠北斗也。在招搖南，一名玄戈。”因此，北斗第八星爲玄戈，第九星爲招搖。以北斗第九星作爲斗柄季節指向，文獻亦有記載：《淮南子·時則訓》曰：“孟春之月，招搖指寅”；“仲春之月，招搖指卯……季冬之月，招搖指丑。”

勾陳六星，在紫宮中，五帝之後宮也，太帝之正妃也，大帝之帝居也。《樂緯》曰：“主後宮。”巫咸曰：“主天子護軍。”《荆州占》：“主大司馬。”或曰主六軍將軍。或曰主三公、三師，爲萬物之母。①六星比陳，象六宮之化，其端大星曰元始，餘星乘之曰庶妾，在北極配六輔。甘氏曰：勾陳在辰極左，是爲鉤陳衛六軍將軍。或以爲後宮，非是。勾陳口中一星爲陽德，天皇大帝内坐。或即以爲天皇大帝，非是。②其占，色不欲甚明，明即女主惡之。星盛，則輔强；主不用諫，佞人在側，則不見。客星入之，色蒼白，將有憂；白，爲立將；赤黑，將死。客星出而色赤，戰有功；守之，後宮有女使欲謀。彗星犯之，後宮有謀，近臣憂。流星入，爲迫主。青氣入，大將憂。③

天皇大帝一星，在勾陳口中，其神曰耀魄寶，主御群靈，執萬神圖，大人之象也。客星犯之，爲除舊布新。彗、孛犯，大臣叛。流星犯，國有憂。雲氣入之，潤澤，吉。黃白氣入，連大帝坐，臣獻美女；出天皇上者，改立王。④

【注】

①勾陳六星……萬物之母：講勾陳星名的含義和方位。勾陳共有六顆星，在紫宮的中央，是五帝的後宮，天帝的正妃，萬物之母。

②六星比陳……天皇大帝非是：講勾陳六星的分布。六顆星的分布陳列，就如天帝的六宮，其中上面的大星爲元妃，其餘下面之星爲天帝之庶妾，而上面成彎勾狀的兩顆星爲勾陳之尾。《史記·天官書》曰："後句四星，末大星正妃，餘三星後宮之屬。"可見中國的星座理論是發展的，《史記·天官書》祗説"後句四星"，上面大星爲正妃，下面三小星爲後宮之屬，所謂勾陳之尾的上面兩小星是後來附加的。所謂勾陳大星，就是元明至今的北極星。

③其占……大將憂：講勾陳六星相應的占事。勾陳是天帝的輔臣，其色不要明，要星盛，則輔強，有異星相犯，後宮有憂。

④天皇大帝……改立王：天皇大帝這顆星十分奇特，它是一顆不顯眼的小星，在西方古代傳統星表中也找不到它的蹤迹。在《史記·天官書》中也未記載這顆星。它僅出現在甘氏星表中。甘氏曰："天皇大帝一星，在鈎陳口中。"《甘氏贊》曰："天皇大帝，秉萬神圖。"可能正是"勾陳口中"的説法具體明確，纔被陳卓收爲三家星表中的一員。勾陳之口在何處呢？祗能釋爲勾陳大星上面的彎勾之處。"秉萬神圖"可理解爲執掌萬神之神，分明是帝星的又一象徵。故此處《宋史·天文志》發揮説："主御群靈，執萬神圖，大人之象也。"然而，後人判定天皇大帝的位置在勾陳口中，這個位置在帝星紐星和勾陳大星的前方，從未做過北極星，難以

想象星占家會給以天皇大帝的身份，故筆者以爲，甘氏所説的勾陳之口，很可能是指四輔之口，因此，甘氏所説的天皇大帝，原本就是指紐星，祇是陳卓做了錯誤的認定，這個錯誤一直延續至今。至於"勾陳"和"鈎陳"，是不同時代用字不同所致，其意相同。

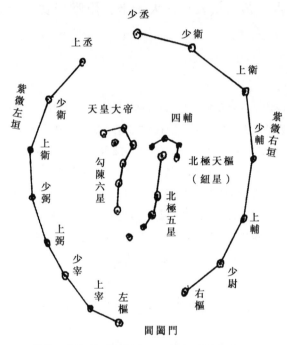

紫微垣中的兩個主要星座——北極五星和勾陳六星

（據明顧錫疇《天文圖》描摹）

四輔四星，又名四弼，在極星側，是曰帝之四鄰，所以輔佐北極，而出度授政也。去極星各四度。閣云："四輔一名中斗。"或以爲後宮，非是。武密曰："光浮而動，凶；明小，吉；暗，則不理。"客星犯之，大臣憂。彗、孛犯，權臣死。流星犯，大臣黜。黄白氣入，四輔有喜。白氣入，相失位。①

五帝内坐五星，在華蓋下，設叙順，帝所居也。②色正，吉；變色，爲災。客星犯紫宫中坐，占爲大臣犯主。彗、孛犯之，民饑，大臣憂，三年有兵起。流星犯，爲兵起、臣叛；出，爲有誅戮。雲氣入，色黄，太子即位，期六十日；赤黄，人君有异。

六甲六星，在華蓋杠旁，主分陰陽，配節候，故在帝旁，所以布政教、授農時也。明，則陰陽和；不明，則寒暑易節；星亡，水旱不時。客星犯之，色赤，爲旱；黑，爲水；白，則人多疫。彗、孛犯，女主出政令。流星犯，爲水旱，術士誅。雲氣犯，色黄，術士興。蒼白，史官受爵。③

柱史一星，在北極東，主記過，左右史之象。一云在天柱前，司上帝之言動。④星明，爲史官得人；不明，反是。客星犯之，史官有黜者。彗、孛犯，太子憂，若百官黜。流星犯，君有咎。雲氣犯，色黄，史有爵禄。蒼白氣入，左右史死。

女史一星，在柱史北，婦人之微者，主傳漏。⑤

天柱五星，在東垣下，一云在五帝左稍前，主建政教。一曰法五行，主晦朔、晝夜之職。⑥明正，則吉，人安，陰陽調；不然，則司歷過。客星犯之，國中有賊。彗、孛犯，宗廟不安，君憂，一曰三公當之。雲氣赤黄，君喜；黑，三公死。

女御四星，在大帝北，一云在勾陳腹，一云在帝坐東北，御妻之象也。⑦星明，多內寵。客星犯之，後宮有謀，一云自戮。孛、彗犯，後宮有誅。流星犯，後宮有出者，一云外國進美女。雲氣化黃，爲後宮有子喜；蒼白，多病。

尚書五星，在紫微東蕃內，大理東北，《晋志》在東南維，一云在天柱右稍前，主納言，夙夜咨謀，龍作納言之象。⑧彗、孛犯之，官有叛，或太子憂。流星若出，則尚書出使；犯之，諫官黜，八坐憂。雲氣入，黃，爲喜；黃而赤，尚書出鎮；黑，尚書有坐罪者。

大理二星，在宮門左，一云在尚書前，主平刑斷獄。⑨明，則刑憲平；不明，則獄有冤酷。客星犯之，貴臣下獄；色黃，赦；白，受戮；赤黃，無罪；守之，則刑獄冤滯，或刑官有黜。彗犯，獄官憂；流星，占同。雲氣入，黃白，爲赦；黑，法官黜。

陰德二星，巫咸圖有之，在尚書西，甘氏云："陰德外坐在尚書右，陽德外坐在陰德右，太陰太陽入垣翊衛也。"《天官書》則以"前列直斗口三星，隨北斗銳，若見若不見，曰陰德"，謂施德不欲人知也。主周急振撫。⑩明，則立太子，或女主治天下。客星犯之，爲旱、饑；守之，發粟振給。彗、孛犯，後宮有逆謀。流星犯，君令不行。雲氣入，黃，爲喜；青黑，爲憂。⑪

【注】

①四輔……相失位：極星即紐星，其四周四星名四輔，又名四弼，爲帝輔之象，故有大臣、丞相之比。"四鄰"則是《宋志》的說法。

②五帝内坐五星……帝所居也：以往人們没有對五帝座含義的明確解釋，甚至有人理解爲五個古帝的象徵，此解實誤。《宋史·天文志》首次作了正確的解釋：“設叙順，帝所居也。”意思是天帝按順序設立的座位，也就是説，五帝座的五顆星均爲天帝的座位，與遠古五帝没有關係。所謂五帝座的順序，即春季東方蒼帝之座，夏季南方炎帝之座，秋季西方白帝之座，冬季北方黑帝之座。

③六甲六星……史官受爵：六甲六星在勾陳北、華蓋下方。六甲的含義，即爲安排四時六十甲子的曆官。正因爲這樣，纔有流星犯、術士誅、雲氣犯、術士興之類的占辭。

④柱史……司上帝之言動：柱史即柱下史，因其辦公常在帝廷柱下而得名。秦時爲御史，記帝言行之官。

⑤女史……主傳漏：女史，負責傳管漏刻的婦女。

⑥天柱五星……晝夜之職：天柱五星，指春秋時帝王於每月朔望懸於龍廷頒布每月政教方針的五個柱子，故有主建政教、法五行之義。

⑦女御四星……御妻之象：一種看法認爲，女御星就是天帝的女人中的低層女子如妃嬪等。或曰，前既有後宮、勾陳正妃、庶妃，這裏又有女御，似有重複之嫌，或爲采自三家不同星表所致。

⑧尚書五星……龍作納言之象：尚書，戰國時始設，爲執掌文書奏章之官，漢成帝時始設尚書五人，分曹辦事，爲協助皇帝辦理政務之官。這是星官中設尚書五星的來曆。主納言，夙夜咨謀，爲其主要任務，故下文有“犯之，諫官黜”的相應占文。

⑨大理二星……主平刑斷獄：大理，秦漢時之廷尉，至北齊改稱大理寺卿，歷代沿用爲主管刑獄之官，故其下占語曰：“明，則刑憲平；不明，則獄有冤酷。”

⑩陰德二星……主周急振撫：言用德之義，爲施德不讓人知道、救人濟難，故曰“積陰德”。陰德星，甘氏認爲二星，《文曜鈎》爲三星，後世考爲二星。文中引甘氏語，言在此二德星中，尚書星右的星爲陰德星，而陰德星右邊的那顆星陽陽德星，二星是太陰、太陽出入的護衛。巫咸圖，《宋史·藝文志》不載，可能是宋人的星圖書，今佚。

⑪明則立太子……青黑爲憂：對國家、對君主有利的星要其明，反之

要其暗，如此，纔能對國家君主有利。星占家認爲五星和恒星均有顏色的變化，其變化爲吉凶之象徵。《史記·天官書》記載了五星顏色變化與星占的關係，白圜爲喪、旱；赤圜爲不平、爲兵；青圜爲憂、水；黑圜爲疾、多死；黃圜，吉。

天牀六星，在紫微垣南門外，主寢舍解息燕休。一曰在二樞之間，備幸之所也。①陶隱居云：“傾則天王失位。”客星入宮中，有刺客，或内侍憂。彗、孛犯之，主憂，大臣失位。流星犯，后妃叛，女主立，或人君易位。雲氣入，色黃，天子得美女，後宮喜有子；蒼白，主不安，青黑，憂；白，凶。

華蓋七星，杠九星如蓋有柄下垂，以覆大帝之坐也。在紫微宮臨勾陳之上。②正，吉；傾，則凶。客星犯之，王室有憂，兵起。彗、孛犯，兵起，國易政。流星犯，兵起宮内，以赦解之；貫華蓋，三公災。雲氣入，黃白，主喜；赤黃，侯王喜。

傳舍九星，在華蓋上，近河，賓客之館，主北使入中國。③客星犯，邦有憂；一曰客星守之，備姦使；亦曰北地兵起。彗、孛犯，守之，亦爲北兵。黑雲氣入，北兵侵中國。

八穀八星，在華蓋西，五車北，一曰在諸王西。武密曰：“主候歲豐儉，一稻、二黍、三大麥、四小麥、五大豆、六小豆、七粟、八麻。”甘氏曰：“八穀在宮北門之右，司親耕，司候歲，司尚食。”星明，吉；一星亡，一穀不登；八星不見，大饑。客星入，穀貴。彗星入，爲水。黑雲氣犯之，八穀不收。④

内階六星，在文昌東北，天皇之階也。一曰上帝幸文館之内階也。明，吉；傾動，憂。彗、孛、客、流星犯之，人君遜避之象。⑤

文昌六星，在北斗魁前，紫微垣西，天之六府也，主集計天道。⑥一曰上將、大將軍，建威武；二曰次將、尚書，正左右；三曰貴相、大常，理文緒；四曰司禄、司中、司隷，賞功進；五曰司命、司怪、太史，主滅咎；六曰司寇、大理，佐理寶。所謂一者，起北斗魁前近内階者也。明潤色黃，大小齊，天瑞臻，四海安；青黑微細，則多所殘害；動搖，三公黜。月暈其宿，大赦。歲星守之，兵起。熒惑守之，將凶。太白守入，兵興。填星守，國安。客星守，大臣叛。彗、孛犯，大亂。流星犯，宮内亂。

三公三星，在北斗杓南，及魁第一星西，一云在斗柄東，爲太尉、司徒、司空之象。在魁西者名三師，占與三公同，皆主宣德化，調七政，和陰陽之官也。⑦移徙，不吉；居常，則安；一星亡，天下危；二星亡，天下亂；三星不見，天下不治。客星犯，三公憂。彗、孛及流星犯之，三公死。

天牢六星，在北斗魁下，貴人之牢也，主繩愆禁暴。⑧甘氏云：“賤人之牢也。”⑨月暈入，多盗。熒惑犯之，民相食，國有敗兵。太白、歲星守，國多犯法。客星、彗星犯之，三公下獄，或將相憂。流星犯之，有赦宥之令。

【注】

①天牀六星……備幸之所：天牀六星，象徵紫宮中天子休息之牀，臨幸嬪妃之所。此處將天牀星設置於垣牆南門之外甚不合理，當在垣内。

②華蓋七星杠九星：華蓋七星與杠九星組合成天帝出行車駕上的覆蓋，設置於北門之口，等待天帝出行之用。

③傳舍九星：接待外賓的館舍稱爲傳舍。九星象徵九部外人，言外人之衆多。

④八穀：指稻、黍、大麥、小麥、大豆、小豆、粟、麻八種穀物。

⑤内階六星：爲天皇的六個台階。

⑥文昌六星：文昌爲六宫之府。《春秋緯元命苞》釋文昌含義時説："文昌主集計禍福也。天道，文者精所聚，昌者揚天紀。輔弼并居，成天象。"

⑦三公、三師：皇家最高軍政長官，周時以太師、太傅、太保爲三公，秦時爲太尉、御史大夫、丞相爲三公，北魏以後稱太師、大傅、太保爲三師。三公、三師，同爲皇家最高軍政長官的不同稱謂，故曰皆主宣德化、調七政、和陰陽。不過，在紫微垣中，三公、三師爲兩個不同星座，三師在文昌下，三公在北斗下方。

⑧天牢六星……主繩愆禁暴：言天牢六顆星，在北斗七星斗魁的下方，爲貴人的牢獄，主管繩罪禁暴。祇是天牢星的位置尚不明確，"北斗魁下"爲北斗斗魁的何方還不明確，故《步天歌》又説"天牢六星大尊邊"。宋以後星圖上天牢星座的位置，介於文昌與斗魁之間，與"斗魁下"的説法似有差别。以上爲紫宫垣牆外北面八個星座。

⑨甘氏云賤人之牢也：上文曰"貴人之牢"，《晋志》和《隋志》均持此説，兩種説法是矛盾的。但是，甘氏云天牢爲賤人之牢亦有所本。《史記·天官書》曰："在斗魁中，貴人之牢。"《集解》引孟康曰："《傳》曰：'天理四星在斗魁中。貴人牢名曰天理。'"又曰："有句圈十五星，屬杓，曰賤人之牢。其牢中星實則囚多，虚則開出。"《索隱》案：《詩記曆樞》云："賤人牢，一曰天獄。"又《樂汁圖》云："連營，賤人牢。"

《正義》也説貫索爲賤人牢，可見漢以前將天牢看作賤人牢是一致的，司馬貞注也是這個意見。此處説天牢爲貴人之牢突出李淳風的意見，而李淳風所撰《晉志》《隋志》曰"貴人之牢"，很可能是賤人之牢的筆誤。

勢四星，在太陽守西北，一曰在璣星北。勢，腐刑人也，①主助宣王命，内常侍官也。②以不明爲吉，明則閹人擅權。

天理四星，在北斗魁中，貴人之牢也。星不欲明，其中有星則貴人下獄。客星犯，多獄。彗、孛犯之，國危。赤雲氣犯之，兵大起，將相行兵。

相一星，在北斗第四星南，總百司，集衆事，掌邦典，以佐帝王。一曰在中斗文昌之南，在朝少師行大宰者。明，吉；暗，凶；亡，則相黜。

太陽守一星，在相星西北，斗第三星西南，大將大臣之象，主設武備以戒不虞。一曰在下台北，太尉官也，在朝少傅行大司馬者。③明，吉；暗，凶。客、彗、孛犯之，爲易政，將相憂，兵亂。雲氣入，黄，爲喜；蒼白，將死；赤，大臣憂。

内厨二星，在紫微垣西南外，主六宫之内飲食，及后妃夫人與太子燕飲。彗、孛或流星犯之，飲食有毒。

天厨六星，在扶筐北，一曰在東北維外，主盛饌，今光禄厨也。星亡，則饑；不見，爲凶。客星、流星犯之，亦爲饑。④

天一一星，在紫微宫門右星南，天帝之神也，主戰鬭，知吉凶。明，則陰陽和，萬物盛，人君吉；亡，則天下亂。客星犯，五穀貴。彗、孛犯之，臣叛。流星犯，兵起，民流。雲氣犯，黃，君臣和；黑，宰相黜。

太一一星，在天一南相近一度，亦天帝神也，主使十六神，知風雨、水旱、兵革、饑饉、疾疫、災害所在之國也。明，吉；暗，凶；離位，有水旱。客星犯，兵起，民流，火災，水旱，饑饉。彗、孛犯，兵、喪。流星犯，宰相、史官黜。雲氣犯，黃白，百官受賜；赤爲旱、兵；蒼白，民多疫。⑤

天槍三星，在北斗杓東。一曰天鉞，天之武備也，故在紫微宮左右，所以禦難也。明，吉；暗、小，兵敗；芒角動，兵起。客星、彗星、流星犯，皆爲兵、饑。

天棓五星，在女牀北，天子先驅也，主分争與刑罰藏兵，亦所以禦難，備非常也。一星不具，其國兵起；明，有憂；細微，吉。客星入，兵、喪。彗星守，兵起。流星犯，諸侯多争。雲氣犯，蒼白、黑，爲凶。

天戈一星，又名玄戈，在招搖北，主北方。芒角、動搖，則北兵起。客星守之，北兵敗。彗、孛、流星犯之，占同。雲氣犯，黑，爲北兵退；蒼白，北人病。⑥

太尊一星，在中台北，貴戚也。⑦不見，爲憂。客、彗、流星犯之，并爲貴戚將敗之徵。

按《步天歌》載，中宮紫微垣經星常宿可名者三十五坐，積數一百六十有四。而《晉志》所載太尊、天戈、天槍、天棓皆屬太微垣，八穀八星在天市垣，與《步天歌》不同。

【注】

①腐刑人：百衲本等作"腐形人"，中華書局校點本也作"腐形人"，但"腐形人"之名無解。查殿本作"腐刑人"，知百衲本、中華書局校點本均爲"腐刑人"之誤。釋如下注。

②勢四星……内常侍官也：勢，腐刑人也，腐刑即宫刑。太監爲宫刑人，爲閹人，故有"内常侍官"之語。

③太陽守一星……大司馬者：太陽守星，這個星名比較反常，義爲守衛太陽的官。太陽比喻爲天子，故下文有大將、太尉、大司馬的對應官名。

④内厨二星、天厨六星：内厨與天厨有分工，内厨主管六宫内飲食，天厨則主天子盛宴之所。

⑤天一一星、太一一星：其含義是相同的，均爲天帝之神，即爲天帝的化身。《史記·殷本紀》曰："子天乙立，是爲成湯。"《索隱》曰："殷人尊湯，故曰天乙。"天一即天乙。人們崇敬湯，湯便成爲天上的天乙星。據今人研究，在殷代及殷以前，人們曾分別以天一、太一星爲北極星，故以之爲星名。

⑥天槍三星、天棓五星、天戈一星：天槍、天棓、天戈，爲中國古代的三種武器，作爲天帝禦難之用。槍可以刺、棓可以打、戈可擊可鈎。棓即棒。天戈又名玄戈。

⑦太尊：天帝尊貴的親戚。以上爲紫宫垣牆外南面的十二個星座。

太微垣①

太微垣十星，《漢志》曰："南宫朱鳥，權、衡。"《晋志》曰："天子庭也，五帝之坐也，十二諸侯之府也。其外蕃，九卿也。一曰太微爲衡，衡主平也；②又爲天庭，理法平辭，監升授德，列宿受符，諸神考節，舒情稽疑也。南蕃中二星間曰端門。東曰左執法，廷尉之象。西曰右執法，御史大夫之象。執法所以舉刺凶邪。左執法東，左掖門也。右執法西，右掖門也。東蕃四星：南第一曰上相，其北東太陽門也；第二曰次相，其北中華東門也；第三曰次將，其北東太陰門也；第四曰上將，所謂四輔也。西蕃四星：南第一曰上將，其北西太陽門也；第二曰次將，其北中華西門也；第三曰次相，其北西太陰門也；第四曰上相，亦曰四輔也。"《漢志》："環衛十二星，蕃臣：西，將；東，相；南四星，執法；中，端門；左右，掖門。"《乾象新書》：十星，東西各五，在翼、軫北。其西蕃北星爲上相，南門右星爲右執法。③東西蕃有芒及動搖者，諸侯謀上。執法移，刑罰尤急。月、五星，入太微軌道，吉；其所犯中坐，成刑。月犯太微垣，輔臣惡之，又君弱臣強，四方兵不制；犯執法，《海中占》云："將相有免者期三年。"月入東西門、左右掖門，而南出端門，有叛臣，君憂；入西門，出東門，君憂，大臣假主威。月中犯乘守四輔，爲臣失禮，輔臣有誅。月暈，天子以兵自衞。一月三暈太微，有赦。月食太微，大臣憂，王者惡之。歲星入，有赦；犯之，執法臣有憂；入東門，天下有急兵；守之，將、相、執法憲臣死；入端門，守天庭，大禍至；入南門，出東門，旱；入南門，逆出西門，國有喪；逆行入東門，出西門，國破亡。填星、熒惑犯之，逆行入，爲兵、喪；犯上將，上將憂；守端門，國破亡，或三公謀上，有戮臣；犯西上將，天子戰于野，上相死入太微，色白無芒，天下饑；退行不正，有大獄；犯太微門，左右將死；入天庭在屏星南，出左掖門左將死，右掖門右將死，直出端門無咎；入太微，凌犯、留止，爲兵，入二十日廷尉當之，留天庭十日有赦；犯太微東南陬，歲饑，執法大臣憂；犯上相，大臣死。填星犯入太微，有德令，女主執政。若逆行執法、四輔，守之，有憂；守太微，國破；守西蕃，王者憂。太白犯入太微，爲兵，大臣相殺；留守，有兵、喪；與填星犯太微中，王者惡之；入右掖門，從端門出，貴人奪勢；晝見太微，國有兵、喪。月掩太白于端門，外國受兵。辰星犯太微，天子當之，有內亂；入天庭，後宮憂，大水；守左右執法，入，兵起，有赦；入西門，後宮災，大水；入西門，出東門，爲兵、喪、水災。客星犯入太微，色黃白，天子喜；出入端門，國有憂；左掖門，旱；右掖門，國亂；出天庭，有苛令，兵起；入太微三十日，有赦；犯四輔，輔臣凶。彗星犯太微，天下易；出太微，宮中憂，火災；犯執法，執法者黜；犯天庭，王者有立；孛于翼，近太微上將，爲兵、喪；孛于西蕃，主革命；孛五帝，亡國殺君。流星出太微，大臣有外事；出南門甚衆，貴人有死者；縱橫太微宮，主弱臣強；由端門入翼，光照地有聲，有立王。雲氣出入，色微青，君失位。青白黑雲氣入左右掖，爲喪；出，無咎。赤氣入東掖門，內兵起。黃白雲氣入太微垣，人主喜，年壽長。入左右掖門，天子有德令。黑及蒼白氣入，天子憂，出則無咎。黑氣如蛇入垣門，有喪。

【注】

①太微垣，是三垣中的上垣，分布在紫微垣的西北，在北斗南方，横跨辰、巳、午三宫，約占天空六十三度的範圍。北自常陳，南至明堂，東自上台，西至上將，下臨翼、軫、角、亢四宿。大抵相當於室女、獅子、后髮星座的一部分。它包含二十個星座，正星七十八顆，增星一百顆，主要以垣牆十星和五帝座爲中心，成屏藩形狀。太微是官府的意思，所以星名多用官名，例如，左執法是廷尉之象，右執法爲御史大夫，東西蕃星名是東西上相、次相、上將、次將等。現將星名綜合列載下表：

太微垣星表

號數	星座	距　　星		去極度（°）		入宿度		赤經(°)
1	謁者		室女 ε	83 度	81.81	軫	1 度	172.89
2	三公	東星（三公三）	室女 35	84.5 度	83.29	軫	6 度	177.81
3	九卿	西北星（九卿一）	室女 ρ	75 度	73.92	軫	7 度	178.90
4	五諸侯	西星（五諸侯五）	后髮 6	70 度	68.99	軫	1 度	172.89
5	内屏	西南星（内屏二）	室女 ν	80 度	78.85	翼	10 度	163.32
6	内五帝座	中大星（五帝座一）	獅子 β	71.5 度	70.48	翼	11 度	164.30
7	幸臣		后髮 52	66.5 度	65.54	翼	15 度	168.24
8	太子		獅子 93	66.5 度	65.54	翼	11 度	164.79
9	從官		獅子 92	64.5 度	63.57	翼	8.5 度	161.84
10	郎將		后髮 31	47.5 度	46.82	軫	11 度	182.74
11	虎賁		獅子 72	62 度少	61.36	翼	2 度	155.43
12	常陳	東星（常陳一）	獵犬 α	51.5 度	50.76	軫	初度	171.90
13	郎位	西南星（郎位十四）	后髮 5	60 度	59.14	翼	18 度	171.20

（續表）

號數	星座	距　星		去極度（°）		入宿度		赤經（°）
14	右垣	右執法	室女β	84 度	82.79	翼	12.5 度	165.78
		上將	獅子σ	80 度	78.85	翼	4 度	157.40
		次將	獅子ι	75 度	73.92	翼	5 度	158.39
		次相	獅子θ	70.5 度	69.49	翼	3 度	156.42
		上相	獅子δ	65.5 度	64.56	翼	2 度	155.43
15	左垣	左執法	室女η	86 度	84.76	軫	0.5 度	172.39
		上相	室女γ	87 度	85.75	軫	8 度	179.79
		次相	室女δ	81.5 度	80.33	軫	10 度	181.76
		次將	室女ε	74.5 度	73.43	軫	12.5 度	184.22
		上將	后髮42	68 度	67.02	軫	14 度	185.70
16	明堂	西南星（明堂三）	獅子ε	90 度	88.71	翼	4.5 度	157.90
17	靈臺	南星（靈臺三）	獅子d	80.5 度	79.34	翼	初度	153.46
18	少微	東南大星（少微一）	獅子52	65.5 度	64.56	張	15.5 度	151.74
19	長垣	南星（長垣四）	獅子48	76 度	74.91	張	14 度	150.26
20	三台 上台	西北星（上台一）	大熊ι	39.5 度	38.93	柳	2 度	118.70
	中台	西北星（中台一）	大熊λ	43 度	42.38	張	2 度	138.43
	下台	西北星（下台一）	大熊ν	52 度	51.25	翼	2 度	155.43

②南宮朱雀鳥……衡主平也：《史記·天官書》曰：“南宮朱鳥，權、衡。衡，太微。”衡爲秤杆，權爲秤錘，是秤衡中的兩個不可缺少的部件。

③太微垣十星……爲右執法：太微垣十星組成太微垣的垣牆，其十顆星的星名，其東垣自下而上，依次爲左執法、上相、次相、次將、上將。其西垣自下而上，依次爲右執法、上將、次將、次相、上相。左右執法之間爲端門，其餘每兩星之間各有一門，自下而上分別爲右右掖門、東西太陽門、東西華門、東西太陰門。

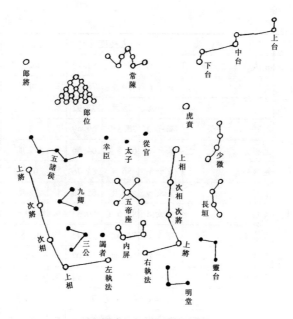

明顧錫疇之太微垣星圖示意圖

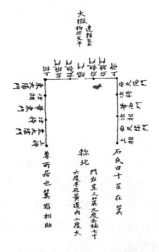

唐《天地瑞祥志》中的太微垣諸門示意圖

　　内五帝坐五星，内一星在太微中，黄帝坐，含樞紐之神也。①天子動得天度，止得地意，從容中道則明以光，不明則人主當求賢以輔法；不則奪勢。四帝星夾黄帝坐，四方各去二度。②東方，蒼帝靈威仰之神也。南方，赤帝赤熛怒之神也。西方，白帝白招拒之神也。北方，黑帝叶光紀之神也。③黄帝坐明，天子壽，威令行；小，則反是，勢在臣下；若亡，大人當之。月出坐北，禍大；出坐南，禍小；出近之，大臣誅，或饑；犯黄帝坐，有亂臣。抵帝坐，有土功事。月暈帝坐，有赦。《海中占》：月犯帝坐，人主惡之。五星守黄帝坐，大人憂。熒惑、太白入，有强臣。歲星犯，有非其主立。熒惑犯，兵亂；入天庭，至帝坐，有赦。太白入之，兵在宫中。填逆行，守黄帝坐，亡君之戒。五星入，色白，爲亂。客星色黄白抵帝坐，臣獻美女。彗星入，宫亂；抵帝坐，或如粉絮，兵、喪并起。流星犯之，大臣憂；抵四帝坐，輔臣憂，人多死。蒼白氣抵帝坐，天子有喪；青赤，近臣欲謀其主；黄白，天子有子孫喜。月犯四帝，天下有喪，諸侯有憂。五星犯四帝，爲憂。

　　太子一星，在帝坐北，帝儲也。儲有德，則星明潤。雲氣入，黄爲喜，黑爲憂。太白、熒惑、客星、流星守犯，皆爲憂。一云金、火守之，或入，太子不廢則爲篡逆之事。

　　内五諸侯五星，在九卿西，内侍天子，不之國也。《乾象新書》：在郎位南，辟雍禮得，則星明；亡，則諸侯黜。

從官一星，在太子北，侍臣也。以不見爲安，一曰不見則帝不安，如常則吉。

幸臣一星，在帝坐東北，常侍太子，以暗爲吉。《新書》：在太子東，青赤氣入之，近臣謀君不成。

內屏四星，在端門內，近右執法。屏者所以擁蔽帝庭也。④

左右執法各一星，在端門兩旁，左爲廷尉之象，右爲御史大夫之象，主舉刺凶姦。君臣有禮，則光明潤澤。《乾象新書》：在中台南，明，則法令平。月、五星及客星犯守，則君臣失禮，輔臣黜。熒惑、太白入，爲兵。流星犯之，尚書憂。

郎位十五星，在帝坐東北，一曰依烏郎府也。周之元士，漢之光禄、中散、諫議、議郎、郎中是其職，主衞守也。其星不具，后妃災，幸臣誅。星明大，或客星入之，大臣爲亂，元士憂。彗、孛犯，郎官失勢。彗星、枉矢出其次，郎佐謀叛。熒惑守之，兵、喪。赤氣入，兵起；黃白，吉；黑，凶。

郎將一星，在郎位北，主閱具，以爲武備也。若今之左右中郎將。《新書》曰：在太微垣東北。明，大臣叛。客星犯守，郎將誅。黃白氣入，則受賜。流星犯，將軍憂。

常陳七星，如畢狀，在帝坐北，天子宿衞虎賁之士，以設强禦也。星搖動，天子自出將；明，則武兵用；微，則弱。客星犯，王者行誅。⑤

【注】

①內五帝坐五星……含樞紐之神也：五帝座五星，在太微垣的中部。其中間一顆星名黃帝座，爲含樞紐之神。"內一星在太微中"，文理不通，實際五顆星均在太微宮中，故這裏文字有錯亂，其中"內一星"三字，當移置於"太微中"後，調整後的文字："內五帝坐五星，在太微中。內一星，黃帝坐，含樞紐之神。"《史記·天官書》曰："太微，三光之廷"，"其內五星，五帝坐"。《正義》曰："黃帝坐一星，在太微宮中，含樞紐之神。四星夾黃帝坐。"其說正與此合。

②四帝星夾黃帝坐四方各去二度：黃帝座一星，夾在四帝座的中間，四方帝星各距黃帝座二度。

③東方……叶光紀之神"：這四個帝星座之名爲東方蒼帝靈威仰，南方赤帝赤熛怒，西方白帝白招拒，北方黑帝叶光紀，中方黃帝含樞紐。其實，這五帝的神位，爲天帝五季中的不同座位。

④以上太子一星、內五諸侯五星、從官一星、幸臣一星在五帝座北，爲天帝親近之臣，其隔着內屏四星，面對南面百官。

⑤以上左右執法、郎位、郎將、常陳四個星座，爲執政、治法令、主守衛、具武備、分主宿衛之職。

九卿三星，在三公北，主治萬事，①今九卿之象也。《乾象新書》：在內五諸侯南，占與天紀同。

三公三星，在謁者東北，內坐朝會之所居也。《乾象新書》：在九卿南，其占與紫微垣三公同。

謁者一星，在左執法東北，主贊賓客，辨疑惑。②《乾象新書》：在太微垣門內，左執法北。明盛，則四夷朝貢。

三台六星，兩兩而居，起文昌，列抵太微。一曰天柱，三公之位也。在人曰三公，在天曰三台，主開德宣符。西近文昌二星，曰上台，爲司命，主壽；次二星曰中台，爲司中，主宗室；東二星曰下台，爲司禄，主兵：所以昭德塞違也。又曰三台爲天階，太一躡以上下。一曰泰階，上階上星爲天子，下星爲女主；中階上星爲諸侯三公，下星爲卿大夫；下階上星爲士，下星爲庶人：所以和陰陽而理萬物也。又曰上台，上星主兖、豫，下星主荆、揚；中台上星主梁、雍，下星主冀；下台上星主青，下星主徐。③人主好兵，則上階上星疏而色赤。修宫廣囿，肆聲色，則上階合而橫。君弱則上階迫而色暗。公侯背叛，率部動兵，則中階上星赤。外夷來侵，邊國騷動，則中階下星疏而橫，色白。卿大夫廢正向邪，則中階下星疏而色赤。民不從令，犯刑爲盗，則上階下星色黑。去本就末，奢侈相尚，則下階上星闊而橫，色白。君臣有道，賦省刑清，則上階爲之戚。諸侯貢聘，公卿盡忠，則中階爲之比。庶人奉化，徭役有叙，則下階爲之密。若主奢欲，數奪民時，則上階爲之奪。諸侯僭强，公卿專貪，則中階爲之疏。士庶逐末，豪傑相凌，則下階爲之闊。三階平，則陰陽和，風雨時，穀豐世泰；不平，則反是。三台不具，天下失計。色明齊等，君臣和而政令行；微細，反是。一曰天柱不見，王者惡之。司命星亡，春不得耕。司中不具，夏不得耨。司禄不具，秋不得穫。一曰三台色青，天下疾；赤，爲兵；黄潤，爲德；白，爲喪；黑，爲憂。月入，君憂，臣亂，公族叛。月入而暈，三公下獄。客星入之，貴臣賜爵邑；出而色蒼，臣奪爵；守之，大臣黜，或貴臣多病。彗星犯，三公黜。流星入，天下兵將憂；抵中台，將相憂，人主惡之。雲氣入，蒼白，民多傷；黃白潤澤，民安君喜；黃，將相喜；赤，爲憂；青黑，憂在三公；蒼白，三公黜。

　　按上台二星在柳北，其北星入柳六度。中台二星其北入張二度。下台二星在太微垣西蕃北，其北星入翼二度。武密書：三台屬鬼，又屬柳、屬張。《乾象新書》：上台屬柳，中台屬張，下台屬翼。④

長垣四星，⑤在少微星南，主界域，及北方。熒惑入之，北人入中國。太白入，九卿謀，邊將叛。彗、孛犯之，北地不安。流星入，北方兵起，將入中國。

少微四星，在太微西，士大夫之位也。一名處士，亦天子副主，或曰博士官，一曰主衛掖門。南第一星處士，第二星議士，第三星博士，第四星大夫。⑥明大而黃，則賢士舉。月五星犯守處士，女主憂，宰相易。歲犯，小人用，忠臣危。火犯，賢德退。土犯，宰相易，女主憂。金犯，大臣誅，又曰以所居主占之。客星、孛星犯之，王者憂，姦臣衆。彗星犯，功臣有罪，一曰法令臣誅。流星出，賢良進，道術用。雲氣入，色蒼白，賢士憂，大臣黜。

靈臺三星，⑦在明堂西，神之精明曰靈，四方而高曰臺，主觀雲物，察符瑞，候災變也。武密曰：與司怪占同。

虎賁一星，⑧在下台星南，一曰在太微西蕃北，下台南，靜室旄頭之騎官也。明，則臣順，與車騎星同占。

明堂三星，在太微西南角外，天子布政之宫。明吉，暗凶。五星、客星及彗犯之，主不安其宫。

右上元太微宫常星一十九坐，積數七十有八，而《晋志》所載，少微、長垣各四星，屬天市垣，與《步天歌》不同。

【注】

①九卿三星……主治萬事：九卿，中樞的最高辦事團體，秦漢時置。

②謁者一星：謁者，主掌管傳達帝王使命，春秋時始設，沿置於隋唐，宋以後廢。此處的三公，與紫宫之三公同義。太微垣之三公、九卿、謁者，均出自甘氏星表，與石氏之執法、相將均有重複之嫌。

③三台六星……下星主徐：三台六星，兩兩并列，位居太微垣西北，上台星北與文昌星相接。關於三台之名的含義有多種解釋：一曰三公；二曰三司，即爲司命、司中、司禄之官；三曰天階，即將貴族區分爲上、中、下三個等級；四爲分野，上台主兖、豫、荆、揚，中台主梁、雍，下台主青、徐。對應於不同的解釋，其對應的占辭又有不同。

④按上台……下台屬翼：自《步天歌》以後，將全天星座分爲三垣二十八宿，計三十一個天區，每顆恒星各有所屬。除了三垣，其餘所有恒星均以經綫爲界，劃分二十八宿歸屬。由於三台星位於太微垣外西北，有些星表分配歸屬時，將三台星配於二十八宿，由於劃界有異，故有屬鬼、屬柳、屬張之别。

⑤長垣：含義與長城同。

⑥少微……第四星大夫：少微爲士大夫之位，又名處士，爲不當官的在野之士。如何對待這部分人，對於國家的興旺衰敗關係很大，故其下占文曰"明大而黄，則賢士舉"，异星犯之，則"賢德退"。

⑦靈臺：古代的觀象臺。

⑧虎賁：勇士。

天市垣①

天市垣二十二星，在氐、房、心、尾、箕、斗内宫之内。②東蕃十一星：南一曰宋，二曰南海，三曰燕，四曰東海，五曰徐，六曰吴越，七曰齊，八曰中山，九曰九河，十曰趙，十一曰魏。西蕃十一星：南一曰韓，二曰楚，三曰梁，四曰巴，五曰蜀，六曰秦，七曰周，八曰鄭，九曰晋，十曰河間，十一曰河中。③象天王在上，諸侯朝王，王出皋門大朝會，西方諸侯在應門左，東方諸侯在應門右。其率諸侯幸都市也亦然。④一曰在房、心東北，主權衡，主聚衆。又曰天旗庭，主斬戮事。《乾象新書》曰：市中星衆潤澤，則歲實。熒惑守之，戮不忠之臣。彗星掃之，爲徙市易都。客星入，爲兵起；出，爲貴喪。《天文録》⑤曰：天子之市，天下所會也。星明大，則市吏急，商人無利；小，則反是；忽然不明，糴貴；中多小星，則民富。月入天市，易政更弊，近臣有抵罪，兵起。月守其中，女主憂，大臣災。五星入，將相憂，五官災；守之，主市驚更弊。又曰：五星入，兵起。熒惑守，大饑，火災。或芒角色赤如血，市臣叛。填星守，糴貴。太白入，起兵，糴貴。辰星守，蠻夷君死。客星守，度量不平；星色白，市亂；出天市，有喪。彗星守，穀貴；出天市，豪傑起，徙易市都；掃帝坐，出天市，除舊布新。流星入，色蒼白，物貴；赤，火災，民疫。一曰出天市，爲外兵。雲氣入，色蒼白，民多疾；蒼黑，物貴；出，物賤；黄白，物賤；黑，爲嗇夫死。⑥

【注】

①天市垣，是三垣的下垣，它在紫微垣的東南，横跨丑、寅、卯三宫，約占東南天空五十七度的範圍，北自七公，南至南海，東起巴蜀，西至吴越，下臨房、心、尾、箕四宿，共包含十九星座，正星八十七顆，增星一百七十三顆（見下表）。垣牆由二十二星組成，以帝星爲中心，成屏藩形狀。天市爲天子率諸侯幸都市開展各諸侯國物資交流的場所。東西藩各十一星，都以地方諸侯命名。這些星名，多是春秋時代的國名，其它星名，也有明確含義。例如，宗正是宗大夫、宗室之象，帝輔血脈之象，是執政的皇族，而宗人則是一般貴族。斛和斗主量者，斛量固體，斗量液體，帛度主尺度，屠肆是屠畜市場，列肆主寶玉之貨，車肆主百貨之區的商品市場，市樓爲市府，主市價、律度、金錢、珠玉等。天市垣相當於現今的武仙、巨蛇、蛇夫等星座。

天市垣星表

號數	星座	距　星		去極度 (°)		入宿度		赤經(°)
1	右垣	河中（右垣一）	武仙 β	66.5	65.54	尾	1 度	238.21
		河間（右垣二）	武仙 γ	78.5	77.87	心	4 度	234.59
		晋（右垣三）	武仙 κ	68.5	67.52	心	1 度	228.61
		鄭（右垣四）	巨蛇 γ	71.5	69.99	房	3 度	228.61
		周（右垣五）	巨蛇 β	71.5	70.48	房	初度	225.65
		秦（右垣六）	巨蛇 δ	76	74.91	氐	12.5 度	222.15
		蜀（右垣七）	巨蛇 α	80.5	79.34	氐	15 度	224.61
		巴（右垣八）	巨蛇 ε	83	81.81	房	1 度	226.64
		梁（右垣九）	蛇夫 δ	92	90.68	心	初度	231.14
		楚（右垣十）	蛇夫 ε	92	90.68	心	1 度	232.13
		韓（右垣十一）	蛇夫 ζ	98.5	97.58	心	5 長	236.06
2	左垣	魏（左垣一）	武仙 δ	64.5	63.57	尾	12 度	249.05
		趙（左垣二）	武仙 λ	63.5	62.59	尾	16 度	252.99

（續表）

號數	星座	距　星		去極度（°）		入宿度		赤經(°)
		九河（左垣三）	武仙 μ	62.5	61.60	箕	0.5 度	256.77
		中山（左垣四）	武仙 o	62	61.11	箕	6.5 度	262.69
		齊（左垣五）	武仙 112	70	68.99	斗	5 度	271.74
		吴越（左垣六）	天鷹 ζ	78	76.88	斗	9 度	275.41
		徐（左垣七）	巨蛇 θ	87.5	86.24	斗	6 度	272.45
		東海（左垣八）	巨蛇 η	93.5	92.16	箕	7.5 度	263.67
		燕（左垣九）	蛇夫 ν	100	98.56	箕	1.5 度	257.76
		南海（左垣十）	巨蛇 ξ	106	104.48	尾	14 度	251.02
		宋（左垣十一）	蛇夫 η	105.5	103.98	尾	7 度	244.13
3	市樓	東南星（市樓二）	巨蛇 o	98	96.59	尾	12 度	249.05
4	車肆	西南星（車肆二）	蛇夫 20	100	98.56	尾	3 度	240.18
5	宗正	西大星（宗正一）	蛇夫 β	85.5	84.27	尾	16 度	252.99
6	宗人	大星（宗人二）	蛇夫 67	86	84.76	箕	1 度	257.27
7	宗	北大星（宗一）	蛇夫 110	80.5	79.34	箕	5 度	261.21
8	帛度	北星（帛度一）	武仙 95	69 少	68.25	箕	3 度	259.24
9	屠肆	南星（屠肆二）	武仙 98	68.5	67.52	箕	8 度	259.24
10	候		蛇夫 α	78.5	77.37	尾	16 度	252.99
11	帝座		武仙 α	75	73.92	尾	10 度	247.08
12	宦者	南星（宦者四）	蛇夫 37	76.5	75.40	尾	9 度	246.02
13	列肆	東星（列肆二）	蛇夫 λ	86	84.76	心	3.5 度	234.59
14	斗	東大星（斗四）	蛇夫 h	79	77.87	尾	6.5 度	243.63
15	斛	西南星（斛二）	蛇夫 κ	87.5	87.24	尾	3 度	240.17
16	貫索	西南大星（貫索四）	北冕 α	60.5	59.63	氐	13.5 度	223.13
17	七公	西星（七公七）	牧夫 δ	47.5	46.82	氐	初度	209.83
18	天紀	西南第一星（天紀一）	北冕 ξ	57	56.18	尾	初度	237.22
19	女牀	西星（女牀一）	武仙 π	52.5	51.75	尾	14 度	251.02

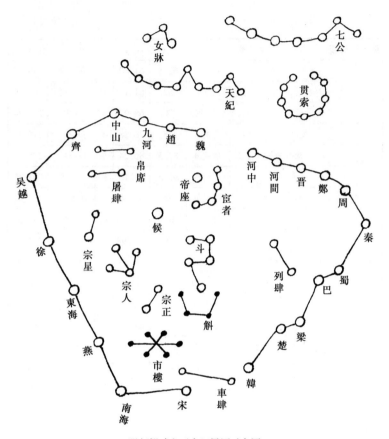

明顧錫疇之天市垣星圖示意圖

　　②天市垣二十二星在氐房心尾箕斗内宫之内：天市垣二十二星，在東方七宿的房心等以北。其中"内宫之内"的文字含義不清。筆者以爲，房爲明堂，天子布政之宫，可稱内宫，則内宫之内即爲房心以北之義。

　　③天市垣……十一曰河中：天市垣牆的東蕃爲宋、南海、燕、東海、徐、吳越、齊、中山、九河、趙、魏，大致對應於東方十一國；西蕃爲韓、楚、梁、巴、蜀、秦、周、鄭、晉、河間、河中，大致對應於西方十一國。

　　④象天王在上……幸都市也亦然：象徵天王安坐中央，在皋門大會諸侯，東方諸侯在應門東，西方諸侯在應門西。

　　⑤天文録：《天文録》，祖暅撰。《隋書·天文志》曰："梁奉朝請祖暅，天監中（502—519），受詔集古天官及圖緯舊説，撰《天文録》三十卷。"《天文録》的内容，包括對"雜星、瑞星、妖星、客星、流星及云氣名狀"的描述，爲唐李淳風撰《隋書·天文志》的主要參考書之一。

　　⑥嗇夫死：嗇夫爲管理鄉鎮的税官或小吏。

　　帝坐一星，在天市中，天皇大帝外坐也。①光而潤澤，主吉，威令行；微小，大人憂。月犯之，人主憂。五星犯，臣謀主，下有叛；熒惑，尤甚。客星入，色赤，有兵；守之，大臣爲亂。彗、孛犯，人民亂，宫廟徙。流星犯，諸侯兵起，臣謀主，貴人更令。

　　候一星，在帝坐東北，候，一作后。主伺陰陽也。明大，輔臣强；細微，國安；亡，則主失位；移，則不安居。②太陰犯之，輔臣憂。客、彗守之，輔臣黜。孛犯，臣謀叛。

　　宦者四星，在帝坐西南侍，主刑餘之臣也。③星微，吉；失常，宦者有憂。

　　斗五星，在宦者南，主平量。④《乾象新書》：在帝坐西，覆則歲熟，仰則荒。客、彗犯，爲饑。

　　斛四星，在斗南，主度量、分銖、算數。⑤其星不明，凶；亡，則年饑。一曰在市樓北，名天斛。

　　列肆二星在斛西北，主貨金、玉、珠、璣。⑥

　　屠肆二星，在帛度東北，主屠宰、烹殺。《乾象新書》：在天市垣内十五度。

車肆二星，在天市門中，主百貨。⑦星不明，則車蓋
盡行；明，則吉。客星、彗星守之，天下兵車盡發。
《乾象新書》：在天市垣南門偏東。

宗正二星，在帝坐東南，宗大夫也。武密曰：主口
司宗得失之官。⑧《乾象新書》：在宗人西。彗星守之，
若失色，宗正有事。客星守之，更號令也；犯之，主不
親宗廟。星孛，其分宗正黜。

宗人四星，在宗正東，主録親疏享祀。宗族有序，
則星如綺文而明正；動，則天子親屬有變。客星守之，
貴人死。⑨

宗星二星，在候星東，宗室之象，帝輔血脉之臣。⑩
《乾象新書》：在宗人北。客星守之，宗支不和；暗，則
宗支弱。

帛度二星，在宗星東北，主度量買賣平貨易者。⑪
《乾象新書》：在屠肆南。星明大，尺量平，商人不欺。
客星、彗星守之，絲綿大貴。

市樓六星，在天市中，臨箕星之上，市府也，主市
賈律度。⑫其陽爲金錢，陰爲珠玉，⑬變見各以其所占
之。⑭《乾象新書》：主闤闠，度律制令，在天市中。星
明，吉；暗，則市吏不理。彗星、客星守之，市門
多閉。⑮

【注】

①帝坐一星……天皇大帝外坐也：帝座星，就是天皇大帝外面的座
位。此處説明兩個問題：其一，天皇大帝就是天帝；其二，帝座爲天帝外

座，是與紫宮、太微宮之內座相對而言的，五帝座就屬於內座。

②候一作后：后指后妃。此處之候星爲伺陰陽之官，與后不同，故"一作后"之説誤。明大輔臣强細微國安亡則主失位移則不安居：是説候星明亮時輔臣强；候星不見，則君主失位；候星移動，則君主不安。石氏曰："候星明，萬國同風，王道通利，輔臣强也；微小不明，則王道不通，輔臣弱。星移，主不安。"本志與石氏説法一致，均爲候星明大於君主有利。亦可見此處"細微國安"四字與整體文義矛盾，"細微國安"當爲"細微國不安"之誤，中間漏一"不"字。

③刑餘之臣：爲受腐刑之人，指宦官。

④主平量：負責公平量則。

⑤斛四星……主度量分銖算數：《甘氏贊》曰："斗斛稱量，尺寸分銖。"含義相同，義爲對事物按斛度量，計算錢幣的多少。

⑥列肆二星……主貨金玉珠璣：列肆二星，代表買賣金、玉、珠、寶的店鋪。列肆，陳列、排列的店鋪。貨，出售、買賣。

⑦車肆……主百貨：《巫咸贊》曰："車肆二星，百賈肆區。車肆者，列車服之賈，百品隨類區別也。"車肆指陳列在車上進行買賣的百貨店，具有流動性質。

⑧宗正二星……得失之官：宗正，爲司察處理宗人得失之官。

⑨宗人四星……貴人死：宗人，負責宗族親疏順序及其他事務的族人。

⑩宗星：宗室之星，象徵天帝宗室、血脉家族。

⑪帛度二星……平貨易者：帛度，爲布帛度量之義，負責布匹多少的度量，做到公平交易。帛度，亦指量布之尺。

⑫市樓指市場的管理機構，負責集市買賣的貨物價格和衡量尺度。

⑬其陽爲金錢陰爲珠玉：金錢貨幣爲陽位，珠玉貨物爲陰位。

⑭變見各以其所占：貨幣與貨物關係的比價變化，視所占狀態位置而定。

⑮闤闠：指市場的牆門。以上是天市垣牆内的十三個星座。

七公七星，在招摇東，爲天相，三公之象也，主七政。①明，則輔佐强；大而動，爲兵；齊政，則國法平；戾，則獄多囚；連貫索，則世亂；入河中，耀貴，民饑。太白守之，天下亂，兵起。客星守，歲饑，主危。流星出，其分主將黜。

貫索九星，在七公星前，賤人之牢也。一曰連索，一曰連營，一曰天牢，主法律，禁強暴。②牢口一星爲門，欲其開也。星在天市垣北。星皆明，天下獄繁；七星見，小赦；五星、六星，大赦；動，則斧鑕用；中空，改元。石申曰：一星亡，則有賜爵；三星亡，大赦，遠期八十日；入河中，爲饑；中星衆，則囚多。辰星犯之，主水，米貴。彗星出，其分中外豪傑起。客星入，有枉死者；色黃，諸侯獻地；青，爲憂；赤，爲兵；白，乃爲吉。流星入，女主憂，或赦；出，則貴女死。雲氣入，色蒼白，天子亡地；青，兵起；黑，獄多枉死；白，天子喜。③

天紀九星，在貫索東，九卿之象，萬事綱紀，主獄訟。星明，則天下多訟；亡，則政理壞，國紀亂；散絶，則地震山崩；與女牀合，則君失禮，女謁行。客星守之，主危，民饑。客星犯，諸侯舉兵。彗、孛犯之，地震。客星、彗星合守，天下獄訟不理。④

女牀三星，在天紀北，後宮御女侍從官也，主女事。明，則宮人恣；舒，則妾代女主；不動，則吉；不見，女子多疾。客星、彗星守之，宮人謀上。客星入，女子憂，後宮恣動，女謁行。雲氣出，色黃，後宮有福；白，爲喪；黑，凶；青，女多疾。⑤

　　上天市垣常星可名者一十七坐，⑥積數八十有八。而市樓、天斛、列肆、車肆、斗、帛度、屠肆等星，《晋志》皆不載，⑦《隋志》有之，屬天市垣，與《步天歌》合。又貫索、七公、女牀、天紀，《晋志》屬太微垣。按《乾象新書》：天紀在天市垣北，女牀屬箕宿，貫索屬房宿，七公屬氐宿。武密以七公屬房，又屬尾；貫索屬房，又屬氐、屬心；女牀屬於尾、箕。説皆不同。

【注】

①七公七星……主七政：七公星是三公之象，主理七項政事。七公星座地位形象與三公的相同，均為天相，即所謂左輔右弼，前相後丞之官。七公之名，源於《尚書·舜典》"在璿璣玉衡，以齊七政"。對於七政亦有不同的説法，主要有日月五星説和春、夏、秋、冬、天文、地理、人道七事説。

②貫索九星……禁强暴：貫索九星呈環狀，象徵天牢，開口在北，象徵牢門。紫宮和太微宮均有賤人之牢，紫宮天牢在文昌下，太微天牢在太微西北，故曰其功能爲主法律，禁强暴。

③牢口一星……天子喜：對貫索的牢獄性質而言，占語有兩種應對，其一爲囚徒，其二爲對社會的功能，故牢中囚多則星多，受到异星侵犯則有眚。

④天紀九星……獄訟不理：天紀星座的含義爲管理國紀之官，其爲九卿之象，主萬事綱紀。

⑤女牀：指後宮婦女之牀席，是後宮之位的象徵。以上四座，位於天市垣牆之外。

⑥上天市垣常星可名者一十七坐：十七座，外加左垣、右垣，計十九座，與《步天歌》合。

⑦市樓……皆不載：至於此數星《晋志》不載，很可能晋時尚未將此數星座計在全天星座之列。

《宋史》卷五十

志第三

天文三

二十八舍上①

二十八舍②

【注】

①二十八舍上：《宋史・天文志》卷三的卷名。

②二十八舍：黄道帶的總天區名。又稱爲二十八宿，宿與舍是同一種含義，義爲月亮每天運行的宿舍。二十八宿這個數字，就是根據月亮每天的行度，平均加以劃分的。月亮沿着白道運行，但與黄道的夾角不易測度，故早期中國人的觀念認爲日月實循黄道運行，也就沿着黄道分割成二十八份。月亮共有四種行度，自朔至朔運行一周稱爲朔望月，爲二十九點五三零五九日；自黄白升交點回至升交點稱爲交點月，爲二十七點二一二二二日；月亮在天球上連續兩次通過某一恒星所需時間稱爲恒星月，爲二十七點三二一六六日；月亮連續兩次經過近地點所需的時間稱爲近點月，爲二十七點五五四五五日。各不相等，但相距又不大，爲了便於使用，人們便取二十八個整數日作爲它們的平均長度，月亮在恒星間每天行十二度多，故取其平均弧長作爲月亮每天的行度，稱之爲宿或舍。宿與宿之間以距星爲界，人們并没有記載選擇距星的依據和理由。沈括在《渾儀議》中

提出當度星的觀念，這是具有一定合理性的解釋，因爲中國古代二十八宿距星的位置，都在整數度上。不過，中國古代二十八宿之距星是經過變革的，所以有古度和今度之分。二十八宿中的恒星都是有編號的，距星均是一號星，便於記憶。

二十八宿的分區和範圍，有狹義和廣義之別。剛開始時，或者通常地說，某個星宿，就是指該宿若干恒星附近的天區，不涉及其他範圍。就這個意義上說，它與西方的星座概念相似。但是，自從《步天歌》將全天劃分爲三垣二十八宿計三十一個天區之後，全天所有恒星的分區均有所屬。除了三垣，以二十八宿通過距星的赤徑爲界，劃分爲二十八個天區，分別以二十八宿宿名命名，這便是二十八宿天區。其間除了包括本星宿，還包括宿內南北多個星座，這便是廣義的二十八宿天區。

東方①

角宿二星，爲天關，其間天門也，其內天庭也。故黃道經其中，七曜之所行也。②左角爲天田，③爲理，主刑。其南爲太陽道。右角爲將，主兵。其北爲太陰道。④蓋天之三門，猶房之四表。⑤星明大，吉，王道太平，賢者在朝；動搖、移徙，王者行；左角赤明，獄平；暗而微小，王道失。陶隱居⑥曰："左角天津，右角天門，中爲天關。"日食角宿，王者惡之；暈于角內，有陰謀，陰國用兵得地，又主大赦。月犯角，大臣憂獄事，法官憂黜，又占憂在宮中。月暈，其分兵起；右角，右將災；左，亦然，或曰主水；色黃，有大赦。月暈三重，入天門及兩角，兵起，將失利。歲星犯，爲饑。熒惑犯之，國衰，兵敗；犯左角，有赦；右角，兵起；守之，讒臣進，政事急；居陽，有喜。填星犯角爲喪，一曰兵起。太白犯角，群臣有异謀。辰星犯，爲小兵；守之，大水。客星犯，兵起，五穀傷；守左角，色赤，爲旱；守右角，大水。彗星犯之，色白，爲兵；赤，所指破軍；出角，天下兵亂。星孛于角，白，爲兵；赤，軍敗；入天市，兵、喪。流星犯之，外國使來；入犯左角，兵起。雲氣黄白入右角，得地；赤入左，有兵；入右，戰勝；黑白氣入于右，兵將敗。

按漢永元銅儀，以角爲十三度；而唐開元游儀，角二星十二度。舊經去極九十一度，今測九十三度半。距星正當赤道，其黄道在赤道南，不經角中；今測角在赤道南二度半，黄道復經角中，即與天象合。景祐測驗，角二星十二度，距南星去極九十七度，在赤道外六度，與《乾象新書》合，今從《新書》爲正。⑦

南門二星，在庫樓南，天之外門也，主守兵。⑧星明，則遠方來貢；暗，則夷叛；中有小星，兵動。客、彗守之，兵起。

庫樓十星，六大星庫也，南四星樓也，在角宿南。一曰天庫，兵車之府也。旁十五星，三三而聚者柱也，中央四小星衡也。⑨芒角，兵起；星亡，臣下逆；動，則將行；實，爲吉；虛，乃凶。歲星犯之，主兵。熒惑犯之，爲兵、旱。月入庫樓，爲兵。彗、孛入，兵、饑。客星入，夷兵起。流星入，兵盡出。赤雲氣入，內外不安。天庫生角，有兵。

平星二星，在庫樓北，角南，主平天下法獄，廷尉之象。⑩正，則獄訟平；月暈，獄官憂。熒惑犯之，兵起，有赦。彗星犯，政不行，執法者黜。

平道二星，在角宿間，主平道之官。[11]武密曰："天子八達之衢，主轍軏。"明正，吉；動搖，法駕有虞。歲星守之，天下治。熒惑、太白守，爲亂。客星守，車駕出行。流星守，去賢用姦。

天田二星，在角北，主畿内封域。武密曰："天子籍田也。"[12]歲星守之，穀稔。熒惑守之，爲旱。太白守，穀傷。辰星守，爲水災。客星守，旱，蝗。

天門二星，在平星北。武密云："在左角南，朝聘待客之所。"[13]星明，萬方歸化；暗，則外兵至。月暈其外，兵起。熒惑入，關梁不通；守之，失禮。太白守，有伏兵。客星犯，有謀上者。

進賢一星，在平道西，主卿相舉逸材。[14]明，則賢人用；暗，則邪臣進。太陰、歲星犯之，大臣死。熒惑犯，爲喪，賢人隱。太白犯之，賢者退。歲星、太白、填星、辰星合守之，其占爲天子求賢。黃白紫氣貫之，草澤賢人出。

周鼎三星，在角宿上，主流亡。星明，國安；不見，則運不昌；動搖，國將移。《乾象新書》引郟鄏定鼎事，以周衰秦無道鼎淪泗水，其精上爲星。[15]李太異曰："商巫咸《星圖》已有周鼎，蓋在秦前數百年矣。"[16]

　　按《步天歌》，庫樓十星，柱十五星，衡四星，平星、平道、天田、天門各二星，進賢一星，周鼎三星，俱屬角宿。而《晋志》以左角爲天田，別不載天田二星，《隋志》有之。平道、進賢、周鼎

《晋志》皆屬太微垣，庫樓并衡星、柱星、南門、天門、平星皆在二十八宿之外。唐武密及景祐書乃與《步天歌》合。

【注】

①東方：東方蒼龍的簡稱。中國古代天文學家將黃道帶的二十八宿，按曆法中的太陽在恒星間的四季運行，分割爲四個天區，分別爲春季東方蒼龍，包括角、亢、氐、房、心、尾、箕七宿；夏季南方朱雀，包括井、鬼、柳、星、張、翼、軫七宿；秋季西方白虎，包括奎、婁、胃、昴、畢、觜、參七宿；冬季北方玄武，包括斗、牛、女、虛、危、室、畢七宿。今按四個天區，將各天區所概括星座列於表中，并附以四方星圖，以示它們的相對位置，再分別予以介紹。東方七宿共有四十六個星座，正星一百八十六顆，增星一百六十八顆。

東方七宿表①

號數	星座	距 星		去極度（°）		入宿度	赤經（°）
1	角	南星（角宿一）	室女 α	97 度半	96.10	軫 13 度	188.96
2	平道	西星（平道一）	室女 θ	91 度	89.69	角 2 度	190.93
3	天田	西星（天田一）	室女 78	82 度半	81.31	角 2 度半	191.42
4	進賢		室女 κ	91 度	90.31	軫 14 度	185.70
5	周鼎	東北星（周鼎一）	后髮 43	64 度半	63.57	角 7 度半	196.35
6	天門	西星（天門一）	室女 53	104 度半	103.00	軫 16 度	187.67
7	平	西星（平一）	長蛇 γ	109 度半	107.93	軫 16 度	187.67
8	庫樓	西北星（庫樓四）	半人馬 ζ	123 度	121.23	軫 15 度半	187.18
9	柱	東南星		120 度半		氐初度	
10	衡	北星（衡一）	半人馬 ν	128 度	126.16	角 4 度	192.90
11	南門	西星（南門一）	半人馬 ε	137 度	135.03	軫 11 度	182.74
12	亢宿	南第二星（亢宿一）	室女 χ	96 度	94.62	角 10 度	200.74
13	大角		牧夫 α	66 度半	65.54	亢 2 度半	203.20
14	折威	西第三星（折威三）	Boss3632	103 度	101.52	亢 3 度	203.70
15	左攝提	南星（左攝提三）	牧夫 ζ	72 度半	71.46	亢 7 度	207.25

（續表）

號數	星座	距　星		去極度（°）		入宿度	赤經（°）
16	右攝提	北大星（右攝提一）	牧夫 η	67度	66.04	角7度	195.86
17	頓頑	東南星（頓頑一）	豺狼 φ₁	112度半	110.89	亢4度	204.68
18	陽門	西星（陽門二）	半人馬 ε₁	113度	111.38	角10度	198.82
19	氐宿	西南星（氐宿一）	天秤 α	104度半	102.99	亢10度	209.83
20	天乳		巨蛇 μ	92度	90.68	氐14度半	224.13
21	招搖		牧夫 γ	51度	60.27	亢4度半	206.17
22	梗河	大星（梗河一）	牧夫 ε	69度	68.15	氐2度	211.80
23	帝席	東星（帝席一）	牧夫 d	67度半	66.63	氐1度半	211.31
24	亢池	北大星（亢池二）	牧夫 20	70度半	69.49	亢3度	203.70
25	騎官	西北星（騎官三）	半人馬 κ	120度	118.28	氐初度	209.83
26	陣車	東星（陣車三）	豺狼 f	113度	111.38	氐4度	213.77
27	車騎	東南星（車騎一）	豺狼 ζ	140度	137.99	氐2度	211.80
28	天輻	南星（天輻二）	天秤 τ	116度半	114.83	氐11度	220.67
29	騎陣將軍		豺狼 χ	133度	131.09	氐3度半	213.28
30	房宿	南第二星（房宿一）	天蝎 π	114度半	112.85	氐17度半	225.65
	鈎鈐（附）	東星（鈎鈐二）	天蝎 ω₂	109度半	107.92	房2度半	228.12
31	鍵閉		天蝎 ν	108度	106.45	房4度	229.59
32	罰	西南星（罰三）	天秤 49	103度	106.45	心1度半	232.62
33	西咸	西南星（西咸三）	天秤 θ	104度半	103.00	氐15度	224.61
34	東咸	西南星（東咸三）	蛇夫 ψ	110度	108.42	心1度	232.13
35	日		天秤 κ	113度	111.37	氐14度半	224.12
36	從官	西星（從官一）	豺狼 ψ₂	122度	120.25	氐14度	223.63
37	心宿	西星（心宿一）	天蝎 σ	114度半	112.85	房4度半	231.14
38	積卒	西北大星（積卒二）	豺狼 η	126度半	124.68	氐15度	224.61
39	尾宿	西第二星（尾宿一）	天蝎 μ₁	127度	125.17	心8度	237.22
	神宫（附）		天蝎 ζ	109度		心8度	
40	龜	大星（龜五）	天壇 ζ	140度半	188.48	尾8度半	245.60
41	天江	南第二星（天江二）	蛇夫 36	114度半	112.85	尾10度	247.08

（續表）

號數	星座	距　星		去極度（°）		入宿度	赤經（°）
42	傅説		天蝎 G	128 度半	126.16	尾 14 度	251.02
43	魚		天蝎 166G	126 度	124.19	尾 15 度半	252.50
44	箕宿	西北星（箕宿一）	人馬 γ	112 度半	119.75	尾 15 度	256.28
45	糠		蛇夫 d	127 度半	125.67	尾 17 度半	254.47
46	杵	大星（杵二）	天壇 α	138 度	136.02	箕 3 度	259.24

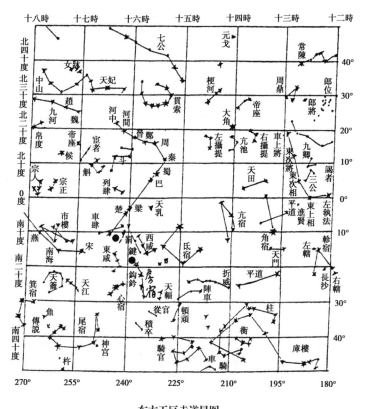

东方天区赤道星图

（引自藪内清《宋代的星宿》）

②角宿二星……七曜之所行也：角宿爲二十八宿的領頭星，其星明亮，爲全天第十七大星，在中國古代以恒星定季節的時代有着特殊的意義。日月五星均沿着黄道左右運行，用二十八宿計量而言，首先遇到的，就是東方蒼龍之首的角宿，就如人們旅行出發之首站，故本志曰角宿爲天關、中間爲天門、門裏爲天庭。黄道經過角宿兩星形成的天門之中，是七曜運行的必經之處。

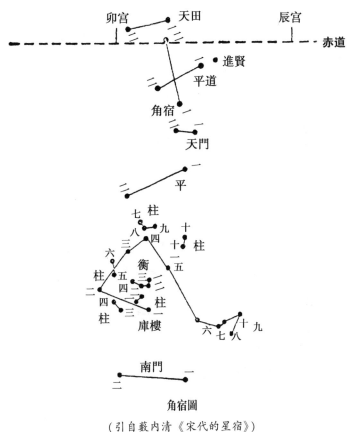

角宿圖

（引自藪内清《宋代的星宿》）

③左角爲天田：左角星即角宿二爲天田星，此説引自《春秋緯》。對

含義的進一步解說見"天田星"注。

④其南爲太陽道……其北爲太陰道：由於本志多處祇是摘録多種古籍，其含義往往不甚明白。何處是太陽道？何處是太陰道？《春秋緯》原文説："黄道經其中……南三度曰太陽道……北三度曰太陰道。"故陰道與陽道是相對的。此處黄道南爲陽道，北爲陰道。

⑤蓋天之三門猶房之四表：角宿的天之三門，就如房宿的四表。三門，指角宿内的天門、南門和已進入亢宿的陽門。石氏曰："房爲四表，表者，桀也。"又曰："天道，四表之間，三光之正路，人天之定位也。"

⑥陶隱居：陶弘景（456—536），自號華陽隱居，丹陽秣陵（今南京）人，南朝齊梁醫學家、天文學家。時人稱其讀書萬卷，無所不通。梁武帝大事多向其咨詢。時人謂之山中宰相。《南史·隱逸傳》載其天文著作有《七曜新舊術疏》《占候》等。《疇人傳四編》有傳。

⑦按漢永元銅儀……新書爲正：本志對古今所測角宿入宿度和去極度記録作了對比，計有東漢永元銅儀所測、唐開元游儀所測、宋景祐所測、皇祐所測和今測五組，各有異同。發現入宿度差至一度，去極度差至三度半。從去極度較大位置變化，亦可看出北極位置的移動。

⑧主守兵：諸本均作"主守兵禁"，"禁"字於此處上下不連貫，爲衍文，當删。《石氏贊》曰："南門二星，主守兵。"正與此合。又石氏曰："南門中有小星三，芒者，則兵東出。"南門兩顆星均是很亮的恒星，南門二爲零等星（全天第四大星），南門一爲二等星，祇是由於太偏於南方，不便於觀測，纔不被先人重視。在南門附近有三顆小星，有時見，有時不見，星占家用作有無戰事的標志（兵車出爲有戰事）。

⑨庫樓十星……四小星衡：庫樓十星，共分兩組，北面六顆大星叫庫，爲兵車的庫房，南面四星爲樓，爲士兵居處。其旁十五星，各以三顆星爲一組，共爲五組，稱爲五柱，爲軍車上插軍旗的旗杆，中央四顆小星稱爲衡，爲車轅前的横木。

⑩平星二星……廷尉之象：平星二星，在角宿之南，爲廷尉的象徵。廷尉是主獄訟的法官，故設平星以示其義。

⑪平道二星……主平道之官：主平道之官，含義仍不明確。《開元占經》説："平道，主治道之官。"《甘氏贊》曰："平道除道，塗轍宜輪。"

可見平道者，爲天帝平整管理道路之官。

⑫天田二星……天子籍田：言天田爲京畿之内的天子籍田。這種説法没有涉及歷史的本質。前已述及天田的含義與角宿有關，有"左角爲天田"之説。所謂東方蒼龍，實際是指東方七宿爲蒼龍天區，爲蒼龍之象，角宿的含義就是蒼龍的兩隻角。《易·乾卦》有六龍之位，是上古季節星象的觀測記録，其中有"九二見龍在田"之説，其含義爲九二這個時節的黄昏，開始見到龍角星出現在東方地平綫上。天田就是指田地、地平綫之上，是上古季節星象的用語。九二相當於農曆二月。故中國有二月初二爲龍頭節的習俗。天田二星，是左角爲天田的發展和演變。

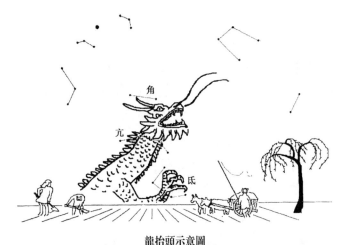

龍抬頭示意圖

(王玉民《天上人間》，群言出版社，2004)

⑬天門二星……朝聘待客之所：天門爲接待賓客的大門。《甘氏贊》曰："天門待客，應對無疑。"

⑭進賢：薦舉逸才之義。

⑮周鼎三星……其精上爲星：指周代的傳國寶鼎亡於泗水之事。典出《史記·秦始皇本紀》："始皇還，過彭城，齋戒禱祠，欲出周鼎泗水。使千人没水求之，弗得。"周鼎爲立國的重器。

⑯李太昇曰商巫咸星圖已有周鼎蓋在秦前數百年矣：李太昇説："在商巫咸《星圖》上，已經有了周鼎星，巫咸《星圖》産生於秦以前數百年。"説明周鼎這顆星的命名也在秦以前數百年。然而從未聽説過巫咸《星圖》，祇有巫咸星表，該表的産生年代恐也在漢代以後。李太昇，其生平事迹不詳。

亢宿四星，爲天子内朝，總攝天下奏事。聽訟、理獄、録功。一曰疏廟，主疾疫。①星明大，輔忠民安；動，則多疾。爲天子正坐，爲天符。秋分不見，則穀傷糴貴。太陽犯之，諸侯謀國，君憂。日暈，其分大臣凶，多雨，民饑，疫。月犯之，君憂或大臣當之；左爲水，右爲兵。月暈，其分先起兵者勝；在冬，大人憂。歲星犯之，有赦，穀有成；守之，有兵，人多病；留三十日以上，有赦；又曰："犯則逆臣爲亂。"熒惑犯，居陽，爲喜；陰，爲憂；有芒角，大人惡之；守之久，民憂，多雨水，又爲兵。填星犯，穀傷，民亡；逆行，女專政，逆臣爲謀；守之，有兵。太白犯之，國亡，民災；逆行，爲兵亂；有芒角，貴臣戮；守之，有水旱災，或爲喪。辰星犯之，爲水，又爲大兵；守之，米貴，民疾，歲旱，盜起，民相惡。客星犯，國不安；色赤爲兵、旱，黄爲土功；青黑，使者憂；守之穀傷，一云有赦令；黑，民流。彗犯，國災；出，則有水、兵、疫、臣叛；白，爲喪。孛星犯，國危，爲水，爲兵；入，則民流；出，則其國饑。流星入，外國使來，穀熟；出，爲天子遣使，赦令出。李淳風曰："流星入亢，幸臣死。"雲氣犯之，色蒼，民疫；白，爲土功；黑，水；赤，兵。一云白，民虐疾；黄，土功。

上亢宿四星，漢永元銅儀十度，唐開元游儀九度。舊去極八十九度，今九十一度半。景祐測驗，亢九度，距南第二星去極九十五度。

大角一星，在攝提間，天王坐也。又爲天棟，正經紀也。②光明潤澤，爲吉；青，爲憂；赤，爲兵；白，爲喪；黑，爲疾；色黄而静，民安；③動，則人主好游。月犯之，大臣憂，王者惡之。月暈，其分人主有服。五星犯之，臣謀主，有兵。太白守之，爲兵。彗星出，其分主更改，或爲兵。天子失仁則守之。孛星犯，爲兵；守之，主憂。客星犯守，臣謀上；出，則人主受制。流星入，王者惡之；犯之，邊兵起。雲氣青，主憂；白，爲喪；黄氣出，有喜。

折威七星，在亢南，主斬殺，斷軍獄。月犯之，天子憂。五星犯，將軍叛。彗、孛犯，邊將死。雲氣犯，蒼白，兵亂；赤，臣叛主；黄白，爲和親；出，則有赦；黑氣入，人主惡之。④

攝提六星，左右各三，直斗杓南，主建時節，伺機祥。其星爲楯，以夾擁帝坐，主九卿。⑤星明大，三公恣，主弱；色温不明，天下安；近大角，近戚有謀。太陰入，主受制。月食，其分主惡之。熒惑、太白守，兵起，天下更主。彗、孛入，主自將兵；出，主受制。流星入，有兵；出，有使者出；犯之，公卿不安。雲氣入，赤，爲兵，九卿憂；色黄，喜；黑，大臣戮。

陽門二星，在庫樓東北，主守隘塞，禦外寇。⑥五星入，五兵藏。彗星守之，外夷犯塞，兵起。赤雲氣入，主用兵。

頓頑二星，在折威東南，主考囚情狀，察詐偽也。⑦星明，無咎；暗，則刑濫。彗星犯之，貴人下獄。

　　按《步天歌》，大角一星，折威七星，左右攝提總六星，頓頑、陽門各二星，俱屬角宿。而《晋志》以大角、攝提屬太微垣，折威、頓頑在二十八宿之外。陽門則見於《隋志》，而《晋史》不載。武密書以攝提、折威、陽門皆屬角、亢。《乾象新書》以右攝提屬角，左攝提屬亢，餘與武密書同。《景祐》測驗，乃以大角、攝提、頓頑、陽門皆屬於亢，其説不同。

【注】

①亢宿四星……主疾疫：亢宿代表天庭，一曰疏廟，主疾疫，這是通常的説法。亢代表天庭與上述"其内天庭也"相對應。有關亢宿的占事，都與帝庭、疾疫有關。實際上，亢爲肮的假借字，爲蒼龍的脖頸。

②大角一星……正經紀也：大角星是全天第六大星，又位於中天，正處於北斗斗柄的延長綫上，故地位十分重要。它與攝提星組合在一起指示分判十二時節。人們將其看作天帝的座位、天帝的象徵。天棟即天之棟梁，也是天帝的含義。正經紀即正綱紀之義，即由其決定國家的大計方針。

　　既然有了角宿二星，爲什麼又有大角星呢？它又是什麼含義呢？其名祇有一解，爲蒼龍的角。原來上古先民早就將東方七宿的天區看作一條龍。上古先民注重大星，原本就將大角星和角宿一兩顆大星看作龍的兩隻角。祇是後來產生了二十八宿，龍角成了二十八宿之一，由於大角星遠離

黄道，纔將大角星换成角宿二，大角星纔與蒼龍星脱離關係，但大角之名
一直沿用下來。

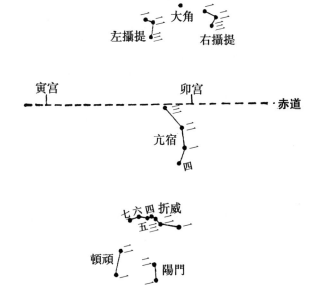

亢宿圖

③青爲憂……民安：本志爲星體五角變化所確定的吉凶關係，與前注
所引《史記·天官書》的分配基本一致，是一脉相承的。

④折威七星……斷軍獄：石氏曰："折威者，天子執法之徒也。"徒與
官有別。《開元占經》解釋説："折威者，獄卒也。"可見折威指牢頭。

⑤攝提六星……主九卿：攝提六星夾擁大角即帝座，左右各三，稱爲
左攝提、右攝提，用以判斷時節。攝提爲天帝之輔，爲九卿的象徵。

⑥陽門二星……禦外寇：陽門是面對南方關隘要塞的大門，是爲了防
禦而設立的。在陽門、庫樓、騎官等象徵軍事星座的正前方，正面對着青
丘、東甌等星，爲南方部族的象徵。

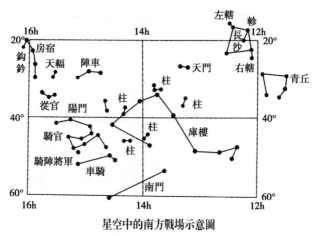

星空中的南方戰場示意圖

（由騎陣將軍統率的戰車，對着青丘即東越、南越等方向。）

⑦頓頑二星……察詐僞也：巫咸曰："頓頑二星，在折威東南。頓頑，亦獄官也，所以與折威相近。"頓頑與折威相匹配，一是獄官，一是獄吏。

氐宿四星，爲天子舍室，后妃之府，休解之房。前二星適也，後二星妾也。又爲天根，主疫。①後（前）二星大，則臣奉法度，主安；②小，則臣失勢；動，則徭役起。日食，其分卿相有讒諛，一曰王者后妃惡之，大臣憂。日暈，女主恣，一曰國有憂，日下興師。月食其宿，大臣凶，后妃惡之，一曰糴貴。月暈，大將凶，人疫；在冬，爲水，主危，以赦解之。月犯，左右郎將有誅，一曰有兵、盜。犯右星，主水；掩之，有陰謀，將軍當之。歲星犯，有赦，或立后；守之，地動，年豐；逆行，爲兵。熒惑犯之，臣僭上，一云將軍憂；守，有赦。填星犯，左右郎將有誅；守之，有赦；色黄，后喜，或册太子；留舍，天下有兵；齊明，赦。太白犯之，郎將誅；入，其分疾疫；或云犯之，拜將；乘右星，水災。辰星犯，貴臣暴憂；守之，爲水，爲旱，爲兵；入守，貴人有獄；乘左星，天子自將。客星犯，牛馬貴；色黃白，爲喜，有赦，或曰邊兵起，後宮亂；五十日不去，有刺客。彗星犯，有大赦，糴貴；滅之，大疫；入，有小兵，一云主不安。孛星犯，糴貴；出，則有赦；入，爲小兵；或云犯之，臣干主。流星犯，秘閣官有事；在冬夏，爲水、旱；《乙巳占》，[③]後宮有喜；色赤黑，後宮不安。雲氣入，黃爲土功；黑主水；赤爲兵；蒼白爲疾疫；白，後宮憂。

按漢永元銅儀，唐開元游儀，氐宿十六度，去極九十四度。景祐測驗與《乾象新書》皆九十八度。

天乳一星，在氐東北，當赤道中。明，則甘露降。彗、客入，天雨。

將軍一星，騎將也，在騎官東南，總領車騎軍將、部陣行列。[④]色動搖，兵外行。太白、熒惑、客星犯之，大兵出，天下亂。

招搖一星，在梗河北，主北兵。[⑤]芒角、變動，則兵大行；明，則兵起；若與棟星、梗河、北斗相直，則北方當來受命中國。[⑥]又占：動，則近臣恣；離次，則庫兵發；色青，爲憂；白，爲君怒；赤，爲兵；黑，爲軍破；黃，則天下安。彗星犯，北邊兵動；出，其分夷兵大起。孛犯，蠻夷亂。客星出，蠻夷來貢，一云北地有兵、喪。流星出，有兵。雲氣犯，色黃白，相死；赤，爲内兵亂；色黃，兵罷；白，大人憂。

帝席三星，在大角北，主宴獻酬酢。⑦星明，王公災；暗，天下安；星亡，大人失位；動搖，主危。彗犯，主憂，有亂兵，客星犯，主危。

亢池六星，在亢宿北。亢，舟也；池，水也。主渡水，往來送迎。⑧微細，凶；散，則天下不通；移徙不居其度中，則宗廟有怪。五星犯之，川溢。客星犯，水，蟲多死。武密云：“主斷軍獄，掌棄市殺戮。”與舊史異說。

騎官二十七星，在氐南，天子虎賁也，主宿衞。⑨星衆，天下安；稀，則騎士叛；不見，兵起。五星犯，爲兵。客星守之，將出有憂，士卒發。流星入，兵起；色蒼白，將死。

梗河三星，在帝席北，天矛也，一曰天鋒，⑩主北邊兵，又主喪，故其變動應以兵、喪。星亡，國有兵謀。彗星犯之，北兵敗。客星入，兵出，陰陽不和；一云北兵侵中國。流星出，爲兵。赤雲氣犯，兵敗；蒼白，將死。

車騎三星，在騎官南，總車騎將，主部陣行列。⑪變色動搖，則兵行。太白、熒惑、客星犯之，大兵出，天下亂。

陣車三星，在氐南，一云在騎官東北，革車也。⑫太白、熒惑守之，主車騎滿野，内兵無禁。

天輻二星，在房西斜列，主乘輿，⑬若《周官》巾車官也。近尾，天下有福。五星、客、彗犯之，則輦轂有變。一作天福。

按《步天歌》，已上諸星俱屬氐宿。《乾象新書》以帝席屬角，亢池屬亢；武密與《步天歌》合，皆屬氐，而以梗河屬亢。《占天録》又以陣車屬於亢，《乾象新書》屬氐，餘皆與《步天歌》合。

【注】

①氐宿四星……又爲天根主疫：氐宿爲天子舍室，后妃之府，休息解帶之處。這一安排，正與前亢爲天庭相匹配，前者辦公，後者休解。又爲后妃之府。天根之説，與其前之庭府不是一解。天根者，蒼龍之生殖器也，又與前之龍角、龍脖頸相協調。

②後二星大則臣奉法度主安：若按此字面理解，當爲妾星明大，天子安。此不合中國古代的傳統觀念。石氏曰：“前星，皇后貴族府，其星欲明，臣奉法度，邦君安寧。”此説正與本志相反，可見“後”字當爲“前”字之誤。原文爲“則臣奉度”，含義不明，據前引石氏語，當缺一“法”字，爲“則臣奉法度”。

③乙巳占：唐代李淳風早期彙編的星占書。

④將軍一星……部陣行列：將軍星，爲騎陣將軍的簡稱，他是騎兵的將領，是騎官、車騎的首領。

⑤招搖一星：在北斗斗柄的前方，本注解謂北斗九星的第九星。《淮南子‧時則訓》載有招搖指向十二月時節的記事。

⑥若與棟星梗河北斗相直則北方當來受命中國：招搖與北斗斗柄、梗河、大角在同一條春季大弧上，俗稱春季大弧綫，若該弧綫變成直綫，則北方部落當臣服中國。

⑦帝席三星在大角北主宴獻酬酢：《甘氏贊》曰：“帝席設座，宴旅酢酬。”帝席三星，爲天帝設宴招待賓客的象徵。

⑧亢池六星……往來送迎：郗萌曰亢池“主水道”。故亢池象徵主水道的官。

⑨騎官二十七星……主宿衞：騎官，勇士也，爲護衞天子的騎兵。

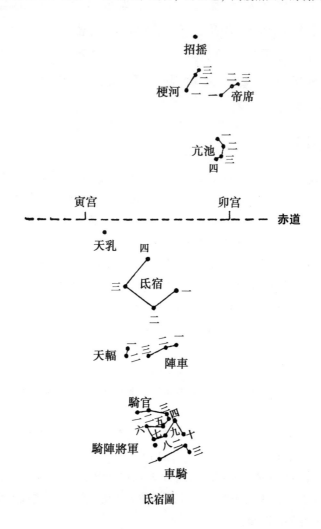

氐宿圖

⑩梗河三星……一曰天鋒：梗河三星成一直綫，象徵天上的矛，故又曰天鋒，即鋒利的矛。石氏解釋梗河含義時説：“梗河三星，天矛也。梗

者，遞也；河者，擔也。士卒更遞，擔持天矛以行也。”故梗就是傳遞、輪換，河爲荷之借詞，爲承擔之義。

⑪車騎三星……主部陣行列：車騎指車騎之將官，爲騎陣將軍的副將。

⑫陣車三星……革車也：上古時的戰車，有輕車和重車之別。輕車又稱馳車，取其作戰輕快便捷的性質。重車設備齊全，又稱革車。《孫子·作戰》梅堯臣注曰：“凡輕車一乘，甲士步卒二十五人。重車一乘，甲士步卒七十五人。”可見，重車、輕車各有所長，重車爲革車，主防衛。

⑬天輻二星……主乘輿：天輻意指車輪上的條輻，故曰主乘輿。

房宿四星，爲明堂，天子布政之宮也。①亦四輔也，下第一星，上將也；次，次將也；次，次相也；上星，上相也。②南二星君位，北二星夫人位。又爲四表，中爲天衢、爲天關，黃道之所經也。南間曰陽環，其南曰太陽；北間曰陰環，其北曰太陰。③七曜由乎天衢，則天下和平；由陽道，則旱、喪；由陰道，則水、兵。亦曰天駟，爲天馬，主車駕。南星曰左驂，次左服，次右服，次右驂。④亦曰天廄，又主開閉，爲畜藏之所由。星明，則王者明；驂大，則兵起；星離，則民流；左驂、服亡，則東南方不可舉兵；右亡，則西北不可舉兵。日食，其分爲兵，大臣專權。日暈，亦爲兵，君臣失政，女主憂。月食其宿，大臣憂，又爲王者昏，大臣專政。月暈，爲兵；三宿，主赦，及五舍不出百日赦。太陰犯陽道，爲旱；陰道，爲雨；中道，歲稔，又占上將誅。當天門、天駟，穀熟。歲星犯之，更政令，又爲兵，爲饑，民流；守之，大赦，天下和平，一云良馬出。熒惑犯，馬貴，人主憂；色青，爲喪；赤，爲兵；黑，將相災；白芒，火災；守之，有赦令；十日勾已者，臣叛。填星犯之，女主憂；勾已，相有誅；守之，土功興，一曰旱、兵，一曰有赦。太白犯，四邊合從；守之，爲土功；出入，霜雨不時。辰星犯，有殃；守之，水災，一云北兵起，將軍爲亂。客星犯，歷陽道，爲旱；陰道，爲水，國空，民饑；色白，有攻戰；入，爲糶貴。彗星犯，國危，人亂，其分惡之。孛星犯，有兵，民饑，國災。流星犯之，在春夏，爲土功；秋冬，相憂；入，有喪。《乙巳占》：出，其分天子恤民，下德令。雲氣入，赤黃，吉；如人形，后有子；色赤，宮亂；蒼白氣出，將相憂。

按漢永元銅儀，唐開元游儀，房宿五度。舊去極百八度，今百十度半。景祐測驗，房距南第二星去極百十五度，在赤道外二十三度。《乾象新書》在赤道外二十四度。

鍵閉一星，在房東北，主關籥。⑤明，吉；暗，則宮門不禁。月犯之，大臣憂，火災。歲星守之，王不宜出。填星占同。太白犯，將相憂。熒惑犯，主憂。彗星、客星守之，道路阻，兵起，一云兵滿野。

鈎鈐二星，在房北，房之鈐鍵，天之管籥。⑥王者至孝則明；又曰明而近房，天下同心。房、鈎鈐間有星及疏拆，則地動，河清。月犯之，大人憂，車駕行。月食，其分將軍死。歲星守之，爲饑；去其宿三寸，王失政，近臣起亂。熒惑守之，有德令。太白守，喉舌憂。

填星守，王失土。彗星犯，宮庭失業。客星、流星犯，王有奔馬之敗。

東咸西咸各四星，東咸在心北，西咸在房西北，日、月、五星之道也。爲房之户，以防淫泆也。⑦明，則信吉。東咸近鈎鈐，有讒臣入。西咸近上及動，有知星者入。⑧月、五星犯之，有陰謀，又爲女主失禮，民饑。熒惑犯之，臣謀上。與太白同犯，兵起。歲星、填星犯之，有陰謀。流星犯，后妃恣，王有憂。客星犯，主失禮，后妃恣。

罰三星，在東、西咸正南，主受金罰贖。⑨曲而斜列，則刑罰不中。彗星、客星犯之，國無政令，憂多，枉法。

日一星，在房宿南，太陽之精，主昭明令德。明大，則君有德令。月犯之，下謀上。歲星守，王得忠臣，陰陽和，四夷賓，五穀豐。太白、熒惑犯之，主有憂。客星、彗星犯之，主失位。

從官二星，在房宿西南，主疾病巫醫。⑩明大，則巫者擅權。彗、孛犯之，巫臣作亂。雲氣犯，黑，爲巫臣戮；黄，則受爵。

按《步天歌》，以上諸星俱屬在房。日一星，晋隋《志》皆不載，以他書考之，雖在房宿南，實入氐十二度半。武密書及《乾象新書》惟以東咸屬心，西咸屬房，與《步天歌》不同，餘皆吻合。

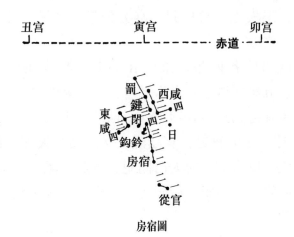

房宿圖

【注】

①房宿四星爲明堂天子布政之宫：房宿四星，有四種象徵，其一爲明堂，天子布政之宫。"宫"，諸本均誤作"官"。"宫"與"官"不能等同，明堂祇可能代表宫室，而不能指官員。又《晋志》曰："房四星，爲明堂，天子布政之宫。"本志語當出於此而錯爲"官"字。又石氏曰："房爲天子明堂，王者歲始布政之堂。"石氏也説明堂是布政之堂，而非布政之官。今改。

②亦四輔也……上相也：其二爲四輔，其自下而上爲上將、次將、次相、上相。此處，中華書局校點本標點發生錯誤，以句號將四輔與將相四輔隔開，使之成爲上下無關之事。實則將相四人爲四輔的鋪陳。

③又爲四表……其北曰太陰：接上注，其三，黄道附近分爲四表。中國古代的天文學家將通過房宿附近的黄道分爲四個區域，以中間黄道爲界，之南若干度爲陽環，陽環南爲陽道，黄道北若干度爲陰環，陰環北爲陰道。由下面具體占文可以知道，月亮在陽環和陰環内運行爲正常，越出陰陽兩環便爲异常，就將有災咎發生。表是相對於裏而言的，四表爲四野發生之事。

④亦曰天駟……次右驂：接上注，其四，房宿又稱爲天駟，即爲天帝拉車的四匹千里馬。自上之下爲左驂、左服、右服、右驂。星占家各自依據房宿的這四種形象用以爲占。

⑤鍵閉一星……主關籥：鍵閉星主天關門，爲天關門的鎖匙。因鍵閉與鈎鈐性能有相似之處，故《晉志》《隋志》均不載鍵閉星。

⑥鈎鈐二星……房之鈐鍵天之管籥：鈎鈐二星，在房宿四星的頂端向下彎處。《開元占經》曰："房主開閉，以其蓄藏之所由也。"

⑦東咸西咸各四星……以防淫泆也：石氏曰："東咸西咸八星者，房户之扇，常爲帝之前屏，以表障後宮，以防私奸也。"東咸星、西咸星，就如房間的大門，以防衛後宮，阻止私奸。

⑧東咸近鈎鈐……有知星者入：此話語義不明。《開元占經》引焦延壽曰："東咸星，上近鈎鈐十日，則有讒賊臣入害主者；西咸星前近，上若有角搖起，明動十日，有人以知天數入爲害者。"可知，東咸星有防讒臣爲害的功能，西咸星有防星占術士爲害的功能。

⑨罰三星……主受金罰贖：罰星爲受金罰贖之星。爲何罰贖尚未言明。《巫咸贊》："罰星受金，罰贖市租。"罰星近天市垣，故曰"罰贖市租"。鍵閉、鈎鈐、東咸、西咸、罰星都聚集在房宿北面的狹小範圍內，它們之間的相對位置是：鈎鈐自房星北星下垂，似鈎狀，爲房宿之附座；鍵閉星在鈎鈐北；罰星又在鍵閉北；而東咸、西咸正夾鍵閉和罰星。黃道從兩咸之間通過。

⑩從官二星……主疾病巫醫：從官星，象徵爲皇家治病的醫生。

心宿三星，天王正位也。中星曰明堂，天子位，爲大辰，主天下之賞罰；前星爲太子；後星爲庶子。①星直，則王失勢。明大，天下同心；天下變動，心星見祥；搖動，則兵離民流。日食，其分刑罰不中，將相疑，民饑，兵、喪。日暈，王者憂之。月食其宿，王者惡之，三公憂，下有喪。月暈，爲旱，穀貴，蟲生，將凶。^②與五星合，大凶。太陰犯之，大臣憂；犯中央及前後星，主惡之；出心大星北，國旱；出南，君憂，兵起。歲星犯之，有慶賀事，穀豐，華夷奉化；色不明，有喪，旱。熒惑犯之，大臣憂；貫心，爲饑；與太白俱守，爲喪。又曰熒惑居其陽，爲喜；陰，爲憂。又曰守之，主易政；犯，爲民流，大臣惡之；守星南，爲水；北，爲旱；逆行，大臣亂。填星犯之，大臣喜，穀豐；守之，有土功；留舍三十日有赦；居久，人主賢；中犯明堂，火災；逆行，女主干政。太白犯，糴貴，將軍憂，有水災，不出一年有大兵；舍之，色不明，爲喪；逆行環繞，大人惡之。辰星犯明堂，則大臣當之，在陽爲燕，在陰爲塞北，不則地動、大雨；守之，爲水，爲盜。^③客星犯之，爲旱；守之，爲火災；舍之，則糴貴，民饑。彗星犯之，大臣相疑；守之而出，爲蝗、饑，又曰爲兵。星孛，其分有兵、喪，民流。流星犯，臣叛；入之，外國使來；色青，爲兵，爲憂；黃，有土功；黑，爲凶。雲氣入，色黃，子孫喜；白，亂臣在側；黑，太子有罪。

按漢永元銅儀，唐開元游儀，心三星皆五度，去極百八度。景祐測驗，心三星五度，距西第一星去極百十四度。

積卒十二星，在房西南，五營軍士之象，主衛士掃除不祥。^④星小，爲吉；明，則有兵；一星亡，兵少出；二星亡，兵半出；三星亡，兵盡出。五星守之，兵起；不則近臣誅。彗星、客星守之，禁兵大出，天子自將。

雲氣犯之，青赤，爲大臣持政，欲論兵事。

　　按《步天歌》，積卒十二星屬心，《晋志》在二十八宿之外，唐武密書與《步天歌》合。《乾象新書》乃以積卒屬房宿爲不同，今兩存其說。

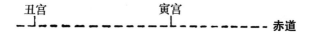

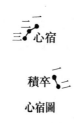

心宿圖

【注】

　①心宿三星……後星爲庶子：心宿大星，爲全天第十五大星，上古時爲定季節的主要星座之一，爲三大辰的代表星，故曰大辰。它位於北斗斗柄指向的延長綫上，故爲定季節的標志星。可能正因爲其重要性，星占家纔將其稱爲天王位，心大星爲天子，前星即上星爲太子，後星即下星爲庶子。

　②日食……將凶：大致的占語爲，日食、日暈，王者當之，月食、月暈，后妃、大臣當之，相應有凶咎。

　③與五星合……爲水爲盜：星占家對五星大致的占辭是，木星爲吉星，故曰“有慶賀事，穀豐”。土星爲福星，故曰“大臣喜，穀豐；守之，有土功”。火星爲災星，故曰“大臣憂”，“爲饑”“爲喪”。金星是兵星，

故曰“糴貴，將軍憂”，“有大兵”。水星爲刑罰之星，故曰“大臣當之”，“爲水”“爲盜”。

　　④積卒十二星……掃除不祥：積卒即積聚士兵，故曰“軍士之象”，主衛士除不祥。

　　尾宿九星，爲天子後宮，亦主后妃之位。上第一星，后也；次三星，夫人；次星，嬪妾也。[①]亦爲九子。[②]均明，大小相承，則後宮有序，子孫蕃昌。明，則后有喜，穀熟；不明，則后有憂，穀荒。日食，其分將有疾，在燕風沙，兵、喪，後宮有憂，人君戒出。日暈，女主喪，將相憂。月食，其分貴臣犯刑，後宮有憂。月暈，有疫，大赦，將相憂，其分有水災，后妃憂。太陰犯之，臣不和，將有憂。歲星犯，穀貴；入之，妾爲嫡，臣專政；守之，旱，火災。熒惑犯之，有兵；留二十日，水災；留三月，客兵聚；入之，人相食，又云宮內亂。填星犯之，色黃，后妃喜；入，爲兵、饑、盜賊；逆行，妾爲女主；守之而有芒角，更姓易政。太白犯入，大臣起兵；久留，爲水災；出、入、舍、守，糴貴，兵起，後宮憂；失行，軍破城亡。辰星犯守，爲水災，民疾，後宮有罪者，兵起；入，則萬物不成，民疫。客星犯入，宮人惡之；守之，賤女暴貴；出，則爲風，爲水，後宮惡之，兵罷，民饑多死。彗星犯，后惑主，宮人出，兵起，宮門多土功；[③]出入，貴臣誅，有水災。孛犯，多土功，大臣誅；守之，宮人出；出，爲大水，民饑。流星入犯，色青，舊臣歸；在春夏，後宮有口舌；秋冬，賢良用事；出，則後宮喜，有

子孫；色白，後宮妾死；出入，風雨時，穀熟；入，后
族進祿；青黑，則后妃喪。雲氣入，色青，外國來降；
出，則臣有亂。赤氣入，有使來言兵。黑氣入，有諸侯
客來。

按漢永元銅儀，尾宿十八度，唐開元游儀同。
舊去極百二十度，一云百四十度；今百二十四度。
景祐測驗，亦十八度，距西行從西第二星去極百二
十八度，在赤道外二十二度。《乾象新書》二十
七度。

神宮一星，在尾宿第三星旁，解衣之內室也。④

天江四星，在尾宿北，主太陰。⑤明動，爲水，兵
起；星不具，則津梁不通；參差，馬貴。月犯，爲兵，
爲臣強，河津不通。熒惑犯，大旱；守之，有立主。太
白犯，暴水。彗星犯，爲大兵。客星入，河津不通。流
星犯，爲水，爲饑。赤雲氣犯，車騎出；青，爲多水；
黃白，天子用事，兵起；入，則兵罷。

傅說一星，在尾後河中，主章祝官也，一曰後宮女
巫也，⑥司天王之內祭祀，以祈子孫。明大，則吉，王者
多子孫，輔佐出；不明，則天下多禱祠；亡，則社稷無
主；入尾下，多祝詛。《左氏傳》“天策焞焞”，⑦即此星
也。彗星、客星守之，天子不享宗廟。赤雲氣入，巫祝
官有誅者。

魚一星，在尾後河中，主陰事，知雲雨之期。明
大，則河海水出；不明，則陰陽和，多魚；亡，則魚
少；動搖，則大水暴出；出，則河大魚多死。月暈或犯

之，則旱，魚死。熒惑犯其陽，爲旱；陰，爲水。填星守之，爲旱。赤雲氣犯出，兵起，將憂；入，兵罷；黄白氣出，兵起。

龜五星，在尾南，主卜，以占吉凶。[⑧]星明，君臣和；不明，則上下乖。熒惑犯，爲旱；守，爲火。客星入，爲水憂。流星出，色赤黄，爲兵；青黑，爲水，各以其國言之。赤雲氣出，卜祝官憂。

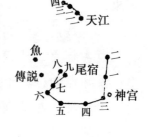

按神宫、傅説、魚各一星，天江四星，龜五星，《步天歌》與他書皆屬尾。而《晋志》列天江於天市垣，以傅説、魚、龜在二十八宿之外，其説不同。

尾宿圖

【注】

①尾宿九星……嬪妾也：尾宿九星，爲天子後宫，也象徵后妃之位。其九顆星均有配屬：自上而下，自右至左依次爲：尾宿二（上第一星）爲后，尾宿一、三、四爲夫人，五、六、七、八、九爲嬪妾。尾宿者，蒼龍之尾也。按照古代的陰陽觀念，頭爲陽爲男，尾爲陰爲女，故有此配屬。

②亦爲九子：另一種説法是象徵天帝的九個兒子，對應於龍生九子之説。

③宫門多土功：宫門内土木建築之事多。

④神宫一星，在尾宿三旁，爲后妃更換衣服的内室。

⑤天江四星……主太陰：天江爲天上的江河，水爲陰，故曰主太陰。

⑥傅説一星……女巫也：爲章祝之官，又爲後宫女巫。然而，傅説一

名，另有來歷。據《史記·殷本記》，傅説爲武丁賢相，助殷中興之大臣。莊子説他"乘東維，騎箕尾，而比於列星"，就是出於這個典故。後世星占家不明此典，故另用其説。

⑦左氏傳天策焞焞：《左傳·僖公五年》引童謡曰："丙之晨，龍尾伏辰，均服振振，取虢之旗。鶉之賁賁，天策焞焞，火中成軍，虢公其奔。"這便是著名的唇亡齒寒的故事。

⑧魚一星……龜五星：尾宿周圍，已進入銀河的起點，進入水鄉之地，有天江星、南海星、天淵星等與水有關的星均分布於此，與其相配，亦有魚星、龜星、鱉星等分布於此。

箕宿四星，爲後宮妃后之府，亦曰天津，一曰天鷄，主八風，又主口舌，主蠻夷。①星明大，穀熟；不正，爲兵；離徙，天下不安；中星衆亦然，糴貴。凡日月宿在箕、壁、翼、軫者，皆爲風起；舌動，三日有大風。日犯或食其宿，將疾，佞臣害忠良，皇后憂，大風沙。②日暈，國有妖言。月食，爲風，爲水、旱，爲饑，后惡之。月暈，爲風，穀貴，大將易，又王者納后。月犯，多風，糴貴，爲旱，女主憂，君將死，後宮干政。歲星入，宮內口舌，歲熟；在箕南，爲旱；在北，爲有年；守之，多惡風，穀貴，民饑死。熒惑犯，地動；入，爲旱；出，則有赦；久守，爲水；逆行，諸侯相謀，人主惡之。填星犯，女主憂；久留，有赦；守之，后喜，有土功；色黃光潤，則太后喜；又占：守，有水；守九十日，人流，兵起，蝗。太白犯，女主喜；入，則有赦；出，爲土功，糴貴；守之，爲旱，爲風，民疾；出入留箕，五穀不登，多蝗。辰星犯，有赦；

守，則爲旱；動搖、色青，臣自戮，又占爲水溢、旱、火災、穀不成。客星入犯，有土功，宮女不安，民流；守之，爲饑；色赤，爲兵；守其北，小熟；東，大熟；南，小饑；西，大饑；出，其分民饑，大臣有棄者；一云守之，秋冬水災。彗星犯守，東夷自滅；出，則爲旱，爲兵，北方亂。孛犯，爲外夷亂，耀貴；守之，外夷災；出，爲穀貴，民死，流亡；春夏犯之，金玉貴；秋冬，土功興；入，則多風雨；色黃，外夷來貢。雲氣出，色蒼白，國災除；入，則蠻夷來見；出而色黃，有使者；出箕口，斂，爲雨；開，爲多風少雨。

按漢永元銅儀，箕宿十度，唐開元游儀十一度。舊去極百十八度，今百二十度。景祐測驗，箕四星十度，距西北第一星去極百二十三度。

糠一星，在箕舌前，杵西北。明，則豐熟；暗，則民饑，流亡。③杵三星在箕南，主給庖舂。④動，則人失釜甑；縱，則豐；橫，則大饑；亡，則歲荒；移徙，則人失業。熒惑守，民流。客星犯守，歲饑。彗、孛犯，天下有急兵。

按《晉志》，糠一星、杵三星在二十八宿之外。《乾象新書》與《步天歌》皆屬箕宿。

【注】

①箕宿四星……主蠻夷：星占家對於箕星含義的解釋計有六種之多：一曰爲後宮，妃后之府，此説大概是因爲箕宿位於尾宿之後，屬蒼龍之尾，男爲陽爲首，女爲陰爲尾，故有此説；二曰爲天津，這是由於箕斗二宿正位於銀河附近，故有爲關梁天津之説，天津者，渡口要道也；三曰天

雞，主報曉，此説流傳不廣；四曰主八風，爲風星，箕爲風，此大概是因爲箕可理解爲簸箕，爲簸揚穀物之農具，簸箕揚時便産生風，故有風星之説；五曰主口舌，它可能仍是風星或簸箕口的發揮；六曰主蠻夷，此説雖然并没有多大發揮，但本志占辭中的"蠻夷"實指東夷。東夷者，其後裔爲殷商，那麽，此箕星之含義，當爲殷商賢臣箕子，箕子入周以後被封於東北、朝鮮，正與箕宿的分野相對應。箕子又被封爲箕伯，又與箕爲風星相對應。由此可知，箕星的本義，多半是源於箕子。

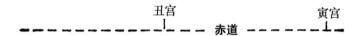

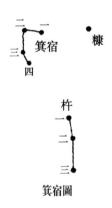

箕宿圖

②日犯或食其宿：其它志書或《開元占經》所引諸家占辭均無此説。這是因爲太陽一出，諸曜皆隱，無日犯諸曜之象發生。當爲撰志者獨自編撰之辭。

③糠一星……流亡：糠星在箕口前，糠又與豐饑相聯繫，則它就必與簸箕相配，有簸揚穀物之義。

④杵三星在箕南主給庖舂：杵星是主舂碓的工具。杵星有兩座，另一在河鼓旁。兩者分工不同，本處之杵，是供帝主庖厨。

北方①

南斗六星，天之賞禄府，主天子壽算，爲宰相爵禄之位，傳曰天廟也。丞相太宰之位，襃賢進士，禀受爵禄，又主兵。一曰天機。②南二星魁，天梁也。中央二星，天相也。北二星，天府廷也。又謂南星者，魁星也；北星，杓也，第一星曰北亭，一曰天開，一曰鈇鑕。石申曰：“魁第一主吳，二會稽，三丹陽，四豫章，五廬江，六九江。”③星明盛，則王道和平，帝王長齡，將相同心；不明，則大小失次；芒角、動揺，國失忠臣，兵起，民愁。日食在斗，將相憂，兵起，皇后災，吳分有兵。日暈，宰相憂，宗廟不安。月食，其分國饑，小兵，后、夫人憂。月暈，大將死，穀不生。月犯，將臣黜，風雨不時，大臣誅；一歲三入，大赦；又占：入，爲女主憂，趙、魏有兵；色惡，相死。歲星犯，有赦；久守，水災，穀貴；守及百日，兵用，大臣死。熒惑犯，有赦，破軍殺將，火災；入二十日，糴貴；四十日，有德令；守之，爲兵、盜；久守，災甚；出斗上行，天下憂；不行，臣憂；入，内外有謀；守七日，太子疾。填星犯，爲亂；入，則失地；逆行，地動；出、入、留二十日，有大喪；守之，大臣叛；又占：逆行，先水後旱；守之，國多義士。太白犯之，有兵，臣叛；留守之，破軍殺將；與火俱入，白爍，臣子爲逆；久，則禍大。辰星犯，水，穀不成，有兵；守之，兵、喪。客星犯，兵起，國亂；入，則諸侯相攻，多盜，大旱，宮廟火，穀貴；七日不去，有赦。彗星犯，國主憂；出，則其分有謀，又爲水災，宮中火，下謀上，有亂兵；入，則爲火，大臣叛。孛犯入，下謀上，有亂兵；出，則爲兵，爲疾，國憂。流星入，蠻夷來貢；犯之，宰相憂，在春天子壽，夏爲水，秋則相黜，冬大臣逆；色赤而出斗者，大臣死。雲氣入，蒼白，多風；赤，旱；出，有兵起，宮廟火；入，有兩赤氣，兵；黑，主病。

　　按漢永元銅儀，斗二十四度四分度之一；唐開元游儀，二十六度。去極百十六度，今百十九度。景祐測驗，亦二十六度，距魁第四星去極百二十二度。

　　鼈十四星，在南斗南，主水族，不居漢中，川有易者。熒惑守之，爲旱。辰星守，爲火。客星守，爲水。流星出，色青黑，爲水；黃，爲旱。雲氣占同。一曰有星守之，白衣會，主有水。

　　天淵十星，一曰天池，一曰天泉，一曰天海，在鼈星東南九坎間，又名太陰，主灌溉溝渠。④五星守之，大水，河決。熒惑入，爲旱。客星入，海魚出。彗星守之，川溢傷人。

　　狗二星，在南斗魁前，主吠守，⑤以不居常處爲災。熒惑犯之，爲旱。客星入，多土功，北邊饑；守之，守禦之臣作亂。

建六星，在南斗魁東北，臨黄道，一曰天旗，天之都關。爲謀事，爲天鼓，爲天馬。南二星，天庫也。中二星，市也，鈇鑕也。上二星，爲旗跗。斗建之間，三光道也，主司七曜行度得失，十一月甲子天正冬至，大曆所起宿也。⑥星動，人勞役。月犯之，臣更天子法；掩之，有降兵。月食，其分皇后娣姪當黜。月暈，大將死，五穀不成，蛟龍見，牛馬疫。月與五星犯之，大臣相譖有謀，亦爲關梁不通，大水。歲星守，爲旱，糴貴，死者衆，諸侯有謀；入，則有兵。熒惑守之，臣有黜者，諸侯有謀，糴貴；入，則關梁不通，馬貴；守旗跗三十日，有兵。填星守之，王者有謀。太白守，外國使來。辰星守，爲水災，米貴，多病。彗、孛、客星犯之，王失道，忠臣黜。客星守之，道路不通，多盗。流星入，下有謀；色赤，昌。

天弁九星，弁一作辨。在建星北，市官之長，主列肆、闤闠、市籍之事，以知市珍也。⑦明盛，則萬物昌；不明及彗、客犯之，糴貴；久守之，囚徒起兵。

天鷄二星，在牛西，一在狗國北，主异鳥，一曰主候時。⑧熒惑舍之，爲旱，鷄多夜鳴。太白、熒惑犯之，爲兵。填星犯之，民流亡。客星犯，水旱失時；入，爲大水。

狗國四星，在建星東南，主三韓、鮮卑、烏桓、獫狁、沃且之屬。⑨星不具，天下有盗；不明，則安；明，則邊寇起。月犯之，烏桓、鮮卑國亂。熒惑守之，外夷兵起。太白守之，鮮卑受攻。客星守，其王來中國。

天籥八星，在南斗杓第二星西，主開閉門户。⑩明，則吉；不備，則關籥無禁。客星、彗星守之，關梁閉塞。

農丈人一星，在南斗西南，老農主稼穡者，又主先農、農正官。[⑪]星明，歲豐；暗，則民失業；移徙，歲饑。客星、彗星守之，民失耕，歲荒。

按《步天歌》，已上諸星皆屬南斗。《晋志》以狗國、天鷄、天弁、天籥、建星皆屬天市垣，餘在二十八宿之外。《乾象新書》以天籥、農丈人屬箕，武密又以天籥屬尾，互有不同。

【注】

①北方：北方玄武七宿天區的簡稱，包括斗、牛、女、虛、危、室、壁七宿，玄武即龜蛇。北方七宿天區所包含的星座及相關數值如下表，共有六十五個星座，四百零八星，增星四百零七。以往人們在解釋四象的來歷時認爲，四象即四種動物形象。但如果説蒼龍、朱雀、白虎三處有些似動物形象外，龜蛇一點也不象。筆者曾經指出，四象是中華民族中四個民族的圖騰（《星象解碼》，群言出版社，2004），即東方蒼龍是東夷的龍圖騰崇拜，北方玄武爲夏人的龜蛇圖騰崇拜，西方白虎爲西羌的虎圖騰崇拜，南方朱雀爲南方少昊等部的鳥圖騰崇拜。太昊、黄帝、顓頊、少昊四古帝分别爲四方的代表人物，由此可以解開中國星名與中華民族歷史人物千絲萬縷的聯繫。

北方七宿表①

號數	星座	距　星		去極度（°）		入宿度	赤經（°）
1	斗宿	西第三星（斗宿一）	人馬 φ	119 度	117.29	箕 8 度半	266.54
2	建	西星（建一）	人馬 ξ₂	113 度	111.38	斗 4 度	270.48
3	天弁	西大星（天弁一）	天鷹 1	99 度半	98.07	斗初度	266.54
4	鼈	東大星（鼈六）	南冕 2	130 度	128.13	斗 5 度	271.47

（續表）

號數	星座	距　　星		去極度（°）		入宿度	赤經（°）
5	天雞	西星（天雞一）	天鷹 e₁	110 度	108.42	斗 16 度半	282.80
6	天籥	西星（天籥六）	蛇夫 51	114 度半	112.85	尾 19 度	255.00
7	狗國	西北星（狗國一）	人馬 ω	120 度	118.28	斗 18 度	284.28
8	天淵	中北星（天淵增二）	人馬 θ₁	129 度	127.14	斗 17 度	283.30
9	狗	東大星（狗一）	人馬 h₂	118 度	116.30	斗 12 度	278.37
10	農丈人		Boss4679	124 度半	122.71	箕 6 度半	262.69
11	牛宿	中大星（牛宿一）	摩羯 β	108 度半	106.94	斗 23 度半	291.77
12	天田	西北星（天田四）	摩羯 ψ	116 度半	114.82	斗 23 度	289.21
13	九坎	西大星（九坎一?）	印第安 α	141 度半	139.47	牛初度	291.77
14	河鼓	中大星（河鼓二）	天鷹 α	83 度	81.81	斗 22 度	288.22
15	織女	大星（織女一）	天琴 α	52 度	51.25	斗 5 度	271.47
16	左旗	中大星（左旗三）	天箭 δ	73 度半	72.44	斗 22 度	288.22
17	右旗	中大星（右旗三）	天鷹 δ	88 度半	87.23	斗 15 度	281.42
18	天桴	大星（天桴一）	天鷹 θ	94 度	92.65	斗 24 度半	290.69
19	羅堰	北星（羅堰一）	摩羯 τ	109 度	107.43	牛 4 度	295.71
20	漸臺	東南星（漸臺三）	天琴 γ	58 度	57.17	斗 10 度	276.40
21	輦道	西北星（輦道一）	天琴 R	47 度半	46.81	斗 11 度	277.38
22	女宿	西南星（女宿一）	寶瓶 ε	104 度半	102.99	牛 7 度半	298.93
23	十二國	趙西星（趙一）	摩羯 26	123 度	121.23	牛 4 度	295.71
24	離珠	東北大星（離珠二）	天鷹 71	96 度	93.64	牛 6 度	297.68
25	敗瓜	南星（敗瓜一）	海豚 ∈	82 度半	81.81	牛 6 度	297.68
26	瓠瓜	西星（瓠瓜五）	海豚 ζ	79 度	77.87	女初度	298.93
27	天津	西稍星（天津二）	天鵝 δ	47 度半	46.91	斗 23 度	289.21
28	奚仲	西北星（奚仲一）	天鵝 χ	38 度	37.45	斗 18 度	284.28
29	扶筐	北第一星（扶筐四）	天龍 o	32 度	31.54	斗 8 度	274.43
30	虛宿	南星（虛宿一）	寶瓶 β	100 度半	99.05	女 11 度半	310.26
31	司命	西星（司命一）	寶瓶 24	92 度	90.68	虛 3 度	313.21
32	司祿	西星（司祿一）	寶瓶 27	90 度	88.71	虛 4 度	314.21
33	司危	西星（司危二）	小馬 9	85 度半	84.27	女 8 度	306.82
34	司非	西星（司非一）	小馬 γ	79 度	78°.36	女 9 度半	308.29

（續表）

號數	星座	距　　星		去極度（°）		入宿度	赤經（°）
35	哭	西星（哭一）	摩羯 μ	117 度半	115.81	女 9 度	307.80
36	泣	北星（泣二）	寶瓶 θ	104 度半	103.00	危 2 度	321.14
37	天壘城	西星（天壘城九）	寶瓶 8	126 度	124.19	女 11 度	309.77
38	敗白	北星（敗白四）	南魚 19	139 度半	137.50	虛 8 度	318.15
39	離瑜	西星（離瑜二）	南魚 4	128 度	126.16	女 9 度	307.80
40	危宿	南星（危宿一）	寶瓶 α	96 度	94.62	虛 9 度半	319.17
	墳墓（附）	中星（墳墓一）	寶瓶 ζ	96 度	94.62	5 度半	324.60
41	人	西南星（人二）	飛馬 1	70 度	68.99	虛 6 度半	316.67
42	杵	南星（杵三）	飛馬 28	61 度半	60.62	危 3 度	322.13
43	臼	西南星（臼三）	飛馬 ι	169 度半	68.50	危 2 度半	321.63
44	車府	西第一星（車府增三?）	天鵝 f₂	56 度半	55.69	4 度半	314.70
45	天鈎	大星（天鈎五）	仙王 α	24 度	28.66	危初度	319.17
46	造父	南星（造父一）	仙王 δ	38 度	87.45	危 11 度	330.01
47	蓋屋	西星（蓋屋一）	寶瓶 o	97 度	95.61	虛 9 度	319.13
48	虛梁	東星（虛梁三）	寶瓶 χ	100 度半	99.06	危 8 度	327.05
49	天錢	東北星（天錢一?）	南魚 13	118 度	116.30	危 8 度	322.13
50	室宿	南星（室宿一）	飛馬 α	80 度半	79.34	危 20 度	334.44
	離宮（附）	西北星（離宮二）	飛馬 μ	87 度		危 19 度半	
51	雷電	西南星（雷電一）	飛馬 ζ	87 度	85.76	危 12 度	331.00
52	壘壁陣	西第一星（壘壁陣二）	摩羯 ε	115 度	113.35	虛初度	310.26
53	羽林軍	大星（羽林軍二十六）	寶瓶 δ	117 度	115.81	危 15 度半	334.45
54	鐵鉞	北星（鐵鉞一）	寶瓶 103	130 度	128.13	室 2 度	336.41
55	北落師門		南魚 α	126 度	124.19	危 11 度半	330.51
56	八魁	南大星（八魁二）	鯨魚 2	139 度	137.00	壁 4 度半	355.17
57	天綱		南魚 δ	129 度	127.15	危 6 度	324.10
58	土公吏	南星（土公吏二）	飛馬 36	85 度半	84.27	危 6 度	324.10
59	騰蛇	中大星（騰蛇一）	蝎虎 α	44 度少	43.61	危 9 度半	329.62
60	壁宿	南星（壁宿一）	飛馬 γ	80 度半	79.32	室 15 度半	351.23

（續表）

號數	星座	距　　星		去極度（°）		入宿度	赤經(°)
61	霹靂	西北星（霹靂一）	雙魚β	93度	91.67	危16度	333.95
62	雲雨	西星（雲雨一）	雙魚χ	95度	93.64	室5度	339.37
63	天厩	西星（天厩一）	仙女θ	49度半	48.79	壁初度	351.23
64	鈇鑕	中北星（鈇鑕二？）	玉夫o	128度半	126.16	奎8度半	2.95
65	土公	西星（土公一）	雙魚c	85度	83.78	壁初度	351.23

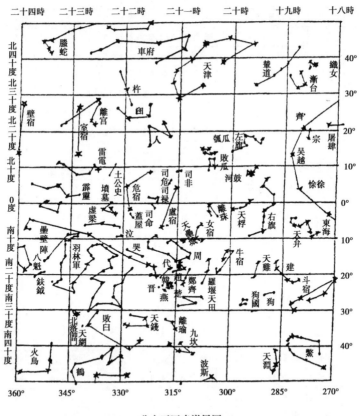

北方天區赤道星圖

②南斗六星……一曰天機：《荆州占》曰："南斗，太宰位也。"《聖洽符》曰："南斗者，天子之廟，主紀天子壽命之期。"又《石氏贊》曰："斗主爵禄，褒賢達士，故曰直；建星以成輔，又曰斗，主爵禄、功德、祥歲，周受分，和陰陽。"故有南斗太宰位，天子廟，主壽命，即"南斗主生，北斗主死"之説。

③南二星魁……六九江：如斗宿圖所示，南二星爲斗宿五、六；中央二星爲斗宿四、一；北二星爲斗宿二、三。

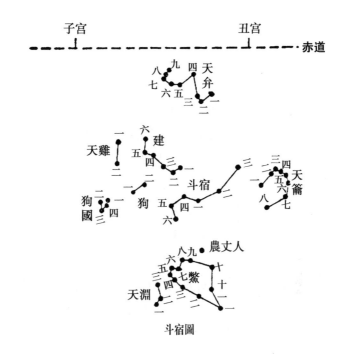

斗宿圖

④天淵十星主灌溉溝渠：《巫咸贊》曰："主灌溉之官。"故天淵星爲負責水利灌溉方面的官，與農業有關。

⑤狗二星主吠守：狗星的含義就是狗，有守衛之責。

⑥建六星……大曆所起宿也：南斗與建星之間，均爲三光之道，爲七曜運行的通道。上古時，它們又分别是冬至日所在宿度，古曆曆元起冬

至，故曰"大曆所起宿也"。

⑦天弁九星……以知市珍也：天弁九星，就在建星的北面，天市垣的東南角。它象徵天市垣即市場的長官，主管列肆、市籍等事。

⑧天鷄二星……一曰主候時：天雞之義就是雞象，負責候時司旦、審夜察時等事。

⑨狗國四星……沃且之屬：狗國，爲三韓、鮮卑、烏桓、玁狁、沃且等部落的象徵。狗國星與狗星雖同在一個天區，却不是一個概念，狗星主守夜，狗國則是北方一些部落的象徵。

⑩天籥星爲守衛關梁、開閉門户鎖鑰之星。

⑪農丈人一星……又主先農農正官：農丈人是老農的代表，又代表農正等官，是農事的象徵和管理者之象。

　　牛宿六星，天之關梁，主犧牲事。①其北二星，一曰即路，一曰聚火。又曰上一星主道路，次二星主關梁，次三星主南越。明大，則王道昌，關梁通，牛貴；怒，②則馬貴；動，則牛災，多死；始出而色黄，大豆賤；赤，則豆有蟲；青，則大豆貴；星直，糴賤；曲，則貴。日食，其分兵起；暈，爲陰國憂，兵起。月食，有兵；暈，爲水災，女子貴，五穀不成，牛多暴死，小兒多疾。月暈在冬三月，百四十日外有赦；暈中央大星，大將被戮。月犯之，有水，牛多死，其國有憂。歲星入犯，則諸侯失期；留守，則牛多疫，五穀傷；在牛東，不利小兒；西，主風雪；北，爲民流；逆行，宮中有火；居三十日至九十日，天下和平，道德明。熒惑犯之，諸侯多疾，臣謀主；守，則穀不成，兵起；入或出守斗南，赦。填星犯之，有土功；守之，雨雪，民人、牛馬病。太白犯之，諸侯不通；守，則國有兵起；入，則爲兵謀，人多死。辰星犯，敗軍移將，臣謀主。客星犯守之，牛馬貴，越地起兵；出，牛多死，地動，馬貴。彗星犯之，吳分兵起；出，爲糴貴，牛死。孛犯，改元易號，糴貴，牛多死，吳、越兵起，下當有自立者。流星犯之，王欲改事；春夏，穀熟；秋冬，穀貴；色黑，牛馬昌，關梁入貢。雲氣蒼白橫貫，有兵、喪；赤，亦爲兵；黃白氣入，牛蕃息；黑，則牛死。

按漢永元銅儀，以牽牛爲七度；唐開元游儀，八度。舊去極百六度，今百四度。景祐測驗，牛六星八度，距中央大星去極百十度半。

天田九星，在斗南，一曰在牛東南，天子畿內之田。其占與角北天田同。客星犯之，天下憂。彗、孛犯守之，農夫失業。

河鼓三星，在牽牛西北，③主天鼓，蓋天子及將軍鼓也。④一曰三武，主天子三將軍，中央大星爲大將軍，左星爲左將軍，右星爲右將軍。左星南星也，所以備關梁而拒難也，設守險阻，知謀徵也。鼓欲正直而明，色黃光澤，將吉；不正，爲兵、憂；星怒，則馬貴；動，則兵起；曲，則將失計奪勢；有芒角，將軍凶猛象也；動搖，差度亂，兵起。月犯之，軍敗亡。五星犯之，兵起。彗星、客星犯，將軍被戮。流星犯，諸侯作亂。黃白雲氣入之，天子喜；赤，爲兵起；出，則戰勝；黑，爲將死。青氣入之，將憂；出，則禍除。

左旗九星，在河鼓左旁，右旗九星在牽牛北、河鼓西南，天之鼓旗旌表也。⑤主聲音、設險、知敵謀。旗星明大，將吉。五星犯守，兵起。

織女三星，在天市垣東北，一曰在天紀東，天女也，主果蓏、絲帛、珍寶。⑥王者至孝，神祇咸喜，則星俱明，天下和平；星怒而角，布帛貴。陶隱居曰："常以十月朔至六七日晨見東方。"色赤精明者，女工善；星亡，兵起，女子爲候。織女足常向扶筐，則吉；不向，則絲綿大貴。月暈，其分兵起。熒惑守之，公主憂，絲帛貴，兵起。彗星犯，后族憂。星孛，則有女喪。客星入，色青，爲饑；赤，爲兵；黃，爲旱；白，爲喪；黑，爲水。流星入，有水、盜，女主憂。雲氣入，蒼白，女子憂；赤，則爲女子兵死；色黃，女有進者。

漸臺四星，在織女東南，臨水之臺也，主晷漏、律呂事。⑦明，則陰陽調，而律呂和；不明，則常漏不定。客星、彗星犯之，陰陽反戾。

輦道五星，在織女西，主王者游嬉之道。⑧漢輦道通南北宮，其象也。太白、熒惑守之，御路兵起。

九坎九星，在牽牛南，主溝渠、導引泉源、疏瀉盈溢，又主水旱。⑨星明，爲水災；微小，吉。月暈，爲水；五星犯之，水溢。客星入，天下憂。雲氣入，青，爲旱；黑，爲水溢。

羅堰三星，在牽牛東，拒馬也，主隄塘，壅蓄水源以灌溉也。⑩星明大，則水泛溢。

天桴四星，在牽牛東北橫列，一曰在左旗端，鼓桴也，主漏刻。⑪暗，則刻漏失時。武密曰："主桴鼓之用。"動搖，則軍鼓用；前近河鼓，若桴鼓相直，皆爲桴鼓用。太白、熒惑守之，兵鼓起。客星犯之，主刻漏失時。

按《步天歌》，已上諸星俱屬牛宿。《晋志》以織女、漸臺、輦道皆屬太微垣，以河鼓、左旗、右旗、天桴屬天市垣，餘在二十八宿之外。武密以左旗屬箕屬斗，右旗亦屬斗，漸臺屬斗，又屬牛，餘與《步天歌》同。《乾象新書》則又以左旗、織女、漸臺、輦道、九坎皆屬於斗。

【注】

①牛宿六星……主犧牲事：牛宿六顆星，象徵天之關卡和橋梁，又爲犧牲之事。犧牲，指用於祭祀的牲畜。它與下面的女宿，又組成農業社會的最小單元，指農夫農婦組成的家庭。

②怒：古代表示星體明暗狀態的用詞。光芒四射稱爲怒，是星體明亮閃爍的用詞。

③河鼓三星在牽牛西北：此處的牽牛星是指牛宿，與《隋志》"牽牛六星主關梁"之名合。《爾雅·釋天》曰"河鼓謂之牽牛"，意爲河鼓又名牽牛。中國古代的星名常發生混淆現象。

④主天鼓蓋天子及將軍鼓也：河鼓三星，亦象徵軍隊指揮作戰之用鼓，它與軍隊的行動聯繫在一起，故下文占語曰"動，則兵起"。

⑤左旗九星……天之鼓旗旌表也：軍旗與軍鼓總是組合在一起，用於指揮作戰，故曰"旗星明大，將吉"。

⑥織女三星……主果蓏絲帛珍寶：織女的含義，應在織布之女，故曰主果蓏、絲帛、珍寶。星占家常以其與布帛貴賤相聯繫。不過，她不是一般的織布婦女，而是天帝之女，一曰天帝孫女。織女大星爲全天第三大星，僅次於天狼星和老人星。在民間，人們常將織女星與牛郎星相聯繫，

將其編成一個美麗的愛情故事。早在《古詩十九首》中，就有"迢迢牽牛星，皎皎河漢女"的詩句，歌頌牛郎織女的愛情故事。東漢《風俗通義》說"織女七夕當渡河，使鵲爲橋"，由此衍生出七月七日乞巧節、婦女向織女星乞智巧的傳統。

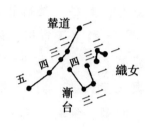

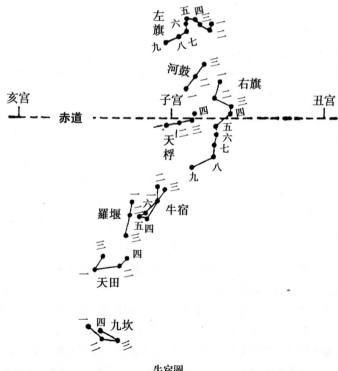

牛宿圖

⑦漸臺四星……主晷漏律呂事：《開元占經》曰："四方高曰台，下有水曰漸，主晷漏、律呂之事。"王莽爲了躲避起義軍的進攻，曾逃入漸臺避災，漸臺爲漢以前放置漏刻、晷表的天文臺。

⑧輦道五星主王者游嬉之道：輦道爲天帝出紫宮南門通向營室離宮之道。

⑨九坎九星……又主水旱：九坎爲人工開挖的疏通河道的溝渠，以利灌溉。

⑩羅堰三星……壅蓄水源以灌溉也：羅堰是壅土築壩用以蓄水灌溉以利農業生産的建築。

⑪天桴四星……主漏刻：天桴，鼓槌，在河鼓星下方，鼓與槌相配合。

　　須女四星，天之少府，賤妾之稱，婦職之卑者也，主布帛裁製、嫁娶。①星明，天下豐，女巧，國富；小而不明，反是。日食在女，戒在巫祝、后妃禱祠，又占越分饑，后妃疾。日暈，後宮及女主憂。月食，爲兵、旱，國有憂。月暈，有兵謀不成；兩重三重，女主死。月犯之，有女惑，有兵不戰而降，又曰將軍死。歲星犯之，后妃喜，外國進女；守之，多水，國饑，喪，糴貴，民大災。熒惑犯之，大臣、皇后憂，布帛貴，民大災；守之，土人不安，五穀不熟，民疾，有女喪，又爲兵；入，則糴貴；逆行犯守，大臣憂；居陽，喜；陰，爲憂。填星犯守，有苛政，山水出，壞民舍，女謁行，后專政，多妖女；留五十日，民流亡。太白犯之，布帛貴，兵起，天下多寡女；留守，有女喪，軍發。辰星犯，國饑，民疾；守之，天下水，有赦，南地火，北地水，又兵起，布帛貴。客星犯，兵起，女人爲亂；守之，宮人憂，諸侯有兵，江淮不通，糴貴。

彗星犯，兵起，女爲亂；出，爲兵亂，有水災，米鹽貴。星孛，其分兵起，女爲亂，有奇女來進；出入，國有憂，王者惡之。流星犯，天子納美女，又曰有貴女下獄；抵須女，女主死。《乙巳占》：出入而色黄潤，立妃后；白，爲後宫妾死。雲氣入，黄白，有嫁女事；白，爲女多病；黑，爲女多死；赤，則婦人多兵死者。

按漢永元銅儀，以須女爲十一度。景祐測驗，十二度，距西南星去極百五度，在赤道外十四度。

十二國十六星，在牛女南，近九坎，各分土居，列國之象。[②]九坎之東一星曰齊，齊北二星曰趙，趙北一星曰鄭，鄭北一星曰越，越東二星曰周，周東南北列二星曰秦，秦南二星曰代，代西一星曰晉，晉北一星曰韓，韓北一星曰魏，魏西一星曰楚，楚南一星曰燕，有變動各以其國占之。陶隱居曰：“越星在婺女南，鄭一星在越北，趙二星在鄭南，周二星在越東，楚一星在魏西南，燕一星在楚南，韓一星在晉北，晉一星在代北，代二星在秦南，齊一星在燕東。”

離珠五星，在須女北，須女之藏府，女子之星也。又曰主天子旒珠，后、夫人環珮。[③]去陽，旱；去陰，潦。客星犯之，後宫有憂。

奚仲四星，在天津北，主帝車之官。[④]凡太白、熒惑守之，爲兵祥。

天津九星，在虛宿北，橫河中，一曰天漢，一曰天江，主四瀆津梁，所以度神通四方也。[⑤]一星不備，津梁不通；明，則兵起；參差，馬貴；大，則水災；移，則水溢。彗、孛犯之，津敗，道路有賊。客星犯，橋梁不修；守之，水道不通，船貴。流星出，必有使出，隨分野占之。赤雲氣入，爲旱；黃白，天子有德令；黑，爲大水；色蒼，爲水，爲憂；出，則禍除。

敗瓜五星，在匏瓜星南，主修瓜果之職，與匏瓜同占。

匏瓜五星一作瓠瓜，在離珠北，天子果園也，其西綿星主後宮。⑥不明，則后失勢；不具或動搖，爲盜；光明，則歲豐；暗，則果實不登。彗、孛犯之，近臣僭，有戮死者。客星守之，魚鹽貴，山谷多水；犯之，有游兵不戰。蒼白雲氣入之，果不可食；青，爲天子攻城邑；黃，則天子賜諸侯果；黑，爲天子食果而致疾。

扶筐七星，爲盛桑之器，主勸蠶也，一曰供奉后與夫人之親蠶。⑦明，吉；暗，凶；移徙，則女工失業。彗星犯，將叛。流星犯，絲綿大貴。

按《步天歌》，已上諸星俱屬須女，而十二國及奚仲、匏瓜、敗瓜等星，《晉志》不載，《隋志》有之。《晉志》又以離珠、天津屬天市垣，扶筐屬太微垣。《乾象新書》以周、越、齊、趙屬牛，秦、代、韓、魏、燕、晉、楚、鄭屬女。武密以離珠、匏瓜屬牛又屬女，以奚仲屬危。《乾象新書》以離珠、匏瓜屬牛，敗瓜屬斗又屬牛，以天津西一星屬斗，中屬牛，東五星屬女。

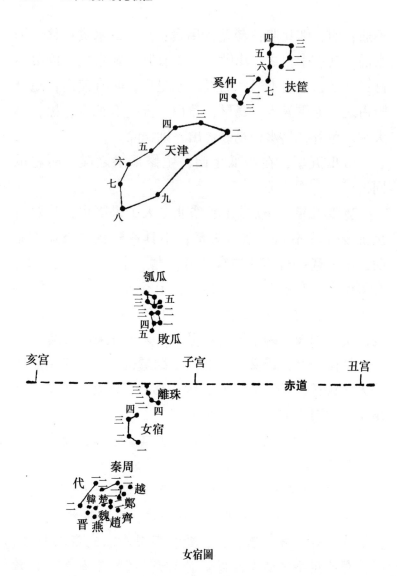

四
五
六
三
二
一
奚仲
四
七
一
二
三
扶筐
三
四
五
天津
六
七
八
二
一
九

瓠瓜
一
二
三
一
二
三
四
五
五
二
一
敗瓜

亥宮　　　　　　子宮　　　　　　丑宮

赤道

三
一
離珠
四
二
四
三
女宿
二
一

秦周
代
二
一
二
越
韓楚
鄭
二
晉魏燕趙齊

女宿圖

【注】

①須女四星……主布帛裁製嫁娶：須女指女宿，爲賤妾的稱呼，是婦女中

之卑下者，負責織布、裁縫製衣、嫁娶的事務。

②十二國十六星……列國之象：十二國指春秋時的十二諸侯國，各有封土，爲列國之象。十二諸侯國設在牛、女、九坎之旁，象徵十二諸侯國對應於廣大的農業區，可以爲天帝的統治提供取之不盡的物資財源。

③離珠五星……夫人環珮：離珠五星，象徵農家婦女的府藏，爲天子製作冕冠上的串珠和后妃裝飾用的環珮。

④奚仲四星……主帝車之官：奚仲代表管理帝車之官。據史書記載，奚仲爲夏代車正，爲車的發明者。

⑤天津九星……所以度神通四方也：天津九星橫跨在銀河之中。星占家將其視爲銀河上最主要的渡口和橋梁，象徵四瀆津梁，指獨流入海的河、江、淮、濟四條大河的橋梁。“度神”，渡天神。天神此處主要指天帝及其家屬，他們經常通過輦道，經天津渡河，來往於紫宮與離宮。在北方七宿中，織女、河鼓、天津爲三個最爲明亮的星座，織女爲全天第三大星，河鼓二爲第十一大星，天津四爲第二十大星。

⑥敗瓜、匏瓜：匏瓜俗稱菜葫蘆，敗瓜指對匏瓜實施加工管理之官。

⑦扶筐七星……一曰供奉后與夫人之親蠶：扶筐爲盛桑叶等的籮筐，爲勸農養蠶的象徵。養蠶是爲了織帛等，解決穿衣等問題。從以上所述天淵、羅堰、九坎、天田等可以看出，這些設施都是爲發展農業生產服務的。牛宿象徵耕田之牛和農夫。牛宿、女宿象徵男耕女織的農業社會。箕宿、糠星和匏瓜象徵農民生產出的糧食和蔬菜，在進行加工和脱粒。女宿、扶筐、離珠等爲農婦在採桑、養蠶、織布和生產各種裝飾品等。凡此種種，描述的是一幅繁榮、完整的農業社會圖景。

虛宿二星，爲虛堂，冢宰之官也，主死喪哭泣，又主北方邑居、廟堂祭祀祝禱事。①宋均曰：“危上一星高，旁兩星下，似蓋屋也。”蓋屋之下，中無人，但空虛似乎殯宮，主哭泣也。明，則天下安；不明，爲旱；欹斜上下不正，享祀不恭；動，將有喪。日食其分，其邦有喪。日暈，民饑，后妃多喪。月食，主刀劍官有憂，國有喪。月暈，有兵謀，風起則不成，又爲民饑。
月犯之，宗廟兵動，又國憂，將死。歲星犯，民饑；守
之，失色，天王改服；與填星同守，水旱不時。熒惑犯
之，流血滿野；守之，爲旱，民饑，軍叛；入，爲火
災，功成見逐；或勾巳，大人戰不利。填星犯之，有急
令；行疾，有客兵；入，則有赦，穀不成，人不安；守
之，風雨不時，爲旱，米貴，大人欲危宗廟，有客兵。
太白犯，下多孤寡，兵，喪；出，則政急；守之，臣叛
君；入，則大臣下獄。辰星犯，春秋有水；守之，亦爲
水災，在東爲春水，南爲夏水，西爲秋水，北冬有雷
雨、水。客星犯，糴貴；守之，兵起，近期一年，遠則
二年，有哭泣事；出，爲兵、喪。彗星犯之，國凶，有
叛臣；出，爲野戰流血；出入，有兵起，芒燄所指國必
亡。星孛其宿，有哭泣事；出，則爲野戰流血，國有叛
臣。流星犯，光潤出入，則冢宰受賞，有赦令；色黑，
大臣死；入而色青，有哭泣事；黃白，有受賜者；出，
則貴人求醫藥。雲氣黃入，爲喜；蒼，爲哭；赤，火；
黑，水；白，有幣客來。

　　按漢永元銅儀，以虛爲十度，唐開元游儀同。
舊去極百四度，今百一度。景祐測驗，距南星去極
百三度，在赤道外十二度。

　　司命二星，在虛北，主舉過、行罰、滅不祥，又主
死亡。逢星出司命，王者憂疾，一曰宜防祅惑。

　　司祿二星，在司命北，主增年延德，又主掌功賞、
食料、官爵。

司危二星，在司禄北，主矯失正下，又主樓閣臺榭、死喪、流亡。

司非二星，在司危北，主司候内外，察愆尤，主過失。《乾象新書》：命、禄、危、非八星主天子已下壽命、爵禄、安危、是非之事。明大，爲災；居常，爲吉。②

哭二星，在虛南，主哭泣、死喪。月、五星、彗、孛犯之，爲喪。

泣二星，在哭星東，與哭同占。③

天壘城十三星，在泣南，圜如大錢，形若貫索，主鬼方、北邊丁零類，所以候興敗存亡。④熒惑入守，夷人犯塞。客星入，北方侵。赤雲氣掩之，北方驚滅，有疾疫。

離瑜三星，在十二國東，《乾象新書》在天壘城南。離，圭衣也；瑜，玉飾：皆婦人見舅姑衣服也。⑤微，則後宮儉約；明，則婦人奢縱。客星、彗星入之，後宮無禁。

敗臼四星，在虛、危南，兩兩相對，主敗亡、災害。⑥石申曰：“一星不具，民賣甌釜；不見，民去其鄉。”五星入，除舊布新。客星、彗星犯之，民饑，流亡。黑氣入，主憂。

　按《步天歌》，已上諸星俱屬虛宿。司命、司禄、司危、司非、離瑜、敗臼，《晋志》不載，《隋志》有之。《乾象新書》以司命、司禄、司危、司非屬須女；泣星、敗臼屬危。武密書與《步天歌》合。

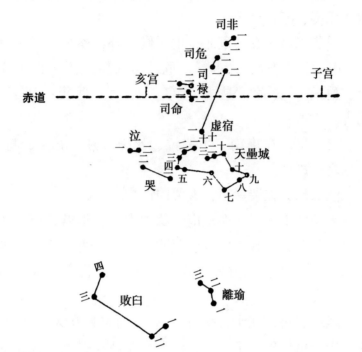

虛宿圖

【注】

　　①虛宿二星……廟堂祭祀祝禱事：漢以後的星占家，確實均將虛宿釋爲冢宰之官，主管死喪哭泣之事。冢宰爲宰相之官，説宰相主管死喪之事，并不妥當。《黄帝占》曰：“虛二星，主墳墓，冢宰之官。十一月萬物盡，於虛星主之，故虛星死喪。”十月太陽進入北方七宿，虛是冬季的象徵，故萬物枯死。星占家原來是由此推理出虛爲空虛、死喪的。然而，虛星的名義含糊不清，有人釋爲虛耗之義，應在冬季北方消亡上，正與春夏生長相對應。筆者以爲，“虛”爲“頊”字的假借字，“頊”是“顓頊”

之省稱，爲同音之异寫。顓頊是傳說中遠古五帝之一，按五行的觀念配屬北方爲水。顓頊的活動中心在今山東河南一帶，也與虛宿的分野相對應。《爾雅·釋天》曰："玄枵，虛也。顓頊之虛。"《禮記·月令》也説："仲冬之月，日在斗……其帝顓頊，其神玄冥。"故此處之虛宿，當是顓頊之頊，本爲紀念遠古帝王之義。

②司命、司禄、司危、司非：以上四星也應在天子在冬季年終之前爲考察官員獎功罰罪所設立的相應四個官員。

③哭星、泣星：應在虛宿主哭泣死喪的進一步衍生上。

④天壘城十三星……所以候興敗存亡：天壘城，爲古代中國北方和西北方鬼方、丁零等部落的象徵。

⑤離瑜三星……皆婦人見舅姑衣服也：離瑜三星，在十二國東，近九坎、天田星，爲婦人盛裝上的飾物。

⑥敗臼四星……主敗亡災害：破敗之臼，爲敗亡的象徵。

危宿三星，在天津東南，爲天子宗廟祭祀，又爲天子土功，又主天府、天市、架屋、受藏之事。①不明，客有誅，土功興；動或暗，營宮室，有兵事。日食，陵廟摧，有大喪，有叛臣。日暈，有喪。月食，大臣憂，有喪，宮殿圮。月暈，有兵、喪，先用兵者敗。月犯之，宮殿陷，臣叛主，來歲糴貴，有大喪。歲星犯守，爲兵、役徭，多土功，有哭泣事，又多盜。熒惑犯之，有赦；守之，人多疾，兵動，諸侯謀叛，宮中火災；守上星人民死，中星諸侯死，下星大臣死，各期百日十日；守三十日，東兵起，歲旱，近臣叛；入，爲兵，有變更之令。填星守之，爲旱，民疾，土功興，國大戰；犯之，皇后憂，兵，喪；出、入、留、舍，國亡地，有流血；入，則大亂，賊臣起。太白犯之，爲兵，一曰無兵

兵起，有兵兵罷，五穀不成，多火災；守之，將憂，又
爲旱，爲火；舍之，有急事。辰星犯之，大臣誅，法官
憂，國多災；守之，臣下叛，一云皇后疾，兵、喪起。
客星犯，有哭泣，一曰多雨水，穀不收；入之，有土
功，或三日有赦；出，則多雨水，五穀不登；守之，國
敗，民饑。彗星犯之，下有叛臣兵起；出，則將軍出
國，易政，大水，民饑。孛犯，國有叛者兵起。流星犯
之，春夏爲水災，秋冬爲口舌；入，則下謀上；抵危，
北地交兵。《乙巳占》：流星出入色黄潤，人民安，穀
熟，土功興；色黑，爲水，大臣災。雲氣入，蒼白，爲
土功；青，爲國憂；黑，爲水，爲喪；赤，爲火；白，
爲憂，爲兵；黄出入，爲喜。

　　按漢永元銅儀，以危爲十六度；唐開元游儀，
十七度。舊去極九十七度，距南星去極九十八度，
在赤道外七度。

虛梁四星，在危宿南，主園陵寢廟、禱祝。非人所
處，故曰虛梁。[2]一曰宮宅屋幬帳寢。太白、熒惑犯之，
爲兵。彗、孛犯，兵起，宗廟改易。

天錢十星，在北落師門西北，主錢帛所聚，爲軍府
藏。[3]明，則庫盈；暗，爲虛。太白、熒惑守之，盜起。
彗、孛犯之，庫藏有賊。

墳墓四星，在危南，主山陵、悲慘、死喪、哭泣。
大曰墳，小曰墓。[4]五星守犯，爲人主哭泣之事。

杵三星，在人星東，一云曰星北，主舂軍糧。不
具，則民賣甑釜。

臼四星，在杵星下，一云危東。杵臼不明，則民饑；星衆，則歲樂；⑤疏，爲饑；動搖，亦爲饑；杵直下對臼，則吉；不相當，則軍糧絶；縱，則吉；橫，則荒；又曰星覆，歲饑；仰，則歲熟。彗星犯之，民饑，兵起，天下急。客星守之，天下聚會米粟。

蓋屋二星，在危宿南九度，主治宮室。⑥五星犯之，兵起。彗、孛犯守，兵災尤甚。

造父五星，在傳舍南，一曰在騰蛇北，御官也。一曰司馬，或曰伯樂，主御營馬厩、馬乘、轡勒。⑦移處，兵起，馬貴；星亡，馬大貴。彗、客入之，僕御謀主，有斬死者，一曰兵起；守之，兵動，厩馬出。

人五星，在虛北，車府東，如人形，一曰主萬民，柔遠能邇；⑧又曰臥星，主夜行，以防淫人。星亡，則有詐作詔者，又爲婦人之亂；星不具，王子有憂。客、彗守犯，人多疾疫。

車府七星，在天津東，近河，東西列，主車府之官，又主賓客之館。星光明，潤澤，必有外賓，車駕華潔。熒惑守之，兵動。彗、客犯之，兵車出。

鈎九星，在造父西河中，如鈎狀。星直，則地動；他星守，占同。一曰主輦輿、服飾。明，則服飾正。⑨

按《步天歌》，已上諸星俱屬危宿。《晋志》不載人星、車府，《隋志》有之。杵、臼星，晋隋《志》皆無。造父、鈎星，《晋志》屬紫薇垣，蓋屋、虛梁、天錢在二十八宿外。《乾象新書》以車府西四星屬虛，東三星屬危。武密書以造父屬危又

屬室，餘皆與《步天歌》合。按《乾象新書》又
有天綱一星在危宿南，入危八度，去極百三十二
度，在赤道外四十一度。晋隋《志》及諸家星書皆
不載，止載危、室二宿間與北落師門相近者。近世
天文乃載此一星，在鬼、柳間，與外厨、天紀相
近。然《新書》兩天綱雖同在危度，其説不同，今
姑附于此。

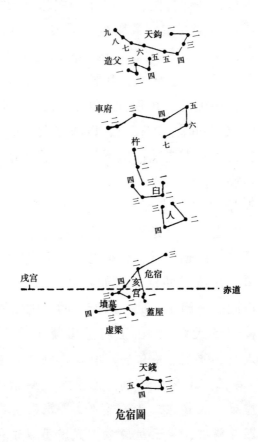

危宿圖

【注】

①危主架屋，有蓋房架屋之事則占於危，這是通常的説法。架屋意或出於危三星的形狀似屋架。

②虛梁四星……故曰虛梁：陵寢、廟宇虛架之梁，爲非人所居之建築所有。

③天錢十星……爲軍府藏：天錢星象徵錢帛以及軍隊的庫房。

④墳墓四星……小曰墓：墳墓星有兩類，大的稱爲墳，小的稱爲墓，爲埋死人之處。

⑤杵三星……則歲樂：杵三星，臼四星，爲春碓軍糧的象徵，故占語曰“杵臼不明，則民饑；星衆，則歲樂”。

⑥蓋屋……主治宮室：蓋屋爲主治宮室之官。蓋屋者，爲天子造房蓋屋也。

⑦造父五星……主御營馬厩馬乘轡勒：造父象徵天帝御馬官，善相馬、養馬。造父，典出《史記·趙世家》，造父爲周穆王御馬，曾日行千里，爲穆王平息徐偃王造反立下功勛而被封於趙。

⑧人五星……一曰主萬民柔遠能邇：人星象徵天帝統治億萬臣民。人星的狀態和變化，象徵帝王治民的好壞。

⑨車府七星，鈎九星，與造父星配對，爲天帝的輦輿和主管車府的官。

營室二星，天子之宮，一曰玄宮，①一曰清廟，又爲軍糧之府，主土功事。②一曰室一星爲天子宮，一星爲太廟，爲王者三軍之廩，故置羽林以衞；又爲離宮閣道，故有離宮六星在其側。③一曰定室，《詩》曰“定之方中”也。④星明，國昌；不明而小，祠祀鬼神不享；動，則有土功事；不具，憂子孫；無芒、不動，天下安。日食在室，國君憂，王者將兵，一曰軍絶糧，士卒亡。日暈，國憂，女主憂黜。月食，其分有土功，歲饑。月暈，爲水，爲火，爲風。月犯之，爲土功，有哭泣事。歲星犯之，有急而爲兵；入，天子有赦，爵祿及下；舍室東，民多死；舍北，民憂；又曰守之，宮中多火災，主不安，民疫。熒惑犯，歲不登；守之，有小災，爲旱，爲火，糶貴；逆行守之，臣謀叛；入，則創改宮室；成勾巳者，主失宮。填星犯，爲兵；守之，天下不安，人主徙宮，后、夫人憂，關梁不通，貴人多死；久守，大人惡之，以赦解，吉；逆行，女主出入恣；留六十日，土功興。太白犯五寸許，天子政令不行；守，則兵大忌之，以赦令解；一曰太子、后妃有謀；若乘守勾巳、逆行往來，⑤主廢后妃，有大喪，宮人恣；去室一尺，威令不行；留六十日，將死；入，則有暴兵。辰星犯之，爲水；入，則后有憂，諸侯發動於西北。客星犯入，天子有兵事，軍饑，將離，外兵來；出於室，兵先起者敗。彗星出，占同；或犯之，則弱不能戰；出入犯之，則先起兵者勝，一曰出室爲大水。孛犯或出入，先起兵者勝；出，有小災，後宮亂。武密曰：“孛出，其分有兵、喪；道藏所載，室專主兵。”流星犯，軍乏糧，在春夏將軍貶，秋冬水溢。《乙巳占》曰：“流星出入色黃潤，軍糧豐，五穀成，國安民樂。”雲氣入，黃，爲土功；蒼白，大人惡之；赤，爲兵，民疫；黑，則大人憂。

　　按漢永元銅儀，營室十八度；唐開元游儀，十六度。舊去極八十五度。景祐測驗，室十六度，距南星去極八十五度，在赤道外六度。

雷電六星，在室南，明動，則雷電作。

離宮六星，兩兩相對爲一坐，夾附室宿上星，天子之別宮也，主隱藏止息之所。⑥動搖，爲土功；不具，天子憂。太白、熒惑入，兵起；犯或勾巳環繞，爲后妃咎。彗星犯之，有修除之事。

壘壁陣十二星一作壁壘，在羽林北，羽林之垣壘，主天軍營。⑦星明，國安；移動，兵起；不見，兵盡出，將死。五星入犯，皆主兵。太白、辰星，尤甚。客星入，兵大起，將吏憂。流星入南，色青，后憂；入北，諸侯憂；色赤黑，入東，后有謀；入西，太子憂；黃白，爲吉。

騰蛇二十二星，在室宿北，主水蟲，居河濱。⑧明而微，國安；移向南，則旱；向北，大水。彗、孛犯之，水道不通。客星犯，水物不成。

土功吏二星，在壁宿南，一曰在危東北，主營造宮室，起土之官。⑨動搖，則版築事起。

北落師門一星，在羽林軍南，北宿在北方，落者天軍之藩落也，師門猶軍門。⑩長安城北門曰“北落門”，象此也。⑪主非常以候兵。星明大，安；微小、芒角，有大兵起。歲星犯之，吉。熒惑入，兵弱不可用。客星犯之，光芒相及，爲兵，大將死；守之，邊人入塞。流星出而色黃，天子使出；入，則天子喜；出而色赤，或犯之，皆爲兵起。雲氣入，蒼白，爲疾疫；赤，爲兵；黃白，喜；黑雲氣入，邊將死。

八魁九星，在北落東南，主捕張禽獸之官也。⑫客、彗入，多盜賊，兵起。太白、熒惑入守，占同。

天綱一星，在北落西南，一曰在危南，主武帳宮舍，天子游獵所會。⑬客、彗入，爲兵起，一云義兵。

羽林軍四十五星，三三而聚散，出壘壁之南，一曰在營室之南，東西布列，北第一行主天軍，軍騎翼衛之象。⑭星衆，則國安；稀，則兵動；羽林中無星，則兵盡出，天下亂。月犯之，兵起。歲星入，諸侯悉發兵，臣下謀叛，必敗伏誅。太白入，兵起。填星入，大水。五星入，爲兵。熒惑、太白經過，天子以兵自守。熒惑入而芒赤，興兵者亡。客星入，色黃白，爲喜；赤，爲臣叛。流星入南，色青，后有疾；入北，諸侯憂；入東而赤黑，后有謀；入西，太子憂。雲氣蒼白入南，后有憂；北，諸侯憂；黑，太子、諸侯忌之；出，則禍除；黃白，吉。

斧鉞三星，在北落師門東，芟刈之具也，主斬芻稿以飼牛馬。⑮明，則牛馬肥腯；動搖而暗，或不見，牛馬死。《隋志》《通志》皆在八魁西北，主行誅、拒難、斬伐姦謀。明，大用，兵將憂；暗，則不用；⑯移動，兵起。月入，大臣誅。歲星犯，相誅。熒惑犯，大臣戮。填星入，大臣憂。太白入，將誅。客、彗犯，斧鉞用；又占：客犯，外兵被擒，士卒死傷，外國降；色青，憂；赤，兵；黃白，吉。

　　按《步天歌》，已上諸星皆屬營室。雷電、土功吏、斧鉞，《晋志》皆不載，《隋志》有之。壘壁陣、北落師門、天綱、羽林軍，《晋志》在二十八宿外，騰蛇屬天市垣。武密書以騰蛇屬營室，又屬壁宿。《乾象新書》以西十六星屬尾、屬危，東六星屬室；羽林軍西六星屬危，東三十九星屬室；以天綱屬危，斧鉞屬奎。《通占録》又以斧鉞屬壁、屬奎，説皆不同。

【注】

①營室二星……一曰玄宮：玄宮，北方之帝的宮殿，玄爲黑色，與五行配五帝、五色相適應，北方之帝爲顓頊，夏人爲顓頊的後裔，居於北方，夏朝的宮室稱爲玄宮。此北方天區中的宮殿星座稱爲玄宮，正與中國的文化傳統相對應。

②一曰清廟……主土功事：星占家對營室星名另有三種解釋：一爲清廟，二爲軍糧之府，三爲主土功事。軍糧之府的説法正與其附近適爲“農業區”之象徵星座相對應。土功之事也正與營室的基本含義即營造宮室相一致。

③又爲離宮閣道故有離宮六星在其側：營室本身就有離宮的含義，以示與紫宮有別。其後星占家又在營室附近設立離宮六星和閣道星，從而更強調它的含義。

④一曰定室詩曰定之方中也：營室又名定星，故有“定之方中”的詩句。孫炎注和郭璞注均將“定”字釋爲“正”，認爲營室二星爲正南北排列，它與壁二星又組成一個正四邊形，十月昏中之時，其爲正南北方向，故有此説。

⑤若乘守勾巳逆行往來：言太白星在從順行經留至逆行，或由逆行經留至順行，在運動中所經歷的蛇行亦即之字形軌迹。

⑥離宮六星……主隱藏止息之所：離宮爲天子的別院，是在處理公務之餘用於休養娛樂的場所，有別於人事衆多的紫宮和太微垣，故曰主隱藏止息之所。

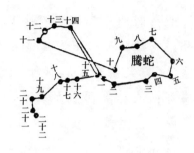

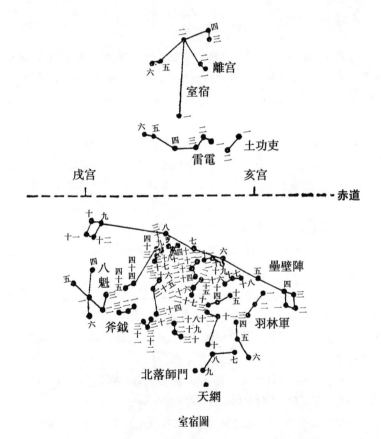

室宿圖

⑦壘壁陣十二星……羽林之垣壘主天軍營：壘壁陣十二星，象徵羽林軍的垣牆營壘，代表羽林軍的軍營。有了壘壁陣的防衛，羽林軍在營壘中可免受敵軍的攻擊，營壘呈一字長蛇形。

⑧騰蛇二十二星……居河濱：騰蛇二十二星，是水生動物的象徵，故居於銀河邊上。其實，此處的騰蛇和前面的龜星，也具有北方龜蛇的意象。

⑨土功吏二星……起土之官：土功吏，就是負責土木建築的官吏，主營造宮室。它與營室、離宮相配，爲營造宮室星座的象徵。

⑩北落師門……猶軍門：北落師門爲北方軍門之義，北落，北方也；師門，軍門也。

⑪長安城北門曰北落門象此也：唐朝都城長安的北門名叫北落門，就是據此命名的。

⑫在軍營中設八魁星，恐非張網捕獸之意，當爲防止敵軍襲擊軍營而設下的陷阱。

⑬天綱一星……主武帳宮舍天子游獵所會：天綱一星，爲天子御駕親征或游獵止宿的場所。

⑭羽林軍四十五星……軍騎翼衛之象：羽林軍四十五星，每三顆爲一組，是這支軍隊的主體，全由騎兵組成，似無戰車的蹤影。這是對付游牧部族而戰鬥的主要手段。

⑮斧鉞三星……以飼牛馬：斧鉞三星，象徵割芻草供牛馬食用的工具。

⑯明大用兵將憂暗則不用：指斧鉞星明，象徵斧鉞大用；星暗則象徵斧鉞不用。此處的斧鉞，就不再是割草的工具，而是象徵"行誅"之類用途的兵器。此處中華書局校點本有誤。今改。

壁宿二星，主文章，天下圖書之秘府。明大，則王者興，道術行，國多君子；星失色，大小不同，王者好武，經術不用，圖書廢；星動，則有土功。[①]日食于壁，陽消陰壞，男女多傷，國不用賢。日暈，名士憂。月食，其分大臣憂，文章士廢，民多疫。月暈，爲風、水，其分有憂。月犯之，國有憂，爲饑，衛地有兵。歲星犯之，水傷五穀；久守或凌犯、勾巳，有兵起。熒惑犯之，衛地憂；守之，國旱，民饑，賢不用；一占：王有大災。填星犯守，圖書興，國王壽，天下豐，國用賢；一占：物不成，民多病；逆行成勾巳者，有土功；六十日，天下立王。太白犯之一二寸許，則諸侯用命；守之，文武并用，一曰有軍不戰，一曰有兵喪，一曰水災，多風雨；一曰犯之，多火災。辰星犯，國有蓋藏保守之事，王者刑法急；守之，近臣憂，一曰其分有喪，有兵，姦臣有謀；逆行守之，橋梁不通。客星犯之，文章士死，一曰有喪；入，爲土功，有水；守之，歲多風雨；舍，則牛馬多死。彗星犯之，爲兵，爲火，一曰大水，民流。孛犯，爲兵，有火水災。流星犯，文章廢；《乙巳占》曰："若色黃白，天下文章士用。"赤雲氣入之，爲兵；黑，其下國破；黃，則外國貢獻，一曰天下有烈士立。

　　按漢永元銅儀，東壁二星九度。舊去極八十六度。景祐測驗，壁二星九度，距南星去極八十五度。

天厩十星，在東壁之北，主馬之官，若今驛亭也，主傳令置驛，逐漏馳驚，謂其急疾與晷漏競馳也。[2]月犯之，兵馬歸。彗星入，馬厩火。客星入，馬出行。流星入，天下有驚。

霹靂五星，在雲雨北，一曰在雷電南，一曰在土功西，主陽氣大盛，擊碎萬物。與五星合，有霹靂之應。

雲雨四星在雷電東，一云在霹靂南，主雨澤，成萬物。星明，則多雨水。辰星守之，有大水；一占：主陰謀殺事，孳生萬物。③

鈇鑕五星，在天倉西南，刈具也，主斬芻飼牛馬。明，則牛馬肥；微暗，則牛馬饑餓。

按《步天歌》，壁宿下有鈇鑕五星，晋隋《志》皆不載。《隋志》八魁西北三星曰鈇鑕，又曰鈇鉞，其占與《步天歌》室宿内斧鉞略同，恐即是此誤重出之。霹靂五星、雲雨四星，《晋志》無之，《隋志》有之。武密書以雲雨屬室宿，天厩十星《晋志》屬天市垣，其説皆不同。

【注】

①壁宿二星……則有土功：在星占家看來，壁宿有兩種含義，其一主文章，爲天下圖書之秘府，星明大則王者興，道術行，國多君子，星不明則王者好武，經術不用。其二爲主土功之事，這層含義是與營室聯繫在一起的，營室東壁組成大正方形，有土功爲帝王營建宮室的徵候。

②天厩十星……謂其急疾與晷漏競馳也：就字面含義而言，天厩指馬棚，但實際上天厩與古代驛站是不可分的。古代官方交通主要靠馬匹馳行，故驛站一定有馬厩。

③霹靂、雲雨以及前面出現過的雷電星，均爲自然界的風雨現象。中國古代星座學不忘它們的地位，這是因爲風雨、雷電與農業生産和人民生活有着十分密切的關係，往往涉及農業的豐歉。

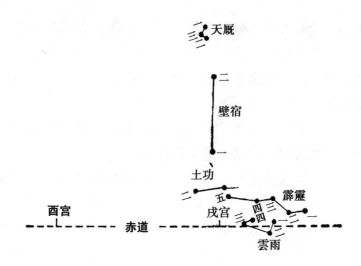

壁宿圖

《宋史》卷五十一

志第四

天文四

二十八舍下
西方①

奎宿十六星，天之武庫，一曰天豕，一曰封豕，主以兵禁暴，又主溝瀆。②西南大星曰天豕目，亦曰大將。③明動，則兵、水大出。日食，魯國凶，④邊兵起及水旱。日暈，爲兵，爲火。月食，聚斂之臣有憂。月暈，兵敗，糴貴，將戮，人疾疫。月犯之，其分亂。歲星犯之，近臣爲逆；守之，蟲爲災，人飢，盜起，多獄訟；久守，北兵降；色潤澤，大熟；守二十日以上，兵起魯地；逆行守之，君好兵，民流亡。熒惑犯之，環繞三十日以上，將相凶，大水，民流；守二十日以上，魯地有兵；動搖、進退，有赦；舍，歲大熟；留，臣下專權，多獄訟；守百日以上，多盜。填星入犯，吳、越有兵，一曰齊、魯，一曰兵、喪；⑤守之，有貴女執政；出入，水泉溢。太白犯之，大水，有兵，霜殺物；入，則外兵入國；晝見，將相死。辰星犯之，江河決，有兵，為旱，為火。守之，王者憂，兵、旱。客星犯之，有溝瀆事；守，則王者有憂，軍敗，賊臣在側；入之，破軍殺將；舍留不去，人飢；出，則為謀臣惑天子。彗犯，為飢，為兵、喪；出，則有水災。星孛之，其下兵出，民飢，國無繼嗣；出，則西北有兵起。流星入犯之，有溝瀆事，破軍殺將。《乙巳占》：流星出入，色黃白光潤，文昌武偃；赤如火光作聲，為弓弩用；一曰入則有聚眾事。赤雲氣入犯，為兵；黃，為天子喜；黑，則大人有憂。

　　按漢永元銅儀，以奎為十七度；唐開元游儀，十六度。舊去極七十六度，景祐測驗同。

天溷七星，在外屏南，主天廁養豬之所，一曰天之廁溷也。⑥暗，則人不安；移徙，則憂。

土司空一星，在奎南，一曰天倉，主土事。⑦凡營城邑、浚溝洫、修隄防，則議其利，建其功，四方小大功課，歲盡則奏其殿最而賞罰。星大、色黃，則天下安。五星犯之，男女不得耕織。彗、客犯之，水旱，民流，兵大起，土功興。客星守之，有土功、哭泣事。黃雲氣入，土功興，移京邑。

策一星，在王良北，天子僕也，主執策御。⑧流星、彗、孛、客星犯之，皆為大兵起，天子自將于野；近之，下有謀亂者。

附路一星附一作傅，在閣道南旁，別道也。⑨一曰在王良東，主太僕，主禦風雨。芒角，則車騎在野；星亡，有道路之變；不具，則兵起。太白、熒惑入，兵起。

彗、孛犯之，道路不通。客星入，馬賤。蒼白雲氣入，太僕有憂；赤，爲太僕誅；黃白，太僕受賜；黑，爲太僕死。

閣道六星，在王良前，飛道也，從紫宮至河，神所乘也。一曰主輦閣之道，天子游別宮之道也。[⑩]星不見，則輦閣不通；動搖，則宮掖有兵。彗、孛、客星犯之，主不安國，有喪。白雲氣入，有急事；黑，主有疾；黃，則天子有喜。

王良五星，在奎北，居河中，天子奉車御官也。其四星曰天駟，旁一星曰王良，亦曰天馬星，動則車騎滿野。[⑪]一曰爲天橋，主禦風雨、水道。星不具，或客星守之，津梁不通。與閣道近，有江河之變。星明，馬賤；暗，則馬災。太白、熒惑入守，爲兵。彗、客犯之，爲兵、喪，天下橋梁不通。流星犯，大兵將出。青雲氣入犯之，王良奉車憂墜車。雲氣赤，王良有斧鑕憂。

外屏七星，在奎南，主障蔽臭穢。[⑫]

軍南門，在天大將軍南，天大將軍之南門也。[⑬]主誰何出入。星不明，外國叛；動搖，則兵起；明，則遠方來貢。

　　按《步天歌》，以上諸星俱屬奎宿。以《晋志》考之，王良、附路、閣道、軍南門、策星，俱在天市垣，別無外屏、天溷、土司空等星，《隋志》有之。而武密以王良、外屏、天溷皆屬于壁，或以外屏又屬奎。《乾象新書》以王良西一星屬壁，東四星屬奎，外屏西一星屬壁，東六星屬奎，與《步天歌》各有不合。

【注】

①西方：二十八舍中西方白虎七宿的省稱，共包括奎、婁、胃、昴、畢、觜、參七宿，計有五十四個星座，正星二百九十七顆，增星四百一十顆。西方白虎的形象主要由觜宿和參宿來體現，觜爲虎頭，參爲虎身，參的上下星爲虎的肩股。

西方七宿表

號數	星座	距　　星		去極度（°）		入宿度	赤經(°)
1	奎宿	西南大星（奎宿二）	仙女 ζ	72 度	20.97	壁 13 度	359.50
2	外屏	西星（外屏一）	雙魚 δ	89 度	87.72	壁 8 度半	359.61
3	天溷	西南星（天溷二）	鯨魚 φ₃	97 度半	96.10	奎 2 度	1.47
4	土司空		鯨魚 β	115 度少	113.59	奎初度	359.50
5	軍南門		仙女 φ	66 度	65.05	奎 16 度	14.28
6	閣道	南星（閣道六?）	仙后 o	48 度	47.31	奎 4 度半	3.94
7	附路		仙后 ζ	35 度半	34.99	奎 6 度	4.43
8	王良	西星（王良一）	仙后 β	37 度	36.47	壁初度	351.23
9	策		仙后 γ	33 度半	33.02	壁 5 度	356.16
10	婁宿	中星（婁宿一）	白羊 β	75 度半	74.41	奎 11 度半	15.82
11	左更	西南星（左更三）	白羊 o	76 度半	75.40	婁 4 度半	20.26
12	右更	東北星（右更一）	雙魚 ρ	75 度	73.92	奎 13 度	12.31
13	天倉	西北星（天倉三）	鯨魚 θ	104 度半	103.00	奎 10 度	9.36
14	天庾	中大星（天庾二）	天爐 ν	125 度半	123.69	婁 6 度	20.75
15	天大將軍	南大星（天大將軍十）	三角 γ	60 度半	59.63	婁 4 度	19.76
16	胃宿	西南星（胃宿一）	白羊 35	67 度半	66.53	婁 12 度半	27.31
17	天廩	南星（天廩四）	金牛 o	85 度半	84.27	胃 12 度	39.14
18	天囷	大星（天囷一）	鯨魚 α	91 度半	90.18	胃 6 度半	33.72
19	大陵	大星（大陵五）	英仙 β	54 度	53.22	胃 7 度	34.21
20	天船	大星（天船三）	英仙 α	44 度半	43.86	胃 10 度	37.17
21	積尸		英仙 π	55 度	54.29	胃 4 度	31.24
22	積水		英仙 λ	43 度	42.38	昴初度	42.42

（續表）

號數	星座	距　星		去極度（°）		入宿度	赤經(°)
23	昴宿	西南星（昴宿一）	金牛17	70度	68.99	胃12度半	42.42
24	阿（天阿）		白羊62	66度	65.05	胃10度	37.17
25	月		金牛A₁	71度半	70.48	昴5度	47.35
26	天陰	西星（天陰四）	白羊δ	75度半	74.42	胃7度	34.21
27	蒭稿	西中星（蒭稿一）	鯨魚ρ	108度	106.45	婁11度	26.66
28	天苑	東北星（天苑一）	波江γ	107度半	105.96	昴7度半	49.81
29	卷舌	東南星（卷舌四）	英仙ζ	62度	61.11	昴1度	43.41
30	天讒		英仙ο	61度半	60.62	昴初度半	42.91
31	礪石	南第二星（礪石二）	英仙P	65度	64.07	昴6度	48.33
32	畢宿	左股第一星（畢宿一）	金牛ε	75度	73.92	昴9度	53.50
	附耳（附）		金牛σ₂	77度	75.89	畢3度	56.46
33	天街	南星（天街二）	金牛ω	71度	69.99	昴10度	52.28
34	天節	北星（天節二）	金牛	80度半	79.34	畢3度	56.46
35	諸王	西星（諸王六）	金牛ρ	70度	68.99	畢3度	56.46
36	天高	東北星（天高四）	金牛n	74度半	73.48	畢6度	59.41
37	九州殊口	西北星（九州殊口二）	波江ο₁	100度半	99.05	昴10度	52.28
38	五車	大星（五車二）	御夫α	47度半	46.82	畢8度	61.39
39	柱	西北柱（柱一）	御夫ε	49度	48.30	畢5度	58.43
40	天潢	西北星（天潢五）	御夫μ	58度	57.17	畢11度	64.35
41	咸池	南星（咸池）	御夫λ	51度半	50.76	畢11度半	64.84
42	天關		金牛ζ	71度	69.99	觜初度	70.75
43	參旗	南第二星（參旗八）	獵戶χ₅	87度	85.75	畢6度半	59.90
44	九斿	南星（九斿九）	天兔1	113度	111.37	畢12度半	65.82
45	天園	東北星（天園十三）	波江ν₁	124度	122.22	畢5度	58.43
46	觜宿	西南星（觜宿二）	獵戶φ₁	82度半	81.31	畢16度	70.15
47	座旗	南星（座旗九）	御夫59	61度半	60.62	參8度	78.83
48	司怪	西星（司怪四）	獵戶χ₁	71度	69.99	參6度	76.85
49	參宿	中星第一星（參宿三）	獵戶δ	92度半	91.17	觜初度半	70.94

（續表）

號數	星座	距 星		去極度（°）		入宿度	赤經(°)
	伐(附)	北星（伐一）	獵戶42	118度		畢14度半	
50	玉井	西北星（玉井三）	波江β	98度少	96.83	畢11度半	64.84
51	屏	南星（屏二）	天兔ε	115度	113.35	畢13度半	66.81
52	軍井	西星（軍井一）	天兔ι	105度半	103.98	畢14度	67.30
53	廁	北星（廁一）	天兔α	110度半	108.42	參2度	72.91
54	屎		天鴿μ	115度	113.35	參3度半	74.39

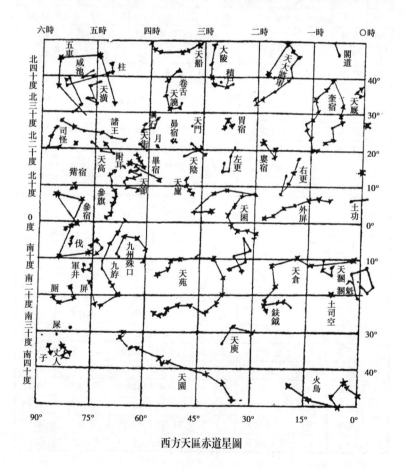

西方天區赤道星圖

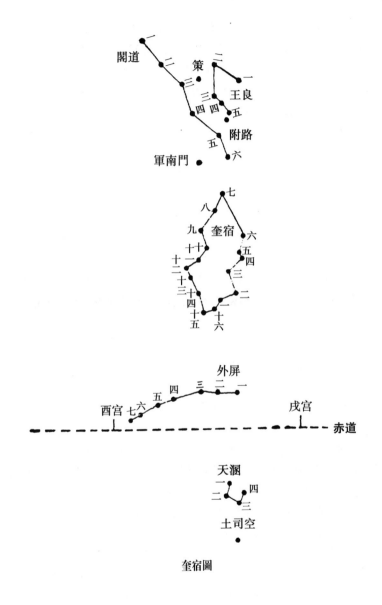

奎宿圖

　　②奎宿十六星……又主溝瀆：奎宿十六星，形如破鞋底，是二十八宿中最北的一個星宿，與閣道相鄰。按照星占家的解釋，奎宿的含義有兩

種，一是天帝的武庫，其與其西的天大將軍、軍南門、天船、五車等星，組成西方戰場的一組星座，防止西方部族的侵犯，故曰"主以兵禁暴"。二是天豕或封豕，豕即豬，封豕即大豬，爲同一個含義，由於豬有以嘴挖掘泥土取食的天性，故星占家由此發揮説"主溝瀆"。有關奎宿的星占，都是據這兩個含義衍生出來的。

③西南大星曰天豕目亦曰大將：奎宿"西南大星"，這是傳統的説法，自郗萌創其説，以後《晋志》《隋志》沿用不變，但也有不用其説者，如《玄冥占》曰："奎大星，大將軍。"不言明奎大星的方位。事實上，在奎宿十六顆星中，衹有一顆二等大星，其餘均是四至六等小星。奎宿西南方却没有大星，唯一大星在東北第三星即奎宿五，爲仙女座β星。

④日食魯國凶：通常日食的發生，咎在天子和政治。此處與分野對應是不多見的。奎的分野爲魯，故曰魯國凶。

⑤填星入犯……一曰兵喪：由於齊魯爲奎之分野，填星入犯曰齊魯兵喪是有道理的，但説吳越有兵就没有依據了，前人也無此説，疑由他處誤入。

⑥天溷就是天厠。

⑦土司空一星……主土事：凡是與動土有關之事，均由土司空管理。這顆星較明亮，爲二等星。

⑧策一星……主執策御：策星，象徵揚鞭策馬之義。

⑨附路一星……別道也：爲閣道旁邊的輔路。

⑩閣道六星……別宮之道：本志曰"從紫宮至河，神所乘也"是對的，但其表述含糊不清。輦道爲紫宮南門渡河之道，經天津星處渡河至營室離宮，閣道爲紫宮北門經王良星處渡河至營室之道，二者有別。

⑪王良五星……動則車騎滿野：在王良五星中，王良一爲天子御馬官，其餘四星爲王良的四匹千里馬。王良爲趙襄子的御馬官，典出《史記·趙世家》。王良星與閣道、附路、策星，組成一幅爲天帝御馬馳騁在閣道之上的場景。這組星座，正好對應於古希臘天文學上的仙后座。

⑫外屏七星……主障蔽臭穢：外屏星，爲臭穢的障蔽之星，即障蔽其南面天溷散發出的臭氣。它與天溷又組合成養豬供軍隊食用的一組星座。

⑬軍南門……天大將軍之南門也：軍南門星象徵天大將軍率領兵馬向

西北出征的南門。

婁三星，爲天獄，①主苑牧犧牲，供給郊祀，亦爲興
兵聚衆。②明大，則賦斂以時。星直，則有執主命者；就
聚，國不安。日食于婁，宰相、大人當之，郊祀神不
享。日暈，有兵，大人多死。月食，其分后妃憂，民
飢。月暈，在春百八十日有赦，又爲糴貴，三日內雨解
之。月犯，多畋獵，其分憂，將死，民流，一曰多冤
獄。歲星犯之，牛多死，米賤，有赦；守之，國安，一
曰民多疫，六畜貴，有兵自罷。熒惑犯守，爲旱，爲
火，穀貴；又曰守二十日以上，大臣死。星動，人多
死，若逆行入成勾巳者，國廩災。填星犯之，天子戒邊
境，不可遠行，將兵凶；守之，穀豐，民樂；若逆行，
女謁行；留舍于婁，外國兵來。太白犯之，有聚衆事；
守之，期三十日有兵，民飢。辰星犯之，刑罰急，多水
旱，大臣憂，王者以赦除之；守而芒角、動搖、色赤黑
者，臣下起兵。客星犯，爲大兵；守之，五穀不成，又
曰臣惑主，專政，歲多獄訟；環繞三日，大赦。彗星犯
之，民飢死；出，則先旱後水，穀大貴，六畜疾，倉庫
空，又曰國有大兵。星孛，其分爲兵，爲饑。流星出犯
之，有法令清獄。青赤雲氣入，爲兵、喪；黑，爲
大水。

按漢永元銅儀，以婁爲十二度；唐開元游儀，
十三度。舊去極八十度。景祐測驗，婁宿十二度，
距中央大星去極八十度，在赤道內十一度。

天倉六星，在婁宿南，倉穀所藏也，待邦之用。星近而數，則歲熟粟聚；遠而疏，則反是。月犯之，主發粟。五星犯，兵起，歲饑，倉粟出。熒惑、太白合守，軍破將死。熒惑入，軍轉粟千里；近之，天下旱。太白犯之，外國人相食，兵起西北。辰星守之，大水。客、彗犯之，五穀不成。客星入，歲饑糴貴。流星入，色赤，爲兵；犯之，粟以兵出；色黃白，歲大稔。蒼白雲氣入，歲饑；赤，爲兵、旱，倉廩災；黃白，歲大熟。

右更五星，在婁西，秦爵名，主牧師官，亦主禮義。星不具，天下道不通。太白、熒惑犯守，山澤兵起。

左更五星，在婁東，亦秦爵名，山虞之官，主山澤林藪竹木蔬菜之屬，亦主仁智。占同右更。③

天大將軍十一星，在婁北，主武兵。中央大星，天之大將也；外小星，吏士也④。動搖，則兵起，大將出；小星動搖，或不具，亦爲兵；旗直揚者，隨所擊勝。五星犯守，大將憂。客星守之，大將不安，軍吏以飢敗。流星入，大將憂。蒼白雲氣犯之，兵多疾；赤，爲軍出。

天庾四星，在天倉東南，主露積。⑤占與天倉同。

　　按《晉志》，天倉、天庾在二十八宿之外，天大將軍屬天市垣，左更、右更惟《隋志》有之。《乾象新書》以天倉屬奎。武密亦以屬奎，又屬婁。《步天歌》皆屬婁宿。

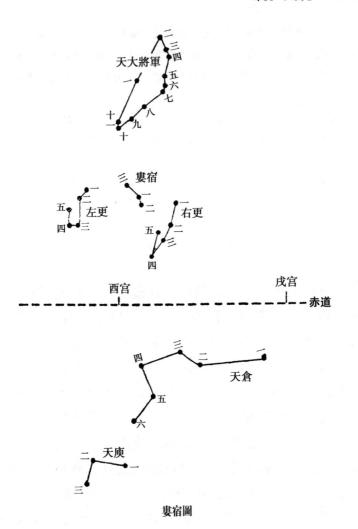

婁宿圖

【注】

①婁三星爲天獄：婁爲天獄之説，此前僅出自李淳風晉隋二《志》，他無説者，但本志解之猶詳，故下文有月犯"多冤獄"，客星守之"歲多獄訟"，"流星出犯之，有法令清獄"。

②主苑牧犧牲供給郊祀亦爲興兵聚衆：這是傳統的兩項説法，一説婁宿象徵苑牧，畜養牲畜，以供郊祀作犧牲之用。二説爲興兵聚衆，也就是軍隊活動所引起的財物消耗等反應，故下文有穀貴、穀豐、倉庫空等占辭。

③自"右更五星""左更五星"至"占同右更"：這是因婁爲聚衆而衍生出來的兩個星座，左更爲主山林竹木之官，右更爲主牧師之官，均爲秦制。

④天大將軍十一星……吏士也：在天大將軍十一星中，除了天將九爲二等星，餘均爲三至五等小星，爲天將軍的輔官和小吏。天將星主武兵，奎宿主武庫，二者相應，均與西方戰事有關。

⑤天庾四星……主露積：天庾爲露天的倉場。

胃宿三星，天之厨藏，主倉廩，五穀府也。①明，則天下和平，倉廩實，民安；動，則輸運；暗，則倉空；就聚，則穀貴、民流；中星衆，穀聚；星小，穀散；芒，則有兵。日食，大臣誅，一曰乏食，其分多疾，穀不實，又曰有委輸事。日暈，穀不熟。月食，王后有憂，將亡，亦爲饑，郊祀有咎。月暈，兵先動者敗，妊婦多死，又曰國主死，天多雨，或山崩，有破軍。歲星在暈内，天子有德令。月暈在四孟之月，有赦。熒惑在暈中，爲兵。月犯之，鄰國有暴兵，天下饑，外國憂，穀不實，民多疾；變色，將軍凶。歲星犯之，大人憂，兵起；守，則國昌；入，則國令變更，天下獄空；若逆行，五穀不成，國無積蓄。熒惑犯之，兵亂，倉粟出，貴人憂；守之，旱饑，民疫，客軍大敗；入，則改法令，牢獄空；進退環繞勾巳、凌犯及百日以上，天下倉庫并空，兵起。填星犯之，大臣爲亂；守之，無蓄積，有德令，歲穀大貴；若逆行守勾巳者，有兵；色赤，兵起流血；青，則有德令。辰星犯，其分不寧；守之，有兵，國有立侯，巫咸曰：“爲旱，穀不成，有急兵”；又逆行守之，倉空，水災。客星犯之，王者憂，倉廩用；退行入，則有赦；守之，强臣凌國，穀不熟；乘之，爲火；舍而不去，人飢；出，其分君有憂。彗星犯之，兵動，臣叛，有水災，穀不登。星孛，其分兵起，王者惡之。流星犯之，倉庫空；色赤，爲火災。蒼白雲氣出入犯之，以喪糴粟事；黑，爲倉穀敗腐；青黑，爲兵；黃白，倉實。

　　按漢永元銅儀，胃宿十五度；景祐測驗，十四度。

天囷十三星，如乙形，在胃南，倉廩之屬，主給御廩粢盛。②星明，則豐稔；暗，則饑。月犯之，有移粟事。五星犯之，倉庫空虛。客、彗入，倉庫憂，水火焚溺。青白雲氣入，歲饑，民流亡。

大陵八星，在胃北，亦曰積京，主大喪也。③中星繁，諸侯喪，民疫，兵起。月犯之，爲兵，爲水、旱，天下有喪。月暈前足，大赦。五星入，爲水、旱、兵、喪。熒惑守之，天下有喪。客、彗入，民疫。流星出犯之，其下有積尸。蒼白雲氣犯之，天下兵、喪；赤，則人多戰死。

積尸一星，在大陵中。明，則有大喪，死人如山。④月犯之，有叛臣。五星犯之，天下大疾。客、彗犯，有大喪。蒼色雲氣入犯之，人多死；黑，爲疫。

天船九星，在大陵北，河之中，天之船也，主通濟利涉。⑤石申曰："不在漢中，津河不通。"明，則天下安；不明及移徙，天下兵、喪。月犯之，百川流溢，津梁不通。五星犯之，水溢，民移居。彗星犯之，爲大水。客星犯，爲水，爲兵。青雲氣入，天子憂，不可御船；赤，爲兵，船用；黃白，天子喜。

天廩四星，在昴宿南，一曰天廥，主蓄黍稷，以供享祀。⑥《春秋》所謂御廩，此之象也。又主賞功，掌九穀之要。明，則國實歲豐；移，則國虛；黑而希，則粟腐敗。月犯之，穀貴。五星犯之，歲饑。客星犯，倉庫空虛。流星入，色青爲憂；赤，爲旱，爲火；黃白，天下熟。青雲氣入，蝗，饑，民流；赤，爲旱；黑，爲水；黃，則歲稔。

積水一星，在天船中，候水災也。⑦明動上行，舟船用。熒惑犯，有水。

　　按《晉志》，大陵、積尸、天船、積水俱屬天市垣，天囷、天廩在二十八宿之外。武密以天囷、大陵屬婁，又屬胃；天船屬胃，又屬昴。《乾象新書》，天囷五星屬婁，餘星屬胃，大陵西三星屬婁，東五星屬胃，與《步天歌》互有不同。

【注】

①胃宿三星……五穀府也：胃宿象徵貯藏五穀的糧倉。不難設想，胃宿與婁宿均爲庫房，但又有分工方面的不同。在星占上説，婁宿和胃宿星明大則倉實豐足，有異常天象則有咎。

②天囷十三星……主給御廩粢盛：天囷象徵供天子祭祀用的物資尤其

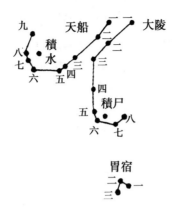

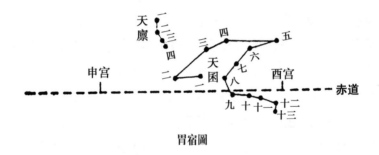

胃宿圖

糧食穀物等的倉庫，包括盛在祭器内的穀物。天倉和天囷均爲糧庫，祇是天倉爲方形，天囷爲圓形。

③大陵八星……亦曰積京主大喪也：大陵星主大喪。何謂大喪？石氏曰："明則有大喪，死人如丘山。"指人口的大量死亡。又《石氏贊》曰："大陵八星，主崩喪。"亦可指國君的死喪。根據《辭海》的解釋，大陵即春秋時晋國的平陵，即今山西文水，戰國時屬趙，典出《史記・趙世家》：趙肅侯於農忙時游大陵受到臣子的批評，肅侯連忙謝過，而受到史家的贊頌。大陵屬胃，胃的分野爲趙，正好相合。

④積尸一星……死人如山：據此記載，積尸星當爲一顆光度有變化的星。事實上，大陵組星中有很多變星，據近現代天文學家研究，大陵五就

是一顆著名的食變星。1782年，英國天文學家古德里克首次發現它的光度有周期性的變化，周期爲二日二十時四十五分。1888年，德國天文學家沃格耳研究證實，大陵五爲一顆因雙星互相遮掩而使亮度發生周期變化的食變星。

⑤天船九星……主通濟利涉：天船九星象徵銀河中解決交通問題的船，由占語"赤，爲兵，船用"可知，其首要任務也是爲軍事服務。

⑥天廩四星……以供享祀：天廩星象徵積黍稷以供天子使用的倉庫。

⑦積水一星是判斷有無水災的標志。

昴宿七星，天之耳目也，①主西方及獄事。②又爲旄頭，北星也，③又主喪。昴、畢間爲天街，天子出，旄頭、罕畢以前驅，此其義也。黄道所經。明，則天下牢獄平；六星皆明與大星等，爲大水。七星皆黄，兵大起。一星亡，爲兵、喪。搖動，有大臣下獄及有白衣之會。大而數盡動，若跳躍者，北兵大起。一星獨跳躍而動，北兵欲犯邊。日食，王者疾，宗姓自立，又占邊兵起。日暈，陰國失地，北主憂，趙地凶，又云大饑。月食，大臣誅，女主憂，爲饑，邊兵起，將死，北地叛。月歲三暈，弓弩貴，民饑；暈在正月上旬，有赦；犯之，爲饑，北主憂，天子破北兵；變色，民流，國亡，下有暴兵，有赦；出昴北，天下有福；④乘之，法令峻，大水，穀不登。歲星犯之，獄空；乘之，陰國有兵，北主憂；守之，王急刑罰，獄空，一曰臣下獄有解者；守其北，有德令，又曰水物不成；久守，大臣坐法，民饑；留守，破軍殺將。熒惑犯守，爲兵，爲旱、饑；守東，齊、楚、越地有兵；守南，荆、楚有兵；西，則兵起秦、鄭；北，則兵起燕、趙，又爲貴人多死，北地不寧；入則有喜，有赦，天下無兵；守而環繞勾巳，爲赦；久守，糴貴。填星犯，或出入守之，北地爲亂，有土功，五穀不成，水火爲災，民疫，又爲女主失勢；入，則地動水溢，宗廟壞；留，則大將出征。太白入犯之，大赦；在東，六畜傷；在西，六月有兵；又曰守之，北兵動，將下獄；晝見，邊兵起；出、入、留、舍，在南爲男喪，北爲女喪。辰星犯，北主憂；守之，穀不成，民饑；久守，爲水，爲兵。客星犯，貴人有急，北兵大敗，讒人在內；守之，臣叛主，兵起；入，則其分有喪。彗星犯之，大臣爲亂；出，則邊兵起，有赦。星孛，其分臣下亂，有邊兵，大臣誅。流星出入犯之，夷兵起。《乙巳占》：“流星入，北方來朝；出，則天子有赦令恤民。”蒼赤雲氣犯之，民疫；黑，則北主憂；青，爲水，爲兵；青白，人多喪；黃，則有喜。

　　按漢永元銅儀，昴宿十二度；唐開元游儀，十一度。舊去極七十四度。景祐測驗，昴宿十一度，距西南星去極七十一度。

　　芻稿六星，在天苑西，一曰在天囷南，主積稿之屬。⑤一曰天積，天子之藏府。星明，則芻稿貴；星盛，則百庫之藏存；無星，則百庫之藏散。月犯之，財寶出。辰星、熒惑犯之，芻稿有焚溺之患。赤雲氣犯之，爲火；黃，爲喜。

　　天陰五星，主從天子弋獵之臣。⑥不明，爲吉；明，則禁言泄。

天河一星—作天阿，在天廩星北。《晋志》：在天高星西，主察山林妖變。五星、客、彗犯之，主妖言滿路。

卷舌六星，在昴北，主樞機智謀，一曰主口語，以知讒佞。曲而静，則賢人升；直而動，多讒人，兵起，天下有口舌之害。徙出漢外，則天下多妄説。星繁，人多死。月犯之，天下多喪。五星犯，佞人在側。彗、客犯之，侍臣憂。

天苑十六星，在昴畢南，如環狀，天子養禽獸之苑。⑦明，則禽獸牛馬盈；不明，則多瘠死；不具，有斬刈事。五星犯之，兵起。客、彗犯，爲兵，獸多死。流星入，色黑，禽獸多死；黄，則蕃息。《雲氣占》同。

天讒一星，在卷舌中，⑧主巫醫。暗，爲吉；明盛，人君納佞言。

月一星，在昴宿東南，蟾蜍也，主日月之應，女主臣下之象，又主死喪之事。⑨明大，則女主大專。太白、熒惑守之，臣下起兵爲亂。彗、客犯之，大臣黜，女主憂。

礪石四星，在五車星西，主百工磨礪鋒刃，亦主候伺。明，則兵起；常，則吉。⑩熒惑入，邊兵起；守之，諸侯發兵。客星守之，爲兵。

按《晋志》，天河、卷舌、天讒俱屬天市垣，天苑在二十八宿之外，芻稿、天陰、月、礪石，《晋志》不載，《隋史》有之。武密又以芻稿屬胃，卷舌屬胃，又屬昴。《乾象新書》以芻稿屬婁，卷舌西三星屬胃，東三星屬昴，天苑西八星屬胃，南八星屬昴。《步天歌》以上諸星皆屬昴宿，互有不合。

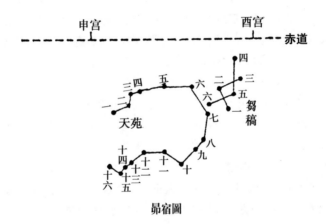

昴宿圖

【注】

①昴宿七星天之耳目也：昴宿七星，都聚集在約二度的範圍之內。據近人研究，它們之間確實存在物理上的聯繫，故亦可稱爲昴星團。昴宿七星均較暗淡，其中最亮的一顆星昴宿六爲三等星，昴宿三最暗，比六等星稍暗。一般人衹能看到六等星，故多數人衹能看到昴宿七顆星中的六顆，但目力特別好的人甚至可以看到十餘顆星。昴宿又稱爲天之耳目，奎大星

又稱爲天目，胃宿也可看作天胃，對此以往無人作過解釋。筆者以爲星占家對西方白虎的對應星有狹義和廣義兩種觀點，狹義白虎對應於觜參兩宿，廣義則以奎爲虎目、昴爲虎眼、胃爲虎胃、參爲虎身。

②主西方及獄事：昴主西方，僅爲諸説之一，實際上昴爲西方七宿的中間一宿，故有此説。昴爲獄事之説法則較少。

③又爲旄頭北星也：昴另意爲旄，即旌旗上用旄牛之長毛做成的裝飾物，象徵虎頭上的胡須或長毛。北星，即昴爲“胡星”。《春秋緯》曰“昴爲旄頭……主胡星”，即主此説，意即昴星爲“胡人”的象徵。《春秋緯》將昴釋爲旄頭，而甘氏又曰：“昴，茅也。”但甘氏未作進一步的解釋。事實上，在殷周之際，古西羌有一個支系稱爲旄戎，或寫作茅戎、犛戎、犛戎。周武王伐紂時率領的西方八部落庸、蜀、羌、髳、微、盧、彭、濮中就有髳戎。有一部分髳人留居中原，周公曾封其第六子於茅人居地，稱爲茅伯。大部分茅戎仍居西羌故地，人稱犛牛羌。昴的含義就是指此。

④大而數盡動……天下有福：昴星明亮數多而跳動，象徵北兵强而大起；月暈昴爲“胡人”受到攻打之象，故曰天下有福。

⑤芻稿六星……主積稿之屬：芻稿爲喂軍馬和其他牲畜的草料。

⑥天陰五星主從天子弋獵之臣：天陰五星象徵隨天子弋獵的官員。

⑦天苑十六星……天子養禽獸之苑：天苑爲天帝皇家的畜養之地。

⑧天讒一星在卷舌中：爲主口舌、是非之星。

⑨月一星：《步天歌》曰：“阿西月東各一星。”“天阿星”，語出《淮南子·天文訓》：“天阿者，群神之關也。”日爲太陽，月爲月亮，春季主日，秋季主月，故東方七宿中有日星，西方七宿中有月星。

⑩礪石四星……常則吉：從大勢來説，磨礪爲百工的磨刀石，但帝王最爲關心的，仍與軍事有關，故占曰礪石星明“則兵起；常，則吉”。

畢宿八星，主邊兵弋獵。其大星曰天高，一曰邊將，主四夷之尉也。①《天官書》曰：“畢爲罕車。”明大，則遠人來朝，天下安；失色，邊兵亂；一星亡，爲兵、喪；動摇，則邊兵起；移徙，天下獄亂；就聚，則法令酷。日食，邊王死，軍自殺其主，遠國有謀亂。日暈，有邊兵；不則北主憂，又占有風雨。月食，有赦，趙分有兵，或趙君憂。月暈，兵亂，饑，喪；暈三重，邊有叛者，七日內風雨解之，又爲陰國有憂，天下赦。犯畢大星，下犯上，大將死，陰國憂；入畢口，多雨；穿畢，歲饑，盜起；失行，離于畢，則雨；居中，女主憂；又曰犯北，則陰國憂；南，則陽國憂。歲星犯之，冬多風雨，又曰爲水；入畢口，邊兵起，民飢，有赦；守三十日，客兵起；出陽，爲旱；陰，爲水。熒惑犯右角，大戰；左角，小戰；入，則邊兵憂；守之，爲饑，有赦；成勾已環繞，大赦；一曰入畢中，有兵兵罷；又曰守之，有畋獵事，北主憂，天下道路不通；入畢口，有赦；逆行至昴，爲死喪；已去還守，貴臣憂；舍畢口，趙國憂。填星犯之，兵起西北，不戰；守之，兵有降軍，有赦，一曰土功徭役煩，兵起；入，則地震水溢；守畢口，大人當之；出、入、留、舍，其野兵起，客軍死。太白犯右角，戰敗，將死；入畢口，將相爲亂，大赦，國易政令，諸侯起兵，爲水，五穀不成；貫畢，倉廩空，四國兵起。辰星犯之，邊地災；入畢口，國易政；守之，水溢，民病，物不成，邊兵起；守畢口，人爲亂。客星犯之，大人憂，無兵兵起，有兵兵罷；入，則多獄事；守之，爲饑，邊兵起；出，爲車馬急行。彗星犯之，北地爲亂，人民憂。星孛，其分土功興，多徭役。色蒼，爲饑，破軍；黃，則女爲亂；白，爲兵、喪；黑，爲水。流星犯之，邊兵大戰；色赤貫

之，戎兵大至；入而復出，爲赦；入而黄白有光，外人
入貢。蒼白雲氣入，歲不收；赤，爲兵、旱，爲火；黄
白，天子有喜。

　　　按漢永元銅儀，畢十六度。舊去極七十八度。
景祐測驗，畢宿十七度，距畢口北星去極七十
七度。

天節八星，在畢、附耳南，主使臣持節宣威四方。[②]
明大，則使忠；不明，則奉使無狀。熒惑守之，臣有謀
逆，或使臣死。太白守之，大將出。客、彗犯之，法令
不行。客星守，持節臣有憂。

九州殊口九星，在天節南下，曉方俗之官，通重譯
者也。[③]常以十一月候之。亡一星，一國憂；二星以上，
天下亂，兵起。太白、熒惑守之，亦爲兵。客星入，民
憂，水負海，國不安，有兵。

附耳一星，在畢下，主聽得失，伺愆邪，察不祥
也。星盛，則中國微，有盜賊，邊候警，外國反。動
摇，則讒臣在君側。歲星犯之，爲兵，將相喪。太白犯
之，佞臣在側。

九斿九星，在玉井西南，一曰在九州殊口東，南北
列，主天下兵旗，又曰天子之旗也。[④]太白、熒惑犯之，
兵騎滿野。客星犯，諸侯兵起，禽獸多疾。

天街二星，在昴、畢間，一曰在畢宿北，爲陰陽之
所分。[⑤]《大象占》：近月星西，街南爲華夏，街北爲外
邦。又曰三光之道，主伺候關梁中外之境。明，則王道
正。月犯天街中，爲中平，天下安寧；街外，爲漏泄，

讒夫當事，民不得志；不由天街，主政令不行。月暈其宿，關梁不通。熒惑守之，道路絕；久守，國絕禮。歲星居之，色赤，爲殃，或大旱。太白守之，兵塞道路，六夷旄頭滅，一曰民飢。

天高四星，在坐旗西，《乾象新書》：在畢口東北。臺榭之高，主望八方雲霧氛氣，今仰觀臺也。⑥不見，爲官失禮；守常，則吉；微暗，陰陽不和。月、五星犯之，則水旱不時；乘之，外臣誅。月暈，不出六月有喪。熒惑入十日，爲小赦；留三十日，大赦。客、彗守之，大旱。蒼白雲氣犯，亦然。

諸王六星，在五車南，主察諸侯存亡。明，則下附上；不明，則下叛；不見，宗廟危，四方兵起。⑦熒惑入之，諸王妃恣，爲下所謀；守之，下不信上。太白、熒惑犯，諸王當之，一曰宗臣憂。客、彗守，諸侯黜。

五車五星、三柱九星，在畢宿北，五帝坐也，又五帝之車舍也。主天子五兵，又主五穀豐耗。⑧一車主薋麻，一車主麥，一車主豆，一車主黍，一車主稻米。西北大星曰天庫，主太白，秦分及雍州，主豆。東北一星曰天獄，主辰星，燕、趙分及幽、冀，主稻。東南一星曰天倉，主歲星，魯分徐州，衞分并州，主麻。次東南一星曰司空，主填星，楚分荆州，主黍粟。次西南一星曰卿，主熒惑，魏分益州，主麥。《天文錄》曰：“太白，其神令尉；辰星，其神風伯；歲星，其神雨師；熒惑，其神豐隆；填星，其神雷公。此五車有變，各以所主占之。”三柱，一曰天淵，一曰天休，一曰天旅，欲其均明闊狹有常，星繁，則兵大起。石申曰："天庫星中河而見，天下多死人，河津絶。"又曰："天子得靈臺之禮，則五車、三柱均明有常。"天斿星不見，則大風折木；天休動，則四國叛。一柱出，或不見，兵半出；三柱盡出，及不見，兵亦盡出。柱外出一月，穀貴三倍；出二月、三月，以次倍貴；外出不盡兩間，主大水。月犯天庫，兵起，道不通；犯天淵，貴人死，臣踰主。月暈，女主惡之；在正月，爲赦；暈一車，赦小罪；五車俱暈，赦殊罪；四、七、十月暈之，爲水；暈十一、十二月，穀貴。五星犯，爲旱，喪；犯庫星，爲兵起。歲星入之，糴貴。熒惑入之，爲火，或與歲星占同。填星入天庫，爲兵，爲喪；舍中央，爲大旱，燕、代之地當之；舍東北，畜蕃，帛賤；舍西北，天下安。太白入之，兵大起；守五車，中國兵所向慴伏；舍西北，爲疾疫，牛馬死，應酒泉分。辰星入舍爲水；犯之，兵以水潦起。客星犯，則人勞；庚寅日候近之，爲金車，主兵；甲寅日候近之，爲木車，主槽增價；戊寅日候近之，爲土車，主土功；丙寅日候近之，爲火車，主旱；壬寅日候近之，爲水車，主水溢；入之，色青爲憂，赤爲兵；守天淵，有大水；守天休，左爲兵，右爲喪；黄爲吉。彗、孛犯之，兵起，民流。流星入，甲子日，主粟；丙午日，主麥；戊寅日，主豆；庚申日，主蕢；壬戌日，主黍：各以其日占之，而粟麥等價增。白雲氣入，民不安；赤，爲兵起。

天潢五星，在五車中。主河梁津渡。星不見，則津梁不通。月入天潢，兵起。五星失度，留守之，皆爲兵。熒惑、填星入之，爲大旱，爲火。熒惑舍之，牛馬疫，爲兵。辰星出天潢，有赦。客星入，爲兵；留守，則有水害。蒼白或黑雲氣入，爲喪；赤，爲兵；黃白，則天子有喜。

咸池三星，在天潢南，主陂澤池沼魚鼈鳧鴈。明大，則龍見，虎狼爲害；星不具，河道不通。月入，爲暴兵。五星入，爲兵，爲旱，失忠臣，君易政；守之，爲饑，爲兵。客星入，天下大水。流星入，爲喪；出，則兵起。雲氣入，色蒼白，魚多死；赤，爲旱；白，爲神魚見；黑，爲大水。⑨

參旗九星，一曰天旗，一曰天弓，⑩司弓弩，候變禦難。星如弓張，則兵起；明，則邊寇動；暗，爲吉。又曰天弓不具，天下有兵。五星犯之，兵起。熒惑守之，下謀上，諸侯起兵；一曰有邊兵。太白守之，兵亂。客星守，天下憂。流星入，北地兵起。雲氣犯之，色青，入自西北，兵來，期三年。

天關一星，在五車南，亦曰天門，日月之所行，主邊方，主關閉。⑪星芒角，爲兵；不與五車合，大將出。月歲三暈，有赦；犯之，有亂臣更法。五星守之，貴人多死。歲星、熒惑守之，臣謀主，爲水，爲饑。太白、熒惑守之，大赦，關梁有兵。太白入，則大亂。填星守，王者壅蔽；犯之，臣謀主。太白失行，兵起。客星犯之，民多疾，關市不通；又曰諸侯不通，民相攻。客星入，多盜。流星犯之，天下有急，關梁不通，民憂，多盗。黄雲氣犯，四方入貢。

天園十三星，在天苑南，植菜果之處。⑫曲而鈎，菜果熟。白雲氣犯之，兵起。

　　按《步天歌》，以上諸星皆屬畢宿。武密書以天節屬昴，參旗、天關、五車、三柱皆屬觜，與《步天歌》不同。《乾象新書》以天節、參旗皆屬畢；天園西八星屬昴，東五星亦屬畢；五車北西南三大星屬畢，東二星及三柱屬參。説皆不同，今皆存之。

【注】

①畢宿八星主邊兵弋獵……主四夷之尉也：畢宿八星，似叉狀，故古人將其比附爲捕獵之網。其東齒頂端大星畢宿五爲唯一大星，是全天第十三大星，或簡稱畢大星。畢宿主邊兵，畢大星爲邊將，是防止四夷來侵的兵尉。弋獵，是另一種説法，主田獵禽獸取食，故郗萌曰：“將有田獵之事，則占於畢。”畢大星向下彎下去的一顆星稱爲附耳，爲畢宿的附座。附耳星雖不明亮，但在星占家看來是很重要的，故郗萌曰：“附耳入畢中，爲兵革，深，大；附耳縮結，王命興，輔佐出；附耳動，兵大起，邊兵尤甚。”又《春秋緯》曰：“畢爲邊界天街，主守備外國。”

李淳風《乙巳占·分野》在釋畢的真實含義時説：“畢、觜、參，晋、魏之分野。”“《魏世家》曰：魏之先，畢公高之後也，畢公高與周同姓。武王之伐紂，而高封於畢，於是爲畢姓。”“其苗裔曰畢萬，事晋獻公。”“與趙、韓滅晋三分其地，故參爲魏之次野者，屬益州。”故畢宿之名，源於魏先祖畢萬。李淳風的論證，是二十八宿名起源於華夏的圖騰和國名的有力證據。

②天節八星……主使臣持節宣威四方：天節星是天子的使臣，持節宣威四方。附耳星的含義，上文注已經言明。

③九州殊口即衆翻譯官。

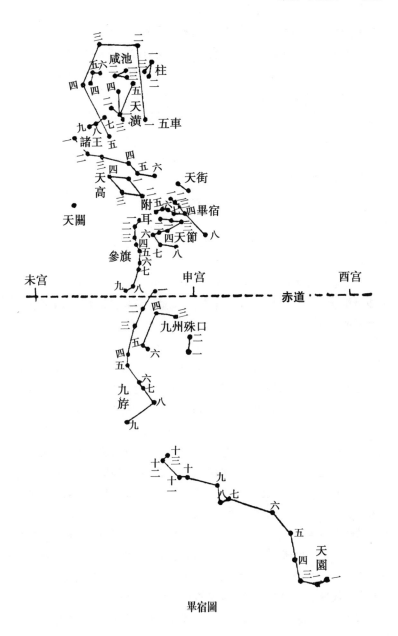

畢宿圖

④九斿九星……南北列……又曰天子之旗也：九斿爲軍旗上的九條飄

帶，它們呈南北方向排列，是天下軍旗和天子之旗的象徵。

　　⑤天街二星……爲陰陽之所分：上注引文即有畢爲天街之説，今天街二星顯係畢爲天街説的衍伸。在星占家看來，北爲陰、爲"胡人"，南爲陽、爲中國，天街是二者的分界綫，故曰陰陽之所分。

　　⑥天高四星……主望八方雲霧氛氣。今仰觀臺也：天高星，即仰觀八方雲氣之台。

　　⑦諸王六星……四方兵起：言諸王星主察諸侯存亡，明則上下附，不見則宗廟危、四方叛。

　　⑧五車五星三柱九星……又主五穀豐耗：五車五顆星成五邊形，均很明亮，其中五車一爲零等星，爲全天第五大星，三、五爲二等星，餘爲三等星。南中時正好從頭頂通過，十分顯著。五車代表五帝車舍，又主五兵，可見五車星有多種不同的解釋。五車星有五個三柱相配，象徵五輛車，爲五帝座的象徵。又可釋爲天子五種兵車。《周禮·車僕》記載五種兵車爲戎車、廣車、闕車、苹（軿）車、輕車。戎車爲帝車，廣車爲橫向陳列的車，闕車爲補缺的車，苹（軿）車爲蔽敵之車，輕車爲馳敵衝鋒之車。軍車又有輕車、重車之分。郗萌曰："主輕車。"它在西方七宿的一組軍事星座中衝在最前方，正爲輕車的象徵。

　　⑨天潢五星……爲大水：關於天潢五星、咸池三星，《史記·天官書》曰："西宮咸池，曰天五潢。五潢，五帝車舍。"大約正是出於《史記·天官書》這一記載，後人纔將天潢、咸池配爲星座。《淮南子·天文訓》曰："日出於暘谷，浴於咸池。"即早晨太陽從東方暘谷的地方升起，傍晚又於西方咸池的地方落入。正是有這個典故，纔產生這兩個星座名。

　　⑩參旗九星一曰天旗一曰天弓：天旗星指軍國的旗幟，它與九斿星組合在一起，由於其形狀似弓，故又曰天弓。

　　⑪天關一星……主關閉：天關星，位於西方七宿與南方七宿的分界綫上，爲日月出入之所，故曰天關，也曰天門，主關閉。天關星僅爲三等星，但由於中國宋代有關天關客星的記載引起了當代世界研究超新星演化的熱潮，成爲一大熱門，天關星因而也被西方稱爲中國星。

　　⑫天園十三星……植菜果之處：天園星爲天帝種植蔬菜水果的園子。

　　觜觽三星，爲三軍之候，行軍之藏府，葆旅收，斂萬物。[①]明，則軍糧足，將得勢；動，則盜賊行，葆旅起；暗，則不可用兵。日食，臣犯主，戒在將臣。暈及三重，其下穀不登，民疫；五重，大赦，期六十日。月食，爲旱，大將憂，有叛主者。正月月暈，有赦，外軍不勝，大將憂，偏裨有死者。歲星犯之，其分兵起；守，則農夫失業，后有憂，丁壯多暴死，下有叛者，民多疾疫；入，則多盜，天時不和；國君誅伐不當，則逆行。熒惑犯之，其分有叛者，爲旱，爲火，爲兵起，爲耀貴；與觜觽合，趙分相憂；入，則其下有兵。填星入犯，爲兵，爲土功，其分失地；女主恣，則填星逆行而色黃。太白犯之，兵起；守之，其分易令，大臣叛，物不成，民疫。辰星犯之，不可舉兵；一曰趙地水，有叛者；守之，趙分饑。客星出入其宿，青爲憂，赤爲兵，黑爲水，白爲喪，黃白爲吉。彗星犯之，兵起；出入其分，失地，民流。星孛之，爲兵亂，軍破，其色與客星同占。流星入犯之，有叛者，有破軍。雲氣犯之，赤，爲兵；蒼白，爲兵、憂；黑，趙地大人有憂；色黃，有神寶入。[②]

　　　按漢永元銅儀、唐開元游儀，皆以觜觽爲三度。舊去極八十四度。景祐測驗，觜宿三星一度，[③]距西南星去極八十四度，在赤道內七度。

　　坐旗九星，在司怪西北，君臣設位之表也。[④]星明，則國有禮。司怪四星，在井鉞星前，主候天地、日月、星辰變異，鳥獸、草木之妖，明主聞災，修德保福。星不成行列，宮中及天下多怪。

　　　　按《步天歌》，坐旗、司怪俱屬觜宿，武密書
　　及《乾象新書》皆屬于參。

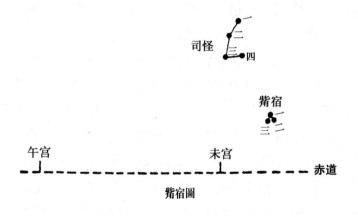

觜宿圖

【注】

　　①觜觿三星……斂萬物：觜觿三星，主行軍之藏府，即爲行軍提供給養。《史記·天官書》曰：“觜觿爲虎首，主收斂葆旅事也。”即負責提供糧菜供士兵食用。這是爲星占設事，未涉及詞義。《史記·天官書》又曰：“小三星隅置，曰觜觿，爲虎首，主葆旅事。”這是指它爲西方白虎星的虎首。至於觜觿一詞，含義仍然不明。有人解爲解繩結的工具，也是不着邊際。黄道十二星次中有娵觜次名。《史記·五帝本紀》有帝嚳

"娶娵訾氏女，生摯，帝嚳崩，而摯代立"的記載。這個與帝堯爲同父异母兄弟摯的母氏族娵訾氏，就是觜宿一名的來源。訾即觜，也爲西羌的一個支系。

②觜之分野爲趙，故當熒惑"與觜觿合，趙分相憂"，辰星犯之，"趙地水"，"守之，趙分饑"，雲氣"黑，趙地大人有憂"。

③按漢永元……觜宿三星一度：此處所載觜宿漢測三度、宋測一度的記録是客觀的。由於歲差的變化，使距離减小，至清减爲負值，導致康熙曆獄之爭。

④坐旗九星……君臣設位之表也：坐旗九星，是君臣排定位次的標志。

　　參宿十星，一曰參伐，①一曰天市，一曰大辰，②一曰鉄鉞，主斬刈萬物，以助陰氣；③又爲天獄，主殺，秉威行罰也；又主權衡，所以平理也；④又主邊城，爲九譯，故不欲其動。參爲白虎之體，⑤其中三星橫列者，三將也；東北曰左肩，主左將；西北曰右肩，主右將；東南曰左足，主後將軍；西南曰右足，主偏將軍。參應七將。⑥中央三小星曰伐，天之都尉，主鮮卑外國，不欲其明。⑦七將皆明大，天下兵精；王道缺，則芒角張；伐星明與參等，大臣有謀，兵起；失色，軍散敗；芒角、動，邊有急，兵起，有斬伐之事；星移，客伐主；肩細微，天下兵弱；左足入玉井中，兵起，秦有大水，有喪，山石爲怪；星差戾，王臣貳；左股星亡，東南不可舉兵；右股，則主西北。又曰參足移北爲進，將出有功；徙南爲退，將軍失勢。三星疏，法令急。日食，大臣憂，臣下相殘，陰國强。日暈，有來和親者，一曰大饑。月食其度，爲兵，臣下有謀，貴臣誅，其分大饑，外兵大將死，天下更令。月暈，將死，人殃亂，戰不利。月犯，貴臣憂，兵起，民飢；犯參伐，偏將死。歲星犯之，水旱不時，大疫，爲饑；守之，兵起，民疫；入，則天下更政。熒惑犯之，爲兵，爲内亂，秦、燕地凶；守之，爲旱，爲兵，四方不寧；逆行入，則大饑。填星犯之，有叛臣；守之，其下國亡，姦臣謀逆，一云有喪，后、夫人當之；逆行留守，兵起。太白犯之，天下發兵；守之，大人爲亂，國易政，邊民大戰。辰星犯之，爲水，爲兵，貴臣黜。辰星與參出西方，爲旱，大臣誅；逆守之，兵起。客星入犯之，國内有斬刈事；守之，邊州失地；環繞者，邊將有斬刈事。彗星犯之，邊兵敗，君亡，遠期三年；貫之，色白，爲兵、喪。星孛于參，君臣俱憂，國兵敗。流星入犯之，先起兵者亡。《乙巳占》曰："流星出而光潤，邊安，有赦，獄空。"青雲氣入犯之，天子起邊城；蒼白，爲臣亂；赤，爲内兵；黄色潤澤，大將受賜；黑，爲水災，大臣憂。白雲氣出貫之，將死，天子疾。

　　按漢永元銅儀，參八度。舊去極九十四度。景祐測驗，參宿十星十度，右足入畢十三度。

玉井四星，在參左足下，主水泉，以給庖厨。[8]動搖，爲憂。客星入，爲水，爲喪國失地；出，則國得地，一云將出。流星入，爲大水。雲氣入而色青，井水不可食。

屏二星，一作天屏，在玉井南，一云在參右足。星不具，人多疾。不明，大人寢疾。星亡，王多病。月、五星犯之，爲水。客星出于屏，亦爲大人有疾。彗星犯之，水旱不時。

軍井四星，在玉井東南，軍營之井，主給師，濟疲乏。⑨月犯，芻稿財寶出。熒惑入，爲水，兵多死。太白入，兵動，民不安。客星入，憂水害。

厠四星，在屏星東，一曰在參右腳南，主溷。色黃，爲吉，歲豐；青黑，人主腰下有疾。星不具，則貴人多病。客星入，爲穀貴。彗、孛入，歲饑。青雲氣入，爲兵；黑，爲憂；黃，則天子有喜。

天屎一星，在天厠南。色黃，則年豐。凡變色，爲蝗，爲水旱，爲霜殺物。常以秋分候之。星亡不見，天下荒；星微，民多流。⑩

　　按《步天歌》，玉井、軍井、厠各四星，屏二星，天屎一星，俱屬參宿。《晋志》玉井在參左足，武密書屬觜，《乾象新書》屬畢；軍井，《晋志》在玉井南，武密亦屬觜，《乾象新書》亦屬畢，唐開元游儀在玉井東南；屏、厠、天屎，《晋志》皆不載，《隋志》屏在玉井南，開元游儀在觜，《隋志》厠在屏東，屎在厠南，《乾象新書》皆屬參：與《步天歌》互有不合。

【注】

①參宿十星一曰參伐：參宿，一曰七星，二曰十星。十星者，包括伐三星在内。參七星，是冬季最爲明亮的一個星座。在七星中，除了參宿五（右肩）爲三等星，參宿七爲第七大星，參宿四爲第十大星，參宿一、二、三、六均爲二等星。古人對參宿星象有多種解釋。現僅就四種主要含義和

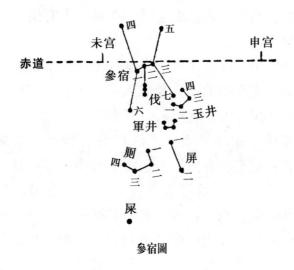

参宿圖

功能，於以下五個注文加以説明。

②一曰大辰：參宿爲中國遠古用於定季節的三大辰之一，另二辰爲大火星和北辰。據保留至今的文獻《夏小正》記載，其是用以定季節的星辰中最多的一個星座。

③一曰鈇鉞主斬刈萬物以助陰氣：古代在戰鬥中鈇鉞是用於殺罰的兵器。故下文載客星"環繞者，邊將有斬刈事"。

④又爲天獄主殺秉威行罰也又主權衡所以平理也：參宿象徵天獄，象徵在刑獄中申張正義、處罰罪犯的機構，故曰"主權衡，所以平理也"。是非曲直都將在刑事法庭上得到審判和評説。《史記·天官書》曰："三星直者，是爲衡石。"義爲東西三星直，似秤衡一樣公正。

⑤參爲白虎之體：白虎爲西方七宿的象徵，觜爲虎首，參爲虎身。參之四角爲左右肩股，又爲四足。《聖洽符》曰："參者，白虎宿也。足入井中，名曰滔足，虎不得動，天下無兵；足出井外，虎得放逸，縱暴爲害，天下兵起。"

⑥其中三星横列者……參應七將：參宿七星爲七將，中間三顆横列的名叫三將軍，東北肩曰左將軍，西北肩曰右將軍，東南足曰後將軍，

西南足曰偏將軍。從以下的占文可以看出，有關七將的占文最多。

⑦中央三小星曰伐……不欲其明：中央豎向排列的三顆小星爲主西北部族鮮卑及其他部落的都尉，故不希望其明。明則表示外圍部落強大，中央有殃。

⑧玉井四星……以給庖廚：此説在星占學上没有針對性，如上注⑤所引《聖洽符》占語，滔虎足"虎不得動，天下無兵"纔可看出玉井設於虎足下的用意。又本志所言玉井在參左足下，實源於晋隋二《志》，與《步天歌》"玉井四星右足陰"相矛盾，當以《步天歌》爲是。古代衆多星圖亦將玉井畫在右足。

⑨軍井四星……主給師濟疲乏：軍井星是主供應軍隊飲用之水井。從同一宿内設立玉井、軍井也可看出，二者當有不同功用，玉井專爲滔虎足之用明矣。

⑩屏二星、厠四星、天屎一星，爲一組對應於軍營厠所的星座。厠星的下方有屎星，在厠星的前方有屏星阻擋穢氣，設立得十分具體形象。

南方①

東井八星，天之南門，黄道所經，七曜常行其中，爲天之亭候，主水衡事，法令所取平也。②武密占曰：井中爲三光正道，五緯留守若經之，皆爲天下無道。不欲明，明則大水。③又占曰：用法平，井宿明。鉞一星，附井宿前，主伺奢淫而斬之；明大與井宿齊，則用鉞於大臣。④月宿，其分有風雨。日食，秦地旱，民流，有不臣者；暈，則多風雨；有青赤氣在日，爲冠，天子立侯王。月食，有内亂，大臣黜，后不安，五穀不登，分有兵、喪。月暈，爲旱，爲兵，爲民流，國有憂，一曰有赦；陰陽不和則暈，暈及三重，在三月爲大水，在十二月日壬癸爲大赦。月犯之，將死于兵，水官黜，刑不平；犯井鉞，大臣誅，有水事。歲星犯之，王急法，多獄訟，水溢，將軍惡之；犯井鉞，近臣爲亂，兵起；逆行入井，川流壅塞。熒惑犯之，兵先起者殃，又曰天子以水敗；入守經旬，下有兵，貴人不安；守三十日，成勾巳，角動，色赤黑，貴人當之，百川溢，兵起。填星入犯之，兵起東北，大臣憂；入井鉞，王者惡之；在觜而去東井，其下亡地。太白犯之，咎在將；久守，其分君失政，臣爲亂。辰星犯之，星進則兵進，退則兵退，刑法平，又曰北兵起，歲惡。芒角、動搖，色赤黑，爲水，爲兵起。客星犯之，穀不登，大臣誅，有土功，小兒妖言。彗星犯之，民讒言，國失政，一曰大臣誅，其分兵災。流星犯之，在春夏則秦地謀叛，⑤在秋冬則宮中有憂。《乙巳占》：流星色黃潤，國安；赤黑，秦分民流，水災。蒼黑雲氣入犯之，民有疾疫；黃白潤澤，有客來言水澤事。黑氣入，爲大水。常以正月朔日入時候之。井宿上有雲，歲多水潦。

　　　按漢永元銅儀，井宿三十度；唐開元游儀，三十三度，去極七十度。景祐測驗，亦三十三度，距西北星去極六十九度。

　　五諸侯五星，在東井北，主斷疑、刺舉、戒不虞、理陰陽、察得失，亦曰主帝心。一曰帝師，二曰帝友，三曰三公，四曰博士，五曰太史，五者常爲帝定疑議。⑥星明大、潤澤，則天下治。五禮備，則光明，不相侵陵；暗，則貴人謀上；芒角，禍在中。歲星犯之，兵起三年。熒惑犯之，大臣叛不成。太白犯之，諸侯興兵亡國；經天晝見，則諸侯受誅。客星犯，王室亂，諸侯亡地，秦國殃；守之，諸侯親屬失位。彗、孛犯之，執法臣誅，又曰貴臣當之，期一年。雲氣犯之，色蒼白，諸侯有喪；不，則臣有誅戮。

積水一星，在北河西北，所以供酒食之正也。不見，爲災。歲星犯之，水物不成，魚鹽貴，民飢。熒惑犯之，爲兵，爲水。辰星犯之，爲水、旱。客星犯之，兵起，大水，大臣憂，期一年。蒼白雲氣入犯之，天下有水。⑦

積薪一星，在積水東北，供庖廚之正也。星不明，五穀不登。熒惑犯之，爲旱，爲兵，爲火災。客星守之，薪貴。赤雲氣入犯之，爲火災。⑧

南河三星，與北河夾東井，一曰天之關門也，主關梁。南河曰南戍，一曰南宮，一曰陽門，一曰越門，⑨一曰權星，主火。兩河戍間，日、月、五星之常道也。河戍動搖，中國兵起。河星不具，則路不通，水泛溢。月出入兩河間中道，民安，歲美，無兵；出中道之南，君惡之，大臣不附。星明，爲吉；昏昧動搖，則邊兵起，遠人叛，主憂。月犯之，爲中邦憂，一曰爲兵，爲喪，爲旱，爲疫；行西南，爲兵、旱；入南戍，則民疫；暈，則爲土功；乘之，四方兵起；經南戍南，則爲刑罰失。歲星犯之，北主憂。熒惑犯兩河，爲兵；守三十日以上，川溢；守南河，穀不登，女主憂；守南戍西，果不成；在東，則有攻戰。填星乘南河，爲旱，民憂；守之，爲兵，道不通。太白舍三十日，川溢；一曰有姦謀；守兩河，爲兵起。客星守之，爲旱，爲疫。彗、孛出，爲兵；守，爲旱。流星出，爲兵、喪，邊戍有憂。
蒼白雲氣入之，河道不通；出而色赤，天子兵向諸侯。
黃氣入之，有德令；出，爲災。

北河亦三星，北河曰北戍，一曰北宮，一曰陰門，
一曰胡門，⑩一曰衡星，主水。⑪五星出、入、留、守之，
爲兵起；犯之，爲女喪；乘之，爲北主憂。歲星入北
戍，大臣誅。熒惑從西入北戍，六十日有喪；從東入，
九十日有兵；一曰出北戍北守之，邊將有不請于上，而
用兵外國者勝。填星守之，兵起，六十日內有赦，一曰
有土功；若守戍西，五穀不實。太白舍北戍，三十日爲
女喪，有內謀；守陰門，不出百日天下兵悉起。辰星守
之，外兵起，邊臣有謀；留止，則兵起四方。客星入犯
之，有喪於外，姦人在中；入自東，兵起，期九十日；
入自西，有喪，期六十日；守之，爲大水。流星經兩河
間，天下有難；入，爲北兵入中國，關梁不通。雲氣蒼
白入犯之，邊有兵，疾疫，又爲北主憂。

四瀆四星，在東井南垣之東，江、河、淮、濟之精
也。明大，則百川決。⑫

水位四星，在積薪東，一曰在東井東北，主水衡。⑬
歲星犯之，爲大水；一曰出南，爲旱。熒惑守之，田不
治。客星犯之，水道不通，伏兵在水中；一曰客星若
水、火，守犯之，百川流溢。彗、孛出，爲大水，爲
兵，穀不成。流星入之，天下有水，穀敗民飢。赤雲氣
入，爲旱、饑。

天罇三星，在五諸侯南，一曰在東井北，罇器也，⑭

主盛饘粥，以給貧餒。明，爲豐；暗，則歲惡。

闕丘二星，在南河南，天子雙闕，諸侯兩觀也。[15]太白、熒惑守之，兵戰闕下。

軍市十三星，狀如天錢，天軍貿易之市，有無相通也。[16]中星衆，則軍餘粮；小，則軍飢。月入，爲兵起，主不安。五星守之，軍粮絕。客星入，有刺客起，將離卒亡。流星出，爲大將出。

野雞一星，在軍市中，主變怪。[17]出市外，天下有兵。守靜，爲吉；芒角，爲凶。

狼一星，在東井東南，爲野將，主侵掠。[18]色有常，不欲動也。芒角、動搖，則兵起；明盛，兵器貴；移位，人相食；色黃白，爲凶；赤，爲兵。月犯之，有兵不戰，一曰有水事。月食在狼，外國有謀。五星犯之，兵大起，多盜。彗、孛犯之，盜起。客星守之，色黃潤，爲喜；黑，則有憂。赤雲氣入，有兵。

弧矢九星，在狼星東南，天弓也，主行陰謀以備盜，常屬矢以向狼。[19]武密曰：“天弓張，則北兵起。”又曰：“天下盡兵。”動搖明大，則多盜；矢不直狼，爲多盜；引滿，則天下盡爲盜。月入弧矢，臣逾主。月暈其宿，兵大起。客星入，南夷來降；若舍，其分秋雨雪，穀不成；守之，外夷飢；出入之，爲兵出入。流星入，北兵起，屠城殺將。赤雲氣入之，民驚，一曰北兵入中國。

老人一星，在弧矢南，一名南極。常以秋分之旦見于丙，候之南郊，春分之夕没于丁。[20]見，則治平，天子壽昌；不見，則兵起，歲荒，君憂。客星入，爲民疫，一曰兵起，老者憂。流星犯之，老人多疾，一曰兵起。白雲氣入之，國當絶。

丈人二星，在軍市西南，主壽考，悼耄矜寡，以哀窮人。㉑星亡，人臣不得自通。

子二星，在丈人東，主侍丈人側。不見，爲災。

孫二星，在子星東，以天孫侍丈人側，相扶而居以孝愛。不見，爲災；居常，爲無咎。

水府四星，在東井西南，水官也，主隄塘、道路、梁溝，以設隄防之備。㉒熒惑入之，有謀臣。辰星入，爲水。客星入，天下大水。流星入，色青，主所之邑大水；赤，爲旱。

按《步天歌》，自五諸侯至水府常星一十八坐，俱屬東井。武密書以丈人二星，子、孫各一星屬牛宿。《乾象新書》以丈人與子屬參，孫屬井；又以水府四星亦屬參。武密以水府屬井。餘皆與《步天歌》合。

【注】

①南方：南方朱雀七宿即井、鬼、柳、星、張、翼、軫的簡稱，共有四十二個星座，正星二百四十五顆，增星三百三十一顆。朱雀就是紅色的鳥。依照古代星占家的説法，鬼宿爲鳥目，柳宿爲鳥嘴，星宿爲鳥脖頸，翼宿爲鳥翅鳥尾。據上古文獻來考證，這隻鳥就是指鶉鶉。將朱雀視作鳳凰，那衹是漢以後藝術家的附會和想象。

南方七宿表

號數	星座	距　星		去極度（°）		入宿度	赤經(°)
1	井宿	西北第一星（井宿一）	雙子 μ	69 度	68.01	參 10 度半	81.39
	鉞(附)		雙子 η	69 度少	68.25	參 8 度半	79.32
2	南河	東大星（南河三）	小犬 α	83 度半	82.30	井 21 度	102.09
3	北河	東大星（北河三）	雙子 β	61 度半	60.62	井 20 度	101.10
4	天樽	西星（天樽）	雙子 ω	68 度	67.02	井 16 度	97.16
5	五諸侯	西星（五諸侯一）。	雙子 θ	56 度半	55.69	井 6 度半	87.70
6	積水		御夫 65	54 度半	53.72	井 18 度	99.13
7	積薪		雙子 K	65 度半	64.56	井 27 度	108.00
8	水府	西星（水府一）	獵戶 ν	76 度半	75.40	參 7 度半	78.33
9	水位	西星（水位一）	小犬 6	73 度半	72.44	井 18 度	99.13
10	四瀆	西南星（四瀆四）	麒麟 8	86 度半	85.26	井 2 度	83.36
11	軍市	西北星（軍市一）	大犬 β	107 度半	105.96	井初度	81.39
12	野鷄		大犬 ν₂	109 度半	107.92	井 4 度半	85.83
13	孫	西星（孫二）	天鴿 θ	125 度	123.20	井 6 度	87.30
14	子	西星（子二）	天鴿 β	128 度	126.16	參 9 度	79.81
15	丈人	西星（丈人二）	天鴿 ε	128 度	126.16	參 4 度	74.88
16	闕邱	大星（闕邱一）	麒麟 18	91 度少	89.94	井 15 度	96.17
17	天狼		大犬 α	107 度半	105.95	井 10 度	91.24
18	弧矢	西南稍星（弧矢九）	船尾 π	128 度	127.23	井 12 度	93.22
19	老人		船底 α	143 度	140.94	井 10 度	91.25
20	鬼宿	西南星（鬼宿一）	巨蟹 θ	69 度半	68.50	井 30 度	114.16
21	積尸		巨蟹 M44	88 度		鬼一度半	
22	爟	北星（爟一）	雙子 ψ	60 度半	59.63	井 29 度	109.97
23	天狗	西星（天狗一）	船航 θ	102 度	100.55	井 22 度	103.07
24	外廚	大星（外廚增三?）	麒麟 30	92 度半	91.17	鬼 2 度	116.13
25	天社	西南星	船尾 γ	134 度	132.07	井 12 度	93.22
26	天記		船航 λ	101 度半	100.04	柳 5 度	121.66

（續表）

號數	星座	距 星		去極度（°）		入宿度	赤經(°)
27	柳宿	西第三星（柳室一）	長蛇 δ	82度半	81.31	鬼4度半	116.73
28	酒旗	西北星（酒旗二）	獅子 ξ	77度	75.87	柳14度	130.53
29	星宿	大星（星宿一）	長蛇 α	96度	94.62	柳16度半	130.20
30	軒轅	大星（軒轅十四）	獅子 α	75度	73.92	張2度	138.43
	御女（附）						
31	内平	兩星（内平一?）	小獅22	62度	51.25	張6度	142.37
32	天相	北星（天相二?）	六分儀8	95度	93°.64	星6度	136.11
33	天稷	大星	船航97G	137度	135.03	柳13度	129.54
34	張宿	西第二星（張宿一）	長蛇 ν₁	102度半	101.02	星8度	136.46
35	天廟	西北星（天廟一?）	羅盤 θ	113度半	111.86	柳13度	129.54
36	翼宿	中西第二星（翼宿一）	巨爵 α	104度	102.50	張18度	153.46
37	東甌	西南星（東甌四?）	船航191G	129度	127.15	張17度	143.36
38	軫宿	西北星（軫宿一）	烏鴉 γ	103度半	102.01	翼16度半	171.90
	長沙（附）		烏鴉 ζ	108度	106.45	軫初度半	172.83
	左轄（附）		烏鴉 η	101度半	100.04	軫5度	176.83
	右轄（附）		烏鴉 α	110度半	108.95	翼16度	169.23
39	軍門	西南星（軍門一?）	船航303G	112度半	110.88	翼13度	166.27
40	土司空	南星（青邱一）	長蛇 β	120度	118.28	翼14度	167.26
41	青邱	西北星（青邱二）	半人馬148G	120度半	118.77	軫5度	176.83
42	器府	（器府一?）	半人馬43G	127度半	135.52	翼8度半	161.83

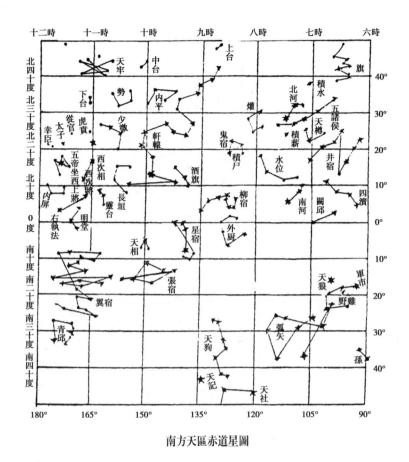

南方天區赤道星圖

②東井八星……法令所取平也：東井又名井宿，在參宿之東，故名。井八星中，井宿三爲二等星，餘爲三至五等小星。井宿爲南方的領頭星，又在黄道上，故曰天之南門。由於東井與水有關，占事圍繞水、水平和分野展開。

③武密占……明則大水：東井主水事，故星不要明，明則大水。以下的占文，大多圍繞水事展開，如月食"五穀不登"，歲星"逆行入井，川流壅塞"，"井宿上有雲，歲多水潦"。

④鈇一星……則用鈇於大臣：井宿右扇上角有鈇一星，主伺察大臣淫奢不法之事，當鈇與井齊明大時意味着大臣犯事。

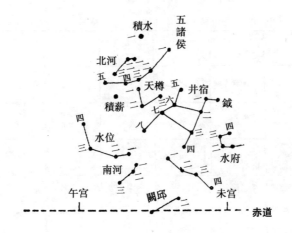

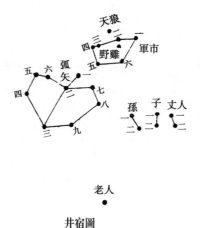

井宿圖

⑤井宿與鬼宿之分野爲秦，故本志占曰“日食，秦地旱”；流星犯之，“秦地謀叛”。

關於井宿星名的來源，何光岳認爲源於周代的井國和井人，其《中原古國源流史》（廣西教育出版社，1995）説：“原始社會的人們，往往以地名來命名天上的列星，以辨別夜裏遷徙的方位。所以通過研究天文上的星座，便能確定原始時代地理的方位。……《天元曆理》稱：‘井八星，橫列河中。'《宋書·天文志》稱：'井八星，距西八第一星。'東井在秦之分野，即今陝西渭水中游一帶。《晋書·天文志》載：'東井、輿鬼，秦雍州。'鬼即鬼方隗氏，分布於涇渭之北，與井相近。故《周西岳華山神廟碑》云：'下枕周秦之文，上應東井之宿。'都可證井方的起源地即在寶雞縣井兒村。"

⑥五諸侯五星……爲帝定疑議：五諸侯是諸侯在朝參政的代表，是天帝的主要統治支柱，故曰"主帝心"，"爲帝定疑議"。

⑦積水爲伺察水旱之情之標志。

⑧積薪爲主管庖厨柴草之標志。

⑨南河三星……一曰越門：南河星與北河星是南方天區中較爲著名的兩個星座，均明亮，其中南河三爲全天第八大星，南河二爲三等星，南河一爲五等小星。南北河就如進入南方星空的兩扇大門，故曰"天之關門"，"主關梁"。顧名思義，南河戍爲駐守銀河南段、負責交通關防的官，北河戍爲駐守銀河北段、負責交通關防的官，故曰南河"一曰南宮，一曰陽門，一曰越門"，北河"一曰北宮，一曰陰門，一曰胡門"。

⑩北河亦三星……一曰胡門：如上注所述，南北河爲相關的交通關防官，其含義已作了解釋，惟北河星亦爲大星，其中北河三爲第十六大星，北河二爲二等星，北河一爲四等小星。

⑪南河三星……一曰權星主火……北河……一曰衡星主水：權、衡指秤杆和秤錘。《史記·天官書》載"南宮朱鳥，權、衡"。《集解》引孟康曰："軒轅爲權，太微爲衡。"本志主南北河戍爲權衡，則另爲一説。此處南河主火，北河主水，爲五行觀念在星座上的應用。

⑫四瀆爲江、河、淮、濟四條主要河流的統稱。

⑬水位……主水衡：水位象徵水情的平衡，與前文積水星爲對。

⑭天罇三星……罇器也：天罇星爲盛食物的器具。

⑮闕丘二星……諸侯兩觀也：闕丘兩顆星，如星空中的兩座城門樓，也似諸侯國門的兩觀。

⑯軍市星象徵軍中之市場。

⑰野雞星出没主變怪。

⑱狼一星……爲野將主侵掠：天狼星象徵外國之將，其本性主侵掠。

正因爲天狼星有侵掠本性，故需格外注意防備。

⑲弧矢九星……常屬矢以向狼：弧矢有九顆星，似弓狀，其中有一顆矢星，似箭矢，架在弓上，對着天狼星，似正在監視野將的出没行動，以便防犯。

⑳老人一星……春分之夕没于丁：老人星位於天狼星和弧矢星的正南方，是全天大星之一。可惜的是，由於它太偏於南方，人們都很難見其尊容，祇能於秋分日黎明正南偏東（丙方），或春分日初昏正南偏西（丁方）的很短時間内，出現於地平綫之上。由於其最接近南極，故亦稱南極老人星。老人星見，是國家平安壽昌的象徵，歷代統治者都倡導觀看老人星，并於國都南郊建老人廟。

㉑丈人二星……以哀窮人：丈人星爲哀悼窮苦人星，它與其後的子二星和孫二星并列。設此三個星座名，含有扶老愛幼、提倡孝道之義。

㉒水府四星……以設隄防之備：水府爲主管水道、梁溝、隄防等的水官，以防水災，并疏導水而爲人服務。

　　輿鬼五星，①主觀察姦謀，天目也。②東北星主積馬，東南星主積兵，西南星主積布帛，西北星主積金玉，隨變占之。③中央星爲積尸，主死喪祠祀；④一曰鈇鑕，主誅斬。⑤星明大，穀不成；不明，民散。鑕欲其忽忽不明，明則兵起，大臣誅；動而光，賦重役煩，民懷嗟怨。日食，國不安，有大喪，貴人憂。暈，則其分有兵，大臣有誅廢者。月食，貴臣、皇后憂，期一年。暈，爲旱，爲赦。月犯之，秦分君憂，一曰軍將死，貴臣、女主憂，民疫。歲星犯之，穀傷民飢，君不聽事；犯鬼鑕，執法臣誅。熒惑犯之，忠臣誅，一曰兵起，后失勢；入，則后及相憂，一曰賊在君側，有兵、喪；勾巳，國有赦；留守十日，諸侯當之；二十日，太子當之；勾巳環繞，天子失廟。填星犯之，大臣、女主憂；守之，憂在後宮，爲旱，爲土功；入鑕，王者惡之；犯積尸，在陽爲君，在陰爲后，左爲太子，右爲貴臣，隨所守惡之。太白入犯之，爲兵，亂臣在内，一曰將有誅；貫之而怒，下有叛臣；久守之，下有兵，爲旱，爲火，萬物不成。辰星犯之，五穀不登；守，爲有喪，憂在貴人。客星犯之，國有自立者敗，一曰多土功；入之，有詛盟祠鬼事。彗星犯之，兵起，國不安。星孛，其下有喪，兵起，宜修德禳之。流星犯鬼鑕，有戮死者；入，則四國來貢。白雲氣入，有疾疫；黑，后有憂；赤，爲旱；黄，爲土功；入犯積尸，貴臣有憂；青，爲病。

按漢永元銅儀，輿鬼四度。舊去極六十八度。景祐測驗，輿鬼三度，距西南星去極六十八度。

爟四星，在鬼宿西北，一曰在軒轅西，主烽火，備邊亭之警急。[6]以不明爲安，明大則邊有警。赤雲氣入，天下烽火皆動。

天狗七星，在狼星北，主守財。[7]動移，爲兵，爲饑，多寇盜，有亂兵。填星守之，人相食。客、彗守之，則群盜起。

外厨六星，爲天子之外厨，主烹宰，以供宗廟。占與天厨同。[8]

積尸氣一星，在鬼宿中，孛孛然入鬼一度半，去極六十九度，在赤道内二十二度，主死喪祠祀。

天記一星，在外厨南，主禽獸之齒。[9]太白、熒惑守犯之，禽獸死，民不安。客星守之，則政釁。

　　天社六星，在弧矢南。昔共工氏之勾龍能平水土，故祀之以配社，其精上爲星。⑩明，則社稷安；不明、動搖，則下謀上。太白、熒惑犯之，社稷不安。客星入，有祀事于國內；出，則有祀事于國外。

　　　　按《晋志》，爟四星屬天市垣，天狗七星在七星北。武密以天狗屬牛宿，又屬輿鬼，《乾象新書》屬井。外厨六星，《晋志》在柳宿南，武密書亦屬柳，《乾象新書》與《步天歌》皆屬輿鬼。天紀一星，武密書及《乾象新書》皆屬柳，惟《步天歌》屬鬼宿。天社六星，武密書屬井，又屬鬼。《乾象新書》以西一星屬井，中一星屬鬼，末一星屬柳。今從《步天歌》以諸星俱屬輿鬼，而備存衆説。

【注】

　　①輿鬼五星：鬼宿有五顆星，呈四邊形分布，均不大明亮，僅鬼宿三爲三等星，餘爲四、五等小星。四邊形中間一顆名曰積尸氣，即古代人認爲它不是一顆星，而是鬼宿中的一團積氣。由於它座落在黄道之上，又有着鬼宿這個怪異的名字，古代星占家將其含義演繹出若干有趣的故事。本注僅擇其中主要的數種逐次解釋如下。

　　②主觀察姦謀天目也：天目即南方朱雀的眼睛。用朱雀的眼睛觀察姦謀，這是星占家的發揮。南方朱雀的鳥形象從鬼宿鳥眼開始，井宿不包括在内。

　　③東北星主積馬……隨變占之：《孝經章句》認爲輿鬼爲下獄，“又曰天匠玉符也，又名天匱、天壙”。故鬼宿數星又可理解爲貯存兵馬和布帛金玉的府庫。貯存這些物資，當然是爲了天帝的戰爭之用。

　　④中央星爲積尸主死喪祠祀：石氏曰：“中央色白，如粉絮者，所謂

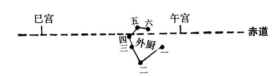

鬼宿圖

積尸氣也。一曰天尸，故主死喪，主祠祀也。"《玉曆》也説："輿鬼爲天尸，朱雀頸；中星如粉絮，鬼爲疫害。"這兩種説法纔將鬼宿的含義與鬼魂之鬼相聯繫，并説鬼宿就是天上的尸體。石氏和《玉曆》都觀察得很仔細，指出其中央并不是一顆普通的恒星，即一個光點，而是一團白色粉絮狀的氣體，稱之爲積尸氣，即尸體積聚起來的臭氣。戰爭是殘酷的，往往死人如丘山，尸體堆積起來就會發出"鬼氣"，是一種不祥之氣。這是古人對鬼宿中雲氣的推想和認識。古代星占家常用這團積尸氣來判斷人間或戰場死人的多少，故曰鬼宿主死喪，要對他們的亡靈進行祭祀，以示悼念。

在現今大望遠鏡的輔助觀測下，人們發現，鬼宿中的積尸氣，實際并非真正意義上的雲霧狀物質，而是一組密集的星體，即當今人們所通稱的巨蟹座疏散星團，實際是一個更爲遥遠的恒星集團。由於各個恒星光綫微弱，又聚集在一個狹小的空間内，單靠目力分辨不清，故古人稱之爲氣。在天氣晴朗的夜晚，如果視力又很好，也可以用肉眼看到積尸氣中的若干微星。

經研究，鬼宿的名稱，其實源出於中國殷周時期西北方的多個部族。鬼爲鬼方的自稱，鬼方以鬼爲他們的姓氏時寫作隗。在以後的華夏族群中，一直有許多隗姓，這便是鬼方的直接後裔。鬼方在殷周時非常强大，是殷周的强敵。秦是在西周時期的井國、古代鬼方之地建立起來的，秦平定其地，成爲西方的霸主。按分野觀念，東井、輿鬼之分野爲秦雍州，分别對應於井國和鬼方，井國在寶雞一帶，鬼方在扶風，均爲秦國腹心地帶。將井、鬼二宿釋爲井國和鬼方，纔是星名的本義。

⑤一曰鈇鑕主誅斬：《春秋公羊傳·昭公二十五年》曰："君不忍之以鈇鉞。"此處的鈇鉞意同天帝之鈇鑕，常以之處理斬刑。鈇鉞亦爲上古兵器之一。

⑥爟四星……主烽火備邊亭之警急：爟星象徵意同北方長城上的烽火臺，發現緊急軍情時便點起烽火報警。《廣雅·釋器》曰："爟，炬也。"故爟的本義就是火炬。

⑦天狗七星……主守財：狗的職責主要是看家守財，《春秋元命苞》曰："天狗主守賊。"故天狗星就是意出於狗。

⑧外厨六星爲天子之外厨……占與天厨同：中國古代星座中有内厨、天厨和外厨三個星座，均象徵天帝的厨房，但各有不同分工。此處外厨爲烹宰以供宗廟使用。

⑨天記一星……主禽獸之齒：此處的天記星，與貫索房的天紀星不同，爲區分禽獸年齒之官，《開元占經》曰："天記，主知禽獸年齒，凡所烹宰，不殺孕，不夭幼，以致繁盛。"

⑩天社六星……其精上爲星：天社星就是指能平水土之神勾龍。《禮記·祭法》曰："共工氏之霸九州也，其子曰后土，能平九州，故祀以爲社。"疏曰："其子曰后土，能平九州，故祀以爲社者，是共工後世之子孫，爲后土之官。"勾龍能平水土，被封爲后土，祀之以社，被封爲社神。

這是社日節的由來。

柳宿八星，天之厨宰也，主尚食，和滋味，又主雷雨。①《爾雅》曰："咮，謂之柳；柳，鶉火也。"②又主木功。一曰天庫，又爲鳥喙，主草木。③明，則大臣謹重，國家厨食具；開張，則人飢死；亡，則都邑振動；直，則爲兵。日食，宮室不安，王者惡之，厨官、橋道、隄防有憂。日暈，飛鳥多死，五穀不成；三抱而戴者，君有喜。月食，宮室不安，大臣憂。月暈，林苑有兵，天下有土功，厨獄官憂，又爲兵，爲饑，爲旱、疫。歲星犯之，國多義兵。熒惑犯之，色赤而芒角，其下君死，一曰宮中憂火災；守之，有兵，逆臣在側；逆行守之，王不寧。填星犯守，君臣和，天下喜；石申曰："天子戒飲食之官。"出、入、留、舍，有急令。太白犯之，有急兵。逆行勾巳，臣謀主；晝見，爲兵。辰星犯之，民相仇，歲旱，君戒在酒食。客星犯之，咎在周國；守，則布帛、魚鹽貴。色蒼白，殺邊地諸侯。彗星犯之，大臣誅，爲兵，爲喪。星孛于柳，南夷叛，甘德曰："爲兵，爲喪。"流星出犯之，周分憂；色黃，爲喜；入，則王者內有火災；《乙巳占》："出，則宗廟有喜，賢人用；入，爲天厨官有憂，木功廢。"赤雲氣入，爲火；黃，爲赦；黃白，爲天子有喜，起宮室。

按漢永元銅儀，以柳爲十四度；唐開元游儀十五度。舊去極七十七度。景祐測驗，柳八星一十五度，距西頭第三星去極八十三度。

酒旗三星，在軒轅右角南，酒官之旗也，主宴享飲食。[4]星不具，則天下有大喪，帝王宴飲，沉昏非禮，以酒亡國；明，則宴樂謹。五星守之，天下大酺，有酒肉賜宗室。熒惑犯之，飲食失度。太白犯之，三公九卿有謀。客、彗犯，主以酒過爲相所害。赤雲氣入，君以酒失。

按《晋志》，酒旗在天市垣。《步天歌》以酒旗屬柳宿。以《通占鏡》考之，亦屬柳，又屬七星。《乾象新書》亦屬七星，與《步天歌》不同，今并存之。

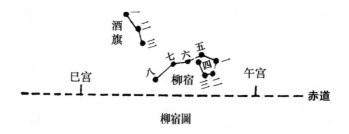

柳宿圖

【注】

①柳宿八星……又主雷雨：柳宿主雷雨，出自李淳風的《晋志》和《隋志》，無他説，也無進一步的解説。

②咮、喙均指鳥嘴，"天之厨宰，主尚食，和滋味"，是柳宿爲鳥喙的進一步發揮。由於本志雜集衆説，論説混雜，没有經過整理，故説法混亂。

③又主木功……主草木：《開元占經》引巫咸曰："柳爲木官，主工匠。"郗萌曰："將有木功，則占於柳。"木功指木器工程。又《史記·天官書》曰："柳爲鳥注，主草木。"將柳釋爲樹木，木功、草木是由此所做不同方向的發揮。

④酒旗三星……主宴享飲食：酒旗星指宴席上酒官發號施令的旗子，故曰主宴享飲食。

七星七星，①一名天都，②主衣裳文繡，又主急兵。③故星明，王道昌；暗，則賢良去，天下空；動，則兵起；離，則易政。蓋天曰：七星爲朱雀頸。頸者，文明之粹，羽儀所承。日食其宿，主不安，刑在門户之神，又曰文章士受誅，其分兵起，臣爲亂。日暈，周邦君憂；青色抱而順，在兵爲東軍吉。月食，后及大臣有憂，又爲歲饑，民流，其國更政。暈，其地旱，獄官凶。歲星犯之，王憂兵，五穀多傷。熒惑犯之，橋梁不通；逆行，則地動爲火災；出、入、留、舍，其國失地，水决。填星犯守，世治平，王道興，后、夫人喜。太白犯之，兵暴起，大臣爲亂；經天，防詐僞。辰星犯之，賊臣在側；守，則其分有憂，萬物不成，兵從中起，貴臣有罪，民疫流亡。客星犯之，爲兵，《荆州占》云："河水决，民流。"彗犯，有亂兵起，貴臣戮；武密曰："彗星出七星，狀如杵，爲兵。"星孛于星，有亂兵起宫殿，貴臣戮，大臣相譖。流星犯之，爲兵、憂；又曰：入，則有急使來，《乙巳占》："流星入，庫官有喜，錦繡進，女工用。"蒼白雲氣入，貴人憂；出，則天子用急使。赤入，爲兵；黑，爲賢士死；黄，則遠人來貢；白，爲天子遣使賜諸侯帛。

　　按景祐測驗，七星七度，距大星去極九十七度。
軒轅十七星，在七星北，后妃之主，土職也。一曰東陵，一曰權星，主雷雨之神。④南大星，女主也；次北一星，夫人也，屏也，上將也；次北一星，妃也，次將也；其次諸星，皆次妃之屬也。女主南小星，女御也；左一星少民，后宗也；右一星大民，太后宗也。⑤欲其色黃小而明。武密曰："后妃後宮之象，陰陽交合，感爲雷，激爲電，和爲雨，怒爲風，亂爲霧，凝爲霜，散爲露，聚爲雲氣，立爲虹蜺，離爲背璚，分爲抱珥，此二十四變皆權主之。"微細，則皇后不安；黑，則憂在大人；移徙，則民流；東西角大張而振，后族敗。月入之，女主失勢，或火災；犯左右角，大臣以罪免；中犯乘守大民，爲饑，太后宗有罪；守少民，小有饑，女主失勢；守御女，有憂。月暈，女主有喪。月、五星凌犯、環繞、乘守，皆爲女主有禍。月食，女主憂。歲星犯之，女主失勢，一曰大臣當之；乘守大民，爲大饑，太后宗黜；中犯乘守少民，爲小饑，後宮有黜者。熒惑犯守勾巳，后妃離德；犯御女，天子僕妾憂；犯大民、少民，憂在后宗；守之，宮中有戮者。填星行其中，女主失勢，有喪。太白犯之，皇后失勢。客星犯之，近臣謀滅宗族。彗、孛犯，女主爲寇，一曰兵起。流星入之，後宮多讒亂；《乙巳占》："流星出之，后有中使出。"一曰天子有子孫喜。

天稷五星，在七星南，農正也，取百穀之長以爲號。⑥明，則歲豐；暗，或不具爲饑；移徙，天下荒歉。客星入之，有祠事于內；出，有祠事于國外。

天相三星，在七星北，一曰在酒旗南，丞相大臣之象。⑦武密曰："占與相星同。"五星犯守之，后妃、將相憂。彗、客犯之，大臣誅。雲氣入，黃，爲大臣喜；黑，爲將疾。

內平四星，在三台南，一曰在中台南，執法平罪之官。⑧明，則刑罰平。

按軒轅十七星，《晋志》在七星北，而列于天市垣；武密以軒轅屬七星，又屬柳；《乾象新書》以西八星屬柳，中屬七星，末屬張。天稷五星，《晋志》在七星南；武密亦以天稷屬七星，又屬柳；《乾象新書》以西二星屬柳，餘屬七星。天相三星，《晋志》在天市垣，武密書屬七星，《乾象新書》屬軫宿。內平四星，《晋志》在天市垣，武密書屬柳，《乾象新書》屬張，《步天歌》屬七星。諸說皆不同，今并存之。

【注】

①七星七星：七星星宿，由七顆星組成。這個星名，是中國古代天文學星座中唯一以星數命名的星座。《聖洽符》在解釋七星含義時説："七星者，倍海也。"不過，"倍海"的含義更不明確。

②一名天都：這種説法爲李淳風在《晋》《隋》二志中的獨創，未作進一步闡釋，也較少爲後人所引用。天都義爲天上的都城。

③主衣裳文繡又主急兵：主衣裳文繡，確是七星的主要象徵，但是本志所引文獻和説明并不完整明確。今進一步補充如下。《史記・天官書》曰："七星，頸，爲員官。主急事。"《索隱》引宋均曰："頸，朱鳥頸也。員官，喉也。物在喉嚨，終不久留，故主急事也。"可見主急事是導因於員管即鳥頸的特殊狀態。《黄帝占》曰："星主衣裳，鳥之翅也，以覆鳥身，以主衣裳也。"《石氏贊》也説："七星主衣裳，蓋身軀。"可見主衣裳文繡之説，也源出於七星爲鳥頸、員官之説，爲

鳥羽覆身之象。

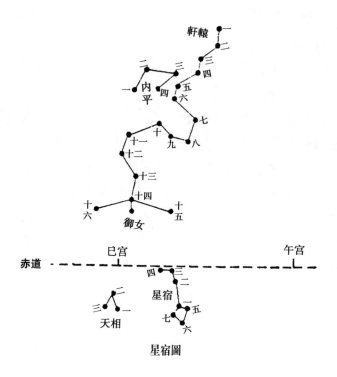

星宿圖

④軒轅十七星……主雷雨之神：此説出自《詩推度災》"黄龍在内，正土職也。一曰陳陵，二曰權星，主雷雨之神"。中華書局校點本"土"作"士"，誤。《開元占經》引文作"土"。黄龍對應於土；女性。故以"土"爲正解。今改。《史記·天官書》曰："南宫朱鳥，權、衡。"孟康曰："軒轅爲權，太微爲衡。"

⑤將軒轅星比附爲天帝后妃，這是星占家的主要觀念，并常以此爲占。黄道從軒轅南部通過，女主、夫人、妃、御女、大民、少民，常被作爲行占的對象。

⑥天稷五星……取百穀之長以爲號：天稷星象徵農官。稷爲百穀之長，故用以爲號。

⑦天相三星……丞相大臣之象：天相爲丞相之象。以相命名的星座，除了此天相，還有紫宮之相星和天市之上相、次相。

⑧内平四星……執法平罪之官：《開元占經》說："内平近執法之官，有疑則准案禮律。" 意爲輔助執法官按律解決案件之官。

張宿六星，主珍寶、宗廟所用及衣服，^①又主天厨飲食、賞賚之事。^②明，則王行五禮，得天之中；動，則賞賚不明，王者子孫多疾；移徙，則天下有逆；就聚，則有兵。日食，爲王者失禮，掌御饌者憂，甘德曰："后失勢，貴臣憂，期七十日。" 暈及有黃氣抱日，主功臣效忠，又曰："財寶大臣黜，將相憂。" 月食，其分饑，臣失勢，皇后有憂。暈，爲水災，陳卓曰："五穀、魚鹽貴。" 巫咸曰："后妃惡之，宮中疫。" 月犯之，將相死，其國憂。歲星入犯之，天子有慶賀事；守之，國大豐，君臣同心；三十日不出，天下安寧，其國升平。熒惑犯之，功臣當封；入，則爲兵起；又曰色如四時休王，其分貴人安，社稷無虞；又曰熒惑春守，諸侯叛；逆行守之，爲地動，爲火災，又曰將軍驚，土功作，又曰會則不可用兵。填星犯之，爲女主飲宴過度，或宮女失禮；入，爲兵；出，則其分失地；守之，有土功。太白犯之，國憂；守之，其國兵謀不成，石申曰："國易政"；舍留，其國兵起。辰星犯守，五穀不成，兵起，大水，貴臣負國，民疫，多訟；芒角，臣傷其君；入，爲火災；出，則有叛臣。客星犯之，天子以酒爲憂；守之，周、楚之國有隱士出；入于張，兵起國饑；舍留不去，前將軍有謀，又曰利先起兵。彗星犯之，國用兵，民亡；守，爲兵；出，爲旱；又曰犯守，君欲移徙宮殿。星孛于張，爲民流，爲兵大起。《乙巳占》："流星出入，宗社昌，有赦令，下臣入賀。"蒼白雲氣入之，庭中觴客有憂；黃白，天子因喜賜客；黑，爲其分水災；色赤，天子將用兵。

按漢永元銅儀，張宿十七度；唐開元游儀，十八度。舊去極九十七度。景祐測驗，張十八度，距西第二星去極一百三度。

天廟十四星，在張宿南，天子祖廟也。③明，則吉；微細，其所有兵，軍食不通。客星中犯之，有白衣會，兵起，又曰祠官有憂。武密曰："與虛梁同占。"

按天廟十四星，《晉志》雖列于二十八宿之外，而亦曰在張宿南，與《隋志》所載同，兼與《步天歌》合。

張宿圖

【注】

①張宿六星主珍寶宗廟所用及衣服：張六星主珍寶和宗廟所用及衣服。爲什麼張又可釋爲衣服呢？本志未作解釋。《黃帝占》曰："張，天府

也，朱雀嗉也，主帝之珠玉寶，宗廟所用，天王內宮衣服。其輔帝中宮，內張外翼，以衛帝宮。"又《孝經章句》曰："其西四星，四輔也。帝宮內翼外張，以匡帝宮。"即將張宿的含義釋爲匡衛、障蔽帝宮的衣服。此種解釋終屬牽强，不合張宿一名來源的本義。李淳風在《乙巳占·分野》述說柳、七星、張、來歷時說："幷周之分野。……周之先曰棄……曾孫公劉，子慶節，立國……後十世孫曰太王……太王孫文王有聖德……文王子武王滅商……懿王遷犬丘也，屬三河。"義爲柳宿之名，即源於公劉之劉也，爲同名之異寫。張宿名的來歷没有言明。筆者以爲，《史記·功臣表》等載河東地有張城，今屬於山西，正位於張宿分野之内，故張宿之得名，當與此有關。

②又主天厨飲食賞賓之事：主飲食的原因此處也没有説明。《史記·天官書》曰："張，素，爲厨，主觴客。"故張宿意爲朱鳥之嗉，即盛食物之胃，由此纔衍生出張爲天厨、飲食，主酒食之類的占語。

③天廟十四星……天子祖廟：天廟爲天子祖廟，主祭祀。

　　翼宿二十二星，①天之樂府，主俳倡戲樂，②又主外夷遠客、負海之賓。③星明大，禮樂興，四國賓；動摇，則蠻夷使來；離徙，天子將舉兵。日食，王者失禮，忠臣見譖，爲旱災。暈，爲樂官黜；上有抱氣三，敵心欲和。月食，亦爲忠臣見譖，飛蟲多死，北方有兵，女主惡之，石申曰："大臣有謀。"月犯之，國憂，其分有兵，大將亡，女主惡之。歲星犯，五穀爲風所傷；守之，王道具，將相忠，文術用；逆行入之，君好畋獵。熒惑犯之，其分民饑，臣下不從命，邊兵起；出、入、留、舍，爲兵；守之，佞臣爲亂。填星犯之，大臣憂；守之，主聖臣賢，歲豐，后有喜；出、入、留、舍，兵起；逆行，則女主失政。太白入，或犯之，皆爲兵起；

出、入、留、舍，大風水災，其分君不安；舍左，爲旱；守犯、勾巳、凌突，則大臣專君令。辰星凌抵，下臣爲亂伏誅；守之，旱、饑，民流，龍蛇見；守其中，兵大起；同見西方，大臣憂。客星入犯之，國有兵，大臣憂，一曰負海國有使來；守之，爲兵起。彗星犯之，大臣憂，國有兵、喪。星孛于翼，亦爲大臣憂，其分失禮樂；出，則其地有謀，下有兵、喪；芒所指，有降人。流星犯之，亦爲憂在大臣；出，則其下有兵；入，爲貴臣囚繫，《乙巳占》曰："流星入，天下賢士入見，南夷來貢，國有賢臣。"赤雲氣出入，有暴兵；黃而潤澤，諸侯來貢；黑，爲國憂。

按漢永元銅儀，翼宿十九度；唐開元游儀，十八度。舊去極九十七度。景祐測驗，翼宿一十八度，距中行西第二星去極百四度。

東甌五星，在翼南，蠻夷星也。④《天文錄》曰："東甌，東越也，今永嘉郡永寧縣是也。"芒角、動搖，則蠻夷叛。太白、熒惑守之，其地有兵。

按東甌五星，《晋志》在二十八宿之外，《乾象新書》屬張宿；武密書屬翼宿，與《步天歌》合。

【注】

①翼宿二十二星：此二十二星，正位於朱鳥七宿的尾端。巫咸曰："翼，天羽翼。"《史記·天官書》曰："翼爲羽翮。"說的就是此義。後世的藝術家喜歡將朱雀理解爲鳳凰，并給朱雀畫有一條長長的尾巴。朱子注《月令》則說："鶉無尾，故以翼爲尾。"朱鳥其實是禿尾巴鵪鶉。

②天之樂府主俳倡戲樂：爲什麼主俳倡戲樂？本志作者沒有言明。但

朱雀既然是一隻鳥，鳥是善於鳴叫歌唱的。故《黄帝占》曰翼"和五音，調聲律"。

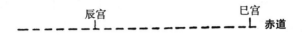

翼宿圖

③又主外夷遠客負海之賓：翼宿第三種含義爲主外夷遠客以及負海之賓，比如"南蠻"、東越之屬。

④東甌五星在翼南蠻夷星也：翼宿爲楚之分野。東甌五星又在翼宿之南，這個東甌，分明在中國的最南方。但據《天文録》説："東甌，東越也，今永嘉郡永寧縣是也。"指浙江温州地區，爲楚統治下苗、瑶、越人雜居之地。

　　軫宿四星，主冢宰、輔臣，主車騎，主載任。有軍出入，皆占于軫。①又主風，占死喪。②明大，則車駕備；移徙，天子有憂；就聚，則兵起。轄二星，傅軫兩旁，主王侯，左轄爲王者同姓，右轄爲异姓。星明，兵大起；遠軫，凶；轄舉，南蠻侵；車無轄，國有憂。③日食，憂在將相，戒車駕之官，一曰后不安。暈而生背氣，其下兵起，城拔，視背所向擊之勝，又曰王者惡之。月食，后及大臣憂。月暈，有兵，歲旱，多大風。歲星犯之，爲火災，爲民疫，大臣憂，主庫者有罪；入，則其國將死；守之，國有喪；七日不移，有赦，又曰君有憂。熒惑犯之，有亂兵；入軫，將軍爲亂，水傷稼，民多妖言；逆行，爲火，爲兵。填星犯之，爲兵，爲土功；入，則兵敗；逆行，女主憂；出、入、舍、留，六十日兵起，大旱。太白犯之，爲兵起，得地；入，爲兵；守之，亡地，將憂；起左角，逆行至軫，失地；經天，則兵滿野。辰星犯之，民疫，大臣憂，中國有貴喪；守之，大水；入，則天下以火爲憂，一曰國有喪。客星犯之，爲兵，爲喪；入，則有土功，糴貴，諸侯使來；出，則君使諸侯；守之，邊兵起，民飢；守轄，軍吏憂。彗星犯之，爲兵，爲喪；色赤，爲君失道，又曰天子起兵，王公廢黜。星孛于軫，亦爲兵、喪，又曰下謀上，主憂。流星犯之，有兵起，亦有喪，不出一年，庫藏空；春夏犯之，爲皮革用；秋冬，爲水旱不調。

按漢永元銅儀，以軫宿爲十八度。舊去極九十八度。景祐測驗，亦十八度，去極一百度。

長沙一星，在軫宿中，入軫二度，去極百五度，主壽命。明，則君壽長，子孫昌。

青丘七星，在軫東南，蠻夷之國號。④星明，則夷兵盛；動搖，夷兵爲亂；守常，則吉。

軍門二星，在青丘西，一曰在土司空北，天子六宮之門，⑤主營候，設豹尾旗，與南門同占。星非其故，及客星犯之，皆爲道不通。

器府三十二星，在軫宿南，樂器之府也。⑥明，則八音和，君臣平；不明，則反是。客、彗犯之，樂官誅。赤雲氣掩之，天下音樂廢。

土司空四星，在青丘西，主界域，亦曰司徒。⑦均明，則天下豐；微暗，則稼穡不登。太白、熒惑犯之，男女廢耕桑。客、彗犯之，爲兵起，民流。

　按《步天歌》，以左轄右轄二星、長沙一星、軍門二星、土司空四星、青丘七星、器府三十二星俱屬軫宿；《晉志》惟轄星、長沙附于軫，餘在二十八宿之外；《乾象新書》以軍門、器府、土司空屬翼，青丘屬軫；武密書以軍門屬翼，餘皆屬軫。今從《步天歌》，而附見諸家之説。

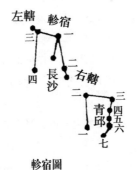

軫宿圖

【注】

①軫宿四星……皆占于軫：語出《隋志》而文字稍有變動。其中"主冢宰、輔臣，主車騎"爲李淳風獨創，諸家較少引用，占辭更少有涉及。主載任是指車載。《聖洽符》曰："軫者，車事也。"將軫釋爲車，這是通常的説法。

②又主風占死喪：《史記·天官書》曰："軫爲車，主風。""若五星入軫中，兵大起"。正是由於車子行駛得快便産生風，故風常與車有關。此車不是一般的載車，而多指兵車，故有"兵大起"之説。

前已述及四象及二十八宿星名與華夏的圖騰、國名有關，作了一些有力的證明，而且在方位分布上也是對應的，但是，還没有辦法説明軫宿的含義與南方部族有關。作爲一種可行性的解釋，仍然從李淳風《乙巳占·分野》中釋"翼軫，楚之分野"説起，其引《楚世家》説："鬻熊，祝融之苗裔也。"這就是説，祝融爲楚之遠祖。依據顓頊爲夏人的遠祖，故以頊（虛）作爲北方星宿名的事例，也很有可能將祝融作爲南方星宿名，那麽，軫宿星名，便有可能源自祝融一名的異音和速讀。此二者的讀音也是相近的。何光岳《楚滅國考》載曾國、軫國是楚國最早的同盟國和建國的基地，而翼、軫的分野爲楚，應在軫宿對應於軫國，表明軫之本義是國名而非車。今謬備一説以存之。

③轄二星……國有憂：軫宿有兩顆附星，右轄在軫宿二旁，左轄在軫宿三旁，其中左轄爲王者同姓，右轄爲异姓，皆主王侯。星占家用轄星與軫的關係來占卜吉凶和軍事等。

④青丘七星……蠻夷之國號：青丘星是南方"蠻夷"的象徵。

⑤軍門二星……天子六宮之門：軍門星，象徵面對南方軍事活動的大門。

⑥器府三十二星……樂器之府也：器府星象徵帝王樂器相關的府第。

⑦土司空四星……主界域亦曰司徒：石氏曰："司空，水土司察者。"《合誠圖》曰："土司空，主土城。"故其與專管户籍的司徒官有别，爲專門管理土地界域之官。此星與奎宿之土司空是兩個星座。